普通高等教育“十二五”规划教材

工程计价与造价管理

（第二版）

编　著　李建峰　李晓钏　刘竞择
朱其芹　李旭东　周运先
韩　斌　刘　磊
主　审　马　斌

中国电力出版社
CHINA ELECTRIC POWER PRESS

内 容 提 要

本书为普通高等教育“十二五”规划教材。全书共分九章，主要内容为工程造价费用构成、建设工程定额计价方法、建设工程工程量清单计价方法、工程量计算、建设全过程工程计价、全面工程造价管理与控制、工程造价审查、工程造价信息化管理技术。本书系统介绍了最新工程造价及其管理的概念，图文并茂、全面阐述了工程计量、计价与造价管理的基本理论与方法；书中每章附有内容提要和学习要点、例题、关键概念、思考题，供学习时参考；书末分别附有按照定额计价法和清单计价法编写的两个完整实例，提供了两份建筑工程计量与计价大作业；依据最新的工程造价管理法规、最新的清单计价办法和建筑面积计算规范编写，具有紧密结合实际、注重应用、操作性强的特点。

本书可作为普通高等院校土木工程、工程造价、工程管理、房地产经营与管理等相关专业的教材和教学参考书，也可作为从事工程造价管理人员的参考书。

图书在版编目（CIP）数据

工程计价与造价管理/李建峰等编著. —2版. —北京：中国电力出版社，2012.2(2020.7重印)

普通高等教育“十二五”规划教材

ISBN 978-7-5123-2371-1

Ⅰ.①工… Ⅱ.①李… Ⅲ.①建筑造价管理-高等学校-教材 Ⅳ.①TU723.3

中国版本图书馆CIP数据核字（2011）第236905号

中国电力出版社出版、发行

（北京市东城区北京站西街19号 100005 http://www.cepp.sgcc.com.cn）

北京雁林吉兆印刷有限公司印刷

各地新华书店经售

*

2005年9月第一版

2012年2月第二版 2020年7月北京第十八次印刷

787毫米×1092毫米 16开本 27.75印张 680千字

定价 **48.00** 元

前　言

《工程计价与造价管理》第一版出版已有5年之多，受到广大读者的欢迎和关注。但是，随着新的建设工程造价管理制度与法规的推出，加之每年的教学实践和同行们的中肯建议，深感教材内容略显陈旧，已不能完全适应我国工程造价管理的发展和教学的需要。因此修编、改编教材，出版第二版就成为必然。

《工程计价与造价管理（第二版）》主要依据近年来最新的工程造价管理制度、法规、规范、政策文件、定额资料、造价信息和研究成果，结合教学实践和同行们的建议，对原书做了较大的修改。

整个修编过程，坚持"吐故纳新，完善内容，贴近教学，突出实用"的指导思想，使教材内容更加符合当前工程造价管理和教学的需要。修编主要包括修订和补充两项内容。

第一，依据国家最新的工程造价管理相关政策、法规和研究成果，对原版教材进行了全面翻新。

第二，增加了全面造价管理和全过程造价管理等新模式内容，并且在第六章和第七章对其进行了重点讲述，以使学生掌握工程造价管理的前沿知识。

第三，在注重理论引导的基础上，针对部分章节理论性强学生不易理解的问题，有针对性地补充了部分例题和习题，以增强学生的实际操作能力。

第四，在保持原版教材风格的基础上，对其语言和内容进行了锤炼，更加注重实际、贴近教学，力求内容充实精练、概念清楚。因此，新版教材具有如下特点：

（1）内容的前瞻性。着眼工程造价管理体制改革的前沿内容，体现了造价管理体系改革中的最新精神，反映了工程造价的最新动态和方向。

（2）体系的完整性。从全面构建一个完整的工程计价与造价管理知识体系出发，完整展示了工程计价与造价管理基本原理，全面讲述了工程计价与造价管理模式与方法；针对学生理解和实训的需要，采用案例贯穿全书引导式教学，将附录一、二的案例贯穿全书讲解，并将各个知识点串联成一个整体。

（3）学习的实用性。在原版的基础上对各章节的内容进行了调整，使学习的思路更加清晰，更符合认知规律。

全书由长安大学李建峰教授主要策划和编著，李晓钏、刘竞择、朱其芹、李旭东、韩斌、周运先、刘磊参与编著。值得提出的是，本书的再版既有我们教学研究团队的努力，也有历届读者、同行的中肯建议，更有出版社的大力支持。本书由马斌教授主审。

由于诸多原因，本书仍会存在一些不足，恳望大家不吝赐教，我们将不胜感激。

编 著 者

2011年12月于长安大学建筑工程学院

第一版前言

随着我国工程建设规模的迅速扩大和市场经济的发展，工程项目建设的市场化和规范化，以及加入 WTO 后建设业与国际接轨进程的加快，使得工程造价管理工作更趋重要。由于社会需要大量的既懂技术和经济，又懂法律和管理的复合型工程造价人才，为此，许多高校开办了工程造价专业，或者开设了工程造价方面的课程，以适应市场对人才培养的需要。为满足高校对工程造价、工程管理、土木工程等专业的教材或教学参考书的要求，参照建设部《全国造价工程师执业资格考试大纲》，结合高校相关课程教学大纲的实际，依据最新的工程造价管理法规、最新的清单计价办法和最新建筑面积计算规范编写了这本以建筑工程为主的《工程计价与管理》教材。

建设工程计价与造价管理是对建设项目从项目策划、可行性研究与决策阶段、设计阶段、招投标阶段、施工阶段、合同实施，到竣工验收和决算阶段等整个工程建设全过程的计价与造价管理，是一门综合性的应用学科。

本书编写时尽量博众家之长，注重最新动态和未来走向，遵循"理论精讲，突出应用"的原则，在深入探讨和研究理论知识的基础上，以典型的实例分析培养学生解决实际问题的能力。加上作者多年的教学和实际工作经验，使得本书具有紧密结合实际、注重应用、操作性强的特点。为了教学实践的需要，本书还在附录中分别提供了一份完整的施工图预算编制范例和一份招标用工程量清单编制范例以及清单报价的编制范例，以供学生练习参考。本书适用于高等院校土木工程、工程造价、工程管理、房地产经营与管理等专业。既可作为高等院校相关专业的教材，又可作为社会相关行业的培训教材，还可作为建设主管部门、法律部门、审计部门、财务部门、建设单位、开发单位、施工单位、勘察设计单位、工程咨询单位、工程监理单位以及工程师、经济师、会计师、造价师、估价师、监理师、高层经营管理人员的工作参考书。

全书共九章，并有四个附录，主要内容包括工程造价概论、工程造价费用构成、建设工程定额计价方法、建设工程工程量清单计价方法、工程量计算、工程造价的计算与确定、工程造价管理与控制、工程造价审查、工程造价信息化管理技术等，书末两个附录分别是按照定额计价法和清单计价法编写的两个完整实例；另外两个附录为两份计价大作业任务书。为便于教学和自学，书中每章附有内容提要、学习要点、复习思考题与习题。

全书由长安大学李建峰编著和定稿，由陆宁教授主审。熊清源参与编写了第二章和第四章，张英参与编写了第三章和第六章，罗建国参与编写了第八章和第九章，韩治国参与编写了第五章，郭巨成参与编写了第九章，梁新芳参与编写了附录。另外，晏兴威、李武尚、来延肖也为本书的编写提供了许多帮助，在此表示感谢。同时在编写过程中参阅了大量的文献和资料，对这些文献的作者及资料的提供者也表示深深的谢意。

由于建设工程计价与造价管理这门学科较新，又正处于改革发展中，很多问题还有待于探讨和研究，加之作者学识所限，书中难免有疏漏或不足之处，敬请各位专家、学者、同行批评指正。

编　者

2005 年 7 月于长安大学建筑工程学院

目　录

第一章 概　　论

学习要点

本章介绍了课程的性质、任务和特点，工程建设与投资的概念和程序，工程造价与管理的基本原理，工程建设项目的分解及价格的形成，我国工程造价的发展过程、制度和改革措施。通过本章学习应了解工程造价特点以及我国工程造价制度与管理组织系统；熟悉工程项目建设程序；掌握建设项目的分解及价格的形成过程；掌握工程造价合理确定和有效控制的基本原理。

第一节 课 程 简 介

一、本课程的性质和研究内容

工程计价与造价管理是从建筑产品的生产和经济管理上研究建筑产品生产与消费的运动规律、工程产品计价形式与方法以及工程造价管理的一门学科。它以建设或承包的工程项目为研究对象，综合运用工程技术、经济、管理、法律等手段，以达到降低消耗，合理确定和有效控制工程造价，提高投资效益。因此，它又是一门交叉、新兴的边缘学科。

建筑业是我国国民经济支柱产业之一，建筑业的完成品是建筑物和构筑物。生产这类产品时，与其他产品一样要消耗一定数量的活劳动与物化劳动。施工生产消耗虽然受诸多因素的影响，但建筑产品与所消耗的人力、物力和财力之间存在着一种必然的以质量为基础的定量关系，建筑安装工程定额和计价方法就是这个定量关系的体现。建筑安装工程定额是客观系统地研究建筑产品与生产要素之间的构成因素和消费规律，运用科学方法确定建筑安装产品消耗量的一个标准额度。

建筑产品不仅具有商品属性，而且其工程产品的构成要素和价格形成具有自身的特殊性。充分认识其建设工程价格运动的特点，掌握工程产品价格的科学体系，加快与国际接轨，科学制定统一的计价规范和方法，合理确定和有效控制工程造价，加强造价管理，提高投资效益，是本课程研究的重要内容。

因此，建设工程消耗量定额、工程计价规则与方法、工程造价管理是本课程研究的三大内容。

二、本课程的任务

建设工程造价改革的目标是建立公开、公平的市场交易规则和公正、有效的政府监管体系，以市场机制形成价格，以法律法规规范市场秩序，引导企业公平竞争。为此，应实行量、价分离，推行工程量清单计价办法，鼓励企业自行组价，制订企业定额，反映企业个别成本，挖掘企业潜力，从而确定出科学合理且符合市场经济运行规律的建筑产品价格。因此，如何运用各种经济规律和科学方法，建立完善的符合市场经济规律的计价体系和依据，合理确定和有效控制工程造价，就成为本课程研究的主要任务。

三、本课程的特点与学习要求

本课程是一门政策性、技术性、经济性和综合性很强的专业课，其内容多，涉及的知识面广。它是以政治经济学、建筑经济学、价格学和社会主义市场经济理论为理论基础，以工程识图、建筑构造、工程材料、建筑结构、施工技术等课程为专业基础，与工程项目管理、建筑设备、计算机信息技术、建筑企业经营管理、建设工程法规等课程有着密切联系，尤其是我国现已加入世贸组织、参与国际竞争，在工程费用内容、价格组成、编制方法、审查程序等方面均要采用国际惯例。因此在学习本课程时，不但要重视理论课的学习，更要注重实际操作，边讲边练，学练结合；不但要把握定额与计价及造价管理的特点，更要把握其发展的内在规律，牢固掌握，灵活运用，提高工程造价文件编制和造价管理的质量和水平。

通过本课程的学习，使学生初步掌握建设工程计价原理、定额的编制原则与方法，会用统筹法计算工程量，具有编制施工图预算和施工预算的能力，具有工程量清单计价和投标报价的能力，熟悉工程造价管理，以培养学生成为适合市场经济的工程技术人员。

第二节 项目投资与工程建设

一、项目投资

投资是指投资主体为了特定的目的预先进行资金垫付，以达到预期效果的一系列经济行为。工程建设实质上就是一系列投资活动。投资可以从不同角度作不同的分类。

（一）按投资在再生产过程中周转方式不同划分

1. 固定资产投资

固定资产投资通常是指投资主体垫支货币或物资以获取营利性或服务性固定资产的经济活动过程，是对社会再生产过程中能够长期为生产服务的物资资料投入资金的行为。

2. 流动资产投资

流动资产投资一般是指在企业生产经营过程中经常改变其存在状态，在一定营业周期内变化或耗用的资产，如原材料、燃料等劳动对象的投资。

（二）按投资方式划分

1. 直接投资

直接投资是指投资主体将资金或资源投入到生产经营领域的投资活动，其形式有投资者直接开厂设店的独资经营、与其他投资者联合投资、合作经营等。从国民生产总值分析来看，直接投资扩大了生产能力，使实物资产存量增加，能提供劳务，创造物资基础，是经济增长的重要条件。

2. 间接投资

间接投资是指投资主体将资金间接地投入到生产经营领域的投资活动，如购买股票、信托、债券等。间接投资表现为资金所有权的转移，并不构成生产能力的增加，其基本效用在于广泛聚集社会闲散资金，满足市场社会化大生产对资金集中使用的需求，促进社会经济建设发展。

（三）按投资主体不同划分

按投资主体不同可分为政府投资、企业投资、个人投资。政府投资是指主要从事有关国计民生的大型项目的投资，最终目标是服务于社会整体利益。企业投资是整个社会投资的基础。企业从本企业利益和经营目标出发，通过各种方式筹集资金，对有盈利的项目进行投资，其主要动机在于追求收益的最大化。个人投资是指个人投资主体以追求收益最大化为目标，常选择耗资少、风险投资周期短、灵活性较强的项目作为投资对象。

二、工程建设

（一）工程建设的概念

工程建设是横贯于国民经济各部门之中，为其形成新的固定资产的综合性经济活动过程，包括进行设备购置、安装和建筑的生产活动以及与之相关的其他各项工作。工程建设是固定资产再生产的重要手段，是国民经济发展的重要物质基础。

（二）工程建设分类

从不同的角度可将工程建设项目进行分类。

1. 按项目的经济用途划分

（1）生产性建设项目。它是指人们直接用于物质生产或满足物质生产需要的建设项目，包括工业建设，农业建设，水利建设，交通邮电建设，商业建设，地质资源勘探建设等。

（2）非生产性建设项目。它是指为人们物质文化生活使用的建设项目。它包括文教卫生、科学实验、公用事业、住宅和其他非生产性建设项目。

2. 按建设项目的性质划分

（1）新建项目。它是指原来没有、现在开始建设的项目；或对原有规模较小的项目，扩大其建设规模，新增固定资产价值超过原有固定资产价值 3 倍以上的建设项目。

（2）扩建项目。它是指原有企事业单位，为了扩大原有主要产品的生产能力、效益或增加新产品生产能力，在原有固定资产基础上，兴建一些主要车间或工程的项目。

（3）改建项目。它是指原有企事业单位为了改进产品质量或改进产品方向，对原有固定资产进行整体性技术改造的项目。此外，为提高综合生产能力，增加一些附属辅助车间或非生产性工程，也属改建项目。

（4）恢复项目。它是指对因重大自然灾害或战争而遭受破坏的固定资产，按原来规模重新建设或在重建的同时进行扩建的项目。

（5）迁建项目。它是指为改变生产力布局或由于其他原因，将原有单位迁至异地重建的项目，不论其是否维持原来规模，均称为迁建项目。

3. 按建设项目的建设过程划分

（1）筹建项目。它是指在计划年度内，只做准备还未开工的项目。

（2）在建项目。它是指正在施工中的项目。

（3）投产项目。它是指全部竣工并已投产或交付使用的项目。

4. 按建设项目的投资规模划分

（1）大中型建设项目。它是指生产性项目投资额≥5000 万元以上，非工业建设项目投资额≥3000 万元以上的建设项目。

（2）小型建设项目。它是指投资额在上述限额以下的项目。

5. 按资金来源渠道划分

按资金来源渠道可划分为国家投资、银行信贷筹资、自筹资金、引进外资、利用长期资金市场建设项目。

三、工程建设程序

工程建设程序是指建设项目从前期的决策到设计、施工、竣工验收投产的全过程中，各项工作必须遵循的先后次序和科学规律。这既是对工程建设项目投资的规定，也是实践经验的总结。工程建设是一个庞大的系统工程，涉及面广，需要各个环节、各个部门协调配合。其具体工作内容和程序如下。

（一）项目建议书

项目建议书是项目前期工作起点，是对拟建项目的设想，主要对项目进行初步研究，弄清项目市场、技术、经济条件之后，作出初步判断，以项目建议书的形式，说明拟建项目的必要性，以满足投资立项的需要。项目建议书获得批准后，才可立项。

（二）可行性研究及项目评估

可行性研究是指根据上级批准的项目建议书，通过对项目有关的市场、技术、工程经济和风险等各方面进行研究、分析、比较和论证，考察项目建设的必要性，市场的可容性，技术的先进性和适用性，工程上的合理性，财务和经济上的可行性以及对社会和环境的影响等，从而对项目的可行性作出全面的判断，减少项目投资的盲目性。为确保可行性研究报告的科学性和可靠性，一般要经主管部门授权的工程咨询机构对其进行评估。经评估认可的项目可行性研究报告，才能作为编制项目设计（计划）任务书的依据。

（三）编制计划任务书、确定建设地点

建设单位根据可行性研究报告的结论和报告中提出的内容来编制计划任务书。计划任务书是确定建设项目和建设方案的基本文件，是对可行性研究所得到的最佳方案的确认，是编制设计文件的依据，是可行性研究报告的深化和细化。

（四）编制设计文件

设计是对拟建项目的实施在技术上和经济上所进行的全面而详尽的安排，是对项目建设计划和要求的进一步形象化、具体化、明确化，是整个工程的决定性环节，是组织施工的依据，它直接关系着工程质量、造价和将来的使用效果。可行性研究报告被批准后的建设项目可通过招投标选择设计单位，按照已批准的内容和要求编制设计文件。设计文件包括文字规划和图纸设计，一般建设项目分初步设计和施工图设计两个阶段，大型的或技术上复杂的项目分为初步设计、技术设计、施工图设计三个阶段。

（五）编制年度工程建设投资计划

建设项目要根据经过批准的总概算和工期合理安排年度投资，并且要与长远规划的要求相适应。为保证按期建成，年度计划安排的建设内容，要和当年分配的投资、材料设备相适应，配套项目同时安排，相互衔接。年度工程建设投资计划是建设项目当年完成工作量的投资额，包括用当年资金完成的工作量和动用库存的材料、设备等内部资源完成的工作量。

（六）建设准备阶段

做好建设准备是确保项目顺利进行的前提。建设准备工作主要包括以下几方面：

（1）办理有关手续，如建设用地规划许可证、建设工程施工许可证等。

（2）施工现场准备，如完成征地、拆迁、“三通一平”等工作。

（3）资源准备，包括落实资金，主要材料设备订货，确定组织管理机构及人员。

（4）开工前的技术与资料准备，包括水文地质资料、规划与红线图、总平面布置图、施工图及说明，组织图纸会审，协调解决图纸和技术资料的有关问题。

(5) 组织招投标，包括建设监理、工程设计、设备采购、工程施工招投标。

(七) 建设项目的实施

建设项目的实施是根据施工图及说明和有关资料进行建筑安装工程施工。它是工程建设程序中建筑产品形成的主要阶段。业主通过招投标选中施工单位后，办理施工许可证，签订承发包合同，要做到计划、设计、施工三个环节相互衔接，投资、工程内容、施工图、设备材料、施工力量五个方面的落实，以保证建设计划的全面完成。施工前要认真做好图纸会审和施工交底，明确“四控两管一协调”(即投资控制、质量控制、进度控制、安全控制，信息管理、合同管理，协调建设各方的关系)，严格执行工程施工规范和质量检验评定标准，确保工程质量。施工单位必须按合同规定的承包内容全面完成施工任务。

(八) 生产准备

对于生产性项目，在项目准备和实施阶段，建设单位要根据建设项目的生产技术特点及时做好各项生产准备工作，以保证项目建成后能及时投产使用。生产准备的内容很多，不同的建设项目对生产准备要求也各不相同，主要包括生产组织机构、管理制度、人员、技术、原材料、工器具、备品、备件物资准备等。

(九) 竣工验收、交付使用

当建设项目按设计文件规定内容全部施工完成后，按照规定的竣工验收标准、工作内容、程序和组织规定，经过各单项工程的验收，符合设计要求，并具备竣工图表、竣工决算、工程总结等必要文件资料，由项目主管部门或建设单位向可行性研究报告的审批单位提出竣工验收申请报告。竣工验收是全面考核建设成果、检验设计和工程质量的重要步骤，也是项目建设转入生产或使用的标志。

(十) 建设项目后评价

建设项目后评价是在工程项目投产使用后，对项目的立项决策、设计、施工、竣工投产、生产运营等全过程进行系统评价的一项技术经济活动，是工程建设投资管理的一项重要内容，也是基建投资管理的最后一个环节。通过建设项目后评价，以达到肯定成绩，总结经验，研究问题，吸取教训，提出建议，改进工作，不断提高项目决策水平和投资效果的目的。

以上十项工作内容是由工程建设的技术经济特点、固定资产投资的特殊性、连续性决定的，它们相互衔接，密不可分。虽然工程建设全过程由于工程类别不同而各有差异，但都必须遵循先勘察后设计，先设计后施工，先验收后使用的原则，坚持按工程建设程序办事，才能使工程建设取得更好的投资效益。

第三节 建设工程造价管理概述

一、工程造价概述

(一) 工程造价的含义

工程造价是指某项建设工程产品的建造价格，本质上属于价格范畴，站在不同角度，在不同场合，工程造价的含义不同，有广义和狭义之分。

站在投资者的角度来定义，是广义的，建设项目工程造价是指建设项目的整个建设成本，即预期开支或实际开支的项目的全部建设费用，包括建筑工程、安装工程、设备及相关费用；此时的工程造价就是项目固定资产投资费用。

站在市场的角度来定义，是狭义的，指建设工程的承发包价格，即工程价格，是在建设某项工程，预计或实际交易活动中，所形成的工程承包合同价。它是在建筑市场通过招标或其他交易方式，在各方进行反复测算的基础上，最终由市场形成、由投资者和承包商共同认可的价格。各方交易的对象，可以是一个建设项目、一个单项工程，也可以是建设的某一个阶段，如可行性研究报告阶段、设计工作阶段、施工阶段等，还可以是几个建设阶段或某个建设阶段的一个或几个组成部分。

从建设工程的投资者来说，面对市场经济条件下的工程造价就是项目投资，是“购买”项目要付出的价格。对于承包商、供应商和规划、设计等机构来说，工程造价是他们作为市场供给主体，出售商品和劳务的价格总和。

（二）工程造价分类

1. 按研究对象不同分

（1）建设工程造价。它是指完成一个建设项目所花费的费用总和，即该建设项目从建设前期到竣工投产全过程所花费的费用总和，包括建筑安装工程费用、设备工器具购置费用、工程建设其他费用等。

（2）单项工程造价。它是指完成一个单项工程所花费的费用总和，是建设工程造价的组成部分，主要包括建筑安装工程费、设备工器具购置费。如属于独立的单项工程，还包括工程建设其他费用。

（3）单位工程造价。它是指完成一项单位工程所花费的总费用，是单项工程造价的组成部分，主要包括土建工程费用、电器照明工程费、管道工程费、机械设备安装工程费、通风空调工程费等。

2. 根据工程项目建设阶段不同分

（1）预期（或预算）造价。它是指在正式施工之前，在项目建设的不同阶段，对工程造价的预计和核定，包括投资估算造价、设计概算造价、施工图预算造价等。

（2）实际造价。它是指完成一项工程实际所花费的费用，即竣工结算或竣工决算所显示的费用。

3. 根据建设工程的内容及单位工程的专业不同分

建筑工程造价、装饰工程造价、安装工程造价、市政工程造价和园林绿化工程造价等。

（三）工程造价的特点

建设产品的生产和交易与一般工业产品相比较，既有相同性又有较多不同点。其相同性表现在：生产上的连续性和阶段性，组织上的专业化和协作化，凝结在产品上的活劳动和物化劳动，决定价格的价值规律、供求规律、货币流通规律等。由于工程建设产品本身及其施工生产的特殊性，其工程造价具有如下特点。

1. 工程造价的大额性

任何一个建设项目或一个单项工程，不仅占地面积和实物形体庞大，而且造价也十分高昂，少则数百万、数千万，多则高达百亿、千亿元人民币，从而消耗的资源多，与各方面的利益关系多，对宏观经济有重大影响。

2. 工程造价的个别性和差异性

任何一项建设工程都有特定的用途、功能、规模，其内部的结构、造型、空间分割、设备设置和内外装修都有不同要求，这种差异决定了工程造价的个别性。即使相同的工程项目，由于处于不同的区域或地段，其技术经济条件的不同，也会造成工程造价有所差别。

3. 工程造价计算的长期性和动态性

任何一项工程从决策到竣工投产，都有一个较长的建设期，少则数月，多则数年。由于存在许多影响工程造价的因素，如工程变更、设备和材料价格的涨跌、工资标准，以及费率、利率、汇率等的变化，加之很多因素不可预测，工程造价在整个建设期处于不确定的状态，即工程造价具有动态性。

4. 工程造价的广泛性和复杂性

由于构成工程造价的因素多而复杂，涉及人工、材料、施工机械、环境等多个方面，需要社会的各个方面协同配合，所以具有广泛性。另外一个建设项目往往由多个单项工程组成，一个单项工程由多个单位工程组成，一个单位工程由多个分部工程组成，一个分部工程由多个分项工程组成。构成工程造价不仅有5个层次，而且在同一个层次中，又具有不同的形态，要求不同的专业人员去建造，可见工程造价的构成内容和层次的复杂性。

5. 工程造价的阶段性和控制性

同一工程项目的造价，在不同的建设阶段，需要采用不同的编制方法，编制不同名称、内容和作用的造价文件，投资估算、设计概算、施工图预算和承包合同价，都是预期或计划的工程造价。工程施工是一个动态系统，实施时，有可能存在设计变更、施工条件变更和工料价格波动等影响，所以竣工时往往要对承包合同价作适当调整，局部工程竣工后的竣工结算和全部工程竣工合格后的竣工决算，分别是建设工程的局部和整体的实际造价。工程造价的阶段性十分明确，在不同建设阶段，工程造价的名称、内容、作用是不同的，层层相扣，上一层对下一层起控制作用，这是长期工程实践的总结，也是工程造价管理的需要。

（四）工程造价的职能

工程造价具有一般商品的价格职能（即价值表现、市场交易和调节）外，工程造价还具有其特殊的职能。

1. 预测职能

由于工程造价具有大额性和动态性的特点，无论是投资者还是承包商都要对拟建工程造价进行预先测算。投资者预先测算工程造价，不仅作为项目决策依据，同时也是筹集资金、控制造价的需要。承包商对工程造价的测算，既为投标决策提供依据，也为投标报价和成本管理提供依据。

2. 控制职能

工程造价一方面可以对投资进行控制，即在投资的各个阶段，根据对造价的多次性预估，对造价的全过程进行多层次的控制；另一方面可以对以承包商为代表的商品和劳务供应企业的成本进行控制，在承包价格确定之后，企业的成本开支决定其盈利水平，工程造价提供的信息资料是控制工程成本的基本依据。

3. 评价职能

（1）工程造价是评价投资合理性和投资效益的主要依据。

（2）工程造价是评价土地价格、建筑安装工程产品和设备价格的合理性的依据。

（3）工程造价是评价建设项目偿还贷款能力、获利能力和宏观效益的重要依据。

（4）工程造价是评价承包商管理水平和经营成果的依据。

4. 调控职能

由于工程建设直接关系到经济增长、资源分配和资金流向，对国计民生会产生重大影响，所以政府依据发展状况，在不同时期要对建设规模、结构进行宏观调控，这些调控可用工程造价作为经济杠杆，对工程建设中的物质消耗水平、建设规模、投资方向等进行调控和管理。

二、工程造价管理概述

（一）工程造价管理概念

工程造价管理就是合理确定和有效控制工程造价，是运用科学的原理和方法，在统一目标，各负其责的原则下，为确保工程的经济效益对工程造价所进行的各项工作的总称。合理确定和有效控制工程造价，两者相互依存、相互制约。首先，工程造价的确定是工程造价控制的基础和载体，没有造价的确定就没有造价的控制；其次，造价的控制贯穿于造价确定的全过程，造价的确定过程也就是造价的控制过程，通过逐项控制、层层控制才能最终合理地确定造价，确定造价和控制造价的最终目标是一致的，两者相辅相成。

工程造价管理的目的，不仅在于控制工程项目投资不超过批准的造价限额，更积极的意义在于合理使用人力、物力、财力，以取得最大的投资效益。当前，在建设领域，概算超估算、预算超概算、结算超合同价、决算超预算的“四超”现象十分普遍。导致投资规模失控，工程造价失真，严重影响投资效益。加之建设项目从筹建到竣工投产，经过的环节多，影响因素多，情况变化复杂，使工程建设既具有商品生产的一般属性又不同于一般商品的生产，它是一个复杂的系统工程，工期、建设规模、建设标准、设计和施工规范、技术标准、质量要求等交织在一起，相互影响。而工程造价是上述诸因素的一个综合反映，也是建设、设计、施工单位都十分关心的问题。

工程造价管理决定着建设项目的投资效益，因此要达到的目标，一是造价本身（投入产出比）合理，二是实际造价不超出控制额。在具体管理过程中要遵循商品经济价值规律，健全价格调控机制，培育和规范建筑市场中劳动力、技术、信息等市场要素，企业依据政府和社会咨询机构提供的市场价格信息和造价指数自主报价，建立以市场为主并符合中国国情的价格体系。工程造价管理的对象分客体和主体。客体是工程建设项目，而主体是业主或投资人（建设单位）、承包商或承建商（设计单位、施工企业），以及监理、咨询等机构及其工作人员。由于主体和阶段不同，具体的工程造价管理工作，其管理的范围、内容以及作用各不相同。

（二）现代工程造价管理的发展情况

随着现代管理科学的迅猛发展，到20世纪70年代末工程造价管理理论有了新的突破。这一时期英国提出了“全寿命期造价管理”（Life Cycle Cost Management，LCCM）的工程项目投资评估与造价管理的理论与方法，此理论和方法就是从长期效益出发，应用一系列先进的技术手段和管理方法，统筹规划、建设、生产、运行和退役等各环节，在确保规划合理、工程优质、生产安全、运行可靠的前提下，以项目全寿命周期的整体最优作为管理目标。稍后，美国推出了“全面造价管理”（Total Cost Management，TCM）这一涉及工程项目战略资产管理、工程项目造价管理的概念和理论，它是指有效使用专业知识和专门技术去计划和控制资源、造价、盈利和风险的管理方法。简单地说，全面造价管理是一种管理各种企业、工作、设施、项目产品或服务的全寿命期造价的系统方法，是通过在整个造价管理过程中，以造价工程和造价管理的科学原理、已获验证的技术方法和最新的作业技术作为支持而得以实现的，它包括全过程、全要素、全风险和全团队工程造价管理。我国在20世纪

90年代初提出了全过程造价管理（Whole Process Cost Management，WPCM）的思想和观念。全过程造价管理作为一种全新的造价管理模式，强调建设项目是一个过程，建设项目造价的确定与控制也是一个过程，这是一个项目造价决策和实施的过程。

三、工程造价的合理确定

1. 工程造价合理确定的概念

工程造价的计算与合理确定简称为工程计价，它是指在项目建设的各个阶段，根据有关计价依据和特定的方法，通过编制各类计价文件对拟建工程造价进行的预先测算和确定的过程。即在工程建设全过程中，需根据编制的阶段、依据、深度、广度、目的及其作用的不同，分别确定建设项目投资估算、设计概算、施工图预算、承包合同价（投标报价）、施工预算、工程结算和竣工决算等，如图 1-1 所示。

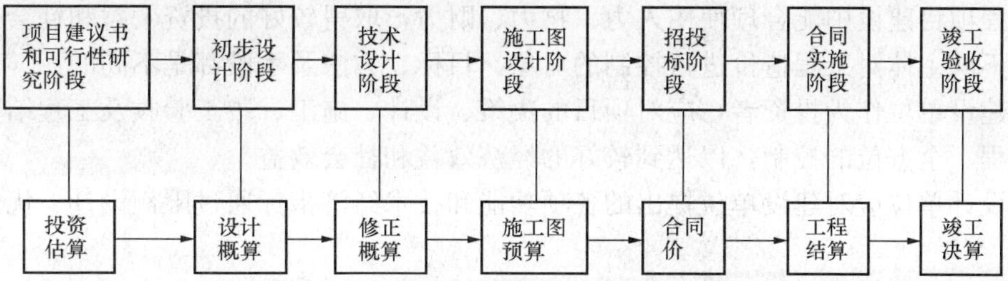

图 1-1 工程计价与建设程序对应示意图
（连线表示对应关系，箭头表示多次计价流程及逐步深化过程）

2. 不同工程造价文件的区别

（1）编制阶段的不同。投资估算是在项目建议书和可行性研究阶段编制的；概算是在初步设计（或技术设计）阶段编制的；施工图预算是在施工图设计阶段中编制的；招投标价格是在工程招投标阶段编制的；施工预算是施工企业在工程实施阶段编制的；工程结算是承包商在工程实施过程中编制的；工程竣工决算是在工程竣工验收交付使用阶段编制的。

（2）编制依据不同。投资估算是依据估算指标和类似工程的有关资料编制的。概算是依据国家发布的有关法律、法规、批准的可行性研究报告及投资估算，现行概算定额或概算指标，费用定额，设计图，有关部门发布的人工、设备、材料价格指数等资料编制的。施工图预算是依据施工图及说明和标准图集，现行预算定额及单位估价表，费用定额，施工组织设计和有关调价文件等资料进行编制的。承包合同价（投标报价）是依据招标文件、清单计价规范和企业定额及市场价格编制的。施工预算是根据施工定额、单位工程施工组织设计或分部分项工程施工方案和降低工程成本技术组织措施等资料编制的。

（3）编制范围不同。概算不仅包括单位工程概算、单项工程概算，还包括工程建设其他费用、预备费、投资方向调节税、建设期贷款利息、经营性项目铺底流动资金在内的建设项目总概算。而施工图预算就是针对一个单项工程分别编制各单位工程施工图预算后进行汇总得出单项工程总造价的文件。投标报价是根据招标文件确定的范围和费用进行确定。

（4）编制方法不同。概算是根据设计图的设计深度、具体的编制资料以及编制的对象不同分别采取不同的编制方法。如建筑工程概算的编制方法有概算定额法、概算指标法和类似工程预算法；设备安装工程概算的编制方法有预算单价法、扩大单价法、设备价值百分比法和综合吨位指标法；施工图预算编制方法有定额计价法（包括单价法和实物法）和清单计价法；确定招投标价格则采用与招标文件或合同价相适应的计价方法；施工预算采用实物单价法。

(5) 编制的主要作用不同。投资估算是决策、筹资和控制造价的主要依据；设计概算是具体工程项目投资控制的最高限额，也是控制施工图预算的依据。施工图预算是控制承发包价格进行工程价款结算的依据；投标报价是签订合同的依据；施工预算是施工企业内部控制工程成本的依据。工程结算是该工程实际支付工程价款的依据；竣工决算是作为建设单位财务部门汇总固定资产的主要依据。

四、工程造价的有效控制

工程造价的有效控制是指在项目投资决策阶段、设计阶段、承发包阶段和项目实施阶段，采取有效措施，随时纠正发生的偏差，把工程造价的发生控制在批准的造价限额以内，以求在工程项目建设中能合理使用人力、物力、财力，取得较好的投资效益和社会效益。工程建设的不同主体对工程造价进行控制的对象、目标、方法及手段都是不同的。

(1) 建设单位作为投资者，应对项目的决策、设计、施工、竣工验收及工程结算与决算进行全过程、全方位的控制，以达到较好的经济效益和社会效益。

(2) 设计单位应对建设单位提出的各项功能和技术经济指标通过限额设计、优化设计进行控制。

(3) 施工单位通过采取技术管理、质量管理、进度管理、物资管理和成本管理等各种措施，使生产的实际成本小于预期成本来控制工程造价。

(4) 中介机构在工程造价的活动中主要起咨询和协调控制的作用。

(5) 政府主管部门通过制定有关法律、法规和规章，从制度上规范参与工程建设的各主体的行为，从宏观上进行造价管理。

工程造价控制的基本原理是：在工程项目建设过程中，首先确定造价控制目标，制定工程费用支出计划，并付诸实施。在计划执行过程中对其进行跟踪检查，收集有关反映费用支出的数据，将实际费用支出额与计划费用支出额进行比较，通过比较发现实际支出额与计划支出额之间的偏差，然后分析产生偏差的原因，并采取有效措施加以控制，以保证造价控制目标的实现。要有效地控制工程造价，应合理设置建设工程造价控制目标，对工程造价进行以设计阶段为重点的建设全过程的控制、主动的控制、技术与经济相结合的控制。

工程造价的确定与控制，在实际工程造价管理过程中是不可分割的，缺一不可，两者是建设工程造价管理的两个方面，没有造价的确定就谈不上进行造价的控制，没有造价的控制就失去了造价确定的意义，概算不能超过投资估算、施工图预算不能超过概算、结算不能超过施工图预算，否则造价就会成为空话。不但要在工程建设的各个阶段合理地确定工程造价，更要采取一定的措施，随时纠正发生的偏差，有效地控制造价，确保工程造价管理最终目标得以实现。

第四节 建设项目的分解及价格的形成

一、工程建设项目的组成

(一) 建设项目

建设项目是指按照一个总体设计进行建造的各个单项工程的总和。建设项目可由一个单项工程或几个单项工程所构成。建设项目在经济上实行独立核算，在行政上具有独立的组织形式。在我国实行建设项目法人负责制，建设项目的实施单位一般称为建设单位。一般以建设项目为对象编制总概算，竣工验收后编制决算。

（二）单项工程

单项工程是建设项目的组成部分。单项工程又称工程项目，是指在一个建设项目中，具有独立的设计文件、可独立承包、竣工后可以独立发挥生产能力和效益的工程，如工业建设项目中的某生产车间、某办公楼或某职工住宅。单项工程的造价是通过编制单项工程综合概预算或清单计价文件来确定的。

（三）单位工程

单位工程是单项工程的组成部分。单位工程是指不能独立发挥生产能力或效益，但具有独立设计的施工图纸，并能独立组织施工的工程。如土建工程（包括建筑物、构筑物）、电气安装工程（包括动力、照明等）、工业管道工程（包括蒸汽、压缩空气、煤气等）、暖卫工程（包括采暖、上下水等）、通风工程和电梯工程等。单位工程的造价是通过编制单位丅程概预算或清单计价文件来确定的。

（四）分部工程

分部工程是单位工程的组成部分，一般是按照单位工程的部位或工种划分的部分工程。例如可将土建工程划分为土方工程、桩基础工程、脚手架及垂直运输工程、砌筑工程、混凝土及钢筋混凝土工程、构件运输安装工程、木结构工程、屋面及防水工程、金属结构制作工程、门窗工程、楼地面工程、装饰工程等分部工程，即工程定额中的“章”。

（五）分项工程

分项工程是分部工程的组成部分，一般是按照分部工程的构造层次、施工方法和材料进一步划分为若十更细的部分，如土方工程可划分为基槽挖土、土方运输、回填土等分项工程。分项工程是建筑安装工程的基本构成因素，是工程计价分项中计算工、料、机及资金消耗最基本的分项单元。

综上所述，一个建设项目是由一个或几个单项工程所组成，一个单项工程是由几个单位工程组成，一个单位工程又可划分为若干个分部、分项工程，而工程计价的编制工作就是从分项工程开始的。

二、建设项目价格的形成

建设项目价格的形成过程，是在首先正确划分分项工程的基础上，用单价乘以工程量得出分项工程费用，将某一分部工程的所有分项工程费用相加求出该分部工程的费用，同理，将属于本单位工程的所有分部工程费用相加，再加上措施费、规费、税金等，可算出该单位工程的造价或承发包价格，再加上工程建设其他费用可依次计算出单项工程、建设项目的概预算价格，如图 1-2 所示。正确地分解编制对象的各分项工程，是有效地计算每个分项工程的工程量、正确编制和套用相应定额、计算每个分项工程单位基价、准确确定工程造价和承发包价格的前提。理解工程价格的形成过程，不仅有利于编制工程造价和招投标文件，同时有利于项目的组织与管理。

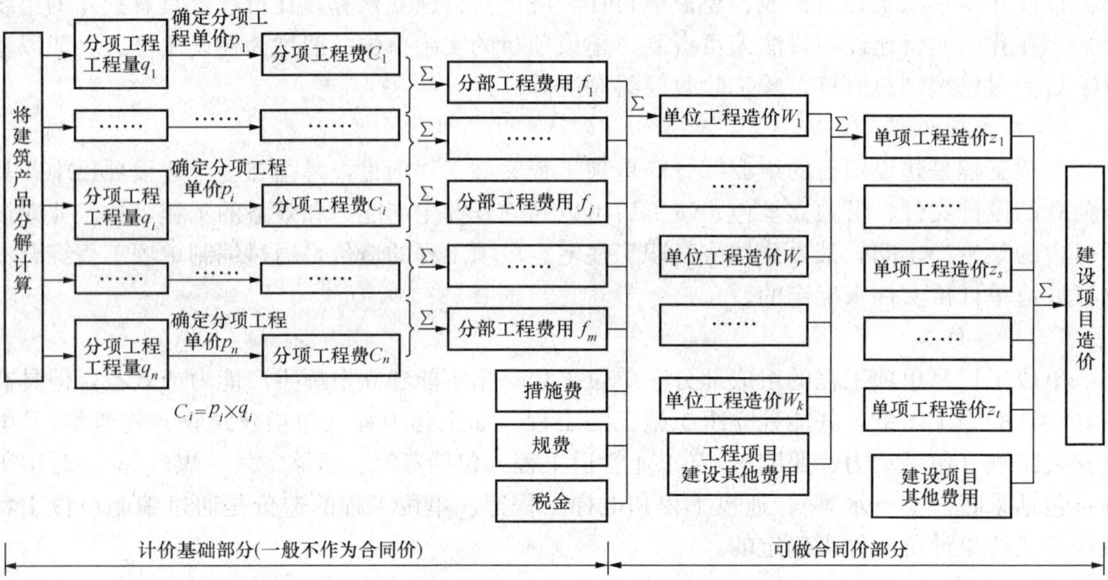

图 1-2 工程建设项目的分解及价格形成过程

第五节 我国工程造价的管理体制

一、工程造价管理体制的概念

工程造价管理体制是指为了合理确定和有效控制工程造价，保证整个工程造价管理工作正常进行，并取得良好的经济效益和社会效益，所制定的一系列工作方法、工作内容和工作程序。它包括各种计价定额的制定与管理，费用项目的组成，有关方针、政策、文件的制定与颁发，造价管理人员的资格培训与管理，工程建设有关各方在工程造价管理工作中的职责、权限和任务。工程造价管理体制是建筑市场运行机制的核心，是工程建设管理制度的重要组成部分。建立健全的工程造价管理体制对维持正常的建设秩序有着非常重要的意义。

二、我国工程造价管理体制的改革

我国造价管理体制改革的目标是要在统一工程量计算规则和统一项目划分基础上，遵循商品价值规律，建立以市场形成价格为主的价格机制，企业依据政府和社会咨询机构提供的市场价格信息和造价指数，结合企业自身实际情况，自主报价，通过市场价格机制的运行，形成统一、协调、有序的工程造价管理体系，达到合理使用投资、有效地控制工程造价、取得最佳投资效益的目的，建立起以法律规范秩序，公开交易规则，竞争形成价格，监管行之有效，与国际惯例全面接轨的工程项目造价管理新模式。改革工程造价管理体制的措施有以下几方面。

（一）建立健全的工程造价管理计价依据，改变计价定额属性

这不是不要定额，而是改变定额作为政府的法定行为，采用企业自行制定定额与政府指导性相结合的方式，在统一项目费用构成、统一项目划分（包括项目名称和编码）、统一项目计量单位、统一工程量计算规则，从而统一计价基础的前提下、由企业根据具体情况制定工程消耗定额。通过完善定额体系，加强对估算指标、概算定额、基础定额、费用定额的编

制工作，跟踪新技术、新工艺、新材料、新结构的出现以及市场价格浮动的实际，适时加以动态调整。

（二）健全法规法制体系

实行“依法治价”、“由市场定价”。在建筑法、合同法、招标投标法的基础上进一步完善法律法规，将工程造价管理以适当的法律文本予以确认，形成政府通过市场来调控企业，通过法规来规范建设各方的体系。

（三）用动态方法研究和管理工程造价

研究如何体现项目投资额的资金时间价值，各地区造价管理机构定期公布设备、材料、工资、机械台班的价格指数及各类工程价格指数，建立工程造价管理信息系统，充分利用现代化通信手段与信息网络技术，实现信息共享，及时为企业提供材料、设备、人工价格信息及造价指数。

（四）健全工程造价管理机构

构建以政府工程造价管理部门为核心的管理层、以造价管理协会为主的智能层、以合法的工程造价中介机构组成的运作层，分别实施政策指导、宏观调控、信息服务、监督检查、客观计价、公正“裁判”，逐步形成从直接管理到间接管理、从行政管理到法规管理、从事后管理到全程管理的体系。

（五）发挥工程造价咨询的作用

工程造价咨询系指面向社会接受委托，承担建设项目的可行性研究、投资估算、项目经济评价、工程概算、预算、工程结算、竣工决算、工程招标标底、投标报价的编制和审核，对工程造价进行监控以及提供有关工程造价信息资料等业务服务。发挥咨询业的咨询、顾问作用，逐渐代替政府行使造价管理的职能，并同时接受政府工程造价管理部门的管理和监督。社会咨询机构将成为一个独立的行业，社会咨询机构公正地开展咨询业务，实施全过程的咨询服务。

（六）改变政府职能

一方面改革现行的工程定额管理方式，实行量、价分离，逐步建立以市场形成价格为主的方式；另一方面，政府应加强宏观管理，逐步建立工程造价的监督检查制度，规范定价行为，确保工程质量和工程建设的顺利进行，减少微观干预，将管理重点放在制定相关的标准和法规，加强工程造价信息的收集、处理和发布上，以适应市场需要。

（七）完善工程招投标制度，引入竞争机制

把竞争机制引入工程造价管理体制，打破以行政手段分配建设任务和施工单位依附于主管部门吃大锅饭的体制，冲破条条割裂、地区封锁，在相对平等的条件下进行招标承包，择优选择工程承包公司和设备材料供应单位，以促使这些单位改善经营管理，提高应变能力和竞争能力，降低工程造价。

（八）推行职业资格制度和注册制度

职业资格包括从业资格和执业资格。从业资格是政府规定专业技术人员从事某种专业技术性工作的学识、技术和能力的起点标准，通过学历认定或考试取得，供用人单位参考；执业资格是被承认具有对某些文件签字的权力，且要负法律责任。分两个层次。

1. 造价员从业资格制度

造价员（2016 年取消该职业资格，以后拟改为助理造价工程师）是指通过考试，取得

《建设工程造价员资格证书》，从事工程造价业务的人员。凡中华人民共和国公民，遵纪守法，具备下列条件之一者，均可按申请参加造价员资格考试：

（1）工程造价专业中专及以上学历。

（2）其他专业中专（或高中）及以上学历，从事工程造价工作满一年。

2．造价师执业资格制度

造价工程师是指经全国造价工程师执业资格统一考试合格，并注册取得《造价工程师注册证》，从事建设工程造价活动的人员。未经注册的人员，不得以造价工程师的名义从事建设工程造价活动。造价工程师只能在一个单位注册执业。凡从事工程建设活动的建设、设计、施工、工程造价咨询等单位和部门，必须在计价、评估、审查（核）、控制及管理等岗位配备有造价工程师资格的专业技术人员。

改革后，造价管理将进入完全的市场化阶段，政府行使间接的协调监督职能。通过完善招标投标制度，规范工程承发包和勘察设计招投标行为，建立统一、开放、有序的建筑市场体系和建立起在国家宏观调控的前提下，以市场形成价格为主的价格机制，根据物价变动、市场供求变化、工程质量、工期等因素，对工程造价依照不同承包方式实行动态管理。最终目的是要建立与国际惯例接轨的工程造价管理体制。

三、工程造价管理的组织系统

工程造价管理的组织是指为实现工程造价管理的目标而进行的有效组织活动，以及与造价管理功能相关的有机群体。工程造价管理的组织包括政府行政管理系统、企事业单位管理系统、工程造价咨询企业和中国建设工程造价管理协会。

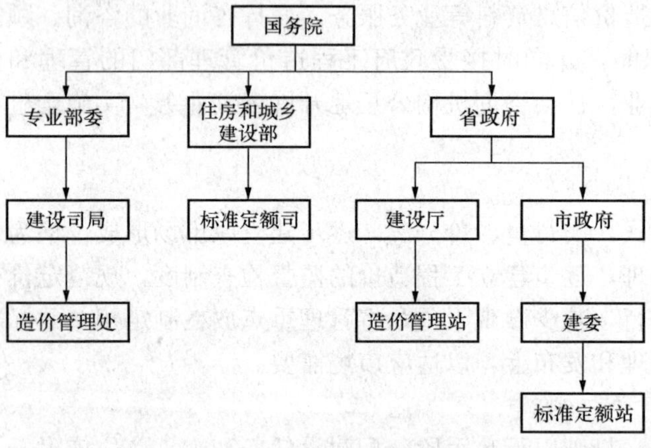

图 1-3 我国现行工程造价管理的政府行政管理系统

（一）政府行政管理系统

政府在工程造价管理中既是宏观管理主体，也是政府投资项目的微观管理主体，工程造价管理始终是各级政府经济工作的重要内容。我国政府有一个十分严密的组织系统对工程造价进行管理，设置了多层管理机构，并规定了管理权限和职责范围。我国现行的工程造价管理的政府组织系统如图 1-3 所示。

（二）企事业单位管理系统

企业或事业单位对工程造价的管理属于微观管理的范畴，如建设单位在项目的前期估算投资并进行经济评价，实施项目招标并编制招标文件及标底，进行评标，在施工阶段通过对设计变更、索赔、结算等进行造价管理和控制工作；设计单位通过限额设计实现造价控制目标；施工单位的造价管理尤为重要，要通过市场调查和自我分析，作出工程估价，研究投标策略进行投标报价，强化索赔意识保护自身权益，加强管理提高竞争力等。工程造价管理是企业管理的重要组成部分，在企业组织架构中一般设有专门造价管理的职能机构，参与企业的日常生产经营活动，收集资料、确定造价并进行控制等，以保证企业经济效益的最大化。

（三）工程造价咨询企业

工程造价咨询企业必须是取得工程造价咨询企业资质证书、具有独立法人资格，接受委托、提供工程造价咨询服务的企业。工程造价咨询企业的资质是指从事工程造价咨询工作应具备的技术力量、专业技能、人员素质、技术装备、服务业绩、社会信誉、组织机构和注册资金等。

工程造价咨询企业的资质实行分级审批和管理。全国工程造价咨询企业的资质管理工作由住房和城乡建设部归口管理。省、自治区、直辖市建设行政主管部门负责本行政区的工程造价咨询企业的资质管理工作，国务院有关部门负责本部门所属的工程造价咨询企业的资质管理工作。我国工程造价咨询企业的等级分为甲、乙、暂定三级。

（四）中国建设工程造价管理协会

协会成立于1990年7月。它的前身是1985年成立的“中国工程建设概预算委员会”。协会的业务范围包括：

研究工程造价管理体制的改革、行业发展、行业政策等理论与实践问题；探讨提高政府和业主项目投资效益、科学预测和控制工程造价，促进现代化管理技术在工程造价咨询行业的运用，向行政部门提供建议；承担工程造价咨询行业和造价工程师执业资格及职业教育等工作，研究相关的规章制度及行业标准，并推动实施；对外代表我国造价工程师组织和工程造价咨询行业；编辑、出版有关刊物和参考资料，组织交流和推广先进经验，举办有关职业培训和研讨活动；维护和增进会员的合法权益，协调解决有关问题，受理相关投诉；指导各专业委员会和地方造价协会的业务工作；组织完成政府有关部门和社会各界委托的其他业务。

目前，在政府机构改革、职能转换中，协会的职能应得到强化。由政府剥离出来的一些工作应该更多地由协会承担。协会已成为与政府沟通的桥梁。

四、我国造价工程师执业资格制度

（一）申请报考条件

凡中华人民共和国公民，遵纪守法并具备以下条件之一者，均可申请参加造价工程师执业资格考试：

（1）工程造价专业大专毕业后，从事工程造价业务工作满5年；工程或工程经济类大专毕业后，从事工程造价业务工作满6年。

（2）工程造价专业本科毕业后，从事工程造价业务工作满4年；工程和工程经济类本科毕业后，从事工程造价业务工作满5年。

（3）获上述专业第二学士学位或研究生毕业并获硕士学位后，从事工程造价业务工作满3年。

（4）获上述专业博士学位后，从事工程造价业务工作满2年。

（二）考试内容

（1）工程造价管理基础理论与相关法规。如投资经济理论、经济法与合同管理、项目管理等知识。

（2）工程造价计价与控制。除掌握基本概念外，主要掌握工程计价与造价控制的理论方法。

（3）建设工程技术与计量（土建、安装）。这一部分分两个专业考试，即建筑工程与安装工程，主要掌握两门专业基本技术知识与计量方法。

(4) 工程造价案例分析。考查考生实际操作的能力。含计算或审查专业工程的工程量，编制或审查专业工程投资估算、概算、预算、控制价、决算、结算，投标报价与评标分析，设计或施工方案技术经济分析，合同管理与索赔，编制补充定额的技能等。

(三) 注册

造价工程师执业资格实行注册登记制度。考试合格人员在取得证书4个月内，到当地省级或部级造价工程师注册管理机构办理注册登记手续。造价工程师注册有效期为3年，再次注册者应经单位考核合格并有继续教育、参加业务培训的证明。

(四) 造价工程师应具备的能力

(1) 具有良好的专业基础知识。

(2) 能采用现代经济分析方法，对拟建项目计算期内投入产出诸多经济要素进行调查、预测、研究、计算和论证，从而选择、推荐较优方案作为投资决策的重要依据。

(3) 能够运用价值工程等技术经济方法，组织评选技术方案，优化设计，使设计在达到必要功能前提下，有效地控制投资项目。

(4) 具有根据图纸和现场情况计算工程量的能力，能够对工程项目进行投资估算、设计概算、施工图预算，编制招标文件及控制价，进行投标报价，能使估价的准确度控制在一定范围之内。

(5) 具有足够的法律和合同知识；要有与承包商谈判的才能和技巧；有获得价格和成本费用信息、资料的能力和分析这些资料的能力。

(五) 造价工程师的执业范围

(1) 工程概算、工程预算、工程量清单、工程结算、竣工决算、工程招标控制价、投标报价的编制、审核。

(2) 建设项目投资估算的编制、审核及项目经济评价。

(3) 建设项目各阶段的工程造价控制。

(4) 工程经济纠纷的鉴定。

(5) 工程变更及合同价的调整和索赔费用的计算。

(6) 工程造价计价依据的编制和审核。

(7) 与工程造价业务有关的其他事项。

关键概念 工程建设 建设程序 投资 工程造价 工程造价管理
造价管理体制 造价员 造价工程师

习 题

1.1 工程建设按建设项目的性质可以划分为哪几类?

1.2 什么是可行性研究?

1.3 什么是两阶段设计，什么是三阶段设计?

1.4 建设项目、单项工程、单位工程、分部工程和分项工程如何划分? 建设项目价格如何形成？举例说明。

1.5 工程造价有哪些职能？

1.6 工程造价有哪些特点？

1.7 什么是工程造价的合理确定和有效控制？

1.8 什么是全寿命期造价管理？

1.9 什么是全面造价管理？它是否包括全过程造价管理？

1.10 什么是预算造价、承包合同价、工程结算价、竣工造价？

1.11 为什么说竣工造价才是建设工程的实际造价？

1.12 工程建设程序的不同阶段和计价内容是如何对应的？

1.13 从业资格和执业资格有什么区别？

1.14 工程造价执业资格有哪些？其报考条件如何？

1.15 简述我国工程造价管理体制改革的内容和措施。

第二章　工程造价费用构成

学习要点

本章详细介绍了我国现行建设工程造价的费用构成及其各组成部分的相关概念和计算方法。通过本章学习应了解影响工程造价构成的因素；熟悉工程造价构成的分类和划分原则；掌握我国建设工程造价的费用构成；重点掌握建筑安装工程费用、设备及工器具购置费用的构成、概念和计算方法；了解工程建设其他费用、预备费用、建设期贷款利息、固定资产投资方向调节税和铺底流动资金的概念与计算方法。

第一节　概　　述

一、工程造价费用构成的概念及意义

（一）工程造价费用构成的概念

工程造价的费用构成是指工程项目建设全过程中所需花费的各类项目费用的分配和归集，类同于企业财务上会计科目的设立和划分。

（二）工程造价费用构成的意义

（1）它是正确归集和分配生产费用的重要前提。

（2）它是准确计算工程造价的先决条件。由于建筑产品交易属于先订货、后生产的期货交易模式，承包单位必须按照政府规定或招标文件或合同规定的计价模式（包括费用划分和计算程式）进行计价、报价，才能准确计算工程造价。

（3）保证了工程造价计算的合理有序、层次分明，以便于归类和检查。

二、建设项目投资的构成

（一）建设项目总投资

建设项目总投资是指投资主体为获取预期收益，在选定的建设项目上投入所需全部资金的经济行为。生产性建设项目总投资包括固定资产投资和包含铺底流动资金在内的流动资产投资两部分，而非生产性建设项目总投资只有固定资产投资，不含流动资产投资。

固定资产投资是投资主体为了特定的目的，以达到预期收益的资金垫付行为。在我国，固定资产投资包括基本建设投资、更新改造投资、房地产开发投资和其他固定资产投资四个部分。建设项目的固定资产投资也就是建设项目的工程造价，二者在量上是等同的；其中建筑安装工程投资也就是建筑安装工程造价，二者在量上也是等同的。这也可以看出工程造价两种含义的同一性。

项目总投资中的流动资金形成项目运营过程中的流动资产，流动资金是指在工业项目投产前预先垫付，在投产后的生产经营过程中用于购买原材料、燃料动力、备品备件，支付工资和其他费用，以及被产品、半成品和其他存货占用的周转资金，这些不构成建设项目总

造价。

（二）静态投资与动态投资

1. 静态投资

静态投资是指在工程计价（投资估算、设计概算和施工图预算）时，以某一基准年、月的建设要素的单价为依据所计算出的工程造价瞬时值。它包括了因工程量误差而可能引起的造价增加，不包括以后因价格上涨等风险因素所增加的投资，也不包括因时间因素而发生的资金利息净支出。静态投资由建筑安装工程费，设备、工器具和生产家具购置费，工程建设其他费用和预备费中的基本预备费等四部分费用组成。静态投资是动态投资最主要的组成部分，也是动态投资的计算基础。

2. 动态投资

动态投资是指为完成一个工程项目的建设，预计投资需要量的总和。它除了包括静态投资所含内容以外，还包括建设期贷款利息、投资方向调节税、涨价预备费、新开征税费，以及由于汇率变动而引起的费用增加等部分的费用。动态投资符合市场价格运动规律的要求，使项目投资的计划、估算、控制更加贴合实际。

三、工程造价构成的分类

根据不同的划分标准，工程造价构成有不同的分类方式。

（一）按照费用的性质不同划分

其工程造价构成有建筑安装工程费用、设备与工器具购置费用、工程建设其他费用、预备费用、建设期贷款利息、固定资产投资方向调节税和经营性项目铺底流动资金。

（二）按照建设项目的组成划分

其工程造价有建设工程造价、单项工程造价、单位工程造价、分部工程造价和分项工程造价。

（三）按照工程建设的过程划分

其工程造价有投资估算造价、设计概算造价、施工图预算造价、合同价、结算造价和决算造价。

需要注意的是设备与工器具购置费用、工程建设其他费用、预备费用、建设期贷款利息、固定资产投资方向调节税和经营性项目铺底流动资金是以建设项目或单项工程作为计价对象，只编制在投资估算造价、设计概算造价中，而不反映在施工图预算造价、合同价和结算价中；建筑安装工程费用一般是以单位工程、分部工程和分项工程作为计价对象，通过编制设计概算、施工图预算、合同价和结算来进行计价，招投标工程还要通过投标报价来确定合同价。

四、工程造价的费用构成

工程造价的费用构成一般是按照工程建设过程中各类支出费用的性质不同进行划分，包括工程建设所需的全部合理费用。目前，我国的建设工程造价的费用构成已基本稳定，并与国际工程十分接近，它由建筑安装工程费用、设备及工器具购置费用、工程建设其他费用、预备费用、建设期贷款利息、固定资产投资方向调节税等构成。具体构成内容见表 2-1 和图 2-1。

表 2-1　　**我国现行工程造价的构成**

		费用项目		参考计算方法
建设项目总造价	(一)建筑安装工程费用	直接费		(实物工程量×定额单价)+措施费
		间接费		(直接费×取费定额)或(人工费×取费定额)
		利润		(直接费+间接费)×利润率或(人工费×利润率)
		税金		(直接费+间接费+利润)×税率
	(二)设备及工具、器具购置费用	设备购置费		设备原价+设备运杂费
		工器具及生产家具购置费		设备购置费×费率
	(三)工程建设其他费用	1. 建设用地使用费	土地征用及迁移补偿费	按有关规定计算
			土地使用权出让金	按有关规定计算
		2. 与项目建设有关的其他费用	建设管理费	按有关规定计算
			勘察设计费	按有关规定计算
			可行性研究费	按有关规定计算
			研究试验费	按有关规定计算
			勘察设计费	按有关规定计算
			环境影响评价费	按有关规定计算
			劳动安全卫生评价费	按有关规定计算
			场地准备及临时设施费	按有关规定计算
			引进技术和进口设备其他费用	按有关规定计算
			工程保险费	按有关规定计算
			特殊设备监督检验费	按有关规定计算
			市政公用设施费	按有关规定计算
			专利及专有技术使用费	按有关规定计算
		3. 与未来企业生产经营有关的其他费	联合试运转费	按有关规定计算
			生产准备及开办费	按有关规定计算
	(四)预备费	基本预备费		[(一)+(二)+(三)]×费率
		涨价预备费		按有关规定计算
	(五)	固定资产投资方向调节税		按有关规定计算
	(六)	建设期贷款利息		按有关规定计算
(七)		铺底流动资金		按有关规定计算

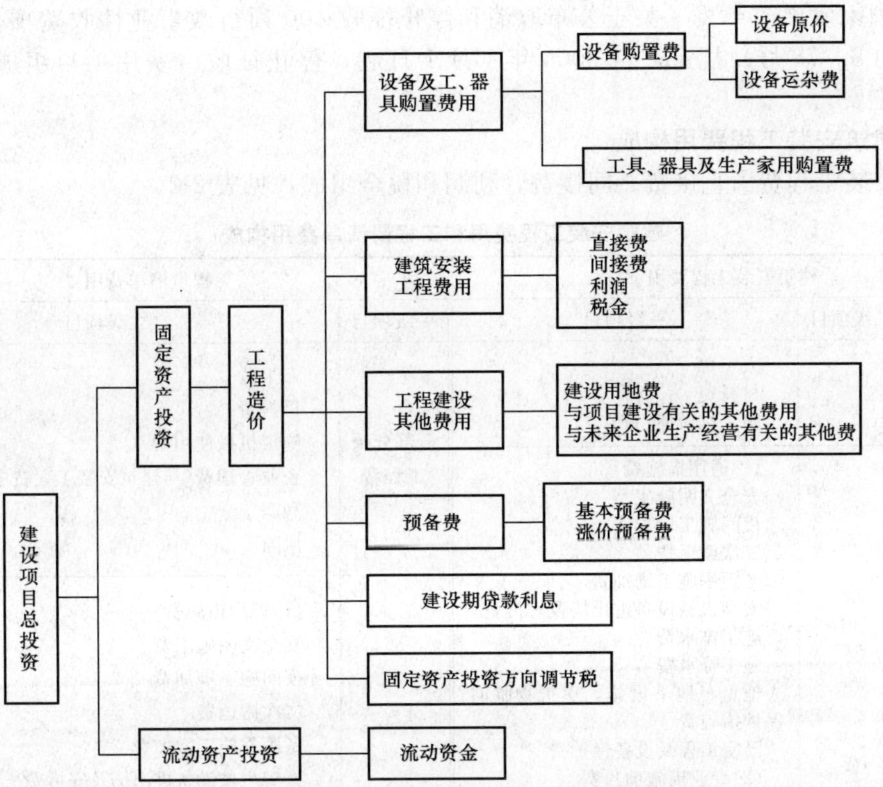

图 2-1 我国现行建设项目总投资及工程造价的构成

第二节 建筑安装工程费用

一、建筑安装工程费用概述

建筑安装工程费用也称为建筑安装工程造价或建筑安装工程价格，它是指施工单位从事建筑安装施工生产活动中所花费的全部费用，包括建筑工程费和安装工程费。建筑安装工程费用是建设工程造价组成的主体和工程造价控制与管理的重点。

建筑工程费是指各类房屋建筑、一般建筑安装工程、室内外装饰装修、各类设备基础、室外构筑物、道路、绿化、铁路专用线、码头、围护等工程费。一般建筑安装工程是指建筑物（构筑物）附属的室内供水、供热、卫生、电气、燃气、通风孔、弱电设备的管道安装及线路敷设工程。

安装工程费包括专业设备安装工程费和管线安装工程费。专业设备安装工程费是指在主要生产、辅助生产、公用等单项工程中需安装的工艺、电气、自动控制、运输、供热、制冷等设备和装置，以及各种工艺管道的安装、衬里、防腐、保温等工程费。管线安装工程费是指供电、通信、自控等管线安装工程费。

为了适应工程计价改革工作的需要，按照国家有关法律、法规，并参照国际惯例，2003 年建设部、中国人民建设银行颁发了建标［2003］206 号文《建筑安装工程费用项目组成》（以下简称《费用项目组成》），并且规定于 2004 年 1 月 1 日施行。2009 年根据财政部、国家发展改革委《关于公布取消和停止征收100项行政事业性收费项目的通知》（财综［2008］78号）规定，自2009年1月1日起，停止征收《费用项目组成》中的工程定额测定费。

二、建筑安装工程费用构成

建筑安装工程费由直接费、间接费、利润和税金组成，见表2-2。

表2-2 建筑安装工程费用和工程量清单费用构成

建筑安装工程费用

一级项目	二级项目	三级项目
直接费	直接工程费	人工费 材料费 施工机械使用费
	措施费	(1)通用措施费 安全文明施工费 夜间施工增加费 二次搬运费 冬雨季施工增加费 大型机械设备进出场及安拆费 施工排水费 施工降水费 地上、地下设施，建筑物临时保护措施费 已完工程及设备保护费 (2)专业措施项目费 如混凝土、钢筋混凝土模板及支架费 脚手架费 垂直运输费等
间接费	规费	工程排污费 社会保障费 住房公积金 危险作业意外伤害保险
	企业管理费	管理人员工资 办公费 差旅交通费 固定资产使用费 工具用具使用费 劳动保险费 工会经费 职工教育经费 财产保险费 财务费 税金 其他
利润	企业利润	
税金	增值税，城市维护建设税，教育费附加，地方教育附加	

工程量清单费用

一级项目	二级项目
分部分项工程费	人工费 材料费 施工机械使用费 企业管理费(与建筑安装工程费中构成相同) 利润 风险
措施项目费	(1)通用措施费 安全文明施工费 夜间施工增加费 二次搬运费 冬雨季施工增加费 大型机械设备进出场及安拆费 施工排水费 施工降水费 地上、地下设施，建筑物临时保护措施费 已完工程及设备保护费 (2)专业措施项目费 如混凝土、钢筋混凝土模板及支架费 脚手架费 垂直运输费等
其他项目费	暂列金额 暂估价 计日工 总承包服务费
规费	工程排污费 社会保障费 住房公积金 危险作业意外伤害保险
税金	增值税 城市维护建设税 教育费附加 地方教育附加

（一）直接费

直接费即工程的直接成本，由直接工程费和措施费组成。

1. 直接工程费

直接工程费是指施工过程中耗费的构成工程实体的各项费用，包括人工费、材料费、施工机械使用费，即

$$直接工程费 = 人工费 + 材料费 + 机械费 \tag{2-1}$$

（1）人工费，是指直接从事建筑安装工程施工的生产工人开支的各项费用，其内容包括基本工资、工资性补贴、生产工人辅助工资、职工福利费、生产工人劳动保护费。

（2）材料费，是指施工过程中耗费的构成工程实体的原材料、辅助材料、构配件、零件、半成品等主要材料的费用，以及工程中耗费的虽不构成工程实体，但有利于工程实体形成的各类消耗性材料费用总和。

（3）施工机械使用费，是指施工机械作业所发生的机械使用费以及机械安拆费和场外运费。施工机械台班单价应由折旧费、大修理费、经常修理费、安拆费及场外运费、人工费、燃料动力费、养路费及车船使用税组成。

2. 措施费

措施费是指为完成工程项目施工，发生于该工程施工前和施工过程中非工程实体项目的费用。具体包括以下内容：

（1）安全文明施工费，包括环境保护费、文明施工费、安全施工费和临时设施费。

1）环境保护费，指施工现场为达到环保部门要求所需要的各项费用。

2）文明施工费，指施工现场文明施工所需要的各项费用。

3）安全施工费，指施工现场安全施工所需要的各项费用。

4）临时设施费，指施工企业为进行建筑工程施工所必须搭设的生活和生产用的临时建筑物、构筑物和其他临时设施费用等。

临时设施包括临时宿舍、文化福利及公用事业房屋与构筑物，仓库、办公室、加工厂，以及规定范围内道路、水、电、管线等临时设施和小型临时设施。

临时设施费用包括临时设施的搭设、维修、拆除费或摊销费。

（2）夜间施工费，指因夜间施工所发生的夜班补助费、夜间施工降效、夜间施工照明设备摊销及照明用电等费用。

（3）二次搬运费，指因施工场地狭小等特殊情况而发生的二次搬运费用。

（4）冬雨季施工费，指因指在冬、雨季施工期间，为保证工程质量，采取保温、防护措施所增加的费用，以及因工效和机械作业效率降低所增加的费用。

（5）大型机械设备进出场及安拆费，指机械整体或分体自停放场地运至施工现场或由一个施工地点运至另一个施工地点，所发生的机械进出场运输及转移费用和机械在施工现场进行安装、拆卸所需的人工费、材料费、机械费、试运转费和安装所需的辅助设施的费用。

（6）施工排水、降水费，指为确保工程在正常条件下施工，采取各种排水、降水措施所发生的各种费用。

（7）混凝土、钢筋混凝土模板及支架费，指混凝土施工过程中需要的各种钢模板、木模板、支架等的支、拆、运输费用，以及模板、支架的摊销（或租赁）费用。

（8）脚手架费，指施工需要的各种脚手架搭、拆、运输费用及脚手架的摊销（或租赁）费用。

（9）已完工程及设备保护费，指竣工验收前，对已完工程及设备进行保护所需费用。

(10) 地上、地下设施，建筑物临时保护措施费。

(11) 垂直运输机械费，指施工需要的塔吊、井架、龙门架、施工电梯、汽车吊等费用。

(二) 间接费

建筑安装工程间接费是指虽不直接由施工的工艺过程所引起，但却与工程的总体条件有关的，建筑安装企业为组织施工和进行经营管理以及间接为建筑安装生产服务的各项费用。间接费由规费、企业管理费组成。

1. 规费

规费是指政府和有关权力部门规定施工企业必须缴纳的费用（简称规费），包括以下内容：

(1) 工程排污费，是指施工现场按规定缴纳的工程排污费。

(2) 社会保障费。

1) 养老保险费，是指企业按规定标准为职工缴纳的基本养老保险费。

2) 失业保险费，是指企业按照国家规定标准为职工缴纳的失业保险费。

3) 医疗保险费，是指企业按照规定标准为职工缴纳的基本医疗保险费。

(3) 住房公积金，是指企业按规定标准为职工缴纳的住房公积金。

(4) 危险作业意外伤害保险，是指按照建筑法规定，企业为从事危险作业的建筑安装施工人员支付的意外伤害保险费。

2. 企业管理费

企业管理费是指建筑安装企业组织施工生产和经营管理所需费用。具体内容包括以下方面：

(1) 管理人员工资，指管理人员的基本工资、工资性补贴、职工福利费、劳动保护费等。

(2) 办公费，指企业管理办公用的文具、纸张、账表、印刷、邮电、书报、会议、水电、烧水和集体取暖（包括现场临时宿舍取暖）用煤等费用。

(3) 差旅交通费，指职工因公出差、调动工作的差旅费、住勤补助费，市内交通费和误餐补助费，职工探亲路费，劳动力招募费，职工离退休、退职一次性路费，工伤人员就医路费，工地转移费以及管理部门使用的交通工具的油料、燃料、养路费及牌照费。

(4) 固定资产使用费，指管理和试验部门及附属生产单位使用的属于固定资产的房屋、设备仪器等的折旧、大修、维修或租赁费。

(5) 工具用具使用费，指管理使用的不属于固定资产的生产工器具、家具、交通工具，以及检验、试验、测绘、消防用具等的购置、维修和摊销费。

(6) 劳动保险费，指由企业支付离退休职工的易地安家补助费、职工退职金、6个月以上的病假人员工资、职工死亡丧葬补助费、抚恤费、按规定支付给离休干部的各项经费。

(7) 工会经费，指企业按职工工资总额计提的工会经费。

(8) 职工教育经费，指企业为职工学习先进技术和提高文化水平，按职工工资总额计提的费用。

(9) 财产保险费，指企业财产保险、管理用车车辆等保险费用。

(10) 财务费，指企业为筹集资金而发生的各种费用。

(11) 税金，指企业按规定缴纳的房产税、车船使用税、土地使用税、印花税等。

（12）其他，包括技术转让费、技术开发费、业务招待费、绿化费、广告费、公证费、法律顾问费、审计费、咨询费等。

（三）利润

利润是指施工企业完成所承包工程获得的盈利。从理论上讲，企业全部劳动成员的劳动，除了因支付劳动力所得的报酬以外，还创造了一部分新增的价值，这部分新增价值凝固在工程产品之中，这部分价值的价格形态就是企业的利润。

在工程量清单计价模式下，利润不再单独体现，而是被分别计入分部分项工程费用、措施项目费和其他项目费当中。

利润是企业追求的主要目标，是企业扩大再生产的基础，也是企业实行经济核算，使企业成为独立经营、自负盈亏的市场竞争主体的前提。因此，合理确定利润水平（利润率）对企业的生存和发展是至关重要的。在投标报价时，要根据企业自身实力、投标策略来确定利润水平，使报价既具竞争力，又能保证其他各方面的利益实现。

（四）税金

税金是指国家税法规定应计入建筑安装工程造价内的增值税、城市维护建设税及教育费附加等。

1. 增值税

增值税是以商品（含应税劳务）在流转过程中产生的增值额作为计税依据而征收的一种流转税，为价外税。建筑业税率为9%。

2. 城市维护建设税

城市维护建设税是我国为了加强城市的维护建设，扩大和稳定城市维护建设资金来源，对有经营收入的单位和个人征收的一种税。

3. 教育费附加

教育费附加是对缴纳增值税、消费税的单位和个人征收的一种附加费。作用是为了发展地方性教育事业，扩大地方教育经费的资金来源。

4. 地方教育附加

地方教育附加是指根据国家有关规定，为实施“科教兴省”战略，增加地方教育的资金投入，促进本省、自治区、直辖市教育事业发展，开征的一项地方政府性基金。该收入主要用于各地方的教育经费的投入补充。

5. 税金计算

税金的计算公式为

增值税＝当期销项金额－当期进项金额　（2-2）

当期销项金额＝不含税工程造价×税率（%）　（2-3）

以陕西省建筑工程为例

不含税工程造价＝（分部分项工程费＋措施项目费＋其他项目费＋规费）×综合系数　（2-4）

城市维护建设税、教育费附加及地方教育附加纳入附加税

附加税＝（分部分项工程费＋措施项目费＋其他项目费＋规费）×税率（%）　（2-5）

其中，纳税地点在市区；县城、镇；及以外的税率分别为0.48、0.41及0.28。综合系数取数举例，如人工土石方工程0.970 2。

三、工程量清单费用构成

依据《计价规范》，工程量清单费用构成除了含有通用建筑安装工程费用内容外，还包括其他项目费用。其他项目费用包括暂列金额、暂估价、计日工和总承包服务费等四项内容，见表2-2。

1. 暂列金额

招标人在工程量清单中暂定并包括在合同价款中的一笔款项。用于施工合同签订时尚未确定或者不可预见的所需材料、设备、服务的采购，施工中可能发生的工程变更、合同约定调整因素出现时的工程价款调整，以及发生的索赔、现场签证确认等的费用。

2. 暂估价

招标人在工程量清单中提供的用于支付必然发生但暂时不能确定价格的材料、设备（指计入建筑安装工程费的设备）的单价，以及拟另行分包专业工程的金额。暂估价包括材料、设备暂估价和专业工程暂估价两部分。

3. 计日工

在施工过程中，完成发包人提出的施工图纸以外的零星项目或工作，按合同中约定的综合单价计价。

4. 总承包服务费

总承包人对发包人另行分包工程进行施工现场协调、服务，对发包人采购设备、材料管理、服务，以及竣工资料汇总整理等服务所需的费用。

第三节　设备及工器具购置费用的构成与确定

设备、工器具购置费用是由设备购置费用和工器具及家具购置费用组成的，它是固定资产投资中的组成部分。一般在生产性建设项目中约占项目投资费用的40%左右。

一、设备购置费的构成及计算

设备购置费是指为工程建设项目的购置或自制达到固定资产标准的设备费用。一般按下式计算

$$设备购置费 = 设备原价 + 设备运杂费 \tag{2-6}$$

设备原价是指国产标准设备、国产非标准设备、进口设备的原价。设备运杂费是指除设备原价之外与设备采购、运输、途中包装及仓库保管等方面支出有关的费用总和。

（一）国产设备原价的构成及计算

国产设备原价是指设备制造厂的交货价，即出厂价，或订货合同价。它一般根据生产厂商或供应商的询价、报价、合同价确定，或采用一定的方法通过计算确定。国产设备分为国产标准设备和国产非标准设备。

1. 国产标准设备原价

国产标准设备是指按照主管部门颁布的标准图纸和技术要求，由我国设备生产厂批量生产的，符合国家质量检验标准的设备。国产标准设备原价一般指的是设备制造厂的交货价，即出厂价。如果设备由设备成套公司供应，则以订货合同价为设备原价。国产标准设备的原价有两种，即带有备件的原价和不带备件的原价，计算时一般按带有备件的原价。

2. 国产非标准设备原价

国产非标准设备是指国家尚无定型标准，不能成批定点生产，只能按一次订货，并根据具体的设计图纸制造的设备。非标准设备原价有多种不同的计算方法，通常有以下几种方法：

（1）成本计算估价法，计算式为

非标准设备原价 = 制造成本 + 利润 + 增值税 + 设计费　(2-7)

1）制造成本，计算式为

制造成本 = 主要材料费 + 加工费 + 辅助材料费 + 专用工具费 + 废品损失费 + 外购配套件费 + 包装费　(2-8)

主要材料费 = 材料净重 ×（1 + 加工损耗系数）× 每吨材料综合价格　(2-9)

加工费 = 设备总重量 × 设备每吨加工费（包括生产工人工资和工资附加费、燃料动力费、设备折旧费、车间经费等）　(2-10)

辅助材料费 = 设备总重量 × 辅助材料费（包括焊条、焊丝、氧气、氩气、氮气、电石、油漆等费用）指标　(2-11)

专用工具费 =（主要材料费 + 加工费 + 辅助材料费）× 一定百分比率　(2-12)

废品损失费 =（主要材料费 + 加工费 + 辅助材料费 + 专用工具费）× 一定百分比率　(2-13)

外购配套件费，按设备设计图纸所列的外购配套件价格加运杂费计算。

包装费 =（主要材料费 + 加工费 + 辅助材料费 + 专用工具费 + 废品损失费 + 外购配套件费）× 一定百分比率　(2-14)

2）利润，计算式为

利润 =（主要材料费 + 加工费 + 辅助材料费 + 专用工具费 + 废品损失费 + 包装费）× 一定利润率　(2-15)

3）增值税，计算式为

增值税 = 当期销项税额 − 进项税额 = 销售额（制造成本 + 利润）× 税率 − 进项税额　(2-16)

4）非标准设备设计费，按国家规定的设计收费标准计算。

（2）扩大定额估价法，计算式为

非标准设备原价 = 材料费 + 加工费 + 其他费 + 设计费　(2-17)

材料费 = 设备净重 ×（1 + 加工损耗系数）× 每吨材料综合价格　(2-18)

$$\text{加工费} = \frac{\text{加工费比重}}{\text{材料费比重}} \times \text{材料费} \tag{2-19}$$

$$\text{其他费} = \frac{\text{其他费比重}}{\text{材料费比重}} \times \text{材料费} \tag{2-20}$$

设计费 =（材料费 + 加工费 + 其他费）× 设计费费率　(2-21)

（3）类似设备估价法。

在类似或系列设备中，当只有一个或几个设备没有价格时，可根据其邻近已有设备价格按下式确定拟估设备的价格，即

$$P = \frac{\frac{P_1}{Q_1} + \frac{P_2}{Q_2}}{2} Q \tag{2-22}$$

式中　P——拟估非标准设备原价；

Q——拟估非标准设备总重；

P_1, P_2——已生产的同类非标准设备价格；

Q_1, Q_2——已生产的同类非标准设备质量。

(4) 概算指标估价法。

根据各制造厂或其他有关部门收集的各种类型非标准设备的制造价或合同价资料，经过统计分析综合平均得出每吨设备的价格，再根据该价格进行非标准设备估价的方法，称为指标估价法。计算公式为

$$P = QM \tag{2-23}$$

式中 P——拟估非标准设备原价；

Q——拟估非标准设备净重；

M——该类设备单位重量的理论价格。

(二) 进口设备原价的构成与计算

进口设备原价是指进口设备的抵岸价，即抵达买方国家的边境港口或边境车站，且交完关税后所形成的价格。

1. 进口设备的交货方式

(1) 内陆交货类。它是指卖方在出口国内陆的某个地点交货。

(2) 目的地交货类。它是指卖方在进口国的港口或者内地交货，主要有目的港船上交货价、目的港船边交货价（FOS价）、目的港码头交货价（关税已付）和完税后交货价（进口国指定地点）等几种交货价。

(3) 装运港交货类。它是指卖方在出口国装运港交货，主要有装运港船上交货价（FOB价），也称离岸价、运费在内价（C&F价）、运费和保险费在内价（CIF价），也称到岸价等几种交货价。

装运港船上交货价（FOB价）是我国进口设备采用最多的一种货价。采用FOB价时卖方的责任是在规定的期限内，负责在合同规定的装运港口将货物装上买方指定的船只，并及时通知买方；负担货物装船前的一切费用和风险；负责办理出口手续；提供出口国政府或有关方面签发的证件；负责提供有关装运单据。买方的责任是负责租船或订舱，支付运费，并将船期、船名通知卖方；负担货物装船后的一切费用及风险；负责办理保险及支付保险费，办理在目的港的进口和收货手续；接受卖方提供的有关装运单据，并按合同规定支付货款。

2. 进口设备原价的构成及计算

当进口设备采用的是装运港船上交货价（FOB价）时，其抵岸价的构成为

$$\begin{aligned}\text{进口设备原价} = {} & \text{货价} + \text{国际运费} + \text{运输保险费} + \text{银行财务费} + \\ & \text{外贸手续费} + \text{关税} + \text{增值税} + \text{消费税} + \\ & \text{海关监管手续费} + \text{车辆购置手续费}\end{aligned} \tag{2-24}$$

(1) 货价（FOB价）。进口设备货价分为原币货价和人民币货价。原币货价一律折算为美元来表示，人民币货价按原币货价乘以外汇市场美元兑换人民币中间价确定。进口设备货价按有关生产厂商询价、报价、订货合同价计算。

(2) 国际运费。它是指从装运港（站）到达我国抵达港（站）的运费。我国进口设备大部分采用海洋运输，小部分采用铁路运输，个别采用航空运输。

$$\text{国际运费} = \text{原币货价} \times \text{运费费率} \tag{2-25}$$

$$\text{国际运费} = \text{运量} \times \text{单位运价} \tag{2-26}$$

其中，运费费率或单位运价参照有关部门或进出口公司的规定执行。

(3) 运输保险费。承保进口货物的保险金额一般是按进口货物的到岸价格计算。

$$运输保险费 = \frac{原币货价(FOB价) + 国外运费}{1 - 保险费率} \times 保险费费率 \tag{2-27}$$

具体可参照中国人民保险公司有关规定进行。

(4) 银行财务费。它是指中国银行为办理进口商品业务而计取的手续费，一般可按下式简化计算

$$银行财务费 = 人民币货价(FOB价) \times 财务费费率(一般为0.4\% \sim 0.5\%) \tag{2-28}$$

(5) 外贸手续费。它是指我国的外贸部门为办理进口商品业务而计取的手续费，可按下式计算

$$外贸手续费 = 到岸价格(CIF价) \times 外贸手续费费率(一般为1.5\%) \tag{2-29}$$

其中，到岸价格（CIF 价）包括离岸价（FOB 价）、国际运费、运输保险费等费用，同时它也作为关税的完税价格。

(6) 关税。它是指国家海关对引进的成套及附属设备、配件等征收的一种税费，按到岸价格计算，即

$$关税 = 到岸价格(CIF价) \times 关税税率 \tag{2-30}$$

其中，关税税率按我国海关总署发布的进口关税税率计算。

(7) 增值税和消费税。增值税是我国政府对从事进口贸易的单位和个人，在进口商品报关进口后征收的税种。我国规定，进口应税产品均按组成计税价格依税率直接计算应纳税额，不扣除任何项目的金额或已纳税额，即

$$进口产品增值税额 = 组成计税价格 \times 增值税税率 \tag{2-31}$$

$$组成计税价格 = 完税价格 + 关税 + 消费税 \tag{2-32}$$

消费税作为增值税的辅助税种，对部分进口设备征收，即

$$应纳消费税额 = \frac{到岸价 + 关税}{1 - 消费税税率} \times 消费税税率 \tag{2-33}$$

其中，消费税税率根据规定的税率计算。

(8) 海关监管手续费。它是指海关对进口减税、免税、保税货物实施监督、管理、提供服务的手续费。对于全额征收进口关税的货物不计本项费用。其计算公式如下

$$海关监管手续费 = 到岸价 \times 海关监管手续费费率(一般为0.3\%) \tag{2-34}$$

(9) 车辆购置附加费。进口车辆需缴进口车辆购置附加费。其公式如下

$$进口车辆购置附加费 = (到岸价 + 关税 + 增值税) \times 进口车辆购置附加费 \tag{2-35}$$

(三) 设备运杂费的确定

国产设备运杂费是指由制造厂仓库或交货地点运至施工工地仓库或设备存放地点为止，所发生的运输及杂项费用。进口设备国内运杂费是指进口设备由我国到岸港口或边境车站起到工地仓库止，所发生的运输及杂项费用。其内容包括以下几方面。

1. 运费

运费包括从交货地点到施工工地仓库所发生的运费及装卸费。

2. 包装费

包装费是指对需要进行包装的设备在包装过程中所发生的人工费和材料费。该费用若已

计入设备原价的则不再另计；没有计入设备原价又确实需要进行包装的，则应在运杂费内计算。

3. 采购保管和保养费

采购保管和保养费是指设备管理部门在组织采购、供应和保管设备过程中所需的各种费用，包括设备采购保管和保养人员的工资、职工福利费、办公费、差旅交通费、固定资产使用费、检验试验费等。

4. 供销部门手续费

供销部门手续费是指设备供销部门为组织设备供应工作而支出的各项费用。该项费用只有在从供销部门取得设备的时候才产生。供销部门手续费包括的内容与采购保管和保养费包括的内容相同。

设备运杂费的计算公式为

$$\text{设备运杂费} = \text{设备原价} \times \text{设备运杂费费率} \tag{2-36}$$

设备运杂费率一般由各主管部门根据历年设备购置费统计资料，分不同地区，按占设备总原价的一定百分比确定。

二、工具、器具及生产家具购置费的构成及计算

工器具及生产家具购置费是指新建项目或扩建项目初步设计规定所必须购置的不够固定资产标准的设备、仪器工具、生产家具和备品备件等的费用。其一般计算公式为

$$\text{工器具及生产家具购置费} = \text{设备购置费} \times \text{工器具及生产家具定额费率} \tag{2-37}$$

其中，工器具及生产家具定额费率按照相关部门或行业的规定计取。

第四节　工程建设其他费用

一、土地使用费

土地使用费是指通过划拨方式取得土地使用权而支付的土地征用及迁移补偿费，或者通过土地使用权出让方式取得土地使用权而支付的土地使用权出让金。

（一）土地征用及迁移补偿费

土地征用及迁移补偿费，是指建设项目通过划拨方式取得无限期的土地使用权，依照《中华人民共和国土地管理法》等规定所支付的费用。其总和一般不得超过被征土地年产值的20倍，土地年产值则按该地被征用前3年的平均产量和国家规定的价格计算。其内容包括土地补偿费，青苗补偿费和被征用土地上的房屋、水井、树木等附着物补偿费，安置补助费，缴纳的耕地占用税或城镇土地使用税、土地登记费及征地管理费，征地动迁费，水利水电工程水库淹没处理补偿费。

（二）土地使用权出让金

土地使用权出让金是指建设项目通过土地使用权出让方式，取得有限期的土地使用权，依照规定支付的土地使用权出让金。

（1）国家是城市土地的唯一所有者，并分层次、有偿、有限期地出让、转让城市土地。第一层次是城市政府将国有土地使用权出让给用地者，该层次由城市政府垄断经营。出让对象可以是有法人资格的企事业单位，也可以是外商。第二层次及以下层次的转让则发生在使用者之间。

(2) 城市土地的出让和转让可采用协议、招标、公开拍卖等方式。

1) 协议方式是由用地单位申请，经市政府批准同意后双方洽谈具体地块及地价。该方式适用于市政工程、公益事业用地，以及需要减免地价的机关、部队用地和需要重点扶持、优先发展的产业用地。

2) 招标方式是在规定的期限内，由用地单位以书面形式投标，市政府根据投标报价、所提供的规划方案以及企业信誉综合考虑，择优而取。该方式适用于一般工程建设用地。

3) 公开拍卖是指在指定的地点和时间，由申请用地者叫价应价，价高者得。这完全是由市场竞争决定，适用于盈利高的行业用地。

(3) 在有偿出让和转让土地时，政府对地价不作统一规定，但应坚持以下原则。

1) 地价对目前的投资环境不产生大的影响。

2) 地价与当地的社会经济承受能力相适应。

3) 地价要考虑已投入的土地开发费用、土地市场供求关系、土地用途和使用年限。

(4) 政府有偿出让土地使用权的最高年限为：住宅用地年限为70年；工业用地年限为50年；教育、科技、文化、卫生、体育用地年限为50年；商业、旅游、娱乐用地年限为40年；综合或者其他用地年限为50年。住宅建设用地使用权期间届满的，自动续期。

(5) 土地有偿出让和转让。土地使用者和所有者要签约，明确使用者对土地享有的权利和对土地所有者应承担的义务。

1) 有偿出让和转让使用权，要向土地受让者征收契税。

2) 转让土地如有增值，要向转让者征收土地增值税。

3) 在土地转让期间，国家要区别不同地段、不同用途向土地使用者收取土地占用费。

二、与项目建设有关的其他费用

(一) 建设管理费

建设管理费是指建设单位从项目筹建开始直至办理竣工决算为止发生的项目建设管理费用，内容包括建设单位管理费和工程监理费。

(1) 建设单位管理费：是指建设单位发生的管理性质的开支。具体包括工作人员工资、工资性补贴、施工现场津贴、职工福利费、住房基金、基本养老保险费、基本医疗保险费、失业保险费、工伤保险费，办公费、差旅交通费、劳动保护费、工具用具使用费、固定资产使用费、必要的办公及生活用品购置费、必要的通信设备及交通工具购置费、零星固定资产购置费、招募生产工人费、技术图书资料费、业务招待费、设计审查费、工程招标费、合同契约公证费、法律顾问费、咨询费、工程质量监督检测费、审计费、完工清理费、竣工验收费、印花税和其他管理性质开支。

$$\text{建设单位管理费} = \text{单项工程费用之和(包括设备工器具购置费和建筑安装工程费用)} \times \text{建设单位管理费率} \tag{2-38}$$

建设单位管理费率按照建设项目的不同性质、不同规模确定。有的建设项目按照建设工期和规定的金额计算建设单位管理费。

(2) 工程监理费：工程监理费是指建设单位委托工程监理单位对工程实施监理工作所需费用。建设工程监理制是我国工程建设领域管理体制的重大改革，根据国家物价局、建设部《关于发布工程建设监理费用有关规定的通知》等文件规定，选择下列方法之一计算：

1) 一般情况应按工程建设监理收费标准计算，即按所监理工程概算或预算的百分比计算，一般为0.03%～2.5%。

2）对于单工种或临时性项目可根据参与监理的年度平均人数按3.5万元～5万元/(人·年)计算。

（二）可行性研究费

可行性研究费是指在建设项目前期工作中，编制和评估项目建议书（或预可行性研究报告）、可行性研究报告所需的费用。可行性研究费可依据前期研究委托合同计算，或按照《国家计委关于印发〈建设项目前期工作咨询收费暂行规定〉的通知》（计投资［1999］1283号）的规定计算。

（三）勘察设计费

勘察设计费是指为本建设项目提供项目建议书、可行性研究报告及设计文件等所需费用。具体内容包括：

(1) 编制项目建议书、可行性研究报告及投资估算、工程咨询、评价，以及为编制上述文件进行勘察、设计、研究试验等所需费用。

(2) 委托勘察、设计单位进行初步设计、施工图设计及概预算编制等所需费用。

(3) 在规定范围内由建设单位自行完成的勘察、设计工作所需费用。

勘察设计费中，项目建议书、可行性研究报告按国家颁布的收费标准计算；设计费按国家颁布的工程设计收费标准计算；勘察费，一般民用建筑6层以下的按3～5元/m^2计算，高层建筑按8～10元/m^2计算，工业建筑按10～12元/m^2计算，即

$$勘察设计费 = 建筑面积 \times 收费标准 \tag{2-39}$$

（四）研究试验费

研究试验费是指为建设项目提供和验证设计参数、数据、资料等进行的必要的研究试验以及设计规定在施工中必须进行试验、验证所需费用。研究试验费按照设计单位根据本工程项目的需要提出的研究试验内容和要求进行计算。

（五）建设单位场地准备及临时设施费

建设单位场地准备及临时设施费是指建设期间建设单位所需临时设施的搭设、维修、推销费用或租赁费用。临时设施包括临时宿舍、文化福利及公用事业房屋与构筑物、仓库、办公室、加工厂以及规定范围内的道路、水、电、管线等临时设施。该项费用，一般按照建筑安装工程费用的1%计算；改扩建工程项目一般可按小于建筑安装工程费用的0.6%计算。

（六）工程保险费

工程保险费是指建设项目在建设期间根据需要实施工程保险所需的费用，包括以各种建筑工程及其在施工过程中的物料、机器设备为保险标的建筑工程一切险，以安装工程中的各种机器、机械设备为保险标的安装工程一切险，以及机器损坏保险等。

（七）引进技术和进口设备的其他费用

引进技术及专利技术使用费包括：

(1) 国外设计及技术资料费，引进有效专利、专有技术使用费和技术保密费；出国人员费用、国外工程技术人员来华费用、分期或延期付款利息、担保费以及进口设备检验鉴定费。

(2) 国内有效专利、专有技术使用费。

(3) 商标使用费、特许经营权费等。

(八) 特殊设备安全监督检验费

特殊设备安全监督检验费是指在施工现场组装的锅炉及压力容器、消防设备、燃气设备、电梯等特殊设备和设施，由安全监察部门按照有关安全监察条例和实施细则以及设计技术要求进行安全检验，应由建设项目支付的、向安全监察部门缴纳的费用。

(九) 市政公用设施建设及绿化费

市政公用设施建设及绿化费是指项目建设单位按照项目所在地人民政府有关规定缴纳的市政公用设施建设费，以及绿化补偿费等。

(十) 劳动安全卫生评价费

劳动安全卫生评价费是指按照劳动部《建设项目劳动安全卫生监察规定》和《建设项目劳动安全卫生预评价管理办法》的规定，为预测和分析建设项目存在的职业危险、危害因素的种类和危险危害程度，并提出先进、科学、合理可行的劳动安全卫生技术和管理对策所需的费用。劳动安全卫生评价费包括编制建设项目劳动安全卫生预评价大纲和劳动安全卫生预评价报告书，以及为编制上述文件所进行的工程分析和环境现状调查等所需费用。

(十一) 环境影响评价费

环境影响评价费系指按照环境保护法等规定，为全面、详细评价本建设项目对环境可能产生的污染或造成的重大影响所需的费用，包括编制环境影响报告书和评估环境影响报告书等所需的费用。

三、与企业未来生产经营有关的其他费用

(一) 联合试运转费

联合试运转费是指新建项目或新增加生产能力的工程，在交付生产前按照批准的设计文件所规定的工程质量标准和技术要求，进行整个生产线或装置的负荷联合试运转或局部联动试车所发生的费用净支出(试运转支出大于收入的差额部分费用，以及必要的工业炉烘炉费)。试运转支出包括试运转所需原材料、燃料及动力消耗、低值易耗品、其他物料消耗、工具用具使用费、机械使用费、保险金、施工单位参加试运转人员工资，以及专家指导费等；试运转收入包括试运转期间的产品销售收入和其他收入。

联合试运转费不包括应由设备安装工程费用开支的调试及试车费用，以及在试运转中暴露出来的因施工原因或设备缺陷等发生的处理费用。

(二) 生产准备及开办费

生产准备费是指建设项目为保证正常生产(或营业、使用)而发生的人员培训费、提前进厂费，以及投产使用初期必备的生产生活用具、工器具等购置费用。费用内容包括：

(1) 人员培训费及提前进厂费：自行组织培训或委托其他单位培训的人员工资、工资性补贴、职工福利费、差旅交通费、劳动保护费、学习资料费等。

(2) 为保证初期正常生产、生活(或营业、使用)所必需的生产办公、生活家具用具购置费。改、扩建项目所需的办公和生活用具购置费应低于新建项目。其范围包括办公室、会议室、资料档案室、阅览室、文娱室、食堂、浴室、理发室、单身宿舍和设计规定必须建设的托儿所、卫生所、招待所、中小学校等家具用具购置费。这项费用按照设计定员人数乘以综合指标计算，一般为(600～800)元/人。

(3) 为保证初期正常生产(或营业、使用)必需的第一套不够固定资产标准的生产工具、器具、用具购置费（不包括备品备件费）。

第五节 预备费、贷款利息、调节税和铺底资金

一、预备费

按我国现行规定，预备费包括基本预备费和涨价预备费。

（一）基本预备费

基本预备费是指在初步设计及概算内难以预料的工程费用，费用内容包括：

（1）在批准的初步设计范围内，技术设计、施工图设计和施工过程中所增加的工程费用以及设计变更、局部地基处理等增加的费用。

（2）一般自然灾害造成的损失和预防自然灾害所采取的措施的费用。实行工程保险的工程项目费用应适当降低。

（3）竣工验收时为鉴定工程质量对隐蔽工程进行必要的挖掘和修复费用。

基本预备费＝（设备及工器具购置费＋建筑安装工程费用＋工程建设其他费用）×基本预备费率 (2-40)

基本预备费率的取值应执行国家及部门的有关规定。

（二）涨价预备费

涨价预备费是指建设项目在建设期间内由于价格等变化引起工程造价变化的预测预留费用。费用内容包括人工、设备、材料、施工机械的价差费，建筑安装工程费及工程建设其他费用调整，利率、汇率调整等增加的费用。

涨价预备费的测算方法，一般根据国家规定的投资综合价格指数，按估算年份价格水平的投资额为基数，采用复利方法计算。计算公式为

$$PF = \sum_{t=1}^{n} I_t[(1+f)^t - 1] \tag{2-41}$$

式中 PF——涨价预备费；

n——建设期年份数；

I_t——建设期中第 t 年的投资计划额，包括设备及工器具购置费、建筑安装工程费、工程建设其他费用及基本预备费；

f——年均投资价格上涨率。

【例 2-1】 某项目的静态投资为 60 892 万元，按本项目进度计划，项目建设期为 3 年，3 年的投资分年使用比例为第一年 25%，第二年 40%，第三年 35%，建设期内年平均价格变动率预测为 5%。试估计该项目建设期的涨价预备费。

解 第一年投资计划用款额为

$$K_1 = 60\,892 \times 25\% = 15\,223.00 \text{ 万元}$$

第一年涨价预备费为

$$PC_1 = K_1[(1+i)-1] = 15\,223.00 \times [(1+5\%)-1] = 761.15 \text{ 万元}$$

第二年投资计划用款额为

$$K_2 = 60\,892 \times 40\% = 24\,356.80 \text{ 万元}$$

第二年涨价预备费为

$$PC_2 = K_2[(1+i)^2 - 1] = 24\ 356.80 \times [(1+5\%)^2 - 1] = 2496.57 \text{万元}$$

第三年投资计划用款额为

$$K_3 = 60\ 892 \times 35\% = 21\ 312.20 \text{万元}$$

第三年涨价预备费为

$$PC_3 = K_2[(1+i)^3 - 1] = 21\ 312.20 \times [(1+5\%)^2 - 1] = 3359.34 \text{万元}$$

所以，建设期的涨价预备费为

$$PC = PC_1 + PC_2 + PC_3 = 761.15 + 2496.57 + 3359.34 = 6617.06 \text{万元}$$

计算涨价预备费要注意以下问题：

（1）涨价预备费系按开工至竣工的合理建设工期计算，未包括编制年至工程开工时止这段时间因物价上涨所增加的费用。

（2）概算的投资总额度是否突破投资估算的总额度，应将投资估算调整至与概算相同年份的价格水平相比较，避免因采用的价格水平年份不同而影响投资的正确比较。

二、建设期贷款利息

建设期贷款利息包括向国内银行和其他非银行金融机构贷款、出口信贷、外国政府贷款、国际商业银行贷款，以及在境内外发行的债券等在建设期间内应偿还的贷款利息。建设期贷款利息实行复利计算。

（1）对于贷款总额一次性贷出利率固定的贷款，按下式计算

$$F = P \times (1+i)^n \tag{2-42}$$

贷款利息

$$L = F - P \tag{2-43}$$

式中　P——一次性贷款金额；

F——建设期还款时的本利和；

i——年利率；

n——贷款年限。

（2）当贷款是分年均衡发放时，建设期利息的计算可按当年借款在年中支用考虑，即当年贷款按半年计息，上年贷款按全年计息。计算公式为

$$q_j = \left(P_{j-1} + \frac{1}{2}A_j\right)i \tag{2-44}$$

式中　q_j——建设期第 j 年应计利息；

P_{j-1}——建设期第（$j-1$）年末贷款累计金额与利息累计金额之和；

A_j——建设期第 j 年贷款金额。

国外贷款利息的计算中，还应包括国外贷款银行根据贷款协议向贷款方以年利率的方式收取的手续费、管理费、承诺费；国内代理机构经国家主管部门批准的以年利率的方式向贷款单位收取的转贷费、担保费、管理费等。

三、固定资产投资方向调节税

固定资产投资方向调节税是我国政府自 1991 年起向我国境内进行固定资产投资的单位和个人征收的固定资产投资方向调节税。其目的是贯彻国家产业政策，控制投资规模，引导投资方向，调整投资结构，加强重点建设，促进国民经济持续稳定协调发展，对在我国境内进行固定资产投资的单位和个人（不含中外合资经营企业、中外合作经营企业和外商独资企业）征收

固定资产投资方向调节税，简称投资方向调节税，目前暂停征收，但该税种并未取消。

四、建设项目铺底流动资金

经营项目铺底流动资金指经营性项目为保证生产和经营正常进行，按规定应列入建设项目总资金的铺底流动资金。它的估算对于项目规模不大且同类资料齐全的可采用分项估算法，其中包括劳动工资、原材料、燃料动力等部分；对于大项目及设计深度浅的可采用指标估算法。一般加工工业项目多采用产值（或销售收入）进行估算，一些采掘工业项目采用经营成本（或总成本）资金率进行估算，有些项目如火电厂按固定资产价值资金率进行估算。

第六节　全过程工程造价构成的影响因素

分析工程造价构成的影响因素，不能仅局限于研究建筑安装工程费用对于工程造价构成的影响，还需研究其他多方面的影响因素，尤其是项目建设前期，虽然此阶段投资费用不大，但其影响程度最大，而此阶段又是历来造价控制的薄弱环节。

一、投资决策和设计阶段构成要素的影响

控制造价必须从投资决策和设计阶段开始抓起，该阶段是控制造价的关键。

投资决策阶段确定的市场调查、建设规模、建设标准、生产工艺、建设地点等直接影响到后期的投资费用。

设计阶段的建筑选型、设计标准、建筑材料、工艺设计、建筑层高、占地面积、功能分区、设备及采用的结构类型这些要素都影响投资额。因此，设计阶段控制造价是非常关键和行之有效的。

二、建筑安装工程费用构成要素的影响

建筑安装工程费用是工程造价构成中最主要的构成要素，是工程建设中最活跃的部分，同时也是建筑市场交易行为的主要评定内容。它包括工程成本（即直接费和间接费）、利润和税金，其中以工程成本的影响最大。

（一）工程成本的影响

工程成本由人工费、材料费、施工机械使用费、措施费和间接费等构成。

（1）人工费的影响。由于工程施工手工劳动量大，用工多，故人工费支出相对较多。人工费在工程成本中的地位仅次于材料费，在工程造价中呈较为复杂的状态。人工费的多少取决于用工量和人工单价。人工单价取决于劳动生产率和国家的分配政策。劳动生产率高，用工省，但人工单价高；国家的分配总趋势也是人工费逐渐提高以改善人民生活，故使人工单价呈逐渐提高趋势。要控制人工费，既要立足于企业现有的技术和工艺水平，对用工量进行实事求是地估量，又要对人工单价进行估计和控制。

（2）材料费的影响。建设项目往往体形庞大，耗用材料多，因此对工程造价影响最大的是材料费，约占建安工程造价的60％～70％。在市场经济条件下，材料价格受市场供应状况左右，材料单价的浮动直接影响着材料费，从而较大幅度地影响工程成本，进而影响工程造价。因此，要控制工程造价，就要重点控制材料价格，要在经营环节上下工夫，加强市场预测，采购质高价廉适用的材料；在设计中，要使设计使用的材料符合价值工程的客观经济规律，充分合理发挥材料性能，尽量避免不合理设计造成材料的浪费；同时在施工中，要特别注意材料的现场管理，在储存、保管、领取、使用等各环节中把好关，尽量节约材料。这

样就可以在工程造价的管理中取得主动权。

（3）施工机械使用费的影响。随着机械化劳动水平的不断提高，施工机械使用费在工程成本中的地位越来越重要。它在工程成本中的比重根据工程施工难易而变化，并与人工费有反比关系。需要机械作业越多，机械化水平越高，其比重越大。施工机械使用费具体的反映就是机械台班费。机械台班单价的高低与采用的机械来源有关；如机械是租来的，单价便由机械租赁市场决定；如机械是企业自己的，则单价取决于折旧费与使用费。所以控制机械使用费首先要优选机械来源，其次要估准台班费，再次要提高机械使用效率，最后要加强保养与维修，提高完好率。

（4）措施费的影响。措施费是发生在工程上的费用，但不能分配到每个分项工程上，实际上是一种综合性费用，反映了施工方法和施工能力，一方面要通过加强责任制予以节约，另一方面要搞好施工设计，加强施工管理，尽量减少或避免不必要的开支。

（5）间接费的影响。间接费包括规费和企业管理费用。间接费的计取，都是按直接费或人工费乘以取费定额计算。因此，除企业（或总部）加强控制，做好经营管理，节约开支外，间接费的影响仍然反映的是直接费或人工费的影响。

（二）利润和税金的影响

但在市场经济条件下，所说的利润是指经营利润，是合同价格减去工程成本和必缴税费的余额。承包商的要求很明确：既要竞争取胜，又要利润高些；对投资者来说，既希望工程质量好些，又希望承包商利润低些。如何使价格适宜，使投资者和承包商都能接受，这是经营决策中的问题。至于税费，最终的承担者是建设单位，是国家决定的必须上缴部分，不是投资者和承包商所能决定的，承包商应当确保上缴税费，并计入工程承包价格。

三、市场条件的影响

市场条件的影响有两点：一是供求状况；二是竞争状况。

（一）供求状况的影响

对建筑安装工程造价，市场供求状况能产生影响的不是建筑产品，而是生产要素。在诸多生产要素中，人工费用发生的变化并不会很大，因为我国建筑市场中人力的供应总是处于供大于求的状态。人工费由于涉及国家的劳动政策和人民生活水平的增长，属政府调节，所以需求价格弹性指数很小甚至无弹性。

对工程造价构成最有影响的还有材料价格和机械台班价格。这是因为就某一种材料或某种机械设备来讲，当供大于求时，则价格降低，相应工程造价中的材料费和机械费减少；反之，当供小于求时，则价格升高，相应工程造价中的材料费和机械台班费增加。所以材料价格和机械台班费价格是有弹性的，既有供给弹性，又有需求弹性。

（二）竞争状况的影响

当今我国建筑市场，施工力量供应远远大于施工需求，故建筑市场的竞争主要表现为承包商之间的竞争。承包商之间的竞争主要表现在价格上，在招投标条件下，一般采用低价中标，低价成为中标的先决条件，为了中标，承包商竞相压价。作为投资者，会利用买方市场这一特殊的优势（也是买方与卖方竞争中买方的既定优势）压价发包，并在施工过程中对工程变更和索赔导致的价格调整持保守态度。这种在价格上的不平等地位，使承包商承担着比投资者更大的价格风险，投资者利用担保的手段（投标担保、履约担保、预付款担保、保修担保等）向承包商大量转移风险。

四、经营管理因素的影响

经营管理因素包含了计价依据、计价方式、合同种类、投资者和承包商的造价管理活动及效果、结算方式等。对于投资者和承包商来说，计价依据并不完全相同，但最基本的计价所依据的是图纸和市场价格水平。图纸的详细影响计价的准确程度。计价方式有设计概算计价、施工图预算计价、工程量清单计价、竞争定价等，不同的计价方式会产生不同的计价结果。合同有总价合同、单价合同、可调价合同、成本加酬金合同等。不同种类的合同会使定价有不同结果，也会影响施工中合同价格变更的结果和合同的结算方式。工程结算方式很多，不同的结算方式及结算时的调整会导致竣工结算价格的差异性。

五、其他影响因素

工程造价构成的其他影响因素还有许多，如建设行政主管部门的规定；国家的法律、法规、价格政策、金融政策、税收政策、建设政策、外汇政策等；固定资产投资规模、方向、结构及方式；国家及行业的技术发展水平、经济发展水平及宏观管理水平等。

总而言之，影响工程造价构成的因素很多，而且各个影响因素不是孤立存在的，是相互联系、相互作用、相互影响的，因此不能孤立地处置某个因素。工程造价无论是合同确定的还是最终按实结算的，都是大量影响因素综合的结果。在进行工程造价管理时，应多角度、全面合理地对待影响工程造价构成的各种因素。

关键概念 建筑安装工程费　直接工程费　措施费　间接费　规费　税金　工程建设其他费　工程造价构成的影响因素

习　　题

2.1　直接费由哪些费用组成？间接费由哪些费用组成？

2.2　工程量清单费用有哪些组成？

2.3　建筑安装工程费用和工程量清单费用构成有什么区别？

2.4　分部分项工程费由哪些组成？

2.5　措施项目费是如何划分的？

2.6　设备购置费由哪些费用组成，如何计算国产标准设备的购置费？

2.7　建设用地费包括哪些内容？

2.8　涨价预备费如何计算？

2.9　影响工程造价的因素有哪些？

2.10　某建设项目建设期为6年，建设期贷款利息按复利计算，年利率为8%，每年贷款金额均为300万元，问建设期第5年应计的利息为多少？

2.11　某建设项目建安工程费5000万元，设备购置费3000万元，工程建设其他费用2000万元，已知基本预备费5%，项目建设前期年限为1年，建设期为3年，各年投资计划额为，第一年完成投资20%，第二年完成60%，第三年完成20%，建设期内年平均价格变动率预测为6%，求建设项目建设期间涨价预备费。

第三章　建设工程定额计价方法

学习要点

本章首先介绍了定额计价法的基本原理，重点介绍了建设工程定额的概念，建设工程定额的编制原理，施工定额、基础定额、概算定额、概算指标及投资估算指标的概念、编制原理及编制依据和建筑安装工程费用定额的概念。通过本章学习掌握建设工程定额的概念、特性和作用；掌握建设工程定额的编制原理和方法；熟悉企业定额、施工定额、基础定额、概算定额、概算指标、投资估算指标及费用定额的概念、编制原理及编制依据；掌握它们之间的区别与联系；重点掌握施工定额和基础定额的编制方法；掌握基础单价和单位估价表的编制。

第一节　概　　述

建设工程产品的价格是在一定的工程建设管理体制下，按照一定的建设工程产品交易方式形成的。不同的建设管理体制和经济发展时期，有着不同的建设工程产品价格形式、不同的价格形成机制和不同的计价方法与体系。我国现阶段主要有两种计价方法，即定额计价方法和工程量清单计价方法。

一、定额计价法基本原理

1. 定额计价的概念

定额计价，就是根据制定的工程定额，对工程产品价格实行统一有序的计价与管理，这也是我国长期采用的一种方法即概预算计价体制，这是一种部分保留计划经济特色的工程造价管理制度。

2. 定额计价的基本原理

定额计价方法，是根据工程设计文件和有关计价依据，按工程定额划分的定额项目计算各分项工程量，乘以此分项工程的工料单价，计算出各分项工程直接工程费和技术性措施项目费，汇总各分项工程直接工程费即可得到该单位工程的直接工程费，再按照取费标准（费率）确定保障性措施项目费、间接费、利润和税金，即为建筑安装工程费。定额计价程序如图 3-1 所示。

二、定额的概念及作用

（一）建设工程定额的概念

所谓定，就是规定；额，就是额度或限度。定额就是规定的额度或限度，即标准。

在现代社会中，为了生产某一种合格产品，都要消耗一定数量的人工、材料、机具以及资金等。这种消耗数量受生产条件的影响，因此是各不相同的。根据一定时期的生产水平和产品的质量要求，规定出一个合理的消耗标准，这个标准就称为定额。

建设工程定额是指按照国家有关的产品标准、设计、施工验收规范、相关质量和安全评定标准，颁发的用于规定完成某一单位建筑合格产品所必须消耗的人工、材料、机械等的消

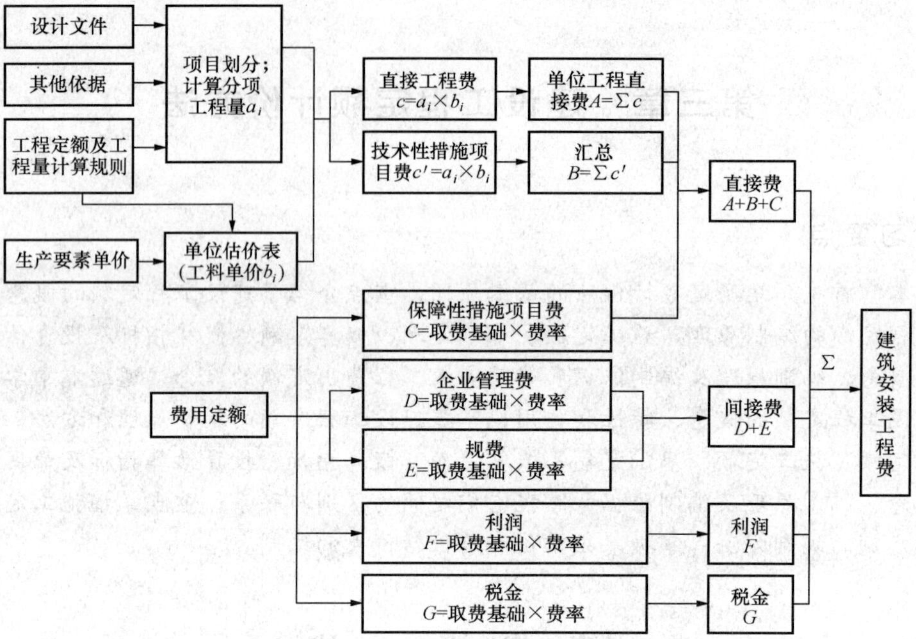

图 3-1 定额计价程序示意图

耗量标准。该标准是在一定的社会生产发展水平条件下，完成建筑工程中的某项合格产品与各种生产消耗之间特定的数量关系，它反映了在一定的社会生产力水平条件下建筑安装工程的施工管理和技术水平。

（二）建设工程定额的作用

建设工程定额是企业进行科学管理的必备条件，它具有以下几个方面的作用。

1. 建设工程定额是提高劳动生产率的重要手段

施工企业要节约成本，增加盈利和收入，就必须提高劳动生产率。而提高劳动生产率的主要措施是贯彻执行各种定额，把提高劳动生产率的任务落实到每一个班组和个人，促使他们改善操作方式、方法，进行合理的劳动组织，以最少的劳动量投入到相同的生产任务中。

2. 建设工程定额有利于市场行为的规范化，促使市场公平竞争

建设工程定额是投资决策和价格决策的依据，对于投资者和施工企业都有着相应的作用。对于投资者来说，可以根据定额权衡财务状况、方案优劣、支付能力等；对于施工企业来说，为其在投标报价时提出科学的、充分的数据和信息，从而可以正确地进行价格决策，增加在市场竞争中的主动性。

3. 建设工程定额有利于完善市场的信息系统

定额中的数据来源于市场，来源于大量的施工实践，也就是说定额中的数据是市场信息的反馈。信息的可靠性、灵敏度对于定额的管理相当重要。当信息越可靠、完备性越好、灵敏度越高时，定额中的数据就越准确，这对于通过建设工程定额所反映的工程造价就较为真实；反之，就必须主动完善市场信息。

三、定额的产生和发展

1. 定额的产生

定额管理成为科学是从泰罗制开始的。美国工程师泰罗（F. W. Taylor）通过科学试验，

对工作时间的合理利用进行了细致的研究，把工人在工作中的工作时间划分为若干个组成部分，如划分为基本工作时间、准备与结束工作时间、辅助工作时间、不可避免的休息时间等，然后用秒表来测定完成各项工作所需的劳动时间，在此基础上制订了工时消耗定额，作为衡量工人工作效率的标准。在研究工人工作时间的同时，泰罗又把工人在劳动过程中的操作过程分解为若干个操作步骤，去掉那些多余和无效的动作，制定出最能节省时间的操作方法，以达到提高工效的目的，可见工时消耗定额是建立在先进合理的操作方法的基础上制定的。

2. 我国定额的发展

我国定额的产生由来已久。早在北宋时期，我国就有由著名的古代土木建筑学家李诫在公元 1100 年编修的《营造法式》。后来又有清工部的《工程做法则例》，其中有很多内容是说明工料计算方法的。但是直到中华人民共和国成立以后，我国的建设工程定额才逐渐建立和日趋完善并成熟发展起来。在 20 世纪 50 年代吸取了前苏联定额编制工作的经验，20 世纪 70 年代后期又参考和借鉴了欧美和日本等国家对定额进行科学管理的方法，同时结合我国建筑工程发展的情况，编制了切实可行的定额。1955 年建工部编制了全国统一的建筑安装工程预算定额。1957 年国家建委在 1955 年定额的基础上进行了修订，重新编制了全国统一的建筑工程预算定额。这以后国家建委又将预算定额的编制和管理工作下放到省、市、自治区。1981 年国家建委组织编制了《建筑工程预算定额（修改稿）》。1992 年建设部又制定了《全国统一建筑装饰工程预算定额》。1995 年建设部颁发了《全国统一建筑工程基础定额（土建部分）》。而后各省、市、自治区又在此基础上先后修订和编制了本地区的建筑工程预算定额。2002 年建设部颁布了《全国统一建筑装饰装修工程消耗量定额》。定额每隔 3～5 年就要修编一次，修编工作已经进入了常态化。

四、定额的特性

在社会主义市场经济条件下，定额具有以下几个特性。

1. 科学性

定额是采用科学的态度，运用科学的方法，在研究施工生产客观规律，通过长期观察、测定及广泛收集资料的基础上制订的。在制订过程中，必须对现场的工时、机具及现场生产技术和组织合理的配备等各种情况进行科学的综合分析、研究，因而定额具有科学性。

2. 指导性

计划经济下的定额具有指令性，定额一经制定颁发，在其执行范围内应遵守执行，不得随意变更定额内容与水平，以保证全国或某一地区或企业范围内有一个统一的核算尺度，从而使考核经济效果和有效监督管理有了统一的依据。随着我国工程造价管理制度的改革，定额从指令性逐步过渡为指导性。统一定额可作为各地区和各行业的指导性依据，起着造价控制的作用，规范建设市场的交易行为；而在进行投标报价或成本核算、成本控制时，各企业可以根据市场的变化和自身情况，自主调整自己的决策。

3. 稳定性和时效性

定额反应了一定时期社会生产力水平，是该时期内技术水平和管理水平的反应。定额与当前的生产力水平相适应，这就是定额的稳定性。但是定额还具有时效性，当生产力水平和管理水平发生变化时，就应及时修编新定额或调整、补充原有定额。因而定额在某一时期内具有相对的稳定性，并在该时期内具有相应的效力。

4. 统一性

定额的统一性，主要是由国家的宏观调控职能决定的。为了使国民经济按既定的目标发展，需要借助定额，对生产进行组织、协调和控制。定额作为一种衡量的尺度，必须有一个统一的标准才能对项目的决策、设计方案、投标报价、成本控制等进行比较和评价，于是定额在全国或编制建设工程定额一定的区域范围内是统一的。

五、建设工程定额的分类

(1) 按生产要素可分为劳动定额、材料消耗定额、机械台班定额。

(2) 按定额编制程序和用途可分为施工定额、基础定额（或消耗量定额）、概算定额、概算指标与估算指标等。

(3) 按专业不同可分为建筑工程定额（又称土建定额）、装饰装修工程定额、安装工程定额（包括电气工程、暖卫工程、通信工程、工艺管道、热力工程、筑炉工程、制冷、仪表、电信等安装工程定额）、市政工程定额、园林绿化工程定额等。

(4) 按编制单位和执行范围可分为全国统一定额、地方定额、企业定额、行业定额和临时定额。

第二节　建设工程定额编制原理

任何工程建设都需要投入一定的人工、材料和机械设备。建设工程定额的一个重要作用就为工程建设中的资源配置提供依据。建设工程定额原理就是研究工程建设中人工、材料和机械的消耗，其中工时研究是确定定额消耗量乃至计算工程成本的最基础工作。

一、工时研究

工时研究就是工作时间研究，这是技术测定的基本步骤和内容之一，也是编制劳动定额的基础工作。工时研究包括两个部分，动作研究和时间研究。

动作研究又称为工作方法研究，其目的是制定出一种最可取的工作方法；时间研究又称为时间衡量，是指在一定的标准测定条件下，确定工人作业活动所需时间总量的一套程序和方法。研究施工中的工作时间最主要的目的是确定施工的时间定额或产量定额。工时研究还可以用于编制施工作业计划，检查劳动效率和定额执行情况，决定机械操作的人员组成，组织均衡生产，选择更好的施工方法和机械设备，确定工程的计划成本以及作为计算工人劳动报酬的基础。但这些用途和目的都以确定时间定额或产量定额为基础。

二、施工过程研究

1. 施工过程的概念

施工过程是指在建筑工地范围内所进行的生产过程。施工过程是由不同工种、不同技术等级的建筑工人完成的，并且需要一定的劳动对象如建筑材料、半成品、预制品等，以及一定的劳动工具如手工工具、小型工具和机械等。

2. 施工过程的分类

按施工过程的完成方法不同，可分为手工操作过程（手动过程）、机械化过程（机动过程）和机手并动过程（半机械化过程）。

按施工劳动分工的特点不同，可以分为个人完成的过程、工人班组完成的过程和施工队完成的过程。

按施工过程组织上的复杂程度，可以分为工序、工作过程和综合工作过程。它们之间的关系如图 3-2 所示。

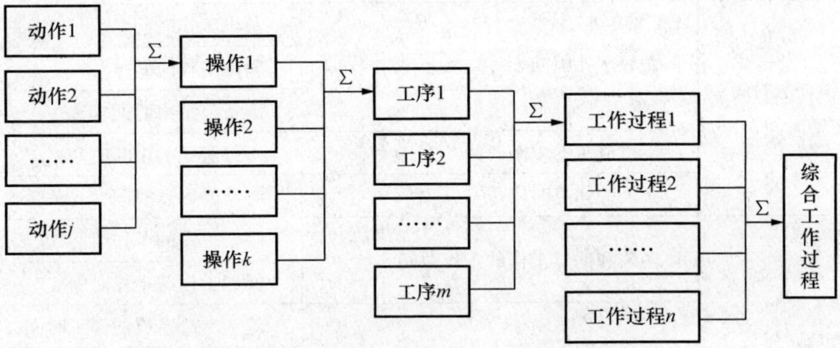

图 3-2　施工过程组成图

（1）工序。工序是指组织上分不开和技术上相同的施工过程。它的主要特点是：工人班组、工作地点、工具和材料都不发生变化，如果其中一个发生变化，就意味着从一个工序转入了另一个工序。工序是工艺方面最简单的施工过程。如果从劳动过程来看，工序又可以分解为操作和动作。

施工动作是施工工序中最小的可以测算的部分。施工操作是一个施工动作接一个施工动作的综合。每一个动作和操作都是完成施工工序的一部分。

（2）工作过程。工作过程是由同一工人或同一小组所完成的在技术操作上互相有机联系的工序的综合体。它的主要特点是：工人班组、工作地点不变，工具和材料则可以发生变化。如砌墙和勾缝，抹灰和刷浆。

（3）综合工作过程。它是同时进行、在组织上有机联系在一起、最终能获得一种产品的施工过程的总和。如浇灌混凝土的施工过程是由调制、运送、浇灌和捣实等工作过程组成。

三、工人工作时间消耗的分类

工人在工作班内消耗的工作时间按其消耗的性质分为必需消耗的时间和损失时间。必需消耗的时间是指工人在正常施工条件下，为完成一定数量合格产品所必需消耗的时间。它是制订定额的主要依据。损失时间是指与产品生产无关，但与施工组织和技术上的缺陷有关，与工人在施工过程的个人过失与某些偶然因素有关的时间消耗，不能计入定额时间。通过对工人工作时间的研究，明确哪些属于定额时间，哪些属于非定额时间；找出造成非定额时间的原因，以便采取技术和组织措施，消除非定额时间，提高工作效率。

1. 必需消耗的时间

必需消耗的时间包括有效工作时间、工人必需的休息时间以及不可避免的中断时间。工人工作时间的分类见表 3-1。

（1）有效工作时间。从生产效果来看，是与产品生产直接有关的工作时间消耗。有效工作时间又包括基本工作时间、辅助工作时间以及准备与结束时间。

1）基本工作时间是指工人完成一定合格产品的施工工艺过程所必需消耗的时间。如浇筑混凝土、预制构件的组合成型等。基本工作时间的消耗与生产工艺、操作方法、工人的技术熟练程度有关，并与任务的大小成正比。

表 3-1　　　　工人工作时间分类表

<table>
<tr><th colspan="2">时间性质</th><th colspan="2">时 间 分 类 构 成</th></tr>
<tr><td rowspan="10">工人工作时间</td><td rowspan="5">必需消耗的时间（定额时间）</td><td rowspan="3">有效工作时间</td><td>基本工作时间</td></tr>
<tr><td>辅助工作时间</td></tr>
<tr><td>准备与结束时间</td></tr>
<tr><td>不可避免的中断时间</td><td>不可避免的中断时间</td></tr>
<tr><td>必需的休息时间</td><td>必需的休息时间</td></tr>
<tr><td rowspan="5">损失时间（非定额时间）</td><td rowspan="2">多余和偶然工作的工作时间</td><td>多余工作的工作时间</td></tr>
<tr><td>偶然工作的工作时间</td></tr>
<tr><td rowspan="2">停工时间</td><td>施工本身造成的停工时间</td></tr>
<tr><td>非施工本身造成的停工时间</td></tr>
<tr><td>违背劳动纪律所引起的时间损失</td><td>违背劳动纪律所引起的时间损失</td></tr>
</table>

2）辅助工作时间是指与施工过程的技术作业没有直接关系，而是为保证基本工作能够顺利完成进行的辅助工作所必需消耗的时间。辅助工作时间长短与工作量大小没有关系。

3）准备与结束时间是指为工作的开始做准备和工作结束后的整理工作所必需消耗的时间。通常与工程量大小无关，而与工作性质有关。

(2) 不可避免的中断时间。它是指由于工程本身、施工过程中技术、组织或施工工艺特点引起的工作中断所必需消耗的时间。

(3) 工人必需的休息时间。它是指工人工作过程中由于劳累所必须进行短暂、合理休息的时间，该时间主要是为了保证工人体力的恢复，因此在时间定额中应该计算。

2. 损失时间

损失时间包括多余和偶然工作、停工、违背劳动纪律所引起的时间损失。

(1) 多余和偶然工作，包括多余工作引起的时间损失和偶然工作引起的时间损失。

1）多余工作是工人进行了任务以外的而又不能增加产品数量的工作，如对质量不合格的墙体返工。多余工作的时间损失一般是由于工程技术人员和工人的差错引起的，不能作为必需消耗的时间。

2）偶然工作是工人进行了任务以外的并且能增加产品数量的工作，如抹灰工不得不补上偶然遗漏的墙洞等。从偶然工作的性质看，不应考虑它是必需消耗的时间，但由于它能获得一定产品，也可适当考虑。

(2) 停工时间。它是工作班内停止工作造成的时间损失。根据其性质可分为施工本身造成的停工时间和非施工本身造成的停工时间。

1）施工本身造成的停工时间是由于施工组织不善、材料供应不及时、工作面准备工作做得不好、工作地点组织不良等情况引起的停工时间。

2）非施工本身造成的停工时间是由于气候条件以及水源、电源中断引起的停工时间。由于自然条件的影响而又不在冬、雨期施工范围内的时间损失，应予以合理的考虑作为必需消耗的时间。

(3) 违背劳动纪律所引起的时间损失。它是指工人在工作班内擅自离开工作岗位、迟到早退、工作时间办私事等造成的时间损失，此项时间损失不应允许存在，在定额中不能考虑。

【例 3-1】 某工人小组砌筑一砖外墙，共花费基本工作时间 140min，准备与结束时间 15min，辅助时间 15min，不可避免中断时间 16min，必要休息时间 20min，工人聊天 9min，停工 10min，请计算工人小组砌筑此外墙的必需消耗时间。

解 工人聊天和停工时间属于损失时间。

工人小组的必需消耗时间＝140＋15＋15＋16＋20＝206min

四、机械工作时间消耗的分类

机械工作时间也可分为必需消耗的时间和损失时间，机械工作时间的分类见表 3-2。

表 3-2　机械工作时间分类表

时间性质		时间分类构成	
机械工作时间	必需消耗的时间（定额时间）	有效工作时间	正常负荷下的工作时间
			有根据地降低负荷下的工作时间
			低负荷下的工作时间
		不可避免的无负荷工作时间	不可避免的无负荷工作时间
		不可避免的中断时间	与工艺过程特点有关的中断时间
			与机械有关的中断时间
			工人必需的休息时间
	损失时间（非定额时间）	多余工作时间	多余工作时间
		停工时间	施工本身造成的停工时间
			非施工本身造成的停工时间
		违背劳动纪律所引起的时间损失	违背劳动纪律所引起的时间损失

1. 必需消耗的时间

必需消耗的时间包括有效工作、不可避免的无负荷工作和不可避免的中断三项时间消耗。

（1）有效工作时间包括正常负荷下、有根据地降低负荷下和低负荷下工作的时间消耗。

1）正常负荷下的工作时间是机械在与说明书规定负荷相符的情况下进行工作的时间。

2）有根据地降低负荷下的工作时间是在个别情况下机械由于技术上的原因，在低于其计算负荷下工作的时间。

3）低负荷下的工作时间是由于工人或技术人员的过错所造成的施工机械在降低负荷的情况下工作的时间。此项工作时间不能完全作为必需消耗的时间。

（2）不可避免的无负荷工作时间。它是由于施工过程的特点和机械结构的特点造成的机械无负荷工作时间，如载重汽车在工作时间的单程“放空车”等。

（3）不可避免的中断时间。它是与工艺过程的特点、机械的使用和保养、工人休息有关的不可避免的中断时间。

2. 损失的工作时间

损失的工作时间包括多余工作、停工和违背劳动纪律所消耗的工作时间。

五、工时定额测定

工时定额测定方法有测时法、写实记录法和工作日写实法等。

（一）测时法

测时法主要适用于测定那些定时重复的循环工作的工时消耗，是精度较高的一种计时观测法。主要测定有效工作时间中的基本工作时间。测时法分为选择测时法和连续测时法两种具体方法。

选择测时法，要分开测定完成某一施工过程的各个工序。每一工序开始时，观测者立即按下秒表；当该工序结束时，立即停止秒表，此刻秒表显示的时间就是所测工序的延续时间。当下一个工序开始时，再启动秒表。如此依次观察，并依次记录延续时间。表 3-3 为选择测时法的实例。

表 3-3　选择测时法记录表

<table>
<tr><td colspan="3" rowspan="2">观察对象：
空心板吊装</td><td colspan="2">施工
单位</td><td colspan="2">工地</td><td colspan="2">观测
日期</td><td colspan="2">开始
时间</td><td colspan="2">终止
时间</td><td colspan="2">延续时间</td><td>观察号次</td><td>页次</td></tr>
<tr><td colspan="2"></td><td colspan="2"></td><td colspan="2"></td><td colspan="2">8：30</td><td colspan="2">10：30</td><td colspan="2">2h</td><td></td><td></td></tr>
<tr><td colspan="3" rowspan="2">观测精度：1s</td><td colspan="14">施工过程名称：塔式起重机(TQ3-8t)吊装空心板</td></tr>
<tr><td colspan="14">产品数量：每循环一次吊装预制板一块，每块重 1.2t</td></tr>
<tr><td rowspan="3">序号</td><td rowspan="3">工序</td><td rowspan="3">定时点</td><td colspan="10">观察次数</td><td colspan="3">记录整理</td><td rowspan="3">备注</td></tr>
<tr><td colspan="10">单位：s/块</td><td rowspan="2">正常延续时间总和</td><td rowspan="2">有效循环次数</td><td rowspan="2">算术平均值</td></tr>
<tr><td>1</td><td>2</td><td>3</td><td>4</td><td>5</td><td>6</td><td>7</td><td>8</td><td>9</td><td>10</td></tr>
<tr><td>1</td><td>挂钩</td><td>挂钩后松手离开吊钩</td><td>19</td><td>19</td><td>17</td><td>18</td><td>19</td><td>19</td><td>17</td><td>35
①</td><td>17</td><td>19</td><td>164</td><td>9</td><td>18.2</td><td rowspan="6">①挂了两次钩
②超过了构件堆放地点</td></tr>
<tr><td>2</td><td>上升回转</td><td>回转结束后停止</td><td>63</td><td>62</td><td>63</td><td>63</td><td>65</td><td>64</td><td>66</td><td>63</td><td>62</td><td>65</td><td>636</td><td>10</td><td>63.6</td></tr>
<tr><td>3</td><td>下落就位</td><td>就位后停止</td><td>49</td><td>47</td><td>48</td><td>49</td><td>47</td><td>46</td><td>48</td><td>49</td><td>46</td><td>48</td><td>477</td><td>10</td><td>47.7</td></tr>
<tr><td>4</td><td>脱钩</td><td>脱钩后开始回升</td><td>23</td><td>25</td><td>26</td><td>26</td><td>27</td><td>24</td><td>24</td><td>25</td><td>23</td><td>25</td><td>248</td><td>10</td><td>24.8</td></tr>
<tr><td>5</td><td>空钩回转</td><td>空钩回至构件堆放处</td><td>39</td><td>38</td><td>38</td><td>37</td><td>52
②</td><td>38</td><td>37</td><td>36</td><td>37</td><td>37</td><td>337</td><td>9</td><td>37.4</td></tr>
<tr><td></td><td></td><td>合计</td><td></td><td></td><td></td><td></td><td></td><td></td><td></td><td></td><td></td><td></td><td></td><td></td><td>191.8</td></tr>
</table>

连续测时法，要对某一施工过程的各个工序所需时间进行连续的、不间断的测定，在工作进行中和非循环组成部分出现之前不停止秒表。指针在走动过程中，观测者根据各工序的定时点记录其终止时间。表 3-4 为连续测时法的实例。

在多次观测所形成的测时数列中，剔除那些不正常的数值，加以修正后再计算各个工序的算术平均值。

（二）写实记录法

写实记录法是一种研究非循环施工过程中各种性质的工作时间消耗的方法，观测对象可以是一个工人，也可以是一个工人小组。采用这种方法，可以获得分析工作时间消耗的全部资料，并且精度可达到 0.5～1min，是值得提倡的一种方法。写实记录法按记录时间的方法不同分为数示法、图示法和混合法三种。

（三）工作日写实法

工作日写实法主要是一种研究整个工作班内的各种工时消耗的方法，其中包括研究有效工作时间、损失时间、休息时间、不可避免的中断时间。根据写实对象的不同，工作日写实

表 3-4　　连续测时法记录表

观察对象：挖土机挖土	施工单位	工地	观测日期	开始时间	终止时间	延续时间	观察号次	页次
				10：10	10：30	20min		
观测精度：1s	施工过程名称：挖土机挖三类土，挖深 5m，配自卸汽车							

序号	工作名称	时间	观察次数 1		2		3		4		5		6		7		8		9		10		记录整理 正常延续时间总和	有效循环次数	算术平均值	备注
			min	s	min	s	min	s	min	s	min	s	min	s	min	s	min	s	min	s	min	s				
1	土斗挖土并提升斗臂	终止时间	0	35	2	34	4	32	6	45	8	40	10	35	12	35	14	34	16	34	18	36	363	10	36.3	
		延续时间		35		37		35		35		35		36		36		37		38		39				
2	回转斗臂并土斗卸土	终止时间	1	32	3	31	5	43	7	40	9	36	11	34	13	34	15	32	17	31	19	35	517	9	57.4	①等候自卸汽车到来
		延续时间		57		57		71①		55		56		59		59		58		57		59				
3	反转斗臂并土斗落下	终止时间	1	57	3	57	6	10	8	05	9	59	11	59	13	57	15	56	17	57	20	00	249	10	24.9	
		延续时间		25		26		27		25		23		25		23		24		26		25				
	合计																								118.6	

法可分为个人工作日写实、小组工作日写实和机械工作日写实三种。

运用工作日写实法主要有两个目的，一是取得编制定额的基础资料；二是检查定额的执行情况，找出缺点，改进工作。

工作日写实法与前两种方法比较，具有技术简便、省费、应用面广和资料全面的优点，是一种应用较广泛的编制定额的方法。

第三节　企业定额和施工定额

一、企业定额

（一）企业定额的概念

企业定额是企业内部根据自身的生产力水平，结合企业实际情况编制的符合本企业实际利益的定额。它集中体现了企业的施工水平、装备水平和管理水平，可作为考核企业劳动生产率水平、管理水平的标尺和确定工程成本、投标报价的依据。企业定额水平一般应高于国家现行定额水平，才能满足生产技术发展、企业管理和市场竞争的需要。

对于建筑安装企业来说，其企业定额是指建筑安装企业根据本企业的技术水平和管理水平，编制完成单位合格产品所需的人工、材料和施工机械台班的消耗量，以及其他生产经营要素消耗的数量标准。企业定额反映企业的施工生产与生产消耗之间的数量关系，是施工企业生产力水平的体现。企业的技术和管理水平不同，企业定额的水平也不同。企业定额是施工企业进行施工管理和投标报价的基础和依据，从一定意义上讲，企业定额是企业的商业机密，是企业参与市场竞争的核心竞争能力的具体表现。

（二）企业定额的作用

企业定额是建筑安装企业管理工作的基础，也是工程建设定额体系中的基础，其作用体现在以下几方面：

（1）企业定额是企业计划管理的依据。

（2）企业定额是组织和指挥施工生产的有效工具。

（3）企业定额是计算工人劳动报酬的根据。

（4）企业定额是企业激励工人的条件。

（5）企业定额有利于推广先进技术。

（6）企业定额是编制施工预算和加强企业成本管理的基础。

（7）企业定额是施工企业进行工程投标、编制工程投标报价的基础和主要依据。

（三）企业定额的编制方法

编制企业定额最关键的工作是确定人工、材料和机械台班的消耗量，计算分项工程单价或综合单价。

人工消耗量的确定，首先是根据企业环境，拟订正常的施工作业条件，分别计算测定基本用工和其他用工的工日数，进而拟订施工作业的定额时间。

材料消耗量的确定是通过企业历史数据的统计分析、理论计算、实验室试验、实地考察等方法计算确定包括周转材料在内的净用量和损耗量，从而拟订材料消耗的定额指标。

机械台班消耗量的确定，同样需要按照企业环境，拟订机械工作的正常施工作业条件，确定机械工作效率和利用系数，据此拟订施工机械作业的定额台班与机械作业相关的工人小组的定额时间。

二、施工定额

（一）概述

1. 施工定额的概念及性质

施工定额是企业定额的一种，它是以同一性质的施工过程或工序为测算对象，确定建筑安装工人在正常的施工条件下，为完成某种单位合格产品的人工、材料和机械台班消耗的数量标准。施工定额由劳动定额、材料消耗定额、机械台班消耗定额组成，是最基本的定额。

国家相关部门明确地赋予建筑安装企业编制施工定额以及对其进行管理的权限。建筑安装企业应根据本企业的生产力水平和管理水平制定施工定额，这是企业的内部定额。因此，同类企业和同一地区的建筑安装企业编制的施工定额水平可能存在差别，并且各企业之间一般对自己编制的施工定额及其水平保密。

2. 施工定额的作用

施工定额是建筑安装企业管理工作的基础，它的主要作用表现在以下几个方面：

（1）施工定额是企业编制施工预算，进行工料分析和“两算”对比的基础。

（2）施工定额是编制施工组织设计、施工作业计划的依据。

（3）施工定额是加强企业成本管理的基础。

（4）施工定额是建筑安装企业投标报价的基础。

（5）施工定额是组织和指挥施工生产的有效工具。

（6）施工定额是计算工人劳动报酬的依据并为提高工人劳动积极性创造了条件。

3. 施工定额的编制水平——平均先进水平

所谓平均先进水平是指在正常条件下，多数生产者经过努力可以达到，少数生产者可以接近，个别生产者可以超过的水平。一般情况下，它低于先进水平而略高于平均水平。可以说它是一种鼓励先进、勉励中间、鞭策后进的定额水平，是编制施工定额的理想水平。

4. 施工定额的编制依据

（1）经济政策和劳动制度。施工定额虽是技术定额，但它具有很强的法令性，编制施工定额必须依据党和国家的相关方针、政策及劳动制度。

（2）技术依据。技术依据主要是指各类技术规范、规程、标准和技术测定数据、统计资料等。

（3）经济依据。经济依据主要是指各类定额，尤其是现行的各类施工定额及各省、市、自治区乃至企业的有关现行的、历史的定额资料数据，另外还有日常积累的有关材料、机械、能源等消耗的资料、数据。

5. 施工定额的编制原则

施工定额能否在施工管理中促进企业生产力水平的提高，主要取决于施工定额的编制质量。衡量定额质量的主要标志为定额水平和定额的内容及形式。为此编制施工定额必须遵循以下原则：

（1）平均先进水平原则。定额水平是编制定额的核心。定额水平是指规定消耗在单位产品上的劳动力、机械台班和材料数量的多少。施工定额的水平是平均先进水平，只有具有该水平的定额才能促进企业生产力水平的提高。

（2）简明适用原则。简明适用原则是在适用基础上的简明。它主要针对施工定额的内容和形式而言，它要求施工定额的内容较丰富，项目较齐全，适用性强，能满足施工组织与管理和计算劳动报酬等多方面的要求。同时要求定额简明扼要，容易为工人和业务人员所理解、掌握，便于查阅和计算等。

（3）专群结合，以专为主的原则。施工定额的编制工作必须由施工企业中经验丰富、技术与管理知识全面、懂国家技术经济政策的专门队伍完成。

（4）独立自主的原则。施工定额的编制必须以企业是否盈利为目标，在国家的大政方针及相关法律法规的监督下，根据自身企业的实际情况，自主地编制施工定额，自主地确定定额水平，自主地划分定额项目，自主地根据需要增添新的定额项目。这样企业就能更好地面对建筑市场的竞争。

（5）时效性原则。施工定额反映了一定时期内企业的技术水平和管理水平，随着企业不断发展，其技术、管理水平也会有所提高。如果施工定额不再与企业现状和市场状况相适应，就应重新编制或修订，这样施工定额才能真正地发挥作用。

（6）保密原则。施工定额属企业机密，若被竞争对手获取，将给本企业带来影响。

6. 施工定额的编制程序

施工定额的编制工作量大，工作周期长，同时这项工作又具有很强的技术性和政策性，专业技术要求高，内容繁杂。因此，必须采取各种有效的措施，拟订合理的编制程序以保证编制的质量。一般的编制程序为：

（1）拟订编制方案。主要指明确编制定额的原则、基本方案和主要依据。

（2）选择计量单位。人工、材料、机械的计量单位应能反映出单位合格产品生产过程中资源消耗的数量，并与全国统一定额、前期定额的计量单位相一致，以保持定额连续性和基层人员的掌握使用。

(3) 确定制表方案。定额表格的内容应明了易懂，便于查阅。定额表格一般应包括工作内容的说明，施工方法，劳动组织，技术等级，产品类型及计量单位，人工、材料、机械台班的消耗数量。在表的适当位置，应列出定额编号，以便查用和审查。

(4) 拟订定额的适用范围。定额编制的一个重要步骤就是定额范围的限定。施工定额适用范围的拟订，首先应明确定额适用于何种经济体制的施工企业，其次应结合施工定额的作用和一般工业与民用建筑安装施工的技术经济特点，在定额划分的基础上，对各类施工过程和工序定额拟订出适用范围。

(5) 确定定额水平和人工、材料、机械台班消耗量。定额水平是指在一定时期内，定额的人工、材料、机械台班消耗量在数值上所表现的高低程度。定额水平要根据测定的资料，经过认真地核实和计算，反复进行平衡后，才能把确定的人工、材料、机械台班消耗数量标准填入定额表格。消耗数量的确定方法具体见后述内容。

(6) 写编制说明和附注。总说明应包括编制依据、编制原则、资源消耗的计算方法、使用规定等；分册说明应包括定额项目和工作内容、施工方法、有关规定和计算方法、质量要求等；分节说明应包括子目工作内容、质量要求、施工方法、条件、小组成员等。

(7) 定额水平的测算方法。在新编定额或修订单项定额工作完成后，均需进行定额水平的测算对比，只有经过新编定额与现行定额可比项目的水平测算对比，才能对新编定额的质量和可行性作出评价，决定可否颁发执行。

(8) 汇编成册、审定、颁发。

7. 施工定额的编制方法

施工定额的编制方法与企业定额相同，这里不再赘述。

(二) 劳动定额

1. 劳动定额的概念、表现形式及作用

(1) 劳动定额的概念。

劳动定额亦称人工定额，是反映建筑产品生产中活劳动消耗数量的标准，它规定了在正常施工条件下所预先拟订的必要的活劳动消耗量。

(2) 劳动定额的表现形式。

劳动定额按其表现形式的不同，可以分为时间定额和产量定额。

1) 时间定额。时间定额又称工时定额，是指某工种某等级的工人或工人小组在合理的劳动组织与施工技术条件下，完成单位合格产品所必须消耗的工作时间。时间定额以工日为单位，每个工日的工作时间规定为八小时。时间定额的常用单位是工日/m^3、工日/m^2、工日/块、工日/套、工日/组等。

时间定额计算公式

$$单位产品时间定额=\frac{消耗的总工日数}{产品数量} \tag{3-1}$$

2) 产量定额。它是指某工种某等级的工人或工人小组在合理的劳动组织与施工技术条件下，在单位时间内完成合格产品的数量或完成工作任务量的限额。产量定额的常用单位是m^3/工日、m^2/工日、块/工日、套/工日、t/工日等。

产量定额计算公式

$$单位工日产量定额=\frac{产品数量}{消耗的总工日数} \tag{3-2}$$

3）时间定额与产量定额的关系。从上面时间定额与产量定额的概念和公式，可以得出，时间定额与产量定额是互为倒数的关系。

$$单位工日产量定额=\frac{1}{单位产品时间定额} \tag{3-3}$$

4）时间定额和产量定额的用途。时间定额以工日/m^3、工日/m^2、工日/t 等为单位，完成不同的工作内容都具有相同的时间单位，便于计算完成某一分部（项）工程所需的总工日数，便于核算工资，便于编制施工进度计划和计算分项工期；产量定额以 m^3/工日、t/工日、m/工日等为单位，数量较为形象、直观、具体，因此，产量定额便于分配施工任务，考核工人的劳动效率和签发施工任务单。

（3）劳动定额的作用。

1）劳动定额是编制企业定额、基础定额的依据。

2）劳动定额是计划管理的基础。

3）劳动定额是合理组织施工生产和提高劳动生产率的重要手段。

2. 劳动定额的编制方法

（1）技术测定法。技术测定法是一种科学的调查研究方法，是指根据现场测定资料编制时间消耗定额的一种方法。用技术测定法制订的定额具有较充分的科学依据，因而准确性较高；但工作中运用的技术往往较为复杂，工作量偏大。技术测定法除上节所讲测时法、写实记录法和工作日写实法之外，还常用简易测定法确定定额时间。

简易测定法是在已知基本工作时间、辅助工作时间消耗的具体数据和其他三种时间占整个定额时间的百分率的基础上，采用下式计算时间定额

$$\begin{aligned}时间定额=&基本工作时间+辅助工作时间+准备与结束时间+不可避免中断时间+\\&工人必需的休息时间=\frac{基本工作时间}{1-其他各项时间所占百分比例}\end{aligned} \tag{3-4}$$

式中，基本工作时间可以采用表 3-3 和表 3-4 的测时法来确定。

【例 3-2】 现场技术测定内墙抹灰的基本工作时间（含辅助工作时间）为 45min/m^2，查得准备与结束时间、休息时间、不可避免的中断时间分别占工作班时间的比例为 6%、12%、8%。试计算该内墙抹灰的时间定额。（定额计量单位为 100m^2）

解　$时间定额=\frac{45}{8\times 60\times (1-0.06-0.12-0.08)}\times 100=12.669\ 工日/100m^2$

（2）统计计算法。统计计算法是运用测定、统计的方法统计完成某项单位产品时间消耗数据的一种方法。统计计算法方法简便，只需对统计的资料、数据加以分析和整理，但是统计资料中不可避免地包含着各种不合理的因素。

采用统计计算法需有准确的原始记录和统计工作基础，并且选择正常的及一般水平的施工单位与班组，同时还要选择部分先进和落后的施工单位与班组进行分析比较。

由于过去的统计数据中准确程度较差，不可避免包括某些不合理的因素，水平可能偏于保守。为了使定额保持平均先进水平，可采用二次平均法作为确定定额水平的依据，计算步骤如下：

1）从统计资料中删除特别偏高、偏低及明显不合理的数据。

2）计算出一次平均值。

3）在工时统计数组中，取小于上述一次平均值的数组，计算其先进平均值。

4）计算二次平均先进值。

【例 3-3】 有工时消耗统计数组：60，40，60，50，60，60，40，100，40，50，50。试求其二次平均值。

解 上述数组中 100 是明显偏高的数，应删去。删去 100 后，求算术平均值为

$$算术平均值=\frac{60+40+60+50+60+60+40+40+50+50}{10}=51$$

选数组中小于算术平均值 51 的数求先进平均值为

$$先进平均值=\frac{3\times 40+3\times 50}{6}=45$$

计算二次平均先进值为

$$二次平均先进值=\frac{45+51}{2}=48$$

(3) 经验估计法。经验估计法是根据施工技术人员、生产管理人员和现场工人的实际工作经验，对生产某一产品或完成某项工作所需的人工进行分析，从而确定时间定额耗用量的一种方法。经验估计法编制过程较简单，但是定额精度差，容易受人为因素的影响。

(4) 比较类推法。比较类推法是指首先选择有代表性的典型项目，用技术测定法编制出时间消耗定额，然后根据测定的时间消耗定额用比较类推的方法编制出其他相同类型或相似类型项目时间消耗定额的一种方法。比较类推法简单可行，有一定的准确性；但只能用正比例关系来编制相关定额，故有一定的局限性。

(三) 材料消耗定额

1. 材料消耗定额的概念、组成及作用

(1) 材料消耗定额的概念。

材料消耗定额是指在正常的施工条件和合理使用材料的情况下，完成合格的单位产品所必须消耗的建筑安装材料（原材料、半成品、制品、预制品、燃料等）的数量标准。在一般的工业与民用建筑中，材料费用占整个工程造价的 60%～70%左右，因此，能否降低成本在很大程度上取决于建筑材料的使用是否合理。

(2) 材料消耗定额的组成。

材料消耗定额，包括材料的净用量和合理的损耗量。材料的净用量是指直接用于合格产品上的实际数量；材料合理的损耗量是指材料在施工操作中的损耗量、现场内运输的损耗量和堆放的损耗量等。所以在生产的合格产品中，某种材料的消耗量等于该材料的净用量和损耗量之和。

材料消耗量、材料净用量与材料损耗量之间具有下列关系

$$材料消耗量=材料净用量+材料损耗量 \tag{3-5}$$

$$材料损耗率=\frac{材料损耗量}{材料消耗量}\times 100\% \tag{3-6}$$

$$材料消耗量=\frac{材料净用量}{1-材料损耗率} \tag{3-7}$$

在实际工作中为了简化计算过程，常用以下公式计算材料的消耗量

$$总消耗量=净用量\times(1+损耗率) \tag{3-8}$$

其中

$$损耗率 = \frac{损耗量}{净用量} \tag{3-9}$$

（3）材料消耗定额的作用。

材料消耗定额对于工程中合理使用材料，降低材料消耗具有非常重要的意义。它是企业推行经济承包、编制材料计划、进行单位工程核算不可缺少的基础，是企业进行科学化管理的一项重要工具，是反映建筑安装生产技术管理水平的重要依据。

2. 编制材料消耗定额的方法

根据材料使用次数的不同，建筑材料可分为直接性材料和周转性材料。直接性材料也称非周转性材料，是指在建筑工程施工中，一次性消耗并直接构成工程实体的材料；周转性材料，是指不能直接构成建筑安装工程的实体，但是完成建筑安装工程合格产品所必需的工具性材料。

确定材料净用量和材料损耗量的计算数据，主要有以下四种方法：

（1）现场技术测定法。利用现场技术测定法主要是为了取得编制材料损耗定额的资料，其优点是通过现场进行观察、测定，为编制材料定额提供了充分的技术根据。材料消耗中的净用量比较容易确定，但材料消耗中的损耗量不能随意确定，需通过现场技术测定来区分哪些属于难于避免的损耗，哪些属于可以避免的损耗，从而确定比较准确的材料损耗量标准。

（2）实验室试验法。实验室试验法是在实验室内采用专门的仪器设备，通过实验的方法对材料强度等级与各种材料的消耗数量进行观察、测定和计算以确定材料消耗定额的一种方法。用这种方法提供的数据，虽然精确度较高，但容易脱离现场实际情况。所以，用这种方法制定材料消耗定额时，应考虑施工现场条件和各种附加的损耗数量。

（3）现场统计法。现场统计法是通过对现场进料、用料的大量统计资料进行分析计算的一种方法。用该方法可获得材料消耗的各项数据，用以编制材料消耗定额。这种方法比较简便，但不能准确分清材料消耗的性质，因而不能分别确定材料净用量定额和损耗定额。

（4）理论计算法。理论计算法是根据施工图和施工规范，运用一定的理论计算公式计算材料消耗量，确定消耗定额的一种方法。这种方法适用面广，且容易确定材料消耗数量，尤其适合计算块状、板状、卷状等材料的消耗量。这也是一般常用的方法。

例如，$1m^3$标准砖砌体中材料净用量的计算公式为

$$每立方米砌体标准砖净用量(块) = \frac{1}{(墙厚/K)\times(砖长+灰缝)\times(砖厚+灰缝)} \tag{3-10}$$

$$砂浆净用量 = 1 - 砖数 \times 单块砖体积 \tag{3-11}$$

式中，K 指砌墙时摆顺砖的块数。

下面，重点说明如何用理论计算法计算直接性材料和周转性材料的用量。

1）直接性材料消耗量计算。

【例 3-4】 求　砖墙厚 $10m^3$墙体中标准砖和水泥砂浆的用量。已知材料损耗率为 3%，灰缝为 10mm。

解　每 $10m^3$墙体中标准砖的净块数

$$= \frac{10}{\left(\frac{墙厚}{K}\right)\times(砖长+灰缝)\times(砖厚+灰缝)}$$

$$= \frac{10}{\left(\frac{0.24}{2}\right)\times(0.24+0.01)\times(0.053+0.01)}$$

=5291块

每10m³墙体中水泥砂浆的净用量=10−10m³墙体中标准砖的净块数×一块标准砖的净体积

$=10-5291\times0.24\times0.115\times0.053=2.26\text{m}^3$

每10m³墙体中标准砖的用量=10m³墙体中标准砖的净块数×(1+损耗率)

$=5291\times(1+3\%)=5450$块

每10m³墙体中水泥砂浆的用量=10m³墙体中水泥砂浆的净用量×(1+损耗率)

$=2.26\times(1+3\%)=2.33\text{m}^3$

【例3-5】 陶瓷地面砖规格500mm×500mm×10mm，面砖间灰缝宽2mm，结合层砂浆厚度20mm，瓷砖和砂浆的损耗率均为2%。试计算100m²地面中瓷砖和砂浆的消耗量。

解 每100m²地面中瓷砖净用量$=\dfrac{100}{(0.5+0.002)\times(0.5+0.002)}=396.82$块

每100m²地面中瓷砖消耗量$=396.82\times(1+2\%)=404.76$块≈405块

每100m²地面中结合层砂浆净用量$=100\times0.02=2\text{m}^3$

每100m²地面中瓷砖灰缝砂浆净用量$=(100-396.82\times0.5\times0.5)\times0.01=0.008\text{m}^3$

每100m²地面中结合层砂浆消耗量$=2\times(1+2\%)=2.04\text{m}^3$

每100m²地面中瓷砖灰缝砂浆消耗量$=0.008\times(1+2\%)=0.0082\text{m}^3$

【例3-6】 采用规格为21.86m×0.915m（面积为20m²）油毡防水卷材施工两毡三油防水屋面，铺贴时沿长边搭接80mm，沿短边搭接120mm，损耗率为3%，计算100m²屋面油毡防水卷材的消耗量。(附加层按11.00m²计算)

解 油毡防水卷材耗用量$=\left[\dfrac{100\times2}{(21.86-0.12)\times(0.915-0.08)}\times20+11\right]\times(1+3\%)=238.29\text{m}^2/100\text{m}^2$

2）周转性材料。

周转性材料在工程中常用的有模板、脚手架等。这些材料在施工中随着使用次数的增加而逐渐被耗用完，故称为周转性材料。周转性材料在定额中是按照多次使用、分次摊销的方法计算。

如现浇混凝土结构中周转使用的木模板摊销量的计算

$$\text{一次使用量}=\text{每计量单位构件的模板接触面积}\times\text{每平方米接触面积需模板量}\times(1+\text{制作损耗率})\tag{3-12}$$

$$\text{损耗量}=\frac{\text{一次使用量}\times(\text{周转次数}-1)\times\text{补损率}}{\text{周转次数}}\tag{3-13}$$

$$\text{补损率}=\frac{\text{平均每次损耗量}}{\text{一次使用量}}\tag{3-14}$$

$$\text{投入使用量}=\text{一次使用量}+\text{一次使用量}\times(\text{周转次数}-1)\times\text{补损率}\tag{3-15}$$

$$\text{周转使用量}=\frac{\text{投入使用量}}{\text{周转次数}}=\frac{\text{一次使用量}+\text{一次使用量}\times(\text{周转次数}-1)\times\text{补损率}}{\text{周转次数}}\tag{3-16}$$

$$\text{回收量}=\frac{\text{一次使用量}-(\text{一次使用量}\times\text{补损率})}{\text{周转次数}}\tag{3-17}$$

$$\text{摊销量}=\text{周转使用量}-\text{回收量}\tag{3-18}$$

(四) 施工机械台班定额

1. 施工机械台班定额的概念、表现形式及作用

(1) 施工机械台班定额的概念。

施工机械台班定额也称为施工机械使用定额,是指在正常施工条件、合理的劳动组织和合理使用施工机械的条件下,完成单位合格产品所必需的一定品种、规格的施工机械台班数量的标准。机械台班是指一台机械工作八小时。

(2) 施工机械台班定额的表现形式。

施工机械台班定额按其表现形式不同,分为机械时间定额和机械台班产量定额两种。

1) 机械时间定额。机械时间定额是指在正常的施工条件下,某种机械生产单位合格产品所必须消耗的台班数量。可按下式计算

$$\text{机械时间定额}=\frac{1}{\text{台班产量定额}} \tag{3-19}$$

2) 机械台班产量定额。机械台班产量定额是指某种机械在合理的施工组织和正常的施工条件下,单位时间内完成合格产品的数量。可按下式计算

$$\text{机械台班产量定额}=\frac{1}{\text{时间定额}} \tag{3-20}$$

3) 人工配合机械工作的定额。人工配合机械完成某一单位合格产品所必须消耗的工日数,叫做机械人工时间定额,简称人工时间定额,是按照每个机械台班内机械工作的工人班组总工日数及完成的合格产品数量来确定。

①人工时间定额。完成单位合格产品所必须消耗的工作时间,可按下式计算

$$\text{人工时间定额}=\frac{\text{班组成员工日数总和}}{\text{一个机械台班的主量}} \tag{3-21}$$

②人工产量定额。一个机械台班中折合到每个工日生产单位合格产品的数量,可按下式计算

$$\text{人工产量定额}=\frac{\text{一个机械台班的产量}}{\text{班组成员工日数总和(工日)}} \tag{3-22}$$

【例 3-7】 一台 6t 塔式起重机吊装某种混凝土构件,配合机械作业的小组成员为司机 1 人,起重和安装 6 人,电焊工 2 人。已知机械台班产量为 35 块,试求吊装每一块构件的机械时间定额和人工时间定额。

解 $\text{机械时间定额}=\frac{1}{\text{台班产量定额}}=\frac{1}{35}=0.029$ 台班/块

$$\text{人工时间定额}=\frac{\text{班组成员工日数总和}}{\text{一个机械台班的产量}}=\frac{1+6+2}{35}=0.26\text{ 工日/块}$$

或 $\text{人工时间定额}=(1+6+2)\times0.029=0.26$ 工日/块

从上式可以看出,人工时间定额=配合机械作业的人数×机械时间定额。

(3) 施工机械台班定额的作用。

施工机械台班定额反映了施工机械生产率水平,也反映了机械管理水平和机械化施工水平。编制高质量的施工机械台班定额是合理组织机械化施工,有效利用施工机械,提高机械生产率的必备条件,也是编制企业定额和基础定额的依据。

2. 施工机械台班定额的编制方法

编制施工机械台班定额,其程序和主要内容如下:

(1) 拟订机械工作的正常条件。主要是拟订工作地点的合理组织和拟订合理的工人编制。工作地点的合理组织，就是对施工地点，机械、材料和构件的堆放位置，工人从事操作的场所，作出科学合理的布置和安排，使之有利于机械运转和工人操作，有利于减轻工人的劳动强度，节省工作时间和最大限度发挥机械效能。拟订合理的工人编制，就是根据机械的性能，结合工人专业和劳动工效，合理确定操纵机械的工人和直接参加机械化施工过程的工人编制数量。

(2) 确定施工机械纯工作 1h 的正常生产率。机械纯工作 1h 的正常生产率，就是在正常施工条件下，由具备一定技能的技术工人操作施工机械净工作 1h 的劳动生产率。机械纯工作时间就是指机械的必须消耗时间，它包括机械有效工作时间、不可避免的无负荷工作时间、与工艺过程特点有关的那部分中断时间。这些基本工作时间的测定和劳动定额一样，也可以采用测时法。

施工机械可分为循环动作机械和连续动作机械两种。

1) 循环动作机械，是指机械在每一周期内，重复地、有规律地进行同样次序的动作，如混凝土搅拌机等。

循环机械纯工作 1h 的正常生产率为

$$N = m \times n \tag{3-23}$$

$$m = \frac{60 \times 60}{\text{一次循环的正常延续时间(s)}}$$

$$\text{机械一次循环正常延续时间} = \sum(\text{循环各组成部分正常延续时间}) - \text{交叠时间}$$

式中 N——循环施工机械 1h 的生产率；

m——施工机械 1h 的正常循环次数；

n——施工机械每循环一次所生产的产品数量。

2) 连续动作机械，是指机械在工作时没有规律性的周期界限，而是一直不停地做某种动作，如皮带运输机等。连续机械纯工作 1h 的正常生产率为

$$N = \frac{n}{t} \tag{3-24}$$

式中 N——连续施工机械 1h 的生产率；

t——施工机械的工作时间；

n——t 时间内施工机械生产的产品数量。

(3) 确定施工机械的正常利用系数。机械的正常利用系数，是指机械在工作班内工作时间的利用率。即机械纯工作时间与机械每班法定工作时间的比率，可表示为

$$W = \frac{E}{T} \tag{3-25}$$

式中 W——机械的正常利用系数；

E——机械在一个工作班内的纯工作时间；

T——机械每班法定工作时间（一般为 8h）。

机械正常利用系数与工作班内的工作状况有着密切的关系。确定时，首先，要计算工作班在正常状况下，准备与结束工作、机械开动、机械维护等工作所必须消耗的时间，以及机械有效工作的开始与结束时间；然后，再计算机械工作班的纯工作时间；最后在此基础上确定机械正常利用系数。

(4) 计算机械台班定额。

$$施工机械台班产量定额=机械纯工作1h正常生产率×工作班时间×机械正常利用系数 \quad (3\text{-}26)$$

或

$$施工机械台班产量定额=机械纯工作1h正常生产率×机械工作班纯工作时间 \quad (3\text{-}27)$$

有了施工机械的台班产量定额，根据式（3-20）就可以确定机械台班时间定额。

(5) 人工时间定额的确定。人工时间定额可以根据式（3-22）来确定。

【例3-8】 设容量为250L的混凝土搅拌机净工作1h的正常生产率为6.95m^3，若机械时间利用系数为0.9，则该机械的时间定额和产量定额为多少？若该混凝土搅拌机配合2人施工，则人工时间定额为多少？

解

$$施工机械台班产量定额=6.95×8×0.9=50.04\ m^3/台班$$

$$施工机械台班时间定额=\frac{1}{50.04}=0.020\ 台班/m^3$$

$$人工时间定额=\frac{2}{50.04}=0.020×2=0.040\ 工日/m^3$$

第四节　基　础　定　额

一、基础定额的概念、作用及组成

（一）基础定额的概念

基础定额又称消耗量定额。基础定额是确定一定计量单位的分项工程或结构构件的人工、材料、施工机械台班消耗的数量标准，是国家及地区编制和颁发的一种法令性指标。基础定额是确定单位分项工程或结构构件单价的基础，它体现了国家、建设单位和施工企业之间的一种经济关系。基础定额是工程建设中一项重要的技术经济文件，它的各项指标反映了完成单位分项工程消耗的活劳动和物化劳动的数量限额，这种限额最终决定着单位工程的成本和造价。

（二）基础定额的作用

基础定额主要有以下几个方面的作用：

(1) 基础定额是编制施工图预算，确定和控制工程造价的主要依据。

(2) 基础定额是对设计方案和施工方案进行技术经济比较的依据。

(3) 基础定额是编制招标控制价的基本依据，是投标报价的重要参考文件。

(4) 基础定额是建设单位拨付建设资金、工程进度款和编制竣工决算的依据。

(5) 基础定额是施工企业进行经济活动分析的依据。

(6) 基础定额是编制概算定额和概算指标的基础。

（三）基础定额的组成

基础定额一般按照工程种类不同，以分部工程分章编制，如土方工程、砖石工程等。每一章又按产品技术规格不同、施工方案不同、所用材料不同等分为很多定额项目。整个基础定额手册一般由目录、总说明、各章定额和有关附录等组成。每一章定额又由分章说明、工作内容、工程量计算规则、分项工程定额表及附表组成。其中建筑面积计算规则及工程量计算规则也可单列成册。分项工程定额表一般由人工消耗定额、材料消耗定额、施工机械台班消耗定额组成。而预算定额中的分项工程定额表不仅含有人工消耗定额、材料消耗定额、施工机械台班消耗定额，还含有单位产品基价。

二、基础定额的编制

（一）基础定额的编制原则

为了保证基础定额的编制质量，充分发挥基础定额在使用过程中的作用，在编制过程中必须贯彻以下原则。

1. 平均水平的原则

在正常施工条件下，以平均的劳动强度、平均的技术熟练程度，在平均的技术装备条件下，完成单位合格产品所需的劳动消耗量就是基础定额的消耗量水平。这种以社会必要劳动时间来确定的定额水平，就是通常所说的平均水平。

2. 简明适用的原则

定额的内容和形式既要满足各方面使用的需要，具有多方面的适应性，同时又要简明扼要、层次清楚、结构严谨。

3. 技术先进，经济合理的原则

技术先进是指定额项目的确定、施工方法和材料的选择等，能够正确反映建筑技术水平，及时采用已经成熟并得到普遍推广的新技术、新材料、新工艺，以促进生产的提高和建筑技术的发展。

（二）基础定额的编制依据

编制基础定额的主要依据包括：

（1）现行的劳动定额、材料消耗定额、机械台班定额和施工定额。

（2）现行的设计规范、施工验收规范、质量评定标准和安全操作规程。

（3）常用的标准图和已选定的典型工程施工图纸。

（4）成熟推广的新技术、新结构、新材料、新工艺。

（5）施工现场的测定资料、实验资料和统计资料。

（6）过去颁布的基础定额及有关基础定额编制的基础资料。

（7）现行基础定额及基础资料。

（三）基础定额的编制步骤

基础定额的编制工作有以下三个阶段。

1. 准备工作阶段

这个阶段主要是指根据收集的有关资料和政策性文件，拟订编制方案，对编制过程中一些重大原则性问题做出统一规定。如明确基础定额编制要求、确定基础定额编制原则、提出适用范围、划分定额项目、确定定额表格形式及调查研究、收集各种编制依据和资料等。

2. 编制初稿阶段

对收集的资料进行深入细致的分析研究，并根据取定的各项消耗指标和有关编制依据，计算分项定额中的人工、材料和机械台班消耗量，编制出定额项目表，测算定额水平。

基础定额中的人工、材料和机械消耗量，是按照定额项目中所包括的工程内容，根据典型工程图纸等资料进行测算，综合取定其工程量后，再以施工定额或劳动定额为基础，通过逐步计算得出的。具体编制方法参见后述内容。

测算定额水平的方法一般有三种：

（1）对主要定额项目的新旧定额进行逐项比较，测算新定额提高或降低水平的程度。

（2）通过计算工程造价测算定额水平。即对同一建筑安装工程用新、旧定额（以相同的人、材、机单价）分别算出工程造价后进行对比，从而达到测定新定额水平的目的。

（3）用新定额分析出建筑安装工程用工、用料数量并与现场实际耗用工料进行比较，分析定额所达到的水平。测算结果过高或过低时，都要对定额进行调整，直到符合要求为止。

3. 修改和审查定稿阶段

定额编制初稿完成以后，需要组织征求各有关方面的意见，通过反馈意见分析研究，在统一意见的基础上整理分类并制订修改方案。根据修改方案将基础定额初稿按照定额的顺序进行修改无误后形成报批稿，同时写出基础定额编制说明和送审报告，连同基础定额报批稿报送主管机关审批后颁发执行。

（四）基础定额的编制方法

（1）确定定额项目和内容。定额项目的确定，应便于编制施工图预算，便于确定单位估价表，便于进行技术经济分析和施工过程中的计划、统计和成本核算工作。

（2）确定计量单位。基础定额计量单位的选择与基础定额的准确性、简明适用性及造价的复杂性密切相关。因此，在确定基础定额的各种消耗量指标之前，应首先确定其计量单位。基础定额的计量单位，主要是根据分部分项工程的形体和结构构件特征及其变化确定。基础定额的计量单位具有综合的性质，所选择的计量单位要符合工程量计算规则规定并确切反映定额所包含的工作内容。

（3）确定施工方法，计算工程数量。施工方法是确定定额项目各工种用工数量、各种材料用量、施工机械类型及台班使用量等的主要依据。计算工程量的目的是通过分别计算典型设计图纸所包括的施工过程的工程量，以便在编制基础定额时，有可能利用施工定额或劳动定额的劳动力、机械和材料消耗指标确定基础定额所含工序的消耗量。

（4）确定分项工程定额指标。需要分别确定人工、材料和机械台班消耗量指标，具体参见下述内容。

三、基础定额消耗量指标的确定

（一）人工工日消耗量的确定

（1）以劳动定额为基础计算人工工日数的方法。基础定额中的人工消耗指标是指完成该分项工程必须消耗的各种用工。具体包括基本用工、材料超运距用工、辅助用工和人工幅度差。

1）基本用工，指完成单位合格产品所必须消耗的技术工种用工，亦指完成该分项工程的主要用工。例如砌筑各种砖墙中的砌砖、运输以及调制砂浆的用工量。

$$\text{基本用工} = \sum(\text{综合取定的工程量} \times \text{时间定额}) \tag{3-28}$$

2）超运距用工，指基础定额中的材料、半成品的平均水平运距超过劳动定额基本用工中规定的距离所需增加的用工量。超运距指基础定额取定运距与劳动定额规定的运距之差。

$$\text{超运距用工} = \sum(\text{超运距材料数量} \times \text{超运距劳动定额}) \tag{3-29}$$

3）辅助用工，施工现场发生的材料加工等用工。如机械土方工程配合用工，筛石子、淋石灰膏的用工。

$$\text{辅助用工} = \sum(\text{材料加工数量} \times \text{相应的加工劳动定额}) \tag{3-30}$$

4）人工幅度差，指在劳动定额作业时间之外在基础定额中应考虑的在正常施工条件下所发生的各种工时损失。内容包括各工种间的工序搭接及交叉作业互相配合发生的停歇用工；施工机械的单位工程之间转移及临时水电线路移动所造成的停置；质量检查和隐蔽工程验收工作的影响；班组操作地点转移用工；工序交接时对前一工序不可避免的修理用工；施工中不可避免的其他零星用工。

人工幅度差用工＝（基本用工＋超运距用工＋辅助用工）×人工幅度差系数 (3-31)

其中人工幅度差系数一般为10％～15％。

【例3-9】 已知砌筑一砖外墙的基本用工为1.32工日/m^3，超运距用工为0.153工日/m^3，人工幅度差系数为10％，试计算砌筑10m^3一砖外墙的人工消耗指标。

解 人工消耗指标＝（基本用工＋超运距用工）×（1＋人工幅度差系数）

＝10×（1.32＋0.153）×（1＋10％）

＝16.20工日

（2）以现场测定资料为基础计算人工工日数的方法。遇劳动定额缺项的，需要进行测定项目，可采用现场工作日写实等测时方法测定和计算定额的人工消耗量。

（3）人工工日消耗量指标的计算。根据选定的若干份典型工程图纸，经工程量计算后，再计算各项人工消耗量。

（二）材料消耗量的确定

基础定额中的材料消耗量指标由材料的净用量和损耗量组成。

材料损耗量指在正常施工条件下不可避免、合理的材料损耗。主要由施工操作损耗、场内运输（从现场内材料堆放点或加工点到施工操作点）损耗、现场堆放损耗组成。

（1）材料消耗量的分类。

完成单位合格产品所必须消耗的材料数，按用途划分为以下4种：

1）主要材料，又称直接性材料，是指直接构成工程实体的材料，其中包括原材料、成品、半成品。

2）辅助材料，指构成工程实体的辅助性材料。如垫木、钉子、铅丝、垫块等。

3）周转性材料，指钢管、模板、夹具等多次周转使用的材料。这些材料是按多次使用、分次摊销的方式计入基础定额的。

4）其他材料，指用量较少、并难以计量，且不构成工程实体，但需配合工程的零星用料。如棉砂、养护用水、编号用的油漆等。

（2）材料消耗量的计算方法。

1）按规范要求计算。凡有规定标准的材料，按规范要求计算定额计量单位消耗量，如砖、防水卷材、块料面层等。

2）按设计图纸计算。凡设计图纸有标注尺寸及下料要求的按设计图纸尺寸计算材料净用量，如门窗制作用材料等。

3）用换算法计算。各种胶结、涂料等材料的配合比用料，可以根据要求换算，得出材料用量。

4）用测定法计算。包括实验室试验法和现场观测法。各种强度等级的混凝土及砌筑砂浆按配合比要求耗用原材料的数量，需按规范要求试配，经过试压合格后，并经必要的调整得出水泥、砂子、石子、水的用量。

各地区、各部门都在合理测定和积累资料的基础上编制了材料的损耗率表。材料消耗量、净用量、损耗率之间的关系式如下

$$\text{材料消耗量}=\text{材料净用量}+\text{损耗量}=\text{材料净用量}\times(1+\text{损耗率}) \quad (3\text{-}32)$$

(三) 机械台班消耗量的确定

基础定额的施工机械台班消耗量又称机械台班使用量，计量单位是台班。它是指在合理使用机械和合理施工组织条件下，完成单位合格产品所必须消耗的机械台班数量的标准。基础定额的机械台班消耗量指标，一般是按全国统一劳动定额中的机械台班产量，并考虑一定的机械幅度差进行计算的。每个工作台班按机械工作 8h 计算。

机械幅度差是指全国统一劳动定额规定范围内没有包括而实际中必须增加的机械台班消耗量。机械幅度差系数为：土方机械 25%，打桩机械 33%，吊装机械 30%。垂直运输的塔吊、卷扬机由于按小组配用，以小组产量计算机械台班产量，不另增加机械幅度差。其他分部工程中如钢筋、木材、水磨石加工等各项专用机械的幅度差为 10%。

(1) 以人工施工为主，机械为辅。对于按工人班组配备使用的机械，工人连续工作，而机械不连续工作，应按小组产量计算台班产量，不增加机械幅度差，计算公式为

$$\text{基础定额机械耗用量台班}=\frac{\text{定额计量单位数量}}{\text{劳动小组台班产量}} \quad (3\text{-}33)$$

(2) 以施工机械为主，人工为辅。大型机械，其台班消耗量指标是按施工定额中规定的机械台班产量计算，再加上机械幅度差确定的。

$$\text{基础定额机械耗用量台班}=\frac{\text{定额计量单位数量}}{\text{施工机械台班产量}}\times(1+\text{机械幅度差系数}) \quad (3\text{-}34)$$

【例 3-10】 一台塔吊配合工人小组（22 人）砌筑　砖内墙。查得产量定额为：单面清水墙 0.863m^3/工日，双面清水墙 0.833m^3/工日，混水墙 1.03m^3/工日，取定比重分别为 20%，20%和 60%。求每 10m^3（定额计量单位）　砖内墙的塔吊台班消耗量。

解　小组总产量$=22\times(0.2\times0.863+0.2\times0.833+0.6\times1.03)=21.06m^3$/台班

$$\text{塔吊台班消耗量}=\frac{10}{21.06}=0.475\ \text{台班}/10m^3$$

【例 3-11】 用水磨石机械施工配备 2 人，查劳动定额可知产量定额为 4.76m^2/工日，考虑机械幅度差为 10%，计算每 100m^2 水磨石地面所用机械台班量。

解　$\text{每 }100m^2\text{ 水磨石地面所用机械台班量}=\frac{100}{9.52}\times(1+10\%)=11.55\ \text{台班}/100m^2$

四、企业定额、施工定额及基础定额的联系与不同点

1. 相互联系

基础定额 般以施工定额为基础进行编制，而企业定额编制时往往以基础定额作为控制的参考依据。企业定额的编制水平一般高于基础定额的水平，施工定额是企业定额中的一种，主要是指施工现场中的人工、材料和机械的消耗量标准。它们之间有一定的关联性，都规定了完成单位合格产品所需的人工、材料和机械台班消耗的数量标准。

2. 不同点

(1) 研究对象不同。基础定额以可计价的分部分项工程为研究对象，施工定额以工种工程的施工过程为研究对象。前者在后者基础上，在研究对象上进行了科学的综合扩大。

(2) 编制单位和使用范围不同。基础定额由国家、行业或地区建设主管部门编制，是国家、行业或地区建设工程造价计价法规性标准。企业定额是由企业编制，是企业内部使用的定额。用于施工现场的定额一般称为施工定额。

(3) 编制时考虑的因素不同。基础定额综合考虑了众多企业的一般情况，考虑了施工过程中，对前面施工工序的检验，对后继施工工序的准备，以及相互搭接中的技术间歇、零星用工及停工损失等人工、材料和机械台班消耗量的增加因素。企业定额是依据本企业的技术经济状况和施工水平编制的，考虑的是本企业施工的情况；施工定额考虑更多的是现场工程具体的施工技术水平。

(4) 编制水平不同。基础定额采用社会平均水平编制，反映的是社会平均水平；企业定额采用企业自身水平编制，反映的是社会先进水平和个别成本。

第五节 基础单价及单位估价表

一、基础单价

(一) 人工单价的概念及组成

人工单价是指一个建筑工人工作一个工作日应计入的全部人工费用。它包括基本工资、工资性补贴、生产工人辅助工资、职工福利费、生产工人劳动保护费。

$$人工单价=基本工资+工资性补贴+生产工人辅助工资+职工福利费+生产工人劳动保护费 \quad (3\text{-}35)$$

1. 社会平均价格的人工单价确定

(1) 基本工资。

基本工资是指发放给生产工人的基本工资。根据有关规定，生产工人基本工资应执行岗位工资和技能工资制度。其计算式为

$$基本工资(Z_1)=\frac{生产工人平均月工资}{年平均每月法定工作日} \quad (3\text{-}36)$$

(2) 工资性补贴。

工资性补贴是指为了补偿工人额外或特殊的劳动消耗及为了保证工人的工资水平不受特殊条件影响，而以补贴形式支付给工人的劳动报酬，它包含国家和地区规定的各种主、副食补贴，煤、燃气补贴，流动施工津贴，交通费补贴和附加工资等。其计算式为

$$\begin{aligned}工资性补贴(Z_2)&=\frac{\sum 年发放标准}{全年日历日-法定假日}=\frac{\sum 月发放标准}{年平均每月法定工作日}\\&=每工作日发放标准\end{aligned} \quad (3\text{-}37)$$

(3) 生产工人辅助工资。

生产工人辅助工资是指生产工人年有效施工天数以外非作业天数的工资，包括职工学习、培训期间的工资，调动工作、探亲、休假期间的工资，因气候影响的停工工资，女工哺乳时间的工资，病假在六个月以内的工资及产、婚、丧假期的工资。其计算式为

$$生产工人辅助工资(Z_3)=\frac{全年无效工作日\times(Z_1+Z_2)}{全年日历日-法定假日} \quad (3\text{-}38)$$

(4) 职工福利费。

职工福利费是指按规定标准计提的职工福利费。其计算式为

$$职工福利费(Z_4)=(Z_1+Z_2+Z_3)\times 福利费计提比例(\%) \quad (3\text{-}39)$$

(5) 生产工人劳动保护费。

生产工人劳动保护费是指按规定标准发放的劳动保护用品的购置费及修理费，徒工服装补贴，防暑降温费，在有碍身体健康环境中施工的保健费用等。其计算式为

$$生产工人劳动保护费(Z_5)=\frac{生产工人年平均支出劳动保护费}{全年日历日-法定假日} \tag{3-40}$$

2. 投标报价时人工单价的确定

投标报价时人工单价的确定有以下三种方法：

(1) 根据劳动力来源确定。

人工单价的计算过程可分为以下几个步骤：

1) 根据总施工工日数（即人工工日数）及工期计算总施工人数。工日数、工期和施工人数存在着下列关系

$$总工日数=工程实际施工工期\times平均总施工人数 \tag{3-41}$$

因此，当招标文件中已经确定了施工工期时

$$平均总施工人数=\frac{总工日数}{工程实际施工工期(d)} \tag{3-42}$$

当招标文件中未确定施工工期，而由投标人自主确定工期时

$$最优化的施工人数或工期(工日)=\frac{总工日数}{最优施工工期} \tag{3-43}$$

2) 确定各专业施工人员的数量及比重，计算式为

$$某专业平均施工人数=\frac{某专业消耗的工日数}{工程实际施工工期(d)} \tag{3-44}$$

3) 确定各专业劳动力资源的来源及构成比例。

劳动力主要有三大来源：本企业的工人、外聘技工、劳务市场招聘的普工。其中外聘技工的工资水平高些，普工工资水平低些。这三种劳动力资源的构成比例，应先对本企业现状、工程特点及对生产工人的要求和当地劳动力资源的充足程度、技能水平及工资水平进行综合评价，再据此合理确定。

4) 确定人工单价，计算式为

$$某专业综合人工单价=\sum(本专业某种来源的人力资源人工单价\times构成比重) \tag{3-45}$$

$$综合人工单价=\sum(某专业综合工日单价\times权数) \tag{3-46}$$

其中权数的取定，是根据各专业工日消耗量占总工日数的比重取定的。例如土建专业工日消耗量占总工日数的比重是30%，则其权数即为30%。如果投标单位使用各专业综合工日单价法投标，则不需计算综合人工单价。

通过上述一系列的计算，可以初步得出综合人工单价的水平，但是得出的单价是否有竞争力，以此报价是否能够中标，必须进行一系列的分析评估。

(2) 根据以往的承包情况确定。企业在投标报价时，可以对同一地区以往承包工程的人工单价进行对比分析，再根据实际情况确定。

(3) 根据单位估价表中的人工单价确定。地区的单位估价表中都规定了人工单价，承包工程时可以以此为依据确定投标报价的人工单价。

【例 3-12】 已知建筑工程单位估价表中砌 $10m^3$ 一砖混水砖墙（标准砖）综合工日 16.08 工日，人工工日单价为 42.00 元，则砌 $10m^3$ 砖混水砖墙（标准砖）的定额人工费基价为多少元？

解 定额人工费基价＝16.08×42.00＝675.36 元/$10m^3$

（二）材料价格的组成和确定方法

材料价格是指材料（包括构件、成品及半成品等）从其来源地（或交货地点），经中间转运，到达施工工地仓库或堆放场地后的出库价格。材料价格一般由材料供应价、包装费、运杂费、采购及保管费等组成。

（1）材料供应价。它是指按照国家规定的产品出厂价、交货地点价格、市场批发价格及进口材料的调拨价格、供销部门手续费等。

在确定供应价时，凡同一种材料因来源地、交货地、供货单位、生产厂家不同，而有几种价格（供应价）时，根据不同来源地供货数量或比重，采取加权平均的方法确定其综合供应价。计算公式如下

$$加权平均供应价 = \frac{\sum K_i C_i}{\sum K_i} \tag{3-47}$$

式中 K_i——各不同供应地点的供应量或供货比重；

C_i——各不同供应地点的原价。

（2）包装费。它是指为使材料在搬运、保管中不受损失或便于运输而对材料进行包装发生的净费用，包括水运、陆运的支撑、篷布、包装袋、包装箱、绑扎材料等费用。材料运到现场或使用后，要对包装品进行回收。

材料包装费用有两种情况：

1）由生产厂家负责包装的，如袋装水泥等，其包装费已经计入材料原价内，不再另行计算，但应计算包装品的回收价值，并在材料价格中扣除。包装品回收价值应按下式计算

$$包装品回收价值 = \frac{包装材料原价 \times 回收量 \times 回收价值比例}{包装容器标准容量} \tag{3-48}$$

2）由采购单位自备包装品的，其包装费用应按周转使用次数分摊计算，并计入材料价格中。计算公式如下

$$包装费 = \frac{包装材料原价 \times (1 - 回收比例 \times 回收价值比例) + 使用期间维修费}{周转使用次数 \times 包装容器标准容量} \tag{3-49}$$

（3）运杂费。它是指材料自来源地运至工地仓库或指定堆放地点所发生的一切与运输有关的费用。其费用包括运输费、调车和驳船费、出入仓库费、装卸费、堆码费、过桥费、保险费及合理的运输损耗等内容。

运杂费的取费标准，应根据材料的来源地、运输里程、运输方法，并根据国家有关部门或地方政府交通运输管理部门规定的运价标准分别计算。一般建筑材料的运输环节，如图 3-3 所示。

$$\begin{aligned}运杂费 = {} & 平均运距 \times 运输单价 + 调车和驳船费 + 出入仓库费 + 装卸费 + \\ & 堆码费 + 过桥费 + 保险费 + 运输损耗费\end{aligned} \tag{3-50}$$

$$\begin{aligned}运输损耗费 = {} & (材料供应价 + 包装费 + 平均运距 \times 运输单价 + 调车和驳船费 + 出入仓库费 + \\ & 装卸费 + 堆码费 + 过桥费 + 保险费) \times 运输损耗率\end{aligned} \tag{3-51}$$

（4）采购及保管费。它是指为组织采购、供应和保管材料过程中所需要的各项费用。包括采购费、仓储费、工地保管费、仓储损耗。采购及保管费一般按材料到库价格的比率综合

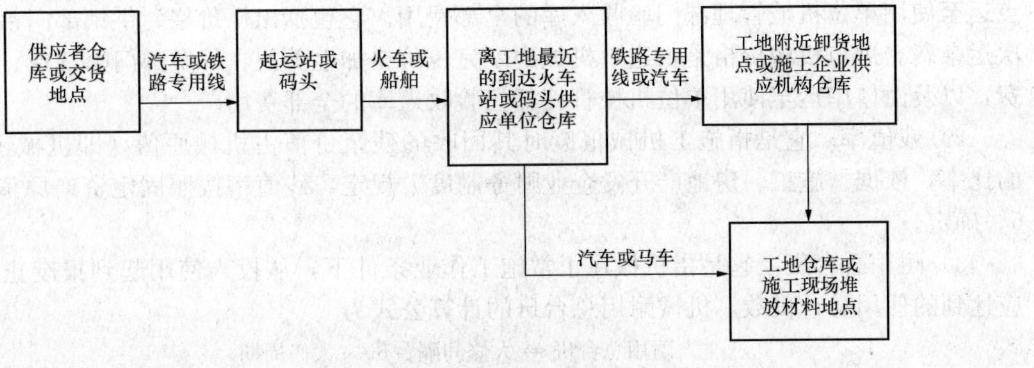

图 3-3　材料运输流程示意图

取定。采购及保管费率综合取定值一般≤2.5%（其中采购费率为1%，保管费率为1.5%），陕西规定为2.2%（其中采购费率为1%，保管费率为1.2%）。采购及保管费按规定费率计算，计算公式如下

$$采购保管费=(材料供应价+包装费+运杂费)\times采购保管费率 \tag{3-52}$$

以上四项费用之和即是材料价格。计算公式为

$$材料价格=(材料供应价+包装费+运杂费+采购保管费)-包装品回收价值 \tag{3-53}$$

或

$$材料价格=(材料供应价+包装费+运杂费)\times(1+采购保管费率)-包装品回收价值 \tag{3-54}$$

【例 3-13】 某建筑工地需要袋装水泥 180t，从甲、乙两地购买。已知从甲地运输水泥 100t（50kg/袋），水泥供应价为 350 元/t，运输距离为 8km，运输费 10 元/t；从乙地运输水泥 80t，水泥供应价为 360 元/t，运输距离为 14km，运输费 12元/t。运输损耗率为 1%，装卸费 8 元/t，采购保管费率为 2.5%，如果不考虑水泥袋的回收价值，试求每吨水泥的价格。

解 (1) 每吨水泥的加权平均供应价$=\dfrac{350\times100+360\times80}{100+80}=354.44$ 元/t

(2) 每吨水泥的加权平均运费$=\dfrac{10\times100+12\times80}{100+80}=10.89$ 元/t

(3) 每吨水泥的运输损耗$=(354.44+10.89+8)\times1\%=3.73$ 元/t

(4) 每吨水泥的采购保管费$=(354.44+10.89+3.73+8)\times2.5\%=9.43$ 元/t

(5) 每吨水泥的价格$=354.44+10.89+8+3.73+9.43=386.49$ 元/t

（三）施工机械台班单价的组成和确定方法

施工机械台班单价是指一台施工机械，在正常运转条件下一个工作班（一般为 8h）中所发生的分摊和支出费用之和。该费用由七部分组成。

1. 自有机械台班单价的计算

(1) 折旧费。它是指施工机械在规定使用期限（耐用总台班）内收回机械原值而分摊到每一台班的费用。

$$机械台班折旧费=\frac{机械预算价格\times(1-残值率)}{耐用总台班} \tag{3-55}$$

1) 机械价格。国产机械价格是指机械出厂价格加上从生产厂家（或销售单位）交货地

点运至使用单位机械管理部门验收入库的全部费用。它包括出厂价格、供销部门手续费和一次运杂费。进口机械价格是由进口机械到岸完税价格加上关税、外贸部门手续费、银行财务费，以及由口岸运至使用单位机械管理部门验收入库的全部费用。

2）残值率。它是指施工机械报废时其回收的残余价值占机械原值（即机械预算价格）的比率，依据《施工、房地产开发企业财务制度》规定，残值率按照固定资产原值的2%～5%确定。

3）耐用总台班。它是指机械在正常施工作业条件下，从投入使用起到报废止，按规定应达到的使用总台班数。机械耐用总台班的计算公式为

$$耐用总台班 = 大修间隔台班 \times 大修周期 \tag{3-56}$$

大修间隔台班是指机械自投入使用起至第一次大修止或自上一次大修后投入使用起至下一次大修止，应达到的使用台班数。

大修周期即使用周期，是指机械在正常的施工作业条件下，将其寿命期（即耐用总台班）按规定的大修理次数划分为若干个周期。计算公式为

$$大修周期 = 寿命期大修理次数 + 1 \tag{3-57}$$

（2）大修理费。它是指施工机械按规定的大修理间隔台班进行必要的大修理，以恢复机械正常功能所需的全部费用。台班大修理费则是机械使用期限内全部大修理费之和在台班费中的分摊额。其计算公式为

$$台班大修理费 = \frac{一次大修理费 \times 寿命期内大修理次数}{耐用总台班} \tag{3-58}$$

（3）经常修理费。它是指机械在寿命期内除大修理以外的各级保养及临时故障排除所需各项费用；为保障机械正常运转所需替换设备，随机工具器具的摊销及维护费用；机械日常保养所需润滑擦拭材料费用；机械停置期间的维护保养费用。

$$台班经常修理费 = \frac{中小修理费 + \sum(各级保养一次费用 \times 保养次数)}{大修理间隔台班} \tag{3-59}$$

各级保养一次费用分别指机械在各个使用周期内为保证机械处于完好状况，必须按规定的各级保养间隔周期、保养范围和内容进行的一、二、三级保养或定期保养所消耗的工时、配件、辅料、油燃料等费用，计算方法同一次大修费计算方法。

（4）安拆费及场外运输费。安拆费是指机械在施工现场进行安装与拆卸所需人工、材料、机械和试运转费用以及机械辅助设施（如基础、底座、固定锚桩、行走轨道、枕木等）的折旧、搭设、拆除等费用；场外运输费是指机械整体或分件自停置地点运至施工现场或由一工地运至另一工地的运输、装卸、辅助材料以及架线等费用。

定额台班基价内所列安拆费及场外运输费，均分别按不同机械、型号、重量、外形、体积、安拆和运输方法测算其工、料、机械的耗用量综合计算取定。除地下工程机械外，均按年平均4次运输、运距平均25km以内考虑。

安拆费及场外运输费的计算公式如下

$$台班安拆费 = \frac{机械一次安拆费 \times 年平均安拆次数}{年工作台班} + 台班辅助设施摊销费 \tag{3-60}$$

式中

$$台班辅助设施摊销费 = \frac{辅助设施一次费用 \times (1 - 残值率)}{辅助设施耐用台班} \tag{3-61}$$

$$台班场外运外输费=\frac{（一次运输及装卸+辅助材料一次摊销费+一次架线费）\times 年平均场外运输次数}{年工作台班}$$

(3-62)

（5）燃料动力费。它是指施工机械在运转作业中所消耗的固体燃料（煤、木柴）、液体燃料（汽油、柴油）及水、电等的费用。

$$燃料动力费=每个台班耗用的燃料数量\times 燃料的单价 \tag{3-63}$$

（6）机上人工费。它是指机上司机（司炉）和其他操作人员的工作日人工费及上述人员在施工机械规定的年工作台班以外的人工费。

$$台班人工费=定额机上人工工日\times 工资单价 \tag{3-64}$$

（7）养路费（现改为燃油附加税）及车船使用税。它是指施工机械按照国家及有关部门规定应缴纳的养路费、车船使用税、保险费及年检费等，按各省、自治区、直辖市规定标准计算后列入定额。

$$台班养路费=\frac{自重（或核定吨位）\times 年工作月\times（月养路费+牌照费）}{年工作台班} \tag{3-65}$$

以上（1）、（2）、（3）、（4）项费用称为第一类费用，它属于分摊性质的费用，亦称为不变费用；以上（5）、（6）、（7）项费用称为第二类费用，它属于支出性质的费用，亦称为可变费用。因此，可以得出机械台班费用的计算公式

$$机械台班费用=第一类费用+第二类费用 \tag{3-66}$$

2. 租赁机械台班单价的计算

租赁机械台班费，是指施工单位根据需要向租赁公司或其他企业租用施工机械而支付的费用。若使用租赁机械，则应该调查市场上可供选择的施工机械种类、规格、型号、数量和价格水平等内容。如果租赁费用中不含机上人工费，则投标报价时应考虑机上人工费，此时机械台班费用可用下式计算

$$机械台班费用=租赁费+机上人工费+燃料动力费+一定的保养费 \tag{3-67}$$

二、单位估价表

1. 工程单价和单位估价表的概念

工程单价是指建筑工程单位产品的基本直接费用。通常是指分部分项工程的预算单价，亦称为定额基价。

单位估价表又称为地区基价表或价目表，它是基础定额的价格表现形式。单位估价表是将全国统一定额或地区基础定额中的综合工日、材料耗用（或摊销）量、施工机械台班的消耗数量，结合本地区的人工单价、材料价格和施工机械台班单价，计算出完成单位分项工程或结构构件的合格产品的单位价格。单位估价表是现行建筑工程基础定额在某一地区的具体表现和运用。

单位估价表是按照正常的施工条件，目前某一地区多数施工单位的施工机械装备水平，合理的施工工期、施工工艺、劳动组合为基础编制的。

2. 单位估价表的编制依据

（1）全国或地区编制的现行的基础定额。

（2）现行的地区人工工日单价。

（3）现行的地区材料信息价格。

（4）现行的施工机械台班单价。

(5) 国家与地区对编制单位估价表的有关规定及计算手册等资料。

3. 单位估价表的编制方法

单位估价表的内容由两大部分组成：一是基础定额规定的工、料、机数量，即合计用工量、各种材料消耗量、施工机械台班消耗量；二是地区预算价格，即与上述三种“量”相适应的人工工日单价、材料价格和机械台班价格。编制单位估价表就是把三种“量”与三种“价”分别结合起来，得出各分项工程人工费、材料费和施工机械使用费，三者汇总起来就是工程单价。每一定额计量单位分项工程单价计算公式为

$$分项工程基价 = 人工费 + 材料费 + 施工机械使用费 \tag{3-68}$$

$$人工费 = \sum (分项工程的工日数 \times 人工工日单价) \tag{3-69}$$

$$材料费 = \sum (分项工程的材料消耗量 \times 相应的材料价格) \tag{3-70}$$

$$施工机械使用费 = \sum (分项工程的机械台班消耗量 \times 相应的机械台班价格) \tag{3-71}$$

4. 陕西省单位估价表的形式

陕西省单位估价表的形式见表 3-5。

表 3-5 砌 砖 单位：$10m^3$

定额编号				3-1	3-2	3-3
项目		单位	单价	砖基础	混水砖墙	
				标准砖	½砖	¾砖
基价		元		2036.50	2382.93	2353.03
其中	人工费	元		495.18	845.88	824.88
	材料费	元		1513.46	1514.01	1502.98
	机械费	元		27.86	23.04	25.17
名称		单位	单价	数量		
人工	综合工日	工日	42.00	11.790	20.140	19.640
材料	水泥砂浆 M5	m^3	—	—	(1.950)	(2.130)
	水泥砂浆 M10	m^3	—	(2.360)	—	—
	标准砖	千块	230.00	5.236	5.641	5.510
	水泥 32.5	kg	0.32	649.000	409.500	447.300
	中砂	m^3	37.15	2.407	1.989	2.173
	水	m^3	3.85	3.137	3.027	3.075
机械	灰浆搅拌机 200L	台班	70.89	0.393	0.325	0.355

三、基础定额及单位估价表的应用

1. 定额的套用

套用定额时，必须仔细核对工程内容、技术特征、施工方法及材料规格，并根据施工图及说明的做法选择定额的项目，尽量避免漏项、重项、错项、高项、低项及定额档次划分混淆不清等情况发生。

$$分项工程直接费 = 分项工程量 \times 相应定额单价 \tag{3-72}$$

$$分部工程直接费 = \sum 分部工程量 \times 相应定额单价 \tag{3-73}$$

2. 定额换算

当分项工程的内容、材料规格、施工方法、强度等级及配合比等条件与定额项目不相符

合时，应根据定额的说明要求，在规定的允许范围内加以调整及换算。通常容易涉及换算的内容主要有配合比换算、混凝土强度等级换算、厚度换算、其他有关的材料代换。一般计价软件都具备相应换算功能。

换算公式为

（1）系数换算

$$换算后定额基价=原定额基价\times换算系数 \tag{3-74}$$

或

$$\begin{aligned}换算后定额基价=&原定额人工费\times人工换算系数+原定额材料费\times材料换算系数+\\&原定额机械费\times机械换算系数\end{aligned} \tag{3-75}$$

（2）材料换算

$$\begin{aligned}换算后定额基价=&原定额基价-换出材料消耗量\times换出材料单价+\\&换入材料消耗量\times换入材料单价\end{aligned} \tag{3-76}$$

当换入、换出材料的消耗量不变时，则

$$\begin{aligned}换算后定额基价=&原定额基价+换算材料消耗量\times\\&(换入材料单价-换出材料单价)\end{aligned} \tag{3-77}$$

【例 3-14】 用 M7.5 水泥砂浆砌筑砖基础，已知 M7.5 水泥砂浆单价为 117.33 元/m^3，M10 水泥砂浆单价为 126.93 元/m^3，砖基础消耗量见表 3-5。试求 10m^3 M7.5 水泥砂浆砖基础的基价（水泥 32.5 号）。

解 换算后基价=2 036.50+2.360×(117.33-126.93)=2 013.84 元/10m^3

3. 补充定额的编制

当某分项工程在定额中缺项时，可以编制补充定额。由施工单位编制，监理部门、建设单位审查认可，并报当地工程造价管理部门备案。

第六节 概算定额和概算指标

一、概算定额

1. 概算定额的概念

概算定额以扩大的分部分项工程或单位扩大结构构件为对象，以基础定额为基础，根据通用设计或标准图集等资料，计算和确定完成合格的工程项目所需的人工、材料和机械台班的数量标准，所以概算定额又称扩大结构定额。

概算定额是由基础定额综合而成的。它是在基础定额的基础上，在保证相对准确的前提下，将基础定额中相关联的若干个分项工程项目综合为一个概算定额项目。例如砖基础工程在基础定额中一般划分为挖地槽土方、基础垫层、砖基础、墙基防潮层等若干个分项工程项目，但在概算定额中，可以将上述内容综合为一个项目，即砖基础定额项目。由于概算定额综合了若干基础定额子目，因此用概算定额编制的设计概算及其工程量计算比编制施工图预算简化了许多。

2. 概算定额的主要作用

（1）概算定额是初步设计阶段编制设计概算和技术设计阶段编制修正概算的主要依据。

（2）概算定额是对设计项目进行技术经济分析、比较和选择的依据。

(3) 概算定额是编制建设项目主要材料计划的依据。

(4) 概算定额是编制概算指标和投资估算指标的依据。

(5) 概算定额是初步设计完成后编制招投标文件和投标报价的依据。

(6) 概算定额是控制建设项目总投资和施工图预算的依据。

(7) 概算定额是在实行工程总承包时对已完工程价款结算的依据。

3. 概算定额的编制依据

(1) 现行全国通用设计标准、规范和施工验收规范。

(2) 现行的基础定额。

(3) 选择的典型工程施工图和其他有关资料。

(4) 原有的概算定额和统计资料。

(5) 现行人工工资标准、材料价格和施工机械台班单价。

4. 概算定额的编制步骤

(1) 确定编制机构和人员组成。

(2) 进行调查研究,了解现行概算定额的执行情况和存在的问题,明确编制定额的项目。在此基础上拟订出编制方案和确定概算定额项目。

(3) 根据制订的编制方案和确定的定额项目,收集和整理各种数据,对各资料进行深入细致的测算和分析,确定各项目的消耗指标,最后编制出定额初稿。

(4) 根据现有的设计和施工水平测算概算定额水平,合理确定概算定额与基础定额水平之间的幅度差,一般掌握在5%以内。

(5) 在概算定额初稿的基础上,合理确定概算定额的扩大分项项目和每一扩大分项项目包括的内容。

(6) 组织有关部门讨论定额初稿,在听取合理意见的基础上进行修改,最后将修改稿报请上级主管部门审批。

5. 概算定额与基础定额的区别与联系

(1) 两者都是以建(构)筑物各个结构部分和分部分项工程为单位表示的,内容都包括人工、材料和机械台班使用量定额三部分,均为计价性定额。

(2) 由于概算定额综合了若干分项工程的基础定额,因此使概算工程项目划分、工程量计算和设计概算书的编制都比编制施工图预算简化许多。

(3) 概算定额来源于基础定额。概算定额主要用于编制设计概算,同时可以编制概算指标。而基础定额主要用于编制施工图预算和清单计价及编制单位估价表。

二、概算指标

1. 概算指标的概念

建筑工程概算指标是指以建筑面积平方米、体积立方米或成套设备装置的台班等为计量单位,以整个建筑物或构筑物为依据,确定其按规定计量单位所消耗的人工、材料和机械台班的数量标准。它比概算定额具有更大的综合性和概括性。

2. 概算指标的作用

(1) 概算指标是编制固定资产投资计划,确定投资额的依据。

(2) 概算指标是编制投资估算的依据。

(3) 概算指标可以作为编制设计概算,进行设计方案比较和选择的依据。

（4）概算指标是建设单位选址的一种依据。

（5）概算指标是建设单位编制基本建设计划、申请投资拨款和主要材料计划的依据。

3. 概算指标的分类

概算指标分为建筑工程概算指标、设备安装工程概算指标和工具器具购置费概算指标三大类。

建筑工程概算指标包括土建工程概算指标、给排水工程概算指标、工业管道工程概算指标、电气照明工程概算指标、采暖工程概算指标及通信工程概算指标等。

设备安装工程概算指标包括电气设备安装工程概算指标、机器设备安装工程概算指标及工具器具购置费概算指标。

4. 概算指标的内容

（1）编制说明。说明指标的作用、编制依据和使用方法等。

（2）指标内容。

1）工程概况，包括建筑面积、建筑结构、建筑地点、工程主要做法、工程竣工时间等。

2）经济指标，说明单项工程单方指标，包括土建、水暖及电气等每平方米的造价。

3）每平方米建筑面积的工程量指标。

4）每平方米建筑面积的人工及材料消耗量指标。

5. 概算指标的编制依据

（1）标准设计图纸和各类典型工程的图纸。

（2）国家颁发的建筑标准、建筑设计规范、工程施工验收规范。

（3）现行的概算定额和基础定额及相关补充资料。

（4）积累的工程造价资料。

（5）人工工资标准、材料价格、机械台班价格。

（6）其他资料。

6. 概算指标的编制步骤

（1）确定编制机构和人员并进行调查研究，拟订编制方案。

（2）明确编制原则和方法，确定概算指标的内容和形式，确定基价中依据的人工工资标准、材料价格、机械台班价格。

（3）收集整理编制概算指标的各项依据，按照概算指标的具体内容和形式进行具体分析，确定必要的消耗指标，最后编制出初稿。

（4）对初稿进行审核、平衡分析并审查定稿。

7. 概算指标的编制方法

（1）编制概算指标，要根据选择好的典型工程设计图纸，计算出每一个结构构件或分部工程的工程数量。

（2）根据选择的设计图纸、现行的概算定额、各类价格资料，编制单位工程概算或预算，并将各种人工、材料和机械的消耗量汇总，计算出人工、材料、机械的总消耗量。

（3）计算每平方米建筑面积或每立方米建筑体积单位造价，计算出单位建筑面积或单位建筑体积上所需的主要人工、材料、机械的消耗量指标，次要人工、材料、机械的消耗量，综合为其他人工、其他材料、其他机械，用金额“元”或所占百分比表示。

8. 概算指标的应用

(1) 概算指标的直接套用。

当拟建工程的建设地点、建筑面积、层数、外形特征和结构特征与概算指标中相应的指标基本相同或相差较小时可直接套用概算指标。

(2) 概算指标的调整。

1) 每 $100m^2$ 造价调整。计算公式为

$$\text{每 }100\text{m}^2\text{ 造价调整指标}=\text{所选指标造价}-\text{每 }100\text{m}^2\text{ 换出结构构件的价值}+\text{每 }100\text{m}^2\text{ 换入结构构件的价值} \tag{3-78}$$

2) 每 $100m^2$ 中工料数量的调整。计算公式为

$$\text{每 }100\text{m}^2\text{ 工料的调整}=\text{所选指标的工料消耗量}-\text{每 }100\text{m}^2\text{ 换出结构构件工料消耗量}+\text{每 }100\text{m}^2\text{ 换入结构构件的工料消耗量} \tag{3-79}$$

第七节 投资估算指标

一、投资估算指标的概念

投资估算指标是在项目建议书的编制、可行性研究报告等前期工作阶段进行投资估算、计算投资需要量时使用的一种定额。它是对建设项目的建设规模、产品方案、工艺技术、工程方案及项目实施进度等进行研究，对建设项目进行综合经济评价后提出的，也可作为编制固定资产长远投资额的参考。

二、投资估算指标的作用

(1) 投资估算指标是编制项目建议书、可行性研究报告的重要组成部分，是多方案比选、优化设计方案、正确编制投资估算的重要依据。

(2) 投资估算指标是确定和完成建设项目投资可行性、分析投资效益的主要经济指标。

(3) 投资估算指标是限额设计和控制工程造价的依据。

三、投资估算指标的内容

投资估算指标是对建设项目全过程各项投资支出进行确定和控制的技术经济指标，其范围涉及工程建设项目的各个阶段的费用支出，内容因行业不同一般可分为建设项目综合指标、单项工程指标和单位工程指标三个层次。

1. 建设项目综合指标

建设项目综合指标是指按规定应列入建设项目总投资的、从立项筹建至竣工验收交付使用的全部投资额，包括单项工程投资、工程建设其他费用和预备费等。

建设项目综合指标一般以项目的综合生产能力单位投资表示，如元/t、元/kW。

2. 单项工程指标

单项工程指标指按照相关规定列入并能够独立发挥生产能力和使用效益的单项工程内的全部投资额，包括建筑工程费、安装工程费、设备及工器具购置费和工程建设其他费用。

单项工程指标一般以单项工程生产能力单位投资如元/t 或其他单位表示。如变配电站以元/(kV·A)表示；锅炉房以元/蒸汽吨表示；办公室、宿舍、住宅等房屋则以元/m^2表示。

(1) 建筑工程费。它包括土石方工程及厂区绿化工程；各种厂房、办公室、生活福利设

施等及建筑物的给水、排水、电气照明、采暖、通风空调、煤气等管道工程；各种设备基础、支柱、工作台、管道支架、烟囱烟道、水塔、地沟、道路、桥梁、码头以及铁路专用线等工程费用。

（2）安装工程费。它包括主要生产、辅助生产、公用工程的专用设备、仪表、各种工艺管道、电力、通信电缆等安装及管道保温、防腐、油漆等工程费用。

（3）设备、工器具及生产家具购置费。它包括需要和不需要安装的设备、仪器仪表及配合试生产所需的工具等和工作台、工具箱等生产家具购置费。

（4）工程建设其他费用。它是指工程建设所需的土地使用费、与项目建设有关的其他费用、与企业未来生产经营有关的其他费用。

3. 单位工程指标

单位工程指标是指按规定应列入能独立设计和施工，但不能独立发挥生产能力和使用效益的工程项目的费用，即建筑安装工程费用。

单位工程指标一般按建筑物、构筑物以 m^3、m^2、延长米、座等为计量单位。

四、投资估算指标的编制原则

投资估算指标不但要反映实施阶段的静态投资，还必须反映项目建设前期和交付使用期内发生的动态投资。因此，投资估算指标的编制工作，除了应遵循一般定额的编制原则外，还必须坚持下述原则：

（1）投资估算指标内容的编制，典型工程的选择，必须遵循国家的有关建设方针政策，贯彻国家高科技政策和发展方向的原则，反映正常建设条件下的造价水平。

（2）投资估算指标项目的确定，应考虑以后几年编制建设项目建议书和可行性研究报告投资估算的需要。

（3）投资估算指标的编制要与项目建议书、可行性研究报告的编制深度相适应。

（4）投资估算指标的编制要反映不同行业、不同项目和不同工程的特点，投资估算指标要适应项目前期工作深度的需要，应具有更大的综合性。

（5）投资估算指标的编制要贯彻静态和动态相结合的原则。要充分考虑到建设期的动态因素，即价格、建设期利息、涉外工程的汇率等因素的变动，导致指标的量差、价差、利息差、费用差等动态因素对投资估算的影响，尽可能减少这些动态因素对投资估算准确性的影响，使指标具有较强的实用性和可操作性。

五、投资估算指标的编制依据

投资估算指标的编制工作除了必须依据国家发展国民经济的中长期规划，还必须依据指标的编制内容和不同的层次确定具体的编制依据。

（1）影响建设工程投资的动态因素，如利率、汇率等。

（2）专门机构发布的建设工程造价及费用组成、计算方法及其他估算工程造价的文件。

（3）专门机构发布的工程建设其他费用的计算方法，以及政府部门发布的物价指数。

（4）主要工程项目、辅助工程项目及其他单项工程的建设内容及工程量。

（5）已建同类工程项目的投资档案资料。

六、投资估算指标的编制步骤

投资估算指标的编制工作涉及建设项目的产品规模、产品方案、工艺流程、设备选型、工程设计和技术经济等各个方面，一般分为三个步骤进行。

(1) 调查整理资料。收集整理与编制内容相关的已经建成或正在建设的有代表性的工程设计施工图、标准设计以及相应的竣工决算或施工图预算资料等，将整理后的数据资料按项目划分栏目加以归类，按照编制年度的现行定额、费用标准和价格，调整成编制年度的造价水平及相应比例。

(2) 平衡调整。调查收集资料虽然经过一定的分析整理，但是由于资料来源不同，仍难以避免由于设计方案、建设条件和建设时间上的差异带来的某些影响，导致数据失准或漏项等，因此必须对收集的有关资料进行综合平衡调整。

(3) 测算审查。测算是将新编的指标和选定工程的概算，在同一价格条件下进行比较，检验其“量差”的偏离程度是否在允许偏差的范围以内，如偏差过大，则要查找原因，进行修正，以保证指标的确切、实用。此项工作应由专人进行，以保持测算口径的统一，测算完毕后在此基础上组织有关专业人员予以全面审查定稿。

第八节　建筑安装工程费用定额

一、建筑安装工程费用定额的概念

按现行规定，建筑安装工程费用由直接费、间接费、利润和税金组成。各省、市可按照建设部确定的编制原则和项目划分方案，结合本地区的实际情况编制其费用定额。建筑工程费用定额必须与相应的定额配套使用。

费用定额中所规定的各项取费标准是确定这些费用的最高限额。为了更好地适应市场经济的发展，并与工程量清单计价模式相适应，我国部分省市提出了参考费率或计价费率，以代替定额计价体系下的费用定额。它是由政府主管部门根据当地建筑市场的具体情况，经过测定，给出的参考费率。招标控制价的编制人应根据该费率计算各项费用。在市场经济条件下，企业可以自主的对一些可竞争的费用降低其费率，以提高自身的竞争力。

二、建筑安装工程费用定额的编制原则

建筑安装工程费用定额是计算建筑安装工程费用，编制工程造价文件的重要依据，它的合理性和准确性直接关系到工程造价确定的准确性。为此，编制建筑安装工程费用定额时，必须贯彻下述原则：

(1) 必须按照社会必要劳动量确定定额水平的原则。

(2) 贯彻“简明、适用”的原则。

(3) 贯彻灵活性和准确性原则。

三、建筑安装工程费用定额的组成

建筑安装工程费用定额主要包括措施项目费用定额、间接费用定额、利润及税金定额。

建筑安装工程费用定额一般以某个或多个自变量为计算基础，反映专项费用（应变量）社会必要劳动量的百分率或标准。

下面费用定额的编制是依据建设部、财政部颁布的［206］号文件，其应用以《陕西省建筑工程、安装工程、装饰工程、市政工程、园林绿化工程计价费率》为例进行说明。为了和清单计价保持一致，陕西省定额计价的取费基础在［206］号文件的基础上做了调整。

四、建筑安装工程措施项目费用定额

1. 措施项目费用定额的概念

措施项目费用定额是指直接工程费以外的建筑安装施工生产过程中发生的为施工准备、组织施工生产的各项费用开支标准。

按照国家有关规定，措施项目主要包括以下几部分：

(1) 安全文明施工。它包括环境保护、文明施工、安全施工和临时设施。

(2) 夜间施工。

(3) 二次搬运。

(4) 冬雨季施工。

(5) 大型机械设备进出场及安拆。

(6) 施工排水。

(7) 施工降水。

(8) 地上、地下设施，建筑物的临时保护设施。

(9) 已完工程及设备保护。

(10) 混凝土、钢筋混凝土模板及支架。

(11) 脚手架等。

在上述措施项目中，(1)～(9)是通用措施项目，(10)、(11)是专业措施项目。

2. 措施项目费用定额的编制方法

(1) 安全文明施工费。

1) 环境保护费。

$$\text{环境保护费费率}(\%)=\frac{\text{本项费用年度平均支出}}{\text{全年建安产值}\times\text{直接工程费占总造价比例}(\%)}\tag{3-80}$$

2) 文明施工费。

$$\text{文明施工费费率}(\%)=\frac{\text{本项费用年度平均支出}}{\text{全年建安产值}\times\text{直接工程费占总造价比例}(\%)}\tag{3-81}$$

3) 安全施工费。

$$\text{安全施工费费率}(\%)=\frac{\text{本项费用年度平均支出}}{\text{全年建安产值}\times\text{直接工程费占总造价比例}(\%)}\tag{3-82}$$

4) 临时设施费。临时设施费用包括临时设施的搭设、维修、拆除费或摊销费。它有以下三部分组成：

① 周转使用临建（如活动房屋）。

$$\text{周转使用临建费}=\sum\left[\frac{\text{临建面积}\times\text{每平方米造价}}{\text{使用年限}\times 365\times\text{利用率}(\%)}\times\text{工期(天)}\right]+\text{一次性拆除费}\tag{3-83}$$

② 一次性使用临建。

$$\text{一次性使用临建费}=\sum\text{临建面积}\times\text{每平方米造价}\times[1-\text{残值率}(\%)]+\text{一次性拆除费}\tag{3-84}$$

③ 其他临时设施。

$$\text{临时设施费}=(\text{周转使用临建费}+\text{一次性使用临建费})\times[1+\text{其他临时设施所占比例}(\%)]\tag{3-85}$$

其所占比例可由各地区造价管理部门依据典型施工企业的成本资料经分析后综合测定。

(2) 夜间施工费。

$$夜间施工费=\left(1-\frac{合同工期}{定额工期}\right)\times\frac{直接工程费中的人工费合计}{平均日工资单价}\times每工日夜间施工费开支 \tag{3-86}$$

(3) 二次搬运费。

$$二次搬运费费率(\%)=\frac{年平均二次搬运费开支额}{全年建安产值\times直接工程费占总造价的比例(\%)} \tag{3-87}$$

(4) 冬雨季施工费。

$$冬雨季施工费费率=\frac{建筑安装生产工人每人平均冬雨季施工增加费}{全年有效施工天数\times平均每一工日人工费}\times人工费占直接费(\%)\times100\% \tag{3-88}$$

(5) 大型机械设备进出场及安拆费。

$$大型机械进出场安拆费=\frac{一次进出场及安拆费\times年平均安拆次数}{年工作台班} \tag{3-89}$$

(6) 施工排水、降水费。

$$排水降水费=\sum 排水降水机械台班费\times排水降水周期+排水降水使用材料费、人工费 \tag{3-90}$$

(7) 地上、地下设施，建筑物的临时保护设施费。

$$临时保护设施费用=临时保护所需机械费+材料费+人工费 \tag{3-91}$$

(8) 已完工程及设备保护费。

$$已完工程及设备保护费=成品保护所需机械费+材料费+人工费 \tag{3-92}$$

(9) 混凝土、钢筋混凝土模板及支架费。

1) 模板及支架费。

$$模板及支架费=模板摊销量\times模板价格+支、拆、运输费 \tag{3-93}$$

$$摊销量=一次使用量\times(1+施工损耗率)\times\frac{1+(周转次数-1)\times补损率-(1-补损率)\times50\%}{周转次数} \tag{3-94}$$

2) 租赁费。

$$租赁费=模板使用量\times使用日期\times租赁价格+支、拆、运输费 \tag{3-95}$$

(10) 脚手架费。

1) 脚手架搭拆费。

$$脚手架搭拆费=脚手架摊销量\times脚手架价格+搭、拆、运输费 \tag{3-96}$$

$$脚手架摊销量=\frac{单位一次使用量\times(1-残值率)}{耐用期/一次使用期} \tag{3-97}$$

2) 租赁费。

$$租赁费=脚手架每日租金\times搭设周期+搭、拆、运输费 \tag{3-98}$$

3. 措施项目费用定额的应用

陕西省措施费费率见表 3-6～表 3-9。

(1) 安全文明施工措施费。

$$安全文明施工措施费=(分部分项工程费+措施费+其他项目费)\times费率 \tag{3-99}$$

表 3-6 陕西省建筑、安装、装饰工程安全文明施工措施费费率（属不可竞争费） %

取费基础	安全文明施工费	环境保护费（含工程排污费）	临时设施费
分部分项工程费+措施费+其他项目费	2.60	0.40	0.80

（2）部分措施费。含冬雨季及夜间施工费，二次搬运费，测量放线、定位复测、检验试验费。其计算式为

$$部分措施费=取费基础\times下表中费率 \tag{3-100}$$

表 3-7　陕西省建筑工程部分措施费参考费率　%

适用	取费基础	冬雨季、夜间施工措施费	二次搬运费	测量放线、定位复测、检验试验费
一般土建工程	分部分项工程费减可能发生的差价	0.76	0.34	0.42
机械土石方	分部分项工程费减可能发生的差价	0.10	0.06	0.04
桩基工程	分部分项工程费减可能发生的差价	0.28	0.28	0.06
人工土石方	人工费	0.86	0.76	0.36

注　1. 一般土建工程。除人工土石方、机械土石方及桩基工程以外的工程。对应定额除第一章、第二章、第十章以外的全部子目。
2. 机械土石方工程。机械施工的土石方及强夯工程。对应定额第一章 1-83～1-142 子目。
3. 桩基工程。机械施工各种混凝土预制桩、钢板桩及各类灌注桩、挤密桩、震冲桩、深层搅拌喷粉（浆）桩等桩基工程。对应定额第二章的全部子目。
4. 人工土石方工程。人工施工的土石方工程。对应定额第一章 1-1～1-82 子目。

表 3-8　陕西省装饰工程部分措施费参考费率　%

取费基础	冬雨季、夜间施工措施费	二次搬运费	测量放线、定位复测、检验试验费
分部分项工程费减可能发生的差价	0.30	0.08	0.15

表 3-9　陕西省安装工程部分措施费参考费率　%

取费基础	冬雨季、夜间施工措施费	二次搬运费	测量放线、定位复测、检验试验费
人工费	3.28	1.64	1.45

五、建筑安装工程间接费用定额

1. 间接费用定额的概念

间接费用定额是指建筑安装工程企业为组织施工和进行经营管理，以及间接为建筑安装工程生产服务所必需发生的各项费用标准。间接费用定额由规费定额和企业管理费定额两部分组成。

2. 间接费用定额的编制

（1）规费费率的计算公式如下：

1）以直接费为计算基础。

$$规费费率(\%)=\frac{\sum 规费缴纳标准\times每万元发承包价计算基数}{每万元发承包价中的人工费含量}\times人工费占直接费的比例(\%) \tag{3-101}$$

2）以人工费和机械费合计为计算基础。

$$规费费率(\%)=\frac{\sum 规费缴纳标准\times 每万元发承包价计算基数}{每万元发承包价中的人工费含量和机械费含量}\times 100\% \tag{3-102}$$

3）以人工费为计算基础。

$$规费费率(\%)=\frac{\sum 规费缴纳标准\times 每万元发承包价计算基数}{每万元发承包价中的人工费含量}\times 100\% \tag{3-103}$$

（2）企业管理费费率计算公式如下：

1）以直接费为计算基础。

$$企业管理费费率(\%)=\frac{生产工人年平均管理费}{年有效施工天数\times 人工单价}\times 人工费占直接费比例(\%) \tag{3-104}$$

2）以人工费和机械费合计为计算基础。

$$企业管理费费率(\%)=\frac{生产工人年平均管理费}{年有效施工天数\times(人工单价+每一工日机械使用费)}\times 100\% \tag{3-105}$$

3）以人工费为计算基础。

$$企业管理费费率(\%)=\frac{生产工人年平均管理费}{年有效施工天数\times 人工单价}\times 100\% \tag{3-106}$$

3. 间接费用定额的应用

（1）规费。规费为不可竞争费，其费率适合于各专业，陕西省规费费率见表 3-10。计算规费时，取费基础的措施费中包含了安全文明施工费。

$$规费=(分部分项工程费+措施费+其他项目费)\times 规费费率 \tag{3-107}$$

表 3-10　　陕西省规费费率（适用于各专业且属不可竞争费率）　　%

取费基础	养老保险（劳保统筹基金）	失业保险	医疗保险	工伤保险	残疾人就业保险	生育保险	住房公积金	意外伤害保险
分部分项工程费+措施费+其他项目费	3.55	0.15	0.45	0.07	0.04	0.04	0.30	0.07

（2）企业管理费。

$$企业管理费=取费基础\times 企业管理费费率 \tag{3-108}$$

陕西省企业管理费费率按专业不同分别见表 3-11～表 3-13。

表 3-11　　陕西省建筑工程企业管理费费率　　%

适用	取费基础	参考费率	适用	取费基础	参考费率
一般土建工程	分项直接工程费	5.11	桩基工程	分项直接工程费	1.72
机械土石方	分项直接工程费	1.70	人工土石方	人工费	3.58

注　同表 3-7。

表 3-12　　陕西省装饰工程企业管理费费率　　%

取费基础	参考费率
分项直接工程费	3.83

表 3-13　　陕西省安装工程管理费费率　　%

取费基础	参考费率
人工费	20.54

六、建筑安装工程利润定额

1. 利润定额的概念

利润是指施工企业完成所承包工程获得的盈利，是施工单位劳动者为社会和集体劳动所创造的价值，应计入建筑工程造价。

2. 利润定额的编制

利润是根据专业类别的不同，按相应的取费基础乘以利润率确定的。利润率在投标报价时可以上下浮动，以利于公平、合理的市场竞争。

3. 利润定额的应用

$$利润=取费基础\times 相应利润率 \tag{3-109}$$

陕西省利润率按专业不同分别见表 3-14～表 3-16。

表 3-14 陕西省建筑工程利润费率 %

适用	取费基础	参考费率	适用	取费基础	参考费率
一般土建工程	分项直接工程费＋企业管理费	3.11	桩基工程	分项直接工程费＋企业管理费	1.07
机械土石方	分项直接工程费＋企业管理费	1.48	人工土石方	人工费	2.88

注 同表 3-7。

表 3-15 陕西省装饰工程利润费率 %

取费基础	参考费率
分项直接工程费＋企业管理费	3.37

表 3-16 陕西省安装工程利润费率 %

取费基础	参考费率
人工费	22.11

七、建筑安装工程税金定额

1. 税金定额的概念

税金是指国家税法规定的应计入建筑安装工程造价内的增值税、城市维护建设税和教育费附加及地方教育费附加等。

2. 税金定额的编制

增值税率现行按 9%计算；附加税（含城市维护建设税、教育费附加及地方教育费附加），按表 3-17 计算。

3. 税金定额的应用

$$增值税金=不含税工程造价\times 税率(\%) \tag{3-110}$$

$$不含税工程造价=(分部分项工程费+措施项目费+其他项目费+规费)\times 综合系数 \tag{3-111}$$

表 3-17 陕西省建筑安装工程附加税率 %

	计税基础	适用	税率
附加税	分部分项工程费＋措施项目费＋其他项目费＋规费	纳税地点在市区	0.48
		纳税地点在县城、镇	0.41
		纳税地点在市区、县城、镇以外	0.28

关键概念 定额 建设工程定额 企业定额 施工定额 基础定额 单位估价表 概算指标

习 题

3.1 简述定额的作用与特点。

3.2 分别回答施工定额和基础定额的作用及编制原则。

3.3 什么是材料的价格？它由哪些部分组成？

3.4 影响人工单价、材料价格、施工机械台班单价的因素有哪些？

3.5 概算指标和投资估算指标的编制方法有何特点？

3.6 根据某现浇混凝土梁设计图纸算出，每 $10m^3$ 混凝土梁模板接触面积为 $68.80m^2$，每 $10m^2$ 接触面积需板材 $1.64m^3$，制作损耗率为 5%，周转次数为 5 次，补损率为 15%。试计算每 $10m^3$ 现浇混凝土梁的模板摊销量。

3.7 砌 $10m^3$ 半砖厚砖墙中，砖和砂浆的消耗量分别为 5631 块和 $1.94m^3$。试计算该墙体中砖和砂浆的损耗率分别为多少？

3.8 已知某现浇混凝土工程，共浇筑混凝土 $3.0m^3$，其基本工作时间为 350min，准备与结束时间 20min，必需的休息时间 12min，不可避免的中断时间 10min，损失时间 95min。求浇筑混凝土的时间定额和产量定额。

3.9 用塔式起重机吊运混凝土，已知料斗定位需时 50s，运行需时 70s，卸料需时 45s，返回需时 30s，中断 15s；每次料斗装混凝土 $0.6m^3$，机械利用系数 0.85。求吊运 $1m^3$ 混凝土的机械时间定额和产量定额。

3.10 有一台 6t 塔式起重机吊装某种混凝土构件，由 1 名司机、8 名起重工、2 名电焊工和 3 名其他工组成的综合小组共同完成。已知机械台班产量定额为 $35m^3$/台班，试求吊装 $10m^3$（定额计量单位）该混凝土构件的人工时间定额。

3.11 用连续测时法测 250L 混凝土搅拌机（每盘出料 $0.25m^3$）拌和混凝土所耗费时间，结果见表 3-18。请计算各工序的有效次数、算术平均值和混凝土搅拌机的产量定额(有效利用系数 0.8)。

表 3-18 连续测时法测 250L 混凝土搅拌机拌和混凝土所耗费时间

序号	工序名称	时间	观察次数											
			1		2		3		4		5		6	
			min	s	min	s	min	s	min	s	min	s	min	s
1	装料入鼓	终止时间	0	15	2	17	4	24	6	28	8	35	10	37
		延续时间		15		14		14		13		15		16
2	搅拌	终止时间	1	47	3	52	5	57	8	05	10	04	12	10
		延续时间		92		95		93		97		89		93
3	出料	终止时间	2	03	4	10	6	15	8	20	10	21	12	27
		延续时间		16		18		18		15		17		17

3.12　依表3-19数据，编制某工程的砾石材料价格（元/m^3）。

表3-19　已知数据

产地	供应比率（%）	单价 元/m^3	运输距离 km	运输单价	砾石毛重	运输损耗率	装卸费	采购及保管费率
甲	30	18	30	0.9元/(t·km)	1.7 t/m^3	1.6%	装3元/t 卸2元/t	2.2%
乙	30	22	34					
丙	40	19	22					

3.13　结合本地区单位估价表，试计算150m^3，M7.5水泥砂浆砖基础的直接工程费、人工费、机械费和各种主要材料用量。

3.14　按下列所给每10m^3一砖（标准红砖）墙的数据，编制其单位估价表。

（1）人工：基本用工8.5工日，辅助用工4.0工日，超运距用工3.5工日；人工幅度差10%；平均月工资标准1750元，全年有效工作天数250d。

（2）标准红砖每千块350元，M5混合砂浆每立方米210元，砂浆和红砖损耗2%；水需要1m^3，每立方米3.90元。

（3）施工机械：砂浆搅拌机（200L）产量定额为12m^3/台班，每台班180元，定额幅度差1.25；塔吊需要0.39台班，每台班460元。

3.15　某工程需铺2600m^2地砖，设计地砖规格为300mm×300mm×10mm，灰缝10mm，找平及结合层厚30mm，找平、灰缝及结合层均用1∶2的水泥砂浆。查得：原定额每100m^2，200mm×200mm×10mm地砖定额基价为9280元，也用1∶2的水泥砂浆填缝（缝宽10mm）和做找平及结合层（厚25mm），已知砂浆单价为200元/m^3，300mm×300mm×10mm地砖每块15元，200mm×200mm×10mm地砖每块1.4元。损耗均为3%；请计算此铺地砖项目直接工程费。

3.16　某工程现浇混凝土板共35m^3，现场搅拌。设计使用为C30砾石混凝土（砾石1～3cm，水泥32.5号），而定额中规定混凝土为C20砾石混凝土（砾石1～3cm，水泥32.5号），其定额基价为268.43元/m^3。查价目表可知C30砾石混凝土价格为186.64元/m^3，C20砾石混凝土价格为163.39元/m^3。32.5号水泥的市场价格比定额价格高出0.15元/kg，每定额计量单位产品含有C20混凝土1.015m^3，试求现浇混凝土板的总价。混凝土配合比见表3-20。

表3-20　混凝土配合比　单位：m^3

混凝土配合比					
C20（砾石1～3cm）			C30（砾石1～3cm）		
水泥32.5	kg	328.00	水泥32.5	kg	402.00
砾石1～3cm	m^3	0.806	砾石1～3cm	m^3	0.788
中砂	m^3	0.410	中砂	m^3	0.424
水	m^3	0.190	水	m^3	0.190

3.17 某一般土建工程定额直接工程费为8 000 000元，专业措施项目费为170 000元，其他项目费50 000元。现规定冬雨季、夜间施工措施费率为0.76%，二次搬运费率为0.34%，测量放线、定位复测检验试验费率为0.42%，安全文明施工措施费率为3.8%，规费费率为4.67%，管理费率为5.11%，利润为3.11%，税率为11%；请分步计算此土建工程造价。

第四章 建设工程工程量清单计价方法

学习要点

本章介绍了工程量清单计价的基本概念、基本原理，工程量清单的基本概念、内容和编制方法，工程量清单计价的编制方法，招标控制价和投标报价的编制方法。通过本章学习应熟悉工程量清单和工程量清单计价的相关概念；掌握工程量清单的编制和清单计价的程序，招标控制价和投标报价的编制方法；重点掌握清单计价方法——综合单价法。

第一节 工程量清单计价概述

实行工程量清单计价办法，其目的就是由招标人提供工程量清单，投标人通过对工程量清单复核，结合企业管理水平、技术装备、施工组织措施等，依照市场价格水平、行业成本水平及所掌握的价格信息自主报价。通过工程量清单的统一提供，使构成工程造价的各项要素，如人工费、材料费、机械费、管理费、措施费、利润等的定价权完全交给了企业，企业对自己的报价承担相应的风险与责任，从而建立起真正的风险制约和竞争机制，减少合同实施过程中推诿和扯皮现象的发生，为工程管理提供方便。同时，也促使企业不断改进施工技术，加强管理，降低成本，以利于在激烈的市场竞争中立于不败之地。

一、工程量清单计价的概念

工程量清单计价是工程量清单项目进行市场交易定价的活动过程，是一种按照清单计价规范规定，依据工程量清单和综合单价法，由市场竞争形成工程造价的计价模式与方法。具体做法是：招标人或招标代理单位依据招标文件和施工图纸及技术资料，核算出工程量，提供工程量清单，列入招标文件中；投标人或招标控制价编制人再根据各自编制依据和各种渠道所获得的工程造价信息及经验数据计算确定综合单价，用给定的清单工程量乘以综合单价得到清单项目合价，累计后再计取行政事业性规费和税金等费用，最后合计得到工程造价。

二、工程量清单计价的基本原理

工程量清单计价是以招标人提供的工程量清单为平台，投标人根据自身的技术、财务、管理能力进行投标报价，招标人根据具体的评标细则进行优选。在市场经济发达的国家，工程量清单计价方法是建筑产品交易定价的基本方法。随着我国建设市场的不断成熟和发展，工程量清单计价方法已经越来越趋于成熟和规范。工程量清单计价方法实行量、价分离，以法律法规规范市场秩序，引导企业公平竞争，鼓励企业自行组价，以市场机制形成价格。因此与传统的定额计价法相比，不仅是计价模式的形式改变，更重要的是改变了建筑产品的价格属性。

工程量清单计价的基本过程可以描述为：在统一的清单项目设置规则和工程量计算规则的基础上，招标人根据具体工程的施工图纸计算出各个清单项目的工程量，提供工程量清单，投标人或招标控制价编制人再根据各自编制依据和获得的信息计算得到工程造价。这一基本的计算过程如图 4-1 所示。

招标控制价表现的是市场平均价格水平，它是依据国家或地区主管部门颁发的有关计价依据和办法，按合理的施工水平计算的招标最高工程造价。投标报价则应以企业自身素质、机械设备情况、企业管理水平、资源消耗和市场价格等为依据确定的工程造价。

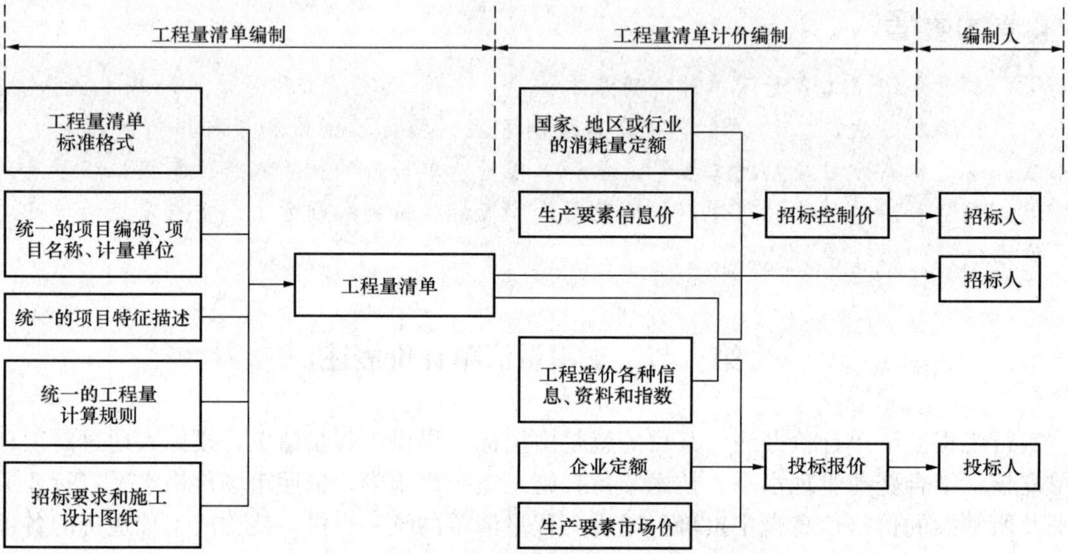

图 4-1　工程量清单计价过程

从工程量清单计价过程的示意图中可以看出，其编制过程可以分为两个阶段：工程量清单的编制和进行工程量清单计价，工程量清单的编制将在本章第二节详细说明，工程量清单计价的编制将在本章第三节详细讲述。

三、工程量清单计价特点

工程量清单计价的特点具体体现在以下几个方面：

(1) 统一计价规则。通过制订统一的工程量清单计价方法、统一的工程量清单项目设置规则、统一的工程量计算规则，达到规范计价行为的目的。这些规则和办法是强制性的，工程建设有关的各方面都应该遵守。

(2) 竞争条件平等。工程量清单报价为投标者提供一个平等竞争的条件，由招标人提供工程量，所有的投标人在同一工程量的基础上自主报价，充分体现了公平竞争的原则。

(3) 彻底开放价格。将工程消耗量定额中的工、料、机、价格和管理费、利润全面放开，由市场供求关系自行确定价格。

(4) 企业自主报价。投标企业根据自身技术专长、材料采购渠道和管理水平等，制订企业自己的报价定额，自主报价。企业尚无报价定额的，可参考使用造价管理部门颁布的《建设工程消耗量定额》。

(5) 竞争形成价格。通过建立与国际接轨的工程量清单计价模式，在投标过程中，有效引入竞争机制，在保证质量、工期的前提下，按照国家《招标投标法》及有关条款规定，最终以“不低于成本”的合理低价者中标。

(6) 风险合理分担。投标单位只对自己所报的成本、单价等负责，而对工程量的变更或计算错误等不负责任，相应的这一部分风险则应由业主承担。这种格局符合风险合理分担与责权利关系对等的一般原则，同时也必将促进各方面的管理水平的提高。

四、工程量清单计价的范围

工程量清单计价主要适用于新建、扩建、改建等建设工程工程量清单计价活动，而建设工程主要是由建筑工程、装饰装修工程、安装工程、市政工程和园林绿化工程等组成。

工程量清单计价的使用范围从资金来源方面强制规定：全部使用国有资金投资或国有资金投资为主的大中型建设工程招投标的计价活动必须实行工程量清单计价。非国有资金投资的工程建设项目，可采用工程量清单计价。

国有投资的资金包括国有投资资金和国家融资资金。国有投资资金包括使用各级财政预算资金，使用纳入财政管理的各种政府性专项建设资金，使用国有企事业单位自有资金并且国有资产投资者实际拥有控制权的。国家融资资金包括使用国家发行债券所筹资金，使用国家对外借款或者担保所筹资金，使用国家政策性贷款，国家授权投资主体融资和国家特许的融资。

国有资金为主的工程建设项目是指国有资金占投资总额50%以上，或虽不足50%但国有投资者实质上拥有控股权的工程建设项目。

非国有资金投资的工程建设项目，采用工程量清单计价的，应执行相应的计价规范。

陕西省规定依法必须招标的工程建设项目，必须采用工程量清单计价。

第二节 工程量清单的编制

一、工程量清单的基本概念

（一）工程量清单的概念

工程量清单是指建设工程的分部分项工程项目、措施项目、其他项目、规费项目和税金项日的名称和相应数量等的明细清单。它是由招标人提供的一套注有拟建工程各实物工程名称、性质、特征、单位、数量及开办项目、税费等相关表格组成的文件。由具有编制招标文件能力的招标人，或受其委托具有相应资质的工程造价咨询人或工程招标代理人，依据《计价规范》及招标文件的有关要求，按照“五个统一”（项目编码、项目名称、项目特征、计量单位、工程量计算规则）的要求，结合设计文件和施工现场实际情况编制。其中，工程造价咨询人是指取得工程造价咨询资质等级证书，接受委托从事建设工程造价咨询活动的企业。

《计价规范》是根据《中华人民共和国建筑法》、《中华人民共和国合同法》、《中华人民共和国招投标法》等法律以及最高人民法院《关于审理建设工程施工合同纠纷案件适用法律问题的解释》（法释［2004］14号），按照我国工程造价管理改革的总体目标，本着国家宏观调控、市场竞争形成价格的原则制定的。它统一了分部分项工程项目编码、项目名称、项目特征、计量单位、工程量计算规则，为建立全国统一建设市场和规范计价行为提供了平台；另外，《计价规范》没有规定人工、材料、机械台班的具体消耗量，必然促进企业加强管理，提高理论水平，引导企业学会编制自己的消耗量定额，并结合自身的生产效率、消耗水平、经营管理能力以及工程成本，放弃过去定额计价的约束特点，从“量”到“价”综合决策，自主投标报价，以适应竞争体制的挑战并满足市场竞争的要求。

（二）工程量清单的作用

（1）工程量清单是招标文件不可分割的重要组成部分。

（2）一经中标且签订合同，即成为合同的组成部分。

（3）它体现了招标人要求投标人完成的工程项目及相应的工程数量，全面反映了投标报价要求。

（4）它是编制招标控制价、投标报价、计算工程量、支付工程款、调整合同价款、办理竣工结算以及工程索赔的依据。

（三）工程量清单特点

1. 强制性

一是《计价规范》由建设主管部门按照强制性国家标准的要求批准颁布，规定全部使用国有资金或国有资金投资为主的大中型建设项目工程应按工程量清单计价的规定执行；二是明确工程量清单是招标文件的组成部分，并规定了招标人在编制工程量清单时必须遵守“五个统一”的要求。

2. 实用性

工程量清单项目及计算规则的项目名称表现的是工程实体项目，项目名称明确清晰，工程量计算规则简洁明了；特别还列有项目特征和工程内容，易于编制工程量清单时确定项目名称和进行清单组价计价。

3. 竞争性

一是使用工程量清单计价时，规定的措施项目中，投标人具体采用什么措施，如模板、脚手架、临时设施、施工排水等详细内容由投标人根据企业的施工组织设计等确定，给企业留下了竞争空间，是企业的竞争项目，从中可体现各企业的竞争力。二是工、料、机没有具体消耗量，这就将工程消耗量定额中的工、料、机、价格、利润和管理费全面开放，投标单位可以依据企业定额和市场价格信息，体现各企业在价格上的竞争力。

4. 通用性

采用工程量清单计价与国际惯例接轨，符合工程量计算方法标准化、工程量计算规则统一化、工程造价确定市场化的要求。

二、工程量清单的内容与编制

（一）工程量清单的内容

工程量清单作为招标文件的组成部分，其主要内容有工程量清单封面、工程量清单总说明、分部分项工程量清单、措施项目清单、其他项目清单、规费项目清单、税金项目清单、暂列金额明细表、专业工程暂估价明细表、总承包服务项目表、计日工表、材料及设备（含甲供）暂估单价明细表等。工程量清单的编写应由招标人完成，除以上规定的工程量清单的内容外，招标人可根据具体情况进行补充。

（二）工程量清单的编制

1. 工程量清单的编制依据

（1）《计价规范》。

（2）国家、省级或行业建设部主管部门颁发的计价依据和办法。

（3）建设工程设计文件。

（4）与建设工程项目有关的标准、规范、技术资料。

(5) 招标文件的补充通知、答疑纪要。

(6) 施工现场情况、工程特点及常规施工方案。

(7) 其他相关资料。

2. 工程量清单封面

工程量清单封面见表 4-1。由招标人填写、签字、盖章。

表 4-1　封　面

＿＿＿＿＿＿＿＿＿＿工程

工 程 量 清 单

招　标　人：	＿＿＿＿＿＿＿＿＿＿	（单位盖章）
法定代表人或其授权人：	＿＿＿＿＿＿＿＿＿＿	（签字或盖章）
工程造价咨询人或招标代理人：	＿＿＿＿＿＿＿＿＿＿	（签字或盖章）
法定代表人或其授权人：	＿＿＿＿＿＿＿＿＿＿	（签字或盖章）
编　制　人：	＿＿＿＿＿＿＿＿＿＿	（造价人员签字盖专用章）
复　核　人：	＿＿＿＿＿＿＿＿＿＿	（造价人员签字盖专用章）

编制时间：　年　月　日

复核时间：　年　月　日

3. 工程量清单总说明

总说明应按下列内容填写。

(1) 工程概况。工程概况主要包括建设规模、工程特征、计划工期、施工现场实际情况、交通运输情况、自然地理条件、环境保护要求等。

(2) 工程招标和分包范围。

(3) 工程量清单编制依据。

(4) 工程质量、材料、施工等的特殊要求。

(5) 招标人自行采购材料的名称、规格型号、数量等。

(6) 其他项目清单中招标人部分的（包括暂列金额、专业工程暂估价等）金额数量。

(7) 其他需说明的问题。

4. 分部分项工程量清单的编制

分部分项工程量清单应表明拟建工程的全部分项实体工程名称和相应数量，编制时应避免漏项、错项，见表 4-2。为了统一工程量清单项目名称、项目编码、项目特征的描述、计量单位和工程量计算，在《计价规范》中，对工程量清单项目的设置作了明确的规定。

表 4-2　分部分项工程量清单

工程名称：　　　　专业：　　　　第　页　共　页

序号	项目编码	项目名称	项目特征	计量单位	工程数量

(1) 项目编码。它是指分部分项工程量清单项目名称的数字标识。分部分项工程量清单的项目编码，应采用十二位阿拉伯数字表示。一至九位为一、二、三、四级，应按统一规定设置，十至十二位为第五级，应根据拟建工程的工程量清单项目名称设置，由工程量清单编制人编制，从 001 开始。各位数字的含义见项目编码结构图，如图 4-2 所示。如某工程砖基础项目编码为 010301001001。

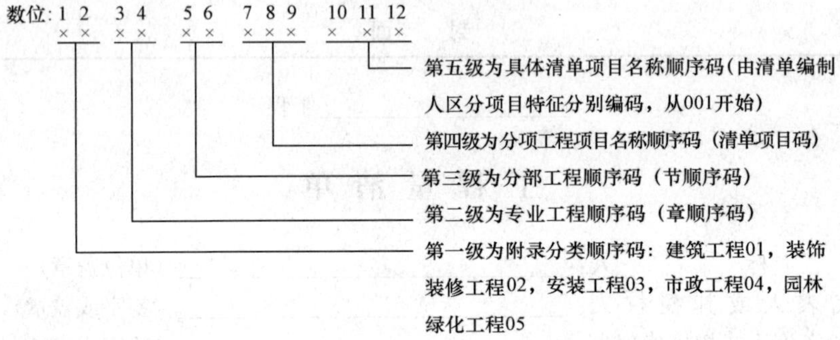

图 4-2 工程量清单项目编码结构

(2) 项目名称。原则上依据《计价规范》附录中给的项目名称，结合设计，以形成的工程实体或主要分项工程而命名。项目名称如有缺项，招标人可按相应的原则进行补充，并报当地工程造价管理部门备案。

(3) 项目特征。项目特征是指构成分部分项工程量清单项目、措施项目自身价值的本质特征。它是区分清单项目、确定综合单价的前提，履行合同义务的基础。在编制工程量清单时，必须对其项目特征进行准确而全面的描述，力求达到规范、简洁、准确、全面描述的要求。清单项目特征的描述，应根据《计价规范》附录中有关项目特征的要求，结合技术规范、标准图集、施工图纸，按照工程结构、使用材质及规格或安装位置等，予以详细而准确地表述和说明。

1) 项目特征描述的具体要求。

① 项目特征应按《计价规范》附录中规定的内容进行描述，并结合拟建工程的实际要求，能满足确定综合单价的需要。

② 若采用标准图集或施工图纸能够全部或部分满足项目特征描述的要求，项目特征描述可直接采用详见××图集或××图号的方式。对不能满足项目特征描述要求的部分，仍应用文字描述。

2) 描述工程量清单项目特征的技巧。

① 必须描述的内容：

a. 涉及正确计量的内容必须描述，如门窗洞口尺寸，桩的截面尺寸等。

b. 涉及结构要求的内容必须描述，如混凝土构件的混凝土强度等级。

c. 涉及材质要求的内容必须描述，如管材的材质是碳钢管，还是塑钢管、不锈钢管等，还需对管材的规格、型号进行描述。

d. 涉及安装方式的内容必须描述，如管道工程中的钢管的连接方式是螺纹连接还是焊接，塑料管是粘接连接还是热熔连接等就必须描述。

② 可不描述的内容：

a. 对计量计价没有实质影响的内容可以不描述，如水泥强度、石灰种类等。

b. 应由投标人根据施工方案确定的可以不描述，如土方工程的放坡及支护方法，开挖土方的方法等。

c. 应由投标人根据当地材料和施工要求确定的可以不描述，如混凝土中的石子种类及粒径、砂的种类及特征等。

d. 应由施工措施解决的可以不描述，如垂直运输的方式，混凝土运输、浇捣的方式等。

③ 可不详细描述的内容：

a. 无法准确描述的可不详细描述，如土壤类别可由投标人根据地勘资料自行确定。

b. 施工图纸、标准图集标注明确，可不再详细描述。

c. 还有一些项目可不详细描述，注明由投标人自定，如“取土运距”、“弃土运距”等。

④《计价规范》规定多个计量单位的描述：

a.“预制钢筋混凝土桩”计量单位有“m/根”两个计量单位，清单编制人可以根据具体情况选择“m”、“根”其中之一作为计量单位，并需描述单根长度。

b.《计价规范》对“A.3.2 砖砌体”中的“零星砌砖”的计量单位为“m^3、m^2、m、个”四个计量单位，在编制该项目的清单时，应将零星砌砖的项目具体化，并根据《计价规范》的规定选用计量单位，并按照选定的计量单位进行恰当的特征描述。

⑤规范没有要求，但又必须描述的内容，例如 A.5.1“厂库房大门、特种门”，《计价规范》以“樘”作为计量单位，“框外围尺寸”就是影响报价的重要因素，必须描述。

（4）计量单位。应采用基本单位，除各专业另有特殊规定外，均按以下单位计量：

1）以重量计算的项目——t 或 kg。

2）以体积计算的项目——m^3。

3）以面积计算的项目——m^2。

4）长度计算的项目——m。

5）计量单位计算的项目——个、套、块、樘、组、台等。

6）整体数量的项目——系统、项等。

各专业有特殊计量单位的，再另外加以说明。

（5）工程数量。

1）清单的工程数量必须依据设计图纸和清单工程量计算规则正确计算。清单工程量计算规则是对项目工程量的计算规定。除另有说明外，所有清单项目的工程量应以实体工程量为准，并以完成后的净值计算。

工程量的计算规则按主要专业划分，包括建筑工程、装饰装修工程、安装工程、市政工程和园林绿化工程五个专业部分。

2）工程数量的精确度。

① 以“t”为单位的，保留小数点后三位，第四位小数四舍五入。

② 以“m^3”、“m^2”、“m”为单位，应保留两位小数，第三位小数四舍五入。

③ 以“个”、“项”等为单位的，应取整数。

具体的工程量的计算见第五章。

（6）工程内容。工程内容是指完成该清单项目可能发生的具体工程，可供招标人确定清单项目和投标人投标报价参考。以建筑工程的砖墙为例，可能发生的具体工程有砂浆制作、运输、砌砖、勾缝等。

凡工程内容中未列全的其他具体工程，由投标人按照招标文件或图纸要求编制，以完成清单项目为准，综合考虑到报价中。

【例 4-1】 ××小区办公楼，招标人根据设计施工图，按清单工程量计算规则，计算出现浇混凝土柱为 19.8m³，柱顶标高为 6.3m，混凝土为 C25 普通砾石混凝土，柱截面尺寸为 500mm×500mm。试编制该分部分项工程的工程量清单。

解 根据《计价规则》及已知条件，编制该分部分项工程量清单见表 4-3。

表 4-3 分部分项工程量清单

工程名称：××小区办公楼 专业：土建工程

项目编码	项目名称	项目特征	计量单位	工程数量
010402001001	矩形柱	①柱顶标高 6.3m； ②截面 500mm×500mm； ③C25 普通混凝土。 [工程内容] 混凝土制作、运输、浇捣、养护	m^3	19.8

5. 措施项目清单的编制

措施项目是指为完成工程项目施工，发生于该工程施工准备和施工过程中的技术、生活、安全、环境保护等方面的非工程实体项目。应根据《计价规范》和拟建工程的具体情况，分别编制通用措施项目和各专业工程措施项目，编制时力求全面。

通用措施项目是指各专业工程均通用的措施项目，即各专业工程中均存在的措施项目。通用措施项目主要包括安全文明施工（含环境保护、文明施工、安全施工、临时设施），夜间施工，二次搬运，测量放线、定位复测、检验试验，冬、雨季施工，大型机械设备出场及安拆，施工排水，施工降水，施工影响场地周边地上、地下设施及建筑物安全的临时保护设施，已完工程及设备保护等，其中前五项一般均会发生，后五项应根据拟建工程实际和常规施工方法确定。

专业措施项目是指各专业工程特有的措施项目。对于建筑工程（一般土建工程），主要有混凝土、钢筋混凝土模板及支架，脚手架，垂直运输机械等。对于装饰装修工程，主要有脚手架，垂直运输机械，室内空气污染测试等。对于安装工程，主要有组装平台费，设备、管道施工的防冻和焊接保护措施，压力容器和高压管道的检验，焦炉施工大棚，焦炉烘炉、热态工程，管道安装后的充气保护措施，隧道内施工的通风、供水、供气、供电、照明及通信设施，现场施工围栏，长输管道临时水工保护设施，长输管道施工便道，长输管道跨越或穿越施工措施，长输管道地下穿越地上建筑物的保护措施，长输管道工程施工队伍调遣，格架式抱杆等。对于市政工程，主要有围堰，筑岛，现场施工围栏，便道，便桥，洞内施工的通风、供水、供气、供电、照明及通信设施，驳岸块石清理，地下管线交叉处理，行车、行人干扰增加，轨道交通工程路桥、市政基础设施施工监测、监控、保护等。

如建筑及装饰装修工程的措施项目清单格式见表 4-4。

表 4-4　　措施项目清单

工程名称：　　　　专业：　　　　第　页　共　页

序　号	项　目　名　称	计量单位	工程数量
一	通用项目	项	
1	安全文明施工（含环境保护、安全施工、文明施工、临时设施）	项	
2	夜间施工	项	
3	二次搬运	项	
4	测量放线、定位复测、检验试验	项	
5	冬、雨季施工	项	
6	大型机械设备出场及安拆		
7	施工排水		
8	施工降水		
9	施工影响场地周边地上、地下设施及建筑物安全的临时保护设施		
二	专业项目：		
（一）	建筑工程（一般土建）		
1	混凝土、钢筋混凝土模板及支架		
2	脚手架		
3	垂直运输机械		
（二）	装饰装修工程		
1	脚手架		
2	垂直运输机械		
3	室内空气污染测试		

若出现《计价规范》中未列的项目，可由招标人根据实际情况补充。投标人补充项目，应按招标文件规定补充，招标文件无规定时，补充的项目应单列并在投标书中说明。

措施项目中的技术性措施项目，包括专业措施项目（如混凝土、钢筋混凝土模板及支架、脚手架、垂直运输机械等）和部分通用措施项目（如大型机械设备出场及安拆、施工排水、施工降水等），由于它们的费用支出与实际完成的工程量紧密相关，其工程量可按设计和定额规则计算出来（简称为可以计算工程量的项目），因此，它们既可以“项”为单位编制，也可以采用分部分项工程量清单的方式编制，即计量单位也可采用消耗量定额中表现工程实体的计量单位，如脚手架项目可采用 m^2，混凝土、钢筋混凝上模板及支架项目可根据其混凝土构件特征采用 m^2 或 m^3，而预制构件模板常采用 m^3。

保障性措施项目（难以计算工程量的项目）在施工过程中必须发生，但在投标时很难具体分项预测，又无法单独列出项目内容的措施项目，如大部分通用措施项目（安全文明施工、夜间施工、二次搬运费等），则以“项”为计量单位进行编制。

6. 其他项目清单的编制

其他项目清单应根据拟建工程的具体情况，参照下列内容列项，见表 4-5。

表 4-5 **其他项目清单**

工程名称： 专业： 第 页 共 页

序 号	项 目 名 称	计量单位	工 程 数 量	备 注
一	招标人部分			
1	暂列金额	元		明细详见表 4-6
2	暂估价			
2.1	专业工程暂估价	元		明细详见表 4-7
2.2	材料、设备暂估价	元		明细详见表 4-8
二	投标人部分			
3	总承包服务费	项		明细详见表 4-9
4	计日工	项		明细详见表 4-10

(1) 招标人部分：暂列金额和暂估价。

1) 暂列金额是指招标人在工程量清单中暂定并包括在合同价款中的一笔款项，以用于施工合同签订时尚未确定或者不可预见的所需材料、设备、服务的采购，施工中可能发生的工程变更、合同约定调整因素出现时的工程价款调整，以及发生的索赔、现场签证确认等的费用。暂列金额可根据工程的具体情况（包括设计深度、复杂程度、工程环境条件等）进行估算，一般以分部分项工程费的10％～15％为参考。某工程暂列金额明细见表 4-6。

表 4-6 **暂列金额明细表**

工程名称： 专业： 第 页 共 页

序 号	项目名称	计量单位	暂定金额（元）	备 注
1	工程变更	项		
2	价款调整	项		
3	索赔及现场签证	项		
4	其他	项		
	……			

2) 暂估价是指招标人在工程量清单中提供的用于支付必然发生但暂时不能确定价格的材料、设备的单价以及专业工程的金额。其中专业工程暂估价分不同的专业计列，如某工程专业工程暂估价明细表见表 4-7；对于材料、设备暂估价计入的原则是：凡材料、设备暂估价已经计入工程量清单综合单价中的，不再汇总计入暂估价；若为甲方自行采购的且未计入综合单价的材料、设备可按其供应数量乘以其单价汇总计入暂估价。某工程材料、设备（含甲供）暂估单价明细表见表 4-8。

表 4-7 **专业工程暂估价明细表**

工程名称： 专业： 第 页 共 页

序 号	工程名称	工程内容	金额（元）	备 注
1	精装修	室内外装饰装修		
2	桩 基	桩基础部分施工		
	……			

表 4-8　　材料、设备（含甲供）暂估单价明细表

工程名称：　　　　专业：　　　　第　页　共　页

序　号	材料、设备名称、规格、型号	计量单位	单价（元）	备　注
1	秦岭牌水泥 32.5	kg	* * *	
2	螺纹钢筋（综合）	t	* * *	
3	变电所用变压器	台	* * *	
	……			

（2）投标人部分：包括总承包服务费和计日工。

1）总承包服务费是指总承包人为配合协调发包人进行的工程分包自行采购的设备、材料等进行管理、服务以及施工现场管理、竣工资料汇总整理等服务所需的费用。

2）计日工是指在施工过程中，完成发包人提出的施工图纸以外的零星项目或工作，按合同中约定的综合单价计价。某工程总承包服务项目表和计日工表格式见表 4-9 和表 4-10。

表 4-9　　总承包服务项目

工程名称：　　　　专业：　　　　第　页　共　页

序　号	项目名称	计量单位	工程数量
1	发包人发包专业工程管理服务费	项	
2	发包人供应材料、设备保管费	项	
	……		

表 4-10　　计 日 工 表

工程名称：　　　　专业：　　　　第　页　共　页

编　号	项目名称	计量单位	暂定工程量
一	人　工		
1	挖问题土	工日	* * *
2	零星砌体	工日	* * *
二	材　料		
1	红　砖	千块	* * *
2	净　砂	m^3	* * *
三	施工机械		
1	夯实机（电动）20N·m	台班	* * *
	……		

招标人用以上表格形式详细列出其他项目的有关内容和相应数量，以便投标人准确组价和报价。

若出现《计价规范》中未列的项目，可根据工程实际情况补充。

7. 规费项目清单的编制

规费是指根据省级政府或省级有关权力部门规定必须缴纳的，应计入建筑安装工程造价的费用，可参照表 4-11 内容列项。

（1）社会保障保险：包括养老保险、失业保险、医疗保险、工伤保险、残疾人就业保险、女工生育保险。

(2) 住房公积金。

(3) 危险作业意外伤害保险。

出现《计价规则》中未列的项目，应根据国家、省政府和省级有关主管部门的规定列项。

表 4-11 **规费项目清单**

工程名称: 专业: 第 页 共 页

序 号	项目名称	计量单位	数 量
1	社会保障费		
1.1	养老保险		
1.2	失业保险		
1.3	医疗保险		
1.4	工伤保险		
1.5	残疾人就业保险		
1.6	女工生育保险		
2	住房公积金		
3	危险作业意外伤害保险		

8. 税金项目清单的编制

税金是指国家税法规定的应计入建筑安装工程造价内的增值税、城市维护建设税及教育费附加等，见表 4-12。

表 4-12 **税金项目清单**

工程名称: 专业: 第 页 共 页

序 号	项目名称	计量单位	数量
1	增值税		
2	城市建设维护税		
3	教育费附加		
4	地方教育附加		

出现《计价规范》中未列的项目，应根据税务部门的规定列项。

第三节 工程量清单计价程序与方法

一、工程量清单计价的程序

工程量清单计价是在业主提供的工程量清单的基础上，按照清单计价规范规定，依据工程量清单和综合单价法，进行市场交易、竞争定价的活动过程。其程序为:

(1) 做好各项计价准备工作，包括以下内容:

1) 熟悉工程量清单。

2) 明确所编制的计价文件的用途，搜集并熟悉编制依据。

3) 收集各种资源价格信息，主要指市场要素价格。

4）优选施工方案和方法以及其他工作。

（2）计算分部分项工程费，并将结果填入表 4-13。

分部分项工程量清单计价表中的序号、项目编码、项目名称、项目特征、计量单位、工程数量，必须按分部分项工程量清单（表 4-2）中的相应内容填写。

综合单价是指完成一个规定计量单位的工程量清单项目所需的人工费、材料费、施工机械使用费、管理费、利润和一定范围内的风险费用，其具体确定过程参见后面介绍的综合单价法。

表 4-13　　分部分项工程量清单计价表

工程名称：　　专业：　　第　页　共　页

序号	项目编码	项目名称	项目特征	计量单位	工程数量	金额（元）	
						综合单价	合计
		合计					

$$分部分项工程费 = \sum 分部分项工程量 \times 分部分项工程综合单价 \quad (4\text{-}1)$$

（3）计算措施项目费，并将结果填入表 4-14 和表 4-15。

措施项目清单计价表中的序号、项目名称，必须按措施项目清单（表 4-4）中的相应内容填写。投标人可根据施工组织设计采取的措施增加项目。

措施项目清单计价中，保障性措施项目一般应根据省级、行业建设主管部门颁发的费用定额确定，以“项”为单位，采用费率的方式综合计价，其格式见表 4-14，其费用应包括除规费、税金外的全部费用。

以工程量形式表现的技术性措施项目应根据拟建工程的施工组织设计或施工方案、消耗量定额及其单价，按分部分项工程量清单计价方式，即采用综合单价计算确定，其格式见表 4-15。

表 4-14　　措施项目清单计价表（一）

工程名称：　　专业：　　第　页　共　页

项目编码	项目名称	计算基础	费　率（%）	金　额（元）
	合计			

表 4-15　　措施项目清单计价表（二）

工程名称：　　专业：　　第　页　共　页

项目编码	项目名称	项目特征	计量单位	工程量	金　额（元）	
					综合单价	合　价
	合计					

$$措施项目费=保障性措施项目费+技术性措施项目费 \\ =\sum(计费基础\times相应费率)+\sum(工程量\times综合单价) \quad (4\text{-}2)$$

(4)计算其他项目费，并将结果填入表4-16。

其他项目清单表中的序号、项目名称，必须按其他项目清单(表4-5)中的相应内容填写。暂列金额和暂估价必须按招标人提出的数额填写。暂估价中的专业工程暂估价应分专业填写，对于材料、设备暂估价，凡材料、设备暂估价已经计入工程量清单综合单价中的，不再汇总计入暂估价；投标人部分(总承包服务费和计日工)的费用以综合单价法计算。

表4-16　　其他项目清单计价表

工程名称：　　专业：　　第　页　共　页

序号	项目名称	计量单位	工程数量	金额(元)	
				综合单价	合价
	合计				

表4-17和表4-18为计算计日工和总承包服务费的附表。计日工按招标人在其他项目清单中列出的项目和数量，确定其综合单价后计算其费用；总承包服务费根据招标文件中列出的内容和提出的要求进行确定。

表4-17　　计日工计价表

工程名称：　　专业：　　第　页　共　页

序号	名称	计量单位	数量	金额(元)	
				综合单价	合价
一	人工				
	……				
二	材料				
	……				
三	机械				
	……				
	合计				

表4-18　　总承包服务费计价表

工程名称：　　专业：　　第　页　共　页

序号	名称	计量单位	数量	金额(元)	
				综合单价	合价
1	发包人发包专业工程管理服务费				
2	发包人供应材料、设备保管费				
	……				

其他项目费＝招标人部分的金额＋投标人部分的费用

＝暂列金额＋暂估价＋∑工程量×综合单价＋总承包服务费　(4-3)

(5)计算规费、税金，并将结果填入表 4-19。

表 4-19　　规费、税金项目清单计价表

工程名称：　　专业：　　第　页　共　页

序号	名　称	计量单位	数量	金　额(元)	
				综合单价	合　价
一	规费				
1	社会保障费				
1.1	养老保险				
1.2	失业保险				
1.3	医疗保险				
1.4	工伤保险				
1.5	残疾人就业保险				
1.6	女工生育保险				
2	住房公积金				
3	危险作业意外伤害保险				
二	税金				
1	增值税				
2	城市建设维护税				
3	教育费附加				
4	地方教育附加				

规费和税金应按国家或省级、行业建设主管部门的规定计算，不得作为竞争性费用。

(6)计算单位工程报价，并将结果填入表 4-20。

表 4-20　　单位工程造价汇总

工程名称：　　第　页　共　页

序号	项目名称	金　额(元)
1	分部分项工程费	
2	措施项目费	
3	其他项目费	
4	规费	
5	税金	
合　计		

单位工程报价＝分部分项工程费＋措施项目费＋其他项目费＋规费＋税金　(4-4)

综合以上(2)～(6)所述，例如陕西省单位工程造价的计价程序见表 4-21。

表 4-21　　工程量清单计价程序表

序号	内　容	计　算　式
1	分部分项工程费	∑(综合单价×工程量)+可能发生的差价
2	措施项目费	∑(计费基础×相应费率)+∑(综合单价×工程量)+可能发生的差价
3	其他项目费	暂列金额+暂估价+∑工程量×综合单价+可能发生的差价+总承包服务费
4	规费	(1+2+3)×费率
5	税前工程造价	(1+2+3+4)×综合系数
6	增值税销项税额	(5)×11%
7	附加税	(1+2+3+4)×税率
8	工程造价	5+6+7

注　1. 综合系数取数举例，如人工土石方工程 0.970 2，土建工程(除砖混工程外)0.925 1。

2. 附加税包含城市维护建设税、教育费附加及地方教育附加等，其中，纳税地点在市区；县城、镇；及以外的税率分别为 0.48、0.41 及 0.28。

表中“可能发生的差价”是指合同约定或政策规定计入工程造价总价，但不计入综合单价的费用，如由发包人承担的除工程量变化以外的风险费用按差价计列。差价主要是在工程结算时计算，不计入综合单价，只计取规费和税金。

（7）计算单项工程报价，并将结果填入表 4-22。

单位工程名称按照单位工程费汇总表（表 4-20）的工程名称填写。金额按照单位工程费汇总表（表 4-20）的合计金额填写。

表 4-22　　单项工程造价汇总表

工程名称：　　专业：　　第　页　共　页

序　号	单位工程名称	金　额（元）
合计		

$$单项工程报价 = \sum 单位工程报价 \tag{4-5}$$

（8）计算建设项目总报价，并将结果填入表 4-23。

表 4-23　　建设项目总造价表

工程名称：　　专业：　　第　页　共　页

序　号	单项工程名称	造　价（元）
合　计		

单项工程名称按照单项工程费汇总表（表 4-22）的工程名称填写。金额按照单项工程费汇总表（表 4-22）的合计金额填写。

$$建设项目总报价 = \sum 单项工程报价 \tag{4-6}$$

（9）核对、填写总价、封面、打印、整理、装订、盖章等。

封面格式见表 4-24，招标控制价和投标总价的封面格式见表 4-25，各计价表格的装订顺序参考本书附录二。

表 4-24　封　面

__________________工程

工程量清单计价表

编　制　单　位：____________________（单位盖章）
法定代表人或其授权人：____________________（签字或盖章）
编　制　人：____________________（造价人员签字盖专用章）
复　核　人：____________________（造价人员签字盖专用章）
编制时间：　年　月　日
复核时间：　年　月　日

表 4-25　招标控制价、投标总价封皮

__________________工程

招标控制价

招标控制价（小写）：________________
（大写）：________________

招　标　人：______（单位盖章）　工程造价咨询人：______（单位资质专用章）
法定代表人　法定代表人
或其授权人：______（签字或盖章）　或其授权人：（签字或盖章）
编　制　人：______（造价人员签字盖专用章）　复　核　人：______（造价工程师签字盖专用章）
编制时间：　年　月　日　复核时间：　年　月　日

__________________工程

投标总价

招　标　人：__________
工程名称：__________
投标总价（小写）：__________
（大写）：__________
投　标　人：__________（单位盖章）　法定代表人或其授权人：__________（签字盖章）
编　制　人：________（造价人员签字盖专用章）　编制时间：　年　月　日

二、工程量清单计价方法及相关规定

（一）综合单价法

我国现行的工程量清单计价采用综合单价法，其综合单价包含了直接工程费、管理费、利润及一定范围内的风险费用等。其计算方法是按给定的各分部分项工程量与确定的综合单价相乘得到其合价，累加其合价得到单位工程分部分项工程费，再加上措施项目费、其他项

目费、规费和税金后，就可算出单位工程招标控制价或投标报价。清单计价的优点是当工程量发生变更时，易于查对，能够反映投标企业的技术水平、工程管理能力。

由于各分部分项工程中的人工费、机械费、材料费所占比例不同，各分部分项工程可根据其材料费占人工费、机械费、材料费合计的比例（以字母 C 代表该项比值）在以下三种程序中选择一种计算其综合单价。

(1) 当 $C>C_0$（C_0 为根据本地区建设工程参考价目表测算所选典型分项工程材料费占人工费、机械费、材料费合计的比例）时，可采用以直接工程费合计为基数组价，见表 4-26，此计价模式适用于所有的一般土建工程、机械土石方工程、桩基工程和装饰工程。

表 4-26　以直接工程费为基数组价表

项　目	计　算　式	合　价	其　中			
			人工费	机械费	材料费	一定范围内的风险费
分项直接工程费	$a+b+c+d$	A	a	b	c	d
分项管理费	$A\times$费率	A_1				
分项利润	$(A+A_1)\times$费率	A_2				
分项综合单价	$A+A_1+A_2$					

(2) 当 $C<C_0$ 时，以人工费和机械费的合计为基数组价，见表 4-27，此计价模式适用于市政工程。

表 4-27　以人工费和机械费的合计为基数组价表

项　目	计算式	合　价	其　中				
			人工费	材料费		机械费	一定范围内的风险费
				辅材	主材		
分项直接工程费	$a+b+c+d+e$	A	a	b	c	d	e
分项管理费	$(a+d)\times$费率	A_1					
分项利润	$(a+d)\times$费率	A_2					
分项综合单价	$A+A_1+A_2$						

(3) 若分项工程的直接工程费仅为人工费或以人工费为主时，以人工费为基数组价，见表 4-28，此计价模式适用于人工土石方工程、安装工程。

表 4-28　以人工费为基数组价表

项　目	计算式	合　价	其　中				
			人工费	材料费		机械费	一定范围内的风险费
				辅材	主材		
分项直接工程费	$a+b+c+d+e$	A	a	b	c	d	e
分项管理费	$a\times$费率	A_1					
分项利润	$a\times$费率	A_2					
分项综合单价	$A+A_1+A_2$						

（二）工程量清单计价的相关规定

（1）招标文件中的工程量清单标明的工程量是投标人投标报价的共同基础，竣工结算的工程量按发、承包双方在合同中约定应予以计量且实际完成的工程量确定。

（2）措施项目清单中的安全文明施工措施费为不可竞争费用，应按照计价规则的计价程序和省建设主管部门发布的费率，参照规费计价基数计取。

（3）计价中风险的相关规定。

1）合理分担：采用工程量清单计价的工程，其工程计价风险实行发包人、承包人合理分担。发包人承担工程量清单计量不准、不全、设计变更等引起的工程量变化方面的风险，承包人承担合同约定的风险内容、幅度内自主报价的风险。

2）四个基本原则：风险应在招标文件中及发、承包人双方签订的合同中约定，并应遵循以下原则：

① 发包人、承包人均不得要求对方承担所有风险、无限风险，也不得变相约定由对方承担所有风险或无限风险。

② 主要建筑材料、设备因市场波动导致的风险，应约定主要材料、设备的种类及其风险内容、幅度。约定内的风险由承包人自主报价、自我承担，约定外的风险由发包人承担。

③ 法律、法规及省级或省级以上行政主管部门规定的强制性价格调整导致的风险，由发包人承担。

④ 承包人自主控制的管理费、利润等风险由承包人承担。

第四节　工程量清单招标控制价的编制

一、招标控制价的作用、编制原则及依据

招标控制价（也称招标最高限价）是招标人根据《计价规范》，按照国家或省级、行业建设主管部门颁发的有关计价依据和办法，按工程量清单计算的、对招标工程限定的最高工程造价。国有资金投资的工程建设项目应实行工程量清单招标，并应编制招标控制价。

（一）招标控制价的作用

（1）拦标价的作用。招标控制价是招标人在工程招标时能接受投标人报价的最高限价，即投标人的投标报价不能超过招标控制价，否则，其投标将被拒绝。编制招标控制价有利于客观、合理地评审投标报价，防止投标人互相串通围标和恶意哄抬标价。

（2）控制采购预算。招标人编制并公布的招标控制价相当于招标人的采购预算，同时要求不能超过批准的预算。

（3）招标控制价也可作为确定变更新增项目单价的计算依据。如招标文件对设计变更结算做如下的规定：当变更项目合同价中没有相同或相类似项目时，可参照招标时招标控制价编制原则编制清单单价，再按原招标时中标价和招标控制价相比下浮相同比例确定变更新增项目单价。

（二）招标控制价的编制原则

（1）完全一致的原则。招标控制价的计价内容、计价口径，应遵循与《计价规范》及招标文件的规定完全一致的原则，并参照国家、行业或地方编制的计价定额和技术标准、规范以及市场价格，确定工程量和计算招标控制价。招标控制价的计价过程必须严格按照工程量

清单给出的工程量及其所综合的工程内容进行计价，不得随意变更或增减。

(2) 遵循市场形成价格的原则。招标控制价的确定，应同其他商品一样，由市场价值规律来决定，不能人为地盲目压低或提高。

(3) 体现公开、公平、公正的原则。

(4) 风险合理分担原则。招标控制价应考虑人工、材料、设备、机械台班等价格变化因素，还应包括不可预见费（特殊情况，可列入暂列金额）、措施费（如赶工措施费、施工技术措施费）等，应力求与市场的实际变化吻合，要有利于竞争和保证工程质量。

(5) 招标控制价一般应控制在批准的总概算及投资包干的限额内。

(6) 一个工程一般只编制一个招标控制价。

(三) 招标控制价的编制依据

(1)《计价规范》。

(2) 国家或省级、行业建设主管部门颁发的计价定额和计价办法。

(3) 建设工程设计文件及相关资料。

(4) 招标文件中的工程量清单及有关要求。

(5) 与建设项目相关的标准、规范、技术资料。

(6) 工程造价管理机构发布的工程造价信息及市场信息价。

(7) 招标人拟订的合理的施工方案。

(8) 其他相关资料。

二、招标控制价的编制方法

招标控制价由五部分内容组成，分部分项工程量清单计价、措施项目清单计价、其他项目清单计价、规费、税金项目清单计价。

(一) 分部分项工程费计价

应根据招标文件中的分部分项工程量清单项目工程量及确定的综合单价计算。

1. 计算分部分项工程综合单价

工程量清单综合单价包括人工费、材料费、机械费、一定范围内的风险、管理费和利润。分部分项工程的综合单价应符合该项目的特征描述及有关要求，并应包括招标文件中要求投标人承担的风险费用。招标文件提供了暂估单价的材料、设备，按暂估单价计入综合单价。分部分项工程清单综合单价分析表格式见表 4-29。

表 4-29　　分部分项工程量清单综合单价分析表

工程名称：　　　　专业：　　　　第　页　共　页

序号	项目编码	项目名称	单　位	工程数量	其　中						合 计
					人工费	材料费	机械费	风险	管理费	利润	

(1) 计算分项工程各定额子目对应的人工费、材料费、机械费。其步骤如下：

1) 依据分项工程的项目特征和工程内容，查找出最合适的一个或若干个组价定额项目及子目。

2）按各子目相应的定额工程量计算规则计算定额工程量。与清单工程量不同，定额工程量是依据定额工程量计算规则和设计文件及施工方案等计算出的工程量。清单工程量是实体工程量（净量），定额工程量则是实体工程量加定额规定的施工增加量。

3）查询各定额子目中相应的人工、材料、机械台班单价，结合各子目中人工、材料、机械台班的消耗量确定各定额子目的基价。基价的确定过程可参见第三章第五节单位估价表的编制方法。

4）计算各（i）定额子目人工费、材料费和机械费。计算公式为

$$i\text{定额子目人工费}=i\text{定额子目基价中的人工费}\times i\text{定额工程量} \tag{4-7}$$

$$i\text{定额子目材料费}=i\text{定额子目基价中的材料费}\times i\text{定额工程量} \tag{4-8}$$

$$i\text{定额子目机械费}=i\text{定额子目基价中的机械费}\times i\text{定额工程量} \tag{4-9}$$

（2）计算 i 定额子目对应的风险、管理费、利润费用。

根据风险取定的幅度、管理费和利润费率计算出对应的风险费用、管理费及利润。风险是指发、承包双方约定的一定幅度内的人工、材料、设备因市场价格波动引起的风险费用。管理费、利润的计算公式为

1）对于人工土石方工程

$$\text{管理费}=\text{人工费}\times\text{管理费费率} \tag{4-10}$$

$$\text{利润}=\text{人工费}\times\text{利润费率} \tag{4-11}$$

2）对于一般土建工程、装饰装修工程

$$\text{管理费}=(\text{人工费}+\text{材料费}+\text{机械费}+\text{风险费用})\times\text{管理费费率} \tag{4-12}$$

$$\text{利润}=(\text{人工费}+\text{材料费}+\text{机械费}+\text{风险费用}+\text{管理费})\times\text{利润费率} \tag{4-13}$$

（3）计算分部分项工程综合单价。

$$\begin{aligned} j\text{分项工程综合单价} = \Big(&\sum_{i\in j} i\text{定额子目人工费}+\sum_{i\in j} i\text{定额子目材料费}+\sum_{i\in j} i\text{定额子目机械费}+\\ &\sum_{i\in j} i\text{定额子目风险费用}+\sum_{i\in j} i\text{定额子目管理费}+\sum_{i\in j} i\text{定额子目利润}\Big)\div\\ &j\text{分项工程清单工程量} \end{aligned} \tag{4-14}$$

以上计算过程一般直接用表 4-29 分部分项工程量清单综合单价分析表确定。

2. 分部分项工程量清单计价

分部分项工程综合单价确定后，按照表 4-13 分部分项工程量清单计价表规定的格式进行填写计算，汇总得到单位工程分部分项工程费。计算公式为

$$\text{单位工程分部分项工程费}=\sum j\text{分项工程清单工程量}\times j\text{分项工程的综合单价} \tag{4-15}$$

【例 4-2】 招标人根据××小区办公楼施工图和清单工程量计算规则，编制出的工程量清单见表 4-30（工程量的计算参考第五章）。请按照招标控制价的编制要求计算分部分项工程费。

表 4-30　　分部分项工程量清单

工程名称：××小区办公楼　　专业：土建工程

项目编码	项目名称	项目特征	计量单位	工程数量
010302001001	实心砖墙	①1 砖外墙； ②Mu10 实心黏土红砖； ③M5 混合砂浆	m^3	32.48

解 根据2009年《陕西省建设工程工程量清单计价费率》，一般土建的管理费按分项直接工程费的5.11%计取，利润按分项直接工程费与管理费之和的3.11%计取，并采用2009年《陕西省建设工程参考价目表》中的相应价格。在本例的综合单价中暂不考虑风险，综合单价计算结果见表4-31。分部分项工程量清单计价计算结果见表4-32。

表 4-31　　分部分项工程量清单综合单价分析表

工程名称：××小区办公楼　　　　专业：土建工程

项目编码	项目名称	单位	工程量	其　中						综合单价
				人工费	材料费	机械费	风险	管理费	利润	
010302001001	实心砖墙	m^3	32.48	2574.17	5283.36	86.33		405.93	259.68	(2574.17+5238.36+86.33+405.93+259.68)÷32.48=265.07元/m^3
3-12	一砖单面清水墙	$10m^3$	3.248	792.54×3.248	1626.65×3.248	26.58×3.248		405.93	259.68	

表 4-32　　分部分项工程量清单计价表

工程名称：××小区办公楼　　　　专业：土建工程

项目编码	项目名称	项目特征	计量单位	工程数量	综合单价	合价/元
010302001001	实心砖墙	①1砖外墙； ②Mu10实心黏土红砖； ③M5混合砂浆	m^3	32.48	265.07	8609.47

（二）措施项目费计价

措施项目费的计算方法一般有以下几种：

(1) 公式参数法。就是按一定的基数乘系数的方法或自定义公式进行计算。这种方法系数的测算难以把握，系数的高低直接反映投标人的施工水平。主要适用于保障性措施项目费计算，如夜间施工、二次搬运费等。由于人工土石方工程、一般土建工程、装饰装修工程计算措施项目费时所采用的取费基础和费率不同，因此，要将分部分项工程分成人工土石方、一般土建、装饰工程三类分别计算。措施项目费分析表格式见表4-33。计算公式为

人工土石方工程

$$措施项目费=人工土石方工程的人工费\times 费率 \tag{4-16}$$

一般土建及装饰工程

$$措施项目费=(分部分项工程费)\times 费率 \tag{4-17}$$

【例 4-3】 ××小区办公楼位于西安市雁塔区，经计算，该工程分部分项工程费为135 000元，其中人工土石方工程为30 000元（人工费为18 500元），一般土建工程为50 000元，装饰工程为55 000元。试按招标控制价的编制要求计算该工程二次搬运费、冬雨季及夜间施工措施费和测量放线、定位复测、检验试验费。

解 该工程位于西安市，依据2009年陕西省计价费率计算。其分析计算结果见表4-33，措施项目清单计价结果见表4-34。

表 4-33　　**措施项目费分析表**

工程名称：××小区办公楼　　专业：土建工程

序号	项目编码	项目名称	单位	数量	计算方法			
					计算基础		费率（%）	合价（元）
1	二次搬运费		项	1	354.60			
	1.1	人工土石方	项	1	人工费	18 500	0.76	140.60
	1.2	一般土建	项	1	分部分项工程费	50 000	0.34	170.00
	1.3	装饰工程	项	1	分部分项工程费	55 000	0.08	44.00
2	冬雨季、夜间施工		项	1	704.10			
	2.1	人工土石方	项	1	人工费	18 500	0.86	159.10
	2.2	一般土建	项	1	分部分项工程费	50 000	0.76	380.00
	2.3	装饰工程	项	1	分部分项工程费	55 000	0.30	165.00
3	测量放线、定位复测、检验试验费		项	1	359.10			
	3.1	人工土石方	项	1	人工费	18 500	0.36	66.60
	3.2	一般土建	项	1	分部分项工程费	50 000	0.42	210.00
	3.3	装饰工程	项	1	分部分项工程费	55 000	0.15	82.50

表 4-34　　**措施项目清单计价表（一）**

工程名称：××小区办公楼　　专业：　　第　页　共　页

序　号	项目名称	计 算 基 础	费 率（%）	金　额（元）
1	二次搬运费			354.60
2	冬雨季、夜间施工			704.10
3	测量放线、定位复测、检验试验费			359.10

(2) 综合单价法。主要用于计算技术性措施项目费，它们与工程实体有紧密的联系。如模板、脚手架、垂直运输等。措施项目综合单价分析表格式见表 4-35。

【例 4-4】 依据××小区办公楼施工图计算得：外脚手架工程量为 225.65m²（外墙面外围面积），里脚手架工程量为 167.72m²（建筑面积），请按编制招标控制价的方法计算该工程脚手架项目的措施费。

解　根据 2009 陕西省计价费率，管理费、利润按一般土建工程的相应费率计算，分别为分项直接工程费的 5.11%和分项直接工程费与管理费之和的 3.11%，采用 2009 价目表中的相应价格，不考虑风险。综合单价计算结果见表 4-35。措施项目清单计价计算结果见表 4-36。

表 4-35　　**措施项目综合单价分析表**

工程名称：　　专业：土建工程

项目编码	项目名称	单位	工程数量	其中						综合单价
				人工费	材料费	机械费	风险	管理费	利润	
1	外脚手架	m²	225.65							10.20

续表

项目编码	项目名称	单位	工程数量	其中						综合单价
				人工费	材料费	机械费	风险	管理费	利润	
13-1	外脚手架，钢管架，15m以内	100m²	2.257	681.57	1309.04	133.25		108.53	69.43	2301.82
2	里脚手架	m²	167.72							6.00
13-8	里脚手架，钢管架，基本层3.6m	100m²	1.678	719.49	174.58	33.79		47.41	30.33	1005.61

表 4-36　　措施项目清单计价表（二）

工程名称：××小区办公楼　　专业：土建工程

项目编码	项目名称	项目特征描述	计量单位	工程量	金　额（元）	
					综合单价	合　价
1	外脚手架	①钢管架； ②计算高度15m以内	m²	225.65	10.20	2301.82
2	里脚手架	①钢管架； ②层高3.6m以内	m²	167.72	6.00	1005.61

（3）安全文明施工措施费。安全文明施工措施费为不可竞争费用，必须按照计价规则的计价程序和省建设主管部门发布的费率计取。计算公式为

$$安全文明施工措施费 =（分部分项工程费 + 措施项目费 + 其他项目费）\times 费率 \quad (4\text{-}18)$$

（三）其他项目费计价

其他项目费包括暂列金额、暂估价、总承包服务费和计日工等四项，招标人也可根据需要进行补充。其他项目费应按下列规定计价：

（1）暂列金额应按招标人在其他项目清单中所给的暂列金额填写和计算。

（2）暂估价应按招标人在其他项目清单中列出的金额计列，不可调整，其中专业工程暂估价分不同的专业按其他项目清单中列出的金额计列；材料、设备暂估价凡是已经计入工程量清单综合单价中的，不再汇总计入暂估价。

（3）计日工包括人工、材料和施工机械，应根据工程量清单中计日工明细表给定的人工、材料和施工机械的数量计列，人工单价、材料单价和机械台班单价应按省级、行业建设主管部门或其授权的工程造价管理机构公布的单价计算，未发布单价的应按市场调查确定的单价计算，并计取一定的管理费和利润，以综合单价的形式计列。

（4）总承包服务费应按照省级或行业建设主管部门的规定计算。计算时，应根据招标文件明确的总承包服务的范围及深度，可参考以下标准计取：

1）招标人仅要求对分包的专业工程进行总承包管理和协调时，按分包的专业工程估算造价的1.5%计取。

2）若招标人要求对分包的专业工程进行总承包管理和协调，并同时要求提供配合服务时，可根据招标文件中列出的配合服务内容和提出的要求，按分包的专业工程估算造价的3%～5%计取。

3）招标人自行供应材料、设备，交由承包人保管的，总承包人所需的保管费用可按招

标人供应材料、设备价值的1%～1.2%计取。

（四）规费和税金项目计价

规费和税金均为不可竞争费，必须按国家、省政府和省级有关部门的规定进行计算。计算公式为

规费＝[分部分项工程费＋措施项目费(含安全文明施工措施费)＋其他项目费]×规费费率　(4-19)

税金＝[分部分项工程费＋措施项目费(含安全文明施工措施费)＋其他项目费＋规费]×税率　(4-20)

【例4-5】　××小区办公楼位于西安市雁塔区，经计算该工程分部分项工程费为135 000元，措施项目费（不含安全及文明施工措施费）为20 750元，其他项目费为7648元。试按招标控制价的编制要求计算该项目的安全及文明施工措施费、规费、税金及含税工程造价。

解　由于该工程位于西安市区，依据2009陕西省计价费率，其安全及文明施工措施费、规费和税金的计算过程见表4-37。

表4-37　　规费、税金项目清单计价表

工程名称：××小区办公楼　　　　专业：土建工程

序号	项目名称	计算基础	费率（%）	金额（元）
一	安全及文明施工措施费	分部分项工程费＋措施项目费(不含安全及文明措施费)＋其他项目费	3.8	6209.12
1	安全文明施工费	135 000＋20 750＋7648＝163 398.00	2.6	4248.348
2	环境保护费	163 398.00	0.4	653.592
3	临时设施费	163 398.00	0.8	1307.184
二	规费	分部分项工程费＋措施项目费(含安全及文明施工措施费)＋其他项目费	4.67	7920.65
1	社会保障费	135 000＋20 750＋6209.12＋7648＝169 607.12	4.3	7293.11
1.1	养老保险	169 607.12	3.55	6021.05
1.2	失业保险	169 607.12	0.15	254.41
1.3	医疗保险	169 607.12	0.45	763.23
1.4	工伤保险	169 607.12	0.07	118.72
1.5	残疾人就业保险	169 607.12	0.04	67.84
1.6	女工生育保险	169 607.12	0.04	67.84
2	住房公积金	169 607.12	0.3	508.82
3	危险作业意外伤害保险	169 607.12	0.07	118.72
三	税金	不含税工程造价：177 527.77	9.48	16 829.63
	含税工程造价	177 527.77＋16 829.63	194 357.40	

三、编制招标控制价注意事项

（1）招标控制价应在招标前公布，不得上调或下浮，应将其编制资料报送工程所在地工程造价管理机构备查。

(2) 投标人经复核认为招标人公布的招标控制价未按照《计价规范》的规定进行编制的，可向招标人提出未按规定编制的具体内容，并可提出更正要求，若招标人不予受理或受理后办理情况投标人不满意的，投标人应按招投标监督机构规定的时限在开标前向招投标监督机构和工程造价管理机构投诉。招投标监督机构应会同工程造价管理机构对投标人的投诉进行处理，发现的确有错误的，应责成招标人修改。

(3) 编制招标控制价下限的，即对招标工程限定的最低工程造价，相当于工程的成本价。招标的下限控制价可作为判断最低投标价是否低于成本价时为评标提供基本参考依据，业主可以清楚了解最低中标价同政府规定的标准——社会平均水平相比能够下浮的幅度。

第五节 工程量清单投标报价的编制

一、投标报价的编制原则及依据

投标报价是投标人投标时报出的工程造价。清单项目的报价是工程量清单投标的核心，在评标过程中，报价方案占评分的60%～70%，因此，报价的准确不仅关系到投标单位能否中标，根据合同形式，更关系到中标后承包单位的盈利情况。

(一) 投标报价的编制原则

(1) 投标报价中除规费、税金及安全及文明施工费必须按国家或省级、行业建设主管部门的规定计价，不得作为竞争性费用之外，其他项目的投标报价由投标人自己决定。

(2) 投标人的投标报价不得低于成本。

(3) 投标人应按招标人提供的工程量清单填报价格。填写的项目编码、项目名称、项目特征、计量单位、工程量必须与招标人提供的一致。

(二) 投标报价的编制依据

(1)《计价规范》。

(2) 国家或省级、行业建设主管部门颁发的计价办法。

(3) 企业定额，国家或省级、行业建设主管部门颁发的计价定额。

(4) 招标文件、工程量清单及其补充通知、答疑纪要。

(5) 建设工程设计文件及相关资料。

(6) 施工现场情况、工程特点及拟订的投标施工组织设计或施工方案。

(7) 建设项目相关的标准、规范等技术资料。

(8) 市场价格信息或工程造价管理机构发布的工程造价信息。

(9) 其他的相关资料。

二、报价工作程序及主要环节

清单报价工作内容繁多，工作量大，时间较紧，因而必须遵照一定的工作程序，周密考虑，统筹安排，使报价工作顺利进行。其工作程序图如图4-3所示：

工程量清单报价一般经历前期准备、询价及方案确定、估价、报价等四个环节。

1. 询价及方案确定

实行工程量清单计价模式后，投标人自主报价，所有与生产要素有关的价格的全部放开，政府不再进行干预。用什么方式询价，具体询什么价，这是投标人面临的新形势下的新问题。投标人在日常的工作中必须建立价格体系，积累人工、材料、机械台班的价格。除此

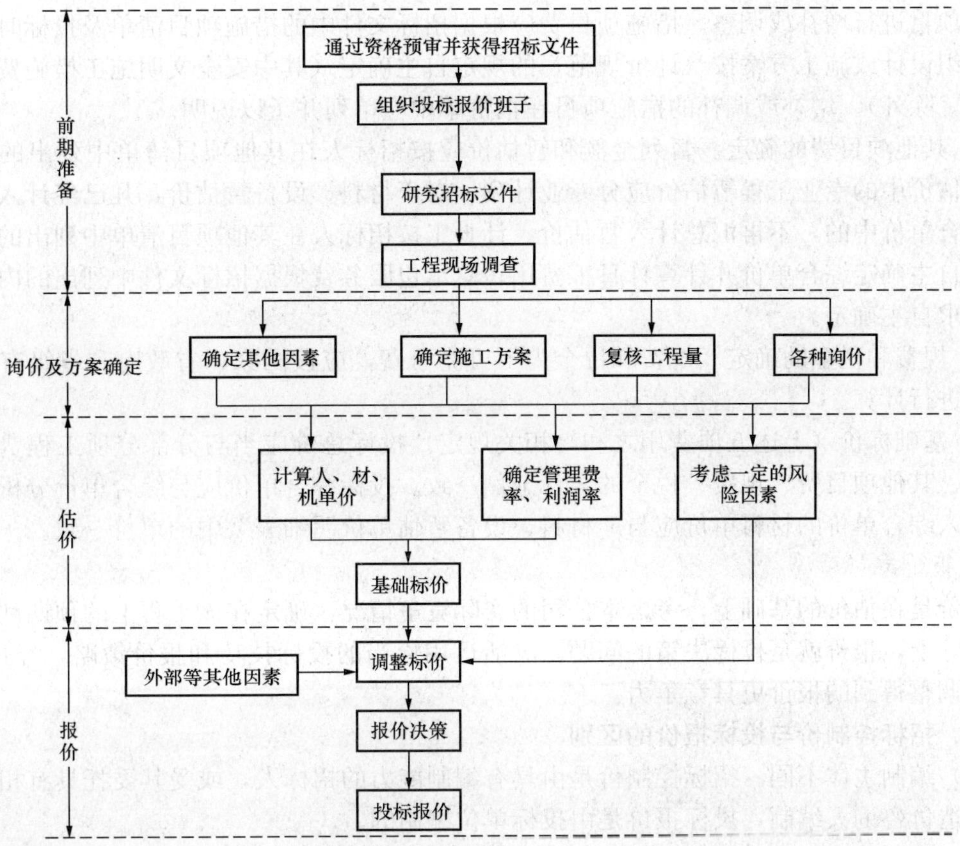

图 4-3　清单报价工作程序

之外在编制投标报价时应进行多方询价。询价的内容主要包括材料市场价、人工当地的行情价、机械设备的租赁价、分部分项工程的分包价等。方案确定是指投标人应根据工程特点，确定其施工方案和方法以及投入的各项资源情况。

2. 估价

估价是指造价人员在施工总进度计划、主要施工方法、分包商和各项资源消耗数量及安排确定后，根据本企业具体情况和水平以及询价结果，对本企业完成招标工程所需要支出的费用的估价。具体过程如下：

（1）根据工程所在地具体情况、本企业工料消耗标准、询价结果，以及具体的施工方案确定人、材、机单价。

（2）根据本企业实际情况以及市场询价结果确定管理费率和利润率。

（3）计算基础标价。

1）分部分项工程费的确定。应根据招标文件中的分部分项工程量清单项目工程量及综合单价计算。分部分项工程量清单项目的综合单价应符合该项目的特征描述及有关要求，并应包括招标文件中要求投标人承担的风险费用。招标文件提供了暂估单价的材料、设备，按暂估单价计入综合单价。招标人要求投标人自主报价的材料、设备单价可按当期市场价格水平适当浮动，但不得过低（高）于市场价格水平。

2）措施项目费的确定。投标人可根据工程实际情况结合施工组织设计，对招标人所列的措施项目进行增补或调整。措施项目费应根据招标文件中的措施项目清单及投标时拟定的施工组织设计或施工方案按《计价规范》的规定自主确定（其中安全文明施工措施费为不可竞争费，除外）。增补或调补的措施项目在报价单中应单列并予以说明。

3）其他项目费的确定。暂列金额和暂估价应按招标人在其他项目清单中列出的金额填写；暂估价中的专业工程暂估价应分专业计列，对于材料、设备暂估价，凡已经计入工程量清单综合单价中的，不再汇总计入暂估价。计日工按招标人在其他项目清单中列出的项目和数量，自主确定综合单价并计算计日工费用；总承包服务费根据招标文件中列出的内容和提出的要求自主确定。

4）规费和税金的确定。规费和税金为不可竞争费，应按国家、省政府和省级有关部门的规定进行计算。

5）基础标价（上述五项费用之和）相关规定。投标总价应当与分部分项工程费、措施项目费、其他项目费、规费、税金的合计金额一致。投标综合单价应与综合单价分析表相一致，进入综合单价的材料单价应与“材料、设备暂估单价明细表”中的单价一致。

3. 报价

报价是在估价的基础上，考虑本公司的实际竞争情况，确定在该工程上的预期利润和水平。实际上，报价就是投标决策的问题，灵活运用恰当的投标技巧和报价策略，经过分析、判断、调整得到的报价更具竞争力。

三、招标控制价与投标报价的区别

(1) 编制主体不同。招标控制价是由具有编制能力的招标人，或受其委托具有相应资质的工程造价咨询人编制，投标报价是由投标单位编制的。

(2) 作用不同。招标控制价是招标人在工程招标时能接受投标人报价的最高限价，即投标人的投标报价不能超过招标控制价，否则，其投标将被拒绝。编制招标控制价主要起到一个拦标线的作用，有利于客观、合理地评审投标报价。投标报价是投标人为争取到投标项目提出的有竞争力的报价。

(3) 编制依据不同。招标控制价是依据国家或省级、行业建设主管部门颁发的计价定额以及工程造价管理机构发布的工程造价信息，工程造价信息未发布的材料单价的材料，其材料价格应通过市场调查确定。而投标报价是依据企业定额或国家、省级或行业建设主管部门颁发的计价定额和计价办法，以及施工现场情况、工程特点及拟订的投标施工组织设计或施工方案，材料价格采用市场价格信息或工程造价管理机构发布的工程造价信息。

四、工程量清单计价模式下的投标报价实例

由工程的招标控制价与投标报价的区别可知，招标控制价与投标报价的编制过程大体一致，主要的不同点就是编制依据不同，即采用的人工、材料、机械，以及风险考虑幅度、管理费、利润和措施费的费率取定不同。以下实例重点介绍工程量清单模式下投标报价的编制过程。

由于工程量清单中，分部分项工程量清单的内容最广泛，项目也最多，其价值也最高。因此实例重点介绍其分部分项工程量清单计价及其单价计算与确定过程，完整的工程实例参考附录二中的计算过程。

【例 4-6】 招标人根据××小区办公楼施工图和工程量清单计价规范，编制的部分工程量清单见表 4-38（工程量的计算过程请参考第五章）。

表 4-38　**分部分项工程量清单**

工程名称：××小区办公楼　专业：土建工程

序号	项目编码	项目名称	项目特征	计量单位	工程数量
1	010101002001	挖土方	①挖土范围轴线外放 2m；②挖土深一1.35m；③弃土运距 50m	m^3	231.96
2	010301001001	砖基础	实心砖，M5 水泥砂浆	m^3	8.62
3	020101002001	现浇水磨石地面	①10 厚 1∶2.5 现浇水磨石地面；②水泥浆一道；③20 厚 1∶3 水泥砂浆找平，干后卧玻璃分隔条；④60 厚 C15 混凝土垫层；⑤150 厚 3∶7 灰土垫层	m^2	79.34

投标人根据所给工程量清单和施工图以及市场价格信息，报价程序如下：

1. 审核清单工程量，确定施工方案并计算施工工程量

（1）清单工程量经审核无误。

（2）计算施工工程量。

投标人根据招标人提供的工程量清单及工程具体做法，找到与清单工作内容相匹配的定额子目，并按定额规则计算各定额子目对应的施工工程量。在实际的投标报价中，施工工程量是根据施工现场情况、工程特点及拟订的投标施工组织设计或施工方案，考虑施工过程中的损耗等计算出的工程量。本例套用了与之匹配的《陕西省建筑、装饰工程消耗量定额》（2004）子目，见表 4-39，其图纸见附录二。

1）挖土方。挖土方的定额计算规则同《计价规范》的计算规则，工程量＝231.960m^3，钻探及回填孔定额工程量为

$$S_{底} + L_{外} \times 3 + 36 = 87.08 + 3 \times 37.56 + 36 = 235.76\text{m}^2$$

2）砖基础。定额计算规则同清单规范的计算规则，工程量＝8.62m^3。

3）现浇水磨石地面。水磨石地面嵌条定额计算规则同《计价规范》的计算规则，工程量＝79.34m^2；C15 混凝土垫层施工工程量为

$$79.34 \times 0.06 = 4.76\text{m}^3$$

3∶7 灰土垫层施工工程量为

$$79.34 \times 0.15 = 11.901\text{m}^3$$

2. 分部分项工程综合单价的确定

清单综合单价包括人工费、材料费、机械费、一定范围内的风险、管理费和利润。综合单价的确定过程如下：

（1）测算工程所需人工、材料及机械台班的数量。规范规定企业可以按反映企业水平的企业定额或参照政府消耗量定额确定人工、材料、机械台班的耗用量。

（2）市场调查和询价。该工程不要求特殊工种的人员上岗，市场劳务来源比较充沛且价格平稳，采用市场劳务价作为参考，按前三个月投标人使用人员的平均工资标准确定（本例中人工单价取 65 元/工日）。

因工程所在地为大城市，工程所用材料供应充足，价格平稳，考虑到工期又较短，一般材料都可在当地采购，因此以工程所在地建材市场前三个月的平均价格水平为依据，不考虑涨价系数（本例中为计算方便，材料除钢筋、塑钢窗、乳胶漆价格采用建材市场价格外，其

余材料价格参考 2009 年《陕西省建设工程参考价目表》中的价格)。

此工程使用的施工机械为常用机械，投标人都可自行配备，机械台班按全国统一机械台班定额计算出台班单价，不再额外考虑调整施工机械费。

(3) 计算清单项内的定额基价。按确定的定额含量及查询到的人工、材料、机械台班单价，对应计算出定额子目单位数量的人工费、材料费和机械费。计算公式为

$$人工费=\sum(人工工日数\times对应人工单价) \tag{4-21}$$

$$材料费=\sum(材料定额含量\times对应材料单价) \tag{4-22}$$

$$机械费=\sum(机械台班定额含量\times对应机械的台班单价) \tag{4-23}$$

(4) 计算综合单价。《计价规范》规定综合单价必须包括清单项内的全部费用，但又不能变动招标人提供的工程量。施工方案的增量、对应于清单工程特征内的工作内容费用都要包括在报价内，因此应把完成此清单项全部内容的价格计算出来后折算到招标人提供工程量的综合单价中。即计算综合单价时，按对应定额基价中人工费、材料费、机械费乘以施工工程量后，再计取风险、管理费及利润，最后除以清单工程量折算出综合单价。

本工程报价的管理费和利润在《陕西省建设工程工程量清单计价费率》(2009) 的基础上，按下浮 15%计取(陕西省计价费率规定：人工土方的管理费按人工费的 3.58%计取，利润按人工费的 2.88%计取；一般土建的管理费按分项直接工程费的 5.11%计取，利润按分项直接工程费与管理费之和的 3.11%计取，装饰工程的管理费按分项直接工程费的 3.83%计取，利润按分项直接工程费与管理费之和的 3.37%计取)。本例中的综合单价不考虑风险。

计算结果见表 4-39，具体工程实例及详细计算过程可以参考附表 2-20。

表 4-39　　分部分项工程量清单综合单价分析表

工程名称：××小区办公楼　　　　专业：土建工程

序号	项目编码	项目名称	单位	工程量	其中						综合单价
					人工费	材料费	机械费	风险	管理费	利润	
1	010101003001	挖基础土方	m³	231.96	28.65	1.66	0.00		0.87	0.70	31.89 元/m³
	1-1	人工挖土方，挖深 (2m) 以内	100m³	2.32	4852.74	0.00	0.00		147.67	118.80	
	1-20	钻探及回填孔	100m²	2.358	1793.26	386.19	0.00		54.57	43.90	
2	010301001001	砖基础	m³	8.62	76.64	146.44	2.79		9.81	6.23	241.90 元/m³
	3-1 换	砖基础 M5 水泥砂浆水泥 32.5	10m³	0.862	660.59	1262.29	24.02		84.56	53.70	
3	020101002002	水磨石地面	m²	79.34	57.66	30.13	3.79		2.93	2.43	96.95 元/m²
	10-10	水磨石楼地面嵌玻璃条	100m²	0.793	3468.46	1095.81	203.63		155.22	141.02	
	4-1 换	C15 混凝土垫层(砾石 2～4cm 水泥 32.5)	m³	4.760	563.11	757.63	84.39		61.03	38.76	
	1-28	回填夯实 3∶7 灰土	100m³	0.119	543.31	536.95	12.82		16.53	13.30	

分部分项工程量清单综合单价分析表，是投标人投标报价的基础表格，是投标文件的组成部分，应按招标文件的要求进行报备，清单项目分析的数量也要按招标人在工程量清单中的具体要求执行。必须注意以下几点：第一，格式必须按规范中规定的格式填写；第二，清单的具体项目按工程量清单的要求执行；第三，工程内容为组价时按规范要求的内容对应定额的子目名称。

3. 分部分项工程量清单计价

分部分项工程量清单计价，应按规定的工程量清单计价表格式填写，表内工程量清单的名称、单位、数量必须按工程量清单填写，不能做任何变动。

计算结果见表 4-40，具体工程实例及详细计算过程可以参考附录二附表 2-15。

表 4-40　　分部分项工程量清单计价表

工程名称：××小区办公楼　　专业：土建工程

序号	项目编码	项目名称	项目特征	计量单位	工程数量	金额（元）	
						综合单价	合价
1	010101002001	挖土方	①挖土范围轴线外放 2m； ②挖土深一1.35m； ③弃土运距 50m	m^3	231.96	31.89	7937.20
2	010301001001	砖基础	实心砖，M5 水泥砂浆	m^3	8.62	241.90	2085.18
3	020101002001	现浇水磨石地面	①10 厚 1：2.5 现浇水磨石地面； ②水泥浆　道； ③20 厚 1：3 水泥砂浆找平，干后卧玻璃分隔条； ④60 厚 C15 混凝土垫层； ⑤150 厚 3·7 灰土垫层	m^2	79.34	96.95	7692.01

4. 计算措施项目费

实例中的措施项目费是根据《陕西省建设工程工程量清单计价费率》（2009）进行计算的。技术性措施项目采用定额法计算；保障性措施项目采用公式参数法计算。

计算过程和方法与招标控制价的措施费计算相同，这里不再详细介绍。具体工程实例及详细计算过程可参考附录二附表 2-17，附表 2-21，附表 2-22。

5. 计算其他项目费

按照招标人所给的暂列金额、暂估价、总承包服务费和计日工等四项其他项目费清单，投标人进行报价。报价时应注意：

（1）其他项目清单中的暂列金额、暂估价中的专业暂估价和计日工，均为估算预测数量，虽在投标时计入投标人的报价中，但不应视为投标人所有。竣工结算时，应按投标人实际完成的工作内容结算，剩余部分仍归招标人所有。

（2）招标人估算的暂列金额和暂估价是以金额直接给出，投标人应按其列出的金额填写，不可调整。对于材料、设备暂估价，凡是已经计入工程量清单综合单价中的，不再汇总计入暂估价。

(3) 招标人用计日工表的形式详细列出人工、材料、机械名称和相应暂估数量。计日工按招标人在其他项目清单中列出的项目和数量，自主确定综合单价并计算计日工费用。

(4) 总承包服务费根据招标文件中列出的内容和提出的要求由投标人自主确定。

总承包服务费应根据招标文件明确的总承包服务的范围及深度计算，若招标人要求对分包的专业工程进行总承包管理和协调，并同时要求提供配合服务，可根据招标文件中列出的配合服务内容和提出的要求，按分包的专业工程估算造价的2%～5%计取；招标人供应材料、设备，总承包人所需的保管费用可按招标人供应材料、设备价值的0.8%～1.2%计取。

其他项目费的计价过程可参见附录二附表2-17和附表2-18。

6. 计算规费

规费的计算应按国家及有关部门规定的计算公式及费率标准确定。附录二实例是根据《陕西省建设工程工程量清单计价费率》(2009) 计算的。计算公式为

规费=(分部分项工程费+措施项目费+其他项目费)×规费费率　　(4-24)

7. 计算税金

税金是指国家税法规定的应计入建筑安装工程造价内的增值税、城市维护建设税及教育费附加等，具有法定性和强制性，计算公式为

税金=不含税工程造价×规定税率　　(4-25)

其中不含税工程造价为分部分项工程费、措施项目费、其他项目费、规费之和。

规费及税金的计算过程可参见附录二附表2-19。

8. 单位工程造价计算

单位工程造价=不含税工程造价+税金　　(4-26)

具体的单位工程造价计算汇总过程可参见附录二附表2-14。

关键概念　工程量清单　工程量清单计价　综合单价法　招标控制价　投标报价

习　题

4.1　工程量清单的内容有哪些？它的编制依据有哪些？

4.2　工程量清单项目是如何设置的？分部分项工程量清单的“五要件”指什么？

4.3　项目特征如何描述？

4.4　简述工程量清单计价的程序。风险确定的原则有哪些？

4.5　简述招标控制价的作用和依据。

4.6　清单计价模式下招标人给投标人提供哪些表格？

4.7　简述工程量清单投标报价的编制依据和程序。

4.8　招标控制价与投标报价的区别有哪些？

4.9　工程量清单投标报价的综合单价如何确定？

4.10　某住宅楼门洞口尺寸为1200mm×2400mm，要求编制其门窗工程工程量清单，并按招标控制价的编制方法确定综合单价，并进行单价分析。已知条件见表4-41。

表 4-41　　木门特征表

门类型	樘数	框、扇断面(cm^2)	玻璃品种	五金特征	油漆特征
镶板木门（单扇不带亮）	15	松木 框断面 72.50 扇断面 58.30	平板玻璃 3mm 厚	普通小五金	调和漆两遍 底油一遍 满刮腻子

4.11　某工程项目位于西安市高陵县，分部分项工程费为 2560 万元，措施项目费(不含安全及文明施工措施费)为 880 万元，其他项目费为 380 万元，试计算该工程项目的含税工程造价，已知安全及文明施工措施费费率为 3.8%，规费费率为 4.67%。

4.12　某市区一个工程项目，其分部分项工程费共为 11 700 000 元，其中人工土石方部分为 2 500 000 元(其中人工费为 1 750 000 元)，一般土建部分为 5 400 000 元，装饰工程部分为 3 800 000 元。试根据当地计价费率或费用定额计算保障性措施项目费，以及规费、税金，最后计算出含税工程造价。

第五章　工 程 量 计 算

学习要点

本章主要介绍了工程量概念及计算技巧，建筑面积的计算规则及计算方法，清单工程量计算规则及定额工程量计算规则。通过本章的学习，应掌握工程量计算的基础知识，了解工程量计算的常用方法及计算单位；正确理解建筑面积的概念，能熟练、准确运用各种不同情况建筑面积的计算方法；理解和掌握清单和定额两种工程量计算中的基本概念和规则，能运用清单工程量计算规则和定额工程量计算规则准确计算建筑工程的工程量。

工程建设中，工程量是编制施工图预算、清单招标、编制施工组织设计、投标报价及进行工程结算的重要依据。因此，在工程中，必须准确地计算工程量。要准确计算工程量，就必须按照一定的规则来计算，本章结合实例介绍了现行的《建设工程工程量清单计价规范》(GB 50500—2008)、《全国统一建筑工程基础定额》(土建工程)(GJD—101—1995)及《全国统一建筑装饰装修工程消耗量定额》(GYD—901—2002）中工程量计算规则的内容和计算方法。

第一节　工程量概念及计算技巧

一、概念

工程量是以物理计量单位或自然计量单位表示的建筑工程的各分项工程或结构构件的数量。物理计量单位是以物体的某种物理属性为计量单位，一般以长度、面积、体积、重量等为计量单位；自然计量单位是以物体本身的自然属性为计量单位，一般用个、组、台、套等为计量单位。工程量的计量单位，除另有规定外，应遵守下列规定：

(1)工程量以体积计算的为立方米，m^3。

(2)工程量以面积计算的为平方米，m^2。

(3)工程量以长度计算的为米，m。

(4)工程量以重量计算的为吨或千克，t 或 kg。

(5)工程量以自然计量单位计算一般用个、件、樘、组、台、套等。

二、工程量计算的主要依据

工程量计算是一个重要而细致的过程，在计算过程中，除依据《计价规范》和工程定额中工程量计算规则的各项规定之外，还应依据下列文件来进行计算。

(1)经审定的施工图设计及其标准图集。

经审定的施工图及其说明和标准图集反映了工程各部分的构造和各种构件的尺寸，对工程的基本情况进行了说明。因此，它是计算工程量的一个基础资料。

(2)经审定的施工组织设计或施工方案。

经审定的施工组织设计或施工方案是指导各项施工活动的一个重要技术经济文件，其中有一些施工设计图纸未注明或设计说明未表述的，但又必须在工程中采用的技术措施，都必须在工程量计算中予以考虑。如基础工程中，土方是机械开挖还是人工开挖，开挖时是否放坡，坡度为多少，土方堆放场地的运距是多少，是否采用防护措施等。

(3)工程招标文件或施工合同或协议。

(4)经审定的其他有关技术经济文件及计算工具。

如图纸会审纪要、设计变更、现场现状图、工程签证等；计算工具包含各种算量软件、概预算手册、各种计算规范格式，以及标准构件工程量表、标准做法工程量表、工程量计算系数表。

此外，各地区根据本地情况，也颁布了一些地区性的定额和工程量计算规则，在计算工程量时，应根据本地区和工程的实际情况决定是否采用地区定额。

三、工程量计算的基本原则

1. 口径必须一致

计算工程量时，为了正确套用定额子目和清单项目，根据施工图及有关资料划分的分项工程的口径(指分项工程所包括的工程内容、工作内容及范围)，必须与规范或定额中相应分项工程的口径相一致。例如《计价规范》项目编码 010702001 屋面卷材防水项目，其工程内容包括抹找平层、铺保护层，基层处理，刷底油，铺油毡卷材、接缝、嵌缝，列清单项目时，就不能再单独列找平层、铺保护层项目。为了确保口径一致，在工程量计算时，除必须熟悉施工图和有关资料外，还必须熟悉每一个清单项目、定额子目所包括的工程内容、工作内容和范围。

2. 计量单位必须一致

按施工图及有关资料计算各项目工程量时，必须与清单或者定额中相应项目的计量单位一致。例如陕西省消耗量定额规定现浇混凝土“整体楼梯”模板项目是以其楼梯水平投影的面积 $10m^2$ 为计量单位，而预制混凝土“装配式楼梯”模板则以混凝土的体积 m^3 为计量单位，而其预制楼梯的坐浆又以构件体积 $10m^3$ 为计量单位。虽都是楼梯，但由于其施工方法不同，其计量单位是有区别的。这些都应注意区别，以免由于计量单位搞错而造成计算错误。

3. 按工程量计算规则计算

消耗量定额各个分部工程(即各章)和《计价规范》的各分部分项清单项目都列有工程量计算规则。工程量计算规则是统一计算尺度和标准的法则，在计算工程量时，必须严格执行工程量计算规则，否则，就会造成计算不一、数据混乱、造价不正确、招标投标以及工程结算难以进行。如在计算砖石工程时，砖基础与墙身的划分，以设计室内地坪为界，设计室内地坪以下为基础，以上为墙身。

4. 按设计文件计算

工程量计算时，必须严格按照设计的构造层次、材料品种、施工方法和所注尺寸进行计算，不得随意改变，更不能随便修改名称或内容而去套定额。

5. 讲究计算方法，合理安排计算顺序

为了计算时不重不漏项目，应首先根据图纸、定额和有关资料列出本工程的各分部分项工程的项目，然后按照施工图和有关资料，循着一定的顺序，逐项计算，尽量一数多用，避免重复计算或漏算。

6. 计算力求准确，做到不重算、不漏算

工程量计算的精度将直接影响工程造价的精度。一般计算式计算结果的精度要达到小数点后三位，汇总后的工程量的小数点位数(精确度)取值：凡以 m^3、m^2、m 为单位的，保留两位小数；以 t 为单位的，取 3 位小数；以 kg、件(个)、套、项为单位的，取整数。土方工程按基本单位取整数。木材以立方米为计量单位，习惯保留 3 位小数。有两个或两个以上计量单位的，应结合拟建工程项目的实际选择其中一个。

7. 必须检查复核

工程量计算完毕后，必须先进行自我复核，检查项目、算式、数据、单位等有无错误和遗漏，然后再交由他人复检，以保证计算的准确性。

四、工程量计算

工程量计算可分为手工算量(简称手算)和电子计算机辅助算量(简称电算)两种方式。二者由于计算的方式不同，计算方法和技巧也有显著差异。

(一)手工算量

手工算量由来已久，而且这种算量方法仍然是我国工程量算量主体。手工算量可以灵活的适应结构型式的变化，一些特殊结构也比较容易处理。而且计算书的书写符合一般思维习惯，差错易找，审核容易，即使发生错误也一般局限于很小的范围。但是手工算量也存在明显的缺点：手工算量过程非常繁杂，费时费工，容易出错，尤其很难避免低级计算错误和理论偏差等造成的错误。并且发生错误后，必将引起相应汇总量的变化，直接导致取费和组价的错误。

(二)电子计算辅助算量

电子计算机辅助算量是随着 20 世纪 80 年代 IT 技术在建筑业的发展而逐渐发展起来的，初期采用软件表格法算量，随后开发出了软件自动算量。

1. 软件表格法

软件表格法是指用户在软件中输入算量表达式，程序自动完成工程量的计算和汇总，自动生成报表并能够打印。该方法实际上没有改变用户的手工算量习惯，是手工算量方法的一种改进和延伸，容易上手并且出现错误后容易修改。

该方法缺点是用户必须边翻图纸边输入数据同时考虑扣减关系，并且工程量计算表达式都必须罗列，计算仍然非常烦琐；同时由于建筑和装饰等专业分开计算，计算数据很难进行有效复用。由此可见，此方法虽然提高了用户的算量效率，但是并没有从根本上解脱算量人员的烦琐劳动。表格法算量的缺点促成了软件自动算量软件的出现和发展。

2. 软件自动算量

软件自动算量是目前的算量方法中最具发展潜力的方法，该方法以计算规则为依据，算量人员通过画图确定构件实体的位置，并输入与算量有关的构件属性，软件通过默认的计算规则，自动计算得到构件实体的工程量，自动进行汇总统计，得到工程量清单。

该算量方法简化了算量输入，可以大幅度提高算量效率。软件自动算量按照支持的图形维数不同可分为二维软件算量、三维软件算量和四维软件算量。其方法之间的差异，主要体现在计算精度，可检查性和可扩展性等方面。

三维算量软件比二维软件能更直观地显示构件位置关系，所以能够更容易发现一些画图和属性设置错误，也比较容易绘制和定位重叠的三维构件。国内流行的三维算量软件一般是基于 AutoCAD 进行二次开发，目前设计院的图纸也是采用 AutoCAD 绘制，这就为建筑图纸的自动识别提供了便利，算量人员甚至不用画图就可以准确地计算出结构的工程量。

由于三维算量软件给出的是静态点的工程量，其不具有实时性，而进度和材料管理是动态量，具有时变性。因此，在项目管理中需要将工程进度以 4D(工程量的空间三维＋项目管理的时间维)的方式显示出来。4D 技术能够对施工方案设计进行详细的分析和优化，能协助制订出合理而经济的施工组织流程，可以进行已完成工程量和消耗材料量的分析对比，从而尽可能地节省投资，提高效益。

软件自动算量要求算量人员应该从提高自己的计算机操作水平入手，多用软件，多算量，以提高自己算量水平。

软件自动算量参见第九章内容，下面重点讲解手工算量。

五、工程量计算的顺序与步骤

合理安排工程量的计算顺序，掌握工程量计算技巧，可提高计算的速度和质量。

(一)单位工程一般计算顺序

单位工程(一栋房屋的土建工程)可采用以下计算顺序，也可综合采用。

1. 按施工顺序

先地下，后地上；先基础，后结构；先结构，后围护；先主体，后装修。即按施工的顺序，逐项计算。

2. 力求分层分段计算

应结合施工图和施工方案，尽量按施工段划分计算，尽量做到结构分层，内装修分层、分房间，外装修分立面计算。这样既可避免漏项，又可为编制施工进度计划和施工预算工料分析提供数据。

3. 按定额或清单分部分项顺序计算

按照土方工程、桩基工程、砖石工程、钢筋混凝土工程等顺序进行列项计算。

4. 统筹安排，连续计算

整个建筑工程各分项项目的施工顺序、相互关系位置和构造尺寸之间存在着内在联系，利用其内在联系规律，统筹安排计算程序，既可减少重复劳动，加快计算速度，又可避免漏项、重项、计算不准确。

5. 按施工图一张张计算

施工图设计本身是有规律的。建筑工程设计是由建筑施工图(平、立、剖面图和详图)和结构施工图(基础、结构平面、剖面和构件详图)两大部分组成。计算工程量时先进行结构部分计算，先逐张统计结构平面图上的构件数量和有关尺寸，填入构件汇总表中，再按每张构件详图，计算其各构件工程量。其次计算建筑施工图，也应先按平面图统计和计算门窗、半成品数量和内外墙的长度，以及室内净面积，再依据剖面图、立面图及详图，计算墙体工程量；再根据建筑用料说明，计算出各装饰、地面、墙面、天棚、屋面工程量。

(二)分项工程每张施工图的计算顺序

1. 按顺时针方向计算

从平面图左上角开始，按顺时针方向转圈依次进行计算，绕一圈后回到左上角，如图

5-1 所示。此方法适用于计算外墙、外墙门窗、外墙基础、外墙基槽、外墙基垫层、楼地面、天棚及室外装修等工程量。

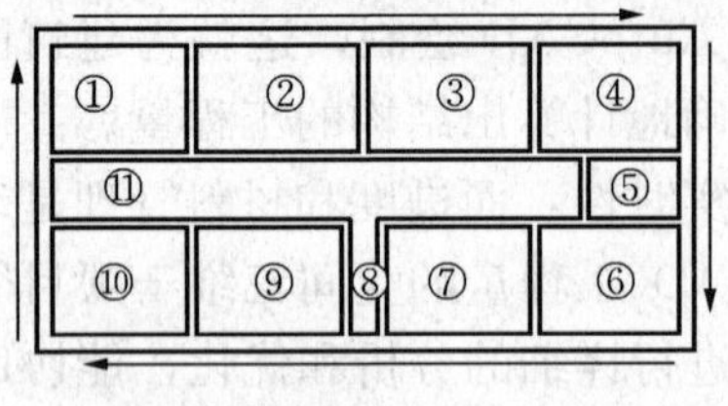

图 5-1 顺时针计算示意图

2. 按“先横后竖、先上后下、先左后右”的顺序计算

此法就是在平面图上从左上角开始，按“先横后竖、先上后下、先左后右”的顺序逐步计算工程量，如图 5-2 所示。此法适用于计算内墙、内墙门窗、内墙基槽、内墙基础和垫层以及各种间隔墙、内墙面抹灰等工程量。

3. 按图纸上构、配件编号顺序分类依次计算

此法是按照设计的各类不同的构、配件和柱基、柱、梁、板、门、窗和金属构件等的自身编号分别依次计算，如图 5-3 所示。先按柱的编号 Z1，Z2，Z3…顺序计算完柱的工程量，再按主梁的编号 KL1，KL2，KL3…顺序计算梁的工程量，依次再计算板等。

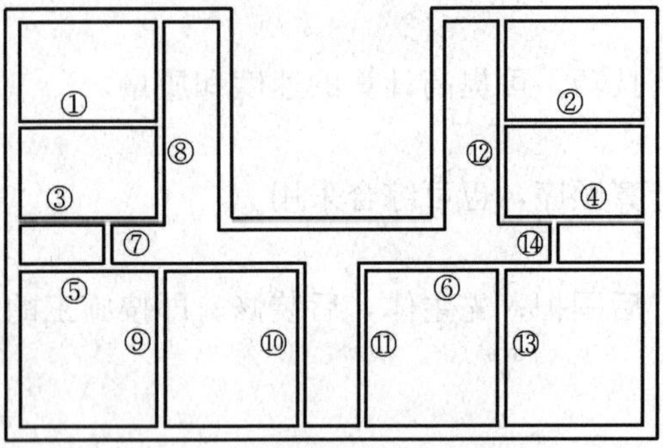

图 5-2 横竖分割计算示意图

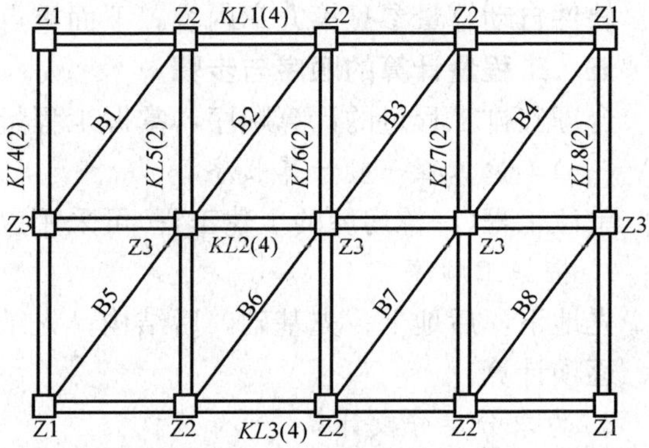

图 5-3 按构件编号计算示意图

(三)每项工程量计算的步骤

1. 列出计算式

工程项目列出后，根据施工图按选定的计算顺序和工程量计算规则，按计量单位列出该分项工程量计算式，并标注数据来源部位和必要的文字说明等。对于后面将要利用的中间数据，可分别列式计算，然后再汇总；或仅列一个算式，但标出相应的中间结果。

2. 演算计算式

分项工程量计算式全部列出后，对各计算式进行逐式计算，应边计算边检查所列的计算式和项目，若发现有误，应及时调整和修改。并将其计算结果进行汇总计算，计算结果按照《计价规范》精度要求保留小数位数，将其工程量填入工程量计算表中的“工程数量”栏内。

3. 调整计量单位

定额的计量单位往往是扩大后的单位，如 10m、$10m^2$、$10m^3$ 或 100m、$100m^2$ 或 t 等，这就要求计算所得的工程量，需按照工程定额的计量单位进行调整，使其一致，才能套用定额。另外，清单的部分计量单位也是扩大后的单位，如金属结构和螺栓、铁件都以 t 计算，在计算清单工程量时必须加以调整。

六、运用统筹法计算工程量

手工计算工程量过程中，由于依据繁多、内容复杂、项目数多、计算量大，很难避免漏项、重算和错算。因此找出各计算项目的内在联系，及时、准确地计算出各项目工程量，是

造价人员迫切的需要。统筹法计算工程量正是在这种背景下开发出来的，它抓住了建筑工程各分项之间的内在联系规律，简化了计算内容和过程，提高了计价文件的编制效率，是手工计算工程量的有效方法。

(一)统筹法计算工程量的原理

1. 统筹法的基本概念

统筹法是一种用来研究、分析事物内在规律及相互依赖关系，从全局进行统一筹划，合理安排各工作顺序，抓住重点，提高工作质量和效率的科学管理方法。统筹法的主要特点就在于能对错综复杂的各种工作关系，合理安排其顺序，找出重点所在，以保证全局。

2. 应用统筹法计算工程量的原理

应用统筹法对工程量的计算全过程进行分析，可以发现各工程量相互间存在着内在联系，尽管各有特点，但都离不开墙体的有关长度尺寸(线)和底层建筑面积(面)以及门窗工程量统计计算表、构件统计表(表)。线、面、表是计算许多分项工程量时反复多次应用的数值，称为整栋房屋工程量计算的“基数”。这样从这些“基数”出发，根据工程量计算规则，找出各分项工程量与“基数”之间的联系，运用统筹法原理，安排计算的先后顺序，充分利用“基数”，将计算工程量的过程总结出统筹图，从而使工程量的计算达到简便、迅速、准确、统一的要求。

(二)统筹法计算工程量的基本要点

1. 利用基数，连续计算

基数是指工程量计算时重复利用的基本数据。在工程量计算中起着共同的基础和依据作用。整栋建筑物工程量计算的基数是“三线两面两表”。

(1)“三线”是指建筑平面图中所标示的外墙中心线、外边线和内墙净长线。

1)外墙外边线总长度，用“$L_{外}$”表示。

$$L_{外} = \text{建筑平面图的外围周长之和} \tag{5-1}$$

对于长方形、L形、T形等只凸不凹的建筑平面，其$L_{外}$可利用建筑平面图中标注的总长、总宽尺寸直接计算。不必用先计算各段墙的外边线长，然后再将各段长度汇总求“$L_{外}$”的方法计算，即

$$L_{外} = (\text{总长度} + \text{总宽度}) \times 2 \tag{5-2}$$

对于凹形或复杂形状建筑平面，亦可以先按总长加总宽乘2的方法计算，然后再根据建筑平面的具体情况另加长度调整值，即

$$L_{外} = (\text{总长度} + \text{总宽度}) \times 2 + \text{长度调整值} \tag{5-3}$$

2)外墙中心线总长度，用“$L_{中}$”表示。

$$L_{中} = \text{建筑平面图中各段外墙中心线长度之和} \tag{5-4}$$

对于外墙厚度均相等的一般建筑平面，其$L_{中}$也可用$L_{外}$计算，即

$$L_{中} = L_{外} - 4 \times \text{外墙厚} \tag{5-5}$$

3)内墙净长线总长度，用“$L_{内}$”表示。

$$L_{内} = \text{建筑平面图中所有内墙净长度之和} \tag{5-6}$$

若内墙厚度不同时，应分别计算$L_{内}$。计算$L_{内}$时，也可先算出内墙中心线总长度“$L_{内中}$”，然后再减去丁字头所占长度的方法来计算，即

$$L_{内} = L_{内中} - \text{丁头长度} \times \text{丁头数} \tag{5-7}$$

另外，利用上式，通过改变丁头长度的数值，还可方便地计算出基槽净长线、墙基垫层净长线、墙面抹灰总长度等。

(2)“两面”是指建筑物的底层建筑面积和室内净面积。

1)底层建筑面积，用“$S_{底}$”表示，即

$$S_{底}=\text{建筑物底层平面图勒脚以上外围水平投影面积} \tag{5-8}$$

一般情况下，$S_{底}$ 就是建筑底层平面图中 $L_{外}$ 所围的面积。因此，$L_{外}$ 找出后，$S_{底}$ 就很容易算出。

2)底层室内净面积，用“$S_{净}$”表示。

$$S_{净}=\text{建筑物底层平面图中各室内净面积之和} \tag{5-9}$$

一般情况下，也可采用下式方便算出，即

$$S_{净}=S_{底}-L_{中}\times\text{外墙厚}-L_{内}\times\text{内墙厚} \tag{5-10}$$

(3)“两表”是指根据施工图所做的门窗工程量统计计算表和构件工程量统计计算表。

1)门窗工程量统计计算表，见表 5-1。

门窗工程量统计计算表用来统计门窗数量和计算工程量，并为墙体和内外装饰工程量计算提供应扣门窗洞口面积。应分层、分内外墙统计其门窗数量。

表 5-1 门窗统计表

名称	门窗编号	图集编号	洞口		每樘面积（m^2）	樘数（樘）	合计面积（m^2）	一层（樘）				二层（樘）				…
			宽（m）	高（m）				外墙		内墙		外墙		内墙		…
								370	240	240	120	370	240	240	120	…
			①	②	③=①×②	④=Σ每层樘数	⑤=③×④									
合计面积（m^2）																

2)构件工程量统计计算表，见表 5-2。

表 5-2 构件统计表

构件名称	规格尺寸	每根体积（m^3）	总根数/根	合计体积（m^3）	构件所在部位												
					一层				二层				三层				…
	长×宽×高				外墙		内墙		外墙		内墙						…
					370	240	240	120	370	240	240	120					…
		①	②	③ =①×②													
合计体积（m^3）																	

构件工程量统计计算表是用来计算构件工程量，并为墙体扣减计算提供数据。

一般工业与民用建筑工程，绝大部分项目都可在“三线两面两表”的基数上，连续计算出其工程量，例如：

$L_{中}$——可用于计算外墙基槽、基底夯实、基础垫层、条形基础、墙基防潮层、基础梁、圈梁、墙身砌筑、外墙内面抹灰等分项工程量。

$L_{内}$——可用于计算内墙基槽、槽底夯实、基础垫层、基础、墙基防潮层、基础梁、圈梁、墙身砌筑、内墙面抹灰等分项工程量。

$L_{外}$——可用于计算平整场地、钻探及回填孔、勒脚、腰线、勾缝、外墙面抹灰、散水、挑檐等分项工程量。

$S_{底}$——可用于计算总建筑面积、平整场地、屋面、$S_{净}$ 等内容。

$S_{净}$——可用于计算室内地面、楼面、天棚等分项工程。

两个统计表——可用于计算门窗、构件工程量，并作为计算墙体和墙面抹灰扣除的量。

有了以上基数，就可利用这些基数连续计算出有关的工程量。例如有了外墙中心线长度 $L_{中}$，就可连续计算出与外墙有关的各分项工程量，并安排其计算程序如下：

① —基槽挖土（m^3）：$L_{中}$×断面积→ ② —墙基垫层（m^3）：$L_{中}$×断面积→ ③ —基础（m^3）：$L_{中}$×断面积→ ④ —墙体防潮（m^2）：$L_{中}$×墙厚→ ⑤ —地圈梁（m^3）：$L_{中}$×断面积→

⑥ —外墙（m^3）：（$L_{中}$×墙高－洞口面积）×墙厚→ ⑦

再如有了室内净面积 $S_{净}$，就可利用此基数连续计算出与之有关的分项工程量，其计算程序和计算式如下：

① —地面面层（m^2）：$S_{净}$→ ② —基底夯实（m^2）：①→ ③ —找平层、防潮层（m^2）：①→ ④ —天棚抹灰（m^2）：①→ ⑤ —天棚刷白（m^2）：①→

⑥ —室内垫层（m^3）：①×垫层厚→ ⑦ —室内回填土（m^3）：①×土厚→ ⑧

从上两例可以看出，利用基数把有关的计算项目有机地排列组织起来，使前面项目的计算结果能应用于后面的计算中，彼此衔接，就能减少很多重复劳动，并加快计算速度。

2. 统筹程序，合理安排

工程量的计算程序，若按定额顺序或施工顺序进行，就没有充分利用项目之间的内在联系，必将造成计算上的重复。

例如，某室内地面的构造层次为（从下到上）室内回填夯实、炉渣垫层、混凝土垫层、水泥砂浆面层等。如果按施工顺序或定额顺序计算工程量，其计算程序和计算式为：

① —室内回填夯实（m^3）：长×宽×$厚_1$→ ② —炉渣垫层（m^3）：长×宽×$厚_2$→ ③ —混凝土垫层（m^3）：长×宽×$厚_3$→ ④ —水泥砂浆垫层（m^2）：长×宽→ ⑤

上面计算过程中，“长×宽”（室内净面积）重复计算了四次。若运用统筹法原理，先将水泥砂浆面层工程量计算出来，作为基数，再分别去乘垫层$厚_3$ 和$厚_2$ 以及$厚_1$，得出各自工程量，这样就加快了计算速度。

3. 一次算出，多次使用

对于有些不能用“线”和“面”基数进行连续计算的项目，但是实际工程中使用频率比较高的项目，事先组织力量，将常用数据一次算出，汇编成《建筑工程工程量计算手册》。当需计算有关项目工程量时，只需查手册就能很快地算出所需要的工程量来。这样可以减少以往那种按图逐项地进行烦琐而又重复的计算，亦能保证准确性。手册包括的主要内容有：

（1）标准构件工程量表。标准图上的构件，按现行定额项目的划分和计价的要求，分别算出各分项的工程量数据，以备多次使用。

(2) 标准做法工程量表。标准做法（如墙面装饰、地面、屋面、地沟等）也可按标准图和现行消耗量定额预先算出单位工程量（$100m^2$、10m、$100m^3$、个或榀）的各分项工程量，然后套消耗量定额，编制成综合单价分析表或定额软件包（存入微机中）以备后用。这也属一次计算，多次使用之类。

(3) 工程量计算系数表。如砖基础大放脚折加高度计算表、屋面坡度系数表。

4. 结合实际，灵活机动

用“线”“面”“表”“册”计算工程量，只是一般常用的工程量基本计算方法。但在特殊工程上，由于基础断面、墙厚、层高和各楼层的布局及面积不同，就不能完全用同一个线或面作基数去计算，而必须结合实际情况，灵活机动地进行计算。常采用的方法有：

(1) 分段法。如基础断面尺寸、埋置深度不同，可采取分段的方法计算基础工程量。假设某工程设计的外墙基础有三个不同断面：Ⅰ断面、Ⅱ断面、Ⅲ断面，则外墙基础工程量为

$$V = L_{中Ⅰ} \times S_{Ⅰ} + L_{中Ⅱ} \times S_{Ⅱ} + L_{中Ⅲ} \times S_{Ⅲ} \tag{5-11}$$

(2) 分层法。当建筑物的各楼层的建筑面积、墙厚、砂浆不同时，应采用分层计算的方法计算工程量。

(3) 分区法。当楼地面、天棚、墙面抹灰有多种做法时，应按做法分区域计算其面积。

(4) 调整法或称补加补减法。若建筑物每层平面布置一样，仅某一层多（或少）了一道隔墙，则可先按每层相同的情况计算，然后再补加（减）这一道隔墙的工程量。

(5) 实算法。对于不能用前面基数进行计算的项目，按图纸尺寸“实际计算”，如台阶、零星砌体等。

在工程量计算过程中，有时需要同时运用上面介绍的几种方法。总而言之，要结合实际，灵活运用。

(三) 统筹法计算工程量的步骤与图式

综上所述，用统筹法计算工程量计算步骤如图 5-4 所示。

第二节　建筑面积及其计量规则

一、建筑面积的概念及其作用

(一) 建筑面积的概念

建筑面积，是指建筑物（包括墙体）所形成的楼地面面积，是以平方米为单位计算出的建筑物各自然层面积的总和。它包括了建筑物中的使用面积、辅助面积和结构面积，即

$$建筑面积 = 使用面积 + 辅助面积 + 结构面积 \tag{5-12}$$

使用面积是指建筑物各层平面布置中可直接为人们生活、工作和生产使用的净面积的总和。居室净面积在民用建筑中亦称“居住面积”。

辅助面积是指建筑物各层平面布置中为辅助生产、生活和工作所占的净面积（如建筑物内的设备管道层、贮藏室、水箱间、垃圾道、通风道、室内烟囱等）及交通面积（如楼梯间、通道、电梯井等所占净面积）。

“有效面积”是指使用面积与辅助面积的总和，即

$$有效面积 = 使用面积 + 辅助面积 \tag{5-13}$$

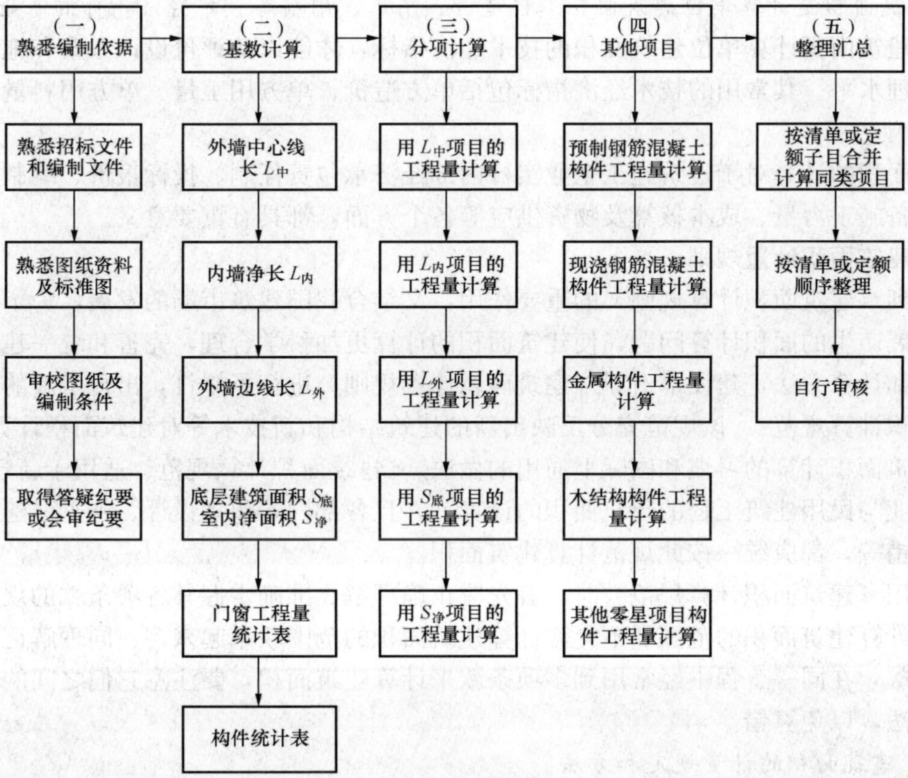

图 5-4　统筹法计算工程量步骤图

结构面积是指建筑物各层平面布置中的内外墙、柱体等结构所占面积的总和（不含抹灰厚度所占面积）。

（二）建筑面积的作用

正确计算建筑面积具有重要的意义。其主要作用表现在以下几个方面。

1. 建筑面积是控制设计、评价设计方案的重要依据

建筑面积是设计的重要参数，是计算容积率（土地利用系数）的基础。建筑面积与占地面积之比称容积率（或土地利用系数），容积率是建设规划和建筑设计的重要控制指标。

2. 建筑面积是编制和考核固定资产投资计划，评价国民经济建设和发展状况的一项重要的经济指标

固定资产投资规模，除用投资额和建筑安装工程工作量货币指标表示外，还用建筑面积和各种实物工程量指标表示，建筑面积的完成情况是考核建设计划执行情况的重要依据。

3. 建筑面积是编制工程计价文件和建筑房屋计算工程量的基础

编制设计概算，可采用每百平方米建筑面积的概算指标进行，利用概算指标编制概算，首先要计算出拟建工程的建筑面积，才能确定。利用土建基础定额编制施工图预算和进行清单计价，部分基础定额也采用了以建筑面积为计算基础的计价指标。如目前陕西省消耗量定额中的垂直运输增加费、里脚手架费等就是以建筑面积作为计算基础的。

4. 建筑面积是计算单位建筑面积工程造价、用工、用料等技术经济指标的基础

利用建筑面积计算单位建筑面积的技术经济指标，才能以此评价设计方案和施工的经济效益及管理水平。其常用的技术经济指标包括单方造价、单方用工量、单方用料量。

5. 其他方面

建筑面积的计算对于建筑施工企业实行内部经济承包责任制、投标报价、编制施工组织设计、配备施工力量、成本核算及物资供应等各个方面，都具有重要意义。

二、建筑面积计量规则

考虑到《建筑面积计算规则》的重要作用，又结合我国建筑市场的发展，为了解决建筑技术的发展产生的面积计算问题，使建筑面积的计算更加科学合理，完善和统一建筑面积的计算范围和计算方法，建设部对原《建筑面积计算规则》进行了修订，出台了新的《建筑工程建筑面积计算规范》。该规范充分反映出新的建筑结构和新技术等对建筑面积计算的影响，考虑了建筑面积计算的习惯和国际上通用的做法。《建筑面积计算规范》适用于新建、扩建、改建的工业与民用建筑工程的建筑面积的计算，并且各部门，包括设计、施工、建设管理以及房屋营销等，都应统一按此规范计算建筑面积。

在应用《建筑面积计算规范》时，首先应正确理解、准确掌握其各项条款的规定，而且应将允许计算建筑面积的范围和不允许计算建筑面积的范围联系起来，一同理解记忆并严格区分。其次，在同一工程中经常用到多项条款来计算建筑面积，要注意它们之间的界线划分和计算方法，以免算错。

（一）建筑面积的计量规定和方法

建筑面积应按自然层外墙结构外围（即建施平面图所标注的外墙外轮廓线）水平面积之和计算，建筑物外墙上的外装饰面层、突出墙外的构、配件以及附墙柱垛等均不计算建筑面积。

（1）单层建筑物的建筑面积，应按地面结构标高处外墙结构外围水平面积计算，并应符合下列规定：单层建筑物结构层高度在 2.20m 及以上者应计算全面积；不足 2.20m 者应计算 1/2 面积。利用坡屋顶内空间时结构净高超过 2.10m 的部位应计算全面积；净高在 1.20～2.10m的部位应计算 1/2 面积；净高不足 1.20m 的部位不应计算面积。

单层建筑物应按不同的结构层高确定其面积的计算。其高度指室内地面结构层上表面至屋面板最低处板面结构层上表面之间的垂直距离。遇有以屋面板找坡的平屋顶单层建筑物，其高度指室内地面标高至屋面板最低处板面结构标高之间的垂直距离。值得注意的是，对于单层建筑高度的确定，不是以建筑标高来计算，而是以室内地面结构层上至屋面板结构层上表面计算。

1）单层建筑物建筑面积的计算。

单层建筑不论其形式如何，均应按其地面结构标高处外墙结构外围水平面积计算建筑面积。如图 5-5 所示的单层建筑，设其高度为 H，则其建筑面积 S 计算如下

$H \geqslant 2.20$m 时 $$S = L \times B \tag{5-14}$$

$1.2\text{m} \leqslant H < 2.20$m 时 $$S = \frac{1}{2} \times L \times B \tag{5-15}$$

$H < 1.20$m 时 $$S = 0\text{(即不计算建筑面积)} \tag{5-16}$$

2）单层建筑物利用坡屋顶内空间时建筑面积的计算。

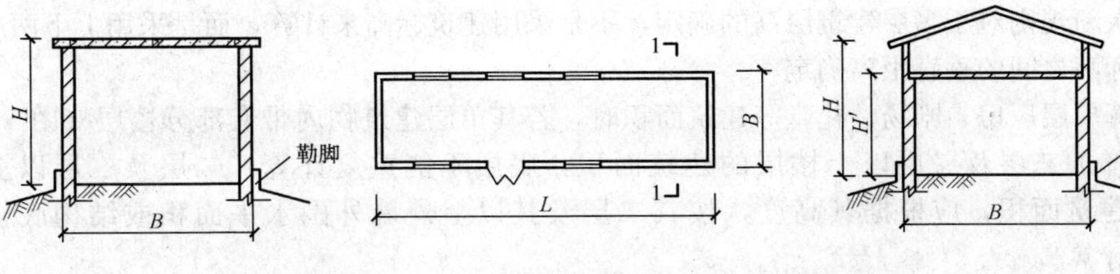

(a)　　(b)　　(c)

图 5-5　单层建筑物

(a) 1-1 剖面图；(b) 平面图；(c) 坡屋顶 1-1 剖面图

当利用坡屋顶内空间时，坡屋顶单层建筑物除了按地面结构标高处外墙结构外围水平面积计算其建筑面积外，还应按顶板下表面至楼面的不同净高分别计算其建筑面积。利用坡屋顶内空间是指在坡屋顶下加设阁楼或加层。净高指坡屋顶顶板下表面至楼面的垂直距离。

利用坡屋顶内空间时，顶板下表面至楼面的净高超过 2.10m 的部位计算全面积；净高在 1.20m 至 2.10m 的部位计算 1/2 面积。为便于理解，现以图 5-6 来说明其计算界限和方法。

图中 h_1 为坡屋顶可利用空间净高等于 1.2m 的起始位置，h_2 为净高等于 2.1m 的起始位置，通过 h_1 和 h_2 划分出坡屋顶可利用空间的各部分建筑面积计算的界限，从而依据计算规则确定出坡屋顶加设阁楼或加层的建筑面积；同时单层建筑物的下部分建造面积［即图 5-5（c）中 H'范围］应根据 H'的高度确定和计算出其建筑面积；上下两部分相加，即可得到利用坡屋顶内空间时单层建筑物总的建筑面积。

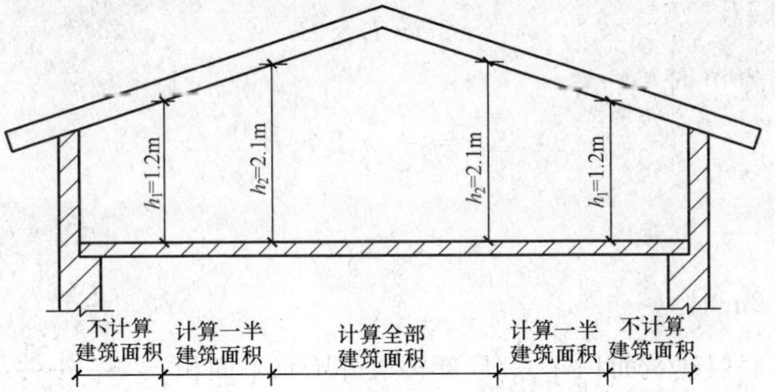

图 5-6　坡屋顶下加设阁楼或加层时建筑面积计算示意

（2）单层建筑物内设有局部楼层者，局部楼层的二层及二层以上楼层，有围护结构的应按其围护结构外围水平面积计算，无围护结构的应按其结构底板水平面积计算。层高在 2.20m 及以上者计算全面积；层高不足 2.20m 者计算 1/2 面积。

多层建筑物的建筑面积应按不同层高分别计算。层高是指上下两层楼面结构标高之间的垂直距离。建筑物最底层的层高，有基础底板的指基础底板上表面结构标高至上层楼面的结构标高之间的垂直距离；没有基础底板的指地面标高至上层楼面结构标高之间的垂直距离。最上一层的层高是指楼面结构标高至屋面板板面结构标高之间的垂直距离，遇有以屋面板找坡的屋面，层高指楼面结构标高至屋面板最低处板面结构标高之间的垂直距离。值得注意的是，本次新规则对于多层建筑层高的确定，不是采用建筑标高来计算，而是采用上下两层楼面结构标高之间的垂直距离确定。

计算单层厂房、剧场、礼堂等建筑面积时，若其单层建筑物内带有部分楼层（图 5-7），则只能增加二层及二层以上楼层的建筑面积，底层不能重复计算。二层及二层以上楼层部分建筑面积，应根据其高度，按其二层及其以上外墙外围水平面积或结构底板水平面积计算。

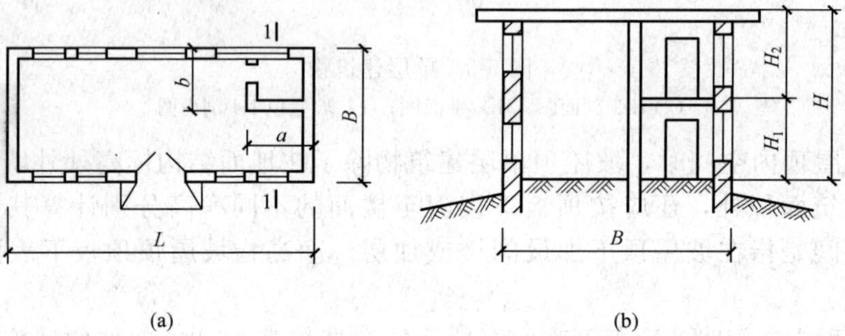

图 5-7　有局部楼层的单层建筑物（一）
（a）平面图；（b）1—1 剖面图

带有部分楼层的单层建筑物的建筑面积 S 的计算公式如下：

1）当 $H_2 \geqslant 2.2\text{m}$ 时

$$S = \text{底层建筑面积} + \text{局部楼层外围水平面积} = S_{底} + a \times b \tag{5-17}$$

其中 $S_{底}$ 按如下确定（下同）

$H \geqslant 2.20\text{m}$ 时

$$S_{底} = L \times B \tag{5-18}$$

$1.2\text{m} \leqslant H < 2.20\text{m}$ 时

$$S_{底} = \frac{1}{2} \times L \times B \tag{5-19}$$

$H < 1.2\text{m}$ 时

$$S_{底} = 0 \tag{5-20}$$

2）当 $H_2 < 2.2\text{m}$ 时

$$S = \text{底层建筑面积} + \frac{1}{2}\text{局部楼层外围水平面积} = S_{底} + \frac{1}{2} a \times b \tag{5-21}$$

例如有局部楼层的单层建筑物（图 5-8），由于 $H = 6.5\text{m} \geqslant 2.2\text{m}$，$H_2 = 3.0\text{m} \geqslant 2.2\text{m}$，所以建筑面积 $S = (18.0 + 6.0 + 0.24) \times (15.0 + 0.24) + (6.0 + 0.24) \times (15.0 + 0.24) = 464.52\text{m}^2$

当需计算跨越其他建筑物、构筑物的高架单层建筑物时，应按其水平投影面积计算建筑面积，层高在 2.20m 及以上者计算全面积；层高不足 2.20m 者计算 1/2 面积。多层者按多层计算。

① 当高架建筑物为单层时，如图 5-9 所示，设其层高大于 2.2m，则其建筑面积为

$$S = \text{水平投影面积} = 16.0 \times 6.0 = 96\text{m}^2$$

② 如果图 5-9 的高架建筑物为三层时，则其建筑面积为

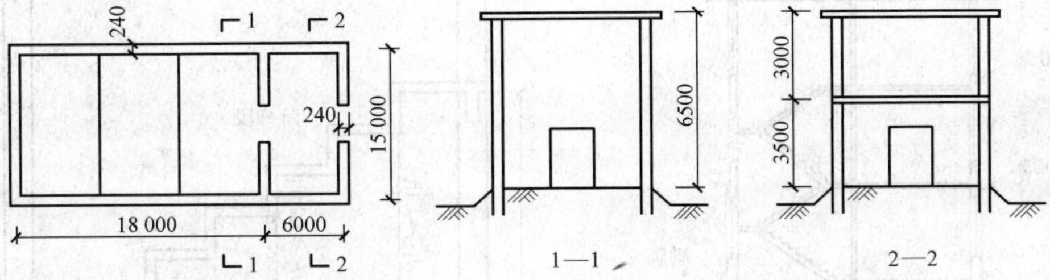

图 5-8 有局部楼层的单层建筑物（二）

$$S=16.0\times6.0\times3=288\text{m}^2$$

（3）多层建筑物首层应按其外墙勒脚以上结构外围水平面积计算；二层及以上楼层应按其外墙结构外围水平面积计算。层高在 2.20m 及以上者计算全面积；层高不足 2.20m 者计算 1/2 面积。

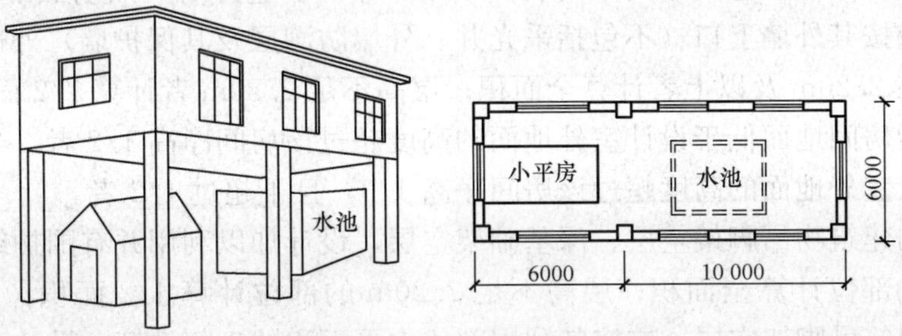

图 5-9 高架单层建筑

多层建筑物建筑面积，按各层建筑面积之和计算，其首层建筑面积按单层建筑面积的计算要求计算，二层及二层以上的楼层，应根据其层高，按其外墙结构的外围水平面积计算。

例如图 5-10 中有三个自然层，应将其三层的水平面积累加到一起作为此房屋的总建筑面积。多层房屋应注意外墙外边线是否一致，当外墙外边线不一致时，这时就应该分开计算水平面积。图 5-10 中一层为 370 墙，二、三层为 240 墙，且外墙内齐外不齐，因此，一层建筑面积必然与二、三层建筑面积不同。

同一建筑物如结构、层数不同时，应分别计算建筑面积。这是指在同一建筑物中，若一部分为框架结构，另一部分为砖混结构者，应分别按框架结构以柱外边线（有墙时，以墙外边线），砖混结构以砖混结构的墙外边线分开计算面积，然后按各自的层数分别累加。

（4）多层建筑坡屋顶内和场馆看台下，设计加以利用时，净高在 1.20m 至 2.10m 的部位计算 1/2 面积。当设计不利用或室内净高不足 1.20m 时不应计算面积。

多层建筑坡屋顶内空间设计加以利用时，坡屋顶内空间的计算方法与单层建筑相同。场馆看台下设计加以利用时的计算面积 S，应根据其利用高度进行计算。场馆看台的建筑面积原理如图 5-11 所示，其中 H_3 为看台内净高不小于 1.2m 的起始位置；H_2 为看台内净高不小于 2.1m 的起始位置；H_1 为看台内最大净高。如果场馆看台下空间设计不加以利用，则不计算其建筑面积。

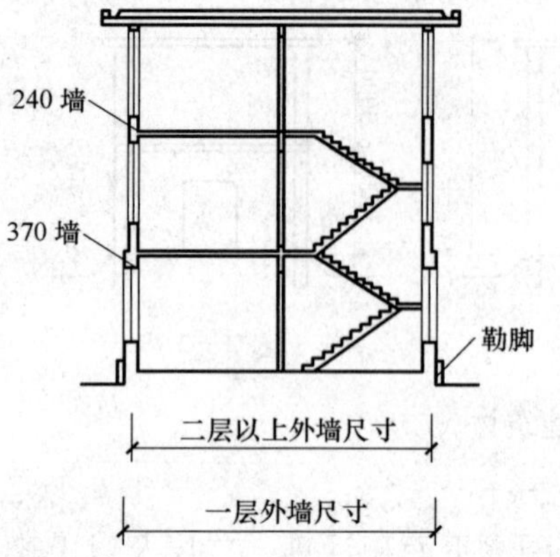

图 5-10 墙体外边线

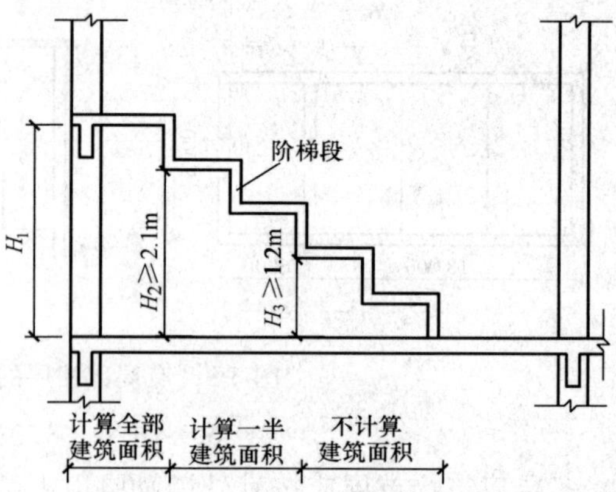

图 5-11 场馆看台

(5) 地下室、半地下室（车间、商店、车站、车库、仓库等），包括相应的有永久性顶盖的出入口，应按其外墙上口（不包括采光井、外墙防潮层及其保护墙）外边线所围水平面积计算。层高在 2.20m 及以上者计算全面积；层高不足 2.20m 者计算 1/2 面积。

地下室系指房间地面低于设计室外地面的高度超过该房间净高 1/2 者。半地下室系指房间地面低于设计室外地面的高度超过该房间净高 1/3，且不超过 1/2 者。

(6) 坡地的建筑物吊脚架空层、深基础架空层，设计加以利用并有围护结构的，层高在 2.20m 及以上的部位计算全面积；层高不足 2.20m 的部位计算 1/2 面积。设计加以利用、无围护结构的建筑吊脚架空层，应按其利用部位水平面积的 1/2 计算。设计不利用的深基础架空层、坡地吊脚架空层、多层建筑坡屋顶内、场馆看台下的空间不应计算面积。

(7) 建筑物的门厅、大厅按一层计算建筑面积。门厅、大厅内设有回廊时，应按其结构底板水平面积计算。回廊层高在 2.20m 及以上者计算全面积；层高不足 2.20m 者计算 1/2 面积。

计算通道、门厅、大厅时应注意：

1) 如果是单层建筑物，其内部的门厅、大厅均已含在整个单层建筑物的建筑面积内，无需另行计算。

2) 若是楼层建筑，门厅、大厅的建筑面积只能按一层计算、其他部分的楼层均应按自然层计算建筑面积。一般建筑物楼层的门厅、大厅因功能需要，内空高度常高于一层楼层层高，当门厅、大厅上方的二层建筑的层高超过 2.20m 及以上者计算全面积；层高小于 2.20m 者计算 1/2 面积。其一层通道、门厅、大厅的建筑面积仍包含在整个楼层建筑面积之内，也无需另行计算。

3) 门厅、大厅内的回廊（图 5-12）是指沿厅周边布置的楼层环形走廊，其每层回廊的水平投影面积应按回廊结构层的边线尺寸计算建筑面积。回廊层高在 2.20m 及以上者计算全面积；层高小于 2.20m 者计算 1/2 面积。

4) 这里的门厅、大厅应与通道相区别。穿过建筑物的通道是指穿过房屋供车辆人行通过的专用交通跨间，不计算建筑面积。由于通道比较高，其上方的二层建筑的层高超在 2.20m 及以上者计算全面积；小于层高 2.20m 者计算 1/2 面积。

(8) 建筑物间有围护结构的架空走廊，应按其围护结构外围水平面积计算，层高在 2.20m 及以上者计算全面积；层高不足 2.20m 者计算 1/2 面积。有永久性顶盖无围护结构

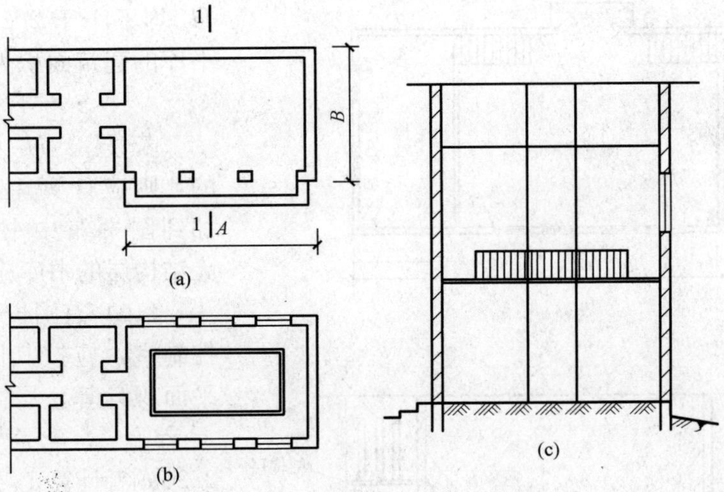

图 5-12　大厅内回廊水平投影示意

(a) 底层平面图；(b) 二层平面图；(c) 1—1 剖面图

的应按其结构底板水平面积的 1/2 计算。

架空走廊是指建筑物与建筑物之间起交通联系作用的楼层走廊。

1）有顶盖和围护结构的架空走廊

如图 5-13 所示，设 B_1 为维护结构之间距离，B_2 为底板宽，则建筑面积 S 为

$H \geqslant 2.20$m 时

$$S = L \times B_1 \tag{5-22}$$

$H < 2.20$m 时

$$S = \frac{1}{2} L \times B_1 \tag{5-23}$$

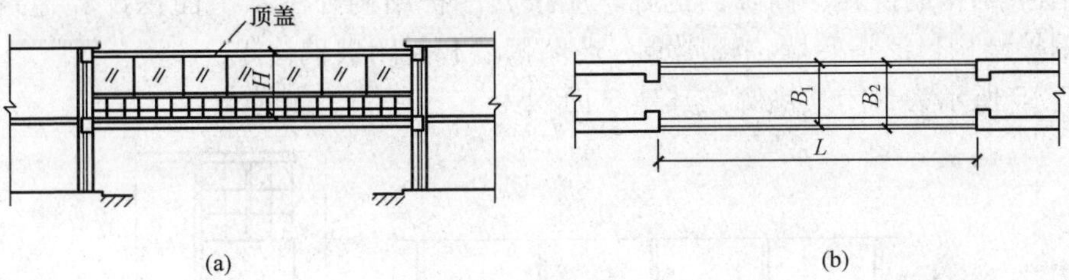

图 5-13　架空走廊

(a) 立面图；(b) 平面图

2）当图 5-13 的架空走廊有永久性顶盖无围护结构时，其建筑面积 S 为

$$S = \frac{1}{2} L \times B_2 \tag{5-24}$$

3）当架空走廊无永久性顶盖时，其建筑面积 $S=0$。

（9）立体书库、立体仓库、立体车库，无结构层的应按一层计算，有结构层的应按其结构层面积分别计算。层高在 2.20m 及以上者计算全面积；层高不足 2.20m 者计算 1/2 面积。

书库、仓库的结构层是指承受货物的承重层，往往是建筑的自然层。由于存书堆货受到一定高度限制，因此，常常将两层楼板间再分隔 1～2 层，作为书架层或货架层，以充分利用空间。计算时，均按其各层的外围水平投影面积计算建筑面积。如图 5-14 所示，当 H_1、

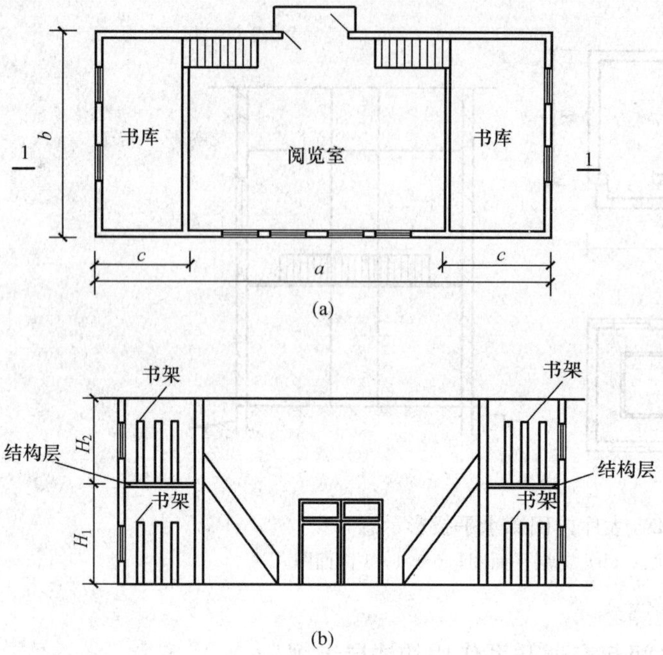

图 5-14　书库

(a) 平面图；(b) 1—1 剖面图

H_2 均不小于 2.2m 时，图书馆中书库的建筑面积为

$$S = 4 \times b \times c \quad (5\text{-}25)$$

若 H_1、H_2 中有小于 2.2m 的，则应计算 1/2 面积，然后累加到图书馆中书库的建筑面积。无结构层的书库应按一层计算。

(10) 有围护结构的舞台灯光控制室，应按其围护结构外围水平面积计算。层高在 2.20m 及以上者计算全面积；层高不足 2.20m 者计算 1/2 面积。

大部分剧院将舞台灯光控制室设在舞台内侧夹层上或设在耳光室中，实际上是一个有墙有顶的分隔间，应按围护的层高计算建筑面积。

(11) 建筑物外有围护结构的落地橱窗、门斗、挑廊、走廊、檐廊、眺望间，应按其围护结构外围水平面积计算，层高在 2.20m 及以上者计算全面积；层高不足 2.20m 者计算 1/2 面积。有永久性顶盖无围护结构的应按其结构底板水平面积的 1/2 计算。

1) 走廊、挑廊、檐廊。

① 有围护结构的挑廊、檐廊、走廊，应按其围护结构外围水平面积计算建筑面积。这里所述的围护结构，泛指砖墙、轻质墙、玻璃幕墙和封闭玻璃窗等。

如图 5-15 所示为封闭式挑廊，其建筑面积为

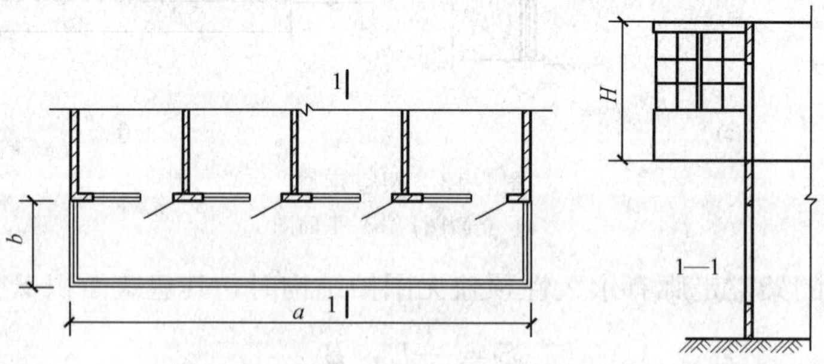

图 5-15　封闭式挑廊

$H \geqslant 2.20$m 时

$$S = a \times b \quad (5\text{-}26)$$

$H < 2.20$m 时

$$S = \frac{1}{2} a \times b \quad (5\text{-}27)$$

② 如图 5-16，仅以柱支撑有永久性顶盖而无围护结构的走廊，则其建筑面积 S 应按其结构底板水平面积的 1/2 计算

$$S = \frac{1}{2}a \times b \tag{5-28}$$

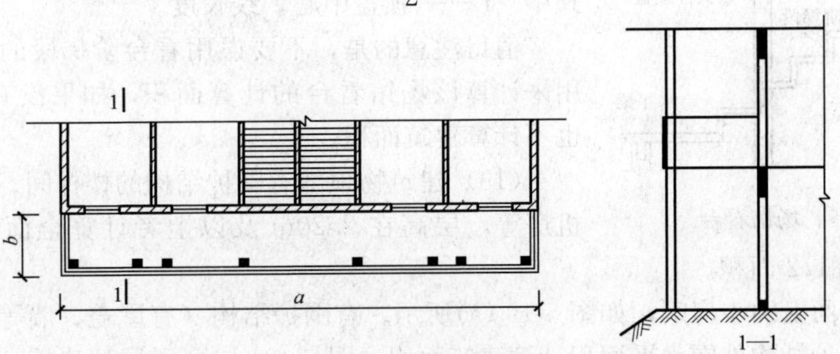

图 5-16　有柱走廊

2）门斗。门斗不同于雨篷，门斗是用于防寒、防尘的过渡交通间。内门斗建筑面积已在整体建筑物内，不需另行计算；外门斗应按凸出主墙身外的门斗围护结构的外边线尺寸计算建筑面积。如图 5-17 所示，门斗建筑面积为

$H \geqslant 2.20$m 时

$$S = a \times b \tag{5-29a}$$

$H < 2.20$m 时

$$S = \frac{1}{2}a \times b \tag{5-29b}$$

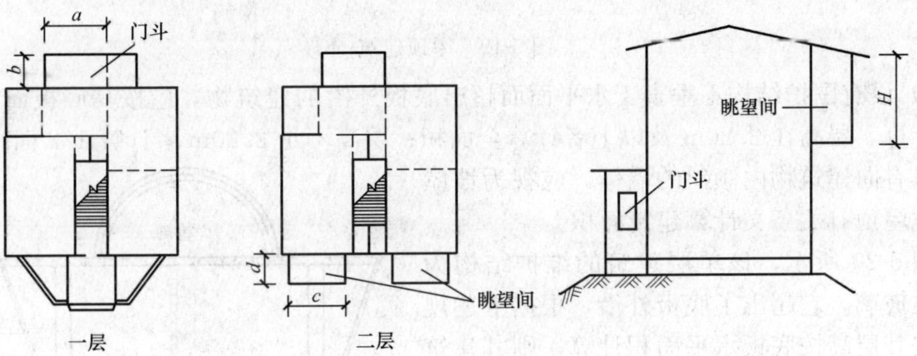

图 5-17　门斗、眺望间

3）眺望间。眺望间是指楼房工作室或办公室悬挑出来的一部分空间，类似封闭式悬挑阳台，是用来监视、观察与室内工作有联系的活动间。见图 5-17 所示两间眺望间建筑面积为

$H \geqslant 2.20$m 时

$$S = c \times d \times 2 \tag{5-30}$$

$H < 2.20$m 时

$$S = c \times d \times \frac{1}{2} \times 2 = c \times d \tag{5-31}$$

（12）有永久性顶盖无围护结构的场馆看台应按其顶盖水平投影面积的 1/2 计算。

如图 5-18 所示，该场馆看台无维护结构，有永久性顶盖，设顶盖的水平投影面积为

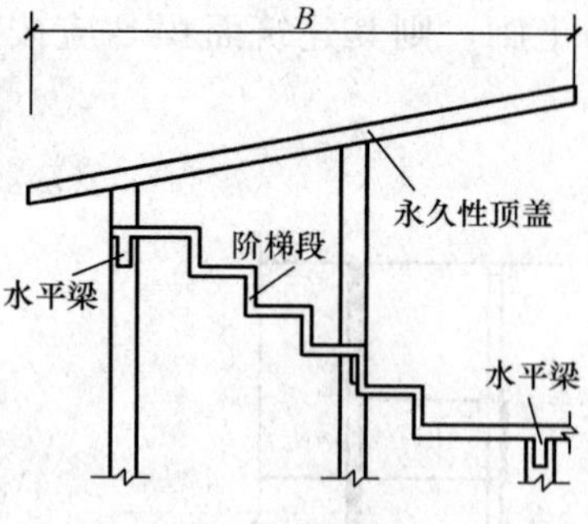

图 5-18 场馆看台

$S_{水平}$，则按上述规则，该场馆看台的计算面积 S 为

$$S=\frac{1}{2}S_{水平}=\frac{1}{2}\times B\times L \tag{5-32}$$

式中 L——顶盖中心，线长度。

值得注意的是，不要误用看台阶梯段的水平投影面积用来计算该场馆看台的计算面积，如果没有永久性顶盖，也不计算建筑面积。

（13）建筑物顶部有围护结构的楼梯间、水箱间、电梯机房等，层高在 2.20m 及以上者计算全面积；层高不足 2.20m 者计算 1/2 面积。

这是指屋面上的小房间，如图 5-19 (a)所示。有围护结构（有屋盖、墙等）的，才根据其层高按其围护结构外围水平面积计算建筑面积。图 5-19 (b)所示屋顶建筑，因无顶盖则不计算建筑面积。

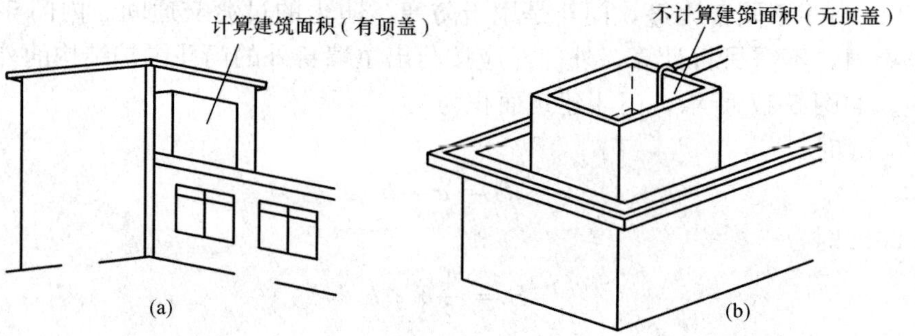

图 5-19 屋顶建筑

（14）设有围护结构不垂直于水平面而超出底板外沿的建筑物，应按其底板面的外围水平面积计算。层高在 2.20m 及以上者计算全面积；层高不足 2.20m 者计算 1/2 面积。

若遇有向建筑物内倾斜的墙体，应视为坡屋顶并按坡屋顶有关条文计算建筑面积。

如图 5-20 所示，该单层建筑的维护结构为加厚净白玻璃，它超出了底板外沿，根据上述规定，应按其层高按底板水平面积计算，则其建筑面积 S 为

$H\geqslant 2.20$m 时

$$S=L\times B \tag{5-33}$$

$H<2.20$m 时

$$S=\frac{1}{2}\times L\times B \tag{5-34}$$

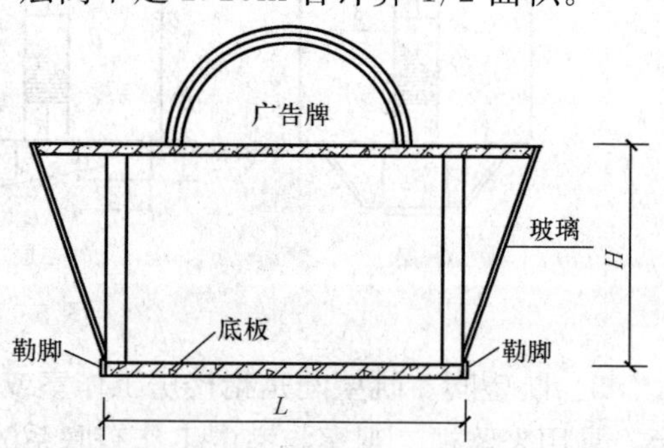

图 5-20 围护结构不垂直于水平面的建筑物剖立面

同样，屋顶上的广告牌属无顶无墙构件，故不计算建筑面积。

（15）建筑物内的室内楼梯间、电梯井、观光电梯井、提物井、管道井、通风排气竖井、垃圾道、附墙烟囱按建筑物的自然层计算。

由于这些井道布置在建筑物内部，其建筑面积已包含在整体建筑物的建筑面积之内，一

般无需另行计算。若这些井道间附在主体墙之外，则应按楼层层数计算建筑面积。室内楼梯，如遇跃层建筑，其共用的室内楼梯应按自然层计算面积；上下两错层户室共同的室内楼梯，选上一层的自然层计算面积。

（16）雨篷结构的外边线至外墙结构外边线的宽度超过 2.10m 者，应按雨篷结构板的水平投影面积的 1/2 计算。

雨篷不论其形式如何（即无论有柱还是无柱；无论悬挑结构还是梁板结构；无论混凝土结构还是钢结构），其建筑面积计算的关键在于其距外墙结构外边线的宽度是否超过 2.10m，不超过则不计算。

（17）有永久性顶盖的室外楼梯，应按建筑物自然层的水平投影面积的 1/2 计算。

室外楼梯只要有永久顶盖，均按各层水平投影面积计算建筑面积。如图 5-21 所示，其室外楼梯为二跑梯式，建筑物自然层为四层，建筑面积 S 为

$$S = 4 \times a \times b \times \frac{1}{2} \qquad (5\text{-}35)$$

室外楼梯，最上层楼梯无永久性顶盖，或不能完全遮盖楼梯的雨篷，上层楼梯不计算面积，上层楼梯可视为下层楼梯的永久性顶盖，下层楼梯应计算一半面积。

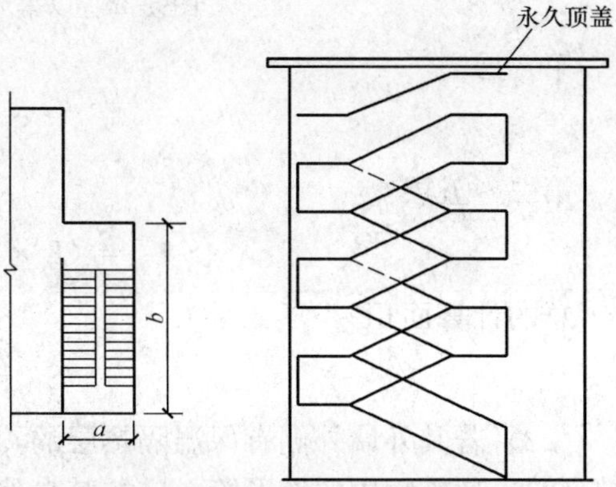

图 5-21　室外楼梯

（18）建筑物的阳台不论其形式如何，均应按其水平投影面积的 1/2 计算。

通常遇到的阳台形式有封闭式阳台、非封闭式阳台、不封闭的半凸半凹阳台、建筑物的底层阳台等，不论其形式如何，是否封闭，均应按其水平投影面积的 1/2 计算。

（19）有永久性顶盖无围护结构的车棚、货棚、站台、加油站、收费站等，应按其顶盖水平投影面积的 1/2 计算。

（20）高低联跨的建筑物，应以高跨结构外边线为界分别计算建筑面积。其高低跨内部连通时，其变形缝应计算在低跨面积内。

这是指高低联跨的单层建筑物的总建筑面积 S 仍按上述整个单层建筑物计算规则计算。当需分别计算建筑面积，若高跨为边跨时，高跨建筑面积 S_1 为勒脚以上两端山墙外表面间的水平长度，乘以勒脚以上外墙表面至高跨中柱外边线的水平宽度计算；低跨建筑面积 S_2 为单层建筑物总建筑面积减去高跨建筑面积 S_1。若高跨为中跨时：高跨建筑面积 S_1 为勒脚以上两端山墙外表面间的水平长度，乘以中柱外边线的水平宽度计算。

由上可看出：高低联跨的单层建筑物，若需分别计算高跨和低跨的建筑面积时，不论高跨为中跨还是边跨，均以高低联跨处高跨的柱外边线为分界线，并按单层建筑物面积计算规则计算各自的建筑面积。

另外，如果高低跨之间有变形缝的，则变形缝所占面积并入低跨建筑面积计算。

（21）以幕墙作为围护结构的建筑物，应按幕墙外边线计算建筑面积。

如图 5-22 所示，某商场二至五层中间跨采用的维护结构为局部突出的玻璃幕墙，按上述规定，其计算面积应按幕墙外边线计算建筑面积，则该商场计算面积如下：

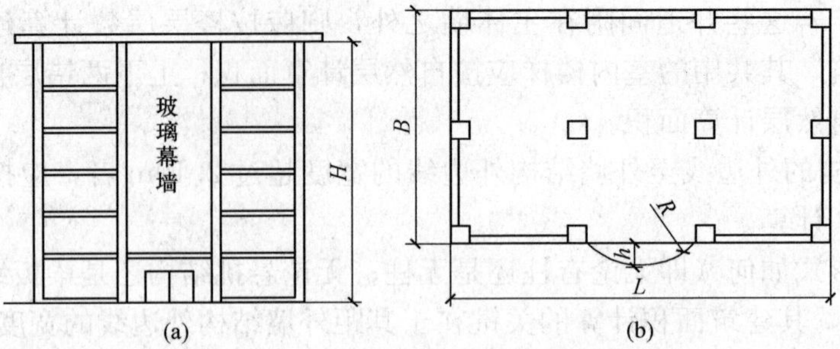

图 5-22　以幕墙作为围护结构的建筑物

第一层

$$S_1 = L \times B \tag{5-36}$$

第二～五层

$$S_{2\sim5} = (L \times B + \pi \times R \times H) \times 4 \tag{5-37}$$

总的计算面积

$$S_{总} = S_1 + S_{2\sim5} \tag{5-38}$$

(22) 若其外墙外侧有保温隔热层的，应按保温隔热层外边线计算建筑面积。

(23) 建筑物内的变形缝，应按其自然层合并在建筑物面积内计算。

(二) 不计算建筑面积的规定

下列项目不应计算面积：

(1) 建筑物通道（骑楼、过街楼的底层）。

(2) 建筑物内的设备管道夹层。

(3) 建筑物内分隔的单层房间，舞台及后台悬挂幕布、布景的天桥、挑台等。

(4) 屋顶水箱、花架、凉棚、露台、露天游泳池。

(5) 建筑物内的操作平台、上料平台、安装箱和罐体的平台。

(6) 勒脚、附墙柱、垛、台阶、墙面抹灰、装饰面、镶贴块料面层、装饰性幕墙、空调机外机搁板（箱）、飘窗、构件、配件、宽度在 2.10m 及以内的雨篷以及与建筑物内不相连通的装饰性阳台、挑廊。

(7) 无永久性顶盖的架空走廊、室外楼梯和用于检修、消防等的室外钢楼梯、爬梯。

(8) 自动扶梯、自动人行道。

(9) 独立烟囱、烟道、地沟、油（水）罐、气柜、水塔、贮油（水）池、贮仓、栈桥、地下人防通道、地铁隧道。

第三节　清单项目工程量计算规则与方法

工程量清单项目中分项工程工程量计算正确与否，直接关系到工程造价确定的准确与否，因而正确掌握工程量的计算方法，对于清单编制人及投标人都是尤为重要的。否则将给招、投标双方带来风险。本节依据《计价规范》附录 A 和附录 B 对常用项目的工程量计算规则和方法进行了讲解。

一、土石方工程

土石方工程在清单项目中分为土方工程、石方工程、土石方回填三部分，适用于建筑物和构筑物的土石方开挖及回填工程。其中，土方工程分为平整场地、挖土方、挖基础土方、冻土开挖、挖淤泥及流砂、管沟土方六个项目；石方工程分为岩石的预裂爆破、石方开挖、管沟石方三个项目；土石方回填仅有土（石）方回填一个项目。

（一）土方工程（编码 010101）

1. 平整场地（编码 010101001）

（1）适用范围。平整场地适用于建筑物场地厚度在 30cm 以内的挖、填、运、找平。

（2）工程量计算。按设计图示尺寸以建筑物首层面积计算，计量单位 m^2。

注意：如施工组织设计规定超面积平整场地时，超出部分应包括在报价内，即工程量清单上提供的工程数量为建筑物首层面积（含落地阳台、地下室的采光井和出入口的面积）的数量，而实际报价时则要把超出部分的增量折算到综合单价内。

（3）项目特征。需描述：土壤类别；弃土运距；取土运距。

（4）工程内容。需完成：土方挖填；场地找平；运输。

可以看出：项目特征与工程内容有着对应关系，土壤的类别不同、弃（取）土运距不同，完成该施工过程的工程价格就不同，因而清单编制人在项目名称栏内对项目特征进行详略得当的描述，对于投标人准确进行报价是至关重要的。

当实际计算中需外运土方或借土回填时，在工程量清单项目中应描述出弃土运距（或弃土地点）或取土运距（或取土地点），这部分的运输及装卸应包括在“平整场地”项目报价内。

当场地按竖向布置进行大面积开挖并且开挖深度超过 30cm 时，不再计算平整场地的工程量，而是按照“挖土方”进行列项。

2. 挖土方（编码 010101002）

（1）适用范围。挖土方项目适用于±30cm 以外的竖向布置挖土或山坡切土，并包括指定范围内的土方运输。

（2）工程量计算。按设计图示尺寸以体积计算，计量单位 m^3，即

$$V=挖土平均厚度\times挖土平面面积 \tag{5-39}$$

如果由于地形起伏变化大，不能提供平均厚度时应提供方格网法或断面法施工设计。

（3）项目特征。需描述：土壤类别；挖土平均厚度；弃土运距。

（4）工程内容。需完成：排地表水；土方开挖；挡土板支拆；截桩头；基底钎探；运输。

3. 挖基础土方（编码 010101003）

（1）适用范围。挖基础土方适用于基础土方开挖（包括人工挖孔桩土方），是指室外设计地坪以下的土方开挖，并包括指定范围内的土方运输。

（2）工程量计算。按设计图示尺寸以基础垫层底面积乘以挖土深度计算，计量单位 m^3。

$$V=基础垫层长\times基础垫层宽\times挖土深度 \tag{5-40}$$

1）当基础为条形基础时，外墙基础垫层长取外墙中心线长；内墙基础垫层长取内墙基础垫层净长。

2）挖土深度应按基础垫层底表面标高至交付施工场地标高确定，无交付施工场地标高时，应按自然地面标高确定。

从挖基础土方工程量计算规则中可以看出，根据施工方案规定的放坡、操作增加工作面

和机械挖土进出施工工作面的坡道等增加的施工量在计算的工程量中没有包括。如果实际施工中有这些增加的施工量，那么在报价内应该包括进去，同时，还应包括施工增量的土方运输所产生的费用。报价时，带形基础应按不同底宽和深度，独立基础和满堂基础应按不同底面积和深度分别编码列项。

(3) 项目特征。需描述：土壤类别；基础类型；垫层底宽、底面积；挖土深度；弃土运距。其中基础类型：条形基础、独立基础、满堂基础（包括地下室基础）及设备基础。

(4) 工程内容。需完成：排地表水；土方开挖；挡土板支拆；截桩头；基底钎探；运输。

其中截桩头包括：剔打混凝土、钢筋清理、调直弯钩及清运弃渣、桩头。

深基坑支护的各类桩、预应力锚杆、土钉墙、连续墙等在报价时应列入措施项目清单中的地上、地下设施、建筑物的临时保护设施中，不应折算至挖基础土方的报价中。

4. 冻土开挖（编码 010101004）

冻土是指在0℃以下且含有冰的土。冻土按冬夏是否冻融交替分为季节性冻土和永冻土两类。冻土开挖工程量按设计图示尺寸开挖面积乘以厚度以体积计算，以 m^3 为计量单位。

5. 挖淤泥、流砂（编码 010101005）

(1) 工程量计算。按设计图示位置、界限以体积计算，计量单位 m^3。

(2) 项目特征。需描述：挖掘深度；弃淤泥、流砂距离。

(3) 工程内容。需完成：挖淤泥、流砂；弃淤泥、流砂。

6. 管沟土方（编码 010101006）

(1) 适用范围。适用于管沟土方开挖、回填。

(2) 工程量计算。按设计图示以管道中心线长度计算，计量单位 m。

(3) 项目特征。需描述：土壤类别；管外径；挖沟平均深度；弃土运距；回填要求。

(4) 工程内容。需完成：排地表水；土方开挖；挡土板的支拆；运输；回填。

报价时，应按管沟不同的挖土平均深度报价。其平均深度按以下规定确定：有管沟设计时，以沟垫层底表面标高至交付施工场地标高计算；无管沟设计时，直埋管深度应按管底外表面标高至交付施工场地标高的平均高度计算。

(二) 石方工程（编码 010102）

石方工程分为预裂爆破（010102001）、石方开挖（010102002）、管沟石方的开凿（010102003）三个项目。

1. 预裂爆破（编码 010102001）

(1) 相关概念。岩石的预裂爆破是指为降低爆震波对周围已有建筑物或构筑物的影响，按照设计的开挖边线。钻一排预裂炮眼，炮眼均需按设计规定药量装填炸药，在开挖区爆破前，预先炸裂一条缝，在开挖区爆破时，这条缝能够反射，阻隔爆震波。

(2) 工程量计算。按设计图示尺寸以钻孔总长度计算，以 m 为计量单位。

(3) 项目特征。需描述：岩石类别；单孔深度；单孔装药量；炸药品种、规格；雷管品种、规格。

(4) 工程内容。需完成：打眼、装药、放炮；处理渗水、积水；安全防护、警卫。

2. 石方开挖（编码 010102002）

(1) 相关概念。石方开挖项目适用于人工凿石、人工打眼爆破、机械打眼爆破和指定范围内的石方清除运输。

(2) 工程量计算。按设计图示尺寸以体积计算，以 m^3 为计量单位。

(3) 项目特征。需描述：岩石类别；开凿深度；弃渣运距；光面爆破要求；基底摊座要求；爆破石块直径要求。

报价时，设计规定需光面爆破的坡面、需摊座的基底，在工程量清单中应进行描述。石方爆破的超挖量，也应包括在报价内。以上所指的光面爆破，是指按照设计要求，某一坡面（多为垂直面）需要实施光面爆破，在这个坡面设计开挖边线，加密炮眼和缩小排间距离，控制药量，达到爆破后该坡面比较规整的要求；基底摊座，是指开挖爆破后，在需要设置基础的基底进行剔打找平，使基底达到设计标高要求，以便基础垫层的浇筑。

(4) 工程内容。需完成：打眼、装药、放炮；处理渗水、积水；解小；岩石开凿；摊座；清理；运输；安全防护、警卫。

3. 管沟石方（编码 010102003）

(1) 适用范围。适用于管沟石方开凿，回填及运输。

(2) 工程量计算。按设计图示以管道中心线长度计算，以 m 为计量单位。

(3) 项目特征。需描述：岩石类别；管外径；开凿深度；弃渣运距；基底摊座要求；爆破石块直径要求。

(4) 工程内容。需完成：石方开凿、爆破；处理渗水、积水；解小；摊座；清理；运输回填；安全防护、警卫。

（三）土石方回填工程（编码 010103001）

土石方回填（010103001）仅有土（石）方的运输、回填一个项目。

1. 适用范围

土（石）方回填项目适用于场地回填、室内回填、基础回填和指定范围内的土（石）方运输以及借土回填的土方开挖。

2. 工程量计算

按设计图示尺寸以体积计算，计量单位 m^3。

(1) 场地回填

$$V=\text{回填面积}\times\text{平均回填厚度} \tag{5-41}$$

(2) 室内回填

$$V=\text{主墙间净面积}\times\text{回填厚度} \tag{5-42}$$

以上所指主墙，是指结构厚度在 120mm 以上（不含 120mm）的砌块墙或超过 100mm 以上（含）的钢筋混凝土剪力墙。

(3) 基础回填

$$V=\text{挖方体积}-\text{设计室外地坪以下埋设的基础体积等（包括基础垫层及其他构筑物）} \tag{5-43}$$

(4) 基础素土及灰土垫层体积

$$V=\text{挖方体积}\div\text{开挖深度}\times\text{垫层厚度} \tag{5-44}$$

基础土方操作工作面、放坡等施工的增加量，应包括在报价内。

3. 项目特征

需描述：土质要求；密实度要求；粒径要求；夯填（碾压）；松填；运输距离。

土石方运输及装卸内容应包括在“土石方回填”项目报价内。

4. 工程内容

需完成：挖土石方；装卸、运输；回填；分层碾压、夯实。

（四）土石方工程量计算及报价注意事项

（1）土石方体积，均以挖掘前的天然密实体积为准计算。如遇有必须以天然密实体积折算时，可按表5-3所列数值换算。

表5-3 土石方体积折算系数表

天然密实度体积	虚方体积	夯实后体积	松填体积
1.00	1.30	0.87	1.08
0.77	1.00	0.67	0.83
1.15	1.49	1.00	1.24
0.93	1.20	0.81	1.00

（2）土石方工程量清单中应将所计算的土及岩石的类别描述出来，土壤及岩石的分类参考《计价规范》表A.1.4-1土壤及岩石（普氏）分类表确定。

（3）在计算土石方工程量时，以设计图示净量计算。放坡、操作工作面、石方爆破超挖量及采取其他措施（如挡土板支拆等），由投标人根据施工方案考虑在报价中。

（4）如果所挖土为湿土，在工程量清单中应描述出来。干、湿土的划分应按地质资料提供的地下常水位为界，地下常水位以下为湿土，以上为干土。

（5）桩间挖土方工程量不扣除桩所占体积。

（6）石方工程中，设计要求采用减震孔方式减弱爆破冲击波时，可按预裂爆破清单项目列项。这里的“减震孔”是指与预裂爆破起相同作用，在设计开挖边线加密炮眼，缩小排间距离，不装炸药，起反射阻隔爆震波作用的炮眼。

（7）土石方清单项目报价中应包括指定范围内的土石方一次或多次运输、装卸以及基底夯实、修理边坡、清理现场等全部施工工序。

（五）实例

【例5-1】 某多层混合结构土方工程：其土壤类别为Ⅱ类土；基础为钢筋混凝土筏片基础；素混凝土垫层长度为100m，宽度为30m；挖土深度为2m；运距5km。实际施工时工作面每边增300mm，放坡系数0.7，采用机械挖土。要求：计算基础土方清单工程量；计算基础土方施工方案工程量；列出基础土方工程量清单表。

解 （1）挖基础土方清单工程量。

由招标人根据施工图纸，按计价规范清单工程量计算规则计算的工程数量。

基础土方工程量为

$$100\times30\times2=6000\text{m}^3$$

（2）基础土方施工方案工程量。

基础土方施工方案工程量即由投标人根据所采用的施工方案，增加工作面、放坡土方量的实际挖方量。

挖基坑工程量 $= H(a+2c+KH)(b+2c+KH)+K^2H^3/3$

可得基础实际挖方量为

$$2\times(100+0.6+0.7\times2)\times(30+0.6+0.7\times2)+0.7^2\times2^3\times1/3=6529.31\text{m}^3$$

即投标人报价时，其土方工程量要按实际挖方量 6529.31m³ 考虑。

（3）基础土方工程量清单表。

挖基础土方工程量清单表见表 5-4。

表 5-4 **分部分项工程量清单**

工程名称：某多层混合结构

序号	项目编码	项 目 名 称	计量单位	工程数量
1	010101003001	A.1 土（石）方工程 挖基础土方 土壤类别：Ⅱ类土 基础类型：钢筋混凝土筏片基础 素混凝土垫层：长度 100m，宽度 30m（底面积 3000m²） 挖土深度：2m 弃土运距：5km	m³	6000

二、桩与地基基础

工程量清单项目中，桩与地基基础工程共 3 节 12 个项目，包括混凝土桩、其他桩、地基与边坡的处理，适用于地基与边坡的处理及加固。

（一）桩工程

1. 混凝土桩（编码 010201）

（1）适用范围。

1）“预制钢筋混凝土桩”项目适用于预制混凝土方桩、管桩、板桩等。

2）“接桩”项目适用于预制钢筋混凝土方桩、管桩和板桩的接桩。

3）“混凝土灌注桩”项目适用于人工挖孔灌注桩、钻孔灌注桩、爆扩灌注桩、打管灌注桩、震动管灌注桩等。

（2）工程量计算。

1）预制钢筋混凝土桩（010201001）。按设计图示尺寸以桩长（包括桩尖）或根数计算，计量单位 m 或根。打试验桩，应按照预制钢筋混凝土桩项目单独列项编码。

预制钢筋混凝土桩的施工过程可分为制桩、运桩、打桩、截桩头等，组价时应根据每一施工过程套用相应定额。如制桩套用桩身混凝土定额子目；运桩套用桩的运输子目；打桩套用喂桩、沉桩、送桩等定额子目；截桩头套用截桩头定额子目，此外还需套用安拆导向夹具等定额子目。因此，一个清单项目在进行组价时不止套用一个定额子目，往往需要套用多个定额子目来完成组价。

2）接桩（010201002）。方桩、管桩按设计图示规定以接头数量“个”计算；板桩按设计图示规定以接头长度 m 计算。

3）混凝土灌注桩（010201003）。其工程量计算按设计图示尺寸以桩长（包括桩尖）或根数计算，以 m 或根为计量单位。

混凝土灌注桩按照施工过程可分为成孔、钢筋笼的制作及安装、混凝土浇筑、凿桩头。组价时应分别套用成孔、钢筋笼安放、混凝土浇筑、凿桩头等定额子目。另外，人工挖孔灌注桩为防止土壁的坍塌，采用砖砌体或钢筋混凝土衬圈进行护壁时，应将其组价在人工挖孔灌注桩的报价中。采用泥浆钻孔护壁所发生的泥浆运输、搅拌，泥浆池及沟槽开挖、砌筑、拆除，应包括在钻孔灌注桩的报价内。

2. 其他桩（编码 010202）

(1) 适用范围。

1）"砂石灌注桩（010202001）"项目适用于各种成孔方式（振动沉管、锤击沉管）的砂石灌注桩。

2）"灰土挤密桩（010202002）"项目适用于各种成孔方式的灰土、石灰、水泥粉、煤灰等挤密桩。

3）"旋喷桩（010202003）"项目适用于水泥浆旋喷桩。

4）"喷粉桩（010202004）"项目适用于水泥、生石灰粉等喷粉桩。

(2) 工程量计算。各种桩均按设计图示尺寸以桩长（包括桩尖）计算，计量单位 m。

由于各种桩的材料级配、密实系数不同，其价格将不一样，因此，报价时，应将各种桩的材料级配、密实系数包括在报价内。

（二）地基与边坡处理工程量计算（编码 010203）

(1) 适用范围。

1）"地下连续墙"项目适用于各种导墙施工的复合型地下连续墙工程。

2）"振冲灌注碎石"项目适用于振冲法成孔，灌注填料加以振密所形成的桩体。

3）"地基强夯"项目适用于各种夯击能量的地基夯击工程。

4）"锚杆支护"项目是指在需要加固的土体中设置锚杆（钢管或粗钢筋、钢丝束、钢绞线）并灌浆，之后进行锚杆张拉并固定后所形成的支护。

5）"土钉支护"项目是指在需要加固的土体中设置一排土钉（变形钢筋或钢管、角钢等）并灌浆，在加固的土体面层上固定钢丝网后，喷射混凝土面层后所形成的支护。

(2) 工程量计算。

1）地下连续墙（010203001）。按设计图示墙中心线长乘以厚度乘以槽深以体积计算，计量单位 m^3。

2）振冲灌注碎石（010203002）。按设计图示孔深乘以孔截面积以体积计算，计量单位 m^3。

3）地基强夯（010203003）。按设计图示尺寸以面积计算，计量单位 m^2。

4）锚杆支护（010203004）。按设计图示尺寸以支护面积计算，计量单位 m^2。

5）土钉支护（010203005）。同锚杆支护。

（三）桩与地基基础报价注意事项

(1) 桩与地基基础工程中各项目适用于工程实体，如地下连续墙适用于构成建筑物、构筑物地下结构部分的永久性的复合型地下连续墙。作为深基础支护结构，应列入清单措施项目费，在分部分项工程量清单中不反映其项目。

(2) 桩基础工程中，由于桩需在土中施工，土的级别会对桩的施工产生影响，因此，应考虑在报价中。

(3) 各种桩（除预制钢筋混凝土桩）的充盈量，应包括在报价内。

(4) 振动沉管、锤击沉管若使用预制钢筋混凝土桩尖时，应包括在报价内。

(5) 爆扩桩扩大头的混凝土量，应包括在报价内。

(6) 桩的钢筋（如灌注桩的钢筋笼、地下连续墙的钢筋网、锚杆支护、土钉支护的钢筋网及预制桩头钢筋等）应按混凝土及钢筋混凝土有关项目编码列项。

三、砌筑工程

工程清单项目中，砌筑工程分为6节25个项目，包括砖基础，砖砌体，砖构筑物，砌块砌体，石砌体，砖散水、地坪、地沟。

（一）砌筑工程基本规定

1. 砌体厚度的规定

（1）标准砖以240mm×115mm×53mm为准，其砌体计算厚度，按表5-5计算。

表5-5　标准砖砌体计算厚度表

砖数（厚度）	1/4	1/2	3/4	1	1.5	2	2.5	3
计算厚度（mm）	53	115	180	240	365	490	615	740

（2）使用非标准砖时，其砌体厚度应按砖实际规格和设计厚度计算。

2. 基础与墙身（柱身）的划分

（1）砖基础与砖墙身（柱身）以设计室内地坪为界，室内地坪以下为基础，以上为墙身。有地下室者，以地下室室内设计地面为界，以下为基础，以上为墙身。

（2）若基础与墙身使用两种不同材料（如基础用石材，墙身用砖）时，位于设计室内地面±300mm以内时，以不同材料为分界线，超过±300mm时，以设计室内地面为分界线。

（3）石基础、石勒脚、石墙身的划分：基础与勒脚应以室外地坪为界，勒脚与墙身应以设计室内地坪为界。

（4）砖、石围墙，以设计室外地坪为界线，以下为基础，以上为墙身。

（二）砖基础（编码010301）

（1）适用范围。砖基础项目适用于各种类型砖基础，包括柱基础、墙基础、烟囱基础、水塔基础、管道基础。

（2）工程量计算。按设计图示尺寸以体积计算，计量单位m^3。

1）墙基础的体积

$$V = 基础长度 \times 基础断面面积 + 应增加体积 - 应扣除体积 \quad (5\text{-}45)$$

2）应增加或扣除或不加、不扣的体积，见表5-6规定。

（3）项目特征。需描述：砖品种、规格、强度等级；基础类型；基础深度；砂浆强度等级。

表5-6　砖基础体积计算中的加扣规定

增加的体积	附墙垛基础宽出部分体积
扣除的体积	混凝土基础、柱地梁（圈梁）、构造柱所占体积
不增加的体积	靠墙暖气沟的挑砖
不扣除的体积	基础大放脚T形接头处的重叠部分，嵌入基础内的钢筋、铁件、管道、基础砂浆防潮层和单个面积$0.3m^2$以内的孔洞所占体积

（4）工程内容。需完成：砂浆制作、运输；砌砖；防潮层铺设；材料运输。

报价时，基础类型应在工程量清单中进行描述，基础垫层应单独列项，不包含在基础项目中进行报价。

为了简化砖基础工程量的计算，可将基础大放脚增加的断面积转换成折加高度后再进行基础工程量计算。

大放脚折加高度＝大放脚增加断面面积/砖基墙的厚度　　(5-46)

现根据大放脚增加的断面积和折加高度公式，将常用的等高式、不等高式砖墙基础大放脚的折加高度和增加的断面面积列于表 5-7 中供计算砖基础工程量时直接查用。

表 5-7　常用等高式、不等高式标准砖墙基础大放脚折加高度的计算表

放脚层数	折加高度												增加断面 (m^2)	
	$\frac{1}{2}$砖 (0.115)		1砖 (0.24)		$1\frac{1}{2}$砖 (0.365)		2砖 (0.49)		$2\frac{1}{2}$ (0.615)		3砖 (0.74)			
	等高	不等高	等高	不等高	等高	不等高	等高	不等高	等高	不等高	等高	不等高	等高	不等高
1	0.137	0.137	0.066	0.066	0.043	0.043	0.032	0.032	0.026	0.026	0.021	0.021	0.015 75	0.015 75
2	0.411	0.342	0.197	0.164	0.129	0.108	0.096	0.08	0.077	0.064	0.064	0.053	0.047 25	0.039 38
3	0.822	0.685	0.394	0.328	0.259	0.216	0.193	0.161	0.154	0.128	0.128	0.106	0.094 5	0.078 75
4	1.396	1.096	0.656	0.525	0.432	0.345	0.321	0.253	0.256	0.250	0.213	0.17	0.157 5	0.126
5	2.054	1.643	0.984	0.788	0.674	0.518	0.482	0.38	0.384	0.307	0.319	0.255	0.236 3	0.189
6	2.876	2.260	1.378	1.083	0.906	0.712	0.672	0.53	0.538	0.419	0.447	0.351	0.330 8	0.259 9
7		3.013	1.838	1.444	1.208	0.949	0.90	0.707	0.717	0.563	0.596	0.468	0.441 0	0.346 5
8		3.835	2.363	1.838	1.533	1.208	1.157	0.90	0.922	0.717	0.766	0.596	0.567 0	0.441 1
9			2.953	2.207	1.952	1.51	1.447	1.125	1.153	0.806	0.958	0.745	0.708 8	0.551 3
10			3.61	2.789	2.372	1.834	1.768	1.366	1.409	1.088	0.171	0.905	0.866 3	0.669 4

【例 5-2】 某工程基础平面及剖面如图 5-23 所示，已知图中 $L_1=10.5$m，$L_2=4.2$m，

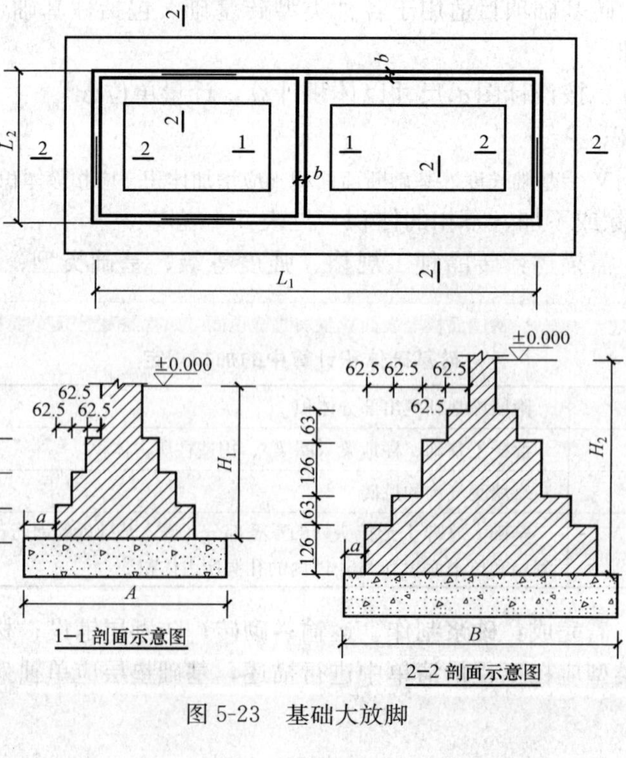

图 5-23　基础大放脚

基础宽度 $A=2.5\text{m}$，$B=3.0\text{m}$，$H_1=2.0\text{m}$，$H_2=2.5\text{m}$，墙厚 $b=0.24\text{m}$。试计算砖基础清单工程量。

解　1—1 基础长度 $=4.2-0.24=3.96\text{ m}$

2—2 基础长度 $=(10.5+4.2)\times 2=29.4\text{ m}$

查表 5-6 可得：1—1 大放脚增加断面面积 $A_1=0.0945\text{ m}^2$，2—2 大放脚增加断面面积 $A_2=0.126\text{m}^2$。

基础墙的断面面积 $A_0=b\times H$。

根据条形基础工程量计算公式为

$$V=L\times(A_0+A_1)$$

可得

砖基础工程量　$V=3.96\times(0.24\times 2+0.0945)+29.4\times(0.24\times 2.5+0.126)$

$$=23.62\text{ m}^2$$

（三）*砖砌体（编码 010302）*

1. *实心砖墙（编码 010302001）*

（1）适用范围。此项目适用于各种类型的实心砖墙，包括外墙、内墙、围墙。

（2）工程量计算。按设计图示尺寸以体积计算，计量单位 m^3。其计算式可表示为

$V=$（墙长×墙高－门窗洞口等面积）×墙厚－应扣除体积＋应并入体积　(5-47)

1）墙长确定：外墙按外墙中心线长，内墙按内墙净长计算。

2）墙高确定：砖墙计算起点从砖墙与基础划分界限处算起，计算顶点见表 5-8。

表 5-8　墙高计算顶点规定

外墙	平屋面	算至钢筋混凝土板底
	坡屋面	无檐口天棚者算至屋面板底；有屋架且室内外均有天棚者算至屋架下弦底另加 200mm；无天棚者算至屋架下弦底另加 300mm，出檐宽度超过 600mm 时按实砌高度计算
内墙	位于屋架下弦者	算至屋架下弦底
	无屋架者	算至天棚底另加 100mm
	有钢筋混凝土楼板隔层者	算至楼板顶
	有框架梁时	算至梁底
女儿墙		从屋面板上表面算至女儿墙顶面（如有混凝土压顶时算至压顶下表面）
围墙		算至压顶上表面（如有混凝土压顶时算至压顶下表面），围墙柱并入围墙体积内

注　1. 内外山墙按平均高度计算。

2. 内墙高度算至楼板隔层板顶，这是与《基础定额》不同之处。

3）其并入或扣除或不加、不扣规定见表 5-9、表 5-10。

（3）项目特征。需描述：砖品种、规格、强度等级；墙体类型；墙体厚度；墙体高度；勾缝要求；砂浆强度等级、配合比要求。

不同类型的墙，其综合单价就不同，因而清单编制人在进行项目特征描述时，要注意将不同类型详尽进行描述，以便投标人准确报价。墙体项目报价内包括勾缝内容。

（4）工程内容。需完成：砂浆制作、运输；砌砖；勾缝；砖压顶砌筑；材料运输。

表 5-9 墙体工程量，应扣除和不扣除的内容

应扣除下列内容的面积	不扣除下列内容的面积
门窗洞口、过人洞、空圈、嵌入墙内的钢筋混凝土柱、梁、圈梁、挑梁、过梁及凹进墙内的壁龛、管槽、暖气槽、消火栓箱所占体积	梁头、板头、檩头、垫木、木楞头、沿缘木、木砖、门窗走头、砖墙内加固钢筋、木筋、铁件、钢管及单个面积 $0.3m^2$ 以内的孔洞所占体积

表 5-10 墙体工程量，应增加和不增加的内容

应增加下列内容的面积	不增加下列内容的面积
凸出墙面的砖垛	凸出墙面的腰线、挑檐、压顶、窗台线、虎头砖、门窗套的体积

【例 5-3】 某工程平面图及剖面图如图 5-24 所示，已知 M1 尺寸为 1.2m×2.4m，M2 尺寸为 0.9m×2.0m，C1 尺寸为 1.8m×1.8m，砖墙为 M5 混合砂浆砌筑，纵横墙均设 C20 混凝土圈梁，圈梁尺寸为 0.24m×0.18m，试计算砖墙体清单工程量。

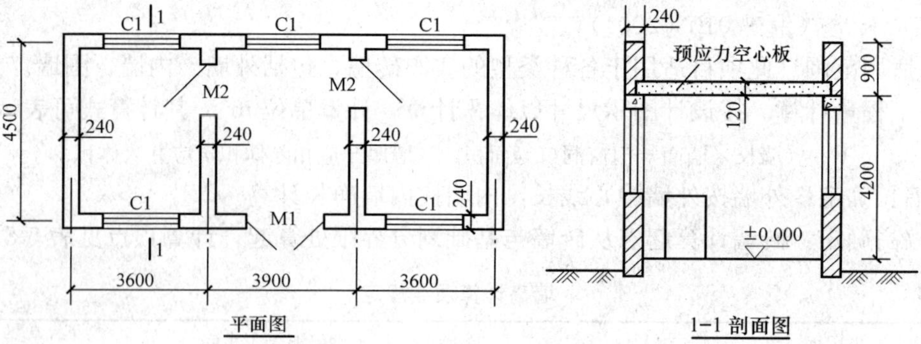

图 5-24 某工程平面、剖面示意图

解 外墙中心线长度

$$L_{中}=(3.6\times2+3.9+4.5)\times2=31.2\text{m}$$

内墙净长线长度

$$L_{内}=(4.5-0.24)\times2=8.52\text{m}$$

$$门窗面积=1.2\times2.4+0.9\times2.0\times2+1.8\times1.8\times5=22.68\text{m}^2$$

$$混凝土圈梁体积=(31.2+8.52)\times0.24\times0.18=1.72\text{m}^3$$

根据砖墙工程量计算公式

砖墙工程量=(墙长×墙高－门窗洞口面积)×墙厚＋应并入墙体体积－应扣除体积

$$外墙工程量=[31.2\times(4.2+0.9-0.12)+8.52\times(4.2+0.12)-22.68]\times0.24-1.72$$
$$=38.96\text{m}^3$$

2. 空斗墙（编码 010302002）

(1) 适用范围。空斗墙适用于各种砌法（如一斗一眼、无眼空斗等）的空斗墙。

(2) 工程量计算。按设计图示尺寸以空斗墙外形体积计算，计量单位 m^3。

1) 墙角、内外墙交接处、门窗洞口立边、窗台砖、屋檐处的实砌部分体积并入空斗墙体积内。

2) 窗间墙、窗台下、楼板下等实砌部分另行计算，按零星砌砖项目编码列项。

（3）项目特征。需描述：砖品种、规格、强度等级；墙体类型；墙体厚度；勾缝要求；砂浆强度等级要求。

（4）工程内容。需完成：砂浆制作、运输；砌砖；勾缝；装填充材料；材料运输。

3. 空花墙（编码 010302003）

（1）适用范围。空花墙适用于各种类型的空花墙。

（2）工程量计算。空花墙工程量按设计图示尺寸以空花部分外形体积计算，不扣除空洞部分体积，计量单位 m^3。

（3）项目特征。需描述：砖品种、规格、强度等级；墙体类型；墙体厚度；勾缝要求；砂浆强度等级要求。

（4）工程内容。需完成：砂浆制作、运输；砌砖；勾缝；装填充材料；材料运输。

4. 填充墙（编码 010302004）

（1）适用范围。填充墙适用于黏土砖砌筑，墙体中形成空腔，填充以轻质材料的墙体。

（2）工程量计算。填充墙工程量按设计图示尺寸以填充墙外形体积计算，计量单位 m^3。

（3）项目特征。需描述：砖品种、规格、强度等级；墙体厚度；勾缝要求；砂浆强度等级要求；填充材料的种类。

（4）工程内容。需完成：砂浆制作、运输；砌砖；勾缝；装填充材料；材料运输。

5. 实心砖柱（编码 010302005）

（1）适用范围。实心砖柱项目适用于矩形柱、异形柱、圆柱、包柱等各种类型柱。

（2）工程量计算。其工程量按设计图示尺寸以体积计算，扣除混凝土及钢筋混凝土梁垫、梁头、板头所占体积，计量单位为 m^3。

（3）项目特征。需描述：砖品种、规格、强度等级；柱类型；柱截面；柱高；勾缝要求；砂浆强度等级、配合比。

（4）工程内容。需完成：砂浆制作、运输；砌砖；勾缝；材料运输。

6. 零星砌砖（编码 010302006）

（1）适用范围。此项目适用于砖砌的台阶、台阶挡墙、梯带、锅台、炉灶、蹲台、花台、花池、屋面隔热板下的砖墩、$0.3m^2$ 以内孔洞填塞等。

（2）工程量计算。

1）台阶工程量。按水平投影面积计算（不包括梯带或台阶挡墙），计量单位 m^2。

2）小型池槽、锅台、炉灶工程量。按数量以个计算，注意要以"长×宽×高"的顺序标明其外形尺寸。

3）小便槽、地垄墙工程量。按长度计算，计量单位 m。

4）其他零星项目(如梯带、台阶挡墙)工程量。按图示尺寸以体积计算，计量单位 m^3。

（3）项目特征。需描述：零星砌砖名称、部位；勾缝要求；砂浆强度等级、配合比。

（4）工程内容。需完成：砂浆制作、运输；砌砖；勾缝；材料运输。

另外，空斗墙的窗间墙、窗台下、楼板下、梁头下的实砌部分；框架外表面的镶贴砖部分；均应按零星砌砖计算，按零星砌砖项目编码列项。

（四）砖构筑物（编码 010303）

包括砖烟囱、水塔（编码 010303001），砖烟道（编码 010303002），砖窨井、检查井（编码 010303003），砖水池、化粪池（编码 010303004）等四个清单项目。

(1) 适用范围。

1) 砖烟囱、水塔项目适用于各种类型砖烟囱、砖水塔。

2) 砖烟道项目适用于各种类型的烟道。

3) 砖窨井、检查井、砖水池、化粪池项目适用于各类砖砌窨井、检查井、砖水池、化粪池、沼气池、公厕生化池等。

(2) 工程量计算。

1) 砖烟囱、水塔的工程量按设计图示筒壁平均中心线周长乘以厚度乘以高度以体积计算。扣除各种孔洞、钢筋混凝土圈梁、过梁等的体积，计量单位为 m^3。

2) 砖烟道工程量按图示尺寸以体积计算，计量单位为 m^3。

计算工程量时，砖烟道与炉体的划分应按第一道闸门为界。

3) 砖窨井、检查井、砖水池、化粪池的工程量均按设计图示数量计算，计量单位为座。

计算时，工程量的“座”包括挖土、运输、回填、井池底板、池壁、井池盖板、池内隔断、隔墙、隔栅小梁、隔板、滤板等全部工程。如投标时，“一座化粪池”的报价，就应包括完成这座化粪池所有工作的报价。井、池内爬梯按金属结构工程中钢构件相关项目编码列项，构件内的钢筋按混凝土及钢筋混凝土相关项目编码列项。

(五) 砌块砌体 (编码 010304)

包括空心砖墙、砌块墙 (编码 010304001) 和空心砖柱、砌块柱 (编码 010304002) 两个清单项目。

1. 空心砖墙、砌块墙

(1) 适用范围。此项目适用于各种规格的空心砖和砌块砌筑的各种类型的墙体。

(2) 工程量计算。按设计图示尺寸以体积计算，计量单位 m^3。其计算式可表示为

$$V=墙长\times墙厚\times墙高 \tag{5-48}$$

式中，墙长、墙高及墙体中要并入或扣除或不加、不扣的规定同实心砖墙；墙厚按设计图示尺寸；嵌入空心砖墙、砌块墙中的实心砖不扣除。

(3) 项目特征。需描述：墙体类型；墙体厚度；空心砖、砌块品种、规格、强度等级；勾缝要求；砂浆强度等级、配合比要求。

(4) 工程内容。需完成：砂浆制作、运输；砌砖、砌块；勾缝；材料运输。

2. 空心砖柱、砌块柱

项目特征、工程内容及工程量计算参考实心砖柱。

(六) 石砌体 (编码 010305)

石砌体包括石基础 (010305001)，石勒脚 (010305002)，石墙 (010305003)，石挡土墙 (010305004)，石柱 (010305005)，石栏杆 (010305006)，石护坡 (010305007)，石台阶 (010305008)，石坡道 (010305009)，石地沟、石明沟 (010305010) 10 个清单项目。

1. 石基础 (编码 010305001)

(1) 适用范围。此项目适用于各种规格 (条石、块石等)、各种材质 (砂石、青石等) 和各种类型 (柱基、墙基、直形、弧形等) 的基础。

(2) 工程量计算。按设计图示尺寸以体积计算，计量单位 m^3。

1) 其中墙基础的长度：外墙按外墙中心线长，内墙按内墙净长线计算。

2) 石基础体积计算中应增加或扣除或不加、不扣的体积，见表 5-11。

表 5-11　　石基础体积计算中的加扣规定

增加的体积	附墙垛基础宽出部分的体积
不扣除的体积	基础砂浆防潮层、单个面积 0.3m² 以内的孔洞
不增加的体积	靠墙暖气沟的挑檐

(3) 项目特征。需描述：石料种类、规格；基础深度；基础类型；砂浆强度等级、配合比。

(4) 工程内容。需完成：砂浆制作、运输；砌石；防潮层铺设；材料运输。

注意：剔打石料头、地座荒包、搭拆简易起重架等工序都包括在基础项目报价内。

2. 石勒脚（编码 010305002）

(1) 适用范围。石勒脚项目适用于各种规格（条石、块石等）、各种材质（砂石、青石、大理石、花岗石等）和各种类型（直形、弧形等）的勒脚。

(2) 工程量计算。按设计图示尺寸以体积计算，扣除单个 0.3m² 以外的孔洞所占的体积，计量单位 m³。

(3) 项目特征。需描述：石料种类、规格；石表面加工要求；勾缝要求；砂浆强度等级、配合比。

(4) 工程内容。需完成：砂浆制作、运输；砌石；石表面加工；勾缝；材料运输。

3. 石墙（编码 010305003）

(1) 适用范围。同勒脚。

(2) 工程量计算。同实心砖墙。

(3) 项目特征、工程内容同石勒脚。

其他项目略。

（七）砖散水、地坪、地沟（编码 010306）

1. 砖散水、地坪（编码 010306001）

(1) 工程量计算。按设计图示尺寸以面积计算，计量单位 m²。

(2) 项目特征。需描述：垫层材料种类、厚度；散水、地坪厚度；面层种类、厚度；砂浆强度等级、配合比。

(3) 工程内容。需完成：地基找平、夯实；铺设垫层；砌砖散水、地坪；抹砂浆面层。

注意：砖散水、地坪工程量清单项目报价内包括垫层、结合层、面层等工序。

2. 砖地沟、明沟（编码 010306002）

(1) 工程量计算。按设计图示以中心线长度计算，计量单位 m。

(2) 项目特征。需描述：沟截面尺寸；垫层材料种类、厚度；混凝土强度等级；砂浆强度等级、配合比。

(3) 工程内容。需完成：挖运土石；铺设垫层；底板混凝土制作、运输、浇筑、振捣、养护；砌砖；勾缝、抹灰；材料运输。

地沟土方若在管沟土方中编码列项，则砖地沟项目中就不能再包括挖土方内容。砖地沟、明沟工程量清单项目报价内包括地沟、明沟垫层、混凝土面层，地沟抹灰等内容。

（八）实例

【例 5-4】 某单层建筑物如图 5-25、图 5-26 所示，墙身为 M5.0 混合砂浆砌筑 MU7.5

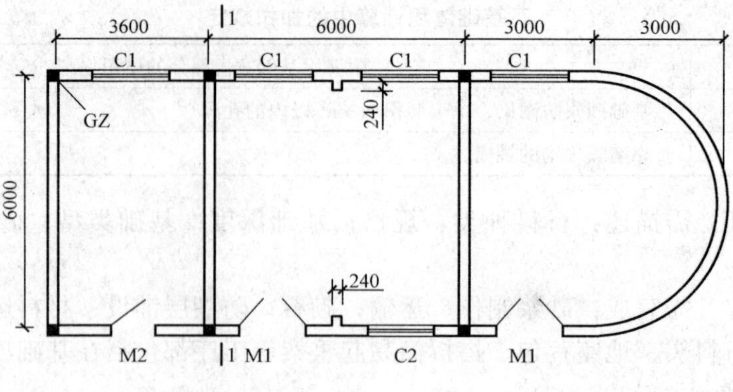

图 5-25　平面图

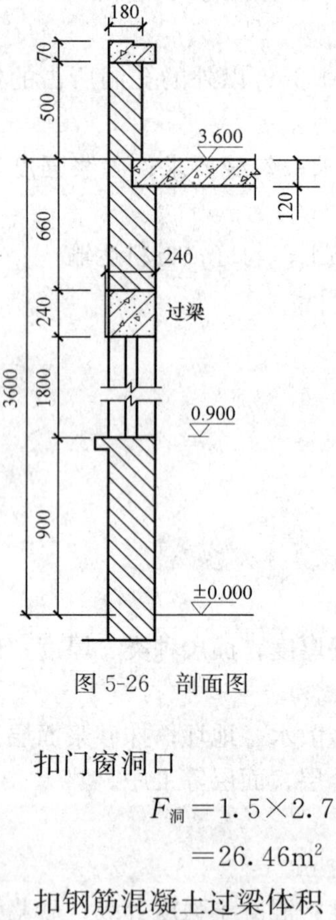

图 5-26　剖面图

标准黏土砖，内外墙厚均为 240mm，外墙瓷砖贴面，GZ 从基础圈梁到女儿墙顶，门窗洞口上全部采用预制钢筋混凝土过梁。M1，1500mm×2700mm；M2，1000mm×2700mm；C1，1800mm×1800mm；C2，1500mm×1800mm。试计算该工程砖砌体的工程量。

解　查项目编码 010302001，实心砖墙的工程数量计算公式：

外墙　$V_{外}=(H_{外}\times L_{中}-F_{洞})\times b+V_{增减}$

内墙　$V_{内}=(H_{内}\times L_{净}-F_{洞})\times b+V_{增减}$

女儿墙　$V_{女}=H_{女}\times L_{中}\times b+V_{增减}$

砖围墙　高度算至压顶上表面（如有混凝土压顶时算至压顶下表面），围墙柱并入围墙体积内计算。

实心砖墙的工程数量计算如下：

(1) 240mm 厚、3.6m 高、M5.0 混合砂浆砌筑 MU7.5 标准黏土砖，原浆勾缝外墙工程数量为

$$H_{外}=3.6-0.12=3.48\text{m}$$

$$L_{中}=6+(3.6+9)\times 2+3\times\pi-0.24\times 6+0.24\times 2=39.66\text{m}$$

扣门窗洞口

$$F_{洞}=1.5\times 2.7\times 2+1\times 2.7\times 1+1.8\times 1.8\times 4+1.5\times 1.8\times 1=26.46\text{m}^2$$

扣钢筋混凝土过梁体积

$$V=[(1.5+0.5)\times 2+(1.0+0.5)\times 1+(1.8+0.5)\times 4+(1.5+0.5)\times 1]\times 0.24\times 0.24=0.96\text{m}^3$$

外墙工程量

$$V=(3.48\times 39.66-26.46)\times 0.24-0.96=25.81\text{m}^3$$

其中弧形墙工程量

$$3.6\times\pi\times 3\times 0.24=8.14\text{m}^3$$

（2）240mm厚，3.6m高，M5.0混合砂浆砌筑MU7.5标准黏土砖，原浆勾缝内墙工程数量为

$$L_{净} = (6-0.24)\times 2 = 11.52\text{m}$$

$$V=3.6\times 11.52\times 0.24=9.95\text{m}^3$$

（3）180mm厚，0.5m高，M5.0混合砂浆砌筑MU7.5标准黏土砖，原浆勾缝女儿墙工程量为

$$L_{中}=6.06+(3.63+9)\times 2+\pi\times 3.03-0.24\times 6=39.40\text{m}$$

$$V=0.5\times 39.40\times 0.18=3.55\text{m}^3$$

项目清单略。

四、混凝土及钢筋混凝土工程

混凝土及钢筋混凝土工程工程量清单项目分为17节70个项目。

（一）现浇混凝土工程

1. 现浇混凝土基础（编码010401）

现浇混凝土基础按形式及作用可分为带形基础（010401001）、独立基础（010401002）、满堂基础（010401003）、设备基础（010401004）、桩承台基础（010401005）、垫层（010401006）。

（1）适用范围。

1）“带形基础”项目适用于各种带形基础，包括有肋式、无肋式及浇筑在一字排桩上面的带形基础。有肋式与无肋式的带形基础及浇筑在一字排桩上面的带形基础，应分别编码列项（从第五级编码上区分开），且有肋式的应注明肋高和肋宽。

2）“独立基础”项目适用于块体柱基、杯基、无筋倒圆台基础、壳体基础、电梯井基础等。同一工程中若有不同形式的独立基础应分别编码列项。

3）“满堂基础”项目适用于箱式满堂基础、筏片基础（分为有梁式、无梁式）等。

箱式满堂基础可按满堂基础、现浇柱、梁、板分别编码列项，也可利用满堂基础中的第五级编码分别列项，如某箱式满堂基础即可按如下编码进行，010401003001为无梁式（板式）的满堂基础、010401003002为箱式满堂基础柱、010401003003为箱式满堂基础梁、010401003004为箱式满堂基础板。

4）“设备基础”项目适用于设备的块体基础、框架式基础等。

5）“桩承台基础”项目适用于浇筑在组桩（如梅花状）上的承台。

6）“垫层”项目适用于除楼地面、台阶、坡道、散水外各种砂石或混凝土垫层。

注意：在楼地面、台阶、坡道、散水处的垫层应包含在相应的主体清单项目报价中，不用单独列项。而基础垫层根据使用材料的不用，需单独编列不同的清单项目：素土垫层、灰土垫层可列入土石方回填（010103001）项目中，砂石垫层、砾石垫层、混凝土垫层可列入垫层（010401006）项目中。

（2）工程量计算。各种基础工程量均按设计图示尺寸以体积计算，不扣除构件内钢筋、预埋铁件和伸人承台基础的桩头所占体积。计量单位m^3。

（3）项目特征。需描述：混凝土强度等级；混凝土拌和料要求（商品混凝土、现场搅拌混凝土等）；砂浆强度等级；基础类型；带梁基础应描述梁高和梁宽。

（4）工程内容。需完成：混凝土制作、运输、浇筑、振捣、养护；地脚螺栓二次灌浆。

2. 现浇混凝土柱（编码 010402）

现浇混凝土柱按截面形式分为矩形柱、异形柱，其项目编码分别为 010402001、010402002。其中构造柱按矩形柱编码列项。比如某框架结构中有矩形框架柱、构造柱，其编码可编写为 010402001001（框架柱）、010402001002（构造柱）。

（1）适用范围。矩形柱、异形柱项目适用于各种结构形式下的柱（包括构造柱）。

（2）工程量计算。按设计图示尺寸以体积计算，计量单位 m^3。不扣除构件内的钢筋、预埋铁件所占的体积。其工程量计算式可表示为

$$V=柱断面面积\times柱高 \tag{5-49}$$

柱断面面积按图示计算，柱高按表 5-12 规定计算。

表 5-12　　混凝土柱高的确定

有梁板①柱高	应自柱基上表面（或楼板上表面）至上一层楼板上表面之间的高度计算
无梁板柱高	应自柱基上表面（或楼板上表面）至柱帽下表面之间的高度计算
框架柱高	应自柱基上表面至柱顶高度计算
构造柱高	按全高计算，嵌接墙体部分并入柱身体积
备　　注	依附柱上的牛腿③和升板②的柱帽并入柱身体积计算

① 有梁板是指现浇密肋板、井字梁板（即由同一平面内相互正交或斜交的梁与板所组成的结构构件）。

② 升板建筑是指利用房屋自身网状排列的承重柱作为导杆，将就地叠层生产的大面积楼板由下而上逐层提升就位固定的一种方法。升板的柱帽是指升板建筑中联结板与柱之间的构件。

③混凝土柱上的钢牛腿按金属结构工程中的零星钢构件编码列项。

（3）项目特征。需描述：柱高度；柱截面尺寸；混凝土强度等级；混凝土拌和料要求。

（4）工程内容。需完成：混凝土制作、运输、浇筑、振捣、养护。

【例 5-5】 已知某工程中构造柱的高度为 3.6m，试计算图 5-27 所示位置的构造柱的混凝土工程量。

解 如图 5-27 所示，由于砖墙砌成了马牙槎，使构造柱的断面尺寸也随之变化。为简化工程量的计算，构造柱的断面尺寸取为马牙槎的中心，线间的尺寸如图 5-27 所示的虚线位置，则有

构造柱断面面积＝原构造柱断面面积＋1/2×马牙槎断面面积×马牙槎个数

构造柱混凝土工程量＝构造柱断面面积×柱高度

图 5-27 中构造柱混凝土工程量为

由图(a)有　(0.24×0.24＋0.5×0.06×0.24×2)×3.6＝0.26m^3

由图(b)有　(0.24×0.24＋0.5×0.06×0.24×3)×3.6＝0.29m^3

由图(c)有　(0.24×0.24＋0.5×0.06×0.24×4)×3.6＝0.31m^3

所以构造柱混凝土工程量＝0.26＋0.29＋0.31＝0.86m^3

3. 现浇混凝土梁（编码 010403）

现浇混凝土梁按形状及作用可分为基础梁、矩形梁、异形梁、圈梁、过梁、弧形拱形梁，项目编码为 010403001～010403006。在同一工程中，不同类型梁应分别编码列项。

（1）适用范围。

1）“基础梁”项目适用于独立基础间架设的，承受上部墙传来荷载的梁。

2）“圈梁”项目适用于为了加强结构整体性，构造上要求设置的封闭型的水平的梁。

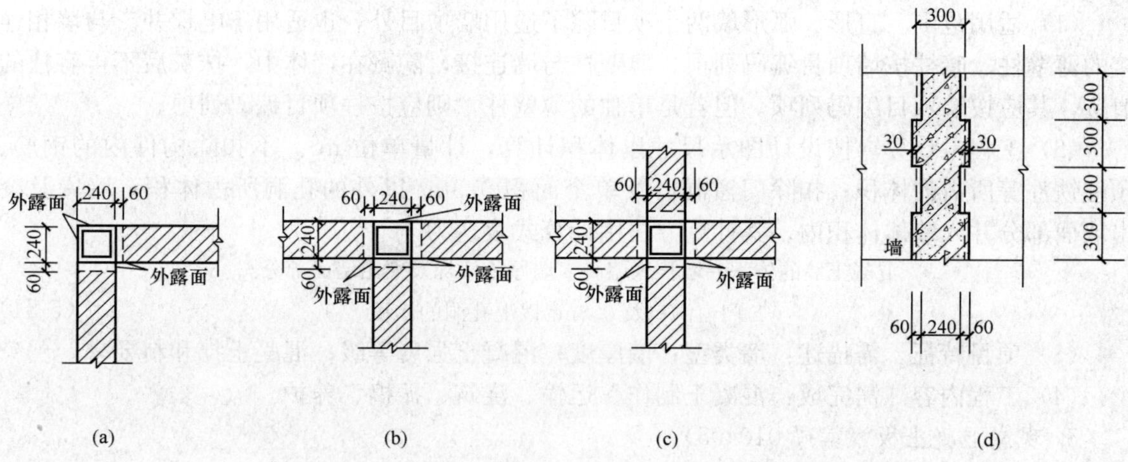

图 5-27　构造柱

3）“过梁”项目适用于建筑物门窗洞口上所设置的梁。

4）“矩形梁、异形梁、弧形拱形梁”适用于除了以上三种梁外的截面为矩形、异形及形状为弧形拱形的梁。

（2）工程量计算。按设计图示尺寸以体积计算，计量单位 m^3。不扣除构件内的钢筋、预埋铁件等所占的体积。伸入墙内（砖墙或砌块墙）梁头、梁垫并入梁体积内。其计算式可表示为

$$V=\text{梁截面面积}\times\text{梁长} \tag{5-50}$$

梁截面面积按图示尺寸，梁长表 5-13 计算。

表 5-13　　梁长度取值表

<table>
<tr><th colspan="2">名　称</th><th>梁长度取值</th><th>备　注</th></tr>
<tr><td colspan="2">支撑在柱上的梁</td><td>柱间净距</td><td rowspan="4"></td></tr>
<tr><td colspan="2">次梁支撑在主梁上</td><td>主梁间净距</td></tr>
<tr><td rowspan="2">支撑墙上的梁</td><td>砖墙或砌块墙</td><td>梁的实际长度</td></tr>
<tr><td>混凝土墙</td><td>墙间净距</td></tr>
<tr><td rowspan="2">圈梁</td><td>外墙</td><td>$L_{中}$</td><td rowspan="3">当圈梁与过梁连接时，圈梁按此长度算出的体积中应扣除过梁所占体积</td></tr>
<tr><td>内墙</td><td>$L_{内}$</td></tr>
<tr><td colspan="2">过梁</td><td>图纸设计长度；图纸无规定时，取门窗洞口宽＋0.5m</td></tr>
</table>

（3）项目特征。需描述：梁底标高；梁截面；混凝土强度等级；混凝土拌和料要求。

（4）工程内容。需完成：混凝土制作、运输、浇筑、振捣、养护。

4. 现浇混凝土墙（编码 010404）

现浇混凝土墙按外形分直形和弧形墙两个清单项目，其项目编码分别为 010404001、010404002。

(1) 适用范围。直形、弧形墙两个项目除了适用墙项目外，也适用于电梯井。与墙相连接的薄壁柱、暗柱按墙项目编码列项。薄壁柱与墙连接，隐藏在墙体中，抹灰后不再有柱的痕迹，其应按墙项目编码列项。但若是单独的薄壁柱，则应按柱项目编码列项。

(2) 工程量计算。按设计图示尺寸以体积计算，计量单位 m^3。不扣除构件内的钢筋、预埋铁件等所占的体积；扣除门窗洞口及单个面积 $0.3m^2$ 以外的孔洞所占体积；墙垛及突出墙面部分并入墙体体积内。其计算方法用计算式表达为

$$\text{混凝土墙的体积}=\text{墙长}\times\text{墙高}\times\text{墙厚}+\text{墙垛及突出墙面部分}-\Sigma\text{门窗洞口及}0.3m^2\text{以上孔洞的体积} \quad (5\text{-}51)$$

(3) 项目特征。需描述：墙类型；墙厚度；混凝土强度等级；混凝土拌和料要求。

(4) 工程内容。需完成：混凝土制作、运输、浇筑、振捣、养护。

5. 现浇混凝土板（编码 010405）

现浇混凝土板按荷载传递方式及作用等可分为有梁板、无梁板、平板、拱板、薄壳板、栏板、挑檐板、雨篷板、阳台板、其他板等，其项目编码为 010405001～010405009。

(1) 适用范围。

1)“有梁板”项目适用于密肋板、井字梁板等。

2)“无梁板”项目适用于直接支撑在柱上的板。

3)“平板”项目适用于直接支撑在墙上（或框架梁或圈梁上）的板及补浇预制板板缝等。

4)“栏板”项目适用于楼梯或阳台上所设的安全防护板。

5)“其他板”项目适用于除了以上各种板外的其他板。

(2) 工程量计算。各种现浇混凝土板其工程量均按设计图示尺寸以体积计算，不扣除构件内的钢筋、预埋铁件及单个面积 $0.3m^2$ 以内的孔洞所占体积。计量单位 m^3。

1) 有梁板（包括主、次梁和板）按梁、板体积之和计算。

2) 无梁板按板和柱帽体积之和计算。

3) 平板与圈梁连接时，算至圈梁的侧面；与混凝土墙连接时，算至混凝土墙的侧面。

4) 薄壳板按板、肋和基梁体积之和计算。

5) 各类板伸入墙内的板头并入板体积内计算。

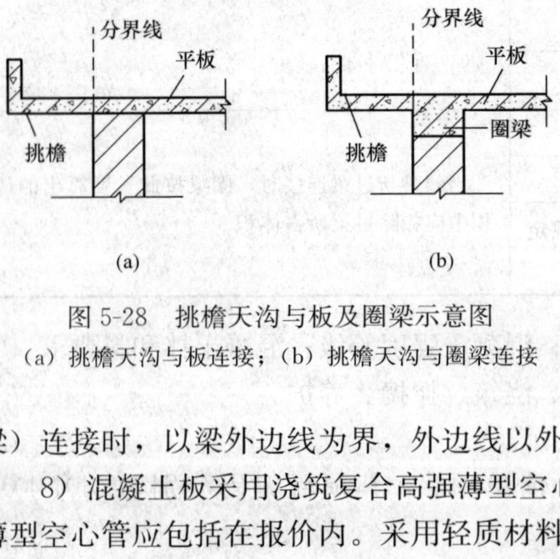

图 5-28　挑檐天沟与板及圈梁示意图
(a) 挑檐天沟与板连接；(b) 挑檐天沟与圈梁连接

6) 当天沟、挑檐板与板（屋面板）连接时，天沟、挑檐板与板的分界线以外墙外边线为界，与圈梁（包括其他梁）连接时，以梁外边线为界，外边线以外为天沟、挑檐。如图 5-28 所示。

7) 雨篷和阳台板按设计图示尺寸以墙外部分体积计算（包括伸出墙外的牛腿和雨篷反挑檐的体积）。当雨篷、阳台与板连接时，与板的分界线为墙外边线，与圈梁（包括其他梁）连接时，以梁外边线为界，外边线以外为雨篷、阳台。

8) 混凝土板采用浇筑复合高强薄型空心管时，其工程量应扣除管所占体积，复合高强薄型空心管应包括在报价内。采用轻质材料浇筑在有梁板内，轻质材料应包括在报价内。

（3）项目特征。需描述：板底标高；板厚度；混凝土强度等级；混凝土拌和料要求。

（4）工程内容。需完成：混凝土制作、运输、浇筑、振捣、养护。

6. 现浇混凝土楼梯（编码 010406）

现浇混凝土楼梯按平面形式可分为直形楼梯和弧形楼梯，其项目编码分别为010406001、010406002。

（1）工程量计算。按设计图示尺寸以水平投影面积计算，计量单位 m^2。其水平投影面积包括休息平台、平台梁、斜梁以及楼梯与楼板连接的梁；当整体楼梯与现浇楼板无梯梁连接时，以楼梯的最后一个踏步边缘加 300mm 为界。水平投影面积内不扣除宽度小于 500mm 的楼梯井，伸入墙内部分不计算。工程量计算中，单跑楼梯的工程量计算与直形楼梯、弧形楼梯的工程量计算相同，单跑楼梯如无中间休息平台，在工程量清单中应进行描述。

（2）项目特征。需描述：混凝土强度等级；混凝土拌和料要求。

（3）工程内容。需完成：混凝土制作、运输、浇筑、振捣、养护。

7. 现浇混凝土其他构件（编码 010407）

现浇混凝土其他构件包括的清单项目有其他构件，散水、坡道，电缆沟、地沟三个清单项目，其项目编码分别为 010407001、010407002、010407003。

（1）适用范围。

1）“其他构件”项目适用于小型池槽、压顶、扶手、垫块、台阶、门框等。

2）“散水、坡道”项目适用于结构层为混凝土的散水、坡道。

3）“电缆沟、地沟”项目适用于沟壁为混凝土的地沟项目。

（2）工程量计算。

1）扶手、压顶工程量。按长度（包括伸入墙内的长度）计算工程量，计量单位 m。

2）台阶工程量。按水平投影面积计算，但台阶与平台连接时，其分界线以最上层踏步外沿加 300mm 计算，计量单位 m^2。

3）小型池槽、门框等工程量。按设计图示尺寸以体积计算，计量单位 m^3。不扣除构件内钢筋、预埋铁件等所占体积。

4）散水、坡道工程量。按设计图示尺寸以面积计算，计量单位 m^2。不扣除单个面积 $0.3m^2$ 以内孔洞所占面积。

5）电缆沟、地沟工程量。按设计图示尺寸以中心线长度计算，计量单位 m。

（3）项目特征。

1）其他构件需描述：构件的类型；构件规格；混凝土强度等级；混凝土拌和料要求。

2）散水、坡道需描述：垫层材料种类、厚度；面层厚度；混凝土强度等级；混凝土拌和料要求；填塞材料种类。

3）电缆沟、地沟需描述：沟截面；垫层材料种类、厚度；混凝土强度等级；混凝土拌和料要求；防护材料种类。

（4）工程内容。

1）其他构件需完成：混凝土制作、运输、浇筑、振捣、养护。

2）散水、坡道需完成：地基夯实；铺设垫层；混凝土制作、运输、浇筑、振捣、养护；变形缝填塞。

3）电缆沟、地沟需完成：挖运土石方；铺设垫层；混凝土制作、运输、浇筑、振捣、养护；刷防护材料。

①散水、坡道项目内包括垫层、结构层、面层及变形缝的填塞等内容。

②电缆沟、地沟项目内包括挖运土石、铺设垫层、混凝土浇筑等内容。若电缆沟、地沟的挖运土石按管沟土方编码列项，则此项目不能再考虑挖运土石方。

当电缆沟、地沟、散水、坡道需抹灰时，应包括在报价内。

8. 后浇带（编码 010408）

后浇带是一种刚性变形缝，适用于不允许留设柔性变形缝的部位，后浇带的浇筑应待两侧结构主体混凝土干缩变形稳定后进行。

(1) 适用范围。此项目适用于基础（满堂式）、梁、墙、板后浇的混凝土带，一般宽在700～1000mm之间。

(2) 工程量计算。按设计图示尺寸以体积计算，计量单位 m^3。

(3) 项目特征。需描述：部位；混凝土强度等级；混凝土拌和料要求。

(4) 工程内容。需完成：混凝土制作、运输、浇筑、振捣、养护。

(二) 预制混凝土工程

1. 预制混凝土柱（编码 010409）

预制混凝土柱包括矩形柱（010409001）和异形柱（010409002）两个清单项目。

(1) 工程量计算。按设计图示尺寸以体积计算，不扣除构件内钢筋、预埋铁件等所占体积，计量单位 m^3。当有相同截面、长度的预制混凝土柱，其工程量可按“根数”计算。

(2) 项目特征。需描述：柱类型；单件体积；安装高度；混凝土强度等级；砂浆强度等级。

(3) 工程内容。需完成：混凝土制作、运输、浇筑、振捣、养护；构件制作、运输；构件安装；砂浆制作、运输；接头灌缝、养护。

从工程内容中可看出：预制构件的制作、运输、安装、接头灌缝都应包括在预制混凝土柱项目的报价内。在“定额计价”模式下，以上四个工序是要分别编码列项，这是“清单计价”和“定额计价”项目划分的不同之处。

2. 预制混凝土梁（编码 010410）

预制混凝土梁包括矩形梁（010410001），异形梁（010410002），过梁（010410003），拱形梁（010410004），鱼腹式、吊车梁（010410005），风道梁（010410006）六个清单项目。

(1) 工程量计算。按设计图示尺寸以体积计算，不扣除构件内钢筋、预埋铁件等所占体积。计量单位 m^3。当有相同截面、长度的预制混凝土梁时，其工程量可按“根数”计算。

(2) 项目特征。需描述：单件体积；安装高度；混凝土强度等级；砂浆强度等级。

(3) 工程内容。同预制混凝土柱。

3. 预制混凝土屋架（编码 010411）

预制混凝土屋架包括折线型屋架（010411001），组合屋架（010411002），薄腹屋架（010411003），门式、刚架屋架（010411004），天窗架屋架（010411005）五个清单项目。

(1) 工程量计算。按设计图示尺寸以体积计算，不扣除构件内钢筋、预埋铁件等所占体积。计量单位 m^3。

当有相同类型、相同跨度的预制混凝土屋架时，其工程量可按“榀数”计算。组合屋架中钢杆件应按金属结构工程中相应项目编码列项，工程量按重量以吨计算。

（2）项目特征。需描述：屋架的类型、跨度；单件体积；安装高度；混凝土强度等级；砂浆强度等级。

（3）工程内容。同预制混凝土柱。

4. 预制混凝土板（编码 010412）

预制混凝土板包括平板（010412001），空心板（010412002），槽形板（010412003），网架板（010412004），折线板（010412005），带肋板（010412006），大型板（010412007），沟盖板、井盖板、井圈（010412008）八个清单项目。

（1）工程量计算。按设计图示尺寸以体积计算，不扣除构件内钢筋、预埋铁件及楼板（屋面板）中单个尺寸 300mm×300mm 以内孔洞所占体积，但空心板中空洞体积要扣除。计量单位 m^3。当有同类型同规格的预制混凝土楼板（屋面板）、沟盖板时其工程量可按“块数”计算；混凝土井圈、井盖板工程量可按“套数”计算。

（2）项目特征。需描述：构件尺寸；安装高度；混凝土强度等级；砂浆强度等级。

（3）工程内容。除了升板建筑要考虑升板提升外，其余同预制混凝土柱。

5. 预制混凝土楼梯（编码 010413001）

（1）工程量计算。按设计图示尺寸以体积计算，不扣除构件内钢筋、预埋铁件等所占体积，扣除空心踏步板空洞体积。计量单位 m^3。

（2）项目特征。需描述：楼梯类型；单件体积；混凝土强度等级；砂浆强度等级。

（3）工程内容。同预制混凝土柱。

6. 其他预制构件（编码 010414）

其他预制构件包括烟道、垃圾道、通风道（010414001）；其他构件（010414002）；水磨石构件（010414003）三个清单项目。其中“其他构件”指的是预制小型池槽、压顶、扶手、垫块、隔热板、花格等构件。

（1）工程量计算。按设计图示尺寸以体积计算，不扣除构件内钢筋、预埋铁件及单个尺寸 300mm×300mm 以内孔洞所占体积，扣除烟道、垃圾道、通风道的孔洞所占体积。计量单位 m^3。

（2）项目特征。

1）烟道、垃圾道、通风道。需描述：构件类型；单件体积；安装高度；混凝土强度等级；砂浆强度等级。

2）其他构件、水磨石构件。需描述：构件类型；单件体积；水磨石面层厚度；安装高度；混凝土强度等级；水泥石子浆配合比；石子品种、规格、颜色；酸洗、打蜡要求。

（3）工程内容。需完成：混凝土制作、运输、浇筑、振捣、养护；构件制作、运输；构件安装；砂浆制作、运输；接头灌缝、养护；酸洗、打蜡。

（三）混凝土构筑物（编码 010415）

混凝土构筑物包括混凝土贮水（油）池（010415001）、贮仓（010415002）、水塔（010415003）、烟囱（010415004）四个清单项目。

1. 工程量计算

其工程量按设计图示尺寸以体积计算，以 m^3 为计量单位。不扣除构件内钢筋、预埋铁件及单个面积在 $0.3m^2$ 以内的孔洞所占体积。

2. 项目特征

(1) 贮水(油)池。需描述:池类型;池规格;混凝土强度等级;混凝土拌和料要求。

(2) 贮仓。需描述:类型、高度;混凝土强度等级;混凝土拌和料要求。

(3) 水塔。需描述:类型;支筒高度、水箱容积;倒圆锥形罐壳厚度、直径;混凝土强度等级;混凝土拌和料要求;砂浆强度等级。

(4) 烟囱。需描述:高度;混凝土强度等级;混凝土拌和料要求;砂浆强度等级。

3. 工程内容

(1) 贮水(油)池、贮仓。需完成:混凝土制作、运输、浇筑、振捣、养护。

(2) 水塔。需完成:混凝土制作、运输、浇筑、振捣、养护;预制倒圆锥形罐壳、组装、提升、就位;砂浆制作、运输;接头灌缝。

(3) 烟囱。需完成:混凝土制作、运输、浇筑、振捣、养护。

(四) 钢筋工程(编码 010416)

钢筋工程包括现浇混凝土钢筋(010416001),预制构件钢筋(010416002),钢筋网片(010416003),钢筋笼(010416004),先张法预应力钢筋(010416005),后张法预应力钢筋(010416006),预应力钢丝(010416007),预应力钢绞线(010416008)八个清单项目。

1. 工程量计算

(1) 现浇及预制构件钢筋。工程量按设计图示钢筋(网)长度(面积)乘以单位理论质量以吨计算。钢筋按照现浇、预制构件,不同钢种和规格、不同直径分别列项。

现浇构件中固定位置的支撑钢筋(如楼板负弯矩筋下的分布筋),双层钢筋用的"铁马"(如筏片基础支撑上层钢筋用的马凳,剪力墙中的拉筋),伸出构件的锚固钢筋,钢筋连接时的搭接长度,预制构件的吊钩等,应并入钢筋工程量内。

1) 钢筋的长度可按下式计算

构件钢筋长度=构件长度-保护层厚度+钢筋增加长度 (5-52)

①构件长度。按构件图示的设计长度计算。

②保护层厚度。构件受力钢筋的保护层如设计有规定时,按设计规定取值;设计无规定时,可按表 5-14 取。

表 5-14 受力钢筋的混凝土保护层最小厚度 mm

环境等级	板墙壳	梁 柱
一	15	20
二 a	20	25
二 b	25	35
三 a	30	40
三 b	40	50

注 1. 混凝土等级不大于 C25 时,表中保护层厚度应增加 5mm。

2. 钢筋混凝土基础宜设置混凝土垫层,其受力钢筋的混凝土保护层厚度应从垫层顶面算起,且不应小于 40mm。

③钢筋增加长度。钢筋增加长度包括钢筋弯钩增加长度、弯起钢筋增加长度、钢筋搭接增加长度、钢筋锚固增加长度等。钢筋弯钩增加长度,应根据钢筋弯钩形状、弯弧内直径(弯心直径)、弯后平直段长度来确定,变形(螺纹)钢筋及分布筋一般不加钩,光圆钢筋

180°弯钩增加 $6.25d$、135°弯钩增加 $4.9d$、90°弯钩增加 $3.5d$。

弯起钢筋增加长度，应根据弯起的角度和弯起的高度计算求出。弯起角度越小，斜边长度 s 与底边长度 L 之差就越小，弯起钢筋的增加长度也就越小。

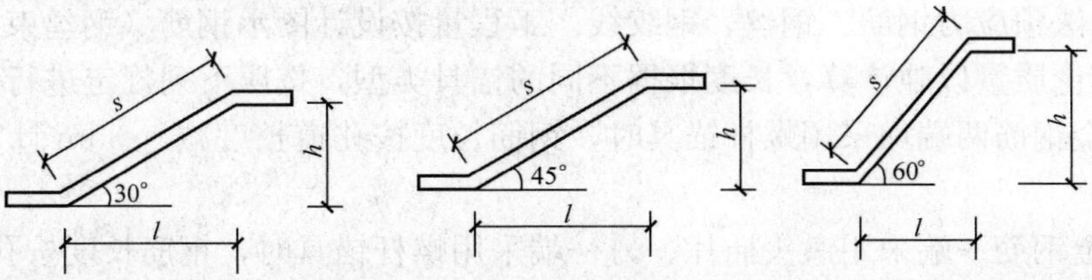

图 5-29　弯起钢筋示意图

常见的弯起钢筋弯起的角度有 30°、45°、60°三种，如图 5-29 所示，其弯起钢筋斜长系数见表 5-15。

表 5-15　　**弯起钢筋斜长系数表**

弯起角度	$\alpha=30°$	$\alpha=45°$	$\alpha=60°$
斜边长度 s	$2h$	$1.414h$	$1.154h$
底边长度 l	$1.732h$	h	$0.577h$
增加长度 $s-l$	$0.268h$	$0.414h$	$0.577h$

钢筋搭接增加长度，设计已规定钢筋搭接长度的，按规定搭接长度计算；设计未规定钢筋搭接长度的，已包括在钢筋的损耗率之内，不另计算搭接长度。钢筋电渣压力焊接、套筒挤压焊接等接头，以“个”计算。

钢筋锚固增加长度，是指不同构件交接处彼此的钢筋应相互锚入的长度。如圈梁与现浇板、主梁与次梁、梁与柱、梁与板等交接处，钢筋均应相互锚入一定长度，以增加结构的整体性。钢筋的锚固增加长度一般都会在设计图纸中或各种规范中以及各种图集中标明，计算时根据具体条件直接选取。

2）箍筋长度的计算。箍筋由于其直径一般较小，计算后的质量也较小，因此，为了简化计算，一般不考虑箍筋的量度差值。计算公式如下

$$\begin{aligned}箍筋长度 &= 构件截面周长-8\times保护层厚-3\times1.75d\\ &\quad +2\times1.9d+2\max(10d，75\text{mm})\end{aligned} \tag{5-53}$$

式中　d——箍筋直径。

3）钢筋质量的计算。

钢筋质量：钢筋计算长度×钢筋每米理论质量

钢筋每米理论质量可以通过查表得到，但在没有单位质量表的情况下，可以利用一些简便公式得到。如圆钢的每米质量公式为

$$G=0.006\,165\times d^2=\pi\times1\times10^3\times7850\times10^{-9}/4\times d^2 \tag{5-54}$$

式中　G——各种规格圆钢的每米质量，kg/m；

d——以毫米为单位的钢筋直径，mm。

其他类型的钢筋（如螺纹钢筋）也可按此公式近似计算。

【例 5-6】　试计算 $\phi10$，$\phi12$ 钢筋的每米质量。

解　根据公式 $G=0.006\,165\times d^2$ 可得

ϕ6 钢筋的每米质量＝0.006 165×10²＝0.616 5kg/m

ϕ12 钢筋的每米质量＝0.006 165×12²＝0.888kg/m

(2) 先张法预应力钢筋。工程量按设计图示钢筋长度乘以单位理论质量以吨计算。

(3) 后张法预应力钢筋、钢丝、钢绞线。工程量按设计图示钢筋（钢丝束、钢绞线）长度乘以单位理论质量以吨计算，长度根据不同的锚具类型，按照下列规定进行计算：

1）低合金钢筋两端均采用螺杆锚具时，钢筋长度按孔道长度减 0.35m 计算，螺杆另行计算。

2）低合金钢筋一端采用镦头插片、另一端采用螺杆锚具时，钢筋长度按孔道长度计算，螺杆另行计算。

3）低合金钢筋一端采用镦头插片、另一端采用帮条锚具时，钢筋增加 0.15m 计算；两端均采用帮条锚具时，钢筋长度按孔道长度增加 0.3m 计算。

4）低合金钢筋采用后张混凝土自锚时，钢筋长度按孔道长度增加 0.35m 计算。

5）低合金钢筋（钢绞线）采用 JM、XM、QM 型锚具，孔道长度在 20m 以内时，钢筋长度增加 1m 计算；孔道长度 20m 以外时，钢筋（钢绞线）长度按孔道长度增加 1.8m 计算。

6）碳素钢丝采用锥形锚具，孔道长度在 20m 以内时，钢丝束长度按孔道长度增加 1m 计算；孔道长在 20m 以上时，钢丝束长度按孔道长度增加 1.8m 计算。

7）碳素钢丝束采用镦头锚具时，钢丝束长度按孔道长度增力 0.35m 计算。

2. 项目特征

(1) 现浇及预制构件钢筋。需描述：钢筋种类、规格。

(2) 先张法预应力钢筋。需描述：钢筋种类、规格；锚具种类。

(3) 后张法预应力钢筋、钢丝、钢绞线。需描述：钢筋种类、规格；钢丝束种类、规格；钢绞线种类、规格；锚具种类；砂浆强度等级。

3. 工程内容

(1) 现浇及预制构件钢筋。需完成：钢筋（网、笼）制作、运输；钢筋（网、笼）安装。

(2) 先张法预应力钢筋。需完成：钢筋制作、运输；钢筋张拉。

(3) 后张法预应力钢筋、钢丝、钢绞线。需完成：钢筋、钢丝束、钢绞线制作、运输；钢筋、钢丝束、钢绞线安装；预埋管孔道铺设；锚具安装；砂浆制作、运输；孔道压浆、养护。

【例 5-7】 已知某工程有 5 根 C35 现浇钢筋混凝土矩形梁，梁的配筋如图 5-30 所示，混凝土保护层厚度为 20mm，钢筋两端弯起长度均为 400mm，试计算这 5 根梁的钢筋工程量。

解 (1) 计算一根矩形梁钢筋长度

①号筋(2 Φ 16) $L=(3.0+0.12\times2-0.02\times2+0.4\times2)\times2=8\text{m}$

②号筋(2 Φ 14) $L=(3.0+0.12\times2-0.02\times2+0.4\times2)\times2=8\text{m}$

③号筋(1 Φ 16)

弯起钢筋斜边长度 $s=1.414\times(0.45-0.026\times2)\times2=0.563\times2=1.126\text{m}$

弯起钢筋底边长度 $L=(0.45-0.026\times2)\times2=0.796\text{m}$

弯起钢筋增加长度 $s-L=1.126-0.796=0.33\text{m}$

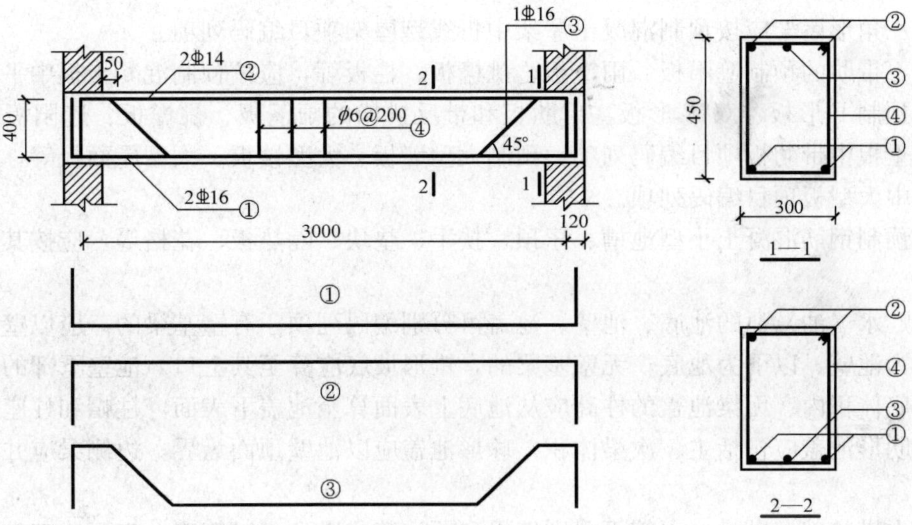

图 5-30　梁配筋示意图

弯起钢筋总长　L＝(3.0＋0.12×2－0.02×2)＋0.33＋0.4×2＝4.33m

④号筋(Φ 6@200)

箍筋根数＝[(3.0＋0.12×2－0.02×2)÷0.2]＋1＝17 根

单根箍筋周长＝(0.45＋0.3)×2－8×0.02－3×1.75×0.006＋2×1.9×0.006＋2×0.075＝1.5－0.019＝1.481m

箍筋总长 L＝1.481×17＝25.177m

(2) 计算 5 根矩形梁钢筋质量

Φ 16　(8＋4.33)×1.58×5≈97.41kg

Φ 14　8×1.21×5≈48.4kg

Φ 6　25.177×0.222×5≈27.95kg

注：计算弯起钢筋预算长度时，可不考虑量度差值。

(五) 螺栓、铁件 (编码 010417)

螺栓、预埋铁件在进行清单编制时，应分别编码列项，其中螺栓 (010417001)，预埋铁件 (010417002)。在混凝土或钢筋混凝土浇筑前预先埋设的金属零件叫预埋铁件，如预埋的钢板、型钢等。

(1) 工程量计算。按设计图示尺寸以质量 (吨) 计算。计算公式如下

预埋铁件工程量＝图示铁件质量

其中　钢板质量＝钢板面积×钢板每平方米质量　(5-55)

型钢质量＝型钢长度×型钢每米质量

式中　钢板的每平方米质量及型钢的每米质量均可查表确定，预埋铁件的单位质量理论值可以通过查表得到。

(2) 项目特征。需描述：钢材种类、规格；螺栓长度；铁件尺寸。

(3) 工程内容。需完成：螺栓 (铁件) 制作、运输；螺栓 (铁件) 安装。

（六）混凝土及钢筋混凝土报价注意事项

（1）三角形屋架应按预制混凝土屋架中折线型屋架项目编码列项。

（2）不带肋的预制遮阳板、雨篷板、挑檐板、栏板等，应按预制混凝土板中平板项目编码列项；预制F形板、双T形板、单肋板和带反挑檐的雨篷板、挑檐板、遮阳板等，应按预制混凝土板中带肋板项目编码列项；预制大型墙板、大型楼板、大型屋面板等，应按预制混凝土板中大型板项目编码列项。

（3）预制钢筋混凝土小型池槽、压顶、扶手、垫块、隔热板、花格等，应按其他构件编码列项。

（4）贮水（油）池的池底、池壁、池盖可分别编码列项。有壁基梁的，应以壁基梁底为界，以上为池壁、以下为池底；无壁基梁的，锥形坡底应算至其上口，池壁下部的八字靴脚应并入池底体积内。无梁池盖的柱高应从池底上表面算至池盖下表面，柱帽和柱座应并在柱体积内。肋形池盖应包括主、次梁体积；球形池盖应以池壁顶面为界，边侧梁应并入球形池盖体积内。

（5）水塔基础、塔身、水箱可分别编码列项。筒式塔身应以筒座上表面或基础底板上表面为界；柱式（框架式）塔身应以柱脚与基础底板或梁顶为界，与基础板连接的梁应并入基础体积内。塔身与水箱应以箱底相连接的圈梁下表面为界，以上为水箱，以下为塔身。依附于塔身的过梁、雨篷、挑檐等，应并入塔身体积内；柱式塔身应不分柱、梁合并计算。依附于水箱壁的柱、梁，应并入水箱壁体积内。

（七）实例

【例5-8】 有20块预应力空心板，构件编号YKB459-2，确定清单工程量；列出预应力空心板工程量清单项目表。

解 （1）清单工程量。

由标准图集可知每块混凝土构件实体体积0.355m^3，则20块共0.355×20=7.1m^3。

综合工程内容的工程数量（考虑损耗，损耗见表5-21）：

制作工程量 7.1×1.015（损耗系数）=7.206m^3

运输工程量 7.1×1.013（损耗系数）=7.192m^3

安装工程量 7.1×1.005（损耗系数）=7.136m^3

接头灌缝工程量 7.1m^3

报价时，要考虑其制作、运输、安装、接头灌缝四个过程的费用，如果在制作时进行了蒸汽养护，其蒸汽养护费用也应包括在内，并且应按加上损耗后的工程数量报价。

（2）工程量清单项目表。

预应力空心板工程量清单项目见表5-16。

表5-16 **分部分项工程量清单项目表**

序号	项目编码	项 目 名 称	计量单位	工程数量
1	010412002001	预应力空心板（构件编号YKB459-2） 安装高度：18m 运输距离：15km 混凝土强度等级：C30 灌缝砂浆：1∶2水泥砂浆	m^3	7.1

五、厂库房大门、特种门、木结构工程

（一）厂库房大门、特种门（编码 010501）

厂库房大门、特种门中包括木板大门（010501001）、钢木大门（010501002）、全钢板大门（010501003）、特种门（010501004）、围墙铁丝门（010501005）五个清单项目。

（1）适用范围。

1）木板大门，适用于厂库房的平开、推拉、带观察窗、不带观察窗等各类型木板大门。

2）钢木大门，适用于厂库房的平开、推拉、单面铺木板、双面铺木板、防风型、保暖型等各类型钢木大门。

3）全钢板大门，适用于厂库房的平开、推拉、折叠、单面铺钢板、双面铺钢板各类型全钢门。

4）特种门，适用于各种防射线门、密闭门、保温门、隔音门、冷藏库门、冷藏冻结间门等特殊使用功能门。

5）围墙铁丝门，适用于钢管骨架铁丝门、角钢骨架铁丝门、木骨架铁丝门等。

（2）工程量计算。按设计图示数量以樘计算或按设计图示洞口尺寸以面积计算。

（3）项目特征。需描述：开启方式；有框、无框；含门扇数；材料品种、规格；五金种类、规格；防护材料种类；油漆品种、刷漆遍数；门洞口尺寸（宽×高）或者樘数。

同一工程中即使都是木板大门，但开启方式不同、洞口大小不同、油漆品种不同等都会影响到价格的确定。因而清单编制人要注意对以上项目特征详细描述，以便投标人准确报价。另外对同一类型的各种门，若五金种类、规格、油漆品种、刷漆遍数、开启方式等不同，要分别编码列项（从第五级编码上区分开）。

（4）工程内容。需完成：门（骨架）制作、运输；门五金配件安装；刷防护材料、油漆。

由于门项目包括其制作、运输、安装、油漆等内容，因此，组价时应分别套用相应定额进行其费用计算。

（二）木屋架（编码 010502）

木屋架包括木屋架、钢木屋架（下弦杆为钢结构）两个清单项目，其编码分别为 010502001、010502002。

（1）适用范围。

1）木屋架，适用于各种方木、圆木屋架。

2）钢木屋架，项目适用于各种方木、圆木的钢木组合屋架。

（2）工程量计算。按设计图示数量以榀计算。

（3）项目特征。需描述：跨度；安装高度；材料品种、规格；刨光要求；防护材料种类；油漆品种、刷漆遍数。

（4）工程内容。需完成：制作、运输；安装；刷防护材料、油漆。

与木屋架相连接的挑椽木、钢夹板构件、连接螺栓应包括在报价内。钢拉杆（下弦拉杆）、受拉腹杆、钢夹板、连接螺栓应包括在钢木屋架报价内。

（三）木构件（编码 010503）

木构件包括木柱、木梁、木楼梯、其他木构件。其编码为 010503001～010503004。

1. 木柱、木梁（编码 010503001、010503002）

(1) 适用范围。用于建筑物各部位的木柱、木梁。

(2) 工程量计算。木柱、木梁工程量按设计图示尺寸以体积计算，计量单位为 m^3。

(3) 项目特征。需描述：构件高度、长度；构件截面；木材种类；刨光要求；防护材料种类；油漆品种、刷漆遍数。

(4) 工程内容。需完成：制作、运输；安装；刷防护材料、油漆。

2. 木楼梯（编码 010503003）

(1) 适用范围。木楼梯项目适用于木制楼梯和木制爬梯。

(2) 工程量计算。木楼梯工程量按设计图示尺寸以水平投影面积计算，计量单位为 m^2。不扣除宽度小于 300mm 的楼梯井，伸入墙内部分不计算。

(3) 项目特征。木材种类；刨光要求；防护材料种类；油漆品种、刷漆遍数。

(4) 工程内容。制作、运输；安装；刷防护材料、油漆。

木楼梯踏步上设有防滑条的，防滑条应包括在报价内。

3. 其他木构件（编码 010503004）

(1) 适用范围。适用于斜撑，传统民居的垂花、花芽子、封檐板、搏风板等构件。

(2) 工程量计算。按设计图示尺寸以体积或长度计算。封檐板、搏风板工程量按延长米计算；搏风板带大刀头时，每个大刀头增加长度 500mm。

(3) 项目特征。需描述：构件名称；构件截面；木材种类；刨光要求；防护材料种类；油漆品种、刷漆遍数。

(4) 工程内容。需完成：制作、运输；安装；刷防护材料、油漆。

（四）厂库房大门、特种门、木结构报价注意事项

(1) 设计规定使用干燥木材时，干燥损耗及干燥费应包括在报价内；木材的出材率以及木结构有防虫要求时，防虫药剂应包括在报价内。

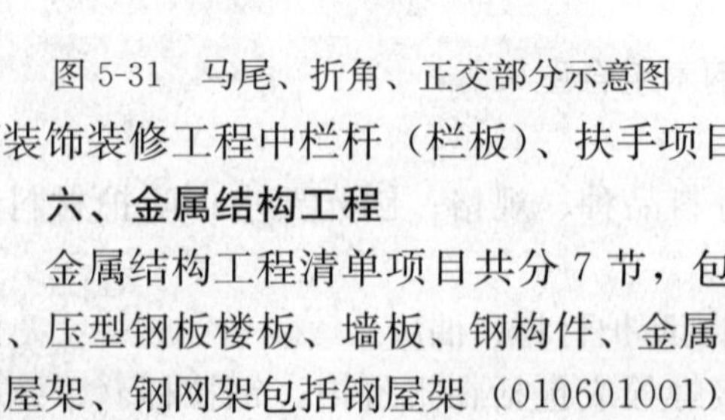

图 5-31 马尾、折角、正交部分示意图

(2) 带气楼的屋架和马尾、折角以及正交部分的半屋架，应按相关屋架项目编码列项。其中的马尾是指四坡水屋顶建筑物的两端屋面的端头坡面部位；折角是指构成 L 形的坡屋顶建筑横向和竖向相交的部位；正交部分是指构成丁字形的坡屋顶建筑横向和竖向相交的部位，如图 5-31 所示。

(3) 木楼梯栏杆（栏板）、扶手，应按楼地面装饰装修工程中栏杆（栏板）、扶手项目编码列项。

六、金属结构工程

金属结构工程清单项目共分 7 节，包括钢屋架、钢网架、钢托架、钢桁架、钢柱、钢梁、压型钢板楼板、墙板、钢构件、金属网等，适用于建筑物、构筑物的钢结构工程。其中钢屋架、钢网架包括钢屋架（010601001）、钢网架（010601002）两个项目；钢托架、钢桁架包括钢托架（010602001）、钢桁架（010602002）两个项目；钢柱包括实腹柱（010603001）、空腹柱（010603002）、钢管柱（010603003）三个项目；钢梁包括钢梁（010604001）、钢吊车梁（010604002）；压型钢板楼板、墙板包括压型钢板楼板（010605001）、压型钢板墙板（010605002）；钢构件包括钢支撑（010606001）、钢檩条

（010606002）、钢天窗架（010606003）、钢挡风架（010606004）、钢墙架（010606005）、钢平台（010606006）、钢走道（010606007）、钢梯（010606008）、钢栏杆（010606009）、钢漏斗（010606010）、钢支架（010606011）、零星钢构件（010606012）。

（一）项目设置

1. 有关项目适用范围

（1）钢屋架，适用于一般钢屋架和轻钢屋架及冷弯薄壁型钢屋架。

轻钢屋架是指采用圆钢筋、小角钢和钢板（其厚度一般不大于4mm）等材料组成的轻型钢屋架；冷弯薄壁型钢屋架是指厚度在2～6mm的钢板或带钢经冷弯或冷拔等方式弯曲而成型钢组成的屋架。

（2）钢网架，适用于一般钢网架和不锈钢网架。不论节点形式（球形节点、板式节点等）和节点连接方式（焊结、丝结）等均使用该项目。

（3）实腹柱，适用于实腹钢柱和实腹式型钢混凝土柱。

（4）空腹柱，适用于空腹钢柱和空腹式型钢混凝土柱。

（5）钢管柱，适用于钢管柱和钢管混凝土柱。

（6）钢梁，适用于钢梁和实腹式型钢混凝土梁、空腹式型钢混凝土梁。

（7）钢吊车梁，适用于钢吊车梁及吊车梁的制动梁、制动板、制动桁架，车档也应包括在报价内。

（8）压型钢板楼板，适用于现浇混凝土楼板使用压型钢板作永久性模板，并与混凝土叠合后组成共同受力的构件。压型钢板是指采用镀锌或经防腐处理的薄钢板。

（9）钢栏杆，适用于工业厂房平台的钢栏杆。

（10）零星钢构件，适用于加工铁件等小型构件。

2. 项目特征

（1）压型钢板楼板。需要描述：钢材的品种、规格；压型钢板厚度；油漆品种、刷漆遍数。

（2）压型钢板墙板。需要描述：钢材的品种、规格；压型钢板厚度、复合板厚度；复合板夹芯材料种类、层数、型号、规格。

（3）金属网。需要描述：材料的品种、规格；边框及立柱型钢品种、规格；油漆品种、刷漆遍数。

（4）其他清单项目。需要描述：钢材的品种、规格；单件构件的质量；安装高度；探伤要求（射线探伤、磁粉探伤、金相探伤、着色探伤等）；油漆品种、刷漆遍数。

3. 工程内容

金属结构工程要完成的工程内容一般有：制作；运输；安装；探伤；刷油漆。

（二）工程量计算

（1）钢屋架、钢网架、钢托架、钢桁架、钢柱、钢梁、钢构件。其工程量按设计图示尺寸以质量按吨计算，不扣除孔眼、切边、切肢的质量，焊条、铆钉、螺栓等不另增加质量，不规则或多边形钢板以其外接矩形面积乘以厚度乘以单位理论质量计算。

（2）压型钢板楼板。其工程量按设计图示尺寸以铺设水平投影面积计算，不扣除柱、垛及单个0.3 m^2以内的孔洞所占面积。计量单位m^2。

（3）压型钢板墙板。其工程量按设计图示尺寸以铺挂面积计算，不扣除单个0.3 m^2以内的孔洞所占面积，包角、包边、窗台泛水等不另增加面积。计量单位 m^2。

(4) 金属网。其工程量按设计图示尺寸以面积计算，计量单位 m^2。

(三) 金属结构工程报价注意事项

(1) 钢构件的除锈刷漆应包括在各种钢构件的报价内。

(2) 钢构件探伤（包括射线探伤、超声波探伤、磁粉探伤、金相探伤、着色探伤、荧光探伤等）应包括在报价内。

七、屋面及防水工程

屋面工程主要是指屋面结构层（屋面板）或屋面木基层以上的工程内容，建筑物的屋面按其不同形式可分为坡屋面、平屋面和拱形屋面三种类型。

防水工程主要是指地下室工程防水、浴厕间工程防水、构筑物工程防水（如水池、水塔等）和特殊建筑部位工程防水（包括楼层或屋面游泳池、喷水池、屋顶花园等），以及框架外墙壁板和装配式壁板的板缝防水，各种变形缝防水等。

屋面及防水工程清单项目共分为 3 节，包括瓦、型材屋面，屋面防水，墙、地面防水、防潮。

(一) 瓦、型材屋面（编码 010701）

1. 瓦屋面（编码 010701001）

(1) 适用范围。此项目适用于用小青瓦、平瓦、石棉水泥瓦、玻璃钢波形瓦等材料做的屋面。

(2) 工程量计算。按设计图示尺寸以斜面积计算，计量单位 m^2。不扣除房上烟囱、风帽底座、风道、小气窗、斜沟等所占面积，小气窗出檐部分不增加面积。斜面积可按图 5-32 所示尺寸的水平投影面积乘以屋面坡度延尺系数，以平方米计算。常用的坡度延尺系数表见表 5-17。

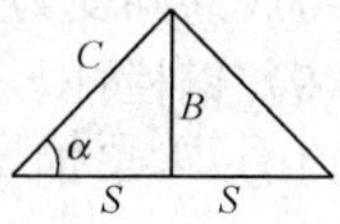

图 5-32 屋面尺寸图

表 5-17 屋面坡度系数表

坡度 B (S=1)	角度 $B/2S$	坡度 角度 (α)	延迟系数 C (S=1)
1.000	1/2	45°	1.414 2
0.750		36°52′	1.250 0
0.666	1/3	33°40′	1.201 5
0.577		30°	1.154 7
0.500	1/4	26°34′	1.118 0
0.250		14°02′	1.030 8
0.200	1/10	11°19′	1.019 8
0.100	1/20	5°42′	1.005 0
0.066	1/30	3°49′	1.002 2

（3）项目特征。需描述：瓦品种、规格、品牌、颜色；防水材料种类；基层材料种类；檩条种类、截面；防护材料种类。

（4）工程内容。需完成：檩条、椽子安装；基层铺设；铺防水层；安顺水条和挂瓦条；安瓦；刷防护材料。

屋面基层应包括檩条、椽子、木屋面板、顺水条、挂瓦条等；若为木屋面板，应明确是企口还是平口接缝。

2. 型材屋面（编码 010701002）

（1）适用范围。此项目适用于压型钢板、金属压型夹心板、阳光板、玻璃钢等屋面。

（2）工程量计算。同瓦屋面。

（3）项目特征。需描述：型材品种、规格、品牌、颜色；骨架材料品种、规格；接缝、嵌缝材料种类。

（4）工程内容。需完成：骨架制作、运输、安装；屋面型材安装；接缝、嵌缝。

型材屋面的钢檩条或木檩条以及骨架、螺栓、挂钩等应包括在报价内，即为完成型材屋面实体所需的一切人工、材料、机械费用都应包括在型材屋面报价内。

3. 膜结构屋面（编码 010701003）

（1）适用范围。此项目适用于膜布屋面。

膜结构也称索膜结构，是一种以膜布与支撑（柱、网架等）和拉结结构（拉杆、钢丝绳等）组成的屋盖、篷顶结构。

（2）工程量计算。按设计图示尺寸以需要覆盖的水平投影面积计算，计量单位 m^2。

（3）项目特征。需描述：膜布品种、规格、颜色；支柱（网架）钢材品种、规格；钢丝绳品种、规格；油漆品种、刷漆遍数。

（4）工程内容。需完成：膜布热压胶接；支柱（网架）制作、安装；膜布安装；穿钢丝绳、锚头锚固；刷油漆。

支撑和拉固膜布的钢柱、拉杆、金属网架、钢丝绳、锚固的锚头等应包括在报价内；支撑柱的钢筋混凝土的柱基、锚固的钢筋混凝土基础以及地脚螺栓等按混凝土及钢筋混凝土相关项目编码列项。

（二）屋面防水（编码 010702）

1. 屋面卷材防水（编码 010702001）

（1）适用范围。此项目适用于利用胶结材料粘贴卷材进行防水的屋面，如沥青卷材防水屋面、高聚物改性沥青防水卷材屋面、合成高分子防水卷材屋面。

（2）工程量计算。按设计图示尺寸以面积计算，其中斜屋顶（不包括平屋顶找坡）按斜面积计算，平屋顶按水平投影面积计算，计量单位 m^2。不扣除房上烟囱、风帽底座、风道、屋面小气窗和斜沟所占面积；屋面的女儿墙、伸缩缝和天窗等处的弯起部分，并入屋面工程量内。

（3）项目特征。需描述：卷材品种、规格；防水层做法（冷胶料、热融等）；嵌缝材料种类；防护材料种类。

（4）工程内容。需完成：基层处理；抹找平层；刷底油；铺油毡卷材、接缝、嵌缝；铺保护层。

2. 屋面涂膜防水（编码 010702002）

(1) 适用范围。此项目适用于厚质涂料、薄质涂料和有加增强材料或未加增强材料的涂膜防水屋面。

(2) 工程量计算。同屋面卷材防水。

(3) 项目特征。需描述：防水膜品种；涂膜厚度、遍数、增强材料种类；嵌缝材料种类；防护材料种类。

(4) 工程内容。需完成：基层处理；抹找平层；涂防水膜；铺保护层。

屋面卷材防水及屋面涂膜防水中，屋面的找平层、基层处理（清理修补、刷基层处理剂）、檐沟、天沟、水落口、泛水收头等处的卷材附加层、浅色、反射涂料保护层、绿豆沙保护层、细砂、云母及蛭石保护层等应包括在报价内，水泥砂浆保护层、细石混凝土保护层可包括在报价内，也可按相关项目编码列项。

3. 屋面刚性防水（编码 010702003）

(1) 适用范围。此项目适用于细石混凝土、补偿收缩混凝土、块体混凝土、预应力混凝土和钢纤维混凝土等刚性防水屋面。

(2) 工程量计算。按设计图示尺寸以面积计算，计量单位 m^2。不扣除房上烟囱、风帽底座、风道等所占面积。

(3) 项目特征。需描述：防水层厚度；嵌缝材料种类；混凝土强度等级。

(4) 工程内容。需完成：基层处理；混凝土制作、运输、铺筑、养护。

报价时，刚性防水屋面的分格缝、泛水、密封材料、背衬材料、沥青麻丝等应包括在报价内。

4. 屋面排水管（编码 010702004）

(1) 适用范围。屋面排水管适用于各种排水管材（PVC 管、玻璃钢管、铸铁管等）项目。

(2) 工程量计算。按设计图示尺寸以长度计算，计量单位 m。如设计未标注尺寸，以檐口至设计室外散水上表面垂直距离计算。

(3) 项目特征。需描述：排水管品种、规格、品牌、颜色；接缝、嵌缝材料种类；油漆品种、刷漆遍数。

(4) 工程内容。需完成：排水管及配件安装、固定；雨水斗、雨水箅子安装；接缝、嵌缝。

屋面排水管的报价，应将排水管、雨水口、箅子板、水斗、埋设管卡箍、裁管、接嵌缝等包括在报价内。

5. 屋面天沟、檐沟（编码 010702005）

其工程内容、项目特征略。

(三) 墙、地面防水（编码 010703）

1. 卷材防水（编码 010703001）

(1) 适用范围。此项目适用于基础、楼地面、墙面等部位的防水。

(2) 工程量计算。按设计图示尺寸以面积计算，计量单位 m^2。

1) 地面防水。按主墙间净空面积计算，扣除凸出地面的构筑物、设备基础等所占面积；不扣除间壁墙及单个 0.3 m^2 以内的柱、垛、烟囱和孔洞所占面积。

2) 墙基防水。按长度乘以宽度（或高度）计算（乘以宽度，计算的是水平防水；乘以高度，计算的是立面防水）。

其中：墙基平面防水（潮）外墙长度取外墙中心线长，内墙长度取内墙净长；墙基外墙立面防水（潮）外墙长度取外墙外边线长。

（3）项目特征。需描述：卷材品种；防水部位；防水做法；接缝、嵌缝材料种类；防护材料种类。

（4）工程内容。需完成：基层处理；抹找平层；刷黏结剂；铺防水卷材；铺保护层；接缝、嵌缝。

防水层的单面（或双面）抹找平层应包括在防水项目内，因而对找平层的砂浆种类、厚度应在项目特征中加以仔细描述。另外永久性保护层（如砖墙、混凝土地坪等）应按相关项目编码列项。

2. 涂膜防水（编码 010703002）

适用范围及工程量计算规则、项目特征同卷材防水。

需完成的工程内容有：基层处理；抹找平层；刷基层处理剂；铺涂膜防水层；铺保护层。注意事项同卷材防水。

3. 砂浆防水（潮）（编码 010703003）

（1）适用范围；此项目适用于地下、基础、楼地面、墙面等部位的防水防潮。

（2）工程量计算。同卷材防水。

（3）项目特征。需描述：防水（潮）部位；防水（潮）厚度、层数；砂浆配合比；外加剂材料种类。

（4）工程内容。需完成：基层处理；挂钢丝网片；设置分格缝；砂浆制作、运输、摊铺、养护。

在实际工程中砂浆防水（潮）做法中含挂钢丝网片的，清单编制人在项目名称栏内要对钢丝网片的钢丝规格、网格间距等特征加以描述。

卷材防水，涂膜防水项目适用于基础、楼地面、墙面等部位的防水，卷材防水，涂膜防水中抹找平层、刷基础处理剂、刷胶粘剂、胶粘防水卷材以及特殊处理部位（如管道的通道部位）的嵌缝材料、附加卷材衬垫等应包括在报价内。砂浆防水（防潮）项目适用于地下、基础、楼地面、墙面等部位的防水防潮，报价时，防水、防潮层的外加剂应包括在报价内。

4. 变形缝（编码 010703004）

（1）适用范围。此项目适用于基础、内外墙体、楼地面、屋面等部位的抗震缝、温度缝、沉降缝的处理。

（2）工程量计算。按设计图示以长度计算，计量单位 m。

（3）项目特征。需描述：变形缝部位（基础、内外墙体、楼地面屋面）；嵌缝材料种类；止水带材料种类；盖板材料；防护材料种类。

（4）工程内容。需完成：清缝；填塞防水材料；止水带安装；盖板制作；刷防护材料。

报价时变形缝止水带的安装、盖板的制作应包括在报价内。

（四）屋面及防水工程报价注意事项

瓦屋面、型材屋面的木檩条、木椽子、木屋面板需刷防火涂料以及瓦屋面、型材屋面、膜结构屋面的钢檩条、钢支撑（柱、网架等）和拉结结构需刷防护材料时，可按油漆、涂料、裱糊项目单独编码列项，也可包括在瓦屋面、型材屋、膜结构屋面项目报价内。

（五）实例

【例 5-9】 某工程如图 5-33 所示，屋面板上铺水泥大瓦，计算工程量。

解 查项目编码 010701001，瓦屋面工程量计算如下

等两坡屋面工程量＝(房屋总宽度 ＋ 外檐宽度×2)× 外檐总长度 × 延尺系数

等两坡正山脊工程量＝(6.00＋0.24＋0.24×2)×(3.9×4＋0.24＋0.24×2)×1.118

＝122.61m^2

项目清单略。

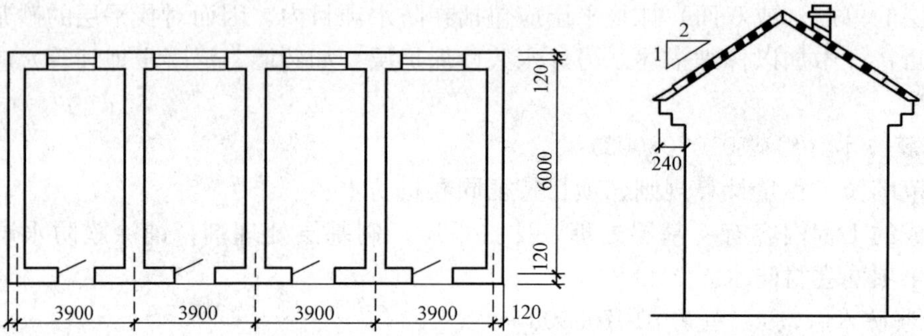

图 5-33　某房屋建筑尺寸

八、防腐、隔热、保温工程

防腐、隔热、保温工程量清单项目共有 3 节，包括防腐面层，其他防腐，隔热，保温工程。适用于工业与民用建筑的基础、地面、墙面防腐，楼地面、墙体、屋盖的保温隔热工程。

（一）防腐面层（编码 010801）

1. 防腐混凝土（砂浆、胶泥）面层（编码分别为 010801001、010801002、010801003）

（1）适用范围。防腐混凝土（砂浆、胶泥）面层项目适用于平面或立面的水玻璃混凝土（砂浆、胶泥）、沥青混凝土（砂浆、胶泥）、树脂混凝土（砂浆、胶泥）以及聚合物水泥砂浆等防腐工程。

（2）工程量计算。按设计图示尺寸以面积计算，计量单位 m^2。

1）平面防腐。扣除凸出地面的构筑物、设备基础等所占面积。

2）立面防腐。砖垛等突出部分按展开面积并入墙面积内。

（3）项目特征。需描述：防腐部位；面层厚度；砂浆、混凝土、胶泥种类。

（4）工程内容。需完成：基层清理；基层刷稀胶泥；混凝土（砂浆）制作、运输、摊铺、养护；胶泥调制、摊铺。

①因防腐材料不同，带来的价格差异就会很大，因而清单项目中必须列出防腐混凝土、砂浆、胶泥的材料种类，比如水玻璃混凝土、沥青混凝土等。

②如遇池槽防腐，池底、池壁可合并列项，也可分开分别编码列项。

2. 玻璃钢防腐面层（编码 010801004）

（1）适用范围。此项目适用于树脂胶料与增强材料复合塑制而成的玻璃钢防腐面层。

（2）工程量计算。同防腐混凝土面层。

（3）项目特征。需描述：防腐部位；玻璃钢种类；贴布层数；面层材料品种。

（4）工程内容。需完成：基层清理；刷底漆、刮腻子；胶浆配制、涂刷；粘布、涂刷面层。

项目名称应描述构成玻璃的树脂胶料和增强材料名称。树脂胶料如环氧酚醛（树脂）玻璃钢、酚醛（树脂）玻璃钢、环氧煤焦油（树脂）玻璃钢、环氧呋喃（树脂）玻璃钢等；增强材料如玻璃纤维丝、布、玻璃纤维表面毡或涤纶布、丙纶布等。

3. 聚氯乙烯板面层（编码 010801005）

（1）适用范围。此项目适用地面、墙面的软、硬聚氯乙烯板防腐面层。

（2）工程量计算。平面、立面防腐同防腐混凝土面层。

踢脚板防腐按设计图示尺寸以面积（m^2）计算，扣除门洞所占面积并相应增加门洞侧壁面积。

（3）项目特征。需描述：防腐部位；面层材料品种；黏结材料种类。

（4）工程内容。需完成：基层清理；配料、涂胶；聚氯乙烯板铺设；铺贴踢脚板。

4. 块料防腐面层（编码 010801006）

（1）适用范围。此项目适用于地面、沟槽、基础、踢脚线的各类块料防腐工程。

（2）工程量计算。同聚氯乙烯板面层。

（3）项目特征。需描述；防腐部位；块料品种、规格；黏结材料种类；勾缝材料种类。

（4）工程内容。需完成：基层清理；砌块料；胶泥调制、勾缝。

（二）其他防腐（编码 010802）

1. 隔离层（编码 010802001）

（1）适用范围。此项目适用于楼地面的沥青类、树脂玻璃钢类防腐工程隔离层。隔离层作用：为使防腐混凝土面层免受其下基层变形而遭破坏所设构造层。

（2）工程量计算。按设计图示尺寸以面积计算，计量单位 m^2。其中：

1）平面防腐。扣除凸出地面的构筑物、设备基础等所占面积。

2）立面防腐。砖垛等突出部分按展开面积并入墙面积内。

（3）项目特征。需描述：隔离层部位；隔离层材料品种；隔离层做法；粘贴材料种类。

（4）工程内容。需完成：基层清理、刷油；煮沥青；胶泥调制；隔离层铺设。

2. 砌筑沥青浸渍砖（010802002）

（1）适用范围。此项目适用于浸渍标准砖。

（2）工程量计算。按设计图示尺寸以体积计算，计量单位 m^3。

（3）项目特征。需描述：砌筑部位；浸渍砖规格；浸渍砖砌法（平砌、立砌）。

（4）工程内容。需完成：基层清理；胶泥调制；浸渍砖铺砌。

3. 防腐涂料（编码 010802003）

（1）适用范围。此项目适用于建筑物、构筑物以及钢结构的防腐。

（2）工程量计算。同隔离层。

（3）项目特征。需描述：涂刷部位；基层材料类型（混凝土面、抹灰面等）；涂料品种、刷涂遍数。

（4）工程内容。需完成：基层清理；刷涂料。

防腐涂料需刮腻子时应包括在防腐涂料项目内；应对涂料底漆层、中间漆层、面漆涂刷（或刮）遍数进行描述。

(三) 隔热、保温工程(编码010803)

1. 保温隔热屋面(编码010803001)

(1) 适用范围。此项目适用于各种保温隔热材料屋面。

(2) 工程量计算。按设计图示尺寸以面积计算，不扣除柱、垛所占面积。计量单位m^2。

(3) 项目特征。需描述：保温隔热材料品种、规格；黏结材料种类；防护材料种类。

(4) 工程内容。需完成：基层清理；铺粘保温层；刷防护材料。

屋面保温隔热层上的防水层应按屋面的防水项目单独编码列项。屋面保温隔热的找坡、找平层应包括在保温隔热项目的报价内(应在项目特征中描述其找坡、找平材料品种、厚度)。

2. 保温隔热天棚(编码010803002)

(1) 适用范围。此项目适用于各种材料的下贴式或吊顶上搁置式的保温隔热天棚。

(2) 工程量计算。按设计图示尺寸以面积计算，不扣除柱、垛所占面积，计量单位m^2。

(3) 项目特征。需描述：保温隔热方式；保温隔热面层材料品种、规格、性能；保温隔热材料品种、规格；黏结材料种类；防护材料种类。

(4) 工程内容。需完成：基层清理；铺粘保温层；嵌缝；刷防护材料。

下贴式如需底层抹灰时，应包括在保温隔热天棚项目报价内。保温隔热材料需加药物防虫剂时，应在清单中进行描述。面层外的装饰面层按装饰工程相关项目编码列项。

3. 保温隔热墙(编码010803003)

(1) 适用范围。此项目适用于工业与民用建筑物外墙、内墙保温隔热工程。

(2) 工程量计算。按设计图示尺寸以面积计算，计量单位m^2。扣除门窗洞口所占面积；门窗洞口侧壁需做保温时，并入保温墙体工程量内。

(3) 项目特征。需描述：保温隔热方式(内保温、外保温、夹心保温)；踢脚线、勒脚线；保温做法；保温隔热面层材料品种、规格、性能；保温隔热材料品种、规格；隔气层厚度、材料品种；黏结材料种类；防护材料种类。

(4) 工程内容。需完成：基层清理；底层抹灰；粘贴龙骨；填贴保温材料；粘贴面层；嵌缝；刷防护材料。

外墙外保温和内保温的面层应包括在保温隔热墙项目报价内，其装饰层应按附录B(装饰工程)有关项目编码列项。

4. 保温柱(编码010803004)

(1) 适用范围。此项目适用于各种材料的柱保温。

(2) 工程量计算规则及项目特征、工程内容同墙保温。

5. 隔热楼地面(编码010803005)

(1) 适用范围。此项目适用于各种材料(沥青贴软木、聚苯乙烯泡沫塑料板等)的楼地面隔热保温。

(2) 工程量计算。按设计图示尺寸以面积计算，不扣除柱、垛所占面积。计量单位m^2。

(3) 项目特征。需描述：同屋面保温隔热项目。

(4) 工程内容。需完成：基层清理；铺设粘贴材料；铺贴保温层；刷防护材料。

(四) 防腐、隔热、保温工程工程量计算及报价注意事项

(1) 工程量计算中，柱帽的保温隔热并入顶棚保温隔热工程量内。

(2) 防腐工程的养护应包括在报价内，如果防腐工程需酸化处理，酸化处理所需费用应包括在报价内。

九、楼地面工程

楼地面装饰装修工程清单项目共分为九节，包括整体面层，块料面层，橡塑面层，其他材料面层，踢脚线，楼梯装饰，扶手、栏杆、栏板装饰，台阶装饰，零星装饰等项目。适用于楼地面、楼梯、台阶等装饰工程。

（一）整体面层（编码 020101）

整体面层项目包括水泥砂浆地面、现浇水磨石楼地面、细石混凝土楼地面、菱苦土楼地面四个清单项目，其编码依次为 020101001～020101004。

(1) 适用范围。各清单项目适用楼面、地面所做的整体面层工程。

(2) 工程量计算。其工程量计算均按设计图示尺寸以面积计算，计量单位 m^2。扣除凸出地面构筑物、设备基础、室内铁轨、地沟等所占面积；不扣除间壁墙和 $0.3m^2$ 以内的柱、垛、附墙烟囱及孔洞所占面积；门洞、空圈、暖气包槽、壁龛的开口部分不增加面积。其计算公式如下

$$整体面层工程量=主墙间净空面积-地面凸出部分所占面积 \tag{5-56}$$

(3) 项目特征。需描述：垫层材料种类、厚度；找平层厚度、砂浆配合比；防水层厚度、材料种类；面层厚度、砂浆配合比或混凝土强度等级等。

对于现浇水磨石楼地面需要描述的项目特征除了以上要求的还有：嵌条材料种类、规格；石子种类、规格、颜色；颜料种类、颜色；图案要求；磨光、酸洗、打蜡要求。

(4) 工程内容。需完成：基层清理；垫层铺设；抹找平层；防水层铺设；抹面层（或面层铺设）；材料运输。

对于现浇水磨石楼地面需要完成的工程内容还有嵌缝条安装；磨光、酸洗、打蜡；材料运输。

从工程内容可以看出，清单中整体地面中已经包括垫层、找平层、防水层、面层等，而这些工序在定额中都是单独列项，因此在进行清单组价时，必须逐一对照项目特征所描述的施工内容，在定额中找到对应子目，然后进行组价，切不可漏项。

（二）块料面层（编码 020102）

块料面层包括石材楼地面、块料楼地面两个清单项目，其编码依次为 020102001、020102002。

(1) 适用范围。各清单项目适用楼面、地面所做的块料面层工程。

(2) 工程量计算。同整体面层。

(3) 项目特征。需描述：垫层材料种类、厚度；找平层厚度、砂浆配合比；防水层厚度、材料种类；填充材料种类、厚度；结合层厚度、砂浆配合比；面层材料品种、规格、品牌、颜色；嵌缝材料种类；防护层材料种类；酸洗、打蜡要求。

(4) 工程内容。需完成：基层清理、铺设垫层、抹找平层；防水层、填充层铺设；面层铺设；嵌缝；刷防护材料；酸洗、打蜡；材料运输。

（三）橡塑面层（编码 020103）

橡塑面层包括橡胶板、橡胶卷材、塑料板、塑料卷材楼地面四个清单项目，其项目编码从 020103001～020103004。

(1) 适用范围。橡塑面层各清单项目适用于用黏结剂（如 CX401 胶等）粘贴橡塑楼面、地面面层工程。

(2) 工程量计算。按设计图示尺寸以面积计算，计量单位 m^2。门洞、空圈、暖气包槽、壁龛的开口部分并入相应的工程量内。

(3) 项目特征。需描述：找平层厚度、砂浆配合比；填充材料种类、厚度；黏结层厚度、材料种类；面层材料品种、规格、品牌、颜色；压线条种类。

(4) 工程内容。需完成：基层清理、抹找平层；铺设填充层；面层铺贴；压缝条装订；材料运输。

（四）其他材料面层（编码 020104）

其他材料面层包括楼地面地毯、竹木地板、防静电活动地板、金属复合地板四个清单项目，其项目编码从 020104001～020104004。

(1) 工程量计算。同橡塑面层。

(2) 项目特征。需描述：找平层厚度、砂浆配合比；填充材料种类、厚度；面层材料品种、规格、品牌、颜色；防护材料种类。另外还需要描述：

楼地面地毯：描述黏结材料种类；压线条种类。

竹木地板：描述龙骨材料种类、规格、铺设间距；基层材料种类、规格；黏结材料种类；油漆品种、刷漆遍数。

防静电活动地板：描述支架高度、材料种类。

金属复合地板：描述龙骨材料种类、规格、铺设间距；基层材料种类、规格。

(3) 工程内容。需完成：基层清理、抹找平层；铺设填充层；铺贴面层；刷防护材料；材料运输。另外还需要完成：

楼地面地毯：装订压条。

竹木地板：龙骨铺设；基层铺设；刷油漆。

防静电活动地板：固定支架安装；活动面层安装。

金属复合地板：龙骨铺设；基层铺设。

（五）踢脚线（编码 020105）

踢脚线包括水泥砂浆（020105001）、石材（020105002）、块料（020105003）、现浇水磨石（020105004）、塑料板（020105005）、木质（020105006）、金属（020105007）、防静电踢脚线（020105008）八个清单项目。

(1) 工程量计算。均按设计图示长度乘以高度以面积计算，计量单位 m^2。

(2) 项目特征。需描述：踢脚线高度；底层厚度、砂浆配合比；面层厚度、砂浆配合比（或面层材料品种、规格、品牌、颜色）。另外还需描述：

石材、块料踢脚线。需描述：粘贴层厚度、材料种类；勾缝材料种类；防护材料种类。

现浇水磨石踢脚线。需描述：面层厚度、水泥石子浆配合比；石子种类、规格、颜色；颜料种类、颜色；磨光、酸洗、打蜡要求。

塑料板踢脚线。需描述：黏结层厚度、材料种类。

木质、金属、防静电踢脚线。需描述：基层材料种类、规格；防护材料种类；油漆品种、刷漆遍数。

（3）工程内容。需完成：基层清理；底层抹灰；基层铺贴；面层抹灰（铺贴）；勾缝；磨光酸洗打蜡、刷防护材料、刷油漆、材料运输。

（六）楼梯装饰（编码 020106）

楼梯装饰包括石材（020106001）、块料（020106002）、水泥砂浆（020106003）、现浇水磨石（020106004）、地毯（020106005）、木板楼梯面层（020106006）六个清单项目。

（1）工程量计算。按设计图示尺寸以楼梯（包括踏步、休息平台及500mm以内的楼梯井）水平投影面积计算，计量单位 m^2。

1）楼梯与楼地面相连时，算至梯口梁内侧边沿。

2）无梯口梁者，算至最上一层踏步边沿加300mm。

单跑楼梯不论其中间是否有休息平台，其工程量与双跑楼梯同样计算。楼梯侧面装饰应按"零星装饰项目"编码列项。

（2）项目特征。需描述：找平层厚度、砂浆配合比；面层材料品种、规格、品牌、颜色或面层厚度、砂浆（水泥石子浆）配合比。

除需描述以上共同特征外，个别项目还有以下特征需要描述。

石材、块料楼梯面层还要描述：黏结层厚度、材料种类；防滑条材料种类、规格；勾缝材料种类；防护层材料种类；酸洗、打蜡要求。

水泥砂浆楼梯面还要描述：防滑条材料种类、规格。现浇水磨石楼梯面：还要描述防滑条材料种类、规格；石子种类、规格、颜色；颜料种类、颜色；磨光、酸洗、打蜡要求。

地毯楼梯面还要描述：基层种类；防护材料种类；黏结材料种类；固定配件材料种类、规格。

木板楼梯面还要描述：基层材料种类、规格；防护材料种类；黏结材料种类；油漆品种、刷漆遍数。

（3）工程内容。需完成：基层清理；抹找平层；面层铺贴（或抹面层）；材料运输。但因各清单项目工程做法不同，还有各自不同于其他的工程内容需要完成，其中：

石材、块料楼梯面层需完成：贴嵌防滑条；勾缝；刷防护材料；酸洗、打蜡。

水泥砂浆楼梯面需完成：抹防滑条。

现浇水磨石楼梯面需完成：贴嵌防滑条；磨光、酸洗、打蜡。

地毯楼梯面需完成：固定配件安装；刷防护材料。

木板楼梯面需完成：基层铺贴；刷防护材料。

（七）扶手、栏杆、栏板装饰（编码 020107）

扶手、栏杆、栏板装饰包括带栏杆栏板的金属、硬木、塑料扶手（020107001～020107003）及不带栏杆栏板的金属、硬木、塑料靠墙扶手（020107004～020107006）六个清单项目。

（1）适用范围。扶手、栏杆、栏板装饰项目适用于楼梯、阳台、走廊、回廊及其他装饰性扶手、栏杆、栏板。

（2）工程量计算。各清单项目的工程量均按设计图示尺寸以扶手中心线长度（包括弯头长度）计算，计量单位 m。

（3）项目特征。需描述：扶手材料种类、规格、品牌、颜色；固定配件种类；防护材料种类；油漆品种、刷漆遍数。其中金属、硬木、塑料扶手带栏杆栏板清单项目还需描述：栏杆栏板材料种类、规格、品牌、颜色。

(4) 工程内容。需完成：制作；运输；安装；刷防护材料；刷油漆。

(八) 台阶装饰 (编码 020108)

台阶装饰项目包括石材 (020108001)、块料 (020108002)、水泥砂浆 (020108003)、现浇水磨石 (020108004)、剁假石台阶面 (020108005) 五个清单项目。

(1) 工程量计算。各清单项目其工程量均按设计图示尺寸以台阶 (包括最上一层踏步边沿加 300mm) 水平投影面积计算，计量单位 m^2。

台阶侧面装饰不包括在台阶面层项目内，应按"零星装饰项目"编码列项。

(2) 项目特征。需描述：垫层材料种类、厚度；找平层厚度、砂浆配合比；面层材料品种、规格、品牌、颜色 (或面层厚度、砂浆或水泥石子浆配合比)；防滑材料种类、规格。

(3) 工程内容。需完成：基层清理；铺设垫层；抹找平层；面层铺贴 (或抹面层)；材料运输。

从工程内容中可看出，台阶面层项目报价内包括其下的垫层、面层下的找平层及面层项目，但不包括台阶的现浇混凝土 (或砖砌) 项目。

(九) 零星装饰项目 (编码 020109)

零星装饰项目包括石材零星项目 (020109001)、碎拼石材零星项目 (020109002)、块料零星项目 (020109003)、水泥砂浆零星项目 (020109004)。

(1) 适用范围。零星装饰项目适用于小面积 ($0.5m^2$ 以内) 少量分散的楼地面装饰项目。

(2) 工程量计算。各零星装饰项目均按设计图示尺寸以面积计算，计量单位 m^2。

(3) 项目特征。需描述：工程部位；找平层厚度、砂浆配合比；结合层厚度、材料种类；面层材料品种、规格、品牌、颜色；勾缝材料种类；防护材料种类；酸洗、打蜡要求。

(4) 工程内容。需完成：基层清理；抹找平层；面层铺贴；勾缝；刷防护材料；酸洗、打蜡；材料运输。

(十) 实例

【例 5-10】 某商店平面如图 5-34 所示，地面做法：C20 细石混凝土找平层 60 厚，1∶2.5白水泥色石子水磨石面层 20mm 厚，15mm×2mm 铜条分隔，距墙柱边 300mm 范围内按纵横 1m 宽分格。计算地面工程量。

解 查项目编码 020101002，现浇水磨石楼地面工程量计算如下

现浇水磨石楼地面工程量＝主墙间净长度×主墙间净宽度－构筑物等所占面积

现浇水磨石楼地面工程量＝$(8.4-0.24)\times(5.7-0.24)\times2+(8.4\times2-0.24)\times(2.1-0.24)=118.05m^2$

项目工程量清单略。

十、墙、柱面工程

墙、柱面装饰装修工程清单项目共分为十节，包括墙面抹灰、柱面抹灰、零星抹灰、墙面镶贴块料、柱面镶贴块料、零星镶贴块料，墙饰面、柱 (梁) 饰面、隔断、幕墙等工程，其编码为 020201～020210。适用于一般抹灰、装饰抹灰工程。

(一) 墙面抹灰 (编码 020201)

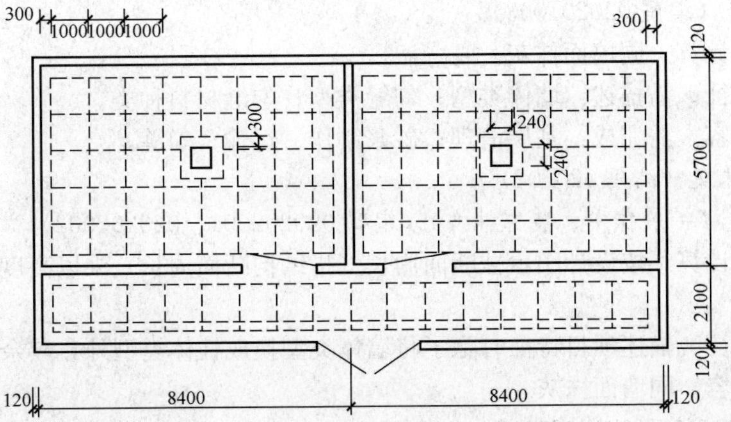

图 5-34 某商店平面

1. 墙面抹灰（一般抹灰、装饰抹灰）（编码 020201001、020201002）

（1）工程量计算。按设计图示尺寸以面积计算，扣除墙裙（指墙面抹灰）、门窗洞口及单个 0.3m^2 以外的孔洞面积；不扣除踢脚线、挂镜线和墙与构件交接处的面积；门窗洞口和孔洞的侧壁及顶面不增加面积；附墙柱、梁、垛、烟囱侧壁并入相应的墙面面积内。计量单位 m^2。其中：

1）外墙抹灰面积按外墙垂直投影面积计算。

2）外墙裙抹灰面积按其长度乘以高度计算。外墙抹灰高度按表 5-18 规定计算。

表 5-18 **外墙抹灰高度取值表**

类 型			外墙抹灰高度取值
平屋面	有挑檐	无墙裙	设计室外地坪算至挑檐板底
		有墙裙	勒脚顶算至挑檐板底
	有女儿墙	无墙裙	设计室外地坪算至女儿墙压顶底
		有墙裙	勒脚顶算至女儿墙压顶底
坡屋面	有檐口天棚	无墙裙	设计室外地坪算至檐口天棚底
		有墙裙	勒脚顶算至檐口天棚底
	无檐口天棚	无墙裙	设计室外地坪算至屋面板底
		有墙裙	勒脚顶算至屋面板底

3）内墙抹灰面积按主墙间的净长乘以高度计算，其高度确定如下：

①无墙裙的，高度按室内楼地面至天棚底面计算；

②有墙裙的，高度按墙裙顶至天棚底面计算。

4）内墙裙抹灰面积按内墙净长乘以高度计算。

（2）项目特征。需描述：墙体类型（混凝土墙、砖墙等）；底层厚度、砂浆配合比；面层厚度、砂浆配合比；装饰面层材料种类（水刷石、水磨石、斩假石等）；分格缝宽度、材料种类。

（3）工程内容。需完成：基层清理；砂浆制作、运输；底层抹灰；抹面层（指一般抹灰面层）；抹装饰面（装饰抹灰面层）；勾分格缝。

2. 墙面勾缝（编码 020201003）

(1) 工程量计算。同墙面抹灰。

(2) 项目特征。需描述：墙体类型；勾缝类型；勾缝材料种类。

(3) 工程内容。需完成：基层清理；砂浆制作、运输；勾缝。

（二）柱面抹灰（编码 020202）

1. 柱面抹灰（一般抹灰、装饰抹灰）（编码 020202001、020202002）

(1) 工程量计算。按设计图示柱断面周长（指结构断面周长）乘以高度以面积计算，计量单位 m^2。

(2) 项目特征。描述项目特征时除了将墙体类型换成柱体类型外，其余同墙面抹灰。

(3) 工程内容。同墙面抹灰。

2. 柱面勾缝（编码 020202003）

(1) 工程量计算。同柱面抹灰。

(2) 项目特征。同墙面勾缝。

(3) 工程内容。同墙面勾缝。

（三）零星抹灰（编码 020203）

零星项目抹灰（一般抹灰、装饰抹灰）（编码 020203001、020203002），是指 $0.5m^2$ 以内少量分散的一般抹灰和装饰抹灰。

(1) 工程量计算。按设计图示尺寸以面积计算，计量单位 m^2。

(2) 项目特征。同墙面抹灰。

(3) 工程内容。同墙面抹灰。

石灰砂浆、水泥砂浆、水泥混合砂浆、聚合物水泥砂浆、麻刀石灰、纸筋石灰、石膏灰等的抹灰应按一般抹灰项目编码列项；水刷石、斩假石（剁斧石、剁假石）、干粘石、假面砖等的抹灰应按装饰抹灰项目编码列项。墙、柱面勾缝指清水砖、石墙加浆勾缝，不包括清水墙、石墙的原浆勾缝。

（四）墙面镶贴块料（编码 020204）

1. 石材、碎拼石材、块料墙面（编码 020204001、020204002、020204003）

(1) 工程量计算。按设计图示尺寸以镶贴面积计算，计量单位 m^2。

(2) 项目特征。需描述：墙体类型；底层厚度、砂浆配合比；黏结层厚度、材料种类；挂贴方式；干挂方式（膨胀螺栓、钢龙骨）；面层材料品种、规格、品牌、颜色；缝宽、嵌缝材料种类；防护材料种类；磨光、酸洗、打蜡要求。

(3) 工程内容。需完成：基层清理；砂浆制作、运输；底层抹灰；结合层铺贴；面层铺贴；面层挂贴；面层干挂；嵌缝；刷防护材料；磨光、酸洗、打蜡。

项目特征需要描述清楚饰面施工方式，若为粘贴，则要叙述底层及黏结层砂浆厚度、种类、配合比；若为挂贴则要叙述挂件钢筋规格、双向钢筋间距及所灌砂浆种类、厚度、配合比；若为干挂则要描述挂件、连接件种类、规格等，即块料饰面面层中包括底层、黏结层、挂件及面层。特别要注意：若为间接干挂，其钢骨架要另编码列项。

2. 干挂石材钢骨架（编码 020204004）

(1) 工程量计算。按设计图示尺寸以质量计算，计量单位 t。

(2) 项目特征。需描述：骨架种类、规格；油漆品种、刷油漆遍数。

(3) 工程内容。需完成：骨架制作、运输、安装；骨架油漆。

(五) 柱 (梁) 面镶贴块料 (编码 020205)

1. 石材、碎拼石材、块料柱面 (编码 020205001～020205003)

(1) 工程量计算。按设计图示尺寸以镶贴面积计算，计量单位 m^2。

(2) 项目特征。除了要描述墙面镶贴块料项目具有的项目特征外，柱面镶贴块料项目还要描述清楚柱体所用材料及柱截面类型、尺寸。

(3) 工程内容。同墙面镶贴块料。

2. 石材、块料梁面 (编码 020205004、020205005)

工程量计算、项目特征的描述及所要完成的工程内容同柱面镶贴块料。

(六) 零星镶贴块料 (编码 020206)

石材、碎拼石材、块料零星项目 (编码 020206001、020206002、020206003) 的工程量计算、项目特征的描述及所要完成的工程内容同墙面镶贴块料。零星镶贴块料是指 $0.5m^2$ 以内少量分散的镶贴块料面层。

(七) 墙饰面 (编码 020207)

装饰板墙面 (编码 020207001)

(1) 适用范围。此项目适用于金属饰面板、塑料饰面板、木质饰面板、软包带衬板饰面等装饰板墙面。

(2) 工程量计算。按设计图示墙净长乘以净高以面积计算，扣除门窗洞口及单个 $0.3m^2$ 以上的孔洞所占面积。计量单位 m^2。

(3) 项目特征。需描述：墙体类型；底层厚度、砂浆配合比；龙骨材料种类、规格、中距；隔离层材料种类、规格；基层 (加强面层的一层底板) 材料种类、规格；面层材料品种、规格、品牌、颜色；压条材料种类、规格；防护材料种类；油漆品种、刷漆遍数。

隔离层是指为防止室内蒸汽湿度渗透到面层中而影响装饰效果及质量的一个构造层，多为卷材铺钉而成。

(4) 工程内容。需完成：基层清理；砂浆制作、运输；底层抹灰；龙骨制作、运输、安装；钉隔离层；基层铺钉；面层铺贴；刷防护材料、油漆。

(八) 柱 (梁) 面装饰 (编码 020208)

(1) 适用范围。柱 (梁) 面装饰 (编码 020208001) 适用于除了石材、块料装饰柱 (梁面) 以外的装饰项目。

(2) 工程量计算。按设计图示饰面外围尺寸 (指饰面的表面尺寸) 以面积计算，柱帽、柱墩并入相应柱饰面工程量内。计量单位 m^2。

(3) 项目特征。同装饰板墙面。

(4) 工程内容。同装饰板墙面。

(九) 隔断 (编码 020209)

隔断 (020209001) 是指不封顶或封顶但保持通风采光、轻且薄的隔墙。隔板材料有木质、玻璃、铝合金等。

(1) 工程量计算。按设计图示框外围尺寸以面积计算，扣除单个 $0.3m^2$ 以上的孔洞所占面积；浴厕门的材质与隔断相同时，门的面积并入隔断面积内。计量单位 m^2。

隔断上的门窗可包括在隔断项目报价内，也可单独编码列项，要在清单项目特征中进行描述。若门窗包括在隔断项目报价内，则门窗洞口面积不扣除。

(2) 项目特征。需描述：骨架、边框材料种类、规格；隔板材料品种、规格、品牌、颜色；嵌缝、塞口材料品种；压条材料种类；防护材料种类；油漆品种、刷漆遍数。

(3) 工程内容。需完成：骨架及边框制作、运输、安装；隔板制作、运输、安装；嵌缝、塞口；装订压条；刷防护材料、油漆。

(十) 幕墙（编码 020210）

1. 带骨架幕墙（020210001）

带骨架幕墙是指玻璃仅是饰面构件，骨架是承力构件的幕墙。

(1) 工程量计算。按设计图示框外围尺寸以面积计算，计量单位 m^2。

与幕墙同种材质的窗所占面积不扣除，其价格包括在幕墙项目报价内；如窗的材质与幕墙不同，可包括在幕墙报价内，也可单独编码列项，要在清单项目特征中进行描述。

(2) 项目特征。需描述：骨架材料种类、规格、中距；面层材料品种、规格、品牌、颜色；面层固定方式；嵌缝、塞口材料种类。

(3) 工程内容。需完成：骨架制作、运输、安装；面层安装；嵌缝、塞口；清洗。

2. 全玻幕墙（020210002）

(1) 工程量计算。按设计图示尺寸以面积计算，带肋全玻幕墙按展开面积计算。计量单位 m^2。

(2) 项目特征。需描述：玻璃品种、规格、品牌、颜色；黏结塞口材料种类；固定方式。

(3) 工程内容。需完成：幕墙安装；嵌缝、塞口；清洗。

(十一) 实例

【例 5-11】 某变电室，外墙面尺寸如图 5-35 所示，M：1500mm×2000mm；C1：1500mm×1500mm；C2：1200mm×800mm；门窗侧面宽度 100mm，外墙水泥砂浆粘贴规格 194mm×94mm 瓷质外墙砖，灰缝 5mm，计算清单工程量。

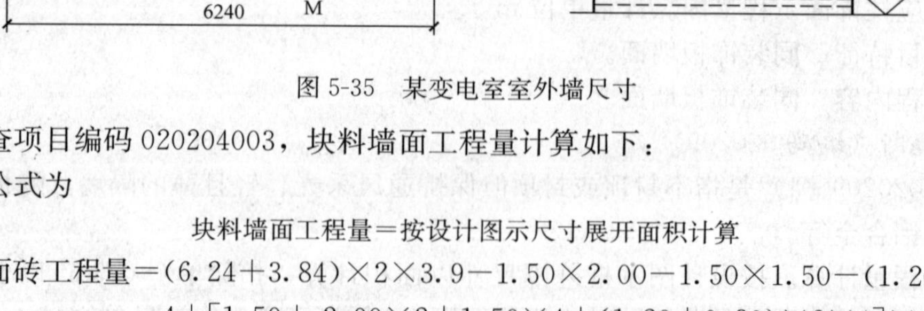

图 5-35 某变电室室外墙尺寸

解 查项目编码 020204003，块料墙面工程量计算如下：

计算公式为

块料墙面工程量＝按设计图示尺寸展开面积计算

外墙面砖工程量＝(6.24＋3.84)×2×3.9－1.50×2.00－1.50×1.50－(1.20×0.80)×4＋[1.50＋2.00×2＋1.50×4＋(1.20＋0.80)×2×4]×0.10

＝68.12m^2

项目工程量清单略。

十一、天棚工程

天棚装饰装修工程清单项目有天棚抹灰、天棚吊顶、天棚其他装饰三节，其编码为020301～020303。

（一）天棚抹灰（编码 020301）

（1）适用范围。此项目适用于在各种基层（混凝土现浇板、预制板、木板条等）上的抹灰工程。

（2）工程量计算。按设计图示尺寸以水平投影面积计算，计量单位 m^2。

1）不扣除间壁墙、垛、柱、附墙烟囱、检查口和管道所占的面积。

2）带梁天棚、梁两侧抹灰面积并入天棚面积内。

3）板式楼梯底面抹灰按斜面积计算，锯齿形楼梯底板抹灰按展开面积计算。

（3）项目特征。需描述：基层类型；抹灰厚度、材料种类；装饰线条道数；砂浆配合比。

（4）工程内容。需完成：基层清理；底层抹灰；抹面层；抹装饰线条。

（二）天棚吊顶（编码 020302）

1. 天棚吊顶（020302001）

（1）适用范围。此项目适用于形式上非漏空式的天棚吊顶。

（2）工程量计算。按设计图示尺寸以水平投影面积计算，计量单位 m^2。

1）不扣除间壁墙、检查口、附墙烟囱、柱垛和管道所占面积。

2）扣除单个 0.3 m^2 以外的孔洞、独立柱及与天棚相连的窗帘盒所占的面积。

3）天棚面中的灯槽及跌级、锯齿形、吊挂式、藻井式天棚面积不展开计算。

（3）项目特征。需描述：吊顶形式；龙骨类型、材料种类、规格、中距；基层材料种类、规格；面层材料的品种、规格、品牌、颜色；压条材料种类、规格；嵌缝材料种类；防护材料种类；油漆品种、刷漆遍数。

1）吊顶形式是指：平面、跌级、锯齿形、阶梯形、吊挂式、藻井式，以及矩形、弧形、拱形等形式。

2）基层材料是指底板或面层背后的加强材料。

3）面层材料的品种是指纸面石膏板、石棉装饰吸声板、铝合金罩面板、镜面玻璃等。

同一个工程中其龙骨材料种类、规格、中距有不同，或龙骨材料种类、规格、中距相同但面层或基层不同，都应分别编码列项，以第五级编码不同来区分。天棚抹灰与天棚吊顶工程量计算规则有所不同：天棚抹灰不扣除柱、垛所占面积；天棚吊顶不扣除柱垛所占面积，但扣除独立柱所占面积。

（4）工程内容。需完成：基层清理；龙骨安装；基层板铺贴；面层板铺贴；嵌缝；刷防护材料、油漆。

2. 格栅吊顶、吊筒吊顶、藤条造型悬挂吊顶、织物软雕吊顶、网架（装饰）吊顶（编码 020302002～020302006）

格栅吊顶、吊筒吊顶、藤条造型悬挂吊顶、织物软雕吊顶、网架（装饰）吊顶的工程量计算均按设计图示尺寸以水平投影面积计算。其项目特征、工程内容略。

（三）天棚其他装饰（编码 020303）

1. 灯带（编码 020303001）

（1）工程量计算。按设计图示尺寸以框外围面积计算，计量单位 m^2。

（2）项目特征。需描述：灯带形式、尺寸；格栅片材料品种、规格、品牌、颜色；安装固定方式。

（3）工程内容。需完成：安装、固定。

2. 风口、回风口（编码 020303002）

（1）工程量计算。按设计图示数量计算，计量单位“个”。

（2）项目特征。需描述：风口材料品种、规格、品牌、颜色；安装固定方式；防护材料种类。

（3）工程内容。需完成：安装、固定；刷防护材料。

（四）天棚工程报价注意事项

（1）天棚的检查孔、天棚内的检修走道、灯槽等应包括在天棚吊顶工程报价内。注意在项目特征中进行描述。天棚压线、装饰线，应按其他工程中相应分项工程工程量清单项目编码列项。

（2）采光天棚和天棚设置保温、隔热层时，按“保温隔热”工程项目编码列项。

（五）实例

【例 5-12】 某工程现浇井字梁天棚如图 5-36 所示，水泥砂浆面层，计算工程量。

解 查项目编码 020301001，天棚抹灰工程量计算如下：

计算公式为

天棚抹灰工程量＝主墙间的净长度×主墙间的净宽度＋梁侧面面积

天棚抹灰工程量＝(6.60－0.24)×(4.40－0.24)＋(0.40－0.12)×6.36×2
＋(0.25－0.12)×(4.4－0.24－0.3)×2×2
－(0.25－0.12)×0.15×4
＝31.95m^2

项目工程量清单略。

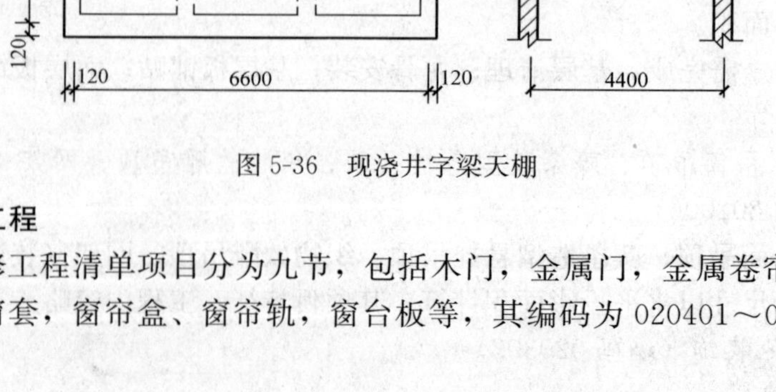

图 5-36 现浇井字梁天棚

十二、门窗工程

门窗装饰装修工程清单项目分为九节，包括木门，金属门，金属卷帘门，其他门，木窗，金属窗，门窗套，窗帘盒、窗帘轨，窗台板等，其编码为 020401～020409，适用于门窗工程。

（一）木门（编码 020401）

镶板木门、企口木板门、实木装饰门、胶合板门、夹板装饰门、木质防火门、木纱门、连窗门（编码为 020401001～020401008）。

(1) 工程量计算。按设计图示数量计算或设计图示洞口尺寸面积计算，计量单位“樘”或 m^2。

(2) 项目特征。需描述：门类型；框截面尺寸、单扇面积；骨架材料种类；面层材料品种、规格、品牌、颜色；玻璃品种、厚度、五金材料、品种、规格；防护层材料种类；油漆品种、刷漆遍数；防火材料种类（指防火门）；门纱材料品种、规格（指木纱门）。

(3) 工程内容。需完成：门制作、运输、安装；五金、玻璃安装；刷防护材料、油漆。

从木门项目要描述的项目特征及完成的工程内容中可知，其报价包括框、扇、亮、玻璃的制作、运输、安装、刷防护材料及油漆等内容，这是同定额计价模式的不同之处（定额计价模式下按运输、制作、安装、油漆等分别编码列项），投标人在报价时，注意不可漏项。

（二）金属门（编码 020402）

金属平开门、金属推拉门、金属地弹门、彩板门、塑钢门、防盗门、钢质防火门（020402001～020402007）。

(1) 工程量计算。按设计图示数量计算或设计图示洞口尺寸面积计算，计量单位“樘”或 m^2。

(2) 项目特征。需描述：门类型；框材质、外围尺寸；扇材质、外围尺寸；玻璃品种、厚度；五金材料、品种、规格；防护材料种类；油漆品种、刷漆遍数。

(3) 工程内容。需完成：门制作、运输、安装；五金、玻璃安装；刷防护材料、油漆。

（三）金属卷帘门（编码 020403）

金属卷闸门、金属格栅门、防火卷帘门编码（020403001～020403003）。

(1) 工程量计算。按设计图示数量计算或设计图示洞口尺寸面积计算，计量单位“樘”或 m^2。

(2) 项目特征。需描述：门材质、框外围尺寸；启动装置品种、规格、品牌；五金材料品种、规格；防护材料种类；油漆品种、刷漆遍数。

(3) 工程内容。需完成：门制作、运输、安装；启动装置、五金安装；刷防护材料、油漆。

（四）其他门（编码 020404）

电子感应门、转门、电子对讲门、电动伸缩门、全玻门（带扇框）、全玻自由门（无扇框）、半玻门（带扇框）、镜面不锈钢饰面门（020404001～020404008）。

(1) 工程量计算。按设计图示数量计算或设计图示洞口尺寸面积计算，计量单位“樘”或 m^2。

(2) 项目特征。

1) 电子感应门、转门、电子对讲门、电动伸缩门要描述的特征有：门材质、品牌、外围尺寸；玻璃品种、厚度、五金材料品种、规格；电子配件品种、规格、品牌；防护材料种类；油漆品种、刷漆遍数。

2) 全玻门、全玻自由门要描述的特征有门类型；框材质、外围尺寸；扇材质、外围尺寸及玻璃、五金、油漆的品种等。

(3) 工程内容。需完成：门（或门扇骨架及基层）制作、运输、安装；五金、电子配件安装；刷防护材料、油漆。

(五) 木窗（编码 020405）

木质子平开窗、木质子推拉窗、矩形木百叶窗、异形木百叶窗、木组合窗、木天窗、矩形木固定窗、异形木固定窗、装饰空花木窗（020405001～020405009）。

(1) 工程量计算。按设计图示数量计算或设计图示洞口尺寸面积计算，计量单位“樘”或 m^2。

(2) 项目特征。需描述：窗类型；框材质、外围尺寸；扇材质、外围尺寸；玻璃品种、厚度、五金材料品种、规格；防护材料种类；油漆品种、刷漆遍数。

(3) 工程内容。需完成：窗制作、运输、安装；五金、玻璃安装；刷防护材料、油漆。

(六) 金属窗（编码 020406）

1. 金属推拉窗、金属平开窗、金属固定窗、金属百叶窗、金属组合窗、彩板窗、塑钢窗、金属防盗窗、金属格栅窗（020406001～020406009）

其工程量计算、项目特征的描述、要完成的工程内容同木窗。

2. 特殊五金（编码 020406010）

(1) 适用范围。此项目适用于各种门窗上的贵重五金及业主认为应单独列项的五金配件。

(2) 工程量计算。按设计图示数量计算，计量单位以“个”或“套”表示。

(3) 项目特征。需描述：五金名称（拉手、门锁、窗锁等）、用途（是指具体使用的门或窗）；五金材料、品种、规格。

(4) 工程内容。需完成：五金安装；刷防护材料、油漆。

(七) 门窗套（编码 020407）

木门窗套、金属门窗套、石材门窗套、门窗木贴脸、硬木筒子板、饰面夹板筒子板（020407001～020407006）。

(1) 工程量计算。各种材质的门窗套及门窗贴脸、筒子板其工程量计算均按设计图示尺寸以展开面积计算，计量单位 m^2。

(2) 项目特征。需描述：底层厚度、砂浆配合比；立筋材料种类、规格；基层材料种类；面层材料品种、规格、品牌、颜色；防护材料种类；油漆品种、刷油遍数。

(3) 工程内容。需完成：清理基层；底层抹灰；立筋制作、安装；基层板安装；面层铺贴；刷防护材料、油漆。

门窗套项目报价内若已包括贴脸板、筒子板饰面价格，则门窗木贴脸、筒子板不应再编码列项，以免重复计算。

(八) 窗帘盒、窗帘轨（编码 020408）

木窗帘盒、窗帘轨包含木窗帘盒，饰面夹板、塑料窗帘盒，金属窗帘盒，窗帘轨四个项目（020408001～020408004）。

(1) 工程量计算。各种材质的窗帘盒及窗帘轨其工程量均按设计图示尺寸以长度计算，计量单位 m。

(2) 项目特征。需描述：窗帘盒材质、规格、颜色；窗帘轨材质、规格；防护材料种类；油漆种类、刷漆遍数。

（3）工程内容。需完成：制作、运输、安装；刷防护材料、油漆。

（九）窗台板（编码020409）

窗台板包含木窗台板、铝塑窗台板、石材窗台板、金属窗台板项目（020409001～020409004）。

（1）工程量计算。各种材质的窗台板其工程量计算均按设计图示尺寸以长度计算，计量单位m。

（2）项目特征。需描述：找平层厚度、砂浆配合比；窗台板材质、规格、颜色；防护材料种类；油漆种类、刷漆遍数。

（3）工程内容。需完成：基层清理；抹找平层；窗台板制作、安装；刷防护材料、油漆。

（十）门窗工程报价注意事项

（1）门窗框与洞口之间缝的填塞，应包括在门窗项目报价内。

（2）实木装饰门项目也适用于竹压板装饰门。

（3）玻璃、百页面积占其门扇面积一半以内者应为半玻门或半百叶门，超过一半时应为全玻门或全百叶门。

（4）项目特征中的门窗类型是指带亮子或不带亮子，带纱或不带纱，单扇、双扇或三扇，半百叶或全百叶，半玻或全玻自由门，带门框或不带门框及开启方式（平开、推拉等）。

（5）框截面尺寸（或面积）指边立梃截面尺寸或面积。

（6）门窗套、贴脸板、筒子板和窗台板项目包括底层抹灰，如底层抹灰已包括在墙、柱面底层抹灰内，应在清单项目特征中进行描述，以便投标人准确进行报价。

（7）防护材料分防火、防腐、防虫、防潮、耐磨、耐老化等材料，应在清单项目特征中仔细描述。

十三、油漆、涂料、裱糊工程

油漆、涂料、裱糊工程清单项目共分为九节，包括门油漆，窗油漆，木扶手及其他板条线条油漆，木材面油漆，金属面油漆，抹灰面油漆，喷刷、涂料，花饰、线条刷涂料，裱糊等，其编码为020501～020509。有关项目中已包括油漆、涂料的，油漆、涂料不得再单独编码列项，如门窗油漆包括在门窗工程项目内，油漆不再单独列项。

（一）门油漆（编码020501）

（1）适用范围。门油漆（020501001）项目适用于各类型门（如镶板门、胶合板门、平开门、推拉门、单扇门、双扇门、带亮子及不带亮子门等）的油漆工程。连窗门可按门油漆项目编码列项。

（2）工程量计算。按设计图示数量计算或设计图示单面洞口面积计算，计量单位“樘”或m^2。

（3）项目特征。需描述：门类型；腻子种类；刮腻子要求；防护材料种类；油漆品种、刷漆遍数。

其中：腻子种类有石膏油腻子（熟桐油、石膏粉、适量水）、胶腻子（大白、色粉、羧甲基纤维素）、漆片腻子（漆片、酒精、石膏粉、适量色粉）、油腻子（矾石粉、桐油、脂肪酸、松香）等。刮腻子要求，分刮腻子遍数（道数）或满刮腻子或找补腻子等。

(4) 工程内容。需完成：基层清理；刮腻子；刷防护材料、油漆。

门油漆应区分单层木门、双层木门、全玻自由门、半玻自由门、装饰门及有框门或无框门等，不同类型的应分别编码列项。

(二) 窗油漆（编码 020502)

(1) 适用范围。窗油漆（020502001）项目适用于各类型窗（如平开窗、推拉窗、空花窗、百叶窗、单层窗、双层窗、带亮子及不带亮子等）油漆工程。

(2) 工程量计算。按设计图示数量计算或设计图示单面洞口面积计算，计量单位“樘”或 m^2。

需要描述的项目特征及完成的工程内容同门油漆。窗油漆应区分单层玻璃窗、双层木窗、三层木窗、单层组合窗、双层组合窗、木百叶窗、木推拉窗等，应分别编码列项。

(三) 木扶手及其他板条线条油漆（编码 020503)

木扶手，窗帘盒，封檐板、顺水板油漆（020503001～020503003)；挂衣板、黑板框，挂镜线、窗帘棍、单独木线油漆（020503004～020503005)。

(1) 工程量计算。按设计图示尺寸以长度计算，计量单位 m。

(2) 项目特征。需描述：腻子种类；刮腻子要求；油漆部位单位展开面积；油漆体长度；防护材料种类；油漆品种、刷漆遍数。

(3) 工程内容。需完成：基层清理；刮腻子；刷防护材料、油漆。

(四) 木材面油漆（编码 020504)

木材面油漆包括木板、纤维板、胶合板油漆，木护墙、木墙裙油漆，窗台板、筒子板、盖板、门窗套、踢脚线油漆，清水板条顶棚、檐口油漆，木方格吊顶天棚油漆，吸声板墙面、天棚面油漆，暖气罩油漆，木间壁、木隔断油漆，玻璃间壁露明墙筋油漆，木栅栏、木栏杆（带扶手）油漆，衣柜、壁柜油漆，梁柱饰面油漆，零星木装修油漆，木地板油漆，木地板烫硬蜡面十五个项目，其编码为 020504001～020504015。

(1) 工程量计算。

1) 木板、纤维板、胶合板油漆、木护墙、木墙裙油漆、窗台板、筒子板、盖板、门窗套、踢脚线油漆、清水板条天棚、槽口油漆及木方格吊顶天棚油漆、吸音板墙面、天棚面油漆、暖气罩油漆按设计图示尺寸以面积计算，计量单位 m^2。

木护墙是指沿墙面的整个高度满做的木装修墙壁。

木墙裙是指沿墙面的高度（一般约在高度的 1/3～2/3 之间）做的木装修墙壁。

2) 木间壁木隔断、玻璃间壁露明墙筋、木栅栏木栏杆（带扶手）油漆按设计图示尺寸以单面外围面积计算，计量单位 m^2。

3) 衣柜壁柜、梁柱饰面、零星木装修油漆按设计图示尺寸以油漆部分展开面积计算，计量单位 m^2。

4) 木地板油漆、木地板烫蜡硬面按设计图示尺寸以面积计算，空洞、空圈、暖气包槽、壁龛的开口部分并入相应的工程量内，计量单位 m^2。

(2) 项目特征及工程内容。除木地板烫蜡硬面外，其余同门油漆。

木地板烫蜡硬面的项目特征及工程内容为：

项目特征需描述：硬蜡品种；面层处理要求。

工程内容需完成：基层清理；烫蜡。

工程量以面积计算的油漆、涂料项目，线脚、线条、压条等不展开。

（五）金属面油漆（编码 020505）

工程量计算按设计图示尺寸以质量计算，计量单位 t。其项目特征及工程内容同门油漆。

（六）抹灰面油漆（编码 020506）

1. 抹灰面油漆（编码 020506001）

（1）工程量计算。按设计图示尺寸以面积计算，计量单位 m^2。

（2）项目特征。需描述：基层类型；线条宽度、道数；腻子种类；刮腻子要求；防护材料种类；油漆品种、刷漆遍数。

工程内容同门油漆。

2. 抹灰线条油漆（编码 020506002）

工程量计算。按设计图示尺寸以长度计算，计量单位 m。

项目特征、工程内容同抹灰面油漆。

抹灰线条油漆是指宽度 300mm 以内者，当宽度超过 300mm 时，应按图示尺寸的展开面积并入相应抹灰面油漆中。

（七）喷刷、涂料（编码 020507）

刷喷涂料（编码 020507001）。

（1）工程量计算。按设计图示尺寸以面积计算，计量单位 m^2。

（2）项目特征。需描述：基层类型；腻子种类；刮腻子要求；涂料品种、刷喷遍数。

（3）工程内容。需完成：基层清理；刮腻子；刷、喷涂料。

（八）花饰、线条刷涂料（编码 020508）

空花格、栏杆刷涂料，线条刷涂料（020508001、020508002）。

（1）工程量计算。

1）空花格、栏杆刷涂料（020508001）按设计图示尺寸以单面外围面积计算，计量单位 m^2。

2）线条刷涂料（020508002）按设计图示尺寸以长度计算，计量单位 m。

（2）项目特征。需描述：腻子种类；线条宽度；刮腻子要求；涂料品种、刷喷遍数。

（3）工程内容同喷刷涂料。

（九）裱糊（编码 020509）

墙纸裱糊、织锦缎裱糊（020509001、020509002）。

（1）工程量计算。按设计图示尺寸以面积计算，计量单位 m^2。

（2）项目特征。需描述：基层类型；裱糊构件部位；腻子种类；刮腻子要求；黏结材料种类；防护材料种类；面层材料品种、规格、品牌、颜色。

（3）工程内容。需完成：基层清理；刮腻子；面层铺贴（应注意要求对花还是不对花）；刷防护材料。

十四、其他工程

其他装饰装修工程清单项目共分为 7 节 48 个项目。包括柜类、货架，暖气罩，浴厕配件，压条、装饰线，雨篷、旗杆，招牌、灯箱，美术字项目，其编码为 020601～020607。

（一）柜类、货架（编码 020601）

柜台、酒柜、衣柜、存包柜、鞋柜、书柜、厨房壁柜、木壁柜、厨房低柜、厨房吊柜、矮柜、吧台背柜、酒吧吊柜、酒吧台、展台、收银台、试衣间、货架、书架、服务台（编码020601001～020601020）。

（1）适用范围。柜类、货架项目适用于各类材料制作及各种用途（如酒柜、衣柜、鞋柜、书柜、厨房壁柜及酒吧台、展台、收银台、货架等清单项目）。

（2）工程量计算。按设计图示数量计算，计量单位“个”。

（3）项目特征。需描述：台柜规格；材料种类（石材、金属、实木等）、规格；五金种类、规格；防护材料种类；油漆品种、刷漆遍数。

柜类、货架中的各清单项目报价内均应包括台柜、台面（架面）、内隔板材料、连接件、配件等。

（4）工程内容。需完成：台柜制作、运输、安装（安放）；刷防护材料、油漆。

（二）暖气罩（编码020602）

饰面板暖气罩、塑料板暖气罩、金属暖气罩（020602001～020602003）。

（1）适用范围。适用于各类材料（如饰面板、塑料板、金属）制作的暖气罩项目。

（2）工程量计算。按设计图示尺寸以垂直投影面积（不展开）计算，计量单位 m^2。

（3）项目特征。需描述：暖气罩材质；单个罩垂直投影面积；防护材料种类；油漆品种、刷漆遍数。

（4）工程内容。需完成：暖气罩制作、运输、安装；刷防护材料、油漆。

（三）浴厕配件（编码020603）

洗漱台、晒衣架、帘子杆、浴缸拉手、毛巾杆（架）、毛巾环、卫生纸盒、肥皂盒、镜面玻璃、镜箱（020603001～020603010）。

（1）工程量计算。

1）洗漱台。按设计图示尺寸以台面外接矩形面积计算，计量单位 m^2。不扣除孔洞（放置洗面盆的地方）、挖弯、削角（以根据放置的位置进行选形）所占面积，挡板、吊沿板面积并入台面面积内。

挡板、吊沿板与台面板使用不同种材料时，应分开另行计算，其编码可从第五级编码上区分开。

挡板是指镜面玻璃下边沿至洗漱台面和侧墙与台面接触部位的竖挡板。吊沿是指台面外边沿下方的竖挡板。

2）晒衣架、帘子杆、浴缸拉手、毛巾杆（架）、卫生纸盒等。按设计图示数量计算，计量单位以个或根、套、副表示。

3）镜面玻璃。按设计图示尺寸以边框外围面积计算，计量单位 m^2。

4）镜箱。按设计图示数量计算，计量单位以“个”表示。

（2）项目特征。

1）洗漱台、晒衣架、帘子杆、浴缸拉手、毛巾杆（架）、卫生纸盒等。需描述：材料品种、规格、品牌、颜色；支架、配件品种、规格、品牌；油漆品种、刷漆遍数。

2）镜面玻璃。需描述：镜面玻璃品种、规格；框材质、断面尺寸；基层材料种类（玻璃背后的衬垫材料，如胶合板、油毡等）；防护材料种类；油漆品种、刷漆遍数。

3）镜箱。需描述；箱材质、规格；玻璃品种、规格；基层材料种类；防护材料种类；

油漆品种、刷漆遍数。

（3）工程内容。

1）洗漱台、晒衣架、帘子杆、浴缸拉手、毛巾杆（架）、卫生纸盒等。需完成：台面及支架制作、运输、安装；杆、环、盒、配件安装；刷油漆。

2）镜面玻璃。需完成：基层安装；玻璃及框制作、运输、安装；刷防护材料、油漆。

3）镜箱。需完成：基层安装；箱体制作、运输、安装；玻璃安装；刷防护材料、油漆。

（四）压条、装饰线（编码 020604）

压条，装饰线主要包括金属装饰线（020604001），木质装饰线（020604002），石材装饰线（020604003），石膏装饰线（020604004），镜面玻璃线（020604005），铝塑装饰线（020604006），塑料装饰线（020604007）。

（1）适用范围。此项目适用于各种材料（如金属、木质、石材、石膏塑料等）制作的压条、装饰线。

（2）工程量计算。按设计图示尺寸以长度计算，计量单位 m。

（3）项目特征。需描述：基层类型；线条材料品种、规格、颜色；防护材料种类；油漆品种、刷漆遍数。

（4）工程内容。需完成：线条制作、安装；刷防护材料、油漆。

（五）雨篷、旗杆（020605）

雨篷、旗杆（编码 020605001、020605002）。

（1）工程量计算。

1）雨篷吊挂饰面。按设计图示尺寸以水平投影面积计算，计量单位 m^2。

2）金属旗杆。按设计图示数量计算，计量单位以根表示。

（2）项目特征。

1）雨篷吊挂饰面。需描述：基层类型；龙骨材料种类、规格、中距；面层材料品种、规格、品牌；吊顶（天棚）材料、品种、规格、品牌；嵌缝材料种类；防护材料种类；油漆品种、刷漆遍数。

2）金属旗杆。需描述：旗杆材料、种类、规格；旗杆高度（旗杆台座上表面至杆顶的尺寸）；基础材料种类；基座材料的种类；基座面层材料、种类、规格。

（3）工程内容。

1）雨篷吊挂饰面。需完成：底层抹灰；龙骨基层安装；面层安装；刷防护材料油漆。

2）金属旗杆。需完成：土石挖填；基础混凝土浇筑；旗杆制作安装；旗杆台座制作、饰面。

（六）招牌、灯箱（编码 020606）

平面、箱式招牌，竖式标箱，灯箱（020606001～020606003）。

（1）适用范围。此项目适用于各种形式（平面、竖式等）招牌、灯箱。

（2）工程量计算。

1）平面、箱式招牌。按设计图示尺寸以正立面边框外围面积计算。复杂形的凸凹造型部分不增加面积。计量单位 m^2。

2）竖式标箱、灯箱。按设计图示数量计算，计量单位以“个”表示。

（3）项目特征。需描述：箱体规格；基层材料种类；面层材料种类；防护材料种类；油漆品种、刷漆遍数。

(4) 工程内容。需完成：基层安装；箱体及支架制作、运输、安装；面层制作、安装；刷防护材料、油漆。

(七) 美术字 (编码 020607)

泡沫塑料字、有机玻璃字、木质字、金属字 (020607001～020607004)。

(1) 适用范围。此项目适用各种材料 (泡沫塑料、有机玻璃、木质、金属等) 制作的美术字。

(2) 工程量计算。按设计图示数量计算，计量单位以“个”表示。

(3) 项目特征。需描述：基层类型；镌字材料品种、颜色；字体规格 (以字的外接矩形长、宽和字的厚度表示)；固定方式 (如粘贴、焊接以及铁钉、螺栓、铆钉等)；油漆品种、刷漆遍数。

(4) 工程内容。需完成：字制作、运输；刷油漆。

第四节 定额工程量计算规则与方法

一、土石方工程

1. 平整场地工程量

平整场地工程量按建筑物外墙外边线每边各加 2m，以平方米计算。施工现场已按竖向布置进行土方开挖、填、找平的工程和大开挖工程、道路及室外沟管道不得计算场地平整。当建筑物为矩形平面、凹凸形平面 (图 5-37) 时，可简化为下式计算

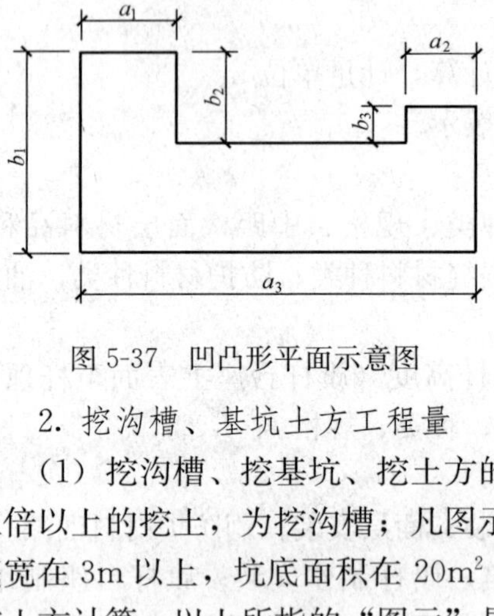

图 5-37 凹凸形平面示意图

$$平整场地面积 = 底面积 + 2 \times 外墙外边线长 + 16 \quad (5\text{-}57)$$

另外，当建筑场地为原土碾压时，按图示尺寸以平方米计算；当为填土碾压时，按图示填土厚度以立方米计算。

2. 挖沟槽、基坑土方工程量

(1) 挖沟槽、挖基坑、挖土方的划分。凡图示沟槽底宽在 3m 以内，且沟槽长大于槽宽三倍以上的挖土，为挖沟槽；凡图示基坑底面积在 $20m^2$ 以内的挖土为挖基坑；凡图示沟槽底宽在 3m 以上，坑底面积在 $20m^2$ 以上，平整场地挖土方厚度在 30cm 以上的挖土，均按挖土方计算。以上所指的“图示”是指该设计图所标明的尺寸，不包括加宽工作面。

(2) 放坡系数的确定。边坡坡度 $=h/b=1:k$，其中，$k=b/h$，称为放坡系数。

在计算土方工程量时，当设计或施工组织设计规定有放坡系数时，按规定的系数放坡；若无规定时，按表 5-19 规定确定放坡系数。

(3) 计算放坡时，在交接处的重复工程量不予扣除，原槽、坑作基础垫层时，放坡自垫层上表面开始计算。

计算放坡时，在交接处的重复工程量不予扣除，但若计算后的工程量大于大开口 (即满开挖) 所开挖的土方量时 (如单位工程中内墙过多、过密、交接处重复计算量过大，已超出大开口所挖土方量时)，应按大开口规定计算土方工程量。

表 5-19 放坡系数表

土壤类别	放坡起点（m）	人工挖土	机械挖土	
			在坑内作业	在坑上作业
一、二类土	1.20	1∶0.50	1∶0.33	1∶0.75
三类土	1.50	1∶0.33	1∶0.25	1∶0.67
四类土	2.00	1∶0.25	1∶0.10	1∶0.33

注 1. 同一沟槽、基坑中土类别不同时，分别按其放坡起点、放坡系数、依不同土壤厚度加权平均计算。
2. 确定机械挖土时的放坡系数，还应区分坑内作业和坑上作业。如果机械挖土从设计室外地坪起至基础底，机械一直在坑内作业，并设有机械上坡道（或采用其他措施运送机械）称为坑内作业；相反，机械一直在室外地坪上作业（不下坑）称为坑上作业；刚开挖时没有形成坑，虽然是在设计室外地坪（坑上）挖土，若继续挖土时机械随坑深在坑内作业，也称为坑内作业。

（4）如果施工条件限制，不宜采取放坡的施工方案，需设置挡土板时，应按图示的槽底或坑底宽度两边各加 100mm，且应另计算挡土板的工程量。

（5）工作面宽度的确定。基础施工中，为满足施工操作需要，有时需沿基础或基础垫层的两边增加一定的操作宽度，当设计或施工组织设计有规定时，按规定增加；无设计无规定的，按表 5-20 增加。

表 5-20 基础施工所需工作面宽度计算表

基础材料	每边各增加工作面宽度（mm）	基础材料	每边各增加工作面宽度（mm）
砖基础	200	混凝土基础支模板	300
浆砌毛石、条石基础	150	基础垂直面做防水层	800（防水层面）
混凝土基础垫层支模板	300		

（6）沟槽长度、深度的确定。挖沟槽长度，外墙按图示（设计图所标明的尺寸，下同）中心线长度计算。内墙按图示基础底面之间净长线长度计算，当基础底面有垫层时，应为垫层底面间净长线。内外突出部分（垛、附墙烟囱等）体积并入沟槽土方工程量内计算。挖管道沟槽按图示中心线长度计算，沟底宽度，设计有规定的，按设计规定尺寸计算。沟槽、基坑深度，按图示槽、坑底面至室外地坪深度计算；管道地沟按图示沟底至室外地坪深度计算。

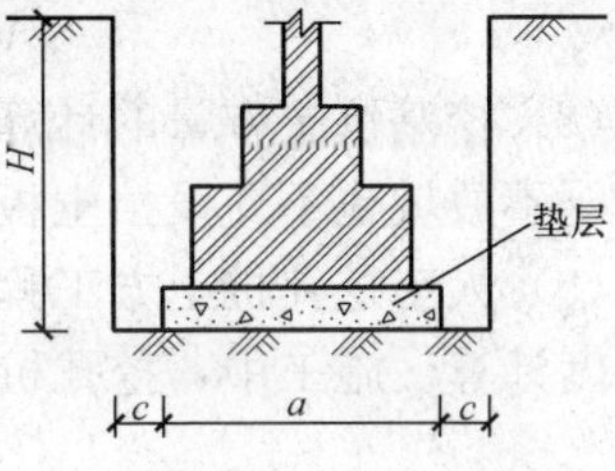

图 5-38 不放坡也不支设挡土板沟槽

（7）挖沟槽土方量。既不放坡也不支设挡土板时，如图 5-38 所示，其沟槽土方量计算公式为

$$V = H(a + 2c)L \tag{5-58}$$

式中 H——沟槽深度，m；

a——基础垫层宽度，m；

c——工作面宽度，m；

L——沟槽长度，m。

由垫层下表面起放坡，沟槽放坡系数为 k 时，如图 5-39 所示，其沟槽土方量计算公式为

$$V = H(a + 2c + kH)L \tag{5-59}$$

式中符号代表的意义同上。

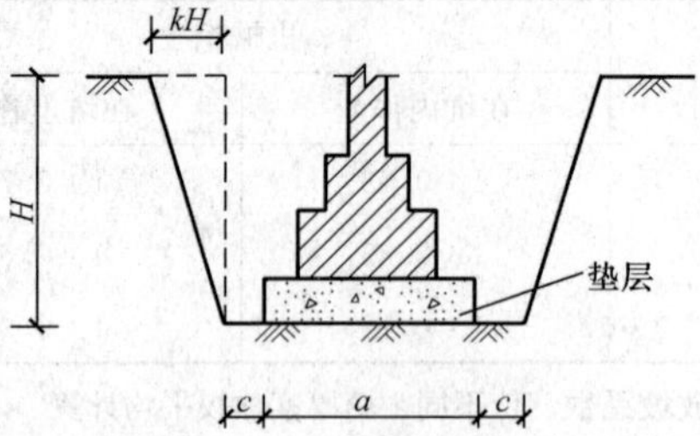

图 5-39　垫层下表面放坡示意图

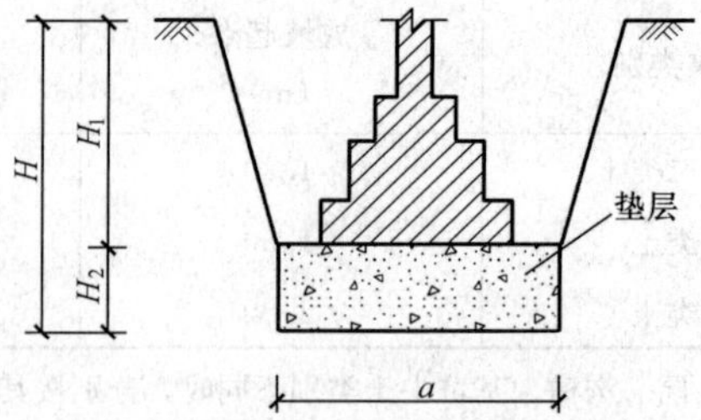

图 5-40　垫层上表面放坡示意图

由垫层上表面起放坡，沟槽放坡系数为 k 时，如图 5-40 所示，其沟槽土方量计算公式为

$$V=[a\times H_2+(a+kH_1)\times H_1]\times L \tag{5-60}$$

式中　H——沟槽深度，m，$H=H_1+H_2$；

H_1——垫层上表面至室外地坪上表面的距离；

H_2——垫层厚度。

其他符号代表的意义同上。

沟槽双面支设挡土板时，如图 5-41 所示，其沟槽土方量计算公式为

$$V=H\times(a+2c+0.2)\times L \tag{5-61}$$

式中符号代表的意义同上。

沟槽一面支设挡土板，一面放坡（放坡系数为 k）时，如图 5-42 所示，其沟槽土方量计算公式为

$$V=H\times(a+2c+0.1+0.5kH)\times L \tag{5-62}$$

（8）挖基坑土方量的计算。

既不放坡也不支设挡土板时，基坑土方量按其体积计算。

（9）人工挖孔桩土方工程量。人工挖孔桩土方工程量按图示桩断面积乘以设计桩孔中心线深度计算。施工中，挖孔桩的底部一般是球冠体，其体积计算按球冠体公式计算。

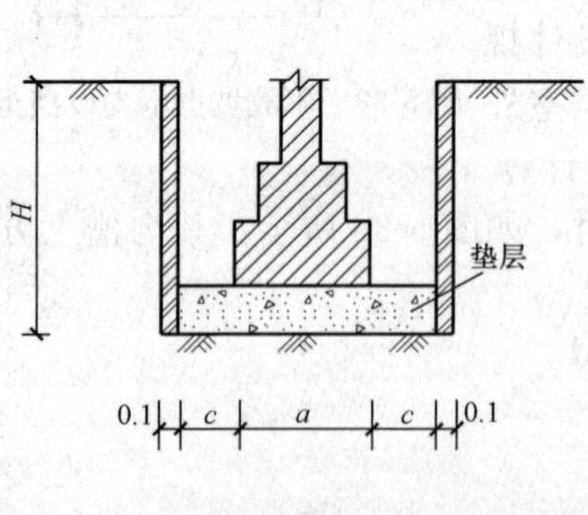

图 5-41　不放坡加双面挡土板沟槽示意图

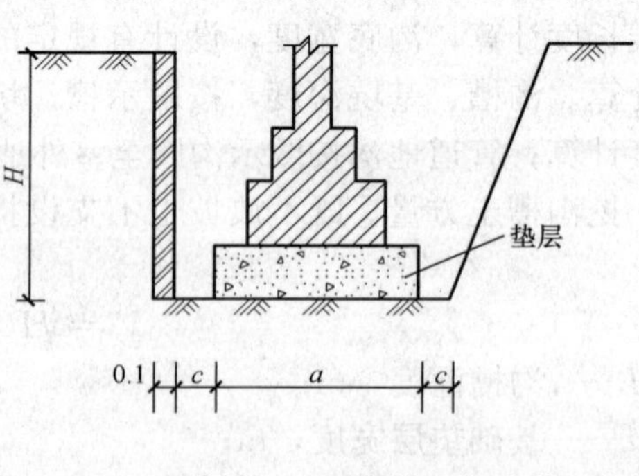

图 5-42　一面放坡、一面支挡土板沟槽示意图

（10）回填土方工程量。回填土分夯填和松填两种形式，回填体积以立方米为单位计算。

（11）沟槽、基坑回填土。沟槽、基坑回填体积以挖方体积减去设计室外地坪以下埋设的砌筑物（包括基础垫层、基础等）体积计算。管道沟槽回填，以挖方体积减去管径所占体

积计算。管径在500mm以下的不扣除管道所占体积；管径超过500mm以上时按规定扣除管道所占体积计算。

（12）房心回填土。房心回填土指室内地坪结构层以下不够设计标高而回填的土方。房心回填土工程量按主墙之间的净面积乘以回填土厚度计算，不扣除附墙垛、柱、附墙烟囱所占体积。房心回填土厚度是指室外设计标高至室内地面垫层底之间的高差，等于室内外设计标高差减去室内地面结构层厚度。

（13）钻探及回填孔。按建筑物底层外边线每边各加3m，以“m^2”计算，设计要求放宽的按设计要求计算。钻孔及回填工程量可按下式计算

$$工程量=S_{底}+L_{外}\times 3+36 \tag{5-63}$$

（14）余土或取土工程量。余土或取土工程量，可按下式计算

$$余（取）土体积（m^3）=挖土总体积-回填土总体积 \tag{5-64}$$

上式计算结果为正值时，为余土外运体积；负值时，为需取土体积。

（15）机械土方运距。机械土方运距，按下列规定计算：

推土机推土运距：按挖方区重心至回填区重心之间的直线距离计算。

铲土机运土距离：按挖方区重心至卸土区重心加转向距离45m计算。

自卸汽车运土距离：按挖方区重心至填土区（或堆放地点）重心的最短距离计算。

（16）地基强夯工程量。地基强夯，是指利用起重机将8～40t的夯锤吊起，从6～30m的高处自由落下，对土体进行强力夯实的地基加固方法。地基强夯工程量是以设计图示强夯面积，区分夯击能量、夯实遍数以平方米计算。

（17）石方工程量。岩石开凿及爆破工程量，应区别石质按下列规定计算：

1）人工凿岩石，按图示尺寸以立方米计算。

2）爆破岩石按图示尺寸以立方米计算，其沟槽、基坑深度、宽度允许超挖量为：

次坚石：200mm；特坚石：150mm。超挖部分岩石并入岩石挖方量之内计算。

二、桩基础工程

桩基础是由若干个沉入土中的单桩在其顶部用承台连接起来的一种深基础。它具有承载能力大、抗震性能好、沉降量小等特点。按桩的制作方式不同，可分为预制桩和灌注桩。

1. 打桩工程量土质级别

土质级别的划分应根据工程地质资料中的土层构造和土的物理、力学性能的有关指标，参考纯沉桩时间确定。凡遇有砂夹层者，应首先按砂层情况确定土级别。无砂层者，按土物理力学性能指标并参考每米平均纯沉桩时间确定。用土力学性能指标鉴别土级别时，桩长在12m以内，相当于桩长的1/3的土层厚度应达到所规定的指标。12m以外，按5m厚度确定。

2. 桩基础工程量的计算

（1）打预制混凝土桩的工程量。

1）打预制钢筋混凝土桩的体积，按设计桩长（包括桩尖，不扣除桩尖虚体积）乘以桩截面面积计算。管桩的空心体积应扣除。如果管桩的空心部分按设计要求灌注混凝土或其他填充材料时，应另行计算。

2）接桩。由于受到沉桩机械、桩架高度和运输吊装以及沉桩的限制，当设计的全桩较长时（一般15m以上）需将桩分段预制、分段沉桩。接桩的方法有电焊接桩、硫磺胶泥接

桩、法兰盘接桩等。

接桩工程量计算规则：电焊接桩按设计接头，以个计算；硫磺胶泥接桩按桩断面以平方米计算。

3）送桩。送桩常发生在先沉桩，后开挖基坑的施工顺序中。陕西2004消耗量定额中的沉桩定额已含送桩内容，不另计算。国家基础定额的送桩工程量按桩截面面积乘以送桩长度（即打桩架底至桩顶面高度或自桩顶面至自然地坪面另加0.5m）计算。

（2）打拔钢板桩工程量。打拔钢板桩工程量按钢板桩重量以吨计算。

（3）灌注桩工程量。常见的灌注桩有打孔灌注桩、钻孔灌注桩、挖孔灌注桩、套管成孔灌注桩和爆扩成孔灌注桩等多种。

1）打孔灌注桩工程量。打孔后再埋入灌注桩工程量计算规则：混凝土桩、砂桩、碎石桩的体积，按设计规定的桩长（包括桩尖，不扣除桩尖虚体积）乘以钢管管箍外径截面面积计算；扩大桩的体积按单桩体积乘以次数计算；打孔混凝土桩尖，再灌注混凝土者，桩尖按钢筋混凝土章节规定计算体积，灌注桩按设计长度（自桩尖顶面至桩顶面高度）乘以钢管管箍外径截面面积计算。

2）钻孔灌注桩工程量。钻孔灌注桩工程量按设计桩长（包括桩尖，不扣除桩尖虚体积）增加0.25m（陕西规定0.5m）乘以设计断面面积计算。

3）钢筋笼工程量。灌注混凝土桩的钢筋笼制作依设计规定，按钢筋混凝土章节相应项目以吨计算。

4）泥浆运输工程量。泥浆运输工程量按钻孔体积以立方米计算。

5）安、拆导向夹具工程量。安、拆导向夹具工程量按设计图纸规定的水平延长米计算。

三、脚手架工程

1. 脚手架工程量计算的一般规则

（1）建筑物外墙脚手架，凡设计室外地坪至檐口（或女儿墙上表面）的砌筑高度在15m以下的按单排脚手架计算；砌筑高度在15m以上的或砌筑高度虽不足15m，但外墙门窗及装饰面积超过外墙表面积60%以上时，或采用竹制脚手架时，均按双排脚手架计算。陕西定额外脚手架是按双排架编入的，实际为单排架时，相应定额乘0.7系数。

（2）建筑物内墙脚手架，凡设计室内地坪至顶板下表面（或山墙高度的1/2处）的砌筑高度在3.6m以下的，按里脚手架计算；砌筑高度超过3.6m以上时，按单排脚手架计算。

（3）石砌墙体凡砌筑高度超过1.0m以上时，按外脚手架计算。

（4）计算内、外墙脚手架时，均不扣除门、窗洞口、空圈洞口等所占的面积。

（5）同一建筑物高度不同时，应按不同高度分别计算。

（6）现浇钢筋混凝土框架柱、梁，按双排脚手架计算。

（7）围墙脚手架，凡室外自然地坪至围墙顶面的砌筑高度在3.6m以下的，按里脚手架计算；砌筑高度超过3.6m以上时，按单排脚手架计算。

（8）室内顶棚装饰面距设计室内地坪在3.6m以上时，应计算满堂脚手架，计算满堂脚手架后，墙面装饰工程则不再计算脚手架。

（9）滑升模板施工的钢筋混凝土烟囱、筒仓，不得另计算脚手架。

（10）砌筑贮仓，按双排外脚手架计算。

（11）贮水（油）池，大型设备基础，凡距地坪高度超过1.2m以上的，均按双排脚手架计算。

（12）整体满堂钢筋混凝土基础，凡其宽度超过3m以上时，按其底板面积计算满堂脚手架。按满堂脚手架基本层定额的50%计算脚手架。

2. 脚手架工程量的计算

（1）砌筑脚手架工程量。砌筑脚手架一般可分为外脚手架和里脚手架。搭设于建筑物外部的脚手架称为外脚手架；搭设于建筑物内部的脚手架称为里脚手架。

1）外脚手架工程量。外脚手架工程量按外墙外边线长度乘以外墙砌筑高度以平方米计算，突出墙外宽度在240mm以内的墙垛、附墙烟囱等不计算脚手架；宽度超过240mm以外时，按图示尺寸展开计算，并入外脚手架工程量之内。

2）里脚手架工程量。里脚手架工程量按墙面垂直投影面积计算。（陕西规定按建筑面积计算）

3）独立柱脚手架工程量。独立柱脚手架工程量按图示柱结构外周周长另加3.6m，乘以砌筑高度以平方米计算，套用相应外脚手架定额。

（2）现浇钢筋混凝土框架柱、梁、墙脚手架工程量。

1）现浇钢筋混凝土柱脚手架工程量。现浇钢筋混凝土柱脚手架工程量按柱图示周长尺寸另加3.6m，乘以柱高以平方米计算，套用相应外脚手架定额。

2）现浇钢筋混凝土梁、墙脚手架工程量。现浇钢筋混凝土梁、墙脚手架工程量按设计室外地坪或楼板上表面至楼板底之间的高度，乘以梁、墙净长以平方米计算，套用相应双排外脚手架定额。

（3）装饰工程脚手架工程量。

1）满堂脚手架工程量。满堂脚手架工程量按室内净面积计算，其高度在3.6～5.2m之间时，计算基本层，超过5.2m时，每增加1.2m按增加一层计算，不足0.6m的不计。以算式表示为

$$满堂脚手架增加层数=(室内净高度-5.2)\div 1.2 \tag{5-65}$$

满堂脚手架增加层数按上式计算后，按四舍五入取整。（因为0.6÷1.2=0.5）。

【例5-13】 某长方形活动室净长45m，净宽15m，室内净高8.1m，试计算其满堂脚手架工程量。

解　活动室净高已超过5.2m，因此，应计算满堂脚手架增加层

$$增加层数=(8.1-5.2)/1.2=2.42 取2层$$

满堂脚手架工程量为

$$基本层=45\times 15=675m^2$$

$$增加层=2\times 675=1350m^2$$

2）挑脚手架工程量。挑脚手架是从建筑物内部通过洞口向外挑出的一种脚手架。其工程量按搭设长度和层数，以延长米计算。

3）悬空脚手架工程量，按搭设水平投影面积以平方米计算。

4）高度超过3.6m墙面装饰不能利用原砌筑脚手架时，可以计算装饰脚手架。装饰脚手架按双排脚手架乘以0.3计算。

四、砌筑工程

1. 砌体工程量

（1）砖石基础工程量。砖石基础工程量按图示尺寸以体积计算。

1）带（条）形基础。计算规则与清单相同。

2）砖柱基础。计算规则与清单相同。

3）砖砌挖孔桩护壁工程量。砖砌挖孔桩护壁工程量按实砌体积计算。

（2）砖墙工程量。计算方法与清单工程量基本相同，唯一不同点就是计算内墙高度时，对于钢筋混凝土楼层，清单内墙高度算至钢筋混凝土板顶，定额算至钢筋混凝土板底并且扣除内墙板头的体积，而且三皮砖以上的腰线和挑檐的体积需并入砖墙工程量。

（3）其他砖墙工程量。

1）空花墙工程量。与清单相同。

2）空斗墙工程量。与清单相同。墙角、内外墙交接处，门窗洞口立边，窗台砖及屋檐处的实砌部分已包括在定额内，不另行计算，但窗间墙、窗台下、楼板下、梁头下等实砌部分，应另行计算，套零星砌砖定额项目。

3）框架间砌体工程量。框架间砌体工程量，分别区分内外墙以框架间的净空面积乘以墙厚计算，应扣除门窗洞口及 $0.3m^2$ 以上孔洞所占体积，框架外表面镶贴砖部分亦并入框架间砌体工程量内计算。

4）多孔砖墙、空心砖墙工程量。与清单相同。

5）填充墙工程量。填充墙的工程量按外形尺寸以立方米计算，其中实砌部分已包括在定额内，不另计算。

6）砌块墙工程量。其工程量按图示尺寸以立方米计算，按设计规定需要镶嵌砖砌体部分已包括在定额内，不另计算。

7）围墙。砖砌围墙按基础及墙身计算工程量，墙身应区分不同墙厚按图示尺寸以平方米计算，即按墙长度乘以高度，其中墙身高度自设计室外地坪至围墙顶面计算。围墙的砖垛、压顶、砖碹等因素已包括在定额内，不另计算。围墙墙身带有部分空花墙时，其空花墙部分另行计算，按相应定额执行。

（4）零星砌体工程量。除砖砌锅台、炉灶（不分大小）按图示外形尺寸（不扣除各种空洞体积）以立方米计算外，其余项目均按实砌体体积计算。

五、混凝土及钢筋混凝土工程

混凝土及钢筋混凝土工程包括：各种现浇（预制）钢筋混凝土的柱、梁、板、挑檐、楼梯、阳台、雨篷和一些零星构件。各种钢筋混凝土现浇（预制）构件以及预应力构件的工程量，都是按“模板工程”、“混凝土工程”和“钢筋工程”三大部分内容分别列项计算的，本部分将分别介绍其工程量的计算。

1. 模板工程量

模板工程包括模板和支撑两部分。工程量的计算可分为现浇混凝土和钢筋混凝土模板计算、预制钢筋混凝土构件模板计算、构筑物模板计算几部分。

（1）现浇混凝土和钢筋混凝土模板工程量。

1）现浇混凝土及钢筋混凝土模板工程量，除另有规定外，均应区别模板的不同材质按混凝土与模板接触面的面积，以平方米计算。全国基础定额中，对现浇模板是按组合钢模板、复合木模板、木模板编制的，如实际不同时，可编制补充定额。

2）现浇钢筋混凝土柱、梁、板、墙的支模高度（即室外地坪至板底或板面至板底之间的高度）以 3.6m 以内为准，超过 3.6m 以上部分，另按超过部分计算增加支撑工程量。

【例 5-14】 某现浇钢筋混凝土方形柱高 9m，设计断面尺寸为 600mm×500mm，试计算柱模板工程量。

解 柱模板与混凝土的接触面积 $F_1=(0.6+0.5)\times2\times9=19.8m^2$

柱模板支撑增加工程量 $F_2=(0.6+0.5)\times2\times(9-3.6)=11.88m^2$

3）现浇钢筋混凝土墙、板上单孔面积在 0.3m² 以内的孔洞，不予扣除，洞侧壁模板亦不增加；单孔面积在 0.3m² 以外时，应予扣除，洞侧壁模板面积并入墙模板工程量之内计算。

4）现浇钢筋混凝土框架分别按梁、板、柱、墙有关规定计算，附墙柱并入墙内工程量计算。

5）杯形基础杯口高度大于杯口大边长度的（图 5-43）套高杯基础定额项目。

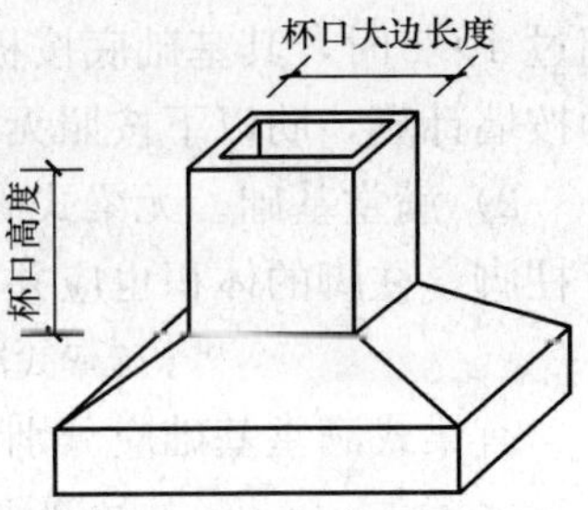

图 5-43 杯口高度大于杯口边长度的高杯基础示意图

6）柱与梁、柱与墙、梁与梁等连接的重叠部分，以及伸入墙内的梁头、板头部分，均不计算模板面积。

7）构造柱外露面均应按图示外露部分计算模板面积。构造柱与墙接触面不计算模板面积。

8）现浇钢筋混凝土悬挑板（雨篷、阳台）按图示外挑部分尺寸的水平投影面积计算。挑出墙外的牛腿梁及板边模板不另计算。

9）现浇钢筋混凝土楼梯，以图示明面尺寸的水平投影面积计算，不扣除小于 500mm 楼梯井所占面积。楼梯的踏步、踏步板平台梁等侧面模板，不另计算。

10）混凝土台阶不包括梯带，按图示台阶尺寸的水平投影面积计算，台阶端头两侧不另计算模板面积。

11）现浇混凝土小型池槽按构件外围体积计算，池槽内、外侧及底部的模板不应另计算。

陕西省消耗量定额现浇钢筋混凝土模板工程量是以构件混凝土体积计算模板工程量，与基础定额不同。

（2）预制钢筋混凝土构件模板工程量。

1）预制钢筋混凝土模板工程量，除另有规定外均按混凝土实体体积以立方米计算。

2）小型池槽按外型体积以立方米计算。

3）预制桩尖按虚体积（不扣除桩尖虚体积部分）计算。

（3）构筑物混凝土模板工程量计算。

1）构筑物工程的模板工程量，除另有规定外，区别现浇、预制和构件类别，分别按前述现浇混凝土模板和预制混凝土模板相应规定计算。

2）大型池槽等分别按基础、墙、板、梁、柱等有关规定计算并套相应定额项目。

3）液压滑升钢模板施工的烟筒、水塔塔身、贮仓等，均按混凝土体积，以立方米计算。预制倒圆锥形水塔罐壳模板按混凝土体积，以立方米计算。

4）预制倒圆锥形水塔罐壳组装、提升、就位，按不同容积以座计算。

2. 钢筋工程量

钢筋工程量，应区别现浇、预制构件、不同钢种和规格，分别按设计长度乘以每米单位重量，以吨计算。工程量计算规则与清单相同。

3. 预埋铁件工程量

预埋铁件工程量按设计图示尺寸以吨计算。计算规则与清单相同。

4. 现浇混凝土工程量

现浇混凝土工程量除另有规定者外，均按图示尺寸实体体积以立方米计算。不扣除构件内钢筋、预埋铁件及墙、板中 0.3m^2 内的孔洞所占体积。

(1) 现浇基础混凝土工程量。

1) 条形混凝土基础。条形混凝土基础的体积按其基础计算长度乘以基础断面面积以立方米计算。有肋条形混凝土基础，其肋高与肋宽之比在 4∶1 以内的按有肋带形基础计算。超过 4∶1 时，其基础底按板式基础计算，以上部分按墙计算（陕西规定肋高超过 1.2m 时，肋按墙计算，肋以下按照无梁式带形基础计算）。

2) 满堂基础。无梁式满堂基础直接按底板的面积乘以底板厚度以立方米计算，如果柱有柱脚，柱脚的体积也应并入基础的体积一同计算。

无梁式满堂基础混凝土工程量＝基础底板体积＋柱墩体积 (5-66)

有梁式满堂基础应分别计算底板和梁的体积，相加后套用有梁式满堂基础定额。

有梁式满堂基础混凝土工程量＝基础底板体积＋梁体积 (5-67)

箱式满堂基础的工程量应分解计算，底板按无梁式满堂基础有关规定计算；顶盖板、中间隔板、柱、梁、墙分别按有关规定计算，套相应定额项目。

3) 设备基础混凝土工程量。设备基础除块体以外，其他类型设备基础分别按基础、梁、柱、板、墙等有关规定计算，套相应的定额项目。

4) 独立基础混凝土工程量。与清单相同。

5) 杯形基础混凝土工程量。其工程量按图示尺寸以立方米计算。

(2) 现浇柱混凝土工程量。与清单相同。

(3) 现浇梁混凝土工程量。与清单相同。

(4) 现浇板混凝土工程量。与清单相同。

(5) 现浇混凝土墙工程量。与清单相同。

(6) 现浇整体楼梯混凝土工程量。与清单相同。

(7) 现浇阳台、雨篷（悬挑板）混凝土工程量。现浇阳台、雨篷（悬挑板）工程量按伸出墙外的水平投影面积计算，伸出墙外的牛腿不另计算。其计算公式为

阳台、雨篷（悬挑板）混凝土工程量

＝阳台、雨篷伸出墙外的水平投影面积＋雨篷反挑檐的展开面积 (5-68)

(8) 挑檐混凝土工程量。与清单相同。计算挑檐混凝土工程量与其模板一样，要注意挑檐的底板、立板的计算长度不同，应分别考虑。

(9) 现浇栏杆混凝土工程量。现浇钢筋混凝土栏杆的工程量按栏杆净长度以延长米计算。伸入墙内的长度已综合在定额内。钢筋混凝土栏板以立方米计算，伸入墙内的栏板，合并计算。

(10) 预制钢筋混凝土框架柱现浇接头（包括梁接头）工程量按设计规定断面和长度以立方米计算。

(11) 台阶混凝土工程量。与清单相同。

(12) 预制板补浇板缝混凝土工程量。其工程量按平板计算。

5. 预制混凝土工程量计算

预制混凝土工程量，按以下规定计算：

(1) 各种预制混凝土构件。按图示尺寸实体体积以立方米计算，不扣除构件内钢筋，铁件及小于 300mm×300mm 以内孔洞面积，并考虑预制混凝土构件制作、运输、安装损耗（表 5-21）。其计算公式为

$$预制混凝土构件定额工程量=混凝土构件实体体积\times(1+1.5\%) \quad (5-69)$$

表 5-21　　预制钢筋混凝土构件制作、运输、安装损耗率

名　称	制作废品率	运输堆放损耗	安装（打桩）损耗
各类预制构件	0.2	0.8	0.5
预制钢筋混凝土桩	0.1	0.4	1.5

(2) 预制桩工程量。按桩全长（包括桩尖）乘以桩断面（空心桩应扣除孔洞体积）以立方米计算，并且考虑预制桩的制作、运输、安装损耗，其计算公式为

$$预制桩定额工程量=混凝土构件实体体积\times(1+2.0\%) \quad (5-70)$$

(3) 混凝土与钢杆件组合的构件。混凝土部分工程量按构件实体体积以立方米计算，钢构件部分按吨计算，分别套相应的定额项目。

六、构件运输及安装工程

构件运输及安装工程包括混凝土构件的运输、安装，金属构件的运输、安装及木门窗的运输。构件运输工程定额适用于由构件堆放场地或构件加工厂运至施工现场的运输。

由于房屋功能的不同，房屋内构件的种类非常繁多。构件的运输定额将所有构件，按其形状、体型及起吊的灵活程度，进行了分类，见表 5-22、表 5-23。构件的运输费，则需按其所属类别确定。

表 5-22　　预制混凝土构件分类

类　别	项　目
1	4m 以内的空心板、实心板
2	6m 以内的桩、屋面板、工业楼板、进深梁、基础梁、吊车梁、楼梯休息板、楼梯段、阳台板
3	6m 以上至 14m 梁、板、柱、桩，各类屋架、桁架、托架（14m 以上另行处理）
4	天窗架、挡风架、侧板、端壁板、天窗上下档、门框及单件体积在 0.1m³ 以内小构件
5	装配式内、外墙板、大楼板、厕所板
6	隔墙板（高层用）

表 5-23　　金属结构构件分类

类　别	项　目
1	钢柱、屋架、托架梁、防风桁架
2	吊车梁、制动梁、型钢檩条、钢支撑、上下档、钢拉杆栏杆、盖板、垃圾出灰门、倒灰门、篦子、爬梯、零星构件平台、操作台、走道休息台、扶梯、钢吊车梯台、烟囱紧固箍
3	墙架、挡风架、天窗架、组合檩条、轻型屋架、滚动支架、悬挂支架、管道支架

1. 构件运输工程量

(1) 预制混凝土构件。预制混凝土构件计算规则为:

1) 预制混凝土构件运输工程量按构件图示尺寸以实体体积计算。

2) 预制混凝土构件运输及安装损耗率按规定计算后，并入构件工程量内。

其中，预制混凝土屋架、桁架、托架及长度在9m以上的梁、板、柱不计算损耗率。其计算公式为

$$预制混凝土构件运输工程量=混凝土构件实体体积\times(1+1.3\%) \tag{5-71}$$

①运输工程定额未考虑构件由现场堆放地运至安装地点的费用，发生时另计；

②预制混凝土构件运输的最大运距取50km以内，超过时另行补充；

③加气混凝土板(块)、硅酸盐块的运输，每立方米折合钢筋混凝土构件体积0.4m^3，按一类构件运输计算。

(2) 金属结构构件。金属结构构件按构件设计图示尺寸以吨计算，所需的螺栓、电焊条等重量不另计算。其最大运距取20km，超过时另行补充。

(3) 木门窗。木门窗运输工程量按门窗洞口面积以平方米计算。

2. 构件安装工程量

(1) 钢筋混凝土构件。预制钢筋混凝土构件安装工程量按图示尺寸以实体体积计算，其安装损耗并入构件工程量内。其计算公式为

$$预制钢筋混凝土构件安装工程量=混凝土构件实体体积\times(1+0.5\%) \tag{5-72}$$

(2) 金属结构构件。金属结构构件安装工程量的计算方法与其运输工程量相同。

七、门窗及木结构工程

门窗及木结构工程由门窗和木结构两部分组成。这里的门窗工程主要由普通木门窗、钢门窗、厂库房大门、特种门等分项组成。木结构包括木屋架、屋面木基层、木楼梯、木柱、木梁及其他。

1. 木门窗制作、安装工程量

各类门、窗制作、安装工程量均按门、窗洞口面积以平方米计算。

(1) 门、窗盖口条、贴脸、披水条，按图示尺寸以延长米计算，执行木装修项目。

(2) 普通窗上部带有半圆窗的工程量应分别按半圆窗和普通窗计算。其分界线以普通和半圆窗之间的横框上裁口线为分界线。

(3) 门窗扇包镀锌薄钢板工程量，按门、窗洞口面积以平方米计算；实木门扇制作安装及装饰门扇制作按扇外围面积计算；装饰门扇及成品门的安装按“扇”计算。

2. 木结构制作、安装工程量

(1) 木屋架制作、安装工程量。

1) 木屋架制作、安装工程量均按设计断面竣工木料以立方米计算，其后备长度及配制损耗均不另外计算。

2) 方木屋架一面刨光时增加3mm，两面刨光时增加5mm，圆木屋架按屋架刨光时木材体积每立方米增加0.05m^3计算。附属于屋架的夹板、垫木等已并入相应的屋架制作项目中，不另计算。与屋架连接的挑檐木、支撑等，其工程量并入屋架竣工木料体积内计算。

3) 屋架的制作、安装应区别不同跨度，其跨度应以屋架上下弦杆的中心线交点之间的

长度为准。带气楼的屋架并入所依附屋架的体积内计算。

4）屋架的马尾、折角和正交部分半屋架，应并入相连接屋架的体积内计算。

5）钢木屋架区分圆、方木，按竣工木料以立方米计算。

（2）圆木屋架连接的挑檐木、支撑等工程量。圆木屋架连接的挑檐木、支撑等若为方木时，其方木部分应乘以系数1.7，折合成圆木并入屋架竣工木料内，单独的方木挑檐，按矩形檩木计算。

（3）檩木工程量。檩木工程量按竣工木料以立方米计算。简支檩条长度按设计规定计算，如设计无规定，按屋架或山墙中距增加200mm计算，如两端出山，檩条长度算至搏风板；连续檩条的长度按设计长度计算，其接头长度按全部连续檩木总体积的5%计算。檩条托木已计入相应的檩木制作安装项目中，不另计算。

（4）屋面木基层工程量。屋面木基层工程量，按屋面的斜面积计算。天窗挑檐重叠部分按设计规定计算，屋面烟囱及斜沟部分所占面积不扣除。

（5）封檐板、搏风板工程量。封檐板按图示檐口外围长度计算，搏风板按斜长度计算，每个大刀头增加长度500mm。

（6）木楼梯工程量。木楼梯工程量按水平投影面积计算，不扣除宽度小于300mm的楼梯井，其踢脚板、平台和伸入墙内部分，不另计算。

八、楼地面工程

楼地面工程定额中，常见的定额项目有垫层、找平层、面层及室外散水、台阶等。

1. 地面垫层工程量

垫层是承重地面或基础的荷载并将其传递给下面土层的构造层。按使用材料的不同，常用的垫层有灰土、素土、混凝土、炉渣等。其工程量按面积乘以设计厚度以立方米计算。地面垫层面积按主墙间净空面积计算，应扣除凸出地面的构筑物、设备基础、室内轨道、地沟等所占体积，不扣除柱、垛、间壁墙、附墙烟囱及面积在0.3m^{2}以内孔洞所占体积；基础垫层按面积乘以垫层厚度计算。其计算公式为

$$地面垫层工程量=主墙间净空面积\times垫层厚度-应扣除的体积 \tag{5-73}$$

$$基础垫层工程量=垫层长度\times垫层宽度\times垫层厚度 \tag{5-74}$$

式中，应扣除的体积指凸出地面的构筑物、设备基础、室内轨道、地沟等所占体积；垫层长度取值为，当为条形基础时，外墙下垫层以$L_{中}$、内墙下垫层以垫层间净长度计算；当为独立基础或满堂基础时，按图纸设计长度计算。

2. 面层工程量

（1）整体面层、找平层。计算规则与清单相同。

（2）块料面层。其工程量按图示尺寸实铺面积以平方米计算，门洞、空圈、暖气包槽和壁龛的开口部分的工程量并入相应的面层内计算。

3. 其他楼地面工程量

（1）散水、防滑坡道的工程量，按图示尺寸以平方米计算。

（2）明沟工程量按图示尺寸以延长米计算。

（3）栏杆、扶手工程量按设计图示尺寸以扶手中心线长度（包括弯头长度）计算。

（4）楼梯面层按水平投影面积计算，其计算与楼梯的模板、混凝土工程量相同。

（5）台阶面层（包括踏步及最上一层踏步外扩300mm）按水平投影面积计算。

九、屋面及防水工程

1. 屋面工程工程量

(1) 瓦屋面、金属压型板工程量。与清单相同。

(2) 卷材屋面工程量。卷材防水屋面的工程量按以下规定计算：

1) 卷材屋面的工程量，与清单相同。

2) 卷材屋面附加层、接缝、收头、找平层嵌缝、冷底子油已计入定额内，不另计算。

(3) 涂膜屋面的工程量。与清单相同。涂膜屋面的油膏嵌缝、玻璃布盖缝、屋面分格缝，均以延长米计算。

(4) 屋面排水工程量。屋面排水工程量按以下规则计算：

1) 薄钢板排水按图示尺寸以展开面积计算，咬口和搭接等已计入定额项目中，不另计算。

2) 铸铁、玻璃钢水落管的工程量，应区别不同直径按图示尺寸以延长米计算，雨水口、水斗、弯头、短管以“个”计算。

2. 防水工程工程量

(1) 建筑物地面防水、防潮层的工程量，与清单相同。地面防水层周边部位上卷高度按图示尺寸计算，无具体设计尺寸时按 0.3m 计算。上卷高度在 0.5m 以内时，工程量并入平面防水层；超过 0.5m 时，按立面防水层子目计算。

(2) 构筑物及建筑物地下室防水层工程量，按实铺面积计算，但不扣除 $0.3m^2$ 以内的孔洞面积。平面与立面交接处的防水层，其上卷高度超过 500mm 时，按立面防水层计算。

(3) 变形缝的工程量，按延长米计算。

(4) 屋面保温隔热层和屋面找坡层工程量，均按设计图示铺设面积乘设计厚度（找坡层为平均厚度），以立方米计算，不扣除单个面积不超过 $0.1m^2$ 所占的面积。如不同部位设计要求坡度、厚度、材质不同时，应分别计算。

十、防腐、保温、隔热工程

防腐、保温、隔热工程分为耐酸、防腐和保温、隔热两个部分。

1. 耐酸、防腐工程

耐酸、防腐工程适用于对房屋有特殊要求的工程，其定额项目划分为整体面层、隔离层、块料面层、耐酸、防腐涂料等。防腐工程项目应区分不同防腐材料种类及厚度，按设计实铺面积以平方米计算。应扣除凸出地面的构筑物、设备基础等所占面积，砖垛等突出墙面部分按展开面积并入墙面防腐工程量之内。

(1) 整体面层、隔离层适用于平面、立面的耐酸、防腐工程，包括沟、坑、槽。

(2) 块料面层以平面砌为准。砌立面者，按平面砌相应项目人工乘以系数 1.38，踢脚板人工乘以系数 1.56，其他不变。

(3) 平面砌筑双层耐酸块料时，按单层面积乘以系数 2 计算。

(4) 防腐卷材接缝、附加层、收头等人工材料，已计入在定额中，不再另行计算。

2. 保温、隔热工程

定额中保温、隔热工程适用于中温、低温及恒温的工业厂（库）房隔热工程以及一般保温工程，其定额项目划分为屋面、天棚、墙体、楼地面及柱。

(1) 屋面保温隔热层。屋面保温层工程量，按保温材料的体积计算，即屋面斜面积乘以保温材料平均厚度。不扣除房上烟囱、风帽底座、风道、屋面小窗等所占体积，屋面铺细砂工程量按屋面面积计算。不同保温材料品种应分别计算其工程量。保温隔热层的厚度按隔热材料（不包括胶结材料）净厚度计算。

（2）地面保温隔热层。地面保温隔热层按围护结构墙体间净面积乘以设计厚度以立方米计算，不扣除柱、垛所占的体积；架空隔热层按实铺面积计算，执行各地相应项目。其计算公式为

$$\text{地面保温隔热层工程量}=(\text{墙间净面积}+\text{门洞等开口部分面积})\times\text{保温层厚度} \tag{5-75}$$

$$\text{地面架空隔热层工程量}=\text{实铺面积} \tag{5-76}$$

若架空板是钢筋混凝土板，其钢筋工程量按混凝土及钢筋混凝土工程的有关规定计算。

（3）天棚保温隔热层。天棚保温隔热层工程量，按保温材料的体积计算，即天棚面积乘以保温材料的厚度。不同保温材料品种应分别计算。柱帽保温隔热层按图示保温隔热层体积并入天棚保温隔热层工程量内。架空隔热层工程量的计算与地面有关规定相同。

（4）墙体保温隔热层。墙体保温隔热层，外墙按隔热层中心线长度、内墙按隔热层净长度乘以图示尺寸高度及厚度以立方米计算。应扣除冷藏门洞口和管道穿墙洞口所占体积，门洞口侧壁周围的隔热部分，按图示隔热层尺寸以立方米计算，并入墙面的保温隔热层工程量内。其计算公式为

$$\text{墙体保温隔热层工程量}=\text{保温隔热层长度}\times\text{高度}\times\text{厚度}-\text{门窗洞口所占体积}+\text{门窗洞口侧壁增加面积} \tag{5-77}$$

外墙隔热层的中心线及内墙隔热层的净长度不是 $L_{中}$ 及 $L_{内}$，计算时应考虑隔热层厚度对隔热层长度所带来的影响。

（5）柱保温隔热层。柱保温隔热层，按图示柱的隔热层中心线的展开长度乘以图示尺寸高度及厚度以立方米计算。

（6）池槽保温隔热层。池槽保温隔热层按图示池槽保温隔热层的长度、宽度及其厚度以立方米计算。其中池壁按墙面计算，池底按地面计算。

十一、金属结构制作工程

金属结构制作工程量按图示尺寸以吨计算，不扣除孔眼、切边的重量。焊条、铆钉、螺栓等重量已包括在定额内，不另计算。

（1）不规则或多边形钢板重量计算时均以其最大对角线乘以最大宽度的矩形面积计算。

（2）实腹柱、吊车梁、H 型钢工程量按图示尺寸计算，其中腹板及翼板宽度按每边增加 25mm 计算。

（3）制动梁的制作工程量包括制动梁、制动桁架、制动板重量；墙架的制作工程量包括墙架柱、墙架梁及连接杆杆重量；钢柱制作工程量包括依附于柱上的牛腿及悬臂梁重量。

（4）轨道制作工程量，只计算轨道本身重量，不包括轨道垫板、压板、斜垫、夹板及连接角钢等重量。

（5）栏杆制作，仅适用于工业厂房中平台、操作台的钢栏杆。民用建筑中铁栏杆应按楼梯栏杆、扶手的规定计算。

（6）钢漏斗制作工程量，矩形按图示分片，圆形按图示展开尺寸，并依钢板宽度分段计算，每段均以其上口长度（圆形以分段展开上口长度）与钢板宽度，按矩形计算，依附漏斗

的型钢并入漏斗重量内计算。

十二、建筑工程垂直运输

建筑工程垂直运输适用于前述本章各节内容在施工中所发生的垂直运输费用的计算，包括建筑物、构筑物垂直运输两个部分。

1. 建筑物垂直运输

建筑物垂直运输包括 20m（6 层）以内卷扬机施工、20m（6 层）以内塔式起重机施工、20m（6 层）以上塔式起重机施工三个部分。其垂直运输机械台班用量，区分不同建筑物的结构类型及高度按建筑面积以平方米计算。建筑面积按本章第二节规定计算。

（1）建筑物垂直运输定额的工作内容中包括单位工程在合理工期内完成全部工程项目所需的垂直运输机械台班，不包括机械的场外往返运输、一次安拆及路基铺垫和轨道铺拆的费用，发生时另计。例如固定式塔吊，要另外计取其基础费用、安拆费及机械进出场费。

（2）同一建筑物有多种用途（或多种结构）时，按不同用途（或结构）分别计算工程量，檐高以该建筑物的总檐高为准。

（3）檐高是指设计室外地坪至檐口的高度。突出主体建筑屋顶的电梯间、水箱间等不计入檐口高度内。定额套用是按檐高和层数两个指标同时界定的，凡檐高达上限而层数未达时，以檐高为准；如层数达上限而檐高未达者，以层数为准。

（4）檐高 3.6m 以内的单层建筑，不计算垂直运输机械台班。

【例 5-15】 某六层建筑物底层为框架结构，二层及二层以上为砖混结构，每层建筑面积 1500m^2。试计算其垂直运输工程量。

解 因底层与二层～六层的结构形式不同，故应将底层与二～六层的垂直运输工程量分别计算，并套用不同定额，可得

底层建筑物的垂直运输工程量＝底层建筑面积＝1500m^2

二层～六层建筑物的垂直运输工程量＝二层～六层建筑面积＝1500×5＝7500m^2

2. 构筑物垂直运输

构筑物垂直运输机械台班以“座”为单位计算。超过规定高度时，再按每增高 1m 定额项目计算，其高度不足 1m 的，亦按 1m 计算。

构筑物垂直运输是按不同构筑物及其高度划分定额项目的。构筑物的高度是指从设计室外地坪至构筑物顶面的高度。

十三、建筑物超高增加人工、机械

建筑物超高是指建筑物檐高超过 20m 或层数超过 6 层。建筑物超过一定高度后，会引起施工效率降低。

建筑物超高增加人工、机械定额计算规定：

（1）建筑物超高的各项降效系数中包括的内容指建筑物基础以上的全部工程项目，但不包括垂直运输、各类构件的水平运输及各项脚手架。

（2）建筑物超高的人工降效按规定内容中的全部人工费乘以定额系数计算。

（3）建筑物超高的吊装机械降效，按《构件运输及安装工程》吊装项目中的全部机械费乘以定额系数计算。

（4）建筑物超高的其他机械降效，按规定内容中的全部机械费（不包括吊装机械）乘以定额系数计算。

（5）建筑物超高施工用水加压增加的水泵台班，按建筑面积以平方米计算。

建筑物超高施工用水加压增加的水泵台班，是指由于水压不足，高层用水需加压所发生的加压用水泵的台班数。

十四、装饰工程

装饰工程定额分为墙、柱面装饰，天棚装饰及油漆、涂料、裱糊三大部分。计算装饰工程量之前，应了解图纸各部位工程做法，以确定计算工程量时分部分项工程项目划分问题。

1. 墙、柱面装饰

定额中墙、柱面装饰包含墙、柱面的一般抹灰、装饰抹灰、镶贴块料面层、墙柱面装饰及其他。所有项目中均包含 3.6m 以下的简易脚手架的搭设、拆除，发生时不另计算。

（1）墙、柱面的一般抹灰。

1）内墙面抹灰工程量。与清单相同。对于吊顶天棚，计算高度从室内地面、楼面或墙裙顶面取至天棚底面另加 100mm。

2）外墙面抹灰工程量。与清单相同。

3）墙面勾缝工程量。墙面勾缝按垂直投影面积计算，应扣除墙裙和墙面抹灰的面积，不扣除门窗洞口、门窗套、腰线等零星抹灰所占面积，附墙柱和门窗洞口侧面的勾缝面积亦不增加。独立柱、房上烟囱勾缝，按图示尺寸以平方米计算。其计算公式为

$$墙面勾缝工程量=L_{外}\times墙高度-墙裙面积-墙面抹灰面积 \tag{5-78}$$

勾缝有原浆勾缝和加浆勾缝之分。原浆勾缝是指边砌墙边用砌筑砂浆勾缝，其费用已包含在墙体砌筑中，不另计算；加浆勾缝是在砌完墙后，用抹灰砂浆勾缝，缝的形状有凹缝、平缝、凸缝，其费用未包含在墙体砌筑中，工程量应另行计算。

4）独立柱抹灰工程量。独立柱的一般抹灰按结构断面周长乘以柱的高度以平方米计算。

5）栏板、栏杆抹灰工程量。按立面垂直投影面积乘以系数 2.2，以平方米计算。

6）窗台线、门窗套、挑檐、腰线、遮阳板抹灰工程量。展开宽度在 300mm 以内者，按装饰线以延长米计算，如展开宽度超过 300mm 以上者，按图示尺寸以展开面积计算，套零星抹灰定额项目。

7）阳台底面抹灰工程量。阳台底面抹灰按水平投影面积以平方米计算，并入相应天棚抹灰面积内。阳台如带悬臂梁者，其工程量乘以系数 1.30。

8）雨篷抹灰工程量。雨篷底面或顶面抹灰分别按水平投影面积以平方米计算，并入相应天棚抹灰工程量内。雨篷顶面带反檐或反梁者，其工程量乘以系数 1.2，底面带悬臂梁者，其工程量乘以系数 1.2。雨篷外边线按相应装饰或零星项目执行。雨篷外边线抹灰宽度小于或等于 300mm 时，执行装饰线定额项目；雨篷外边线抹灰宽度大于 300mm 时，执行零星抹灰定额项目。

（2）墙、柱面的装饰抹灰。装饰抹灰定额中包括了水刷石、斩假石、干粘石、水磨石、拉条灰、甩毛灰等项目。

1）外墙装饰抹灰工程量。外墙各种装饰抹灰均按图示尺寸以实抹面积计算。应扣除门窗洞口、空圈的面积，其侧壁面积不另增加。计算公式为

$$外墙装饰抹灰工程量=实抹面积-门窗洞口、空圈所占面积 \tag{5-79}$$

实抹面积是指按外墙所采用的不同装饰材料分别计算各自装饰抹灰面积。

2）独立柱装饰抹灰工程量。独立柱装饰抹灰工程量的计算与其一般抹灰相同。

3）挑檐、天沟、腰线、栏杆、栏板、门窗套、窗台线、压顶等装饰抹灰工程量。挑檐、天沟、腰线、栏杆、栏板、门窗套、窗台线、压顶等装饰抹灰均按图示尺寸展开面积以“平方米”计算，并入相应的外墙面积内。定额中装饰抹灰项目，如水刷石、干粘石、水磨石中有“零星项目”的，挑檐、天沟、腰线、栏杆、栏板、门窗套、窗台线、压顶等应执行“零星项目”，无“零星项目”的，才并入外墙面积内。

（3）墙、柱面镶贴块料面层。

1）墙面镶贴块料面层工程量。与清单相同。

2）独立柱面镶贴块料面层工程量。与清单相同。

3）挑檐、天沟、腰线、窗台线、门窗套、压顶、栏板、扶手、遮阳板、雨篷周边等镶贴块料面层工程量。挑檐、天沟、腰线、窗台线、门窗套、压顶、栏板、扶手、遮阳板、雨篷周边等镶贴块料面层按展开面积计算。

（4）墙柱面装饰。墙柱面装饰是指以玻璃、人造革、丝绒、塑料板、胶合板、硬木条板、石膏板、竹片、电化铝板、铝合金板、不锈钢等为饰面面层的装饰工程。墙、柱面装饰按图示尺寸以“平方米”计算。其计算公式如下

墙、柱面的龙骨工程量＝基层工程量＝面层工程量＝实铺面积　　（5-80）

工程量计算运用注意图示尺寸是指装饰各层本身的长度及高度，而非构件的结构尺寸。

【例 5-16】 设计某方形柱做圆形不锈钢片饰面，已知柱饰面外围直径为 500mm，柱高 3.9m，试计算柱饰面工程量。

解 定额不锈钢片饰面项目中已包含了龙骨、基层及面层的费用，故本例应列项目为方形柱包圆形饰面，则有

$$柱饰面工程量＝实铺面积＝饰面周长\times柱高＝3.14\times0.5\times3.9＝6.12\text{m}^2$$

（5）其他装饰。

1）木隔墙、墙裙、护壁板工程量。木隔墙、墙裙、护壁板均按图示尺寸的长度乘以高度按实铺面积以平方米计算。

本规则中所述“图示尺寸”指的是木隔墙、墙裙、护壁板本身的净长度及高度，而非所依附墙体的结构尺寸。

2）玻璃隔墙工程量。玻璃隔墙按上横档顶面至下横档底面之间的高度乘以宽度（两边立梃外边线之间）以平方米计算。其计算公式为

玻璃隔墙工程量＝横档面积＝横档外框高度×外框宽度　　（5-81）

3）铝合金、轻钢隔墙、幕墙工程量。幕墙最常见的是玻璃幕墙，即将玻璃面层安装在型钢、铝合金等骨架内。铝合金、轻钢隔墙、幕墙按四周胯骨内外围面积计算。其计算公式为

铝合金、轻钢隔墙、幕墙工程量＝隔墙、幕墙四周框外围面积
＝隔墙、幕墙外框长度×外框高度　　（5-82）

幕墙、隔墙中如设计有平、推拉窗，应扣除平、推拉窗的面积，平、推拉窗另按门窗工程相应定额项目计算。

4）浴厕木隔断工程量。浴厕木隔断，按下横档底面至上横档顶面之间的高度乘以图示长度以平方米计算，门扇面积并入隔断面积内计算。其计算公式为

浴厕木隔断工程量＝隔断四周框外围面积＝隔断外框长度×外框高度　　（5-83）

2. 天棚面装饰

定额中天棚面装饰包含天棚的抹灰面层、龙骨、装饰面层、送（回）风口等部分。

(1) 天棚抹灰面层工程量。

1) 计算规则。

①天棚抹灰面积按主墙间的净面积计算，不扣除间壁墙、垛、柱、附墙烟囱、检查口和管道所占的面积。带梁天棚梁两侧的抹灰面积，并入天棚抹灰工程量内计算。

②密肋梁和井字梁天棚，其抹灰面积按展开面积计算。

③天棚抹灰如带有装饰线时，应区分三道线以内或五道线以内按延长米计算，线角的道数以一个突出的棱角为一道线。

④檐口天棚的抹灰面积，并入天棚抹灰面积内计算。

⑤天棚中的折线、灯槽线、圆弧形线、拱形线等艺术形式的抹灰，按展开面积计算。

⑥板式楼梯底面的装饰工程量按水平投影面积乘以 1.15 系数计算，梁式楼梯底面按展开面积计算。

2) 计算方法。

天棚抹灰工程量＝主墙间净面积＋梁的侧面抹灰面积 (5-84)

【例 5-17】 某钢筋混凝土天棚如图 5-44 所示。已知板厚 100mm，试计算其天棚抹灰工程量。

解 如图 5-44 所示，有

主墙间净面积＝(3×3－0.24)×(2.4×3－0.24)＝60.97m^2

L1 的侧面抹灰面积＝[(3－0.12－0.125)×2＋ (3－0.125×2)]×2 ×(0.6－0.1)×2(根)＋0.25×0.1×2×4

＝8.26×2×0.5×2＋0.2＝16.72m^2

L2 的侧面抹灰面积＝[(2.4－0.12－0.125)×2＋(2.4－0.125×2)]×2 ×(0.5－0.1)×2(根)

＝13.28×0.4×2＝10.34m^2

天棚抹灰工程量＝主墙间净面积＋L1、L2 的侧面抹灰面积＝60.97＋16.72＋10.34

＝88.03m^2

(2)天棚龙骨工程量。

各种吊顶天棚龙骨按主墙间净空面积计算，不扣除间壁墙、检查口、附墙烟囱、附墙垛和管道所占面积，应扣除独立柱及与天棚相连的窗帘盒所占的面积，但天棚中的折线、迭落等圆弧形，高低吊灯槽等面积也不展开计算。其计算公式为

天棚龙骨工程量＝主墙间净面积－独立柱及与天棚相连的窗帘盒所占面积 (5-85)

(3)天棚装饰面层工程量。其工程量按主墙间实铺面积以平方米计算，不扣除间壁墙、检查口、附墙烟囱、附墙垛和管道所占面积，应扣除独立柱及与天棚相连的窗帘盒所占的面积。天棚中的折线、迭落等圆弧形、拱形、高低吊灯槽及其他艺术形式天棚面层均按展开面积计算。计算公式为

天棚装饰面层工程量＝主墙间净面积＋应增减面积 (5-86)

式中，应增面积为天棚折线、迭落等艺术造型所增加部分面积；应减面积为独立柱及与天棚相连的窗帘盒所占面积。

(4) 送(回)风口工程量。送(回)风口是用于空调房间的配套装饰物。送风口指空调管道向室内输入空气的管口;回风口指空调管道向室外送出空气的管口。它们均以“个”为计量单位计算工程量。

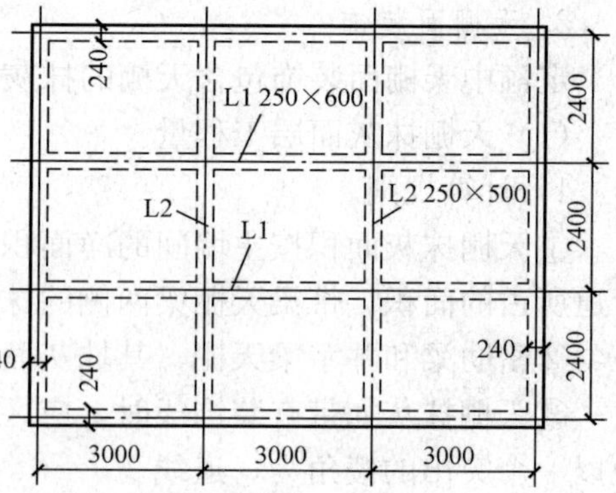

图 5-44 带梁天棚示意图

3. 油漆、涂料、裱糊

定额中油漆、涂料、裱糊分为木材面油漆、金属面油漆、抹灰面油漆及涂料和裱糊四个部分。

(1) 木材面、金属面油漆工程量。木材面、金属面油漆工程量按表 5-24～表 5-26 规定计算,并乘以表内系数以平方米计算。其计算公式为

$$木材面、金属面油漆工程量=表中规定基数\times 相应系数 \tag{5-87}$$

表 5-24 执行木门定额工程量系数

项目名称	系数	工程量计算方法
单层木门	1.00	按单面洞口面积计算
双层(一玻一纱)木门	1.36	
双层(单裁口)木门	2.00	
单层全玻门	0.83	
木百叶门	1.25	

表 5-25 执行木窗定额工程量系数表

项目名称	系数	工程量计算方法
单层玻璃窗	1.00	按单面洞口面积计算
双层(一玻一纱)木窗	1.36	
双层框扇(单裁口)木窗	2.00	
双层框三层(二玻一纱)木窗	2.60	
单层组合窗	0.83	
双层组合窗	1.13	
木百叶窗	1.50	

表 5-26 执行木扶手定额工程量系数表

项目名称	系数	工程量计算方法
木扶手(不带托板)	1.00	按延长米计算
木扶手(带托板)	2.60	
窗帘盒	2.04	
封檐板、顺水板	1.74	
挂衣板、黑板框、单独木线条 100mm 以外	0.52	
挂镜线、窗帘棍、单独木线条 100mm 以外	0.35	

表 5-27 抹灰面工程量系数表

项目名称	系数	工程量计算方法
混凝土楼梯底(板式)	1.00	按延长米计算
混凝土楼梯底(梁式)	2.60	
混凝土花格窗、栏杆花饰	2.04	
楼地面、天棚、墙、柱、梁面	1.74	

(2) 抹灰面油漆、涂料工程量。抹灰面油漆、涂料工程量应按表 5-27 规定并乘以表列系数以平方米计算。表中未规定的楼地面、天棚面、墙面、柱面、梁面的喷(涂)、抹灰面油漆工程均按各自相应的抹灰工程量计算规则规定计算。

(3) 裱糊工程量。裱糊工程量按实铺面积计算。

4. 其他装饰工程

其他装饰工程包括招牌、灯箱、美术字、压条、装饰线、暖气罩、镜面玻璃、货架、各种柜类的装饰及各种拆除等。其中，招牌按形状有平面招牌和箱体招牌、竖式标箱；平面招牌按复杂程度又分为一般招牌和复杂招牌；箱体招牌分为矩形招牌和异形招牌。平面招牌是指安装在门前的墙面上；箱体招牌、竖式标箱是指六面体固定在墙面上；一般招牌和矩形招牌是指正立面平整无凸面；复杂招牌和异形招牌是指正立面有凹凸造型。另外，箱体招牌是横向固定的招牌；竖式标箱是纵向固定招牌。

其他装饰工程工程量计算。

(1) 招牌、灯箱工程量。

1) 平面招牌基层按正立面面积计算，复杂形的凹凸造型部分亦不增减。

2) 沿雨篷、檐口或阳台走向的立式招牌基层，按平面招牌复杂型执行时，应按展开面积计算。

3) 箱体招牌和竖式标箱的基层，按外围体积计算。突出箱外的灯饰、店徽及其他艺术装潢等均另行计算。

4) 灯箱的面层按展开面积以平方米计算。

5) 广告牌钢骨架以吨计算。

(2) 美术字安装按字的最大外围矩形面积以个计算。

(3) 压条、装饰线条均按延长米计算。

(4) 暖气罩（包括脚的高度在内）按边框外围尺寸垂直投影面积计算。

(5) 镜面玻璃安装、盥洗室木镜箱以正立面面积计算。

(6) 塑料镜箱、毛巾环、肥皂盒、金属帘子杆、浴缸拉手、毛巾杆安装以只或副计算。不锈钢旗杆以延长米计算。大理石洗漱台以台面投影面积计算（不扣除孔洞面积）。

(7) 货架、柜橱类均以正立面的高（包括脚的高度在内）乘以宽以平方米计算。

(8) 收银台、试衣间等以个计算，其他以延长米为单位计算。

(9) 拆除工程量按拆除面积或长度计算，执行相应子目。

关键概念 工程量 建筑面积 层高 净高 檐高

习 题

5.1 简述工程量计算的依据及方法。

5.2 建筑物哪些部位不计算建筑面积？

5.3 门厅、大厅面积如何确定？

5.4 建筑物的层高如何确定？

5.5 地下室和半地下室的建筑面积如何计算？

5.6 外墙高度如何确定？

5.7 工程量清单计算规则中，对平整场地、挖基础土方工程量如何计算？其与定额中工程量计算有何区别？

5.8 工程量清单计算规则中，对钢筋工程量、混凝土工程量的计算是如何规定的？

5.9　墙身与基础如何区分？

5.10　工程量清单计算规则中，墙、柱面工程量如何计算？

5.11　水磨石地面清单工程量如何计算？

5.12　内墙面、外墙面、天棚抹灰的清单工程量如何计算？

5.13　门、窗油漆的清单工程量如何计算？

5.14　定额工程量中，土石方工程量如何确定？

5.15　房心回填土定额工程量如何计算？

5.16　定额工程量计算规则中，脚手架与模板工程量如何计算？清单中脚手架与模板如何列项目？

5.17　楼梯、台阶、散水其面层的定额工程量如何计算？

5.18　屋面找平层及保温层的定额工程量如何计算？

5.19　金属结构制作的定额工程量如何计算？

5.20　金属构件的吊装、运输的定额工程量如何计算？

5.21　某住宅楼底层平面图如图5-45所示。已知内、外墙厚均为240mm，设有悬挑雨篷及非封闭阳台，层高3.2m。试计算住宅底层建筑面积。

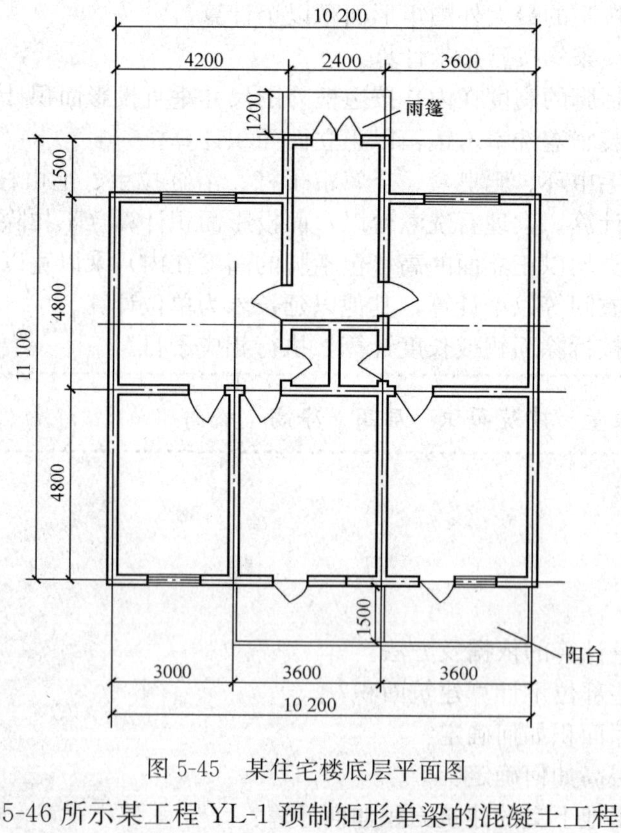

图5-45　某住宅楼底层平面图

5.22　试计算图5-46所示某工程YL-1预制矩形单梁的混凝土工程量、模板工程量、钢筋工程量，混凝土的强度等级为C30，钢筋端部弯折平直段长度均为280mm。

5.23　某室内设计地面楼净长18m，净宽9m，其楼面工程做法为：20mm厚1∶2水泥砂浆压实抹光；刷素水泥浆结合层一道；100mm厚C15混凝土；150mm厚3∶7灰土。要求编制：

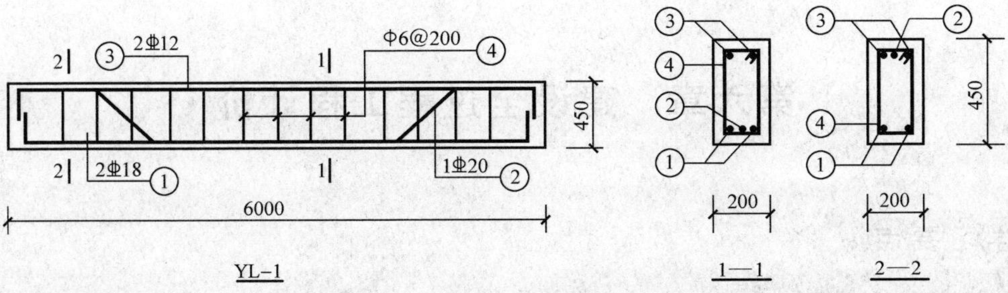

图 5-46　YL-1 梁配钢筋图示（共 10 根）

（1）该楼地面工程量清单。

（2）对所编清单进行计价。

5.24　某住宅预应力空心板，选用 YKB3652 共 816 块，YKB3653 共 220 块。试计算预应力空心板的制作、运输及安装定额工程量。（每块预制板体积均为 0.131m^3）

5.25　某框架结构需开挖大型基坑，基坑底部长度为 50m，宽度为 30m，深 10m（自室外地坪算起）。试计算其定额工程量。

5.26　某建筑物平面为 13.44m×7.14m，底层建筑面积为 95.96m^2。试计算其平整场地和钻探回填孔的定额工程量。

第六章　建设全过程工程计价

学习要点

本章主要介绍了建设全过程工程计价的概念、体系及特点，投资估算、设计概算、施工图预算、施工预算、工程结算及竣工决算的概念、作用、编制原理及编制方法。通过本章学习掌握工程计价的概念；熟悉工程计价的内容；了解投资估算的作用；掌握投资估算的编制方法；了解设计概算的作用；掌握设计概算的编制方法；重点掌握施工图预算的定额单价法；熟悉施工预算的编制方法；掌握"两算对比"的概念；熟悉工程结算及竣工决算的概念、作用；掌握建筑工程价款的结算。

第一节　概　　述

一、建设全过程工程计价的含义

工程计价就是工程造价的计算与确定。工程计价既是工程造价管理的重要组成部分，又是工程造价控制的前提和依据。工程计价与造价控制是两个并行的、各有侧重点又相互联系的工作过程。工程计价工作贯穿于工程建设全过程，每个阶段均要编制相应的计价文件，其内容及相互关系如图 6-1 所示。

建设全过程工程计价是指在建设项目的各个阶段，根据不同的目的，综合运用技术、经济、管理等手段，对特定工程项目的工程造价进行全过程、全方位的预测、优化、计算、分析等一系列活动的总和。要及时、准确地进行建设全过程计价，就必须对计价特点、计价依据、计价方法与原理、计价原则及工程计价的程序有一个全面了解。

二、工程计价的特点

1. 单件性计价

由于每一个工程项目的个体差别，因此每项工程都必须计算其造价。

2. 多次性计价

由于建设工程周期长、规模大、造价高，因此要按建设程序分阶段进行，相应地也要在不同阶段多次性计价，以保证工程造价的科学性。

3. 动态性计价

一项工程从决策到竣工交付使用，有一个较长的建设周期，由于不可控因素的影响，在预计工期内，存在许多影响工程造价的动态因素，工程造价在整个建设期中处于不确定状态，直至竣工决算后才能最终确定工程的实际造价。

4. 组合性计价

每一个建设项目都是一个工程综合体，建设项目的这种组合性决定了计价的过程是一个逐步组合的过程。

5. 计价方法的多样性

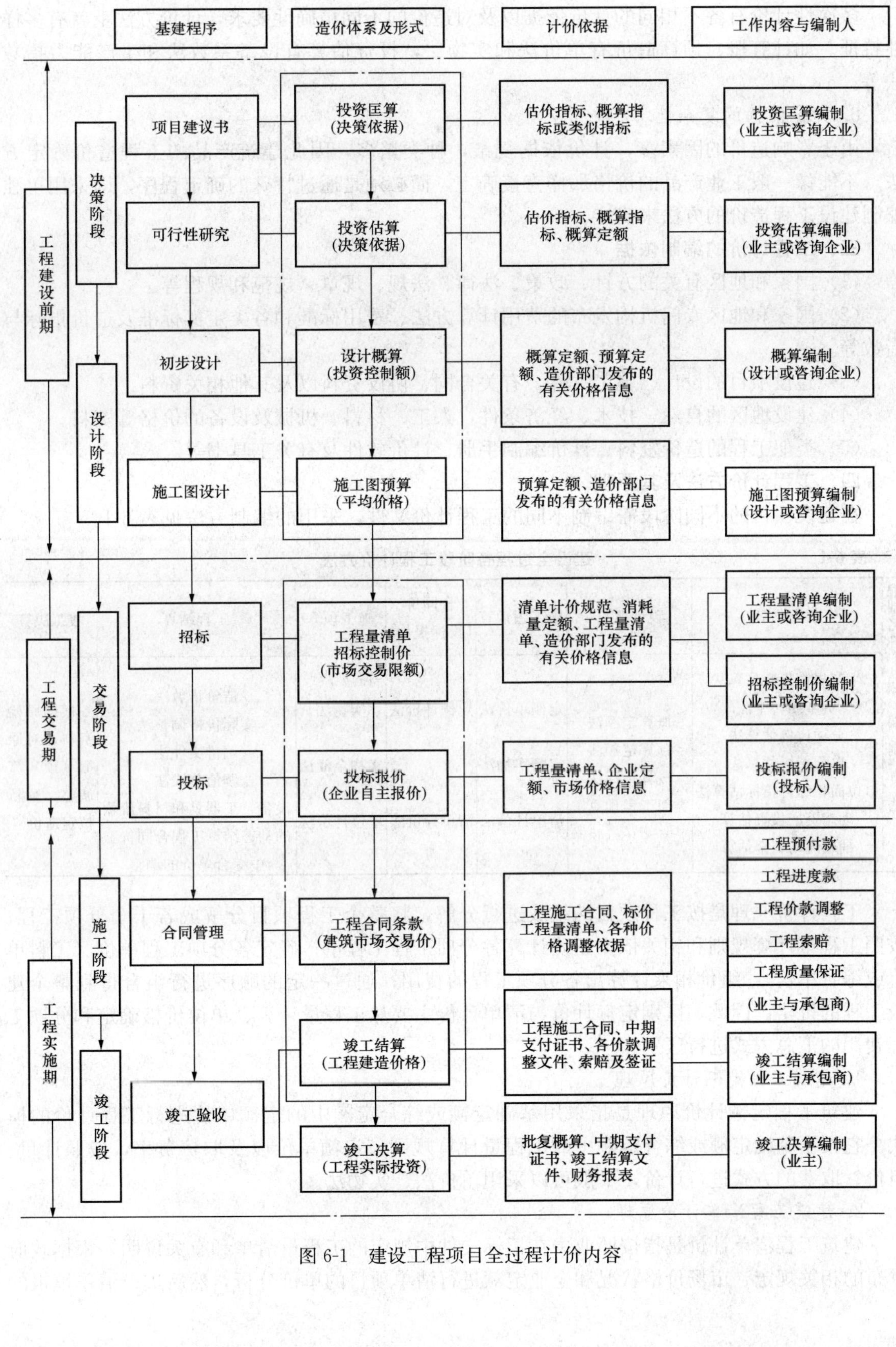

图 6-1　建设工程项目全过程计价内容

多次性计价有各不相同的计价依据以及对造价的不同精确性要求，计价方法上就有多样性特征。如计算概、预算造价有单价法和实物法，投资估算有设备系数法和生产能力指数法等。

6. 计价依据的复杂性

由于影响造价的因素多，计价依据复杂，种类繁多，因此建筑产品的工程造价确定方法，不能像一般工业产品的价格那样直接确定，而必须是通过特殊的确定程序，即采用单独编制建设工程造价的方法来确定。

三、工程计价的编制依据

（1）国家和地区有关的方针、政策、法律、法规、规章、规范和规程等。

（2）国家和地区专门机构发布的费用计算方法、费用标准和各类定额标准及造价指标与指数等。

（3）建设项目的设计、施工文件，有关合同、协议资料以及其他相关资料。

（4）建设地区的自然、技术、经济条件，人工、材料、机械及设备的价格等资料。

（5）类似工程的造价资料、计价编制手册、计价软件及有关工具书等。

四、工程计价方法及其原理

在建设项目的不同阶段需编制不同的工程计价文件，采用的编制方法见表 6-1。

表 6-1　建设全过程各阶段工程计价方法

编制名称	投资估算	设计概算	施工图预算	合同价（投标报价）	施工预算	工程结算	竣工决算
编制方法	生产规模指数估算法 资金周转率法 分项比例估算法 单元指标估算法 单位面积综合指标估算法 动态资产投资估算 铺底流动资金估算	概算定额法 预算定额法 概算指标法 类似工程预算法	定额单价法 定额实物法 清单计价法	定额计价法 清单计价法	实物法 实物金额法 单位计价法	造价指数法 实际价格调整法 调价文件法 调值公式法 设备、工器具和材料价款的动态结算工程合同价款中综合单价的调整	根据原始资料，对原概（预）算调整，重新核定造价

工程计价原理是按工程项目的组成进行分解，将整个工程项目分解成若干个分项工程；按照工程量计算规则和相关依据正确计算各分项工程工程量；确定各分项工程单价（工料单价或综合单价），组价相乘计算出各分项工程的费用；通过一定的顺序进行组合得到整个建筑工程的价格。因此，区别定额计价与清单计价主要从工程量计算、单位价格确定和分项工程费用的汇总方式进行区别。

1. 建筑工程定额计价原理

建筑工程定额计价原理是指采用基础定额或综合定额中的定额单价进行工程计价的模式。它根据基础定额或综合定额中的工程量计算规则、定额单价以及取费费率，按照计量、组价、取费的方式进行计价，一般可以采用单价法、实物法。

2. 建筑工程清单计价原理

建筑工程清单计价是指按照业主在招标文件中规定的工程量清单和有关说明，根据政府颁布的相关规定、市场价格状况和企业定额进行清单项目的单价分析，然后进行清单填报的计价模式，一般采用综合单价法。其中，工程量是由业主在招标文件中给出，工程量的计算依据工程量清单计算规则进行。

对于工程计价，无论是定额计价还是清单计价，都需要一定的计价依据，也需统一的基本项目设置规则和工程量计算规则；对于基本项目的划分，定额计价要比清单计价更为细致。引导企业建立自己的定额数据库，最终过渡到由企业根据自身的个别消耗来确定工程价格是工程造价改革的任务之一。

五、工程计价的基本原则

1. 客观性原则

所谓客观性原则，是指计价主体在计价中，根据工程项目的性质、特点、规模等实际情况，认真进行调查研究，掌握全面、翔实、可靠的资料，采用适当标准和方法，通过认真分析、测算之后，得到合理、可靠的计价结论。

2. 科学性原则

所谓科学性原则，是指在工程项目计价过程中，根据特定目的、特定阶段，制订科学的计价方案，采用合理的计价程序和科学的计价方法确定工程造价。

3. 全面性原则

所谓全面性原则，这里是指在进行工程计价过程中，特别是在施工阶段开始前的阶段，对工程项目所需资金有全面充分的估计。

4. 相对准确性原则

工程造价的确定首先要明确建筑产品具有商品的属性，其价格具有“观念流通”、分别计价、定价在先、供求双方直接定价和差价形式的不同，决定了建筑产品的价格只能在工程项目建设过程中逐步明晰、逐步确定。

5. 动态性原则

工程计价是一个动态发展的过程，工程价格在建设过程中也表现为一个动态变化的过程。这包括两方面的含义：在不同的建设阶段需要进行不同层次和深度的计价；针对不同层次和深度的计价，工程计价所依据的概预算定额和指标不同。

六、工程计价的编制程序

工程计价涵盖了工程造价的预测、计算、分析、优化等多种活动内容，不同阶段工程计价的编制程序是不完全相同的，一般的工程计价编制程序如下。

（一）工程计价的准备工作

熟悉各种编制依据，招标文件的分析研究、工程项目情况调查、工程相关方面的询价。

（二）将编制对象进行分解，划分计算项目，计算各分项工程量并复核

在计算及复核工程量时，一般应按当地主管部门颁布的定额和定额《工程量计算规则》进行；清单招标的应按《计价规范》的规定进行分项和计算工程量。

（三）单价的计算

在工程计价中，采用定额计价或清单计价法，应参照有关规定，确定人工工日单价、材料单价、机械台班单价，计算和编制各分项工程的工料单价或综合单价。

（四）直接工程费的计算

直接费用是指施工过程中直接构成工程实体和有助于工程形成的各项费用，它由人工费、材料费和施工机械使用费三个部分构成。

（五）其他费用的计算

直接工程费计算完毕后，按照国家规定的取费程序，计算措施费、规费和税金等其他费用。

（六）总价计算及计价构成分析

取费完成后，可合计工程总造价并对造价构成进行分析。

第二节 投资估算的编制

一、投资估算的概述

投资估算是指在建设项目投资决策过程中，依据现有的资料和一定的估算方法，对建设项目未来发生的全部费用进行预测和估计。它是项目建设前期编制项目建议书和可行性研究报告的重要组成部分，也是项目决策的重要依据之一。

1. 建设项目决策

（1）建设项目决策的含义。建设项目决策是选择和决定行动方案的过程，是对拟建项目的必要性和可行性进行技术经济论证，对不同建设方案进行技术经济比较及做出判断和决定的过程。

（2）建设项目决策与工程造价的关系。

1）项目决策的正确性是工程造价合理性的前提。

2）项目决策内容是决定工程造价的基础。

3）项目决策过程是一个由浅及深、不断深化及细化的过程，不同阶段决策的深度不同，对投资估算的精度要求也就不同。

2. 建设项目可行性研究

（1）可行性研究的含义。可行性研究也称可行性分析，指根据国民经济、地区经济和行业经济发展规划的基本要求，对拟建项目有关的工程技术、经济、社会等各方面进行全面系统的分析、论证和方案比选，提出拟建项目是否值得投资建设和怎样建设的意见，为项目投资决策提供可靠的依据。

（2）可行性研究的作用。其主要作用是为项目决策者提供可靠的科学决策依据，提高投资收益。具体作用如下：

1）可行性研究是编制可行性报告、项目评估和投资决策的依据。

2）可行性研究是编制设计文件、设备订货、施工准备等建设前期工作的依据。

3）可行性研究是筹集资金、向银行和金融机构申请贷款的依据。

4）可行性研究是与有关协作单位签订合同或协议的依据。

5）可行性研究是环保部门审查项目对环境影响的依据。

（3）可行性研究的主要内容。一是市场研究，包括市场调查和预测研究，是可行性研究的前提和基础，以解决项目的"必要性"问题；二是技术研究，即技术方案和建设条件的研究，是可行性研究的技术基础，以解决项目在技术上的"可行性"问题；三是效益研究，即经济分析与财务评价，是可行性研究的核心内容，以解决项目在经济上的"合理性"问题。

（4）可行性研究的阶段划分。根据可行性研究的目的、要求和内容的不同，可将可行性研究划分为以下几个阶段：

1）机会研究。该阶段的主要任务是为工程项目投资方向提出建议。

2）初步可行性研究。一些复杂的工程要进行初步可行性研究，以便对项目设想进行初步的估计。

3）详细可行性研究。这是一个关键步骤，它必须对工程项目的投资决策提供技术、经济和商业上的基础。

4）评价和决策阶段。该阶段主要是对拟建项目的可行性报告提出评价意见，最终决策该项目投资是否可行，确定最佳投资方案。

二、建设项目投资估算作用

投资估算在拟建项目前期各阶段工作中，具有以下作用：

（1）项目建议书阶段的投资估算，是项目主管部门审批项目建议书的依据之一，并对项目的规划、规模起参考作用。

（2）项目可行性研究阶段的投资估算是项目投资决策的重要依据，也是研究、分析、计算项目投资经济效果的重要条件。

（3）项目投资估算对工程设计概算起控制作用，设计概算不得突破批准的投资估算额，并应控制在投资估算额以内。

（4）项目投资估算可作为项目资金筹措及制订建设贷款计划的依据，建设单位可根据批准的投资估算额，进行资金筹措和向银行申请贷款。

（5）项目投资估算是核算建设项目固定资产投资需要额和编制固定资产投资计划的重要依据。

（6）项目投资估算是进行工程设计招标、优选设计单位和设计方案的依据。

（7）项目投资估算是实行工程限额设计的依据。

三、建设项目投资估算的内容

建设项目投资估算包括该项目从筹建、施工直至竣工投产所需的全部费用，按国家有关规定包括：建筑安装工程费、设备和工器具购置费、工程建设其他费用、预备费、建设期贷款利息、固定资产投资方向调节税、铺底流动资金。

一份完整的投资估算，应包括投资估算编制依据，投资估算编制说明及投资估算总表，其中投资估算总表是核心内容，它主要包括建设项目总投资的构成。

四、投资估算的编制

1. 投资估算的编制依据。

（1）项目的特征。

（2）已建同类工程的竣工决算资料。

（3）投资估算指标或概算指标、概算定额及设计参数指标。

（4）项目所在地区的技术经济条件情况。

（5）建设时间安排。

（6）当地的有关规定和政策。

2. 投资估算的编制方法

固定资产投资包括静态固定资产投资和动态固定资产投资。在工作中应根据项目的特征、具有的技术经济资料和数据的具体情况，选用适宜的估算方法。可采用的编制方法如下：

（1）生产规模指数估算法。该方法是利用已知建成项目的投资额或其设备投资额，估算同类而不同生产规模的项目投资或其设备投资的方法，其估算公式为

$$y = x\left(\frac{C_2}{C_1}\right)^n \times C_f \tag{6-1}$$

式中　y——拟建项目的投资额；

x——已知同类型项目的投资额；

C_2——拟建项目的生产规模；

C_1——已知同类型项目的生产规模；

C_f——增价系数；

n——生产规模指数。

其中生产规模指数 n 是一个关键因素。不同行业、性质、工艺流程、建设水平、生产率水平的项目，应取不同的指数值。选取 n 值的原则是：靠增大设备或装置的尺寸扩大生产规模时，n 取 0.6～0.7；靠增加相同的设备或装置的数量扩大生产规模时，n 取 0.8～0.9；另外，拟估投资项目的生产能力与原有已知资料项目的生产能力的比值有一定限制范围，一般这一比值不能超过 50 倍，而在 10 倍以内效果较好。

(2) 资金周转率法。资金周转率法是利用资金周转率指标来进行投资估算。先根据已建类似项目的有关数据资料计算资金周转率，然后根据拟建项目的预计年产量和单价估算拟建项目的投资。

该方法的计算公式如下

$$\text{资金周转率} = \frac{\text{年销售总额}}{\text{总投资}} = \frac{\text{年产量} \times \text{单位产品售价}}{\text{总投资}} \tag{6-2}$$

$$\text{总投资} = \frac{\text{年产量} \times \text{单位产品售价}}{\text{资金周转率}} \tag{6-3}$$

该法简便易行，节约时间和费用，因项目相关数据的确定性较差，所以投资估算的精度较低。

(3) 分项比例估算法。分项比例估算法是将项目的固定资产投资分为设备投资、建筑物与构筑物投资、其他投资三部分。先估出设备的投资额，然后再按一定比例估出建筑物与构筑物的投资及其他投资，最后将三部分投资加在一起形成项目总投资。

1) 设备投资估算。

设备投资按其出厂价格加上运输费、安装费等，其估算公式如下

$$K_1 = \sum_{i=1}^{n} Q_i \times P_i \times (1 + L_i) \tag{6-4}$$

式中　K_1——设备的投资估算值；

Q_i——第 i 种设备所需数量；

P_i——第 i 种设备的出厂价格；

L_i——同类项目同类设备的运输、安装费系数；

n——所需设备的种数。

2) 建筑物与构筑物投资估算。

建筑物与构筑物投资估算计算公式如下

$$K_2 = K_1 \times L_b \tag{6-5}$$

式中　K_2——建筑物与构筑物的投资估算值；

K_1——设备投资估算值；

L_b——同类项目中建筑物与构筑物投资占设备投资的比例，露天工程取 0.1～0.2，室内工程取 0.6～1.0。

3）其他投资估算。

其他投资估算计算公式如下

$$K_3 = K_1 \times L_w \tag{6-6}$$

式中　K_3——其他投资的估算值；

K_1——设备投资估算值；

L_w——同类项目其他投资占设备投资的比例。

则项目固定资产投资总额的估算值 K 的计算公式如下

$$K = (K_1 + K_2 + K_3) \times (1 + S\%) \tag{6-7}$$

式中　$S\%$——考虑不可预见因素而设定的费用系数，一般为 10%～15%。

（4）单元指标估算法。单元指标指每个估算单元的投资额。该法在实际工作中使用较多，分工业建设项目和民用建设项目两种情况，分别给出估算式如下：

1）工业建设项目单元指标估算法

$$\text{项目投资额} = \text{单元指标} \times \text{生产能力} \times \text{物价浮动指数} \tag{6-8}$$

2）民用建设项目单元指标估算法

$$\text{项目投资额} = \text{单元指标} \times \text{民用建筑功能} \times \text{物价浮动指数} \tag{6-9}$$

（5）单位面积综合指标估算法。单位面积综合指标估算法适用于单项工程的投资估算，投资包括土建、给排水、采暖、通风、空调、电气、动力管道等所需费用。其计算式如下

$$\begin{aligned}\text{单项工程投资额} = &\text{建筑面积} \times \text{单位面积造价} \times \text{价格浮动指数} \\ &\pm \text{结构和建筑标准部分的差价}\end{aligned} \tag{6-10}$$

（6）动态资产投资估算。动态投资估算主要包括有价格变动可能增加的投资额、建设期贷款利息和固定资产投资方向调节税三部分内容，对于涉外项目还应该考虑汇率的变化对投资的影响。

1）涨价预备费的估算。

一般按下式估算

$$PC = \sum_{i=1}^{n} K_t[(1+i)^t - 1] \tag{6-11}$$

式中　PC——涨价预备费估算额；

K_t——建设期中第 t 年的投资计划数；

n——项目的建设期年数；

i——平均价格预计上涨指数；

t——施工午度。

计算涨价预备费要注意以下问题：

①涨价预备费系按开工至竣工的合理建设工期计算，未包括编制年至工程开工时止这段时间因物价上涨所增加的费用。

②概算的投资总额度是否突破投资估算的总额度，应将投资估算调整至与概算相同年份的价格水平相比较，避免因采用的价格水平年份不同而影响投资的正确比较。

2）建设期贷款利息估算。具体计算见第二章第五节。

(7) 铺底流动资金估算。该部分的流动资金是指项目建成后，为保证项目正常生产或服务运营所必需的周转资金。它的估算对于项目规模不大且同类资料齐全的可采用分项估算法，其中包括劳动工资、原材料、燃料动力等部分，对于大项目及设计深度浅的可采用指标估算法。具体来讲主要有扩大指标估算法、分项详细估算法，这里仅介绍扩大指标估算法。

1) 按产值（或销售收入）资金率估算。

一般加工工业项目多采用产值（或销售收入）资金率进行估算。

$$\text{流动资金额} = \text{年产值(年销售收入额)} \times \text{产值(销售收入)资金率} \tag{6-12}$$

【例 6-1】 已知某项目的年产值为 4000 万元，其类似企业百元产值的流动资金占用率为 25%，则该项目的流动资金应为多少？

解 $4000 \times 25\% = 1000$ 万元

2) 按经营成本（或总成本）资金率估算。

由于经营成本（或总成本）是一项综合性指标，能反映项目的物资消耗、生产技术和经营管理水平以及自然资源条件的差异等实际状况，一些采掘工业项目常采用经营成本（或总成本）资金率估算流动资金。

【例 6-2】 某铁矿年经营成本为 5000 万元，经营成本资金率取 30%，由该矿山的流动资金额为多少？

解 $5000 \times 30\% = 1500$ 万元

3) 按固定资产价值资金率估算。

有些项目如炼钢厂可按固定资产价值率估算流动资金。

$$\text{流动资金额} = \text{固定资产价值总额} \times \text{固定资产价值资金率} \tag{6-13}$$

固定资产价值资金率是流动资金占固定资产价值总额的百分比。

4) 按单位产量资金率估算。

有些项目如煤矿按吨煤资金率估算流动资金。

$$\text{流动资金额} = \text{年生产能力} \times \text{单位产量资金率} \tag{6-14}$$

【例 6-3】 投资估算编制示例。

(1) 基本情况。某学校在校区附近新征地修建职工住宅 3.6 万 m^2，初步预计按 6 幢 6 层砖混结构及中等标准修建，该企业地处市郊，场地平坦，地基良好，无大量土石方工程，交通顺畅，现场施工条件具备。

(2) 投资费用估算。

建筑安装工程费用：根据房屋结构及标准，结合该地区造价水平及市场状况，按单位指标估算法估算如下：

1) 建筑工程费用。按 1000 元/m^2 造价计，其估算额为

$$1000\ \text{元}/m^2 \times 36\,000 m^2 = 36\,000\,000\ \text{元}$$

2) 建筑安装费用。按电气照明工程：45 元/m^2，管道工程：25 元/m^2，光纤、电话、网络等弱电工程 30 元/m^2 计，其估算额为

$$(45\ \text{元}/m^2 + 25\ \text{元}/m^2 + 30\ \text{元}/m^2) \times 36\,000 m^2 = 3\,600\,000\ \text{元}$$

3) 室外工程费用。主要包括道路、绿化、围墙、化粪池、排污管、各种管沟工程以及水、电、气等配套工程费用。其估算按建筑安装工程造价的 20%计，其估算额为

$$(36\,000\,000 + 3\,600\,000) \times 20\% = 7\,920\,000\ \text{元}$$

(3) 设备安装工程及设备工器具购置费。由于是民用住宅建筑，暂不估算设备及安装、工器具购置费。

(4) 工程建设其他费用。

1) 土地使用费。计划征地36亩，土地出让金及迁建补偿费按当地包干价每亩25万元计，土地使用费为

$$36\text{亩}\times25\text{万元/亩}=900\text{万元}$$

2) 勘察及设计费用暂按工程费用的2%计，其估算额为

$$(3600+360+792)\times2\%=95.0\text{万元}$$

3) 工程建设报建等手续费用。此部分属于建设的政策性费用，按当地收费标准按30元/m^2计，估算额为

$$36\,000m^2\times30\text{元}/m^2=1\,080\,000\text{元}$$

4) 工程监理、招投标代理、造价咨询等费用。此笔费用暂按工程费用的1.5%计，其估算额为

$$(3600+360+792)\times1.5\%=71.3\text{万元}$$

5) 建设单位管理费用等。暂按150万元计。

工程建设其他费用合计为

$$900+95.0+108+71.3+150=1324.3\text{万元}$$

(5) 预备费用估算：基本预备费及涨价预备费按投资费用的3%计，即为

$$(3600+360+792+1324.3)\times3\%=182.3\text{万元}$$

(6) 贷款利息及固定资产投资方向调节税：此部分费用暂不估算。

(7) 投资费用总额：

1) 工程费用为

$$3600+360+792=4752\text{万元}$$

2) 工程建设其他费用为1324.3万元。

3) 预备费为182.3万元。

4) 投资费用总额为

$$4752+1324.3+182.3=6258.6\text{万元}$$

平方米造价为

$$62\,586\,000\div36\,000=1738.5\text{元}/m^2$$

第三节　设计概算的编制

一、设计概算的概念及作用

1. 设计概算的概念

设计概算是指在工程建设项目的初步设计（或扩大初步设计）阶段，在投资估算的控制下，根据初步设计（或扩大初步设计）图纸、概算定额或概算指标、材料设备价格、费用定额和有关取费规定，编制和确定建设工程对象从筹建至竣工交付生产或使用所需的全部费用的经济文件。

2. 设计概算的作用

(1) 设计概算是编制建设计划、确定和控制建设项目投资的依据。

(2) 设计概算是评价设计方案的依据。

(3) 设计概算是筹集建设资金、签订贷款合同的依据。

(4) 设计概算是工程招投标、签订工程总承包合同的依据。

(5) 设计概算是控制施工图设计及工程造价的依据。

(6) 设计概算是考核和评价工程建设项目成本和投资效果的依据。

二、设计概算的内容

设计概算按编制的工程对象分为建设项目总概算、单项工程综合概算及单位工程概算。

(1) 单位工程概算。单位工程概算是确定各单位工程建设的费用文件，是编制单项工程综合概算的依据。

(2) 单项工程综合概算。单项工程综合概算是确定一个单项工程所需建设费的文件，它是由各单位工程概算汇总编制而成，是建设项目总概算的组成部分，其组成如图 6-2 所示。

- 单项工程综合概算
  - 建筑单位工程概算
    - 一般土建概算
    - 给排水、采暖工程概算
    - 通风、空调工程概算
    - 电气、照明工程概算
    - 弱电工程概算
    - 特殊构筑物工程概算
  - 设备及安装单位工程概算
    - 机械设备及安装工程概算
    - 电气设备及安装工程概算
    - 热力设备及安装工程概算
    - 工具、器具及生产家具购置费用概算
  - 工程建设其他费用

图 6-2 单项工程综合概算的组成内容

(3) 建设项目总概算。建设项目总概算是确定整个建设项目从筹建到竣工验收全部费用的文件，它是由各单项工程综合概算、工程建设其他费用概算、预备费、建设期利息、固定资产方向调节税等概算汇编而成的，如图 6-3 所示。

- 建设项目总概算
  - 工程费用概算
    - 主要生产工程项目综合概算
    - 辅助工程项目综合概算
    - 公用系统工程项目综合概算
    - 行政福利设施综合概算
    - 住宅和生活设施综合概算
    - 场外工程项目综合概算
  - 工程建设其他费用概算
    - 建设用地费
    - 与项目建设有关的其他费用
    - 与企业未来生产经营有关的其他费
  - 预备费及专项工程费用概算
    - 预备费
    - 固定资产投资方向调节税
    - 建设期利息
    - 流动资金

图 6-3 建设项目总概算的组成内容

三、设计概算编制的原则和依据

1. 设计概算编制的原则

（1）坚持调查研究的原则。

（2）贯彻设计与施工、理论与实际相结合的原则。

（3）突出重点的原则。

2. 设计概算编制的依据

（1）国家有关的方针、政策、法律、法规、规章、规程等文件。

（2）已批准的可行性研究报告及投资估算，初步设计或扩大初步设计文件等资料。

（3）有关部门颁布的现行概算指标、概算定额、费用定额及取费文件以及建设项目设计概算编制办法。

（4）有关部门发布的人工、材料及设备的价格、造价指数等资料。

（5）建设地区的自然、技术、经济条件等资料。

（6）有关合同及协议、类似工程的造价资料及其他有关的资料等。

四、单位工程设计概算的编制

单位工程设计概算是在初步设计或扩大初步设计阶段，根据单位工程设计内容和要求以及其他依据，对单位工程造价概略计算所编制的文件，是工程设计文件的组成部分。它主要包括建筑工程概算和设备及安装工程概算两大类。

1. 建筑单位工程概算的编制

建筑工程包括建筑物和构筑物两大部分，其内容非常广泛。一般建筑物如生产车间及厂房、辅助用房、库房、文化生活及福利公共用房等。构筑物如基础设施、水塔、烟囱、管沟、池类工程等设施。其概算的编制方法应根据工程的性质、规模、设计文件深度和有关的资料齐全程度采用不同的方法编制。下面介绍几种常用的编制方法：

（1）概算定额法。概算定额法又称扩大单价法或扩大定额法，是一种比较详细的概算编制方法。概算定额法是根据初步设计图纸资料和概算定额的项目划分计算出各分项工程量，然后套用概算定额单价，计算汇总后再计取其他费用，便可得出单位工程概算的一种编制方法。当拟建工程的初步设计文件具有一定深度，建筑结构比较明确，能根据初步设计的平面、立面、剖面图纸并结合概算定额的项目划分计算出各主要分部分项工程量时，就应采用这种方式编制概算。

（2）预算定额法。没有编制概算定额的省、市单位在编制概算时，也可利用预算定额，或本单位编的扩大结构定额编制概算。其方法如下：

1）根据扩大初步设计图纸和预算定额的项目及相应的计算规则计算工程量。零星的小项目可以不计算，归到“其他零星工程”项内，视工程的规模性质等情况，以系数表示。其内容大体包括门台阶、雨篷、排水沟、局部装修、零星砌砖等。

2）根据工程量和预算定额项目套用地区单位估价表的预算价格，计算分项直接费，并相加为合计数。

3）计算材料调价差。可根据分项工程量作主要材料分析，将材料数量乘该种材料的价差。如果当地规定了材料价差系数的，则根据规定的调整系数乘以直接费用。

4）其他零星工程直接费。以系数乘分项直接费的合计数。零星工程系数的大小需根据零星工程包括的范围测算确定，有3%～5%等。

5）定额幅度差。根据预算定额编制概算，因为概算定额水平和预算定额水平之间应预留一定的幅度差，以便按照预算定额编制的概算能成为控制施工图预算的依据。幅度差的水平应根据国家建设部的指示和地区具体情况确定。

6）累计2）～5）各项得直接费合计。

7）间接费等的计算与按概算定额编制概算方法一样。

（3）概算指标法。当初步设计深度不够，不能准确计算工程量，但工程采用的技术较成熟而又有类似概算指标可以利用时，可采用概算指标编制概算。概算指标一般是以建筑面积、建筑体积或万元为单位，以整栋建筑物为依据而编制的指标。

概算指标法比概算定额法更综合、更扩大和简略。其关键是要合理地选用概算指标及正确地调整和换算有差异的地方并修正概算指标。由于拟建工程往往与已建成的类似工程概算指标的技术条件不尽相同，而且概算指数的编制年份不同，其设备及材料、人工等价格也会变化。因此，必须对其指标进行调整，用概算指标编制时对概算及概算指标的调整方法如下：

1）当设计对象在建筑和结构特征、地质及自然条件上与概算指标完全相同时，如基础埋深及形式、层高、墙体、楼板等主要承重构件相同，就可直接套用概算指标编制概算。

【例6-4】 某单位拟建一幢混合结构五层住宅楼，其一般土建工程初步设计的要求和结构特征，与该省建筑工程概算指标中的某一指标的建筑、结构特征相符合，因此选用该项指标编制概算，其概算指标一般土建工程每平方米直接费为800元。

根据初步设计图纸计算建筑面积为4500m²。计算一般土建工程直接费。

解

$$800\times4500=3\ 600\ 000\text{元}$$

2）概算指标一般是根据省会城市材料、人工预算价格编制的，其他地区使用时，应按各地、市直接费调整系数表中的相应系数进行调整。

3）当设计对象的结构特征与某个概算指标有局部不同时，则需要对该概算指标进行修正，再用修正后的概算指标进行计算。修正概算指标的方法有以下两种：

第一种修正方法如下

$$\text{单位造价修正指标}=\text{原指标单方费用}-\text{换出结构构件单方费用}+\text{换入结构构件单方费用}\tag{6-15}$$

其中

$$\text{换出(入)结构构件单方费用}=\text{换出(入)结构构件的工程量}\times\text{相应的概算定额的地区单价}\div\text{拟建工程建筑面积}\tag{6-16}$$

另一种修正方法是从原指标的工料数量中减去与设计对象不同的结构构件的人工、材料数量和机械使用台班，再加上所需的结构构件的人工、材料数量和机械使用台班。换入和换出的结构构件的人工、材料数量和机械使用台班，是根据换入和换出的结构构件的工程量，乘以相应定额中的人工、材料数量和机械使用台班计算出来的。这种方法不是从概算单价着手修正，而是直接修正指标中的工料数量。

【例6-5】 新建单身宿舍一栋，其建筑面积为3600m²，按概算指标和地区材料预算价格等资料，算出每平方米建筑面积的造价为627.7元，其中一般土建工程548.52元，采暖工程41.9元，给排水工程28.6元，照明工程8.68元。但新建单身宿舍设计资料与概算指标相比较，其结构构件有部分变更，需要对概算单价进行调整，其中一般土建工程中结构构件的变更和单价调整见表6-2。其余单位工程造价指标不变。每平方米建筑面积的概算单价经调整以后为多少？

解　　567.66＋41.9＋28.6＋8.68＝646.84 元

应用概算指标编制概算时，对于初步设计图纸以外的各种影响造价因素，必须考虑周到，例如建筑场地余土处理，现场障碍物拆除等，以提高概算准确性。

表 6-2　　**100m² 建筑面积工程量指标**

概算定额编号	结构名称	单　位	数　量	单价（元）	合价（元）
3-56	一般土建工程换出部分： 外墙带形毛石基础	m^3	17	94.51	1606.67
3-12	砖砌外墙	m^3	45.5	138.82	6316.63
	合计	元			7923.30
3-56	一般土建工程换入部分： 外墙带形毛石基础	m^3	18.6	94.51	1757.88
3-12	砖砌外墙	m^3	58.2	138.82	8079.32
	合 计	元			9837.20
单位造价调整指标	548.52－7923.30/100＋9837.2/100＝567.66 元				

（4）类似工程预算法。当拟建工程尚无完整的初步设计方案，或概算定额和概算指标不全，而拟建工程与已建或在建工程相似，即建筑、结构特征基本相同，就可以采用这种方法编制概算。

用类似工程预决算编制概算，经常因为拟建工程与已建、在建工程的建设地点不同，建筑结构上的差异，地区材料价格及工资差异等，需要对概算进行调整。

1）建筑结构差异调整法。拟建工程与类似工程在结构特征、材质和施工方法上等的差异，可采用下式调整。

$$\text{拟建工程概算造价} = \text{类似工程预决算价值} + \text{换入工程量} \times \text{换入结构单价} - \text{换出工程量} \times \text{换出结构单价} \tag{6-17}$$

2）地区综合系数法。由于建设地点不同，而引起人工费、材料费、机械费，以及间接费、利润和税金等项费用的差别，通常采用上述各项费用所占类似工程造价的比重的综合系数进行调整。计算方法如下

$$\text{拟建工程概算造价} = \text{类似工程预(决)算造价} \times K \tag{6-18}$$

$$K = A\% \times K_1 + B\% \times K_2 + C\% \times K_3 + D\% \times K_4 + E\% \times K_5 + F\% \times K_6 \tag{6-19}$$

$$A\% = \frac{\text{人工工资费}}{\text{类似预(决)算价值}} \times 100\% \tag{6-20}$$

$$B\% = \frac{\text{材料费}}{\text{类似预(决)算价值}} \times 100\% \tag{6-21}$$

$$C\% = \frac{\text{施工机械台班费}}{\text{类似预(决)算价值}} \times 100\% \tag{6-22}$$

$$D\% = \frac{\text{间接费}}{\text{类似预(决)算价值}} \times 100\% \tag{6-23}$$

$$E\% = \frac{\text{工程利润}}{\text{类似预(决)算价值}} \times 100\% \tag{6-24}$$

$$F\% = \frac{\text{税金}}{\text{类似预(决)算价值}} \times 100\% \tag{6-25}$$

$$K_1 = \frac{\text{编制概算地区的一级工工资标准}}{\text{采用类似预(决)算地区的一级工工资标准}} \tag{6-26}$$

$$K_2 = \frac{\text{编制概算地区的材料价格}}{\text{采用类似预(决)算地区的材料价格}} \tag{6-27}$$

$$K_3 = \frac{\text{编制预算地区的施工机械台班价格}}{\text{采用类似预(决)算地区的施工机械台班价格}} \tag{6-28}$$

$$K_4 = \frac{\text{编制概算地区的间接费率}}{\text{采用类似预(决)算地区的间接费率}} \tag{6-29}$$

$$K_5 = \frac{\text{编制概算地区的利润标准}}{\text{采用类似预(决)算地区的利润标准}} \tag{6-30}$$

$$K_6 = \frac{\text{编制概算地区的税金标准}}{\text{采用类似预(决)算地区的税金标准}} \tag{6-31}$$

式中 K——类似工程造价调整系数；

A——人工工资费在类似预（决）算价值中所占的比重；

B——材料费在类似预（决）算价值中所占的比重；

C——施工机械台班费在类似预（决）算价值中所占的比重；

D——间接费在类似预（决）算价值中所占的比重；

E——工程利润在类似预（决）算价值中所占的比重；

F——税金在类似预（决）算价值中所占的比重；

K_1——人工工资标准因地区不同而产生的调整（差价）系数；

K_2——材料预算价格因地区不同而产生的调整（差价）系数；

K_3——施工机械台班预算价格因地区不同而产生的调整系数；

K_4——间接费用标准因地区不同而产生的调控（差价）系数；

K_5——利润标准因地区不同而产生的调整（差别）系数；

K_6——税金标准因地区不同而产生的调整（差别）系数。

3）价格（时间）变动系数法。用类似工程预（决）算编制概算，往往因编制时间距现在时间较长，其人工工资标准、材料价格和施工机械台班价格以及间接费、利润和税金等费用标准，受多种因素影响，必然发生变动。现时编制概算，则应将类似工程预（决）算的上述价格和费用标准与现行的价格和费用标准进行分析比较，测定其价格和费用变动幅度系数，加以适当调整。采用价格变动系数法调整类似工程预（决）算的方法如下

$$\text{拟建工程概算造价} = \text{类似工程预(决)算价值} \times G \tag{6-32}$$

$$G = A\% \times G_1 + B\% \times G_2 + C\% \times G_3 + D\% \times G_4 + E\% \times G_5 + F\% \times G_6 \tag{6-33}$$

$$G_1 = \frac{\text{编制概算时一级工工资标准}}{\text{编制类似预(决)算时一级工工资标准}} \tag{6-34}$$

$$G_2 = \frac{\text{编制概算时材料价格}}{\text{编制类似预(决)算时材料价格} } \tag{6-35}$$

$$G_3 = \frac{\text{编制概算时机械台班价格}}{\text{编制类似预(决)算时机械台班价格} } \tag{6-36}$$

$$G_4 = \frac{\text{编制概算时间接费率}}{\text{编制类似预(决)算时间接费率} } \tag{6-37}$$

$$G_5 = \frac{\text{编制概算时工程利润率}}{\text{编制类似预(决)算时工程利润率} } \tag{6-38}$$

$$G_6 = \frac{\text{编制概算时税金率}}{\text{编制类似预(决)算时税金率} } \tag{6-39}$$

式中　G——类似工程预（决）算价格随时间变动系数；

G_1——工资标准因时间不同而产生的价差系数；

G_2——材料预算价格因时间不同而产生的价差系数；

G_3——机械台班预算价格因时间不同而产生的价差系数；

G_4——间接费标准因时间不同而产生的价差系数；

G_5——工程利润标准因时间不同而产生的价差系数；

G_6——税金标准因时间不同而产生的价差系数。

其中，$A\%$、$B\%$、$C\%$、$D\%$、$E\%$、$F\%$同前式。

2. 设备及安装单位工程概算的编制

根据安装工程性质的分类，通常划分为建筑安装工程和设备安装工程两大类。建筑安装工程指建筑物（构筑物）内用于生活、生产及维护其功能的各种设备及管道安装、线路敷设等工程。如给水排水工程、电气照明工程、采暖及通风工程、弱电及智能系统工程等，这些工程通常是与建（构）筑物配套使用才能发挥其生活、生产等功能。

建筑安装工程概算编制方法，基本与前面讲的建筑工程概算编制方法相同，也常用概算定额法及类似工程预算法等编制，其方法采用条件及前提也与建筑工程相同，只不过建筑安装工程在工程量项目划分及专业分工上不同，涉及专业工种较多。

设备及安装工程概算包括设备购置费概算，工具、器具及生产家具购置费和设备安装工程费概算三部分内容，下面介绍这三部分概算编制的常用方法：

（1）设备购置费概算的编制。

$$\begin{aligned}\text{设备购置概算价值} &= \text{设备原价} + \text{设备运杂费}\\ &= (\text{设备清单中的设备数量} \times \text{设备原价}) \times (1 + \text{运杂费率})\end{aligned} \tag{6-40}$$

（2）工具、器具及生产家具购置费概算的编制。

工具、器具及生产家具购置费一般以设备购置费为计算基数，按照部门和行业规定的工具、器具及生产家具购置费率计算。计算公式为

$$\text{工具、器具及生产家具购置费} = \text{设备购置费} \times \text{定额费率}(\%) \tag{6-41}$$

（3）设备安装工程费概算的编制。设备及安装工程费概算的编制方法较多，主要前提取决于初步设计图纸的深度及设备的规格、类别、重量和材质等具体情况，其主要常用的编制方法有预算单价法、扩大单价法、设备价值百分比法、综合吨位指标法等几种，分别介绍如下：

1）预算单价法。当初步设计较深，有详细的设备清单时，可直接按安装工程预算定额单价编制安装工程概算，概算编制程序基本同安装工程施工图预算。该法具有计算比较详

细，精确性较高的优点。

2）扩大单价法。当初步设计深度不够，设备清单不完备，只有主体设备或仅有成套设备重量时，可采用主体设备、成套设备的综合扩大安装单价来编制概算。

上述两种方法的具体操作与建筑工程概算相类似。

3）设备价值百分比法，又称安装设备百分比法。当初步设计深度不够，只有设备出厂价而无详细规格、重量时，安装费可按占设备费的百分比计算。其百分比值（即安装费率）由主管部门制定或由设计单位根据已完类似工程确定。该法常用于价格波动不大的定型产品和通用设备产品的安装工程概算编制。公式为

$$设备安装费 = 设备原价 \times 安装费率(\%) \tag{6-42}$$

4）综合吨位指标法。当初步设计提供的设备清单有规格和设备重量时，可采用综合吨位指标编制概算，其综合吨位指标由主管部门或由设计院根据已完类似工程资料确定。该法常用于设备价格波动较大的非标准设备和引进设备的安装工程概算。公式为

$$设备安装费 = 设备吨重 \times 每吨设备安装费指标(元/t) \tag{6-43}$$

五、单项工程综合概算的编制

1. 单项工程综合概算的含义

综合概算是确定单项工程所需建设费用的综合性经济文件。它包括单项工程的全部建设费用，是根据单项工程各个单位工程概算及工程建设其他费用概算（当不编总概算，只编单项工程综合概算时才列此项费用）汇总编制的。

2. 单项工程综合概算的内容

单项工程综合概算文件一般包括编制说明（不编制总概算时列入）和综合概算表（含其所附的单位工程概算表和建筑材料表）两大部分。当建设项目只有一个单项工程时，此时综合概算文件（实为总概算）除包括上述两大部分外，还应包括工程建设其他费用、建设期贷款利息、预备费和固定资产投资方向调节税的概算。

（1）综合概算表。综合概算表是根据某一单项工程内各个单位工程概算表及工程建设其他费用概算等基础资料，按照规定的统一表格进行编制的。

1）建设规模较大，有两个以上单项工程，就需要编制总概算，其他工程和费用列入总概算，而不列入单项工程综合概算。

2）工业建设都有设备及其安装工程、设备基础、工业管道工程。但是，即使同样是工业建设，也会因设计的具体要求不同，每个单项工程所包含的单位工程和费用也不会一样。

3）各个工程的建设条件不同，也会影响其他工程和费用的多少。例如特殊情况下，从外地调遣的施工力量才能计算施工机构迁移费，否则不应计算。

（2）编制说明。编制说明列于综合概算表的前面，一般包括：

1）说明上级主管部门的指示和规定、设计文件、基础定额、概算定额、概算指标、材料价格、设备价格及费用指标等各项编制依据。

2）说明编制概算时是采用的概算定额还是采用的概算指标。

3）说明主要机械设备、电气设备及建设安装工程主要材料的数量。

4）其他有关问题的说明。

3. 综合概算书的编制方法

综合概算书应按综合概算表编制。格式见表 6-3。

表 6-3　　**综 合 概 算 表**

建设工程名称：　　综合概算价值　　元

项目名称：　　按 20　年的材料价格和定额

顺序号	工程项目或费用名称	建筑工程	设备购置	安装工程	工、器具及生产家具购置	其他	总价	技术经济指标			占投资额的百分比
								单位	数量	单位造价（元/m²）	
1	2	3	4	5	6	7	8	9	10	11	12

编制单位：　　工程负责人：

20　年　月　日编制

【例 6-6】 某地区钢厂炼钢车间工程项目综合概算编制举例见表 6-4。

表 6-4　　**单项工程综合概算**

序号	工程或费用名称	概算价值（元）					技术经济指标		
		建筑工程费	安装工程费	设备和工器具及生产家具购置费	其他费用	合 计	单位	数量	单位造价（元/m²）
1	2	3	4	5	6	7	8	9	10
一	建筑工程	8 398 631				8 398 631			
(1)	一般土建	5 643 972				5 643 972			
(2)	工业炉筑炉	2 623 802				2 623 802	m²	5089	1650.35
(3)	工艺管道	61 762				61 762			
(4)	照　明	69 145				69 145			
二	设备及安装工程		3 011 690	3 883 053		6 894 743			
(1)	机械设备及安装		2 509 174	3 843 731		6 352 905			
(2)	电力设备及安装		500 341	34 690		535 031	m	5089	1354.83
(3)	自控系统设备及安装		2175	4632		6807			
三	工器具及生产家具购置费			57 756		57 756	m²	5089	11.35
合　计		8 398 631	3 011 690	3 940 809		15 351 130			3016.53
占综合概算造价比例		54.7%	19.6%	25.7%		100%			

六、建设项目总概算的编制

1. 总概算的含义

建设项目总概算是设计文件的重要组成部分，是确定整个建设项目从筹建到竣工交付使用所预计花费的全部费用的文件。

2. 总概算的内容

设计总概算文件一般应包括：封面及目录、编制说明、总概算表、工程建设其他费用概算表、单项工程综合概算表、单位工程概算表、工程量计算表、分年度投资汇总表与分年度资金流量汇总表以及材料汇总表与工日数量表等。

(1) 封面、签署页目录。封面、签署页格式见表 6-5。

表 6-5 **封面、签署页格式**

建设项目设计概算文件

建设单位__________________________

建设项目名称__________________________

设计单位（或工程造价咨询单位）__________________________

编制单位__________________________

编制人（资格证号）__________________________

审查人（资格证号）__________________________

项目负责人__________________________

总工程师__________________________

单位负责人__________________________

(2) 编制说明。编制说明应包括下列内容：

1) 工程概况。简述建设项目性质、特点、生产规模、建设周期、建设地点等主要情况。

2) 资金来源及投资方式。

3) 编制依据及编制原则。

4) 编制方法。说明设计概算是采用概算定额法，还是采用概算指标法等。

5) 投资分析。主要分析各项目投资的比重、各专业投资的比重等经济指标。

6) 其他需要说明的问题。

(3) 总概算表。总概算表应反映静态投资和动态投资两个部分。

(4) 工程建设其他费用概算表。工程建设其他费用概算按国家或地区部委所规定的项目和标准确定，并按统一表格编制。

(5) 单项工程综合概算表和建筑安装单位工程概算表。

(6) 工程量计算表及工、料数量汇总表。

(7) 分年度投资汇总表与分年度资金流量汇总表。

(8) 材料汇总表与工日数量表。

3. 设计总概算的编制形式

总概算书采用表 6-6 形式编制（画√者表示费用列入那一栏）。

表 6-6 **总 概 算 表**

建设单位： 工程名称：

总概算价值 元 其中回收金额：

序号	工程或费用名称	概算价值(元)						技术经济指标(元)		
		建筑工程费	安装工程费	设备购置费	工具器具及生产用具购置费	其他费用	合计	单位	数量	指标
1	2	3	4	5	6	7	8	9	10	11
	第一部分 工程费用 一、主要生产和辅助生产项目									

续表

序号	工程或费用名称	概算价值(元)						技术经济指标(元)		
		建筑工程费	安装工程费	设备购置费	工具器具及生产用具购置费	其他费用	合计	单位	数量	指标
1	×××厂房	✓	✓	✓	✓		✓	m^2	✓	✓
2	×××厂房	✓	✓	✓	✓		✓	m^2	✓	✓
	……	……	……	……	……					
3	机修车间	✓	✓	✓	✓		✓	m^2	✓	✓
4	电修车间	✓	✓	✓	✓		✓	m^2	✓	✓
5	工具车间	✓	✓	✓	✓		✓	m^2	✓	✓
6	木工车间	✓	✓	✓	✓		✓	m^2	✓	✓
7	模型车间	✓	✓	✓	✓		✓	m^2	✓	✓
8	仓　　库	✓					✓	m^2	✓	✓
	……	……	……	……	……					
	小　　计	✓	✓	✓	✓		✓	m^2	✓	✓
	二、共用设施项目									
9	变电所	✓	✓	✓			✓	kV/A	✓	✓
10	锅炉房	✓	✓	✓			✓	t(蒸汽)	✓	✓
11	压缩空气站	✓	✓	✓			✓	m^3/h	✓	✓
12	室外管道	✓	✓	✓			✓	m	✓	✓
13	输电线路		✓				✓	km	✓	✓
14	水泵室	✓	✓	✓			✓	m^2	✓	✓
15	铁路专用线	✓				✓	✓	km	✓	✓
16	公　路	✓				✓	✓	m^2	✓	✓
17	车　库	✓					✓	m^2	✓	✓
18	运输设备			✓			✓	台	✓	✓
19	人防设备	✓	✓	✓			✓	m^2	✓	✓
	……	……	……	……	……					
	小　计	✓	✓	✓		✓	✓			
	三、生活福利、文化教育及服务项目									
20	职工住宅	✓				✓	✓	m^2	✓	✓
21	俱乐部	✓				✓	✓	m^2	✓	✓
22	医　院	✓		✓	✓		✓	m^2	✓	✓
23	食堂及办公门卫	✓	✓		✓	✓	✓	m^2	✓	✓
24	学校托儿所	✓				✓	✓	m^2	✓	✓
25	浴室厕所	✓					✓	m^2	✓	✓
	……	……	……							
	小　　计	✓	✓	✓	✓		✓	m^2	✓	✓
	第一部分　工程费用合计	✓	✓	✓	✓		✓			
	第二部分　其他工程和费用项目									
	土地征用费					✓	✓			
26	建设单位管理费					✓	✓			
27	研究试验费					✓	✓			
28	生产工人培训费					✓	✓			
29	办公和生活用具购置费					✓	✓			
30	联合试车费					✓	✓			
31	勘察设计费					✓	✓			
32	施工机构转移费					✓	✓			

续表

序号	工程或费用名称	概算价值(元)						技术经济指标(元)		
		建筑工程费	安装工程费	设备购置费	工具器具及生产用具购置费	其他费用	合计	单位	数量	指标
33	……	……	……							
34	第二部分其他工程和费用合计					√	√			
35	第一、二部分工程和费用总计	√	√	√	√	√	√			
	预备费					√	√			
	总概算价值	√	√	√	√	√	√			
	(其中回收金额)	(√)		(√)		(√)	(√)			
	投资比例/%	√	√	√	√	√	√			

第四节　施工图预算的编制

一、施工图预算的概念及作用

1. 概念

施工图预算是施工图设计预算的简称，又称设计预算。它是指在施工图设计阶段，根据施工图纸、基础定额、市场价格及各项取费标准等资料，计算和确定单位工程或单项工程建设费用的经济文件。无论采用清单计价方式，还是定额计价方式，其核心及关键是“量”、“价”、“费”三要素。即工程量要计算准确，定额及基价确定水平要合理，取费标准要符合实际，这样才能综合反映工程产品价格确定的合理性。施工图预算的费用主要包括是直接费、间接费、利润及税金。

2. 施工图预算的作用

(1) 施工图预算是控制造价及资金合理使用的依据。

(2) 施工图预算是确定招标工程招标控制价的依据。

(3) 施工图预算是拨付进度价款及办理结算的依据。

(4) 施工图预算是施工准备的依据。

(5) 施工图预算是控制成本的依据。

二、施工图预算的编制依据及内容

1. 施工图预算的编制依据

(1) 施工图及说明书和采用的标准图集、通用图集等资料。

(2) 现行预算定额或基础定额及单位估价表。

(3) 施工组织设计或施工方案。

(4) 材料、人工、机械台班市场信息价格及调价规定。

(5) 工程承包合同或协议书。

(6) 编制软件或工作手册及有关工具书等资料。编制软件一般都提供了工程项目管理、定额管理、价格管理、费用管理及造价编制等功能。造价人员编制工作手册和工具书包括了施工图预算中常常要用到的各种结构构件面积和体积的公式，钢材、木材等各种材料规格型号及用量数据，各种单位换算比例、特殊断面、结构构件的工程量的速算方法、金属材料重量表等。

2. 施工图预算的内容和组成

（1）施工图预算的内容。施工图预算有单位工程预算、单项工程预算和建设项目总预算，如图 6-4 所示。根据施工图设计文件、现行预算定额或基础定额、费用定额，以及人工、材料、设备、机械台班等预算价格或实际价格资料，以一定方法编制出的单位工程的施工图预算；然后汇总所有各单位工程施工图预算，得单项工程施工图预算；再汇总所有单项工程图预算及其他费用预算，便是一个建设项目建筑安装工程的总预算。

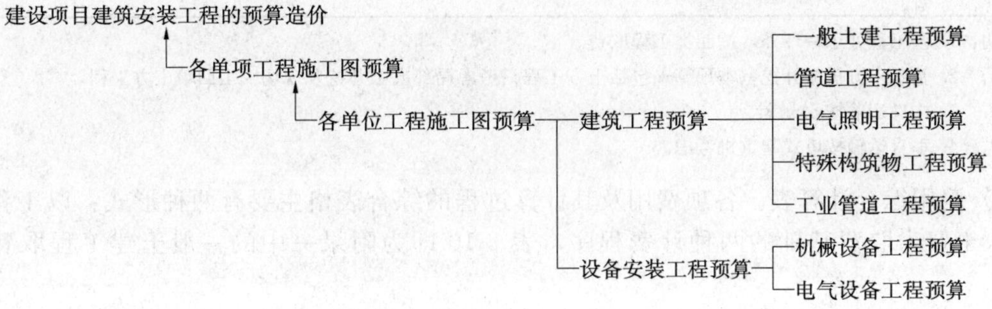

图 6-4　施工图预算的内容

（2）施工图预算书的组成。对于施工图预算文件，由于全国各省市、地区的基础定额、取费项目及标准、计费程序各不相同，所以，形成的预算书文件组成也有差异，但各地区的施工图预算都有规定的统一格式，其组成主要有以下内容：

1）封面，见表 6-7。

表 6-7　　**封　面**

建设工程造价预算书	
建设地点：	工程名称：
工程类别：	工程规模：
工程造价：	单位造价：
建设单位：	施工单位：
法人代表或授权代理人：	法人代表或授权代理人：
编制人签字盖专用章：	审核人签字盖专用章：
年　月　日	年　月　日

2）审查意见表。主要包括主管审批单位、建设及监理单位、施工单位等审查意见签署，见表 6-8。

表 6-8　　**审 查 意 见 表**

审批单位审查意见	建设（监理）单位审核意见	施工单位对审核结果的意见

3）编制说明。包括编制依据、图纸变更情况、图纸会审及施工现场需要说明的有关问题、执行定额的情况、有关协议的问题、费用标准及价格来源，施工组织设计、大型施工机

械及措施等总的编制说明，见表 6-9。

表 6-9　　编　制　说　明

编制依据	施工图号	
	合　同	
	使用定额	
	材料价格	
	其　他	

说明：1. 该工程处于一环外，按四类工程取费。

2. 基础土方机械开挖，本预算未包括土方工程只考虑局部人工开挖及现场人工回填土方工程。

3. 构件运输按 5km 计。

4. 垂直运输按塔式起重机考虑。

4）费用综合计算表。各项费用及其计算过程的综合表格主要有两种形式：以工程直接费和人工费为取费基础的两种计费程序，表 6-10 即为附录一中的一般土建工程取费计算过程。

表 6-10　　一般土建工程取费表

序号	项目名称	计费程序或内容	合价	其中（元）		
				人工费	材料费	机械费
1	定额工程费	$A=A_1+A_2+A_3+A_4$	65 753.71	—	—	—
1.1	定额项目费	$A_1=a_1+a_2+a_3$	60 670.20	13 581.78 (a_1)	44 212.91 (a_2)	2875.51 (a_2)
1.2	风险	$A_2=(a_1+a_2+a_3)\times$风险系数	0.00	0.00	0.00	0.00
1.3	管理费	$A_3=(A_1+A_2)\times5.11\%$	3100.25	—	—	—
1.4	利润	$A_4=(A_1+A_2+A_3)\times3.11\%$	1983.26	—	—	—
2	措施费合计（不含安全文明施工）	$B=B_1+B_2+B_3+B_4+B_5+B_6+B_7$	12 552.38			
2.1	定额措施项目费	$B_1=b_1+b_2+b_3$	10 659.75	3977.32 (b_1)	4297.12 (b_2)	2385.31 (b_3)
2.2	风险	$B_2=(b_1+b_2+b_3)\times$风险系数	0.00	0.00	0.00	0.00
2.3	管理费	$B_3=(B_1+B_2)\times5.11\%$	544.71	—	—	—
2.4	利润	$B_4=(B_1+B_2+B_3)\times3.11\%$	348.46	—	—	—
2.5	冬雨季、夜间施工措施费	$B_5=A\times0.76\%$	499.73			
2.6	二次搬运费	$B_6=A\times0.34\%$	223.56			
2.7	测量放线、定位复测检验试验费	$B_7=A\times0.42\%$	276.17			
3	其他	C（总承包服务费等）	3000.00			
4	差价	D（含人工、材料、机械）	0.00			
5	安全文明施工措施费	$E=E_1+E_2+E_3$	3089.63			

续表

序号	项目名称	计费程序或内容	合价	其中（元）		
				人工费	材料费	机械费
5.1	安全文明施工费	$E_1=(A+B+C+D)\times 2.60\%$	2113.96			
5.2	环境保护费（含排污）	$E_2=(A+B+C+D)\times 0.40\%$	325.22			
5.3	临时设施费	$E_3=(A+B+C+D)\times 0.80\%$	650.45			
6	规费	$F=F_1+F_2+F_3+F_4+F_5+F_6+F_7+F_8$	3941.28			
6.1	养老保险（劳保统筹基金）	$F_1=(A+B+C+D+E)\times 3.55\%$	2996.05			
6.2	失业保险	$F_2=(A+B+C+D+E)\times 0.15\%$	126.59			
6.3	医疗保险	$F_3=(A+B+C+D+E)\times 0.45\%$	379.78			
6.4	工伤保险	$F_4=(A+B+C+D+E)\times 0.07\%$	59.08			
6.5	残疾人就业保险	$F_5=(A+B+C+D+E)\times 0.04\%$	33.76			
6.6	生育保险	$F_6=(A+B+C+D+E)\times 0.04\%$	33.76			
6.7	住房公积金	$F_7=(A+B+C+D+E)\times 0.30\%$	253.19			
6.8	以外伤害保险	$F_8=(A+B+C+D+E)\times 0.07\%$	59.08			
7	不含税工程造价	$G=A+B+C+D+E+F$	88 337.00			
8	税金	$H=G\times 9.48\%$	8374.35			
9	含税工程造价	$I=G+H$	96 711.35			

5）主材汇总表。某工程主材的工程消耗量及其他摊销量汇总，见表 6-11。

表 6-11　　　　主材汇总表

材料名称	单位	工程直接耗用量	工程量摊销					合计	单位建筑面积用量（m^2）	工程特征说明
			脚手架摊销量	模板摊销量		临设摊销量				
				金额（万元）		金额（万元）				
				每万元摊销量	小计	每万元摊销量	小计			
钢材	t	123.28	8.30	0.092	31.43	0.08	27.33	182.04	0.032	
圆木	m^3	129.14				0.04	5.97	135.11	0.024	
规格料	m^3	6.21		0.211	72.09			78.30	0.014	
水泥	t	717.84				0.25	85.41	803.25	0.141	

6）分部分项工程计价表。此表是工程直接费形成的主要表格，其主要内容包括：序号、定额编号、分项工程名称、单位、数量、定额基价、合价、人工费、机械费及备注等内容，见表 6-12，具体工程实例见附录一中的附表 1-6。

表 6-12 **分部分项工程计价表**

序号	定额号	工 程 名 称	工程量		基价(元)				总价值(元)			
			单位	数量	合计	人工费	材料费	机械费	合计	人工费	材料费	机械费
	一	土石方工程										
1	1-19	平整场地										
2	1-5	人工挖沟槽(挖深在)2m以内										
3	1-22	回填夯实　素土										
	二	砖石工程										
4	3-1换	砖基础(M7.5水泥砂浆)										
5	3-4	砖内墙一砖										
6	3-12	砖外墙一砖										
		……										

7)工、料、机分析表,见表 6-13。

8)主要工程材料差价汇总表,一般在工程结算时进行材料差价分析。

9)主要补充单位估价表。

当定额中没有实际工程中所列的子目,需编制补充定额子目和补充单位估价表,其编制方法同第三章第五节单位估价表的编制。

10)各种计算统计表格等。

表 6-13 **某分部工程工料分析表**

定额编号	工程项目	单位	名称	人工	42.5硅酸盐水泥	净砂	3∶7灰土	水	红砖
			工程数量	工日	kg	m^3	kg	m^3	千块
3-1	砖基础	m^3	140.530	1.197	47.200	0.236		0.314	0.524
				168.210	6633.016	33.165		44.126	73.638
8-27	防潮层	m^2	76.420	0.1662	18.180	0.016		0.038	
				12.700	1389.320	1.223		2.904	
8-2	3∶7灰土垫层	m^3	23.960	0.994			1.010	0.200	
				23.820			24.200	4.792	
	合计			204.730	8022.336	34.388	24.200	51.822	73.638

注 分子为定额消耗量指标,分母为此分项工程消耗数量。

三、施工图预算的编制方法

施工图预算编制的主要方法有定额计价法(包括单价法与实物法)和清单计价法。

(一)采用定额单价法编制施工图预算

1.单价法的概念

单价法,就是根据预算定额的分部分项工程量计算规则,按照施工图计算出分部分项工程量,乘以相应项目的定额单价(定额基价),汇总后就得出了工、料、机的定额直接费,再以定额直接费（或其中人工费）为计费基础，按照规定的费用项目及计费标准综合计算并汇总就形成了单位工程的施工图预算。

单价法编制施工图预算中直接费的计算公式表述为

$$单位工程施工图预算直接费 = \Sigma(分项工程量 \times 分项工程定额单价) \quad (6\text{-}44)$$

单价法是目前国内编制施工图预算的主要方法，具有计算简单、工作量相对较小、编制速度较快、便于工程造价统一管理等特点。但是，由于目前的基础定额将“定额单价”、“消耗量指标”、“计算规则”三方面统编在一起的，特别是定额单价，由于是事先按一定的工、料、机单价复合计算好的，因而，其定额的编制水平、定额消耗量指标的确定、分项工程基价的高低等因素，都会直接影响施工图预算的准确性及合理性。

2. 单价法的编制步骤

用单价法进行施工图预算编制的主要步骤如图 6-5 所示。

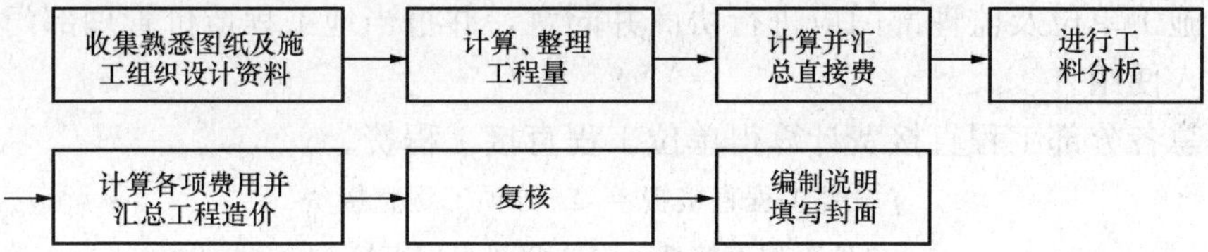

图 6-5　施工图预算编制的主要步骤

（1）熟悉现行预算定额或基础定额。熟练地掌握预算定额或基础定额及其有关规定，熟悉预算定额或基础定额的全部内容和项目划分，定额子目的工程内容、施工方法、材料规格、质量要求、计量单位、工程量计算方法，项目之间的相互关系以及调整换算定额的规定条件和方法，以便正确地应用定额。

（2）熟悉施工图。在熟悉施工图时，应将建施图、结施图、其他工种施工图、相关的大样图、所采用的标准图集、构造做法等相互结合起来，并对构造要求、构件连接、装饰要求等有一个全面认识，对设计图形成主要概念。同时，在识图时，发现图纸上不合理或存在问题的地方，要通知设计者及时修改，避免机械预算而返工。

（3）了解和掌握现场情况及施工组织设计或施工方案等资料。对施工现场的施工条件、施工方法、技术组织措施、施工进度、施工机械及设备、材料供应等情况也应了解。同时，对现场的地貌、土质、水位、施工场地、自然地坪标高、土石方挖填运状况及施工方式、总平面布置等与施工图预算有关的资料有详细了解。

（4）工程量计算。工程量计算应严格按照图纸尺寸和现行定额规定的工程量计算规则，遵循一定的科学程序逐项计算分项工程的工程量。具体参见第五章第一节内容。

（5）套用预算定额并计算各分项工程直接工程费。当分部分项工程量计算完毕经检验无误后，就按定额分项工程的排列顺序，套用定额单价、计算出定额直接费。

1）定额的套用。套用定额时，应根据施工图及说明的做法仔细核对工程内容、技术特征、施工方法及材料规格，选择相应的定额的项目，尽量避免漏项、重项、错项、高项、低项及定额档次划分混淆不清等情况发生。

$$i\,分项工程直接工程费 = i\,分项工程量 \times 相应预算单价 \quad (6\text{-}45)$$

2）定额换算。当分项工程的内容、材料规格、施工方法、强度等级及配合比等条件与定额项目不相符合时，应根据定额的说明要求，在规定的允许范围内加以调整及换算。通常容易涉及换算的内容主要有：配合比换算、混凝土强度等级换算、厚度换算、其他有关的材料代换。这些换算，一般软件都具备相应换算功能。

换算公式为：

①系数换算

$$换算后定额基价 = 原定额基价 \times 换算系数 \tag{6-46}$$

或

$$换算后定额基价 = 原定额人工费 \times 人工换算系数 + 原定额材料费 \times 材料换算系数 + 原定额机械费 \times 机械换算系数 \tag{6-47}$$

②材料换算

$$换算后定额基价 = 原定额基价 - 换出材料消耗量 \times 换出材料单价 + 换入材料消耗量 \times 换入材料单价 \tag{6-48}$$

3）补充定额的编制。当某些分项工程在定额中缺项时，可以编制补充定额。编制时，建设单位、施工单位及监理部门应进行协商并同意，并报当地工程造价管理部门审批后，经同意才能列入使用。

（6）汇总各分部工程直接费计算得单位工程直接工程费。

$$j\ 分部工程直接费 = \Sigma i\ 分项工程直接费 \tag{6-49}$$

$$单位工程直接费 = \Sigma j\ 分部工程直接费 \tag{6-50}$$

（7）工料分析、计算费用形成工程预算造价。为了直观地反映出工料的用量，必须对单位工程预算进行工料分析，编制工料分析表。工料分析表是编制单位工程劳动力、材料、构（配）件和施工机械等需要量计划的依据，也是编制施工进度计划、安排生产、统计完成工作量的依据。施工图预算工料分析内容主要有分部工程工料分析表、单位工程工料分析表及有关文字说明。

工料分析一般应先按施工图预算填写各分部分项工程定额编号、分部分项工程名称及各分部分项工程量，然后逐项查出定额中各分项工程所用材料的消耗量标准，最后根据公式计算不同品种、规格的材料用量，从而反映出单位工程全部分项工程的人工和材料的预算用量。

$$人工消耗量 = 某工种定额用工量 \times 某分项工程量 \tag{6-51}$$

$$某材料消耗量 = 某种材料定额用量 \times 某分项工程量 \tag{6-52}$$

（8）编制说明及复核。对编制依据、施工方法、施工措施、材料价格、费用标准等主要情况加以说明，使有关人员在使用本预算时了解其编制前提，当实际前提发生变化时，也好对预算值作相应调整，最后再对预算的“项”、“量”、“价”、“费”做全面复核。

（9）装订及签章。把预算按照其组成内容的一定顺序装订成册，再填写封面内容，并签字完备，加盖参加编制的工程造价人员的资格证章，经有关负责人审定后签字，再加盖公章。至此，施工图预算书才有效编制完成。

（二）采用定额实物法编制施工图预算

1. 实物法的概念

定额实物法首先仍是根据预算定额或基础定额的分部分项工程量计算规则及施工图纸计算出分部分项工程量，然后套用相应人工、材料、机械台班的定额用量，再分别乘以工程所在地当时的人工、材料、机械台班的实际单价，求出单位工程的人工费、材料费和施工机械使用费，并汇总求和，进而求得直接工程费，最后按规定计取其他各项费用，最后汇总就可得出单位工程施工图预算造价。

实物法编制施工图预算的计算公式表述为

单位工程施工图预算直接费 ＝Σ(分项工程量×人工定额用量×当时当地人工单价)＋
Σ(分项工程量×材料定额用量×当时当地材料单价)＋
Σ(分项工程量×施工机械台班定额用量×
当时当地施工机械台班单价)　(6-53)

定额实物法把“量”,“价”分开，计算出量后，不再去套静态的定额基价，而是套用相应预算人工、材料、机械台班的定额用量，用这些实物量去乘以该地区当时的工、料、机械台班的实际单价。它能够比较真实地反映工程产品的实际价格。这对于一些价格变化比较快，地区价差大的工程项目比较适合。

2. 实物法的编制步骤

(1) 收集、熟悉施工图纸及施工组织设计等资料。针对实物法的特点，在此阶段中需要全面的搜集各种人工、材料、机械当时当地的实际价格，包括不同品种、不同规格的材料价格，不同工种、不同等级的人工工资单价，不同种类、不同型号的机械台班单价等。对获得的各种实际价格要求全面、系统、真实、可靠。本步骤的其他内容可参考单价法的相应步骤。

(2) 计算并整理工程量。本步骤与单价法的相同，不再重复说明。

(3) 计算各分项工程所需的人工、材料、机械消耗量。根据预算人工定额所需的各类人工工日的数量，乘以各分项工程的工程量，算出各分项工程所需的各类人工工日的数量。同样，通过相同的方法，可以获得各分项工程所需各类材料和机械台班的消耗量。

(4) 统计汇总，获得单位工程所需的各类人工工日、各类材料和机械台班的消耗量。

(5) 计算并汇总直接费。对人工单价、设备、材料的预算价格和施工机械台班单价，可由工程造价主管部门定期发布价格、造价信息，为基层提供服务。企业也可以根据自己的情况，自行确定人工单价、材料价格和施工机械台班单价。

用当时当地的各类实际工料机单价乘以相应的工料机消耗量，即得单位工程人工费、材料费和机械使用费。根据前述公式汇总计算，即得单位工程预算直接费。

(6) 计算其他各项费用，汇总造价。本步骤内容与单价法相同，不再重复说明。

(7) 复核。要求认真检查人工、材料、机械台班的消耗量计算是否正确，有没有漏算或多算，套取的定额是否正确。此外，还要检查采用的实际价格是否合理等。其他步骤，可参考单价法的相应步骤。

(8) 编制说明、填写封面。

(三) 单价法与实物法的区别

1. 计算直接费的方法不同

单价法是先用分项工程的工程量和预算基价计算分项工程的定额直接费，在经有关计算后汇总得单位工程直接费。实物法是先计算、汇总得出单位工程所需的各种工料机消耗量，然后乘以工料机实际单价，再汇总计算该工程的直接费。

2. 进行工料分析的目的不同

单价法是在直接费计算后进行工料分析，即计算单位工程所需的工料机用量，其主要目的是为造价计算过程中进行价差调整提供数据。

实物法是在计算直接费之前进行工料分析，主要是为了计算单位工程的直接费。为了保证单位工程直接费的准确、完整，工料分析必须计算单位工程所需的全部工料机用量。

此外，在工程造价计算中，单价法要进行人工费、材料费、机械费用的价差调整，而实物法不存在价差调整问题。采用实物法编制施工图预算，实行量价分离，能动态反映建筑产品价格，更符合价值规律。

（四）采用清单计价法编制施工图预算

详见第四章。

四、施工图预算编制示例

定额计价法编制实例见附录一，清单计价法编制实例见附录二。

第五节 施工预算的编制

一、概述

1. 施工预算的含义

施工预算是施工企业在单位工程开工前，根据施工图、施工定额或劳动定额、材料消耗定额及机械台班定额，并结合中标报价、施工组织设计及施工现场的实际情况，编制的建筑安装工程施工中所需消耗的人工、材料、施工机械台班的数量及相应费用的文件。施工预算应在施工图预算或工程量清单报价的控制下编制，它是施工企业内部对单位工程进行施工管理的技术经济文件。同时它是施工图预算报价与实际工程成本进行分析对比的基础资料。当招投标阶段，采用自己企业的施工定额编制报价文件时，也可用此报价文件作为施工预算，不用再单独编制施工预算。

2. 施工预算的作用

施工预算的编制与贯彻执行，对建筑企业加强施工管理、实行经济核算、控制工程成本和提高管理水平都起着非常重要的作用。具体可概括为以下几个方面：

（1）施工预算是施工企业编制施工作业计划、劳动力计划和材料构件等物资需用量计划的依据。

（2）施工预算是企业基层施工单位或施工队向班组签发施工任务书和限额领料单的依据。

（3）施工预算是计算计件工资、超额奖金，进行企业内部承包，实行按劳分配的依据。

（4）施工预算是施工企业定期开展经济活动分析，核算与控制工程成本支出并进行“两算”（即施工图预算和施工预算）对比的依据。

（5）施工预算是促进实施技术节约措施的有效方法。

二、施工预算的内容及编制依据

1. 施工预算编制的主要内容

施工预算一般以单位工程或分部工程为对象，其主要内容有工程量、人工、材料、机械台班等数量表格等。施工预算文件一般由预算书封面、编制说明、预算书三部分组成。

（1）工程量。它是按照施工图和施工定额规定的项目分项、分层、分段计算的工程数量。

（2）人工数量。根据分项、分层、分段的工程量及时间定额，计算出不同工种用工数量，最后计算出单位工程的用工数及人工费用。

（3）材料限额耗用数量。根据分项、分层、分段的工程量及施工定额规定的材料消耗量标准，计算出的各种材料需要用量，然后汇总成单位工程的材料用量，并按相应材料单价计算出实际的材料费。

（4）机械台班数量。根据分项、分层、分段的工程量及机械台班使用定额，计算出单位工程所需的各种机械台班数量，并根据施工方案的要求，考虑大型机械的种类及台班数量。

（5）其他有关计算资料。根据工程实际情况，计算和分析单位工程的有关其他数据，如模板需要量、预制构件、木作制品、门窗数量及其他加工定购件等数量。

（6）降低成本的具体技术措施。施工预算是按平均先进水平编制的，施工图预算是按社会平均水平编制的，正常情况下，二者应有10%左右的浮差。因此，施工时，企业要充分利用先进技术措施及多采用新技术、新工艺等，以便降低施工预算，控制施工成本，为企业经营获利创造空间。

2. 施工预算的编制依据

（1）施工图、说明书、施工图会审记录及有关标准图集等技术资料。

（2）施工组织设计或施工方案。施工组织设计或施工方案所确定的施工方法、施工顺序、施工机械、施工技术组织措施和施工现场平面布置等内容都是施工预算编制的依据。

（3）施工定额和有关补充定额（或全国建筑安装工程统一劳动定额和地区材料消耗定额），施工定额是编制施工预算的主要依据之一。

（4）人工工资标准、材料预算价格（或实际价格）、机械台班预算价格（或实际价格）。这些价格是计算人工费、材料费、机械费的主要依据。

（5）中标后的施工图预算报价书。施工图预算报价书中的数据，如工程量、定额直接费以及相应的人工费、材料费、机械费、人工和主要材料的预算消耗数量等，都给施工预算的编制提供有利条件和可比的数据。

（6）其他费用规定。其他有关费用包括工程施工因气候影响、停水、停电、机具维修、基础因下雨塌方等原因发生的费用，以及不可预见的零星用工等，企业可以通过测算，确定一个综合系数来计算，由企业内部包干使用，多不退，少不补，一次包死。

（7）计算手册和有关资料。计算手册和有关资料包括建筑材料手册、五金手册及有关的系数计算表等资料。

三、施工预算的编制方法

施工预算的编制方法，一般有实物法、实物金额法、单位计价法，与施工图预算报价的编制方法基本相同。现分别叙述如下。

1. 实物法

这种方法是根据施工图、施工定额、施工组织设计或施工方案等计算出工程量后，套用施工定额，并分析计算其人工和各种材料数量，然后加以汇总，但不进行价格计算。由于这种方法是以计算确定的实物消耗量反映其经济效益，故称实物法。

2. 实物金额法

这种方法是在实物法算出人工和各种材料消耗数量后，再分别乘上所在地区的人工工资标准和材料预算价格，求出人工费、材料费。由于这种方法不仅以各种消耗量来反映经济效果，而且可以用各项费用的多少反映其经济效益，故称实物金额法。

3. 单位计价法

这种方法与施工图预算报价的编制方法大体相同，所不同的是施工预算的项目划分内容与分析计算比施工图预算报价更为详细、精确。

上述三种方法的主要区别在于计价方式的不同。实物法只算实物消耗量，并据此向施工班组签发施工任务书和限额领料单，还可以与施工图预算的人工、材料消耗数量进行对比分析；实物金额法是通过工料分析，汇总人工、材料消耗数量，再进行计价。单位计价法则是按分部分项工程项目分别进行计价。对施工机械台班使用数量和机械费，三种方法都是按施工组织设计或施工方案所确定的施工机械的种类、型号、台数及台班费用定额进行计算。这是与施工图预算在编制依据与编制方法上的又一个不同点。

四、施工预算的编制步骤

施工预算的编制步骤如图 6-6 所示。

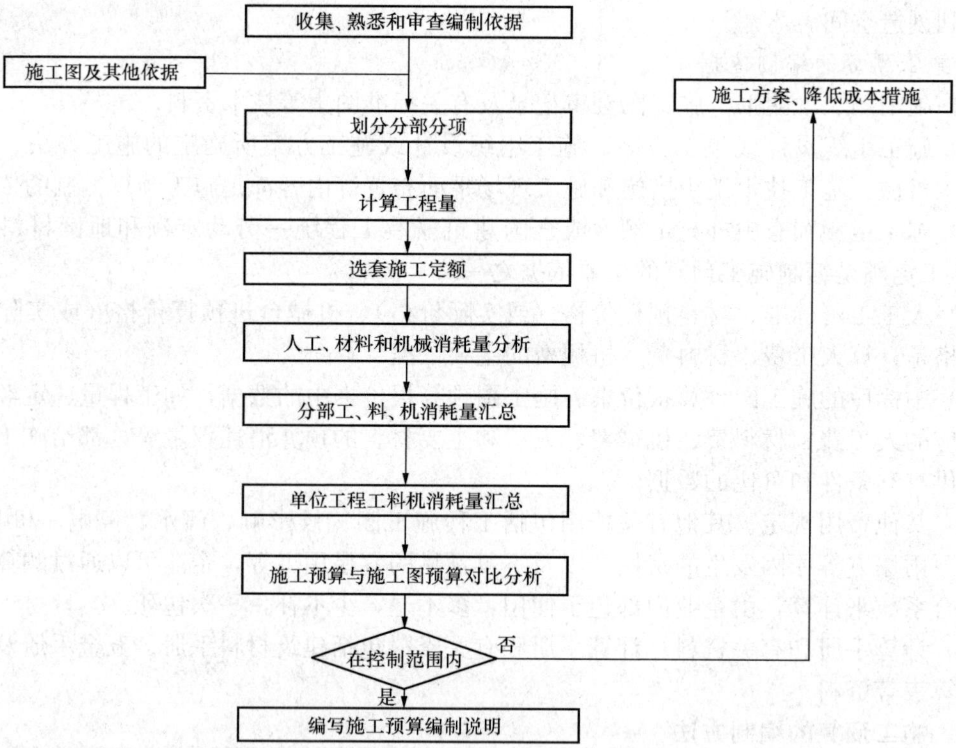

图 6-6　施工预算编制步骤

（1）收集、熟悉和审查编制依据，进行施工条件分析。

（2）划分分部分项，排列工程预算细目。

根据已经会审的施工图纸及设计说明的要求，并根据施工组织设计或施工方案，按照施工定额的分部分项顺序，把工程项目划分为施工预算分部分项，排列分项细目应与施工进度图表分项相适应，并依次填入工程量计算表中。

（3）计算分项工程量。

施工预算分项细目确定以后，便可着手计算各分项工程量。工程量计算是施工预算编制工作中最基本的工作。工程量计算表是施工预算的基础表，基本形式和填制方法与施工图预算的工程量计算表基本相似，见表 6-14。

表 6-14　　**工程量计算表**

序号	分部分项工程名称	单位	数量	计算式	备注

（4）套用施工定额，进行工料分析与工料汇总。

施工预算的工料分析方法与施工图预算的分析方法基本相同，即用分项工程量分别乘以施工定额中的工料消耗指标，求出所需的人工和各种材料的消耗量。各分项工程的人工、材料、机械台班消耗量的分析计算，一般常用工料分析表进行，工料分析表是施工预算的基本计算用表，见表 6-15。

表 6-15　　**施工预算工料分析表**

建设单位：　　　　建筑面积：

工程名称：　　　　年　月　日　第　页　　　　结构层数：

定额编号	分部分项工程名称	单位	工程量	工料名称及用量					
				单位		单位		单位	
				单位用量	合计用量	单位用量	合计用量	单位用量	合计用量
	小计								

复核　　　　编制

与施工图预算的“工程预算表”的不同之处在于：一是本表在一般情况下不设分项计价部分；二是本表的人工分析部分划分较细，既有工种人工（如砌砖工、抹灰工、钢筋工、木工、混凝土工等），又按不同级别进行划分。本表的计算和填制方法与施工图预算的工料分析基本相似，所不同的是二者所使用的定额、项目划分以及工程量计算规则有较大的差别。

在各分项工程的人工、材料、机械台班消耗量分析计算完毕后，分别按照人工、材料、机械台班的细目进行汇总，各汇总表见表 6-16～表 6-24。汇总时，一般先以分部工程分别汇总，最后按整个单位工程进行汇总。

人工汇总表是编制劳动力计划及合理调配劳动力的依据，由“工料分析表”中的人工数，按不同工种和级别分别汇总而成，见表 6-16。

表 6-16　　**施工预算人工汇总表**

建设单位：　　　　工程名称：

年　月　日　第　页

序号	分部工程名称	分工种用工数/工日及人工费（元）										分部工程小计 工日/元
		普工	砖工	木工	××	××	××	××	××	××	××	
		级	级	级	级	级	级	级	级	级	级	
		元	元	元	元	元	元	元	元	元	元	

续表

序　号	分部工程名称	分工种用工数/工日及人工费（元）										分部工程小计 工日/元
		普工	砖工	木工	××	××	××	××	××	××	××	
		级	级	级	级	级	级	级	级	级	级	
		元	元	元	元	元	元	元	元	元	元	
单位工程合计	人工数　工日											
	人工费　元											

复核　　　　　　　　　　　　　　　　　　　　　　　　编制

材料汇总表是编制材料需用量计划的依据。由“工料分析表”中的材料数量，区别不同规格，按现场用材与加工厂用材分别进行汇总而成，见表 6-17。

表 6-17　　　　施工预算材料汇总表

建设单位：

工程名称：　　　　　　　　　　　　　　　　　　　年　月　日　第　页

序号	材料名称	规格	单位	数量	单价（元）	材料费（元）	备注
单位工程合计（元）							

复核　　　　　　　　　　　　　　　　　　　　　　　　编制

机械汇总表是计算施工机械台班的依据。根据施工组织设计规定的实际进场机械，按其种类、型号、台数、工期等计算出台班数，然后汇总而成，见表 6-18。

表 6-18　　　　施工预算机械汇总表

建设单位：

工程名称：　　　　　　　　　　　　　　　　　　　年　月　日　第　页

序　号	机械名称	型　号	台班数	台班单价	机械费（元）	备　注
单位工程合计（元）						

复核　　　　　　　　　　　　　　　　　　　　　　　　编制

表 6-19　　　　金属材料明细表

建设单位：

工程名称：　　　　　　　　　　　　　　　　　　　年　月　日　第　页

序号	结构名称	构件名称	单位	数量	分规格钢材用量（t）						
					角钢	槽钢	工字钢	××	××	××	合计

复核　　　　　　　　　　　　　　　　　　　　　　　　编制

表 6-20　钢筋混凝土预制构件加工表

建设单位：

工程名称：　　　　年　月　日　第　页

序号	构件名称	构件编号	采用图集	单位	加工数量	混凝土强度	每一构件		混凝土总量	预算价（元）	
							m^3	t		单价	合价

复核　　　　编制

表 6-21　周转材料用表

建设单位：

工程名称：　　　　年　月　日　第　页

序号	材料名称	规格	单位	数量	体积	备注

复核　　　　编制

表 6-22　门窗加工表

建设单位：

工程名称：　　　　年　月　日　第　页

序号	名称	型号	洞口尺寸	图号	计划数量	备注
			宽×高		单位数量	

复核　　　　编制

表 6-23　金属构件加工表

建设单位：

工程名称：　　　　年　月　日　第　页

序号	构件名称	构件编号	采用图样	单位	数量	单重（kg）	总重（kg）	备注

复核　　　　编制

表 6-24　五金明细表

建设单位：

工程名称：　　　　年　月　日　第　页

序号	五金名称	规格	单位	数量	备注

复核　　　　编制

单位工程人工、材料、机械台班消耗量汇总计算完毕，即可据此编制单位工程工料需要量计划，计算直接费和进行“两算”对比分析。

两算对比表是在施工预算编制完毕后，将其计算出的人工、材料消耗量，以及人工费、材料费、施工机械费、其他直接费等，按单位工程或分部工程与施工图预算进行对比，找出节约或超支原因，作为单位工程开工前在计划阶段的预测分析用表。见表 6-25 和表 6-26。

表 6-25　　两算对比表（一）——直接费综合对比

建设单位：　　　　　　　　　　　　　　　　　　　　　　　　建筑面积：

工程名称：　　　　　　　　　年　月　日　　第　　页　　　　结构层数：

序　号	项　目	施工图预算（元）	施工预算（元）	对比结果		
				节　约	超　支	%
一	单位工程直接费 其中：人工费 机械费 材料费					
二 1 2 …	分部工程直接费 土石方工程 其中：人工费 机械费 材料费 砖石工程 其中：人工费 机械费 材料费 ……					

主管　　　　　　　　　　　　　　　　审核　　　　　　　　　　　　　　　　编制

表 6-26　　两算对比表（二）——实物量单项对比

建设单位：　　　　　　　　　　　　　　　　　　　　　　　　建筑面积：

工程名称：　　　　　　　　　　　　　　　年　　月　　日第　　页　结构层数：

序号	工料名称及规格	单位	施工图预算			施工预算			对比结果					
									数量差			金额差		
			数量	单价	金额（元）	数量	单价	金额（元）	节约	超支	%	节约	超支	%
一	人工	工日												
	其中：土石方工程	工日												
	砖石工程	工日												
	……	工日												
二	材料													
1	32.5 号水泥	t												
2	42.5 号水泥	t												
3	ϕ10 以内钢筋	t												
4	ϕ10 以外钢筋	t												
5	板方材	m^3												
6	……													

主管　　　　　　　　　　　　　　　　审核　　　　　　　　　　　　　　　　编制

（5）计算施工预算直接费和其他费用。

工料汇总完毕后，根据现行的地区人工工资标准、材料预算价格（或实际价格）和机械台班预算价格（或实际价格），按照上述三个汇总表，分别计算人工费、材料费、机械费和各分部工程和单位工程的施工预算直接费。最后根据本地区或本企业的规定，计算其他有关费用。

（6）撰写施工预算编制说明。

按编制说明的内容，简单明了地将编制依据、考虑因素、存在问题和处理方法等加以说明。施工预算的编制说明书主要包括以下内容：

1）编制依据。

2）所编工程的范围。

3）根据现场勘察资料考虑了哪些因素。

4）根据施工组织设计考虑了哪些施工技术组织措施，尤其是根据报价情况采取了哪些降低成本的施工技术措施。

5）有哪些暂估项目和遗留项目，并说明其原因和处理办法。

6）还存在和需要解决的问题有哪些，以后的处理办法怎样。

7）其他需要说明的问题。

（7）整理装订，审批后分发执行。

装订的内容和顺序为：封面，编制说明，人工、材料、机械汇总表，工料分析表，“两算对比”表以及工程量计算表。

五、“两算对比”与成本分析

1. 两算对比

工程造价管理中的“两算对比”是站在施工企业的角度，指施工预算与施工图预算的对比。“两算对比”从造价属性意义上讲，应是施工企业预期比较“收入”与“支出”的关系。由于目前很多工程的合同价确定，是按施工图预算报价中标并签订的，而施工预算又是企业的施工成本预计发生额，所以，从价格属性来看，应是收入与支出的比较。值得注意的是，随着工程量清单计价与报价方法的推行，这两算在费用方面的比较，都应包括在企业的综合报价之中了，也就失去了其“价格比较”的意义。

企业通过“两算”在费用上的对比分析，可以预先发现工程项目的“效益值”或“亏损值”，以便针对性地采取相应措施，进一步挖掘企业潜力，避免或减少亏损发生，这也是对工程施工成本的事前主动控制的有效手段，防止企业“做了再算”、“算了就亏”的被动现象发生。

2. “两算对比”的主要方法

（1）实物量对比。从两算的人工、材料、机械台班等实物消耗量进行对比，可以计算出定量的节约或超支的数额，这对施工企业生产管理及成本控制，作业计划都非常有用。

（2）实物金额对比。这实际就是从费用的角度进行对比，即前面讲的“收入”与“支出”对比，以便事前发现企业盈利的可能性。

3. “两算对比”的内容

由于施工定额与基础定额在编制水平、综合程度、项目子项划分等不是完全相同的。因此，在其内容对比时，一定要统一项目、统一单位，视具体内容而区别对待，不能一概而论。企业要结合具体工程的特征，具体分析和比较，一般对比的内容有人工数量及人工费用、材料消耗及材料费、施工机械使用费、周转材料使用费等几个主要方面。

4. 施工成本分析与控制

通过“两算对比”分析，企业可以事先获得一系列有关成本的基础数据。但在施工时，情况是千变万化的，而数据是预计和静态的。因此，实际施工时，应编制实际发生的工、料、机数量及有关费用的统计表格，并与原“两算对比”的相应计划值比较，找出偏差，分析原因，采取一系列技术经济的措施，及时合理地纠正偏差，控制实际成本的“真实发生”，这才是施工预算及“两算对比”要真正达到的目的。所以，加强实际过程的施工成本控制才是最有实际意义的，这也是施工阶段造价控制与管理的关键所在。

第六节 工程结算的编制

一、概述

1. 工程结算的含义

工程价款结算（工程结算）是指施工企业按照合同的规定向建设单位办理已完工程价款清算的一项日常性工作。根据工程建设的不同时期以及结算对象的不同，工程结算分为预付款结算、中间结算和竣工结算。

（1）工程预付款，又称为工程备料款，是指由施工单位自行采购建筑材料，根据工程承包合同（协议），建设单位在工程开工前按年度工程量的一定比例预付给施工单位的备料款，工程预付款的结算是指在工程后期随工程所需材料储备逐渐减少，预付款以抵冲工程价款的方式陆续扣回。

（2）中间结算是指在工程建设过程中，施工单位根据实际完成的工程数量计算工程价款与建设单位办理的价款结算。中间结算分为按月结算与支付、分段结算与支付两种。

（3）竣工结算指施工单位按合同（协议）规定的内容全部完工、交工后，施工单位与建设单位按照合同（协议）约定的合同价款及合同价款调整内容进行的最终工程价款结算。

2. 工程价款结算的作用

（1）通过工程价款结算办理已完工程的工程价款，确定施工企业的货币收入，补充施工生产过程中的资金消耗。

（2）工程价款结算是统计施工企业完成生产计划和建设单位完成建设投资任务的依据。

（3）竣工结算是施工企业完成该工程项目的总货币收入，是企业内部进行成本核算，确定工程实际成本的重要依据。

（4）竣工结算是建设单位编制竣工决算的主要依据。

（5）竣工结算的完成，标志着甲乙双方所承担的合同义务和经济责任的结束。

二、建筑安装工程价款结算

根据工程的规模、性质、进度及工期要求，并通过合同约定，工程结算有多种方式，我国现行的结算方式主要有以下几种方式：

（1）按月结算。实行每月由施工企业提出已完成工程月报表，连同工程价款结算账单，经建设单位签证，经办银行办理工程价款结算的方法。一般分月中预支和不预支两种情况：即实行每月末结算当月实际完成工程任务的总费用，月初支付，竣工后清算的结算方式；也可以是月初或月中预付，月终按时结算，竣工后清算的结算方式。合同工期在两个年度以上的工程，在年终进行工程盘点，办理年度结算。

(2) 分段结算。分段结算是指以单项（或单位）工程为对象，按施工形象进度将其划分为不同施工阶段，按阶段进行工程价款结算。它是以审定的施工图预算为基础，测算每个阶段的预支款数额。在施工开始时，办理第一阶段的预支款，在该阶段完成后，计算其工程价款，经建设单位签证，交经办银行审查并办理阶段结算，同时办理下一阶段的预支款。分段划分的标准，由各部门或省、自治区、直辖市规定。

(3) 竣工后一次结算。竣工后一次结算是指建设项目或单项工程全部建筑安装工程建设期在12个月以内，或者工程承包合同价值在100万元以下的，可以实行开工前预付一定的预付款，工程价款每月预支或分阶段预支，竣工后一次结算工程价款的方式。实行竣工后一次结算和分段结算方式，当年结算的工程款应与分年度的工程量一致，年终不另清算。

(4) 其他方式。承发包双方可以根据工程性质，在合同中约定其他的方式办理结算，但前提是有利于工程质量、进度及造价管理等，并且双方同意。

三、工程备料款的预付与扣还

施工企业承包工程，组织施工需要一定数额的备料资金，用于提前储备材料和订购配件，保证施工顺利进行。

1. 确定预付备料款数额

(1) 确定工程备料款数额的原则。确定工程备料款的数额，应该以保证施工所需材料和构件的正常储备，保证施工的顺利进行为原则。预收工程备料款数额过少，备料不足，可能造成施工生产停工待料；预收款过多，会造成资金积压和浪费，不便于施工企业管理和资金核算。工程备料款的数额，一般是根据施工工期、年度建筑安装工程量中主要材料和构件费用占年度建筑安装工作量的比例以及材料储备时间等因素综合确定。

(2) 确定工程备料款数额的方法

1) 影响因素法。影响因素法主要是将影响工程备料款数额的各个因素作为参数，按以下公式进行工程备料款数额的计算。

$$M = \frac{PN}{T}t \tag{6-54}$$

式中　M——预收备料款数额，元；

P——年度建筑安装工作量，元；

N——主要材料所占合同总价的比重，可根据施工图预算确定，%；

T——年度施工日历天数，d；

t——材料储备时间，可根据材料储备定额和当地材料供应情况确定，d。

2) 额度系数法。为了简化工程备料款的计算，将影响工程备料款数额的各因素进行综合考虑，确定为一个系数，即工程备料款额度。其含义是预收工程备料款数额占年度建筑安装工作量的百分比。按下式计算

$$M = Pq \tag{6-55}$$

式中　q——工程备料款额度，%；

M——工程备料款数额，元；

P——年度建筑安装工作量，元。

包工包料工程的预付款按合同约定拨付，原则上预付比例在合同的10%～30%之间，对重大项目，按年度工程计划逐年预付。

2. 工程备料款的扣还

工程备料款是建设单位为了保证施工生产的顺利进行而预支给施工企业的一部分垫款。当施工进行到一定程度之后，材料和构配件的储备量将随工程的进行而减少，需要的工程备料款也随之减少，在此后办理工程价款结算时，即可以开始扣还工程备料款。工程备料款的扣还是随工程价款的结算，以冲减工程价款的方法逐渐抵扣，待到工程竣工时，全部工程备料款抵扣完毕。

(1) 确定工程备料款起扣点。工程备料款开始扣还时的工程进度状态称为工程备料款的起扣点。工程备料款起扣点，可以用累计完成建筑安装工作量的数额表示，称为累计工作量起扣点；也可以用累计完成建筑安装工作量与年度建筑安装工作量百分比表示，称为工作量百分比起扣点。

确定工程备料款起扣点的原则是：未完施工工程所需主要材料和构件的费用等于工程备料款数额。根据该原则，可以采用下述两种方法确定起扣点：

1) 确定累计工作量起扣点。根据累计工作量起扣点的含义，即累计完成建筑安装工作量达到起扣点的数额时，开始扣还工程备料款。此时，未完工程的工作量应等于年度建筑安装工作量与累计完成建筑安装工作量之差，未完工程的材料和构件费等于未完工作量乘以主要材料费所占合同总价的比重，即

$$(P-Q)N=M \tag{6-56}$$

$$Q=P-\frac{M}{N} \tag{6-57}$$

式中 Q——工作量起扣点，即备料款开始扣回时的累计完成工作量金额，元；

M——工程备料款数额，元；

P——年度建筑安装工作量，元；

N——主要材料费所占合同总价的比重，%。

2) 确定工作量百分比起扣点。根据百分比起扣点的含义，即建筑安装工程累计完成的建筑安装工作量占年度建筑安装工作量的百分比达到起扣点的百分比时，开始扣还工程备料款，则有下式

$$D=\frac{Q}{P}=\left(1-\frac{M}{PN}\right) \tag{6-58}$$

式中 D——工作量百分比起扣点，元。

其他同上。

在实际工作中，工程备料款的起扣点，可以由施工企业与建设单位根据工程性质和材料供应情况协商确定。

(2) 应扣工程备料款的数额。

1) 分次扣还法。按扣还工程备料款的原则，自起扣点开始，在每次工程价款结算时应扣抵工程备料款。抵扣的数量按扣还工程备料款的原则，应该等于本次工程结算价款中的材料和构件费的数额，即工程价款数额和材料比例的乘积。但是在一般情况下，工程备料款的起扣点与工程价款结算间隔点不一定重合。因此，第一次扣还工程备料款数额的计算式与其

后各次工程备料款扣还数额计算式略有区别。

①第一次扣还工程备料款数额的计算公式为

$$A_1 = (F - Q)N \tag{6-59}$$

式中 A_1——第一次扣还工程备料款数额，元；

F——累计完成建筑安装工作量，元。

②第二次及其以后各次扣还工程备料款数额的计算式为

$$A_i = F_i N \tag{6-60}$$

式中 A_i——第 i 次扣还工程备料款数额，元；

F_i——第 i 次扣还工程备料款时，当次结算完成的建筑安装工作量，元。

2）一次扣还工程备料款。工程备料款的扣还还可以在未完工程的建筑安装工作量等于预收备料款时，用其全部未完工程价款一次抵扣工程备料款，施工企业停止向建设单位收取工程价款。采用这种方法需要计算出停止收取工程价款的起点，根据以上原则应按下式计算

$$K = P(1 - s) - M \tag{6-61}$$

式中 K——停止收取工程价款的起点，元；

s——扣留工程价款比例，一般取 5%～10%，其目的是为了加快收尾工程的进度，扣留的工程价款在竣工结算时结清。

这种扣还工程备料款的方法计算简单，停止收取工程价款的起点在分次扣还法的工程备料款起扣点的后面。从实际上看，在停止收取工程价款起点以后的未完工程价款，已经以工程备料款的形式转入施工单位的账户中，建设单位对未完工程已经失去了经济控制权，若没有其他合同条款规定和措施保证，则一般不宜采用一次扣还工程备料款的方法。

四、工程进度款的支付

1. 工程进度款的概念

在工程建设过程中，以施工单位提出的统计进度月报表作为支取工程款的凭证，即通常所称的工程进度款。

2. 工程进度款的计算

施工企业在施工过程中，按照工程施工的进度和合同规定，按逐月（或形象进度、或控制界面等）完成的工程数量计算各项费用，向建设单位（业主）收取工程进度款。

工程进度款的收取，一般是月初收取上期完成的工程进度款，当累计工程价款未达到起扣点时，此时工程进度款额应等于施工图预算中所完成建筑安装工程费用之和。当累计完成工程价款总和达到起扣点时，就要从每期工程进度款中减去应扣的备料款数额。计算公式如下：

（1）未达到起扣工程备料款情况下工程进度款的结算。

$$\text{应收取的工程进度款} = \Sigma(\text{本期已完工程量} \times \text{预算价格}) + \text{相应该收取的其他费用} \tag{6-62}$$

（2）已达到起扣工程备料款情况下工程进度款的结算。

$$\text{应收取的工程进度款} = [\Sigma(\text{本期已完工程量} \times \text{预算价格}) + \text{相应该收取的其他费用}] \times (1 - \text{主要材料所占合同总价的比重}) \tag{6-63}$$

3. 工程进度款支付的程序

工程进度款的支付步骤如图 6-7 所示。

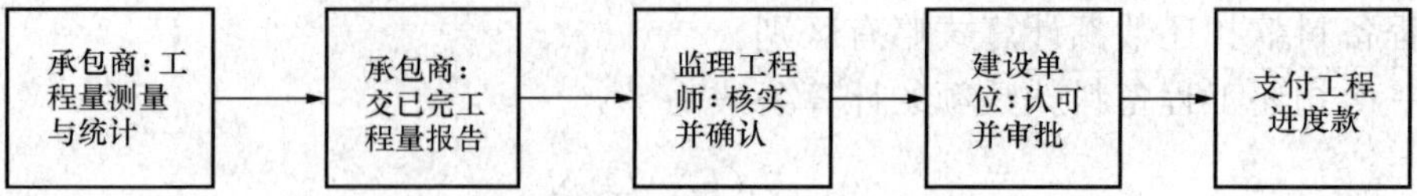

图 6-7　工程进度款结算程序

(1) 工程量的确认。

1) 承包人应当按照合同约定的方法和时间，向发包人提交已完工程量的报告。发包人接到报告后 14d 内核实已完工程量，并在核实前 1d 通知承包人，承包人应提供条件并派人参加核实，承包人收到通知后不参加核实，以发包人核实的工程量作为工程价款支付的依据。发包人不按约定时间通知承包人，致使承包人未能参加核实，核实结果无效。

2) 发包人收到承包人报告后 14d 内未核实完工程量，从第 15d 起，承包人报告的工程量即视为被确认，作为工程价款支付的依据，双方合同另有约定的，按合同执行。

3) 对承包人超出设计图纸（含设计变更）范围和因承包人原因造成返工的工程量，发包人不予计量。

(2) 工程款的支付。国家财政部、建设部颁布的《建设工程价款结算暂行办法》中对工程进度款支付做了如下详细规定：

1) 在双方计量确认后 14d 内，发包方应按不低于工程价款的 60%，不高于工程价款的 90%向承包方支付工程款（进度款）。同期用于工程上的甲方供应材料设备的价款，以及按约定时间甲方应按比例扣回的预付款，同期结算。

2) 符合规定范围的合同价款的调整，工程变更调整的合同价款及其他条款中约定的追加合同价款，应与工程款（进度款）同期调整支付。

3) 发包方超过约定的支付时间不支付工程款（进度款），承包方可向发包方发出要求付款通知。发包方收到承包方通知后仍不能按要求付款，可与承包方协商签订延期付款协议，经承包方同意后可延期支付。协议需明确延期支付时间和从发包方签字后第 15d 起计算应付款的贷款利息。

4) 发包方不按合同约定支付工程款（进度款），双方又未达成延期付款协议，导致施工无法进行，承包方可停止施工，由发包方承担违约责任。

4. 质量保证金的预留

根据《建设工程质量保证金管理办法》(财建［2005］7 号)，一般建设工程价款的支付方式中，工程竣工完毕，工程结算价款办理后，为了促使承包人对工程质量按规定时间进行保修，工程项目总造价中都要预留一定比例的尾留款作为质量保修费用，待保修期结束后，符合合同要求再最后拨付。一般情况下，我国建设工程通常按工程造价的 5%比例扣留，具体扣留方式有两种：

(1) 最后一次按比例扣留。对于工程造价不高，保留金总数额不大的工程，当预付款及进度款累计达到工程造价一定比例（比如 95%左右）时，停止支付工程价款，预留该剩下比例价款为保修金。

(2) 分阶段按比例扣留。对于工程造价高，保修金数额较大的工程，业主可以选择每次从支付的工程进度价款中按扣留比例扣留，直到保留金总额达到双方规定的限额为止。

5. 合同以外零星项目工程价款结算

发包人要求承包人完成合同以外零星项目，承包人应在接受发包人要求的7d内就用工数量和单价、机械台班数量和单价、使用材料和金额等向发包人提出签证，发包人签证后施工，如发包人未签证，承包人施工后发生争议的，责任由承包人自负。

6. 其他费用的支付

这部分费用一般是计划外特殊情况下产生的费用，比如非承包人原因造成的安全事故发生的费用、专利技术及特殊工艺涉及的费用、基础施工时偶遇地下文物及特殊地下障碍涉及的费用等。发生时，承包人必须第一时间按相应要求书面通知业主及工程师代表，经工程师认可后，费用应与工程进度价款同期支付。有关处理时间、方法及费用计算原则，一般标准合同都有相应规定，发生后，一般以合同为依据，双方协商解决，这些事件的性质往往与索赔事件的性质及处理原则相差不大。

【例6-7】 某工程承包合同价为660万元，预付备料款额度为20%，主要材料及构配件费用占工程造价的60%，每月实际完成的工作量及合同价调整额见表6-27，根据合同规定对材料和设备价差进行调整（按有关规定上半年材料和设备价差上调10%，在6月一次调整）。求该工程的预付备料款、2～5月结算工程款及竣工结算工程款各为多少？

表6-27　每月实际完成的工作量及合同价调整额

月　份	2月	3月	4月	5月	6月
完成工作量（万元）	55	110	165	220	110

解　(1) 预付备料款为

$$660\times 20\% = 132\text{万元}$$

(2) 预付备料款起扣点为

$$660 - \frac{132}{0.6} = 440\text{万元}$$

即当累计结算工程款为440万元时，开始扣备料款。

(3) 2月应结工程款55万元，累计拨款额55万元。

(4) 3月应完成工作量110万元，结算110万元，累计拨款额165万元。

(5) 4月份完成工作量165万元，结算275万元，累计拨款额330万元。

(6) 5月份完成工作量220万元，累计拨款额550万元，已达到预付备料款起扣点440万元，应结工程款220−(220+330−440)×60%=154万元，累计拨款额484万元。

(7) 工程结算总造价为660+660×0.6×10%=699.6万元。

五、设备、工器具和材料价款的支付与结算

1. 设备、工器具费用结算

建设单位对要采购的设备、工具、器具，一般不预付定金，只对制造期在半年以上的大型专用设备和船舶的价款，按合同规定分期付款。例如某市对大型机电设备结算制度规定为：当设备开始制造时，收取20%货款；设备制造进行了60%时收取40%的货款；设备制造完毕托运时，再收取40%货款。有的合同还规定，设备购置方扣留5%的质量保证金，待设备运抵现场验收合格后或质量保证期届满时再返还质量保证金。建设单位收到设备、工器具后，要按合同规定及时结算设备价款，不应无故拖欠。如果资金不足而延期付款，要支付一定的赔偿金。

2. 材料价款的支付结算

(1) 由承包单位自行采购材料的，发包单位在双方签订工程合同后，按年度完成工作量的一定比例向承包单位支付备料款，备料款结算时陆续按比例扣除。

(2) 由发包单位供应材料的，其材料可按其价格转给承包单位，材料款在结算时陆续抵扣，同时，这部分材料不应收预付款。

(3) 凡是没有签订工程承包合同和不具备施工条件的工程，发包单位不得预付备料款。承包单位收取备料款后两个月不开工或发包单位无故不按合同规定支付各种款时，开户银行可以根据双方工程承包合同的规定，分别从有关单位账户中收回或拨付备料款。

3. 进口设备、工器具和材料价款的支付与结算

进口设备分为标准机械设备和专制设备两类。标准设备指通用性广泛、供应商有现货，可以立即提交的货物。专制设备是指根据业主提供的图纸专门制造的设备。这两种设备、工器具及材料价款结算如下：

(1) 进口标准机械设备的结算大都使用国际贸易广泛使用的不可撤销的信用证。这种信用证在合同生效之后一定日期由买方委托银行开出，经买方认可的卖方所在地银行为议付银行。以卖方为收款人的不可撤销的信用证，其金额与合同总额相等。一般分为首次合同付款和最终合同付款两部分，当采购货物已装船，卖方提交完备有关文件的单证后，即可支付合同总价的90%。在机械设备保证期截止时，卖方提交完有关单证后，再支付合同总价的10%的余款，有关支付单证另详见相关资料。

(2) 进口专制机械设备的结算。专制机械设备的结算一般分为三个阶段，即预付款、阶段付款和最终付款。一般专制机械设备在合同签订后开始制造前，由买方向卖方提供合同总价的10%～20%为预付款，当机械制造开始加工到一定阶段，可按合同价的一定百分比进行支付阶段款，阶段的划分是当机械设备加工制造到关键部位时进行一次付款，虽终付款是在保证期结束后付款，以上每阶段付款，都应有完备的相关文件单证才实施。

(3) 对进口设备、工器具和材料价款的支付，也可以利用出口信贷的形式办理。出口信贷根据借款的对象分为卖方信贷和买方信贷两种形式。卖方信贷是卖方将产品赊销给买方，买方在一定时期内延期或分期付款，卖方通过向本国银行申请出口的信贷，来填补占用的借款，采用这种方式结算时，一般是在签订合同后先预付10%的定金，最后一批货物装船后再付10%，在货物运抵目的地，验收后付5%，待质量保证期满后再付5%，剩下的70%应在规定的年内一次或分次付清。

买方信贷有两种形式，一种是由产品出口国银行把出口信贷直接贷给买方，买卖双方以即期现汇成交。另一种是由出口国银行把出口信贷给进口国银行，再由进口国银行转贷给买方，买方用现汇支付借款，进口国银行分期向出口国银行偿还借款本息。

六、工程价款的动态结算

合同价是当时签订合同时的瞬值，而构成造价的主要人工费、材料费、施工机械费及其他费率是随着时间变化的，因此，静态结算没有反映价格的时间动态性。为了克服这个缺点，把各种动态因素纳入到结算过程中认真加以计算，使工程价款结算能基本反映工程项目实际消耗费用，使企业获取一定调价补偿，从而维护双方正当合法权益。

（一）常用的工程价款动态结算方法

1. 造价指数调整法

这种方法是根据工程所在地造价管理部门所公布的该月度（或季度）工程造价指数，结合工程施工的合理工期，对原承包合同价予以调整的方法。调整时，重点调整由于实际人工费、材料费、机械使用费等上涨及工程变更等因素造成的价差，并对承包商给以调价补偿。

【例 6-8】 某地建筑公司承建一教学楼，工程合同价款为 600 万元，2009 年 3 月签订合同并开工，2010 年 11 月竣工完成，已知该地区 2009 年 3 月造价指数为 100.02，2010 年 11 月造价指数为 100.14，求该工程调整价差为多少？

解 完工时调整价为

$$600\times100.14/100.02=600.72\text{ 万元}$$

工程价差调整为

$$600.72-600=0.72\text{ 万元}$$

2. 实际价格调整法

这种方法是根据工程中主要材料的实际价格对原合同价调整，比造价指数法更具体、更实际，但这对业主或发包商节约投资或控制造价不是很有利，主要造价风险全部由发包方承担，这种方式一般只适合比较特殊的工程或市场价格变化比较大时采用。同时，对市场价格也应控制最高结算上限价，要求承包商选择相对廉价的供货来源，以避免此种调价方式的不足，达到降低成本的目的。

3. 调价文件法

由于建筑市场材料的采购范围很广，造价指数法又比较综合，按实际价格计算时，上限价控制“价”与“质”的符合性及价格管理控制等都有一定难度。因此，很多地区造价管理部门定期颁布主要材料的价格信息，承包人可依据工程施工的工期及完成工程量的相关阶段，对主要材料执行当地价格信息指导价，对工程实行动态调差。同样因法律、政策变化导致承包人在合同履行中所需要的工程费用发生增减时，应根据国家或省、自治区、直辖市有关部门的法律、政策规定，商定或确定需调整的合同价款。

4. 调值公式法

这实际是一种主要费用价格指数法，即根据构成工程结算的主要费用，如人工费、材料费等的价格指数变化来综合代表工程价格变化，以便尽量与实际情况接近。这也是一种调价的国际惯例。一般业主及承包方双方在签订合同时就应明确调整公式、各部分构成成本的比重系数。允许调整的百分比及双方承担比例。

建筑安装工程的调值公式一般包括固定部分、材料部分和人工部分，对于工程规模大的复杂工程，公式分项也可以多例，调值公式一般为

$$P=P_0(a_0+a_1\times A/A_0+a_2\times B/B_0+a_3\times C/C_0+\cdots) \tag{6-64}$$

式中 P——调值后结算价；

P_0——合同规定结算价；

a_0——合同支付中不能调整的固定部分所占合同总价的比例，一般在 0.15～0.35 左右；

a_1，a_2，a_3——代表各项费用所占合同总价的比例，如人工费所占结算价的比例、材料费所占结算价的比例等，$a_0+a_1+a_2+\cdots=1$；

A，B，C…——工程结算时各项费用的现行价格指数或价格；

A_0、B_0、C_0…——签订合同时各项费用的基期价格指数或价格。

【例 6-9】 某地一建筑工程，合同价为 200 万元，2008 年 1 月签订合同并开工，工程于 2009 年 12 月完成，合同规定各分部占成本比重为：不调部分为 20%，人工费为 25%，钢材 15%，水泥 15%，标砖 10%，砂 5%，石子 5%，木材 5%，2008 年 1 月造价指数为：人工费 100.1，钢材 100.6，水泥 101.8，标准砖 100.2，砂 96.8，石子 94.5，木材 98.8，2009 年 12 月造价指数：人工费 107.2，钢材 99.2，水泥 104.1，标准砖 101.1，砂 95.2，石子 93.8，木材 105.8。试计算工程实际结算价款。

解 实际结算价款 $=200\times(0.2+0.25\times107.2/100.1+0.15\times99.2/100.6+0.15\times104.1/101.8+0.1\times101.1/100.2+0.05\times95.2/96.8+0.05\times93.8/94.5+0.05\times105.8/98.8)=204.46$ 万元

5. 设备、工器具和材料价款的动态结算

(1) 设备、工器具和材料价款的动态结算主要是依据国际上流行的货物及设备价格调值公式来计算，即

$$p_1 = p_0(a + b\times M_1/M_0 + c\times L_1/L_0) \tag{6-65}$$

式中 p_1——应付给供货人的价格或结算款；

p_0——合同价格（基价）；

M_0——原料的基本物价指数，取投标截止前 28d 的指数；

L_0——特定行业人工成本的基本指数，取投标截止日期前 28d 的指数；

M_1，L_1——在合同执行时的相应指数；

a——代表管理费用和利润占合同的百分比，这一比例是不可调整的，因而称之为“固定成分”；

b——代表原料成本占合同价的百分比；

c——代表人工成本占合同价的百分比。

在式 (6-67) 中，$a+b+c=1$，其中：

a 的数值可因货物性质的不同而不同，一般占合同的 5%～15%；

b 是通过设备、工器具制造中消耗的主要材料的物价指数进行调整的；

c 通常是根据整个行业的物价指数调整的。在极少数情况下，将人工成本 c 分解成二、三个部分，通过不同的指数来进行调整。

(2) 对于有多种主要材料和成分构成的成套设备合同，则可采用更为详细的公式进行逐项的计算调整

$$p_1 = p_0(a + b\times M_{S1}/M_{S0} + c\times M_{C1}/M_{C0} + d\times M_{p1}/M_{p0} + e\times L_{E1}/L_{E0} + f\times L_{p1}/L_{p0}) \tag{6-66}$$

式中 M_{S1}/M_{S0}——钢板的物价指数；

M_{C1}/M_{C0}——电解铜的物价指数；

M_{p1}/M_{p0}——塑料绝缘材料的物价指数；

L_{E1}/L_{E0}——电气工业的人工费用指数；

L_{p1}/L_{p0}——塑料工业的人工费用指数；

a——固定成本在合同价格中所占的百分比；

b，c，d——每类材料成分的成本在合同价格中所占的百分比；

e，f——每类人工成分的成本在合同价格中所占的百分比。

6. 工程合同价款中综合单价的调整

对实施工程量清单计价的工程，应采用单价合同方式。即合同约定的工程价款中所包含的工程量清单项目综合单价在约定条件内是固定的，不予调整，工程量允许调整。工程量清单项目综合单价在约定的条件外，允许调整。调整方式、方法应在合同中约定。若合同未作约定，可参照以下原则办理：

（1）当工程量清单项目工程量的变化幅度在10%以内时，其综合单价不作调整，执行原有综合单价。

（2）当工程量清单项目工程量的变化幅度在10%以外，且其影响分部分项工程费超过0.1%时，其综合单价以及对应的措施费（如有）均应作调整。调整的方法是由承包人对增加的工程量或减少后剩余的工程量提出新的综合单价和措施项目费，经发包人确认后调整。

（二）工程价款动态结算的程序

工程价款调整报告应由受益方在合同约定时间内向合同的另一方提出，经对方确认后调整合同价款。受益方未在合同约定时间内提出工程价款调整报告的，视为不涉及合同价款的调整。当合同未作约定时，可按下列规定办理：

（1）调整因素确定后14d内，由受益方向对方递交调整工程价款报告。受益方在14d内未递交调整工程价款报告的，视为不调整工程价款。

（2）收到调整工程价款报告的一方应在收到之日起14d内予以确认或提出协商意见，如在14d内未作确认也未提出协商意见时，视为调整工程价款报告已被确认。

经发、承包双方确定调整的工程价款，作为追加（减）合同价款，与工程进度款同期支付。

第七节　工程竣工决算的编制

一、竣工决算概述

1. 竣工决算的概念

建设项目竣工决算是指在建设项目竣工后，建设单位按照国家的有关规定对新建、改建及扩建的工程建设项目编制的从筹建到竣工投产的全过程的全部实际支出费用的竣工决算报告。

竣工决算书是以实物数量和货币指标为计量单位，综合反映竣工项目从筹建开始到项目竣工交付使用为止的全部建设费用、建设成果和财务情况的总结性文件，是建设项目竣工验收报告的重要组成部分，是正确核定新增固定资产的价值、考核分析投资效果、建立健全经济责任制的重要依据。

2. 竣工决算的作用

（1）建设项目竣工决算是综合、全面反映竣工项目建设成果及财务情况的总结性文件。

（2）建设项目竣工决算是办理交付使用资产的依据。

（3）通过竣工决算，可以全面清理基本建设财务，做到工完账清，便于及时总结经验，积累各项技术经济资料、考核和分析投资效果，提高工程建设的管理水平和投资效果。

（4）通过竣工决算的编制，有利于进行设计概算、施工图预算和竣工决算的对比，考核实际投资效果。

3. 竣工结算与竣工决算的区别

建设项目竣工决算是以工程竣工结算为基础进行编制的，竣工结算是竣工决算的一个组成部分。竣工结算与竣工决算的区别主要有以下几个方面：

（1）编制单位不同。竣工结算是由施工单位编制的，而竣工决算是由建设单位编制的。

（2）编制范围不同。竣工结算主要是针对单位工程，而竣工决算是针对建设项目编制的。

（3）编制作用不同。竣工结算是建设单位与施工单位结算工程价款的依据，是施工单位核算其工程成本、考核其生产成果、确定经营活动最终收入的依据，是建设单位编制建设项目竣工决算的依据；竣工决算是建设单位考核投资效果、正确确定固定资产价值和正确核定新增固定资产价值的依据。

二、竣工决算书的组成内容

竣工决算的内容包括竣工财务决算说明书、竣工决算财务报表、工程竣工图和工程造价对比分析四部分，前两部分称为竣工项目财务决算，是竣工决算的核心内容和重要组成部分。

1. 竣工财务决算说明书

竣工财务决算说明书主要反映竣工工程建设成果和经验，是对竣工决算报表进行分析和补充分说明的文件，是全面考核分析工程投资与造价的书面总结，其内容主要包括：

（1）建设项目概况。一般从进度、质量、安全和造价、施工方面进行分析说明。进度方面主要说明开工和竣工时间，对照合理工期和要求工期分析是提前还是延期；质量方面主要说明竣工验收委员会或相当一级的质量监督部门的验收评定等级、合格率和优良品率；安全方面主要根据劳动工资和施工部门的记录，对有无设备和人身事故进行说明；造价方面主要对照概算造价，说明节约还是超支，用金额和百分率进行分析说明。

（2）资金来源及运用等财务分析。主要包括工程价款结算、会计账务的处理、财产物资情况及债权债务的清偿情况。

（3）基本建设收入、投资包干结余、竣工结余资金的上交分配情况。通过对基本建设投资包干情况的分析，说明投资包干数、实际支用数和节约额、投资包干节约的有机构成和包干节余的分配情况。

（4）投资效果简要分析。如各项经济技术指标的分析，包括概算执行情况分析，根据实际投资完成额与概算进行对比分析；新增生产能力的效益分析，说明支付使用财产占总投资的比例，不增加固定资产的造价占投资总额的比例，分析有机构成和成果。

（5）工程建设的经验及项目管理和财务管理以及竣工财务决算中有待解决的问题。

（6）其他需要说明的事项。

2. 竣工财务决算报表

建设项目竣工财务决算报表要根据大、中型建设项目和小型建设项目分别制定。大、中型建设项目竣工决算报表包括：建设项目竣工财务决算审批表，大、中型建设项目交付使用资产总表；小型建设项目竣工财务决算报表包括：建设项目竣工财务决算审批表，竣工财务决算总表，建设项目交付使用资产明细表。有关表格形式分别见表 6-28～表 6-32。

(1) 建设项目竣工财务决算审批表，见表6-28。该表作为竣工决算上报有关部门审批时使用，其格式按照中央级小型项目审批要求设计的，地方级项目可按审批要求作适当修改，大、中、小型项目均要按照下列要求填报此表。

表6-28　　建设项目竣工财务决算审批表

<table>
<tr><td>建设项目法人（建设单位）</td><td></td><td>建设性质</td><td></td></tr>
<tr><td>建设项目名称</td><td></td><td>主管部门</td><td></td></tr>
<tr><td colspan="4">开户银行意见：

（盖章）
年　月　日</td></tr>
<tr><td colspan="4">专员办审批意见：

（盖章）
年　月　日</td></tr>
<tr><td colspan="4">主管部门或地方财政部门审批意见：

（盖章）
年　月　日</td></tr>
</table>

1) 表中“建设性质”按照新建、改建、扩建、迁修和恢复建设项目等分类填列。

2) 表中“主管部门”是指建设单位的主管部门。

3) 所有建设项目均需经过开户银行签署意见后按照有关要求进行报批：中央级小型项目由主管部门签署审批意见；中央级大、中型建设项目报所在地财政监察专员办事机构签署意见后，再由主管部门签署意见报财政部审批；地方级项目由同级财政部门签署审批意见。

4) 已具备竣工验收条件的项目，三个月内应及时填报审批表。如三个月内不办理竣工验收和固定资产移交手续的视同项目已正式投产，其费用不得从基本建设投资中支付，所实现的收入作为经营收入，不再作为基本建设收入管理。

(2) 大、中型建设项目概况表，见表6-29。该表综合反映大、中型建设项目的基本概况，为全面考核和分析投资效果提供依据，可按下列要求填写：

1) 建设项目名称、建设地址、主要设计单位和主要施工单位，要按全称填列。

2) 表中各项目的设计、概算、计划等指标，根据批准的设计文件和概算、计划等确定的数字填列。

3) 表中所列新增生产能力、完成主要工程量、主要材料消耗的实际数据，根据建设单位统计资料和施工单位提供的有关成本核算资料填列。

4) 表中“主要技术经济指标”包括单位面积造价、单位生产能力投资、单位投资增加的生产能力、单位生产成本和投资回收年限等反映投资效果的综合性指标，根据概算和主管部门规定的内容分别按概算和实际填列。

5) 表中基建支出是指建设项目从开工起至竣工为止发生的全部基本建设支出，包括形成资产价值的交付使用资产，如固定资产、流动资产、无形资产、递延资产支出，还包括不形成资产价值按照规定应核销的非经营项的待核销基建支出和转出投资。按照财政部印发财基字［2002］394号关于《基本建设财务管理若干规定》的通知，需要注意以下几点：

表6-29　　大、中型建设项目竣工工程概况表

<table>
<tr><td>建设项目
名　　称</td><td colspan="2"></td><td>建设地址</td><td colspan="5"></td><td colspan="2">项　　目</td><td>概算</td><td>实际</td><td>主要
指标</td></tr>
<tr><td>主要设计单位</td><td colspan="2"></td><td>主要施工企业</td><td colspan="4"></td><td rowspan="8">基建
支出</td><td colspan="2">建筑安装工程</td><td></td><td></td><td rowspan="8"></td></tr>
<tr><td rowspan="3">占地面积</td><td>计划</td><td>实际</td><td rowspan="3">总投资
（万元）</td><td colspan="2">设　计</td><td colspan="2">实　际</td><td colspan="2">设备、工具、器具</td><td></td><td></td></tr>
<tr><td rowspan="2"></td><td rowspan="2"></td><td>固定
资产</td><td>流动
资产</td><td>固定
资产</td><td>流动
资产</td><td colspan="2">待摊投资
其中：建设单位管理费</td><td></td><td></td></tr>
<tr><td></td><td></td><td></td><td></td><td colspan="2">其他投资</td><td></td><td></td></tr>
<tr><td rowspan="2">新增生产能力</td><td colspan="2">能力</td><td>设　计</td><td colspan="4">实　　际</td><td colspan="2">待核销基建支出</td><td></td><td></td></tr>
<tr><td></td><td></td><td></td><td colspan="4"></td><td colspan="2">非经营项目
转出投资</td><td></td><td></td></tr>
<tr><td rowspan="2">建设起
止时间</td><td colspan="2">设　计</td><td colspan="5">从　年　月开工至　　年　　月竣工</td><td colspan="2" rowspan="2">合　计</td><td rowspan="2"></td><td rowspan="2"></td></tr>
<tr><td colspan="2">实　际</td><td colspan="5">从　年　月开工至　　年　　月竣工</td></tr>
<tr><td rowspan="2">设计概算
批准文号</td><td colspan="7" rowspan="2"></td><td rowspan="4">主要
材料
消耗</td><td>名称</td><td>单位</td><td>概算</td><td>实际</td><td rowspan="4"></td></tr>
<tr><td>钢材</td><td>t</td><td></td><td></td></tr>
<tr><td rowspan="3">完成主要
工 程 量</td><td colspan="2">建筑面积
（m²）</td><td colspan="5">设备（台、套、t）</td><td>木材</td><td>m³</td><td></td><td></td></tr>
<tr><td>设计</td><td>实际</td><td>设　计</td><td colspan="4">实　际</td><td>水泥</td><td>t</td><td></td><td></td></tr>
<tr><td></td><td></td><td></td><td colspan="4"></td><td rowspan="3">主要
技术
经济
指标</td><td colspan="5" rowspan="3"></td></tr>
<tr><td rowspan="2">收尾工程</td><td colspan="2">工程内容</td><td>投资额</td><td colspan="4">完成时间</td></tr>
<tr><td colspan="2"></td><td></td><td colspan="4"></td></tr>
</table>

①建筑安装工程投资支出、设备工器具投资支出、待摊投资支出和其他投资支出构成建设项目的建设成本。建筑安装工程投资支出是指建设单位按项目概算发生的建筑安装工程的实际成本，不包括被安装设备本身的价值以及按合同规定支付给施工单位的预付备料款和预付工程款；设备工器具投资支出是指建设单位按照项目概算内容发生的各种设备的实际成本和为生产准备的不够固定资产标准的工具、器具的实际成本；待摊投资支出是建设单位按项目概算内容发生的，按规定应分摊计入交付使用资产价值的各项费用支出。其他投资支出是指建设单位按项目概算内容发生的构成建设项目实际支出的房屋购置和基本畜禽、林木等购置、饲养、培养支出以及取得各种无形资产和递延资产发生的支出。

②待核销基建支出是指非经营性项目发生的江河清障、补助群众造林、水土保持、城市绿化、取消项目可行性研究费、项目报废等不能形成资产部分的投资。

③非经营性项目转出投资支出是指非经营项目为项目配套的专用设施投资，包括专用道路、专用通讯设施、送变电站、地下管道等，其产权不属于本单位的投资支出，对于产权归属本单位的，应计入交付使用资产价值。

6）表中初步设计和概算批准日期、文号，按最终经批准的日期和文件号填列。

7）表中收尾工程是指全部工程项目验收后尚遗留的少量收尾工程，在表中应明确填写收尾工程内容、完成时间，这部分工程的实际成本可根据实际情况进行估算并加以说明，完工后不再编制竣工决算。

(3) 大、中型建设项目竣工财务决算表，见表6-32。该表反映竣工的大、中型建设项目从开工到竣工为止全部资金来源和资金运用的情况，它是考核和分析投资结果，落实节余资金，并作为报告上级核销基本建设支出和基本建设拨款的依据。在编制该表前，应先编制出项目竣工年度财务决算，根据编制出的竣工年度财务决算和历年财务决算编制项目的竣工财务决算。此表采用平衡表形式，即资金来源合计等于资金支出合计。具体编制方法是：

1) 资金来源包括基建拨款、项目资本金、项目资本公积金、基建借款、上级拨入投资借款、企业债券资金、待冲基建支出、应付款和未交款以及上级拨入资金和企业留成收入等。

①项目资本金是指经营性项目投资者按国家有关项目资本金的规定，筹集并投入项目的非负债资金，在项目竣工后，相应转为生产经营企业的国家资本金、法人资本金、个人资本金和外商资本金。

②项目资本公积金是指经营性项目对投资者实际缴付的出资额超过其资金的差额（包括发行股票的溢价净收入）、资产评估确认价值或者合同、协议约定价值与原账面净值的差额、接收捐赠的财产、资本汇率折算差额，在项目建设期间作为资本公积金、项目建成交付使用并办理竣工决算后，转为生产经营企业的资本公积金。

③基建收入是基建过程中形成的各项工程建设副产品变价净收入、负荷试车的试运行收入以及其他收入，在表中基建收入以实际销售收入扣除销售过程中所发生的费用和税后的实际纯收入填写。

2) 表中“交付使用资产”、“预算拨款”、“自筹资金拨款”、“其他专款”、“基建借款”等项目，是指自开工建设至竣工的累计数，上述有关指标应根据历年批复的年度基本建设财务决算和竣工年度的基本建设财务决算中资金平衡表相应项目的数字进行汇总填写。

3) 表中其余项目费用办理竣工验收时的结余数，根据竣工年度财务决算中资金平衡表的有关项目期末数填写。

4) 资金支出反映建设项目从开工准备到竣工全过程资金支出的情况，内容包括基建支出、应收生产单位投资借款、库存器材、货币资金、有价证券和预付及应收款以及拨付所属投资借款和库存固定资产等，资金支出总额应等于资金来源总额。

5) 补充材料的“基建投资借款期末余额”反映竣工时尚未偿还的基本投资借款额，应根据竣工年度资金平衡表内的“基建借款”项目期末数填写；“应收生产单位投资借款期末余额”，根据竣工年度资金平衡表内的“应收生产单位投资借款期末余额”项目的期末数填写；“基建结余资金”反映竣工的结余资金，根据竣工决算表中有关项目计算填写。

6) 基建结余资金可以按下列公式计算

$$\begin{aligned}\text{基建结余资金} = &\text{基建拨款} + \text{项目资本金} + \text{项目资本公积金} + \text{基建借款} + \text{企业债券资金} + \\ &\text{待冲基建支出} - \text{基本建设支出} - \text{应收生产单位投资借款}\end{aligned} \tag{6-67}$$

(4) 大、中型建设项目交付使用资产总表，见表6-30。该表反映建设项目建成后新增固定资产、流动资产、无形资产和递延资产价值的情况和价值，作为财产交接、检查投资计划完成情况和分析投资效果的依据。小型项目不编制交付使用资产总表，直接编制交付使用资产明细表；大、中型项目在编制交付使用资产总表的同时，还需编制交付使用资产明细表。大、中型建设项目交付使用资产总表具体编制方法是：

表 6-30 **大、中型建设项目交付使用资产总表**

单项工程项目名称	总 计	固 定 资 产					流动资产	无形资产	递延资产
		建筑工程	安装工程	设 备	其 他	合 计			
1	2	3	4	5	6	7	8	9	10

1）表中各栏目数据根据交付使用明细表的固定资产、流动资产、无形资产、递延资产的各相应项目的汇总数分别填写，表中总计栏的总计数与竣工财务决算表中的交付使用资产的金额一致。

2）表中第2、7栏的合计数与第7、8、9栏的数据，应与竣工财务决算表交付使用的固定资产、流动资产、无形资产、递延资产的数据相符。

(5) 建设项目交付使用资产明细表，见表6-31。该表反映交付使用的固定资产、流动资产、无形资产和递延资产及其价值的明细情况，是办理资产交接的依据和接收单位登记资产账目的依据，是使用单位建立资产明细账和登记新增资产价值的依据。大、中型和小型建设项目均需编制此表。编制时要做到齐全完整，数字准确，各栏目价值应与会计账目中相应科目的数据保持一致。建设项目交付使用资产明细表具体编制方法是：

表 6-31 **建设项目交付使用资产明细表**

单项工程项目名称	建筑工程			设备、工具、器具、家具					流动资产		无形资产		递延资产	
	结构	面积(m^2)	价值(元)	规格型号	单位	数量	价值(元)	设备安装费(元)	名称	价值(元)	名称	价值(元)	名称	价值(元)
合 计														

支付单位盖章 年 月 日 接收单位盖章 年 月 日

1）表中“建筑工程”项目应按单项工程名称填列其结构、面积和价值。其中“结构”是指项目按钢结构、钢筋混凝土结构、混合结构等结构形式填写；面积则按各项目实际完成面积填写；价值按交付使用资产的实际价值填写。

2）表中固定资产部分要在逐项盘点后，根据盘点实际情况填写，工具、器具和家具等低值易耗品可分类填写。

3）表中“流动资产”、“无形资产”、“递延资产”项目应根据建设单位实际交付的名称和价值分别填列。

(6) 小型建设项目竣工财务决算。由于小型建设项目内容比较简单，具体编制时可参照大、中型建设项目竣工工程概况指标和大、中型建设项目竣工财务决算指标口径填写。

3. 建设工程竣工图

建设工程竣工图是真实地记录各种地上、地下建筑物、构筑物等情况的技术文件，是工程进行交工验收、维护改建和扩建的依据，是国家的重要技术档案。国家规定：各项新建、扩建、改建的基本建设工程，特别是基础、地下建筑、管道线、结构、井巷、桥梁、隧道、港口、水坝以及设备安装等隐蔽部位，都要编制竣工图。为确保竣工图质量，必须在施工过程中（不能在竣工后）及时做好隐蔽工程检查记录，整理好设计变更文件。其具体要求有：

（1）凡按图竣工没有变动的，由施工单位（包括总包和分包工施工单位）在原施工图上加盖“竣工图”标志后，即作为竣工图。

（2）凡在施工过程中，虽有一般性设计变更，但能将原施工图加以修改补充作为竣工图的，可不重新绘制，由施工单位负责在原施工图（必须是新蓝图）上注明修改部分，并附以设计变更通知单和施工说明，加盖“竣工图”标志后，作为竣工图。

（3）凡结构形式改变、施工工艺改变、平面布置改变、项目改变以及有其他重大改变、不宜再在原施工图上修改、补充时，应重新绘制改变后的竣工图。由原设计原因造成的，由设计单位负责重新绘制；由施工原因造成的，由施工单位负责重新绘图；由其他原因造成的，由建设单位自行绘制或委托设计单位绘制。施工单位负责在新图上加盖“竣工图”标志，并附以有关记录和说明，作为竣工图。

（4）为了满足竣工验收和竣工决算需要，还应绘制反映竣工工程全部内容的工程设计平面示意图。

4. 工程造价对比分析

在分析时，可先对比整个项目的总概算，然后将建筑安装工程费、设备工器具购置费和其他工程费用逐一与竣工决算表中所提供的实际数据和相关资料及批准的概算、预算指标、实际的工程造价进行对比分析，以确定竣工项目总造价是节约还是超支，并在对比的基础上，总结先进经验，找出节约和超支的内容和原因，提出改进措施。在实际工作中，应主要分析以下内容：

（1）主要实物工程量。对于实物工程量出入比较大的情况，必须查明原因。

（2）主要材料消耗量。考核主要材料消耗量，要按照竣工决算表中所列明的三大材料超过概算的消耗量，查明是在工程的哪个环节超出量最大，再进一步查明超耗的原因。

（3）主要材料、机械台班、人工的单价。主要材料及人工的单价对工程造价影响较大。

三、竣工决算的编制

建设项目竣工决算是竣工验收报告的重要组成部分，由建设单位组织有关人员进行编制，设计、施工、物资供应及使用单位等应密切配合，并提供有关资料，其编制过程主要有以下几方面：

1. 竣工决算的编制依据

（1）可行性研究报告，投资估算书、初步设计（或扩大初步设计）、设计总概算或修正总概算及其批复文件等。

（2）设计变更文件、施工记录、施工签证单及其他施工发生的费用记录文件。

（3）经批准的施工图纸、工程标底、承包合同价、工程结算等经济文件资料。

（4）各年度基建计划、本年度财务决算及批复文件。

（5）批准的开工报告、项目竣工平面图及各种竣工验收资料。

（6）施工合同、投资包干合同，其他监理及造价咨询等合同（或协议）资料。

（7）设备、材料价格签证或订价合同及调价文件和调价记录。

（8）其他有关的资料。

2. 竣工决算的编制要求

为了正确核定新增固定资产价值，考核分析投资效果，建立健全经济责任制，所有新建、扩建和改建等建设项目竣工后，都应及时、完整、正确的编制好竣工决算。建设单位要做好以下工作：

(1) 按照规定组织竣工验收，保证竣工决算的及时性。

(2) 积累、整理竣工项目资料，保证竣工决算的完整性。

(3) 清理、核对各项账目，保证竣工决算的正确性。

3. 竣工决算的编制步骤

(1) 编制方法。根据经审定的及施工单位竣工结算等原始资料，对原概（预）算进行调整，重新核定各单项工程和单位工程造价。

(2) 竣工决算的编制步骤。

1) 收集、整理、分析原始资料。

2) 工程对照、核实工程变动情况，重新核实各单位工程、单项工程造价。

3) 经审定的待摊投资、其他投资、待核实的基建支出和非经营项目的转出投资，按照国家规定，严格划分和核定后，分别计入相应的基建支出（占用）栏目内。

4) 编制竣工财务决算说明书。

5) 填报竣工财务决算报表。

6) 进行工程造价对比分析。

7) 清理、装订好竣工图。

8) 按照国家规定上报审批，存档。

4. 竣工决算编制示例

【例 6-10】 一大型建设项目 2009 年开工建设，2010 年底有关财务核算资料如下：

(1) 已经完成部分单项工程，经验收合格后，已经交付使用的资产包括：

1) 固定资产价值 69 073 万元。

2) 为生产准备的使用期限在一年以内的备品备件、工具、器具等流动资产价值 28 000 万元，期限在一年以上，单位价值在 1500 元以上的工具 46 万元。

3) 建造期间购置的专利权、非专利技术等无形资产 2000 万元，摊销期 5 年。

4) 筹建期间发生的开办费 66 万元。

(2) 基本建设支出的项目包括：

1) 建筑安装工程支出 11 300 万元。

2) 设备工器具投资 43 400 万元。

3) 建设单位管理费、勘察设计费等待摊投资 1980 万元。

4) 通过出让方式购置的土地使用权形成的其他投资 82 万元。

(3) 非经营项目发生的待核销基建支出 45 万元。

(4) 应收生产单位投资借款 1290 万元。

(5) 购置需要安装的器材 40 万元，其中待处理器材 15 万元。

(6) 货币资金 450 万元。

(7) 预付工程款及应收有偿调出器材款 17 万元。

(8) 建设单位自用的固定资产原值 55 783 万元，累计折旧 9747 万元。

《资金平衡表》上的各类资金来源的期末余额是：

1）预算拨款 48 000 万元。

2）自筹资金拨款 53 400 万元。

3）其他拨款 500 万元。

4）建设单位向银行借入的借款 98 000 万元。

5）建设单位当年完成交付生产单位使用的资产价值中，180 万元属于利用投资借款形成的待冲基建支出。

6）应付销售商 38 万元贷款和尚未支付的应付工程款 1682 万元。

7）未交税金 25 万元。

根据上述有关资料编制该项目竣工财务决算表，见表 6-32。

表 6-32　　大、中型建设项目竣工财务决算表

建设项目名称：××建设项目　　单位：万元

资金来源	金　额	资金占用	金　额	补充资料
一、基建拨款	101 900	一、基本建设支出	153 992	1. 基建投资借款期末余额
1. 预算拨款	48 000	1. 交付使用资产	97 185	
2. 基建基金拨款		2. 在建工程	56 762	2. 应收生产单位投资借款期末余额
3. 进口设备转账拨款		3. 待核销基建支出	45	
4. 器材转账拨款		4. 非经营项转出投资		3. 基建结余资金
5. 煤代油专用基金拨款		二、应收生产单位投资借款	1290	
6. 自筹资金拨款	53 400	三、拨款所属投资借款		
7. 其他专款	500	四、器材	40	
二、项目资本金		其中：待处理器材损失	15	
1. 国家资本		五、货币资金	150	
2. 法人资本		六、预付及应收款	17	
3. 个人资本		七、有价证券		
三、项目资本公积金		八、固定资产	46 036	
四、基建借款	98 000	固定资产原值	55 783	
五、上级拨入投资借款		减：累计折旧	9747	
六、企业债券资金		固定资产净值	46 036	
七、待冲基建支出	180	固定资产清理		
八、应付款	1720	待处理固定资产损失		
九、未交款	25			
1. 未交税金	25			
2. 未交基建收入				
3. 未交基建包干节余				
4. 其他未交款				
十、上级拨入资金				
十一、留成收入				
合　计	201 825		201 825	

关键概念　工程计价　全过程工程计价　投资估算　设计概算　施工图预算　定额单价法　定额实物法　施工预算　两算对比　工程结算　竣工决算

习　　题

6.1　全过程工程计价的主要内容有哪些?

6.2　投资估算的方法主要有哪几种?

6.3　简述设计概算的作用及编制依据。

6.4　单位建筑安装工程设计概算编制的主要方法有哪些?

6.5　施工图预算的作用及编制依据有哪些?

6.6　简述编制施工图预算的方法。

6.7　定额单价法和定额实物法二者异同如何?

6.8　简述编制施工预算的方法。

6.9　如何进行两算对比?

6.10　简述工程结算的意义和结算方式。

6.11　如何支付工程进度款?

6.12　工程动态结算的主要方法有哪些?

6.13　竣工决算的编制依据、步骤和内容有哪些?

6.14　已知建设一座日产15t钾肥装置的投资额为1850万元，试估计建设一座日产40t钾肥装置的投资额。($n=0.7$，$Cf=1.06$)

6.15　若设计中的建材生产系统的生产能力在原有基础上增加1倍，则投资额大约增加多少?($n=0.8$，$Cf=1.05$)

6.16　某工程项目估算的静态投资为16 000万元，根据项目实施进度规划，项目建设期为3年，3年的投资分年使用比例分别为30%、50%、20%，其中各年投资中贷款比例为年投资的20%，预计建设期中3年的贷款利率分别为5%、6%、7%。试求该项目建设期内的贷款利息。

6.17　某办公大楼为六层钢筋混凝土框架结构，建筑面积为$43.7\times12.5\times6=3277.5m^2$，层高为3.3m。基础采用柱基础，基础埋深为1.6m，室外地坪标高为−0.300m，基础垫层采用C15混凝土，其余均用C25混凝土，基础砌体由M5水泥砂浆砌筑Mu10机砖，柱基的截面尺寸为2200mm×2500mm，基础圈梁的截面尺寸为240mm×300mm。主体采用钢筋混凝土框架结构，框架柱的截面尺寸为500mm×500mm，框架梁的截面尺寸为300mm×500mm，楼板采用预制空心板，墙体均采用混凝土砌块，墙厚为200mm。地面、楼面及楼梯均铺设花岗岩，所有房间内墙均为混合砂浆抹面，所有房间为抹灰顶棚，外墙为水泥砂浆墙面，屋面为SBS卷材防水膨胀珍珠岩保温屋面，卫生间采用SBS防水地面，外门和窗均采用铝合金门窗，内门采用木门。请根据当地概算指标，计算该办公楼的概算造价。

6.18　拟建一座四层砖混办公楼。初步设计底层建筑面积$1800m^2$，二～四层每层建筑面积均为$1600m^2$，查得类似工程概算直接工程费为410元/m^2，但屋面防水用二毡三油一砂，而现拟建办公楼用SBS改性防水沥青卷材。查定额单价知：SBS防水直接工程费为34元/ m^2屋面，二毡三油一砂直接工程费为26元/m^2屋面，请按现行取费规定概算含税造价(测得综合涨价系数为1.06)。

6.19　某企业承包的建筑工程合同造价为880万元。双方签订的合同规定工程工期为五个月；工程预付备料款额度为工程合同造价的20%；工程进度款逐月结算；经测算其主要材料费所占比重为60%；工程保留金为工程合同造价的5%；各月实际完成的产值见表6-33。

表6-33　各月实际完成的产值

月　份	三月	四月	五月	六月	七月	合计
完成产值（万元）	140	170	190	210	170	880

计算：(1) 该工程的预付备料款为多少万元？

(2) 预付备料款的起扣点为多少万元？

(3) 每月应付工程进度款各为多少万元？

第七章　全面工程造价管理与控制

学习要点

本章首先概述了工程造价管理与控制的概念、原则、任务和内容以及新型的工程造价管理模式，然后分别讲述了决策阶段投资估算、设计阶段工程造价控制、工程招投标和合同价款、施工阶段工程造价控制、竣工阶段工程造价管理。通过本章的学习，要求了解工程造价管理与控制的概念、内容和动态控制原理；掌握新型工程造价管理模式，尤其掌握全面工程造价管理的概念和内容；了解投资估算的概念、意义，掌握项目决策阶段影响工程造价的因素；了解限额设计的概念、作用和内容，重点掌握其基本要求和控制过程；掌握工程招投标的程序，熟悉招标控制价编制，掌握投标报价决策、策略和技巧，掌握施工合同类型与选择；了解工程变更和索赔的概念，掌握工程变更价款的确定和索赔费用的计算；了解竣工阶段工程造价管理的内容。

第一节　全面工程造价管理概述

一、工程造价的管理

工程造价管理不同于企业财务管理，工程造价管理具有管理对象的不重复性、市场条件的不确定性，施工企业的竞争性、项目实施活动的复杂性和整个建设周期都存在风险性等特点。

（一）工程造价管理的概念

工程造价管理，就是对工程项目的投资和工程造价的计价与确定进行预测、计划、控制、反馈等一系列的管理活动。如前所述，工程造价有两种概念，工程造价管理也相应分为两种范畴，一是建设工程投资费用管理，二是工程价格管理。工程造价计价依据的管理和工程造价专业队伍的管理是都为这两种管理服务的。

建设工程投资费用管理属于工程建设投资管理范畴。它侧重费用的管理，而不侧重工程技术方面。建设工程投资费用管理是指在拟订的规划和设计方案的条件下，为了实现投资的预期目标，通过预测、计算、确定和监控工程造价及其变动规律，达到节约投资、控制造价、追求效益的投资费用管理的目标。这一含义既涵盖了微观层次的项目投资费用的管理，又涵盖了宏观层次的投资费用的管理。

工程价格管理属于价格管理范畴。价格管理分为两个层次：在微观层次上，是生产企业在掌握市场价格信息的基础上，为实现管理目标而进行的对成本控制、计价、定价和竞价的系列活动。它反映了微观主体按照经济规律，对商品价格进行能动的计划、预测、监控和调整，并接受价格对生产的调节。在宏观层次上，是政府根据社会经济发展的要求，利用法律手段、经济手段和行政手段对价格进行管理和调控，以及通过市场管理规范市场主体价格行为的系列活动。

（二）工程造价管理的目标和任务

1. 工程造价管理的目标

工程造价管理的目标是按照经济规律的要求，根据社会主义市场经济的发展形势，利用科学管理方法和先进管理手段，合理地确定和有效地控制工程造价，以提高投资效益和建筑安装企业经营效益。

2. 工程造价管理的主要任务

工程造价管理的任务是加强工程造价的全过程动态管理，强化工程造价的约束机制，维护有关各方的经济利益，规范价格行为，促进微观效益和宏观效益的有效统一。

（三）工程造价管理的基本内容

工程造价管理主要是围绕工程造价合理确定和有效控制这两个基本内容进行的。

1. 工程造价的合理确定

工程造价的合理确定，就是指在建设程序的各个阶段，合理确定投资估算、设计概算、施工图预算、发承包合同价、工程结算价、竣工决算价。建设程序和各阶段工程造价确定示意图见图 7-1。

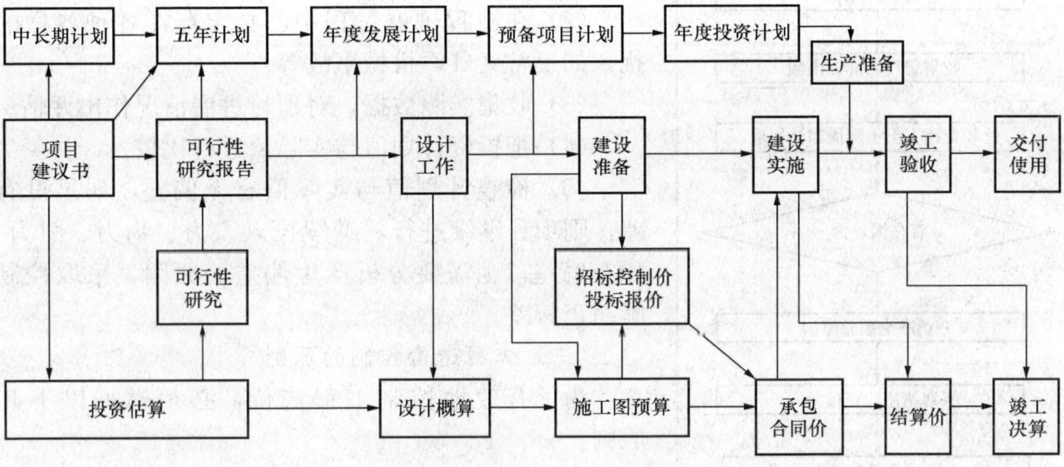

图 7-1　建设程序和各阶段工程造价确定示意图

2. 工程造价的有效控制

工程造价的有效控制，就是在优化建设方案、设计方案的基础上，在工程项目建设周期的各个阶段，采用一定的方法和措施把工程造价的发生控制在合理的范围和核定的造价限额以内。

（四）工程造价管理的组织

工程造价管理的组织，是指为了实现工程造价管理目标而进行的有效组织活动，以及与造价管理功能相关的有机群体。它是工程造价动态的组织活动过程和相对静态的造价管理部门的统一，是指国家、地方、部门和企业之间管理权限和职责范围的划分。工程造价管理组织系统由政府行政管理系统、企事业单位管理系统、造价管理协会和工程造价咨询机构构成。具体内容见第一章。

二、工程造价的控制

(一) 工程造价控制的概念

工程造价的有效控制是指在项目投资决策阶段、设计阶段、招投标阶段、发承包阶段、施工阶段以及竣工阶段，跟踪项目采取有效措施，随时纠正发生的偏差，把工程造价控制在批准或计划的投资限额以内，以保证建设项目投资管理目标的实现，以求在工程项目建设中能合理使用人力、物力、财力，取得较好的投资效益和社会效益。

(二) 工程造价控制的基本原理

工程项目建设是一个周期长、投入大的生产过程，在整个建设过程中必然会出现一些不可预见的各种变化因素，引起工程造价的变动。所以工程造价在整个建设期内都属于不确定的，需要随时进行跟踪、调整。因此，工程造价的控制应该是动态的，并贯穿于项目建设的全过程。工程造价的动态控制原理如图 7-2 所示。

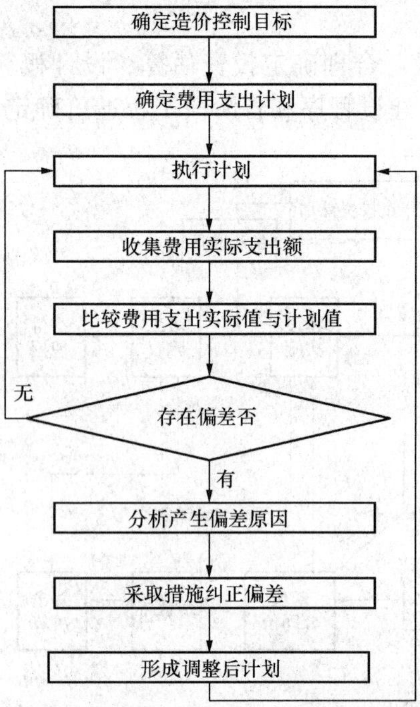

图 7-2 动态控制原理图

这个流程应每两周或一个月循环一次，该流程反映了如下内容：

(1) 项目投入，即把人力、物力、财力投入项目实施中。

(2) 在工程进展过程中，必定存在各种各样的干扰，如反常天气，机械事故等。

(3) 收集实际数据，对项目进展情况作出评估。

(4) 把投资计划值与实际值进行比较。

(5) 检查计划值与实际值有无偏差，如果没有偏差，则项目继续进行，继续投入人力、物力、财力等。如有偏差，则需要分析产生偏差的原因，采取控制措施纠正偏差。

(三) 工程造价控制的原则

为了有效地控制工程造价，必须遵循以下几项原则。

1. 合理设置工程项目建设造价控制目标

控制是为了确保目标的实现服务的，一个系统若没有目标，就不需要、也无法进行控制。目标的设置必须是严肃的，并且必须有科学的依据。

投资控制目标的设置应是随着工程建设进程的不断深入、清晰而分阶段设置，具体来说，投资估算应是建设工程设计方案选择和进行初步设计的投资控制目标；设计概算应是进行技术设计和施工图设计的控制目标，施工图预算或工程发承包合同价则应是施工阶段投资控制的目标。各个阶段目标，相互联系、相互制约、相互补充，前者控制后者，后者补充前者，共同组成建设工程造价控制的目标系统。

2. 以设计阶段为重点进行建设全过程造价控制

工程造价控制贯穿于项目建设全过程，但又必须突出重点。工程造价控制的关键在于投资决策和设计阶段，而在项目作出投资决策后，控制造价的关键就在于设计。仅相当于建设工程总费用的1%～2%的工程设计费，对工程造价的影响度占75%以上。因此，设计质量对整个工程建设的效益至关重要。

3. 对工程造价进行主动控制

即控制立足于事先主动采取预防措施，减少或避免实际值与目标值的偏离。当实际值偏离目标值时，分析产生偏差的原因，并确定下一步的对策，即进行被动控制。工程造价控制，不仅要反映投资决策，反映设计、施工，被动地控制工程造价，更要能动地影响投资决策，影响设计、施工，主动控制工程造价。

4. 技术与经济相结合进行工程造价控制

要有效控制工程造价，应从组织、技术、经济、合同、信息管理等多方面采取措施。把技术与经济结合起来，通过对工程建设项目的技术比较、经济分析和效果评价，正确处理技术先进与经济合理两者对立统一关系，才能把控制工程造价的观念渗透到各项设计和施工措施之中。

三、全面工程造价管理

（一）全面工程造价管理的含义

全面工程造价管理是由美国造价工程师协会在 20 世纪 90 年代提出的，它是指有效地使用专业知识和专门技术去计划和控制资源、造价、盈利和风险的管理方法。简单地说，全面造价管理是一种管理各种企业、工作、设施、项目产品或服务的全寿命期造价的系统方法，是通过在整个造价管理过程中，以造价工程和造价管理的科学原理、已获验证的技术方法和最新的作业技术作为支持而得以实现的，它包括全要素、全风险、全团队和全过程工程造价管理。全面工程造价管理有以下几方面特性：

（1）这一过程是由许多前后接续的阶段和各种各样的生产技术活动构成的。

（2）这一过程的每项活动都受四个基本要素——工期、质量、安全与造价的影响。

（3）这一过程通常是不重复的，过程所处的环境是开放的、复杂多变的，所以这一过程有较大的风险性和不确定性。

（4）这一过程涉及多个不同的利益主体，包括项目业主、承包商、供应商、设计与咨询中介单位等，整个过程是由他们共同合作完成的。

（二）全面工程造价管理的主要内容

1. 全要素工程造价管理

工程项目全要素造价管理是指由于工程项目的实现过程中每项活动都受四个基本要素：工期、质量、安全与造价的影响，因此，实行造价管理，需要对影响造价的各因素进行全面的管理。

在工程项目的全过程中，影响工程项目造价的基本要素有四个，即工期要素、质量要素、安全要素和造价要素本身。在工程项目全过程中，这四个要素是可以相互影响和相互转化的。一个工程项目的工期和质量在一定条件下可以转化成工程项目的造价。因此对于工程项目的全面造价管理，必须分析和找出工期、质量、安全与造价四要素的相互关系，进行全要素造价集成管理，掌握一套从全要素管理入手的全面造价管理具体技术方法。如果只对工程项目的造价这个单一要素进行管理，无论如何也无法实现工程项目的全面造价管理。

工程项目全要素造价管理也需要有两个方面的具体技术办法：

（1）分析和预测工程项目四个要素变动与发展趋势的方法。

（2）控制这四个要素的变动，从而实现全面造价管理目标的方法。

2. 全风险工程造价管理

工程项目全风险造价管理是指工程项目在实施过程中，存在着许多风险和不确定的因素像通货膨胀、气候条件、施工环境条件等，因此在造价管理中必须考虑风险对于造价的影响，同时开展对确定性造价和不确定性造价的全面管理。

工程项目的实现过程是一个存在着很大不确定性的过程，造价管理最重要的任务就是对不确定性造价的管理。全风险造价管理是在信息不完备理论、成本不确定性理论、风险管理的理论基础上形成的。其管理的方法又包括工程项目风险识别方法、工程项目全风险造价确定方法、工程项目风险事件控制方法、工程项目全风险造价控制方法。具体运行过程是建立项目风险管理信息系统，以此来跟踪、收集、整理出项目运行过程中的风险信息，凭借这些信息分析风险的存在、原因、后果和发展，并及时反映分析结果。在风险识别的基础上，确定出项目的最可能造价及概率分布，从而得到各具体活动的风险性造价。对各风险因素配以相关的费用，并加总到全风险基准造价上形成项目全风险造价。对于影响造价的风险事件，可采用风险规避、风险分担、风险转移、风险化解等具体方法予以控制。在控制过程中，不断地调整造价目标，以使其满足工程项目和抵御风险的要求。

工程项目全风险造价管理包括三方面的具体技术方法：

(1) 分析、识别和确定风险性事件与风险性造价的方法。

(2) 对于风险性事件的发生与发展实施进程控制的方法。

(3) 对于全风险造价及其管理储备直接控制的方法。

这三个方面的具体技术方法将构成一套工程项目全风险造价技术方法。

3. 全团队工程造价管理

工程项目全团队造价管理是指在工程项目实现过程中会涉及参与项目建设的多个不同的利益主体，包括项目法人或业主、设计单位、工程监理咨询单位、造价工程咨询单位、施工单位或承包商及分包商，以及供应商等。这些不同的利益主体，都有各自的利益，而且有时还会发生利益冲突。因此，在造价管理中必须全面协调各个利益主体之间的利益和关系，将它们联合在一起构成一个全面合作的团队，努力实现对工程项目的全面造价管理。

全团队造价管理就是要在各利益主体之间形成一种合作伙伴关系，以此来推动项目完成。进行全团队造价管理的关键环节是确定全团队的合作促进人，各团队成员按照合作伙伴关系协议的要求，围绕合作促进人开展工程项目活动。

工程建设的不同主体对工程造价进行控制的对象、目标、方法及手段都是不同的。

(1) 建设单位作为工程项目的投资者，应对项目从筹建到竣工验收所花费的全部费用进行控制。它主要通过对工程的决策、设计、施工、竣工验收及工程结算与决算进行全过程、全方位的控制，遵循基本建设的经济规律，运用技术、经济和法律的方法和手段，通过对工程建设其他主体行为的控制，达到其自身控制工程造价的目的。

(2) 设计单位对工程造价的控制，是在建设单位对工程建设提出明确的技术经济要求的前提下进行的。不仅要满足建设单位提出的建设地点、建设方案、建设规模以及各专业技术方案的要求，而且要将由设计决定的预计工程造价限制在建设单位提出的投资限额之内。它不仅要解决好有关设计思想、设计方法与设计手段等技术问题，而且要不断确定与调整设计的经济效果，以使其设计本身在技术上是先进的、在经济上是合理的。

(3) 施工单位对工程造价的控制是在设计向现实转变的过程中实现的，是在特定的技术、质量、进度和预期成本等前提下进行的。因此，其对工程造价的控制是通过采取技术管理、质量管理、进度管理、资源管理、安全管理和成本管理等各种措施，使生产的实际成本小于预期成本。

（4）中介机构对工程造价的协调控制以及政府主管部门对工程造价的宏观管理。工程造价中介机构在工程造价的活动中往往起到指导和协调控制的作用，有助于工程造价的有效管理；对于代表政府对工程造价进行管理的工程造价管理部门来说，通过制定有关工程造价管理的法律、法规和各种规章制度，规范参与工程建设的各个主体的行为，使工程造价管理工作步入良性发展的轨道。

4. 全过程工程造价管理

工程项目全过程造价管理是指从项目的决策阶段、设计阶段、施工阶段、竣工验收和项目建成后的使用阶段进行全过程的造价控制，以满足提高投资效益、提高工程质量、加快施工速度、降低工程造价的目的。

项目全过程造价管理与传统的基于资源消耗的、相对静态的造价确定方法不同，工程项目全过程造价管理要求在确定造价时，首先从分析项目具体活动与具体活动过程入手，然后依据开展项目活动的过程和开展项目活动所用的技术方法与工效水平去确定出项目的资源消耗及占用，最终确定出项目的造价。

工程项目全过程各阶段工程造价管理与控制的内容主要有：

（1）决策阶段工程造价的控制。

建设项目的各项技术经济决策，对工程造价以及项目建成后的经济效益有着决定性的影响，是工程造价控制的重要阶段。在该阶段工程造价控制的主要内容有：

1）分析决策阶段影响工程造价的主要因素。

2）进行建设项目的可行性研究，并对拟建项目进行财务评价和国民经济评价，选择技术上可行、经济上合理的建设方案，编好投资估算，考虑风险，打足投资。

3）合理选定工程的建设标准、设计标准，贯彻国家的建设方针，在优化建设方案的基础上，编制项目投资估算，全面准确地估算建设项目的总造价，并以此作为项目建设过程中控制工程造价的总目标。

4）严格按概算对工程造价实行静态控制和动态管理。

5）从优选择项目的承建单位、咨询单位、监理单位、设计单位，搞好相应的招标。

（2）设计阶段工程造价的控制。

在初步设计阶段，运用标准设计方法、价值工程方法、限额设计方法等，以可行性研究报告中被批准的投资估算为工程造价控制目标数，控制初步设计。如果设计概算超出投资估算允许的误差范围，应对初步设计的结果进行调整和修改。

在施工图设计阶段，则应以被批准的设计概算为控制目标，运用限额设计、价值工程等方法，以设计概算控制施工图设计工作。如果施工图预算超过设计概算，则说明施工图设计的内容突破了初步设计所规定的项目设计原则，应对施工图设计的结果进行调整和修改。

该阶段建设单位和设计单位重点应做好如下工作：

1）分析设计阶段影响工程造价的主要因素。如工业项目的总平面图设计、竖向设计、建筑及结构方案设计、工艺技术方案选择、设备的选型和设计等。民用项目的小区规划设计、住宅建筑平面布置、住宅层高与层数、建筑结构方案以及住户面积等。

2）开展工程设计招标和设计方案竞选。

3）认真控制施工图设计，推行限额设计。

4）广泛推行标准设计。标准设计是指经国家或地方主管部门批准的建筑、结构和构件等整套标准技术文件图纸。推广标准设计一则可节约设计费用，缩短设计周期；二则有利于构配件生产工厂化，可大幅度降低生产成本；三则可加快施工速度，既有利于保证工程质量，又能降低工程造价。

5）编制和审查设计概算。

6）编制和审查施工图预算。

（3）施工发承包阶段工程造价的控制。

在施工发承包阶段，以工程设计文件和概预算文件为依据，结合工程施工的具体情况，如现场条件、市场价格、业主的特殊要求等，参与招标文件的制定，编制招标工程的招标控制价，选择合适的合同计价方式，确定工程承包合同的价格。

在该阶段为有效控制工程造价，建设单位应做好如下工作：

1）对设备、主材进行择优采购，抓好相应的招标工作。

2）择优选定建筑安装施工单位、调试单位，抓好相应的招标工作。

（4）施工阶段工程造价的控制。

在工程施工阶段，以施工图预算、工程承包合同价等为控制依据，通过工程计量、控制工程变更等方法，加强合同管理，按照承包方实际完成的工程量，严格确定施工阶段实际发生的工程费用。以合同价为基础，考虑因物价上涨所引起的造价提高，考虑设计中难以预计的而在施工阶段实际发生的工程和费用，合理确定工程费用，控制实际工程费用的支出。

1）施工阶段发包单位在控制工程造价方面应做好的主要工作有。

①严格合同管理，仔细审查合同标价和工程量清单、基本单价及其他有关文件，做好工程索赔价款结算。

②编制资金使用计划。

③正确进行工程计量，复核工程付款账单，按规定进行工程价款结算。

④严格控制设计变更，合理进行现场签证。

⑤审核承包商编制的施工组织设计。

2）施工承包商在控制工程造价方面应做好的主要工作有：

①编制施工组织设计，选择技术上可行、经济上合理的施工方案。

②以承包合同价为造价控制目标，按进度和工程项目组成进行造价控制目标分解，编制施工承包单位费用支出计划。

③对费用支出计划在执行中进行跟踪检查，分析出现偏差的原因，并采取针对性的纠偏措施，力求造价控制目标的实现。

④正确处理工期、质量、安全与造价四者之间的关系，在保证工程质量前提下，节省费用支出，缩短工期。

⑤注意工程资料的积累。

⑥按规定及时进行工程价款结算。

（5）竣工验收阶段工程造价的控制。

在竣工验收阶段，及时组织竣工验收，编制竣工决算，如实反映建设项目的实际工程造价，并总结分析工程建造的经验，积累技术经济数据和资料，不断提高工程造价管理水平。

四、其他工程造价管理模式

（一）协同工程造价管理

工程项目协同管理是指业主委托具有丰富管理经验和较强技术实力的项目管理公司协同业主对项目实施全过程、全范围的项目管理。它是一种新型的管理模式。项目管理公司派出的专业团队弥补业主方建设管理组织的不足，进而使之成为具有健全的组织、科学完善的管理制度和工作流程、全面完整的管理范围、掌握先进的管理工具和经济技术、工程技术的专业化的项目协同管理团队，而进行各项工作的策划和实施，但重大事项决策权仍属于业主。在项目协同管理团队中，项目管理公司的专业技术人员提供的是咨询服务、管理服务和技术服务。协同工程造价管理是其重点内容之一。

（二）集成工程造价管理

集成工程造价管理是以工程项目造价系统为完整的研究对象，以促进和提高企业长期综合竞争力为目的，在集成化（系统）管理理论、现代成本理论、项目管理理论与方法、经济学中的市场与价格理论、不对称信息理论、激励理论、公共投资理论、风险管理理论以及信息技术集成理论方法的综合支持下，在项目寿命周期各阶段，对工程造价系统的各个部分及相互关系进行预测、决策、设计、分析、考核，不断实现工程造价约束的一系列方法和技术的总和。集成工程造价管理主要特征有：

（1）全局性管理。项目寿命期各个阶段、各个责任实体、各项目部位等关系都必须纳入管理范围，予以计划和控制。

（2）内外结合的协调管理。内外结合的协调管理包括职能部门、上级组织和供应商之间的协调。

（3）综合性管理。综合性管理包括管理工作和实施工作的综合协调问题、设计交底、设备采购活动、随时间分布的预算、时间管理和采购管理之间的综合协调。

（三）全寿命工程造价管理

建设项目全寿命工程造价管理是一种新型的管理模式，就是从工程项目全寿命期（包括建设前期、建设期、使用期和翻新与拆除期等阶段）出发去考虑造价和成本问题，运用多学科知识，采用综合集成方法，重视投资成本、效益分析与评价，以实现对工程项目全寿命期各阶段总造价最小的一种管理理论和方法。

全寿命周期工程造价管理将传统管理模式中相对独立的决策阶段开发管理（Development Management，简称 DM）、实施阶段业主方项目管理（Project Management on behalf of the Owner，简称 PMO）和运营阶段物业管理（Facility Management，简称 FM）运用管理集成思想，在管理理念、管理目标、管理组织、管理方法、管理手段等各方面进行有机集成。运用公共的、统一的管理语言和规则及集成化的管理信息系统，实施建设项目全寿命期目标。

第二节　建设项目决策阶段投资控制

一、建设项目决策阶段投资估算的阶段划分

建设项目的决策阶段的工作内容包括建设项目的建设书、可行性研究报告、设计任务书

的确定，并根据上述资料编制建设项目投资估算。投资估算一经批准后，就作为建设项目造价的最高限额，一般情况下不得随意突破。

由于投资决策过程可划分为投资机会研究以及项目建议书阶段、初步可行性研究阶段、详细可行性研究阶段，所以投资估算工作也相应分为三个阶段。投资估算在各阶段所起的作用不尽相同，随着阶段的不断发展，调查研究的不断深入，信息资料及技术文件的完善，投资估算也逐步准确，其所起的作用也越来越重要。其准确性不仅影响到拟建项目的投资决策，而且也直接关系到下一阶段初步设计概算和控制。投资估算的阶段划分、精度及作用见表 7-1。

表 7-1　投资估算的阶段划分、精度及作用

投资估算过程	投资估算的阶段划分	投资估算的误差率	投资估算的主要作用
	投资机会研究以及项目建议书阶段的投资估算	±30%左右	1. 主管部门审批项目建议书、初步选择投资项目的依据 2. 对初步可行性研究及投资估算期指导作用
	初步可行性研究阶段的投资估算	±20%左右	1. 决定是否进行详细可行性研究 2. 确定哪些关键问题需要进行辅助性专题研究
	详细可行性研究阶段的投资估算	±10%左右	1. 进行详尽经济评价、决定项目可行性、选择最佳投资方案的依据 2. 编制设计文件，控制初步设计及概算的依据

二、建设项目决策阶段工程造价控制的意义

建设项目决策的主要依据是可行性研究报告，而投资估算的编制又是可行性研究报告重要的组成部分。所以，决策阶段工程造价的控制与管理，就是对投资估算的编制方法、数据测算、估算指标进行选择运用、对影响估算的因素进行分析等全过程控制与管理。

投资估算既是项目投资决策的重要依据，也是研究、分析、计算项目投资经济效果的重要条件。可行性研究报告被批准后，其投资估算额就作为设计任务中下达的投资限额，其设计概算不得突破投资估算的数额。因此，投资估算不仅是建设项目投资需要额和编制固定资产投资计划的重要依据，也是项目资金筹措及制订建设贷款计划的依据，又对工程的标准、规模具有一定的控制作用。

从以上分析看出，认真、准确地编制投资估算，对建设项目决策、设计和施工等都有深远的影响，是属于工程造价全过程动态管理的首要阶段。要编制好投资估算并控制数额，就必须通过可行性研究工作，比较选择最佳方案作为决策项目的依据，提出比较符合实际、合理、合法和可操作的投资控制数额。同时，对投资估算的编制依据、方法、指标运用及费用划分、费用项目、费用系数等条件进行审查，这对整个建设项目的客观控制及决策阶段造价的控制与管理都具有十分重要的意义。

三、项目决策阶段影响工程造价的主要因素和投资估算控制

投资估算的控制，除了选择合理科学的估算方法外，更关键的是对拟建工程基本建设要素做合理选择，比如建设规模、建设标准、建设地点的选择以及有关的工程技术方案的确定，这些因素也就主要决定了投资估算本身构成的合理性，下面具体分析这些因素对投资估算的影响。

（一）建设项目合理规模的影响

建设项目合理规模的确定，就是要合理选择拟建项目的生产规模，项目规模的合理选择关系着项目的成败，同时也决定了投资估算控制的合理性。

制约项目规模的主要因素有市场因素、技术因素及环境因素，合理处理好这几者的关系，对确定项目合理规模及投资估算的控制都十分重要。

建设项目投资估算数额的大小，与项目规模的大小有直接的关系。合理的规模会产生良好的规模效益，又会反过来影响投资决策，这二者是相互依存的。一个是经济因素，一个是技术因素，它们都是建设项目的投资估算及建设项目决策的依据。

（二）建设标准水平的影响

如果说建设项目规模是项目宏观上的控制，那么具体的项目建设标准是在规模控制下，对建设项目微观上的具体控制。它不仅是生产技术满足项目要求，也直接影响投资估算的具体数额。建设标准的主要内容有建设规模、占地面积、工艺装备、建筑标准、配套工程、劳动定员等方面的标准或指标，这些标准是编制、评估、审批项目可行性研究的重要依据，也是投资估算的基本参数，是衡量及监督检查工程建设是否合理的客观标准。

建设标准能否指导投资估算从而控制工程造价，关键在于其标准及水平的确定是否合理。标准水平定得过高，就有超过物力、财力及增加投资的风险；相反，若标准水平定得偏低，将会影响技术进步和发展。所以，建设标准水平应从目前的经济发展水平出发，不同建设地区、不同建设规模、不同等级要求、不同功能需求，应分别对待并合理确定。在建设标准的各项规定中，能定量的应尽量给出指标，不能规定指标的，要有定性原则，这样才能对编制投资估算时提供尽量充分的基本参数，以保证投资估算编制的合理性。这无论是对项目决策，还是此阶段工程造价控制与管理都非常重要。

（三）建设地区及建设地点的影响

建设地区及建设地点的选择是两个不同层次，相互联系又相互区别的工作阶段，建设地区选择是指在几个不同地区之间对拟建项目适宜配置在哪个区域范围的选择；建设地点的选择则是指项目在该地区具体坐落在什么位置的选择。这二者对建设项目的投资成功与否，投资数额发生大小的控制与否都有密切的关系。

1. 建设地区的选择

建设地区选择得是否合理，很大程度上决定着拟建项目的命运，也影响着投资是否成功、工程造价的高低、建设工期的长短、建设质量的好坏、项目建成后的经营状况等。在选择地区时，主要考虑的因素有，要符合国民经济发展战略规划、国家工业布局总体规划和地区经济发展规划的要求；要根据项目的特点和需要，充分考虑原材料条件、能源条件、水源条件、各地区产品的需求条件及运输条件等；要综合考虑地区的气象、地质、水文等项目建设的自然条件；要充分考虑劳动力资源、生活环境、协作情况、施工力量等综合社会环境因素的影响。同时，建设地区的选择，还要考虑：靠近原料、燃料提供地和产品消费地区以及工业项目适当聚集两项原则。

2. 建设地点的选择

遵照上述重要原则在建设区域范围确定后，具体的建设地点的选择不仅涉及项目建设条件、产品生产要素、生态环境和未来产品销售等问题，而且还直接影响到项目建设投资、建设速度和相关施工条件，以及未来企业的经营管理及所在地点的城乡建设规划与发展。在建设地点选择时，应尽量节约用地，减少土地占用，节约土地补偿费用；尽量选择工程地质、水文条件较好的地段，减少基础及土石方施工的费用；各种建筑物、构筑物以及厂区道路、绿化等总平面布置要与厂区土地面积合理配置，提高土地利用系数；建设地点应尽可能靠近铁路、公路、水路，以缩短运输距离，减少投资。

在进行建设地点的多方案技术经济分析论证时，除了考虑上述主要的厂址建设条件外，还应考虑项目建成投产后的经济性。

因此，在确定建设地点时，要充分进行方案的技术经济分析、比较、论证，选择最佳地点，为节约投资，控制决策阶段的投资估算数额及造价管理创造有利的前提条件。

（四）工程技术方案的影响

在建设规模、建设标准、建设地区及地点等确定后，具体的单项或单位工程的工程技术方案的确定，就影响着单项或单位工程的估算造价，这些工程的费用估算，是构成项目最基本的组成部分，所以合理的工程技术方案的确定，也直接影响建设项目的投资估算控制。工程技术方案的确定主要包括生产工艺的确定和主要设备的选择。

1. 生产工艺的确定

生产工艺是指生产产品所采用的工艺流程和制作方法，评价及确定拟采用的工艺是否可行，主要有先进适用性及经济合理性两项原则。正确处理好先进与适用的关系，对产品的成本及工程投资费用的控制都十分有益。

另外，工艺方案的经济合理性也会直接影响项目的投资，工艺方案应尽可能以小的消耗获得最大的经济效果，要求综合考虑所采用的工艺所能产生的经济效益和经济承受能力，对可行性研究中的几种不同工艺方案，各方案的劳动需要量、能源消耗量、投资数额、产品质量及产品成本等综合因素反复比较和论证，从中选择最经济合理的生产工艺方案，这对投资的控制以及投产后的效益都有深远影响。

2. 主要设备的选用

主要设备的选用直接体现了单项或单位工程的投资估算数额大小。因此，主要设备选型时，要尽可能处理好国产设备选型、进口设备选型及国产与进口设备配套问题、设备与厂房及工艺流程配套问题、设备与原材料及备件维修等配套问题。只要控制住这些主要敏感的因素，也就把握了工程造价控制与管理的关键环节。

（五）建设项目财务评价的影响

一个建设项目投资成功与否，最重要的是看其最终能否为投资者带来良好的收益，同时尽可能回避投资及财务风险。财务评价对建设项目的可行性论证及项目决策在经济方面提供了有力依据。

项目财务评价时，一般是通过一系列评价指标来评价的。如投资回收期，投资利润率、财务净现值、财务内部收益率等指标。从广义上讲，实质上就是在比较投入与收入的关系，而建设项目投资费用的估算额，就是固定投资的一大部分费用，这个数额的大小，也就直接影响项目的财务评价。正确的财务评价，决定着一定限额的投资费用的投入。因此，投资估算与财务评价二者是相互依存、相互联系，并互为前提及判定标准的。所以，正确的投资估算及财务评价对建设项目的决策及此阶段工程造价的控制与管理都十分重要。

第三节　设计阶段工程造价的控制

一、概述

（一）设计程序和内容

1. 设计阶段

为保证工程建设和设计工作有机的配合和衔接，将工程设计划分为几个阶段。国家规定，一般工业与民用建设项目设计按初步设计和施工图设计两个阶段进行，称之为“两阶段设计”；对于技术上复杂而又缺乏设计经验的项目，可按初步设计、扩大初步设计和施工图设计三个阶段进行，称之为“三阶段设计”。小型建设项目中技术简单的，在简化的初步设计确定后，就可做施工图设计。

2. 设计程序

设计程序包括准备工作、编制各阶段的设计文件、配合施工、参加验收和进行总结的全过程，其具体步骤如图 7-3 所示。

图 7-3　设计程序步骤图

3. 设计内容及深度

（1）总体设计的内容。总体设计是指对一个大型联合企业或一个建筑小区的若干建设项目的整体规划的设计。总体设计的内容一般应包括：建设项目规模和产品方案；原材料供应和地方材料来源；工艺流程和主要设备配置；主要建筑物、构筑物和公用辅助工程；生活区规划设想和总体布置；建设总进度和各单项工程进度配合上的要求等。

（2）工业项目初步设计内容及深度。初步设计内容一般应包括：设计依据和指导思想；建设规模、标准和产品方案；厂址方案、占地面积和土地利用情况；总图运输、主要建筑物和构筑物及公用辅助设施；主要原材料、燃料供应及主要材料用量；综合利用、“三废”治理和环境保护措施；抗震、人防、防洪措施；生产组织和劳动定员；各项技术经济指标；设计总概算等。

初步设计深度应达到以下要求：

1）设计方案的选择和确定。

2）主要设备、材料的订货。

3）土地征用和拆迁。

4）工程项目的投资控制。

5）满足施工图设计和施工组织设计的编制。

6）满足设计概算的编制。

7）施工准备和生产准备等。

（3）扩大初步设计的内容和深度。扩大初步设计的内容与初步设计内容大致相同，主要解决以下问题：

1）特殊工艺流程方面的科研试验及确定。

2）新设备的试验、制作及确定。

3）大型建筑物、构筑物的某些关键部分的试验研究及确定。

4）某些复杂技术需慎重处理的问题的研究及确定。

扩大初步设计的深度，应能满足确定设计方案重大技术问题和初步设计深度的有关要求。扩大初步设计是进行施工图设计的依据。

(4) 施工图设计内容及深度。施工图设计的主要内容是：根据批准的初步设计（或扩大初步设计）文件，绘制出完整、详细的建筑、安装的图纸，包括建设项目的各部分工程的详图和零件、部件、结构件明细表以及验收标准、方法等。它是初步设计（或扩大初步设计）的完善和补充，是据以施工的依据。

施工图设计的深度要求是：应满足设备材料的选择与确定；应满足非标准设备的设计与加工制作；应满足施工图预算的编制；应满足建筑工程施工和设备安装的要求。

（二）设计阶段工程造价控制的意义

工程设计阶段是建设项目最关键的阶段，它对工程造价影响最深。国内外大量实践经验表明：在初步设计阶段，影响工程造价的可能性为75%～95%；而至施工图设计结束，影响工程造价的可能性为35%～75%；当施工开始后，通过技术措施及施工组织节约工程造价的可能性为5%～10%。由此可见，控制工程造价的关键在于施工以前的投资决策及设计阶段，而项目在作出投资决策后，控制造价的关键就在设计阶段。

通过设计阶段工程造价分析可以使造价构成更合理，提高资金利用效率，同时可以了解工程各组成部分的投资比例，对于投资比例较大的部分应作为投资控制的重点，这样就可以提高投资控制的效率。

在设计阶段进行工程造价控制，使控制工作更加主动，更能使技术与经济相结合。由于工程设计往往是由建筑师等专业技术人员完成，在设计时往往更关注于工程的使用功能，力求采用比较先进的技术方法实现项目所需功能，相对而言对经济因素的考虑会少一些。如果在设计阶段造价工程师参与全过程设计，使设计工作一开始就实现技术与经济的有机结合，在做出设计的重要决定时，都通过充分的经济论证知道其造价结果，这无论是对优化设计还是限额设计的实现都有好处。因此，技术与经济相结合的手段更能保证设计方案经济合理。

（三）设计阶段工程造价控制的目标

设计阶段工程造价控制的重要目标是使该项目的总投资小于该项目的计划投资额或预期投资额，即通过各种手段，在各设计阶段进行造价控制，使其在计划投资范围内，实现项目的功能、建设造型和选材质量的优化，以及平面布局、工艺流程、结构体系的合理选择。

（四）设计阶段影响工程造价的因素

1. 总平面设计

总平面设计是否合理对于整个设计方案的经济合理性和日后投资使用会产生重大影响。正确合理的总平面设计可以大大减少建筑工程量，节约建设用地，加快建设进度，节省建设投资，降低工程造价和项目运行后的使用成本，并可以为企业创造良好的生产组织、经营条件和生产环境，还可为城市建设和工业区创造完美的建筑艺术整体效果。总平面设计中影响工程造价的因素有：

(1) 占地面积。占地面积的多少不仅影响征地费用的高低，也会影响管线布置成本及项目建成后运营的运输成本等。因此，在设计中要合理确定拟建项目的生产规模，妥善处理好建设项目长远规划与近期建设的关系，按照工艺流程、主要设备配置和使用功能以及消防安全等要求，尽可能节约用地。

(2) 功能分区。不论是工业建筑还是民用建筑都由许多功能模块组成，这些功能模块之间相互联系、相互制约。因此，合理的功能分区既可以使建筑物的各项功能得以充分发挥，又可以使总平面布置紧凑、安全、卫生、美观，减少土石方量和节约用地，使主要设备配置合理，生产工艺流程顺畅以及运输简便，从而降低建设工程造价和建成后的运营成本。

(3) 运输方式的选择。建设项目的运输设计应根据生产工艺流程和各功能区的要求以及建设场地等具体情况，合理选择不同的运输方式。

2. 建筑设计

建筑设计是指根据建筑功能要求，结合施工组织方案和施工条件进行设计，决定工程的立面平面设计和结构方案及工艺要求。此外，按照建筑物和构筑物及公用辅助设施的设计标准，提出建筑工艺方案、暖气通风、给排水等问题的简要说明。建筑设计中影响工程造价的主要因素有：

(1) 平面形状。建筑物平面形状简单，它的单位面积造价就低。建筑物周长与建筑面积百分比（即单位建筑面积所占外墙长度）越低，设计越经济。建筑物平面形状的设计应在满足建筑物功能要求的前提下，降低建筑物周长与建筑面积比，实现建筑物寿命周期成本最低的目标要求。

(2) 流通空间。建筑物的经济平面布置的主要目标之一，是在满足建筑物使用要求的前提下，将门厅、过道、走廊、楼梯以及电梯井的流通空间减少到最小。

(3) 层高。在建筑面积不变的情况下，建筑层高增加会引起各项费用的增加，如墙与隔墙及其有关粉刷、装饰费用的提高，楼梯间造价和电梯设备费用的增加等。据有关资料分析，住宅层高每降低 10cm，可降低造价 3%～5%，故民用住宅的层高一般在 2.5～2.8m 之间。层高降低还可提高住宅区的建筑密度，节约征地费、拆迁费及市政设施费。单层厂房层高每增加 1m，单位面积造价增加 6%～10%，年度采暖费用增加约 5%；多层厂房的层高每增加 0.6m，单位面积造价提高 8%左右。由此可见，随着层高的增加，单位建筑面积造价也在不断增加。

(4) 建筑物层数。建筑工程总造价是随着建筑物的层数增加而提高的。但是当建筑层数增加时，单位建筑面积所分摊的土地费用及外部流通空间费用将有所降低，从而使建筑物单位面积造价发生变化。建筑物层数对造价的影响，因建筑类型、形式和结构不同而不同。如果增加一个楼层不影响建筑物的结构形式，单位建筑面积的造价可能会降低。但是当建筑物超过一定层数时，结构形式就要改变，单位造价通常会增加。建筑物越高，电梯及楼梯的造价将有提高趋势，建筑物的维修费用也将增加。

以多层住宅为例，分析层数与造价的关系，见表 7-2。

表 7-2　　砖混结构多层住宅层数与造价的关系

住宅层数	1	2	3	4	5	6
单方造价系数（%）	138.05	116.95	108.38	103.51	101.68	100
边际造价系数（%）		−21.1	−8.57	−4.87	−1.83	−1.68

由上表可知，随着住宅层数的增加，单方造价系数在逐渐降低，即层数越多越经济，但

是边际造价系数也在逐渐增大。说明随着层数的增加，单方造价系数下降幅度减缓，当住宅超过7层，就要增加电梯费用，需要较多的交通面积和补充设备。特别是高层住宅，要经受较强的风力荷载，需要提高结构强度，改变结构形式，使工程造价大幅度上升。

工业厂房层数的选择就应该重点考虑生产性质和生产工艺的要求。对于需要跨度大和层高大，拥有重型生产设备和起重设备，生产时有较大振动及大量热和气散发的重型工业，采用单层厂房是经济合理的；而对于工艺过程紧凑，设备和产品重量不大，并要求恒温条件的各种轻型车间，可采用多层厂房，以充分利用土地，缩短交通线路、工程管线和围墙的长度，降低单方造价，同时还可以减少传热面，节约热能。

(5) 柱网布置。柱网布置就是确定柱子的跨度和间距。柱网布置是否合理，对工程造价和厂房面积的利用效率都有较大的影响。柱网的选择与厂房中有无吊车、吊车的类型及吨位、屋顶的承重结构以及厂房的高度等因素有关。

(6) 建筑物的面积和体积。随着建筑物面积和体积的增加，工程总造价一般会提高。因此，对于工业建筑，在不影响生产能力的条件下，厂房、设备布置力求紧凑合理；要采用先进工艺和高效能的设备，节省厂房面积；要采用大跨度、大柱距的大厂房平面设计形式，提高平面利用系数。对于民用建筑，尽量减少结构面积比例，增加有效面积。住宅结构面积与建筑面积之比称为结构面积系数，这个系数越小，设计越经济。

(7) 建筑结构。建筑结构是指建筑工程中由基础、梁、板、柱、墙、屋架等构件所组成的起骨架作用的、能承受直接和间接"荷载"的体系。按所用材料可分为砌体结构、钢筋混凝土结构、钢结构、组合结构和木结构等。

建筑结构选择是否合理，不仅直接影响到工程质量、使用寿命、耐火抗震性能，而且对施工费用、工程造价有很大的影响。尤其是建筑材料，一般占直接费的70%。降低材料费用，不仅可以降低直接费，而且也会导致间接费的降低。采用各种先进的结构形式和轻质高强度建筑材料，能减轻建筑物自重，简化基础，提高工效和缩短工期。

3. 工艺设计

工艺设计要严格依据批准的可行性研究报告所确定的生产规模、产品方案和工艺流程，进行工艺技术方案的具体选择和设计。工艺设计的内容主要包括建设规模、标准和产品方案；工艺流程和主要设备配置；主要原材料和燃料供应以及地方材料来源；"三废"治理及环保措施；此外还包括生产组成概况及劳动情况等，从而确定了从原材料到产品整个生产过程的具体工艺流程和生产技术。

二、设计方案的优化

优化设计方案是设计阶段的重要内容，是控制工程造价的有效方法。设计方案优化的目的在于论证拟采用的设计方案技术上是否先进可行、功能上是否满足需要、经济上是否合理、使用上是否安全可靠。近年来，优化设计方案主要采用设计招投标及其设计方案竞选、运用价值工程优化设计方案和实施限额设计并优化设计方案等方法。

(一) 通过设计招标和设计方案竞选优化设计方案

建设单位首先就拟建工程的设计任务通过报刊、信息网络或其他媒介发布公告，吸引设计单位参加设计招标或设计方案竞选，以获得众多的设计方案；然后组织技术专家人数占2/3以上的7～11人的专家评定小组，由专家评定小组采用科学的方法，按照经济、适用、美观的原则，以及技术先进、功能全面、结构合理、安全适用、满足建设节能及环境等要求，综合评定各设计方案优劣，从中选择最优的设计方案，或将各方案的可取之处重新组合，提出最佳方案。专家评价法有利于多种设计方案的比较与选择，能集思广益，吸收众多设计方案的优点，使设计更完美。同时这种方法有利于控制建设工程造价，因为选中的项目投资概算一般能控制在投资者限定的投资范围内。

（二）运用价值工程优化设计方案

1. 价值工程原理

价值工程是通过各相关领域的协作，对所研究对象的功能与费用进行系统分析，不断创新，旨在提高研究对象价值的思想方法和管理技术。其目的是以研究对象的最低寿命周期成本可靠地实现使用者所需的功能，以获取最佳的综合效益。价值工程的目标是提高研究对象的价值，价值的表达式为，价值＝功能/成本。提高价值的途径有以下五种：

（1）在提高功能水平的同时，降低成本。

（2）在保持成本不变的情况下，提高功能水平。

（3）在保持功能水平不变的情况下，降低成本。

（4）成本稍有增加，但功能水平大幅度提高。

（5）功能水平稍有下降，但成本大幅度下降。

2. 价值工程的工作程序

价值工程是一项有组织的管理活动，涉及面广，研究过程复杂，必须按照一定的程序进行。价值工程可以分为四个阶段，即准备阶段、分析阶段、创新阶段、实施阶段，其工作程序见表 7-3。

表 7-3　价值工程的一般工作程序

阶段	步　骤	说　明
准备阶段	1. 对象选择	应明确目标、限制条件和分析范围
	2. 组成价值工程领导小组	一般由项目负责人、专业技术人员、熟悉价值工程的人员组成
	3. 制订工作计划	包括具体执行人、执行日期、工作目标等
分析阶段	4. 收集整理信息资料	此项工作应贯穿于价值工程的全过程
	5. 功能系统评价	明确功能特性要求，并绘制功能系统图
	6. 功能评价	确定功能目标成本、确定功能改进区域
创新阶段	7. 方案创新	提出各种不同的实现功能的方案
	8. 方案评价	从技术、经济和社会等方面综合评价各方案达到预定目标的可行性
	9. 提案编写	将选出的方案及有关资料编写成册
实施阶段	10. 审批	由主管部门组织进行
	11. 实施检查	确定实施计划、组织实施、并跟踪检查
	12. 成果鉴定	对实施后取得的技术经济效果进行成果鉴定

3. 在设计阶段实施价值工程的意义

（1）可以使建筑产品的功能更合理。

（2）可以有效地控制工程造价。

（3）可以节约社会资源。

4. 价值工程在设计阶段工程造价控制中的应用

(1) 对象选择。在设计阶段应用价值工程控制工程造价，应以对控制造价影响较大的项目作为价值工程的研究对象。因此，可以应用 ABC 分析法，即将设计方案的成本分解并分成 A、B、C 三类，A 类成本比重大、品种数量少，应作为实施价值工程的重点。

(2) 功能分析。分析研究对象具有哪些功能，各项功能之间的关系如何。

(3) 功能评价。评价各项功能，确定功能评价系数，并计算实现各项功能的现实成本是多少，从而计算各项功能的价值系数。

(4) 分配目标成本。根据限额设计的要求，确定研究对象的目标成本，并以功能评价系数为基础，将目标成本分摊到各项功能上，与各项功能的现实成本进行对比，确定成本改进期望值。成本改进期望值大的，应首先重点改进。

(5) 方案创新及评价。根据价值分析结果及目标成本分配结果的要求，提出各种方案，并用加权评分法选出最优方案，使设计方案更加合理。

【例 7-1】 某开发商拟开发一幢商住楼，有如下三种可行设计方案。

方案 A：结构方案为大柱网框架轻墙体系，采用预应力大跨度叠合楼板，墙体材料采用多孔砖及移动式可拆装式分室隔墙，窗户采用单框双玻璃钢窗塑，面积利用系数为 93%，单方造价为 1528.38 元/m^2。

方案 B：结构方案同 A 墙体，采用内浇外砌、窗户采用单框双玻璃空腹钢窗，面积利用系数 87%，单方造价 1120 元/m^2。

方案 C：结构方案采用砖混结构体系，采用多孔预应力板，墙体材料采用标准黏土砖，窗户采用玻璃空腹钢窗，面积利用系数 70.69%，单方造价 1088.6 元/m^2。

方案功能得分及重要系数见表 7-4。

表 7-4　方案功能得分及重要系数表

方案功能	方案功能得分			方案功能重要系数
	A	B	C	
结构体系 F_1	10	10	8	0.25
模板类型 F_2	10	10	9	0.05
墙体材料 F_3	8	9	7	0.25
面积系数 F_4	9	8	7	0.35
窗户类型 F_5	9	7	8	0.10

问题：试应用价值工程方法选择最优设计方案?

解　(1) 成本系数计算见表 7-5。

表 7-5　成本系数计算表

方案名称	造价 (元/m^2)	成本系数	方案名称	造价 (元/m^2)	成本系数
A	1528.38	0.409 0	C	1088.60	0.291 3
B	1120.00	0.299 7	合计	3736.98	1

(2) 功能因素评分与功能系数计算见表 7-6。

表 7-6　功能因素与功能系数计算表

功能因素	重要系数	方案功能得分加权值 $\varphi_i S_{ij}$		
		A	B	C
F_1	0.25	0.25×10=2.5	0.25×10=2.5	0.25×8=2.0
F_2	0.05	0.05×10=0.5	0.05×10=0.5	0.05×9=0.45
F_3	0.25	0.25×8=2.0	0.25×9=2.25	0.25×7=1.75
F_4	0.35	0.35×9=3.15	0.35×8=2.8	0.35×7=2.45
F_5	0.1	0.1×9=0.9	0.1×7=0.7	0.1×8=0.8
合　计	1	9.05	8.75	7.45
功能系数		0.358 4	0.346 5	0.295 0

各方案的价值系数分别为：A 方案 0.876；B 方案 1.156；C 方案 1.013。根据对 A、B、C 方案进行价值工程分析，B 方案的价值系数最大，所以 B 方案最优。

（三）实施限额设计并优化设计方案

限额设计是在资金一定的情况下，尽可能提高工程水平的一种设计方法，也是优化设计方案的一种重要手段。

三、限额设计

（一）限额设计的概述

1. 限额设计的概念

限额设计就是按照批准的可行性研究报告及投资估算控制初步设计，按照批准的初步设计总概算控制技术设计和施工图设计，根据施工图预算造价对施工图设计的各专业设计进行限额分配设计，使各专业设计在分配的投资限额内控制设计并保证各专业满足使用功能的要求，严格控制不合理变更，保证总的投资额不被突破。限额设计的控制对象是影响工程设计的静态投资或基础价项目。

2. 限额设计的意义

（1）限额设计是按上一阶段批准的投资或造价控制下一阶段的设计，而且在设计中以控制工程量为主要手段，抓住了控制工程造价的核心，从而克服了“三超”。

（2）限额设计有利于处理好技术与经济的对立统一关系，提高设计质量。限额设计并不是一味考虑节约投资，也绝不是简单地将设计砍一刀，而是包含了尊重科学、尊重实际、实事求是、精心设计和保证科学性的实际内容。可促使设计单位加强设计与经济的对立统一，克服长期以来重设计、轻经济的思想，树立设计人员的高度责任感。

（3）限额设计能扭转设计概预算本身的失控现象。限额设计可促使设计院内部使设计和概预算形成有机的整体，克服相互脱节现象。使设计人员增强经济观念，在设计中，各自检查本专业的工程费用，切实做好造价控制工作，改变了设计过程不算账，设计完了见分晓的现象，由“画了算”变成“算着画”，能真正实现时刻想着“笔下一条线，投资千千万”。

3. 限额设计的目标

（1）限额设计目标的确定。限额设计的目标是在初步设计开始之前，根据批准的可行性报告及其投资估算的数额来确定的。由总设计师提出，经设计负责人审批下达，其总额度一般按直接工程费用的 90%左右下达，以便各专业设计室主任留有一定的机动调节指标，限额设计指标用完后，必须经过批准才能调整。

（2）采用优化设计，保证限额目标的实现。优化设计是保证投资限额及控制造价的重要手段。优化设计必须根据实际问题的性质，选择不同的优化方法。对于一些“确定性”的问题，如投资额、资源消耗、时间等有关条件已经确定的，可采用线性规划、非线性规划、动态规划等理论和方法进行优化；对于一些非确定性的问题，可以采用排队论、对策论等方法进行优化；对于涉及流量大、路途最短、费用不多的问题，可以采用图形和网络理论进行优化。

（二）限额设计的控制过程

1. 限额设计的控制过程

限额设计的过程就是建立项目投资目标的控制过程，即目标分解与计划、目标实施、目标实施检查、信息反馈的循环控制过程，其控制的主要过程如下：

（1）用投资估算的限额控制各单项或单位工程的设计限额。

（2）根据各单项或单位工程的分配限额进行初步设计。

（3）用初步设计的设计概算（或修正概算）判定设计方案的造价是否符合限额要求，如果发现超过限额，就修正初步设计。

（4）当初步设计符合限额要求后，就进行初步设计决策并确定各单位工程的施工图设计限额。

（5）根据各单位工程的施工图预算并判定是否在概算或限额控制内，若不满足就修正限额或修正各专业施工图设计。

（6）当施工图预算造价满足限额要求，施工图设计的经济论证就通过，限额设计的目标就得以实现，就可以进行正式的施工图设计及归档。

2. 投资分解

投资分解是实行限额设计的有效途径和主要方法。设计任务书审批通过后，设计单位在设计之前应在设计任务书的总框架内将投资额分解到各专业上去，然后再分配到各单项工程和单位工程，作为进行初步设计的控制及限额目标值。这种分配一般要进行方案设计，并在此基础上做出分配决策。

3. 初步设计阶段的限额设计

初步设计应严格按照分配的限额进行设计，在初步设计之前，项目总设计师应将设计任务书规定的设计原则、功能要求、投资限额等给设计人员初步交底，使设计人员认真研究设计限额及实现的可能性，切实进行多方案比选，对各种技术经济方案的主要材料及设备、工艺流程、总图方案以及各项费用指标进行分析对比，从中选择出既能达到工程设计要求，又不超过投资限额的初步设计方案。

4. 施工图设计阶段的限额设计

施工图设计中，无论是建设项目总造价，还是单项工程或单位工程造价，均不能超过已批准的初步设计概算造价，设计单位应根据造价控制目标详细确定施工图设计中各主要环节。施工图设计阶段是限额设计实现的最关键环节，因为施工图是直接指导施工最详细、最具体的设计文件，其设计内容在没有变更的情况下，就是工程建成后的真实内容反映。

施工图设计应把握两个标准，一个是质量标准，一个是造价标准。应做到两者协调一致，既要防止重质量轻经济的倾向，也不能因为一味满足限额要求而被动降低设计质量。必须在优化设计的前提下，对设计结果进行技术经济分析，每个单位工程施工图设计完成后，应及时做出施工图预算，判别是否在限额控制内，若不满足限额要求，应及时修改施工图，直到符合限额要求。

5. 设计变更的控制

在初步设计阶段，由于设计外部条件的制约及人们主观认识的局限性，往往会造成施工图设计阶段，甚至施工过程中的局部修改和变更，这会导致工程造价发生变化。

设计变更应尽量提前，从图7-4可见：变更发生的越早，损失越小，反之就越大。如在设计阶段变更，则只是修改图纸，其他费用尚未发生，损失有限；如果在采购阶段变更，不仅要修改图纸，而且设备、材料还需要重新采购；如在施工阶段变更，除上述费用外，已经施工的工程还需要拆除，势必造成重大损失。为此，必须加强设计变更管理，尽可能把设计变更控制在设计阶段初期，对于非发生不可的设计变更，应尽量事前预计，以减少变更对工程造成的损失。尤其对于影响造价权重较大的变更，应采取先计算造价，再进行变更的办法解决，使工程造价得以事前有效控制。

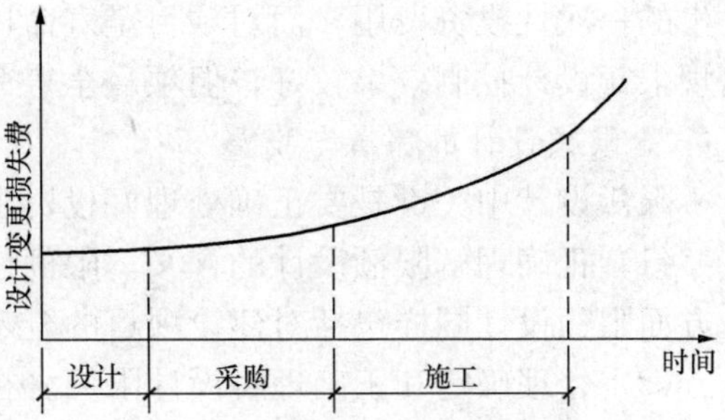

图7-4　设计变更损失随时间变化图

限额设计控制工程造价可以从两个方面着手，一是按照限额设计过程的从前往后依次进行控制，称为纵向控制；另一种是对设计单位及内部各专业设计人员进行设计考核，进而保证设计质量的一种控制方法，称为横向控制。横向控制首先必须明确各设计单位内部各专业科室对限额设计所负的责任，将工程投资按专业进行分配，并分段考核，下段指标不得突破上段指标，责任落实越明细，效果就越明显。其次要建立健全奖惩制度，设计单位在保证设计功能及安全的前提下，尽量采用新材料、新工艺、新设备、新方案等措施节约了造价的，应根据节约的额度大小给予奖励；因设计单位设计错误、漏项或改变标准及规模而导致工程投资超支的，要视其比例扣减设计费。

（三）限额设计的要求

（1）严格按照建设程序办事。将设计任务书的投资额作为初步设计的造价控制限额，将初步设计概算造价作为施工图设计的造价控制限额，以施工图预算造价作为施工图决策的主要依据。

（2）重视设计的多方案优选。

（3）认真控制每一个设计环节及每项专业设计。

（4）建立设计单位的经济责任制度。在分解目标的基础上，科学地确定造价限额，责任落实到人头。审查时，既要审技术，又要审造价，把审查作为造价动态控制的一项重要措施。

（四）限额设计的完善

1. 限额设计的不足

推行限额设计也有不足的一面，应在实际设计工作中不断加以改进和完善。

（1）限额设计的本质特征是投资控制的主动性，如果在设计完成后才发现概算或预算超过了限额，再进行变更设计使之满足原限额要求，则会使投资控制处于被动地位，同时，也会降低设计的合理性。

(2) 限额设计的另一特征是强调了设计限额的重要性，从而有可能降低了项目的功能水平，使以后运营维护成本增加，或者在投资限额内没有达到最佳功能水平。这样限制了设计人员的创造性，一些新颖别致的设计难以实现。

(3) 限额设计中的限额有投资估算、设计概算、施工图预算，这都是指项目建设预计要发生的一次性投资费用，而对项目全寿命周期发生的其他费用并没有作限额，这样就有可能出现限额设计控制效果较好，但项目全寿命费用不一定很经济的现象发生。

2. 限额设计的完善与发展

限额设计中关键是要正确处理好投资限额与项目功能水平之间的对立统一的辩证关系。

(1) 正确理解限额设计的含义。限额设计的本质特征虽然是投资控制的主动性，但是另一方面限额设计同样包括对建设项目的全寿命费用的充分考虑。

(2) 合理确定和正确理解设计限额。在各设计阶段运用价值工程的原理进行设计，尤其在限额设计目标值确定之前的可行性研究及方案设计时，认真选择工程造价与功能的最佳匹配设计方案。当然，任何限额也不是绝对不变的，当有更好的设计方案时，其限额是可以调整及重新确定的。

(3) 合理分解及使用投资限额。限额设计的投资限额通常是以可行性研究的投资估算为最高限额的，并按直接工程费的90%下达分解的，留下10%作为调节使用，因此，提高投资估算的科学性也就非常必要。同时，为了克服投资限额的不足，也可以根据项目具体情况适当增加调节使用比例，以保证设计者的创造性及设计方案的实现，也为可能的设计变更提供前提，从而更好地解决限额设计不足的一面。

四、加强设计概算的管理工作

为加强设计概算的管理，提高投资效果，保证项目顺利进行应认真做好如下工作。

1. 建设项目总概算的管理

(1) 建设项目总概算是初步设计文件的重要组成部分，其编制单位必须是经国家认证的具备相应资质等级的设计单位。

(2) 为使建设项目总概算客观、真实、完整、科学，必须加强前期准备工作和提高初步设计编制质量。

(3) 编制建设项目总概算，必须综合考虑建设期的均价、利息、税金、汇率等动态因素，合理打足建设投资。

(4) 建设项目的总概算（不包括动态因素）如超过可行性研究报告批准投资的10%或设计深度不够，应重新修改和补充初步设计或重新审批可行性研究报告。

2. 建设项目总概算的执行

(1) 建设项目的初步设计和总概算一经批准，各有关部门和单位要认真执行。

(2) 设计单位要站在国家立场上，遵循国家有关经济政策和规范、规程、规定，依据批准的初步设计和总概算，限额进行施工图预算。施工图预算不得超过相应的概算，否则必须重新调整施工图设计和预算。

设计单位对建设项目总概算承担监督责任，必须加强工程现场的设计管理和设计服务。

(3) 建设单位是承担项目建设的主体，要严格执行建设程序，提高自身业务素质，切实加强施工监督和现场管理，严格执行已批准的总概算。

3. 建设项目总概算的调整

（1）建设项目总概算的调整，原则上只限于已批准初步设计所列项目和内容，因设备、材料价格调整和国家政策性变化或因人力不可抗拒的自然灾害造成重大损失引起概算的增加，可以调整。对于超出批准内容或因人为因素造成浪费、损失所引起概算的增加，一律不予调整。

（2）建设项目调整总概算，一般由原设计单位负责编制（也可以委托有资格的其他设计或咨询单位编制），再由建设单位按隶属关系上报审批部门审批。

第四节　工程招标投标及合同价款

一、建设工程招标投标的概述

（一）建设工程招标投标的概念

建设工程实行招标投标制度，是指将工程项目建设任务的委托纳入市场机制，通过竞争择优选定项目的工程承包单位、勘察设计单位、施工单位、监理单位、设备制造供应单位等，达到保证工程质量、缩短建设周期、控制工程造价、提高投资效益的目的，由发包人与承包人之间通过招标投标签订承包合同的经营制度。

建设工程招标是指招标人（即发包单位）在发包建设项目之前，通过公共媒介告示或直接邀请潜在的投标人（即拟承包的投标单位），由投标人根据招标文件的要求提出项目实施方案及报价进行投标，经开标、评标、决标等环节，从众多的投标人中择优选定承包人的一种经济活动。

建设工程投标是指具有合法资格和能力的投标人根据招标文件的要求，提出工程项目实施方案和报价，在规定的期限内提交标书，并参加开标，努力争取中标并与招标人签订承包合同的一种经济活动。

招投标实质上是一种市场竞争交易行为。它是商品经济发展到一定阶段的产物，在市场经济的条件下，它是一种普遍的、常见的择优选择方式。

（二）建设工程招标投标的意义

实行建设工程招投标制是我国建筑市场走向规范化、完善化的重要举措之一。对建设单位择优选择承包单位、全面降低工程造价，对促进施工企业提高技术、管理水平，合理控制和降低工程造价具有重要的作用。

（1）推行招投标制使市场定价的价格机制基本形成，使工程价格更趋合理。

（2）推行招投标制能够不断降低社会平均劳动消耗水平，使工程价格得到合理降低。

（3）推行招投标制度便于供求双方更好地相互选择，使工程价格更趋合理，进而更好地控制工程造价。

（4）推行招投标制有利于规范价格行为，使公开、公平、公正的原则得以贯彻。

（5）推行招投标制能够适当的减少交易费用，节省人力、物力、财力，进而使工程造价有所降低。

（三）建设工程招标投标的基本原则

建设工程招标投标的基本原则有：公开原则、公平原则、公正原则和诚实信用原则。

公平、公开和公正三个原则互相补充、互相涵盖。公开原则是公平、公正原则的前提和保障，是实现公平、公正原则的必要措施。公平、公正原则也正是公开原则所追寻的目标。

(四) 建设工程招标投标范围

按照《中华人民共和国招标投标法》规定，凡在中华人民共和国境内进行下列工程建设项目，包括项目的勘察、设计、施工、监理以及工程建设有关的重要设备、材料等的采购，必须进行招标。一般包括：

(1) 大型基础设施、公用事业等关系社会公共利益、公共安全的项目。

(2) 全部或者部分使用国有资金投资或国家融资的项目。

(3) 使用国际组织或者外国政府贷款、援助资金的项目。

(五) 建设工程招标投标的方式

《招标投标法》规定，建设工程项目的招标方式分为公开招标和邀请招标两种。

(1) 公开招标。公开招标又称竞争性招标，是指招标人以招标公告的方式邀请不特定的法人或者其他组织投标。

(2) 邀请招标。邀请招标也称有限竞争性招标或选择性招标，是指招标人以投标邀请书的方式邀请特定的法人或者其他组织投标。招标人采取邀请招标方式的，应邀请三个以上具备承担招标项目的能力并有良好信誉的潜在投标人投标。

二、建设工程招标程序

建设工程公开招标的程序如图 7-5 所示。对于邀请招标，其程序基本上与公开招标相同，其不同之处只在于没有资格预审，而增加了发出投标邀请函的步骤。

1. 建设工程项目报建

建设工程项目按照国家有关投资的规定进行备案后，并具备《工程建设项目报建办法》规定条件的，需向建设行政主管部门报建备案。

2. 审查建设单位资质

建设单位办理招标应具备如下条件：

(1) 建设单位是法人、依法成立的其他组织。

(2) 建设单位有与招标工程相适应的经济、技术管理人员。

(3) 建设单位有组织编制招标文件的能力。

(4) 建设单位有审查投标单位资质的能力。

(5) 建设单位有组织开标、评标、定标的能力。

如建设单位不具备上述 (2) ～ (5) 项条件的，需委托具有相应资质的中介机构代理招标，并与其签订委托协议，并报招标管理机构备案。

3. 确定招标范围

工程建设招标，可分为工程建设总承包招标、其中某个阶段的招标、某个阶段中的某一专项的招标，如设计招标、工程施工招标、设备材料供应招标。

(1) 工程建设总承包招标。工程建设总承包招标是建设项目立项之后，对建设全过程的实施进行的招标，即通常所说的“交钥匙”工程招标。这种招标承包方式要求承包公司必须有丰富的经验、雄厚的实力和综合承包管理能力。

(2) 设计招标。工程建设实行设计招标，旨在优化设计方案，择优选择设计单位。因此，在工业、交通项目和重要的民用建筑，实行设计方案招标或可行性研究方案招标。

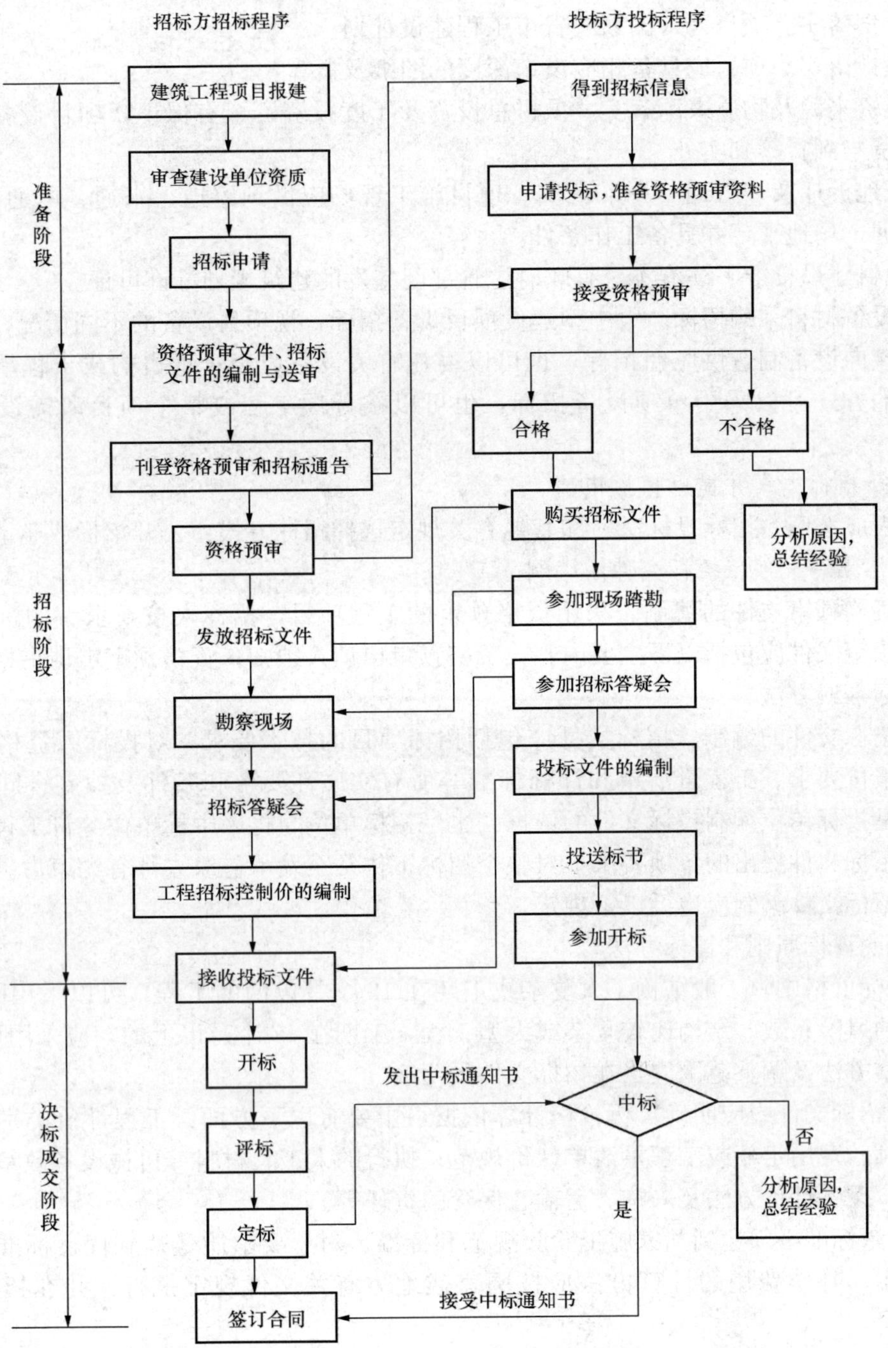

图 7-5　公开招标投标程序

(3) 工程施工招标。施工招标有施工全部工程招标、单项工程招标、专业招标等形式。工程承包可采用全部包工包料、部分包工包料或包工不包料。

招标承包的工程，承包人不得将整个工程分包出去，部分工程分包出去也必须征得工程师（监理单位或业主代表）的书面同意。分包出去的工程其责任由总包负责。

实行施工招标的建设项目必须具备下列条件：

1）计划落实。项目列入国家或省市工程建设计划。

2）设计落实。项目应具备相应设计深度的图纸及概算。

3）投资来源及物质来源落实。项目总投资及年度投资资金有保证，项目设备供应及施工材料订货与到货落到实处。

4）征地拆迁及“五通一平”落实。项目施工现场应做到路通、水通、电通、通信通、风（气）通、场地平，并具备工作条件。

5）项目建设批准手续落实。有政府主管部门签发的建筑规划等许可证。

（4）设备材料采购招标。大中型建设项目设备招标，视项目设备的不同情况，可以由建设单位直接向设备制造供应商招标，也可以委托有关设备成套管理机构或工程承包单位招标。招标的方式可以采用单项设备招标，也可以按分项工程或整个项目所需设备一次性招标。

4. 选择招标方式并提出招标申请

招标人应按照《招标投标法》和其他有关规定选择招标方式：公开招标或邀请招标。

5. 资格预审文件、招标文件的编制

（1）资格预审文件的编制。采用资格预审的工程项目，招标人按要求编制资格预审文件。资格预审文件应包括以下主要内容：资格预审申请人须知；资格预审申请书格式；资格预审评审标准或方法。

（2）招标文件的编制。招标文件应包括招标项目的技术要求，对投标人资格审查的标准、投标报价要求、工程量清单和评标标准等所有实质性要求和条件及拟签合同的主要条款。它既是投标单位编制投标文件的依据，也是招标单位与将来中标单位签订工程承包合同的基础，招标文件提出的各项要求，对整个招标工作乃至发承包双方都有约束力。

（3）招标文件编制应遵循以下规定。

1）说明评标原则和评标办法。

2）投标价格中，一般结构不太复杂或工期在12个月以内的工程，可以采用固定价格，考虑一定的风险系数。结构比较复杂或大型工程，工期在12个月以上的，应采用可调价格。价格的调整方法及调整范围应当在招标文件中明确。

3）在招标文件中应明确投标价格计算依据，主要有以下方面：工程计价类别；执行的概预算定额、费用定额或工程量清单计价规范；执行的人工、材料、机械设备政策性调整文件；材料、设备计价方法及采购、运输、保管的责任等。

4）质量标准必须达到国家施工验收规范和标准。对于要求质量达到优良标准时，应计取补偿费用，补偿费用的计算方法应按国家或地方有关文件规定执行，并在招标文件中明确。

5）招标文件中的建设工期应当参照国家或地方颁布的工期定额来确定。如果要求的工期比工期定额缩短20%以上（含20%）的，应计算赶工措施费，赶工措施费如何计算应当在招标文件中明确。

6）由于施工单位原因造成不能按合同工期竣工时，计取的赶工措施费需扣除，同时还应赔偿由于误工给建设单位带来的损失，其损失费用的计算方法或规定应当在招标文件中明确。

7）如果建设单位要求按合同工期提前竣工交付使用，应考虑计取提前工期奖，提前工期奖的计算方法应在招标文件中明确。

8）招标文件中应明确投标准备时间，即从开始发放招标文件之日起至投标截止时间的期限，最短不得少于20d。招标文件中还应载明投标有效期。

9）在招标文件中应明确投标保证金数额及支付方式。一般投标保证金额不超过投标总价的2%，最高不得超过80万元人民币。投标保证金可采用现金、支票、银行汇票，也可是银行出具的银行保函。

10）中标单位应按规定向招标单位提交履约担保，履约担保可采用银行保函或履约担保书。履约担保比率为：银行出具的银行保函为合同价款的5%；履约担保书为合同价款的10%。

11）投标有效期的确定应视工程情况而定，结构不太复杂的中小型工程的投标有效期可定为28d以内；结构复杂的大型工程投标有效期可定为56d以内。

12）材料或设备采购、运输、保管的责任应在招标文件中明确。

13）关于工程量清单，招标单位应按国家颁布的《计价规范》执行，根据施工图计算工程量，提供给投标单位作为投标报价的基础。结算拨付工程款时以实际工程量为依据。

14）合同协议条款的编写。招标单位在编制招标文件时，应根据《建设工程施工合同（示范文本）》的内容和工程的具体情况确定招标文件合同协议条款。

6. 发布招标公告或投标邀请书

实行公开招标的工程项目，招标人应向所有的潜在的投标人发出招标公告。招标公告的作用是让所有的潜在投标人获得招标信息，具有公平的投标竞争机会。招标公告必须在有关部门指定的报刊或信息网等媒介上公开发布。

实行邀请招标的工程项目，不需要公开发布招标公告，但招标人应向三个以上具备承担招标项目的能力，资信良好的特定投标人发出投标邀请书。

7. 投标人资格预审

资格预审是指招标人在招标开始之前或开始初期，由招标人对申请参加投标的潜在投标人进行资质条件、业绩、信誉、技术、资金等多方面情况进行资格审查。国家对投标人的资格条件是有规定的，应该依照规定进行。资格预审的程序如图7-6所示。

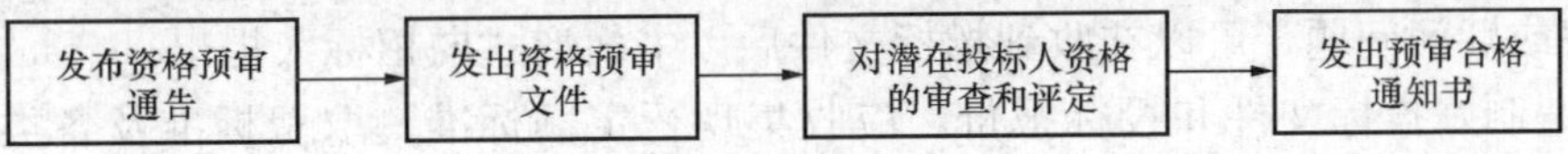

图7-6　资格预审程序

8. 招标文件发放

（1）招标文件的发售。招标人对于发出的招标文件可以酌收工本费，但不得以此牟利。对于其中的设计文件，招标人可以采用酌收押金的方式；在确定中标人后，对于将设计文件予以退还的，招标人应当同时将其押金退还。

（2）招标文件澄清或修改。投标人收到招标文件、图纸和有关资料后，若有疑问或不清的问题需要解答或解释，应在收到招标文件后在规定的时间内以书面形式向招标人提出，招标人应以书面形式或投标答疑会上予以解答，并报建设行政主管部门备案。

9. 踏勘现场、投标答疑会

（1）踏勘现场。招标人在投标须知规定的时间组织投标人自费进行现场考察。

投标人在踏勘现场中如有疑问，应在投标答疑会前以书面形式向招标人提出，便于得到招标人的解答。投标人踏勘现场的疑问问题，招标人可以书面形式答复，也可以在招标答疑会上答复。

(2) 标前会议。在招标文件中规定的时间和地点，由招标人主持召开的"标前会议"，也称投标预备会或答疑会。答疑会结束后，由招标人整理会议记录和解答内容，以书面形式向投标人发放，并向建设行政主管部门备案。

10. 招标控制价的编制

招标控制价应由具有编制能力的招标人或受其委托具有相应资质的工程造价咨询人、工程招标代理人编制。

招标控制价应根据下列依据编制：

(1)《计价规范》。

(2) 国家或省级、行业建设主管部门颁发的计价定额和计价办法。

(3) 建设工程设计文件及相关资料。

(4) 招标文件中的工程量清单及有关要求。

(5) 与建设项目相关的标准、规范、技术资料。

(6) 工程造价管理机构发布的工程造价信息；工程造价信息没有发布的参照市场价。

(7) 其他的相关资料。

招标控制价应在招标时公布，不应上调或下浮，招标人应将招标控制价及有关资料报送工程所在地工程造价管理机构备查。

投标人经复核认为招标人公布的招标控制价未按照本规范的规定进行编制的，应在开标前规定时限向招投标监督机构或（和）工程造价管理机构投诉。

招投标监督机构应会同工程造价管理机构对投诉进行处理，发现确有错误的，应责成招标人修改。

11. 投标文件的编制

(1) 编制投标文件的准备工作。

1) 投标人领取招标文件、图纸和有关技术资料后，应仔细阅读研究上述文件。如有不清、不理解或疑问问题，可以在收到招标文件后以书面形式向招标人提出。

2) 为编制好投标文件和投标报价，应收集现行定额标准、取费标准及各类标准图集，收集掌握政策性调价，以及人工、机械、材料和设备价格情况。

3) 根据建设项目的地理环境和现场情况，结合工程施工要求和技术规范，合理配备施工管理人员和机械设备，安排施工进度计划，编制施工组织设计或施工方案。

4) 了解招标情况，包括招标人的资信情况、支付能力，对实施的工程需求的迫切情况。同时，要收集竞争对手的资料，掌握竞争对手的情况，使自己的投标有的放矢，提高中标的可能性。

(2) 投标文件的编制。投标人应当按照招标文件的要求编制投标文件，对招标文件提出的实质性要求和条件作出响应。投标文件由投标书及其附件组成，一般包括下列内容：投标函、信誉资料、投标保证金证明、施工组织设计或者施工方案、投标报价以及招标文件要求提供的其他材料。

1) 施工组织设计（技术标）。施工组织设计主要包括以下基本内容：项目组织机构、施工方案、场地平面布置、总进度计划和分部分项工程进度计划、主要施工工艺、施工技术组织措施，主要施工机械配置、劳动力配置、主要材料安排、大宗材料设备和机械的运输方式、施工用水用电的标准、临时建筑物和构筑物的设置等。

施工组织设计是招标人评标时考虑的主要因素之一。施工组织设计不仅关系到工期，而且对工程成本和报价也有密切关系。好的施工组织设计，能紧紧抓住工程特点，施工方法有针对性，同时又能降低成本，既采用先进的施工方法，安排合理的工期，又要充分有效地利用机械设备和劳动力，尽可能减少临时设施和资金占用。如果同时能向招标人提出合理化建议，在不影响使用功能的前提下为招标人节约工程造价，那么会大大提高投标人中标的可能性。要在施工组织设计中进行风险管理规划以防范风险。

2）投标函（商务标）。投标函是投标人向招标人表达愿意参加本次招标工程竞标的文本。投标函应注明投标报价的总金额，提供投标文件的份数，投标的工期，特别是要注明对招标文件实质性要求的总承诺。最后由法定代表人签章和加盖投标人公章。

3）投标报价（商务标）。投标报价是指投标人按照招标文件要求，采用工程量清单计价方法或定额计价方法进行编制，然后根据投标策略调整后确定的工程投标价格。如果中标，这个价格就是签订合同确定工程造价的基础。

投标文件编制应注意以下几点：

①在编制投标文件时，应按招标文件的要求填写，投标报价应按招标文件中要求的各种因素和依据计算，并按招标文件要求办理提交投标担保。

②投标文件编制完成后应仔细整理、核对，并提供足够份数的投标文件副本。

③投标文件需经投标人的法定代表人签署并加盖单位公章和法定代表人印鉴，按招标文件中规定的要求密封、标志。

12. 投标文件的递交和接收

（1）投标文件的递交。在投标截止时间前按规定时间、地点递交至招标人。在递交投标文件以后，招标人收到投标文件后，应当向投标人出具标明签收和签收时间的凭证，并妥善保存投标文件。在开标前，任何单位和个人均不得开启投标文件。提交投标文件的投标人少于3个的，招标人应当依法重新招标。在招标文件要求提交投标文件截止后送达的投标文件，招标人应当拒收。

投标截止时间之前，投标人可以对所递交的投标文件进行修改或撤回，但所递交的修改或撤回通知必须按招标文件的规定进行编制、密封和标志，补充修改的内容为投标文件的组成部分。

（2）投标文件的接收。在投标截止时间前，招标单位做好投标文件的接收工作，在接收中应注意核对投标文件是否按招标文件的规定进行密封和标志，并做好接收时间的记录等。在开标前，应妥善保管好投标文件、修改和撤回通知等投标资料；由招标单位管理的投标文件需经招标管理机构密封或送招标管理机构统一保管。

13. 开标

（1）开标的时间和地点。开标应在招标文件确定的投标截止时间的同一时间公开进行，开标地点应是在招标文件中规定的地点，开标时投标人的法定代表人或授权代理人应参加开标会议。

（2）开标会议。公开招标和邀请招标均应举行开标会议，体现招标的公平、公正和公开原则。开标会议由招标人或招标代理人组织并主持，可以邀请公证部门对开标过程进行公证。招标人应对开标会议做好签到记录，以证明投标人出席开标会议。

开标会议开始后，应首先当众宣读无效标和弃权标的规定，然后核对投标人提交的各种证件，并宣布核查结果，并请投标人的代表检查投标文件的密封情况，予以确认。

启封投标文件后，按报送投标文件的时间先后的逆顺序进行唱标，当众宣读有效投标的投标人名称、投标报价、工期、质量、主要材料用量，以及招标人认为有必要的内容。但提交合格“撤回通知”和逾期送达的投标文件不予启封。

招标人应对唱标内容做好记录，并请投标人法定代表人或授权代理人签字确定。

14. 评标

评标是招投标过程中的核心环节。评标由招标人组建的评标委员会按照招标文件中明确的评标定标办法进行。

(1) 评标委员会的组建。

评标委员会由招标人或其委托的代理机构熟悉相关业务的代表，以及有关技术、经济等方面的专家组成，成员人数为5人以上的单数，其中技术、经济等方面的专家不得少于成员总数的三分之二。

(2) 评标原则。评标活动遵循公平、公正、科学、择优的原则，招标人应当采取必要的措施，保证评标在严格保密的情况下进行。

(3) 评标。

1) 投标文件的符合性鉴定。评标委员会应对投标文件进行符合性鉴定，核查投标文件是否按照招标文件的规定和要求编制、签署；投标文件是否实质上响应招标文件的要求。所谓实质上响应招标文件的要求，就是其投标文件应当与招标文件的所有条款、条件和规定相符，无显著差异或保留。显著差异或保留是指对工程的发包范围、质量标准、工期、计价标准、合同条件及权利义务产生实质性影响。如果投标文件实质上不响应招标文件的要求或不符合招标文件的要求，将被确认为无效标。

2) 商务标评审。评标委员会将对确定为实质上响应招标文件要求的投标进行投标报价评审，审查其投标报价是否按招标文件要求的计价依据进行报价，是否合理，是否低于工程成本，并对按工程量清单报价的单价和合价进行校核，看其是否有计算或累计上的错误。

3) 技术标评审。对投标人的技术评估应从以下方面进行：投标人的施工方案、施工现场布置、施工进度计划安排是否合理及投标人的施工能力和主要人员的施工经验、设备状况等。

4) 综合评审。评标应按招标文件规定的评标方法，对投标人的报价、工期、质量、主要材料用量、施工方案或组织设计、以往业绩、社会信誉、优惠条件等方面进行综合评审。

(4) 评标报告。评标委员会按照招标文件中规定的评标定标方法完成评标后，编写评标报告，向招标人推选中标候选人或确定中标人。评标报告中应阐明评标委员会对各个投标人的投标文件的评审和比较意见。评标报告中应说明：评标定标办法；对投标人的资格审查情况；投标文件的符合性鉴定情况；投标报价审核情况；对商务标和技术标的评审、分析、论证及评估情况；投标文件问题的澄清；中标候选人推荐或结果情况。

15. 定标、发中标通知书

经过评标后，就可确定出中标候选人。评标委员会推荐的中标候选人应当限定在1～3

人，并按评标结果排列顺序。招标人也可以授权评标委员会直接确定中标人。

招标人应当在投标有效期截至时限30日前确定中标人。依法必须进行施工招标的工程，招标人应当自确定中标人之日起15日内，向工程所在地的县级以上地方人民政府建设行政主管部门提交施工招投标情况的书面报告。建设行政主管部门自收到书面报告之日起5日内未通知招标人在招投标活动中有违法行为的，招标人可以向中标人发出中标通知书，并将中标结果通知所有未中标的投标人。中标通知书对招标人和中标人，均具有法律效力。中标通知书发出后，招标人改变中标结果的，或者中标人放弃中标项目的，应依法承担法律责任。

16. 签订合同

招标人和中标人应当自中标通知书发出之日起30日内，按照双方约定的时间和地点，根据《中华人民共和国经济合同法》、《建设工程施工合同管理办法》的规定，依据招标文件、投标文件双方签订施工合同，招标人和中标人不得再行订立背离合同实质性内容的其他协议。招标文件要求中标人提交履约保证书的，中标人应当提交。

中标人拒绝在规定的时间内提交履约担保和签订合同，招标人报请招标管理机构批准后取消其中标资格，并按规定没收其保证金，并考虑与另一参加投标的投标人签订合同。

三、招标控制价的编制

1. 招标控制价的编制方法

按照国家有关部门的规定，编制招标控制价时，分部分项工程单价可以采用工料单价法或综合单价法。我国目前建设工程招标控制价的编制，主要采用定额计价方法和工程量清单计价方法来编制。

(1) 以定额计价法编制招标控制价。定额计价法编制招标控制价采用的是分部分项工程量的工料单价法，其单价仅包括人工、材料、机械费用。工料单价法又可以分为单位估价法和实物量法两种。

1) 单位估价法即单价法。单位估价法是根据施工图纸等资料，按照定额规定的分部分项工程子日，逐项计算出工程量，再套用定额单价（或单位估价表）确定直接费，然后按有关规定和费用定额计算确定措施项目费、间接费、利润和税金，再加上材料调价系数和适当的不可预见费，汇总后作为招标控制价。

2) 实物量法即实物法。实物量法是先根据计算规则计算出各分项工程的实物工程量，分别套取实物消耗量定额中的单位人工、材料、机械消耗指标，并按类相加，求出单位工程所需的各种人工、材料、施工机械台班的总消耗量，然后分别乘以当时当地的人工、材料、施工机械台班市场单价，得到单位工程人工费、材料费、施工机械使用费，再汇总求得单位工程直接工程费。最后再按规定计算措施项目费、间接费、利润和税金费用。

(2) 以工程量清单计价法编制招标控制价。我国工程量清单计价法采用的是综合单价。用综合单价编制招标控制价，要根据统一的项目划分，按照统一的丅程量计算规则计算工程量，形成工程量清单。接着，估算分项工程综合单价，该单价是根据具体项目特征和工程内容分别估算的。综合单价确定以后，填入工程量清单中，再与各分部分项工程量相乘得到合价。最后再按规定计算措施项目费、规费和税金费用。

这种方法与定额计价法的显著区别在于：风险、管理费、利润等是直接分摊到分项工程单价中，从而组成分项工程综合单价，某分项工程综合单价乘以工程量即为该分项工程合价，所有分项工程合价汇总后即为该工程的分部分项工程费。

2. 招标控制价的应用

招标控制价最基本的应用形式，是招标控制价与各投标单位投标价格的对比。对比分为工程项目总价对比、单项工程总价对比、单位工程总价对比、分部分项工程综合单价对比、措施项目列项与计价对比、其他项目列项与计价对比。

在《计价规范》下的工程量清单报价，为招标控制价在商务标测评中建立了一个基准的平台，即招标控制价的计价基础与各投标人报价的计价基础完全一致，方便了招标控制价与投标报价的对比。

(1) 工程项目总价对比。对各投标人工程项目总报价与招标控制价进行对比，如果投标人的最终投标报价高于招标控制价，在初步评审阶段就直接视为废标。招标控制价可作为判断投标价是否明显高于最高限价或低于成本价的参考依据。

(2) 单项工程总价对比。因为各个单项工程在工程项目内的重要程度不同，业主若要了解各投标人单项工程的报价水平，就要进行单项工程总价对比。以招标控制价为基准，判别各投标人对不同单项工程的投入，用以检验投标人资源配置的合理性。

(3) 单位工程总价对比。单位工程总价是按专业划分的最小单位的完全工程造价。对比招标控制价，可得知投标人拟按专业划分的资源配置状况，用以检验其合理性。

(4) 分部分项工程综合单价对比。分部分项工程综合单价，是工程量清单报价的基础数据。在以上总价对比、分析的基础上，对照招标控制价的分部分项工程综合单价，查阅偏离招标控制价的分部分项工程综合单价分析表，可以了解到投标人是否正确理解了工程量清单的工程特征及综合工程内容，是否按工程量清单的工程特征和综合工程内容进行了正确的计价，以及投标价偏离招标控制价的原因，以此判断投标价的正确与错误。

(5) 措施项目列项与计价对比。以招标控制价为基准，对比分析投标人的措施项目列项与计价，不仅可以了解到工程报价的高低，以及报价高低的原因，还可以了解到投标单位的工作作风、施工习惯，乃至企业的整体素质，有助于招标人合理地确定中标单位。

措施项目在招标测评中，不能以项目多少、价格高低论优劣。在总报价合理的前提下，施工措施项目计价合理、内容齐全，是实现工程总体目标的有力保证。

(6) 其他项目列项与计价对比。其他项目分招标人和投标人两部分内容。仅就投标人部分与招标控制价对比，用以判别项目列项的合理性及报价水平。

四、投标报价的编制

1. 投标报价的含义

投标报价是投标人（或投标单位）根据招标文件及有关的计算工程造价的依据，计算出投标价，并在此基础上采取一定的投标策略，为争取到投标项目提出的有竞争力的报价。这项工作对投标单位投标的成败和将来实施工程的盈亏起着决定性作用。

2. 投标报价的编制方法

根据招标人在招标文件中的规定，选择采用定额计价或者清单计价的计价方式。其编制方法如下：

(1) 以定额计价模式编制投标报价。一般是采用预算定额来编制，即按照定额规定的分部分项工程子项逐项计算工程量，套用定额基价或根据市场价格确定直接费，然后再按规定的费用定额计取各项费用，最后汇总形成投标价。

(2) 以工程量清单计价模式编制投标报价。一般是由招标人编制出工程量清单并作为招标文件的组成部分，供投标人逐项填报单价，计算出总价，作为投标报价。然后通过评标竞争，最终确定合同价。投标人所报单价应完全依据企业技术、管理水平等企业实力而定，以满足市场竞争的需要。

采用工程量清单计算投标报价时，投标人填入工程量清单中的单价是综合单价，应包括人工费、材料费、机械使用费、管理费和利润，并考虑风险因素。将工程量与该单价相乘得出合价，再加上措施项目费、其他项目费和规费、税金，全部汇总即得出投标总报价。

3. 投标报价的编制程序

(1) 搜集相关资料。在编制投标报价之前，应先搜集建设工程设计文件及相关资料，与建设项目相关的标准、规范等技术资料，市场价格信息或工程造价管理机构发布的工程造价信息；勘察施工现场情况、了解工程特点及其他的相关资料等。

(2) 计算或复核工程量。若招标文件中没有提供工程量清单，则必须根据图纸计算全部工程量。如招标文件对工程量的计算方法有规定，应按照规定的方法进行计算。工程招标文件中若提供有工程量清单，投标价格计算之前，要对工程量进行校核。

(3) 确定分部分项工程单价，计算合价。当采用清单计价模式时，使用的是分部分项工程综合单价法；采用定额计价模式时采用的是工料单价法。

(4) 确定分包工程费。来自分包人的工程分包费用是投标价格的一个重要组成部分，有时总承包人投标价格中的相当部分来自于分包工程费。因此，在编制投标价格时需要有一个合适的价格来衡量分包人的价格，需要熟悉分包工程的范围，对分包人的能力进行评估。

(5) 确定其他费用及利润。利润指的是投标人的预期利润，确定利润取值的目标是考虑既可以获得最大的可能利润，又要保证投标价格具有一定的竞争性。投标报价时投标人应根据市场竞争情况确定在该工程上的利润率。

(6) 确定风险费。风险费对承包商来说是一个未知数，如果预计的风险没有全部发生，则可能预计的风险费有剩余，这部分剩余和利润加在一起就是盈余；如果风险费估计不足，则由盈利来补贴。在投标时应该根据该工程规模及工程所在地的实际情况，并结合与合同约定的风险范围，由有经验的专业人员对可能的风险因素进行逐项分析后确定一个比较合理的费用比率。

(7) 确定投标价格。将所有的分项价格汇总后就可以得到工程总价，但是这样计算的工程总价还不能作为投标价格，因为计算出来的价格可能重复也可能会漏算，也有某些费用的预估有偏差等，因此根据工程对象和竞争条件，确定报价策略，并对计算出来的工程总价作某些必要的调整，确定最后的投标报价。

五、投标报价的决策、策略与技巧

(一) 投标报价决策

投标报价决策是指投标人召集算标人、决策人、高级咨询顾问人员等共同研究，并对上述报价计算结果和报价的静态、动态风险分析进行讨论，作出调整报价计算的最后决定。

投标报价决策主要包括三方面的内容：针对项目招标是投标，或是不投标；倘若去投标，是投什么性质的标；投标中如何采取以长制短，以优胜劣的策略和技巧。

在报价决策中应当注意以下问题：

(1) 报价决策的依据。决策的主要依据应当是自己算标人员的计算书和分析指标，对于其他途径获得的所谓竞争对手的“标价情报”等，只能作为参考。以防落入竞争的陷阱，将来出现亏损。

(2) 在可接受的最小预期利润和可接受的最大风险内作出决策。由于投标情况纷繁复杂，投标中碰到的情况并不相同，很难界定需要决策的问题和范围。报价决策应当由决策人与算标人员一起，对各种影响报价的因素进行恰当的分析，并作出果断的决策。除了对算标时提出的各种方案、基价、费用摊入系数等予以审定和进行必要的修正外，更重要的是决策人应从全局考虑期望的利润和承担风险的能力。

(3) 低报价不是中标的唯一因素。招标文件中一般明确申明“本标不一定授给最低报价者或其他任何投标者”。低报价是中标的重要因素，但不是唯一因素。

(二) 投标策略

投标策略是投标人经营决策的组成部分，指导投标全过程。影响投标报价策略的因素十分复杂，加之投标报价策略与投标人的经济效益紧密相关，所以必须做到及时、迅速、果断。投标时，根据经营状况和经营目标，既要考虑自身的优势和劣势，也要考虑竞争的激烈程度，还要分析投标项目的整体特点，按照工程的类别、特点、施工条件等确定投标策略。投标报价策略从投标的全过程分析主要表现在以下三个方面。

1. 生存型策略

投标报价以克服生存危机为目标而争取中标，可以不考虑各种影响因素。由于当今社会、经济环境的变化和投标人自身经营管理不善，都可能造成投标人的生存危机。

(1) 表现在企业经济状况，投标项目的减少。

(2) 政府调整基建投资方向，使某些投标人擅长的工程项目减少，这种危机常常是危害到营业范围单一的专业工程投标人。

(3) 如果投标人经营管理不善，会存在投标邀请越来越少的危机。这时投标人应以生存为重，采取不盈利甚至赔本也要参与投标的态度，只要能暂时维持生存渡过难关，就会有东山再起的希望。

2. 竞争型策略

投标报价以竞争为手段，以开拓市场，低盈利为目标，在精确计算成本的基础上，充分估计各竞争对手的报价目标，以有竞争力的报价达到中标的目的。投标人处在以下几种情况下，应采取竞争型报价策略。

(1) 经营状况不景气，近期接受到的投标邀请较少。

(2) 竞争对手有威胁性，试图打入新的地区，开拓新的工程施工类型。

(3) 投标项目风险小，施工工艺简单、工程量大、社会效益好的项目。

(4) 附近有本企业其他正在施工的项目。

这几种策略是大多数企业采用的，也称为保本低利策略。

3. 盈利型策略

这种策略是投标报价充分发挥自身优势，以实现最佳盈利为目标，对效益较小的项目热情不高，对盈利大的项目充满自信。下面几种情况可以采用盈利型报价策略。

如投标人在该地区已经打开局面、施工能力饱和、信誉度高、竞争对手少、具有技术优势并对招标人有较强的名牌效应、投标人目标主要是扩大影响，或者施工条件差、难度高、资金支付条件不好、工期质量等要求苛刻，为联合伙伴陪标的项目等。

按一定的策略得到初步报价后，应当对这个报价进行多方面分析。分析的目的是探讨这个报价的合理性、竞争性、盈利及风险。一般来说，投标人对投标报价的计算方法是大同小异，造价工程师的基础价格资料也是相似的。因此，从理论上分析，各投标人的投标报价同招标人的招标控制价都应当相差不远。为什么在实际投标中却出现许多差异呢？除了那些明显的计算失误，误解招标文件内容，有意放弃竞争而报高价者外，出现投标报价差异的主要原因大致是：

（1）追求利润的高低不一。

有的投标人急于中标以维持生存局面，不得不降低利润率，甚至不计取利润；也有的投标人机遇较好，并不急切求得中标，从而追求较高的利润。

（2）各自拥有不同的优势。

有的投标人拥有闲置的机具和材料；有的投标人拥有雄厚的资金；有的投标人拥有众多的优秀管理人才等。

（3）投标选择的施工方案不同。

对于大中型项目和一些特殊的工程项目，施工方案的选择对成本影响较大。科学合理的施工方案，包括工程进度的合理安排、机械化程度的正确选择、工程管理的优化等，都可以明显降低施工成本，因而降低报价。

（4）管理费用的差别。

集团企业和中小企业、老企业和新企业、项目所在地企业和外地企业之间的管理费用的差别是比较大的。在清单计价模式下显示投标人个别成本，这种差别显得更加明显。

这些差异正是实行工程量清单计价后体现低报价原因的重要因素，但在工程量清单计价下的低价必须讲“合理”二字，并不是越低越好，不能低于投标人的个别成本，不能由于低价中标而造成亏损。投标人必须是在保证质量、工期的前提下，保证预期的利润及考虑一定风险的基础上确定最低成本价。低价虽然重要，但不是报价唯一因素，除了低报价之外，投标人可以采取策略或投标技巧战胜对手。可以提出能够让招标人降低投资的合理化建议或对招标人有利的一些优惠条件等，都可以弥补报高价的不足。

（三）报价技巧

报价技巧，也称投标技巧，是指在投标报价中采用一定的手法或技巧使招标人可以接受，而中标后又能获得更多的利润。

报价方法是依据投标策略选择的，一个成功的投标策略必须运用与之相适应的报价方法才能取得理想的效果。投标策略对投标报价起指导作用，投标报价是投标策略的具体体现。按照确定的投标策略，恰当地运用投标报价技巧编制报价，是实现投标策略的目标获得成功的关键。常用的工程投标报价技巧主要有以下方法。

1. 灵活报价法

灵活报价法是指根据招标工程的不同特点采用不同报价。投标报价时，既要考虑自身的优势和劣势，也要分析招标项目的特点。按照工程的不同特点、类别、施工条件等来选择报价策略。

2. 不平衡报价法

不平衡报价法也叫前重后轻法，是指一个工程总报价基本确定后，通过调整内部各个项目的报价，达到在不提高总报价的同时，又能在结算时得到更理想的经济效益的目标。常见的不平衡报价法见表 7-7。

表 7-7 常见的不平衡报价法

序号	信息类型	变动趋势	不平衡结果
1	资金收入的时间	早	单价高
		晚	单价低
2	清单工程量不准确	增加	单价高
		减少	单价低
3	报价图纸不明确	增加工程量	单价高
		减少工程量	单价低
4	暂定项目	肯定要施工的	单价高
		不一定要施工的	单价低
5	单价和包干混合制的项目	固定包干价格项目	价格高
		单价项目	单价低
6	单价组成分析表	人工费和机械费	单价高
		材料费	单价低
7	议标时业主要求压低单价	工程量大的项目	单价小幅度降低
		工程量小的项目	单价大幅度降低
8	报单价的项目	没有工程量	单价高
		有假定的工程量	单价适中

3. 零星用工单价的报价

如果零星用工单价计入总报价时，则需具体分析是否报高价，以免抬高总报价。总之，要分析业主在开工后可能使用的零星用工数量，再来确定报价方针。

4. 可供选择的项目的报价

有些工程的分项工程，业主可能要求按某一方案报价，而后再提供几种可供选择方案的比较报价。投标时，对于将来有可能被选择使用的方案应适当提高其报价；对于当地难以选择的方案可将价格有意抬高得更多一些，以阻挠业主选用。但是，所谓“可供选择项目”并非由承包商任意选择，而是业主才有权进行选择。因此，虽然适当提高了可供选择项目的报价，并不意味着肯定可以取得较好的利润，只是提供了一种可能性，一旦业主今后选用，承包商即可得到额外加价的利益。

5. 暂定工程量的报价

暂定工程量有三种：

(1) 业主规定了暂定工程量的分项内容和暂定总价款，并规定所有投标人都必须在总报价中加入这笔固定金额，但由于分项工程量不很准确，允许将来按投标人所报单价和实际完成的工程量付款。

(2) 业主列出了暂定工程量的项目和数量，但并没有限制这些工程量的估价总价款，要求投标人既列出单价，也应按暂定项目的数量计算总价，当将来结算付款时可按实际完成的工程量和所报单价支付。

(3) 只有暂定工程的一笔固定总金额，将来这笔金额做什么用，由业主确定。

第一种情况，由于暂定总价款是固定的，对各投标人的总报价水平竞争力没有任何影响，因此，投标时应当对暂定工程量的单价适当提高。

第二种情况，投标人必须慎重考虑。如果单价定得高了，同其他工程量计价一样，将会增大总报价，影响投标报价的竞争力；如果单价定得低了，将来这类工程量增大，将会影响收益。一般来说，这类工程量可以采用正常价格。

第三种情况，对投标竞争没有实际意义，按招标文件要求将规定的暂定款列入总报价即可。

6. 多方案报价法

对于一些招标文件，如果发现工程范围不很明确，条款不清楚或很不公正，或技术规范要求过于苛刻时，则要在充分估计投标风险的基础上，按多方案报价法处理。即是按原招标文件报一个价，然后再提出，如某某条款作某些变动，报价可降低多少，由此可报出一个较低的价。这样可以降低总价，吸引业主。

7. 增加建议方案

有时招标文件中规定，可以提一个建议方案，即是可以修改原设计方案，提出投标人的方案。投标人这时应抓住机会，组织一批有经验的设计和施工工程师，对原招标文件的设计和施工方案仔细研究，提出更为合理的方案以吸引业主，促成自己的方案中标。这种新建议方案可以降低总造价或是缩短工期，或使工程运用更为合理。但要注意对原招标方案一定也要报价。建议方案不要写得太具体，要保留方案的技术关键，防止业主将此方案交给其他承包商。同时，建议方案一定要比较成熟，有很好的操作性。

8. 分包商报价的采用

由于现代工程的综合性和复杂性，总承包商不可能将全部工程内容完全独家包揽，特别是有些专业性较强的工程内容，需分包给其他专业工程公司施工。对于分包的工程，总承包商通常应在投标前先取得分包商的报价，并增加一定的管理费，而后作为自己投标总价的一个组成部分，并列入报价单中。在对分包商的询价中，总承包商一般在投标前寻找2～3家分包商分别报价，而后选择其中一家信誉较好、实力较强和报价合理的分包商签订协议，同意该分包商作为本分包工程的唯一合作者，并将分包商的姓名列到投标文件中，但要求该分包商相应地提交投标保函。这种把分包商的利益同投标人捆在一起的做法，不但可以防止分包商事后反悔和涨价，还可能迫使分包时报出较合理的价格，以便共同争取得标。

9. 无利润算标

缺乏竞争优势的承包商，在不得已的情况下，只好在算标中根本不考虑利润去夺标。这种办法一般是处于以下条件时采用：

（1）有可能在得标后，将大部分工程分包给索价较低的一些分包商。

（2）对于分期建设的项目，先以低价获得首期工程，而后赢得机会创造第二期工程中的竞争优势，并在以后的实施中赚得利润。

（3）较长时期内，承包商没有在建的工程项目，如果再不得标，就难以维持生存。因此，虽然本工程无利可图，只要能有一定的管理费维持公司的日常运转，就可设法度过暂时的困难。

10. 联合体报价

联合体报价比较常用，即两、三家公司，其主营业务类似或相近，单独投标会出现经验、业绩不足或工作负荷过大而造成高报价，失去竞争优势。而以捆绑形式联合投标，可以做到优势互补、规避劣势、利益共享、风险共担，相对提高了竞争力和中标几率。这种方式目前在国内许多大项目中使用。

11. 许诺优惠条件

投标报价附带优惠条件是行之有效的一种手段。招标者评标时，除主要考虑报价和技术方案外，还要分析别的条件，如工期、支付条件等。所以在投标时可主动提出垫资、提前竣工、低息贷款、赠给施工设备、免费转让新技术或某种技术专利、免费技术协作，代为培训人员等优惠条件。

12. 突然降价法

投标报价是一件保密的工作，但是对手往往通过各种渠道、手段来刺探情况，因此在报价时可以采取迷惑对手的方法，即先按一般情况报价或表现出自己对该工程兴趣不大，投标截止时间快到时，再突然降价。

六、建设工程施工发包承包价格及合同类型的选择

(一) 建设工程施工发包承包价格及合同的概念

建设工程施工发包承包价格是发包人和承包人关于工程施工签订的合同价值，是工程造价价值的一种表现形式。

建设工程施工合同是发包人和承包人为完成商定的工程任务，明确相互权利、义务、关系的协议。

为了规范建设工程施工发包与承包计价行为，维护发包与承包双方的合法权益，保证招标投标工作正常进行，建设部发布了《建设工程施工发包和承包计价管理办法》，对施工图预算、招标控制价、投标报价、工程结算和签订合同价等活动制定了相应的管理规定。

(1) 施工图预算、招标控制价和投标报价可按定额计价法或者工程量清单计价法计价。

(2) 工程款结算，可以按照合同约定定期结算，或者按照工程形象进度分段进行结算。

(二) 工程合同价及合同的确定

合同价可以采用三种方法：固定价、可调价、成本加酬金。

施工合同可以分为多种形式，但根据合同计价方式的不同，可以划分为三种类型，即总价合同，单价合同，成本加酬金合同。

1. 工程合同价的确定

(1) 固定价。固定价指合同总价或者单价在合同约定的风险范围内不可调整的工程价格。固定价可分为固定总价和固定单价两种。

1) 固定总价。它是指承包整个工程的合同价款总额已经确定，在工程实施中不再因物价上涨而变化。所以，固定总价应考虑价格风险因素，在合同中明确规定合同总价包括的范围。

2) 固定单价。它是指合同中确定的各项单价在工程实施期间不因价格变化而调整，而在每月（或每阶段）工程结算时，根据实际完成的工程量结算，在工程全部完成时以竣工图的工程量最终结算工程总价款。

(2) 可调价。它是指合同总价或者单价在合同实施期间内，根据合同约定办法调整。可调价也可分为可调总价和可调单价两种。

1) 可调总价。合同中确定的总价在实施期间可随价格变化而调整。发包人和承包人在商订合同时，以招标文件的要求及当时的物价计算出合同总价。如果在执行合同期间，由于通货膨胀引起成本增加达到某一限度时，合同总价则做相应调整。可调合同价使发包人承担了通货膨胀的风险，承包人则承担其他风险。一般适合于工期较长（如1年以上）的项目。

2）可调单价。合同单价可调，一般是在工程招标文件中规定。在合同中签订的单价，根据合同约定的条款，如在工程实施过程中物价发生变化等，可做调整。有的工程在招标或签约时，因某些不确定性因素而在合同中暂定某些分部分项工程的单价，在工程结算时，再根据实际情况和合同约定对合同单价进行调整，确定实际结算单价。

（3）成本加酬金。工程成本加酬金是指工程成本按先行计价依据以合同约定的办法计算，酬金按工程成本以通过竞争确定的费率计算，从而确定工程价格。

1）成本加固定百分比酬金价格。该方法的计算公式如下

$$C = C_d(1 + P) \tag{7-1}$$

式中　C——工程总价格；

C_d——实际发生的成本；

P——固定的百分比数。

这种办法不能鼓励承包人减低成本，对发包人不利，故很少采用。

2）成本加固定酬金价格。该方法的计算公式如下

$$C = C_d + F \tag{7-2}$$

式中　F——固定酬金。

工程成本实报实销，但酬金事先商定一个固定数目。这种计价方式也不能鼓励承包人减低成本，但承包人为了尽快取得酬金，将会关心缩短工期。为了鼓励承包人，有的发包人在固定酬金之外，再根据工程质量、工期和减低成本情况另加奖金，以鼓励承包人节约资金、降低造价。

3）成本加浮动酬金价格。这种承包方式要事先商定工程成本和酬金的预期水平。如果实际成本恰好等于目标成本，工程造价就是成本加固定酬金；如果实际成本低于目标成本，则增加酬金；如果实际成本高于目标成本，则减少酬金。这三种情况可用下式计算

$C_d = C_o$ 时，$$C = C_d + F \tag{7-3}$$

$C_d < C_o$ 时，$$C = C_d + F + \Delta F_1 \tag{7-4}$$

$C_d > C_o$ 时，$$C = C_d + F - \Delta F_2 \tag{7-5}$$

式中　C_o——目标成本；

ΔF_1，ΔF_2——酬金增加部分；

F——固定酬金。

采用这种方式通常还要规定，当实际水平超支而减少酬金时，以原定的固定数额为减少的最高限额，即承包人得不到任何酬金，但不必承担赔偿超支的责任。

4）最高限额加最大酬金价格。采用这种价格，首先要确定最高限额成本、报价成本和最低成本。当实际成本没有超过最低成本时，承包人花费的成本费用、应得的酬金都可以得到发包人的支付，并与发包人分享节约额；如果实际成本在最低成本和报价成本之间，承包人只可得到成本和酬金的支付；如果实际成本在报价成本和最高成本之间，只有全部成本可以得到支付；实际成本超过最高限额成本，则超过部分，发包人不予支付。这种价格有利于控制工程造价，并能鼓励承包人最大限度地降低工程成本。

2. 施工合同类型

(1) 总价合同。总价合同是指在合同中确定一个完成项目的总价，承包人据此完成项目全部内容的合同。总价合同可分为固定总价合同和可调总价合同。

1) 固定总价合同。合同双方以招标时的图纸和工程量等说明为依据，承包商按投标时发包人接受的合同价格承包实施，并一笔包死。合同履行过程中，如果发包人没有要求变更原定的承包内容，承包商完成承包工作内容后，不论承包商的实际施工成本是多少，均应按合同价获得支付工程款。

这种合同承包商要考虑承包合同履行过程中的各种风险，因此投标报价较高。固定总价合同的适用条件一般为：

①招标时的设计深度已达到施工图阶段。合同履行过程中不会出现较大的设计变更，以及承包商依据的报价工程量与实际完成的工程量不会有较大差异。

②工程规模较小，技术不太复杂的中小型工程或承包工作内容较为简单的工程部分。这样，可以让承包商在报价时合理地预见到实施过程中可能遇到的各种风险。

③合同期较短。一般为一年之内的承包合同，双方可以不考虑市场价格浮动可能对承包价格的影响。

2) 可调总价合同。这种合同与固定总价基本相同，但合同期较长（一年以上），只能在固定总价合同的基础上，增加合同履行过程中因市场价格浮动对承包价格调整的条款。由于合同期较长，不可能让承包商在投标报价时合理地预见一年后市场价格的浮动影响，因此，应在合同内明确约定合同价款的调整原则、方法和依据。

(2) 单价合同。单价合同是指承包人按工程量清单内分部分项工作内容填报单价，以实际完成工程量乘以所报单价结算价款的合同。单价合同又可以分为固定单价合同和可调单价合同。固定单价合同和可调单价合同区别主要在于风险的分配不同。固定单价合同，承包人承担的风险较大，不仅包括了市场价格的风险，而且包括工程量偏差情况下对施工成本的风险。可调单价合同，承包人仅承担一定范围内的市场价格风险和工程量偏差对施工成本影响的风险；超出上述范围的，按照合同约定进行调整。单价合同的执行原则是：工程量清单分项开列的工程量，在合同实施中允许有上下浮动变化，但该项工作内容的单价不变，结算支付时以实际完成工程量为依据。因此，按投标书报价单中的预计工程量乘以所报单价计算的合同价格，并不一定就是承包商完成合同中规定的任务后所获款项，可能比它多，也可能比它少。

单价合同大多用于工期长、技术复杂、实施过程中发生各种不可预见因素较多的大型复杂工程的土建施工，以及业主为了缩短项目建设周期，初步设计完成后就进行施工招标的工程。单价合同的工程量清单内所开列的工程量为估计工程量，而非准确工程量。

(3) 成本加酬金合同。成本加酬金合同是由业主向承包单位支付工程项目的实际成本，并按事先约定的某一种方式支付酬金的合同类型。在这类合同中，业主需承担项目实际发生的一切费用，因此也就承担了项目的全部风险。而承包单位由于无风险，其报酬往往也较低。

这类合同的缺点是业主对工程总造价不易控制，承包商也往往不注意降低项目成本。

这类合同主要适用于以下项目：

1) 需要立即开展工作的项目，如地震后的救灾工作。

2）新型的工程项目，或对项目工程内容及技术经济指标未确定。

3）风险很大的项目。

我国《建设工程施工合同（示范文本）》在确定合同计价方式时，考虑到我国的具体情况和工程计价的有关管理规定，确定有固定价格合同、可调价格合同和成本加酬金合同。但是，从我国工程造价的改革趋势看，单价合同将不断增加。

不同计价方式合同形式的比较，见表 7-8。

表 7-8　不同计价方式合同形式比较

合同类型	总价合同	单价合同	成本加酬金合同			
			百分比酬金	固定酬金	浮动酬金	目标成本加奖罚
应用范围	广泛	广泛	有局限性			酌情
业主投资控制	易	较易	较难	难	不易	有可能
承包商风险	风险大	风险小		基本无风险	风险不大	有风险
计价方法	定额计价法	清单计价法	以成本核算为基础			

（三）选择施工合同类型时考虑的因素

采用哪一种形式的合同，是由业主根据项目特点、技术经济指标研究的深度以及确保工程成本、工期和质量要求等因素综合考虑后决定的。选择合同形式时所要考虑的因素包括：项目规模和工期长短、项目的竞争情况、项目的复杂程度、项目施工技术的难度、项目进度要求的紧迫程度等。

一个工程项目究竟采用哪种合同形式不是固定不变的。有时候，一个项目各个不同的工程部分或不同阶段，可采用不同形式的合同。制定合同的分标或分包规划时，必须依据实际情况权衡各种利弊，进而作出最佳决策。

第五节　施工阶段工程造价的控制

施工阶段是实现建设工程价值的主要阶段，也是资金投入量最大的阶段，在工程实践中往往把施工阶段作为工程造价控制的重要阶段。施工阶段工程造价控制主要通过工程进度款控制、工程变更费用的控制、预防并处理好费用索赔、挖掘节约工程造价潜力来实现。

一、施工阶段影响工程造价的因素

（一）工程计量

当工程采用单价合同形式时，在工程进行价款支付时，需对已完工程进行计量，用于支付工程款。正确的计量是发包人向承包人支付工程进度款的前提和依据，如计量有偏差，直接影响工程造价的高低。

（二）价款支付

工程价款的支付包括工程预付款的支付和工程进度款的支付。工程预付款的支付额度及支付时间，进度款的付款周期、付款程序及付款额度，均是工程施工过程中造价控制的主要内容。

（三）工程变更

因施工条件改变、业主要求、监理人指令或设计原因使工程的质量、数量、性质、功能、施工次序、进度计划和实施方案发生变化，称为工程变更。工程变更包括设计变更、施工方案变更、进度计划变更和新增工程等。由于工程变更所引起的工程量的变化，可能使项目的实际造价超出原来的合同价，所以在工程实施过程中应严格控制工程变更，使实际造价控制在合同价以内。

（四）工程索赔

工程索赔是指在工程承包合同的履行过程中，当事人一方因对方不履行或不完全履行既定的义务，或对方的行为使权利人受到损失时，要求对方补偿的权利。由于施工现场条件的变化、气候条件的变化和施工进度的变化，规范、标准文件和施工图的变更，业主及监理人指令的错误，承包商的失误等导致的工期的延误及费用的增加，使得工程承包中不可避免地出现索赔，进而导致工程项目造价发生变化。因此，索赔的控制是工程施工阶段造价控制的重要手段。

（五）工程价款调整

在履行工程承包合同过程中，因国家的法律、法规、规章及政策发生变化；因施工中施工图（含设计变更）与工程量清单项目特征描述不一致时；因分部分项工程量清单漏项或非承包人原因的工程变更，引起措施项目发生变化；因不可抗力事件导致的费用等。造成合同发生变化，需经发承包双方确定调整的工程价款，作为追加（减）合同价款。

（六）工程结算

工程价款结算是指承包商在工程实施过程中，依据承包合同中关于付款条款的规定和已经完成的工程量，并按照规定的程序向业主（建设单位）收取工程价款的一项经济活动。工程结算可以根据不同情况采用多种形式，如按月结算、竣工后一次结算、分段结算等。

建设工程施工阶段涉及的内容多、人员多，影响工程造价的因素也多，与工程造价控制有关的工作也多。所以，在施工阶段进行工程造价控制要积极主动，密切关注各方面，使工程造价控制在合理范围内。

二、施工组织设计的优化

施工组织设计的编制，应考虑全局，抓住主要矛盾，预见薄弱环节，实事求是地做好施工全过程的合理安排。在实际编制过程中，应从以下几个方面对施工组织设计进行优化。

（一）充分做好施工准备工作

在收到中标通知书后，施工单位应着手编制详尽的施工组织设计。

由于工程开工前的一系列准备工作可以采用不同的方法去完成，不论在技术方面或者组织方面，通常都有许多可行方案供施工人员选择。造价工程师应结合工程项目的性质、规模、工期、劳动力数量、机械装备程度、材料供应情况、运输条件、地质条件等各项具体的技术经济条件，对施工组织设计、施工方案、施工进度计划进行优化，提出改进意见，使方案更趋合理。

（二）遵循均衡原则安排施工进度

在编制施工进度计划时，应按照工程项目合理的施工程序排列施工的先后顺序，根据施工情况划分施工段，安排流水作业，避免工作过分集中，有目的地削减高峰期工作量，减少临时设施的搭设，避免劳动力、材料、机械耗用量大进大出，保证施工过程按计划、有节奏地进行。

施工均衡性指标，可按下列算式计算

$$\text{主要分项工程施工不均衡系数}=\frac{\text{高峰月工程量}}{\text{平均月工程量}} \tag{7-6}$$

$$\text{主要材料、资源消耗不均衡系数}=\frac{\text{高峰月工程量}}{\text{平均月工程量}} \tag{7-7}$$

$$\text{劳动力消耗量不均衡系数}=\frac{\text{高峰月工程量}}{\text{平均月工程量}} \tag{7-8}$$

以上算式中的系数值越大，说明均衡性越差。

（三）力求提高施工机械利用率

施工机械利用率的高低，直接影响工程成本和施工进度。因此，必须充分利用现有机械装备，在不影响工程总进度的前提下，对进度计划进行合理调整，以便提高主要施工机械的利用率，从而达到降低工程成本的目的。

（四）施工方法、施工技术的采用以简化工序、提高经济效益为原则

在保证工程质量的前提下，尽量采用成熟的施工方法，采用简化工序和提高经济效益的施工技术。因为成熟的施工方法只要提出要求，施工人员不需花更多的时间去掌握它。简化工序的施工技术既节约了时间，也达到了提高劳动生产率的目的。

（五）施工方案的优化

施工方案的优化，应灵活运用定性和定量的方法，对各种施工方案从技术上和经济上进行对比评价，最后选定能合理利用人力、物力、财力及各种资源的项目投资最低的方案。

1. 定性分析

根据以往经验对施工方案的优劣进行分析。例如，工期是否适当，可按常规做法或工期定额进行分析；选择的施工机械是否适当，主要看能否满足使用要求、机械提供使用的可靠性；施工平面图设计是否合理，主要看场地利用是否合理，临时设施设置是否恰当等。

用定性分析的方法优化施工方案，比较方便，但不精确，要求有关人员必须具有丰富的施工经验和管理经验。

2. 定量分析方法

（1）价值量分析法。通过对多种方案发生的费用计算，以价值量最低的方案为优选方案。

【例 7-2】 某框架结构的框架柱内的竖钢筋连接，可采用电渣压力焊、绑条焊及搭接焊三种方案，若每层有 2816 个接头，试分析采用哪种方法较经济。

表 7-9　　某工程钢筋接头焊点价值量分析表

名　称	电渣压力焊		绑条焊		搭接焊		对比分析	
	用量	金额（元）	用量	金额（元）	用量	金额（元）	电渣压力焊比绑条焊节约	电渣压力焊比搭接焊节约
钢筋	0.198kg	0.89	2.244kg	10.10	1.122kg	5.05		
焊药、焊条	0.275kg	1.38	0.341kg	2.73	0.176kg	1.41		
人工	0.022 工日	1.21	0.055 工日	3.03	0.033 工日	1.82		
用电量	2.31W・h	0.002	27.72W・h	0.019	14.85W・h	0.010		
每个接头小计		3.482		15.874		8.285		
每层接头合计		9805.31		44 701.18		23 330.56	34 895.87	13 525.25

注　每层接头为 2816 个。

从表7-9分析的结果来看，采用电渣压力焊的方法价值量最低，分别比绑条焊节约33 687.81元，比搭接焊节约13 125.38元，故应采用电渣压力焊的施工方案。

(2) 价值工程分析法。可以通过运用价值工程的基本原理来优选施工方案。下面通过某学校实验大楼的土方工程的施工方案选择过程来说明其应用方法。

1) 确定价值工程研究对象。

某学校实验大楼的满堂基础挖土方。

2) 功能定义。

安全、迅速、高效、高质量挖6000m^3 土方。

3) 施工方案分析

按要求，挖出的土方堆放在距施工地点100m处，留作回填。施工人员先提出了基本方案A方案，后经过实地勘察和反复研究，又提出其他四种施工方案（表7-10）。

表7-10 施工方案分析表

施工方案	施工方法	施工机械	工程量(m^3)	主要施工方法	工期(d)	工程成本(元)	方案优缺点
A	挖运	挖土机1台 汽车3台 推土机1台	6000	挖土机挖土装汽车，推土机配合卸土	14	6437	1. 质量、安全有把握 2. 施工管理较容易 3. 成本较高
B	挖推	挖土机1台 推土机2台	6000	挖土机挖土，推土机将土推到存土场地	13	3382	1. 节约费用 2. 现场较乱 3. 施工安全不能保证
C	挖运推	挖土机1台 汽车2台 推土机1台	6000	A、B两种方法相结合	12	4146	1. 施工质量较好 2. 成本较高 3. 较安全
D	推土	推土机2台	6000	用推土机将土推出基坑外再推往存土场地	20	3928	1. 放坡面积大，破坏了基坑边坡 2. 效率低、工期长 3. 施工安全较差
E	铲运	铲运机2台	6000	铲运机挖土运土	10	3982	1. 工程质量高 2. 坑底平整 3. 较安全

4) 方案评价

经过表7-11对提出的五个方案进行分析比较，考虑到实验大楼的施工现场狭窄，综合考虑工程质量、工程成本、施工安全、方案总分等因素，采用E方案比较合适。该方案比先提出的基本方案（A方案）缩短工期4d，降低成本2455元。

表7-11 施工方案评价表

指标	评分等级	评分标准	施工方案				
			A	B	C	D	E
工程成本	1. 高 2. 适中 3. 低	0 10 15	0	15	10	10	10

续表

指　标	评分等级	评分标准	施　工　方　案				
			A	B	C	D	E
工期	1. 长	0				0	
	2. 适中	10	10	10	10		
	3. 短	15					15
工程质量	1. 高	20	20		20		20
	2. 有把握	10					
	3. 无把握	5		5		5	
施工安全	1. 能保证	10	10	10	10		10
	2. 不能保证	5				5	
施工管理	1. 费用低	10	10				10
	2. 费用高	5		5	5	5	
方案总分			50	45	55	25	65
排列顺序			3	4	2	5	1

三、工程变更

（一）工程变更的概述

1. 工程变更的概念

工程变更，是指施工过程中出现了与签订合同时的预计条件不一致的情况，而需要改变原定施工承包范围内的某些工作内容。

由于工程项目具有规模大、结构复杂、建设周期长的特点，建设参与各方在功能描述、勘察设计、工程量估算等方面难免有不完善之处，在现场施工时不得不作出局部修止；乂由于项目建设具有建筑物的固定性、施工作业的流动性和对材料、设备、施工技术的依赖性，承包人在施工过程中受现场施工条件、自然条件、社会环境、材料设备的供应以及施工技术水平等因素的制约，作出局部修改在所难免。

（1）经济支出签证。它是指在施工过程中发生的，经建设单位确认后以增加造价形式支付的合同价款的签证。主要有设计变更增减费用、材料代用增减费用、设计原因造成的返工、加固和拆除所发生的费用和材料价差等。

（2）费用签证。它是指建设单位在合同价款以外需要直接支付的开支的签证。主要有建设单位没按时提供图纸资料和建设场地等造成的窝工损失，因停水、停电、设计变更造成停工、窝工、机械停置的损失等。

2. 工程变更的内容

（1）设计变更。设计变更按提出变更的主体，可分为发包人提出的设计变更、承包人提出的设计变更、设计人自己提出的设计变更、工程师提出的设计变更等。

1）发包人提出的设计变更。发包人为扩大规模和功能，经主管部门批准而增加建筑面积、提高标准、改变结构、调整设备引起的设计变更。

2）承包人提出的设计变更。承包人提出合理化建议，或因采购不到工程所需设备材料，或发现设计错误，或地质情况变化而提出的经发包人同意的设计变更。

3）设计人提出的设计变更。设计人发现设计错误、计算不精确、布局不合理、采用施工技术、新材料、新设备不成熟等因素主动提出的设计变更。

4）工程师提出的设计变更。工程师凭其工作经验和现场监理，发现设计中的不合理而提出的并经发包人同意的设计变更。

5）规划等部门因规划或环境等原因提出意见而引起的设计变更。

(2）施工条件变更。主要由于施工条件与原来的勘察有很大差别所引起的变更，以及因发包人按合同要求应当为承包人提供的施工条件发生变化而引起的变更。

(3）进度计划变更。发包人由于特别的需求，对进度计划提出新的要求，或要求加快，导致打破原有的网络计划进度引起施工资源的重大调整，或减缓引起现场资源的闲置及窝工。

(4）新增（减）工程项目内容。发包人为完善功能或调整功能提出新增或减少某些工程项目内容。

（二）工程变更的处理

无论哪一方提出工程变更，均应由工程师签发变更指令，然后才能根据合同中的工程变更条款，对原施工图预算或合同价款的相关部分进行修改。我国《建设工程施工合同（示范文本)》中对工程变更的有关规定：

施工中发包人需对原工程设计变更，应提前14d以书面形式向承包人发出变更通知，因变更导致合同价款的增减及造成承包人的损失，由发包人承担，延误的工期相应顺延。施工中承包人不得对原工程设计进行变更，因承包人擅自变更设计发生的费用和由此导致发包人的直接损失，由承包人承担，延误的工期不予顺延。

承包人在施工中提出的合理化建议涉及对设计图纸或施工组织设计的更改及对材料、设备的换用，需经监理工程师同意。监理工程师同意采用承包人合理化建议，所发生的费用和获得的收益，发包人、承包人另行约定分担或分享。承包人未经监理工程师同意擅自更改或换用时，承包人承担由此发生的费用，并赔偿发包人的有关损失，延误的工期不予顺延。

合同履行中发包人要求变更工程质量标准及发生其他实质性变更，由双方协商解决。

（三）工程变更的控制

由于工程变更会增加或减少某些工程细目或工程量，引起工程价格的变化，影响工期，甚至影响质量，又会增加无效的重复劳动，造成不必要的各种损失。因此，设计人、发包人、承包人都有责任严格控制，尽量减少变更，为此，可从多方面进行控制。

1. 不提高建设标准

不提高建设标准主要是指不改变主要设备和建筑结构，不扩大建筑面积，不提高建筑标准，不增加某些不必要的工程内容，避免结算超预算，预算超概算，概算超估算的“三超”现象发生。

2. 不影响建设工期

有些工程变更，由于提出的时间较晚，又缺乏必要的准备，可能影响工期，应该加以避免。承包人在施工过程中所遇到的困难，提出工程变更，一般也不影响工程的交工日期。

3. 不扩大范围

工程设计变更应该有一个控制范围，不属于工程设计变更的内容，不应列入设计变更。

4. 建立工程变更的相关制度

要避免因客观原因造成的工程变更，就要建立工程变更的相关制度。首先要建立项目法人制度，由项目法人对工程的投资负责；其次规划要完善，尽可能树立超前意识；还要强化勘察、设计制度，落实勘察、设计责任制，要有专人负责把关，认真进行审核，谁出事，谁负责，建立勘察、设计内部赔偿制度；更要加强工作人员的责任心，增强职业道德观念。在措施方面，既要有经济措施，又要有行政措施，还要有法律措施。只有建立完善的工程变更相关制度，才能有效地把工程变更控制在合理的范围之内。

5. 要有严格的程序

工程设计变更，特别是超过原设计标准和规模时，须经原设计审查部门批准取得相应追加投资和有关材料指标。对于其他工程变更，要有规范的文件形式和流转程序。设计变更的文件形式，可以是设计单位作出的设计变更单，其他工程变更应是根据洽商结果写成的洽商记录。变更后的施工图、设计变更单和洽商记录同时应经过三方或双方签字认可方能生效。

（四）工程变更价款的确定

1. 工程变更价款确定时的注意事项

工程变更价款的确定程序应根据合同的约定以及有关规定来办理。确定工程变更价款时应该注意以下一些事项：

（1）手续应齐全。凡工程变更，都应该有发包人、承包人和监理单位的盖章及代表人的签字，涉及设计上的变更还应该由设计单位盖章和有关人员的签字才能生效。在确定工程变更价款时，应注意和重视上述手续是否齐全。否则，没有合乎程序的手续，工程变更再大，也不能进行调整。

（2）内容应该清楚。工程变更，资料应该齐全，内容应该清楚，要能够满足编制工程变更价款的要求。有的资料过于简单，有的资料不能反映工程变更的全部情况，这样，就给编制和确认工程变更价款增加了困难。遇到这种情况，应与有关人员联系，重新填写有关记录，同时可以防止事后扯皮。

（3）应符合编制工程变更价款的有关规定。不是所有的工程变更通知书都可以计算工程变更价款。应首先考虑工程变更内容是否符合规定，采用预算定额编制价格的应符合相应的规定，如已包含在定额子目工作内容中的，不可重复计算，如原编预算已有的项目则不可重复列项；采用综合单价报价的，重点应放在原报价所含的工作内容，不然容易混淆，此外更应结合合同的有关规定，因为合同的规定最直接、最有针对性。如存在疑问，先与原签证人员联系，再熟悉合同和定额，使所签的工程变更通知书符合规定后，再编制价格。

（4）办理应及时。工程变更是一个动态的过程，工程变更价款的确认应在工程变更发生时办理，有些工程细目在完工之后或隐蔽在工程内部，或已经不复存在，不及时办理变更手续便无法计量与计算价款。

工程变更发生后，承包方在工程变更确定后14d内，提出变更工程价款的报告，经工程师确定后调整合同价款。承包方在确定变更后14d内不向工程师提出变更工程价款报告时，视该项设计变更为不涉及合同价款的变更。

工程师收到变更工程价款报告之日起7d内，予以确认。工程师无正当理由不确认时，自变更价款报告送到之日起14d后变更工程价款报告自行生效。

工程师不同意承包方提出的变更价格，按照合同约定的争议解决方法处理。

2. 工程变更价款的确定方法

合同价款的变更价格，是在双方协商的时间内，由承包方提出变更价格，报监理工程师批准后调整合同价款和竣工日期。造价人员审核承包方所提出的变更价款是否合理时可考虑以下原则：

（1）合同中有适用于变更工程的价格，按合同已有的价格计算变更的合同价款。

（2）合同中只有类似于变更情况的价格，可以此作为基础，确定变更价格，变更合同价款。

（3）合同中没有类似和适用的价格，由承包方提出适当的变更价格，由监理工程师批准执行，这一批准的变更价格，应与承包方达成一致，否则应通过造价管理部门裁定。

四、工程索赔及费用计算

（一）工程索赔概述

1. 工程索赔的概念

工程索赔是工程承包合同履行过程中，合同一方非自身因素或对方不履行或未能正确履行合同规定的义务，或者由于对方的行为使权利人受到损失时，向对方提出赔偿要求的权利。在项目实施的各个阶段都有可能发生索赔，但发生索赔最集中、处理难度最复杂的情况发生在施工阶段，因此这里所说的索赔主要是指项目的施工索赔。

索赔是双向的，既可以是承包商向业主的索赔，也可以是业主向承包商索赔。施工索赔主要是指承包商向业主的索赔，也是索赔管理的重点。因为业主在向承包商的索赔中处于主动地位，可以直接从应付给承包商的工程款中扣抵，也可以从保留金中扣款以补偿损失。

索赔是法律和合同赋予的正当权利。成功的索赔能使工程收入的改善达到工程造价的10%～20%，“中标靠低价，盈利靠索赔”正是许多承包人的经验总结。工程索赔以其本身花费较小，经济效果明显而受到承包人的高度重视。因此，承包商应当树立起索赔意识，重视索赔、善于索赔。

2. 索赔的性质

索赔的性质属于经济补偿行为，而不是惩罚。索赔事件的发生，不一定在合同文件中有约定，索赔事件的发生可以是一定行为造成，也可以是不可抗力所引起的；索赔事件的发生，可以是合同的当事一方引起的，也可以是任何第三方行为引起的；一定要有造成损失的后果才能提出索赔，因此索赔具有补偿性质。索赔方所受到的损失，与被索赔人的行为不一定存在法律上的因果关系。

3. 工程索赔产生原因

（1）当事人违约。当事人违约常常表现为没有按照合同约定履行自己的义务。发包人违约常常表现为没有为承包人提供合同约定的施工条件、未按照合同约定的期限和数额付款等。工程师未能按照合同约定完成工作，如未能及时发出图纸、指令等也视为发包人违约。承包人违约的情况则主要是没有按照合同约定的质量、期限完成施工，或者由于不当行为给发包人造成其他损害。

（2）不可抗力事件。不可抗力事件又可以分为自然事件和社会事件。自然事件主要是不利的自然条件和客观障碍，如在施工过程中遇到了经现场调查无法发现、业主提供的资料中也未提到的、无法预料的情况，如地下水、地质断层等。社会事件则包括国家政策、法律、法令的变更，战争、罢工等。

（3）合同缺陷。合同缺陷表现为合同文件规定不严谨甚至矛盾，合同中存在遗漏或错误。在这种情况下，工程师应当给予解释，如果这种解释将导致成本增加或工期延长，发包人应当给予补偿。

（4）合同变更。合同变更表现为设计变更、施工方法变更、追加或者取消某些工作、合同其他规定的变更等。

（5）工程师指令。工程师指令有时也会产生索赔，如工程师指令承包人加速施工、进行某项工作、更换某些材料、采取某些措施等。

（6）其他第三方原因。其他第三方原因常常表现为与工程有关的第三方的问题而引起的对本工程的不利影响。

4. 工程索赔的分类

由于索赔贯穿于工程项目全过程，可能发生的范围比较广泛，其分类随标准、方法不同而不同，主要有以下几种分类方法。

（1）按索赔当事人分类。

1）承包商与业主间的索赔。这类索赔大都是有关工程量计算、变更、工期、质量和价格方面的争议，也有中断或终止合同等其他违约行为的索赔。

2）承包商与分包商间的索赔。其内容与前一种大致相似，但大多数是分包商向总包商索要付款和赔偿及承包商向分包商罚款或扣留支付款等。

3）承包商与供货商间的索赔。其内容多系商贸方面的争议，如货品质量不符合技术要求、数量短缺、交货拖延、运输损坏等。

4）承包商与保险公司间的索赔。此类索赔多系承包商受到灾害、事故或其他损失，按保险单向其投保的保险公司索赔。

（2）按索赔目标分类。

1）工期索赔。由于非承包商自身原因造成拖期的，承包商要求业主延长工期，推迟竣工日期，避免违约误期罚款等。

2）费用索赔。要求业主补偿费用损失，调整合同价格，弥补经济损失。

（3）按索赔事件的性质分类。

1）工程变更索赔。由于业主或监理工程师指令增加或减少工程量或增加附加工程、修改设计、变更工程顺序等，造成工程延长和费用增加，承包商对此提出索赔。

2）工程延误索赔。因业主未按合同要求提供施工条件，如未及时交付设计图纸、施工现场、道路等；或因业主指令工程暂停或不可抗力事件等原因造成工期拖延的，承包商对此提出索赔。这是工程中常见的一类索赔。

3）工程终止索赔。由于业主违约或发生了不可抗力事件等造成工程非正常终止，承包商因蒙受经济损失而提出索赔。

4）工程加速索赔。由于业主或监理工程师指令承包商加快施工速度，缩短工期，引起承包商人、材、物的额外开支而提出的索赔。

5）意外风险和不可预见因素索赔。在工程实施过程中，因人力不可抗拒的自然灾害、特殊风险以及一个有经验的承包商通常不能合理预见的不利施工条件或外界障碍，如地下水、地质断层、溶洞、地下障碍物等引起的索赔。

6）其他索赔。如因货币贬值、汇率变化、物价、工资上涨、政策法令变化等原因引起的索赔。

（4）按索赔的对象分类。

1）索赔。一般指承包商向业主提出的索赔。它主要包括：不利的自然条件与人为障碍引起的索赔、工程变更引起的索赔、工期延期的费用索赔、加速施工费用的索赔、业主不正当终止工程而引起的索赔、物价上涨引起的索赔、拖延支付工程款的索赔等。

2）反索赔。反索赔指业主向承包商提出的索赔。它主要包括：工期延误索赔、质量不满足合同要求索赔、承包商不履行保险费用的索赔、对超额利润的索赔、对指定分包商的付款索赔、业主合理终止合同或承包商不正当放弃工程的索赔等。

（5）按索赔处理方式分类。

1）单项索赔。单项索赔是针对某一干扰事件提出的，在影响原合同正常运行的干扰事件发生时或发生后，由合同管理人员立即处理，并在合同规定的索赔有效期内向业主或监理工程师提交索赔要求和报告。

2）综合索赔。综合索赔又称一揽子索赔，一般在工程竣工前或工程移交前，承包商将工程实施过程中因各种原因未能及时解决的单项索赔集中起来进行综合考虑，提出一份综合索赔报告，由合同双方在工程交付前后进行最终谈判，以一揽子方案解决索赔问题。

（二）施工索赔

1. 施工索赔的处理原则

（1）索赔必须以合同为依据。不论是风险事件的发生，还是当事人未完成合同工作，都必须在合同中找到相应的依据，有些依据可能在合同中隐含。工程师依据合同和事实对索赔进行处理是其公平性的重要体现。

（2）及时合理地处理索赔。索赔事件发生后，索赔的提出应当及时，索赔的处理也应当及时。索赔处理得不及时，对双方都会产生不利的影响。处理索赔还必须坚持合理性的原则，既考虑到国家的有关规定，也应当考虑到工程的实际情况。

（3）加强主动控制，减少或增加施工索赔。从发包人的角度讲，对于施工索赔应当加强主动控制，尽量减少索赔。这就要求在工程管理中，尽量将工作做在前面，减少索赔事件的发生。

从承包人的角度来讲，增加施工索赔的机会能给施工企业带来额外的经济效益补偿，所以，承包人也要加强主动控制，积极寻找索赔的条件和机会，收集索赔证据和资料，保证索赔的事项顺利实现。如果甲乙双方都有意识地加强索赔的控制，则处理索赔事件就能减少分歧，使索赔按合同规定顺利处理，保证施工过程规范地、正常地进行。

2. 施工索赔程序

（1）发出索赔通知。承包人应在索赔事件发生后的28d内向工程师递交索赔通知，声明将对此索赔事件提出索赔。该意向通知是承包人就具体的索赔事件向工程师和业主表示的索赔愿望和要求。如果超出这个期限，工程师和业主有权拒绝承包人的索赔要求。

（2）递交索赔报告。索赔意向通知提交后的28d内，承包人应递交正式的索赔报告。索赔报告的内容应包括：事件发生的原因，对其权益影响的证据和资料，索赔的依据，此项索赔要求补偿的款项和工期延长天数的详细计算等有关材料。如果索赔事件的影响持续存在，在28d内还不能算出索赔额和工期延长天数时，承包人应当阶段性定期报出每一阶段内的索赔证据资料和索赔要求。在该项索赔事件的影响结束后的28d内，报出最终详细报告，提出索赔论证资料和累计索赔额。

（3）工程师审查索赔报告。工程师在收到承包人送交的索赔报告和有关资料后，于28d

内给予答复，或要求承包人进一步补充索赔理由和证据。接到承包人的索赔信件后，工程师应该立即研究承包人的索赔资料，在不确认责任属谁的情况下，依据自己的同期记录资料客观分析事故发生的原因，依据有关合同条款，研究承包人提出的索赔证据。工程师在28d内未予答复或未对承包人作进一步要求，视为该项索赔已经认可。

（4）工程师与承包人协商补偿。工程师审查后初步确定应予补偿的额度，往往与承包人的索赔报告中要求的额度不一致，甚至差额较大。主要原因大多为对承担事件损害责任的界线划分不一致、索赔证据不充分、索赔计算的依据和方法分歧较大等。因此，双方应就索赔的处理进行协商。通过协商达不成共识的，承包人仅有权得到所提供的证据满足工程师认为索赔成立那部分的付款和工期延长。不论工程师通过协商与承包人达成一致，还是他单方面作出的决定，批准给予补偿的款额将计入下月支付工程进度款的支付证书内，延长的工期加到原合同工期中去。如果批准的额度超过工程师权限，则应报请业主批准。

（5）工程师索赔处理决定。在经过认真分析研究与承包商、业主广泛讨论后，工程师应该向业主和承包商提出自己的《索赔处理决定》。通常工程师的处理决定不是终局性的，对业主和承包商都不具有强制性的约束力。在收到工程师的《索赔处理决定》后，无论业主还是承包商，如果认为该处理决定不公正，都可以在合同规定的时间内提请工程师重新考虑。如果工程师仍然坚持原来的决定，或承包商对工程师的新决定不满，则可以按合同中的仲裁条款提交仲裁机构仲裁。

（6）业主审查索赔处理。当工程师确定的索赔额超过其权限范围，必须报请业主批准。业主首先根据事件发生的原因、责任范围、合同条款审核承包商的索赔申请和工程师的处理报告，再依据工程建设的目的、投资控制、竣工投产日期要求以及针对承包商在施工中的缺陷或违反合同规定等的有关情况，决定是否批准工程师的处理意见，而不能超越合同条款的约定范围。索赔报告经业主批准后工程师即可签发有关证书。

（7）承包商是否接受最终索赔处理。承包商接受最终的索赔处理决定，索赔事件的处理即告结束。如果承包商不同意，就会导致合同争议。通过协商双方达到互谅互让的解决方法，是最理想的结果。如果协商不成，承包商有权提交仲裁或诉讼解决。

3. 施工索赔内容

（1）不利的自然条件与人为引起的索赔。

（2）工程变更引起的索赔。

（3）工期延长和延误的费用索赔。这种索赔常包括两个方面：一是承包商要求延长工期；二是承包商要求偿付由于非承包商原因导致工程延误而造成的损失。一般这两方面的索赔并不一定同时成立，因此要分别编制索赔报告。

（4）施工中断或工效降低的费用索赔。因业主或设计原因引起的施工中断、工效降低及业主提出比合同工期提前的竣工而导致工程费用的增加，承包商可提出人工、材料及机械费用的索赔。

（5）因工程终止或放弃提出的索赔。由于业主不正当地终止或放弃工程，承包商有权提出盈利损失和补偿损失的索赔。

（6）物价上涨引起的索赔。物价上涨是各国市场的普遍现象，如何处理物价上涨引起的合同价格调整问题，常用的办法有以下三种：

1）对固定总价合同不予调整。这适用于工期短、规模小的工程。

2）按价差调整合同价。在工程结算时，对人工费及材料费的价差，即现行价格与基础价格的差值，由业主向承包商补偿，即

$$材料价调整数=(现行价-基础价)\times 材料数量 \tag{7-9}$$

$$人工费调整数=(现时工资-基础工资)\times(实际工作小时数+加班工作小时数\times 加班工资增加率) \tag{7-10}$$

对管理费及利润不进行调整。

3）用调价公式调整合同价。在每月结算工程进度款时，利用合同文件中的调价公式，计算人工、材料等的调整数。

（7）关于支付方面的索赔。

1）价格调整方面的索赔。价格调整的方法应在合同中明确规定。国际承包工程中，一种是按承包商报送的实际成本的增加数加上一定比例的管理费和利润进行补偿；另一种是采用调值公式自动调整。目前国内承包工程中，一般可根据各省市工程造价管理部门规定的材料预算价格调整系数及材料价差对合同价款进行调整，也有开始应用材料价格指数进行动态结算，也有在合同中规定哪些费用一次包死，不得调整。

2）货币及汇率变化引起的索赔。如果在基准日期以后，工程施工所在国政府或其授权机构对支付合同价格的一种或几种货币实行货币限制或货币汇兑限制，则业主应补偿承包商因此而受到的损失。

3）拖延支付工程款的索赔。如果业主在规定的应付款时间内未向承包商支付应支付的款额，承包商可在提前通知业主的情况下，暂停工作或减缓工作速度，并有权获得任何误期的补偿和其他额外费用的补偿（如利息）。FIDIC 合同规定利息以高出支付货币所在国中央银行的贴现率加三个百分点的年利率进行计算。

（8）法律改变引起的索赔。如果在基准日期（投标截止日期前的 28d）以后，由于业主国家或地方的任何法规、法令、政令或其他法律或规章发生了变更，导致了承包商成本增加。对承包商由此增加的开支，业主应予补偿。

（三）工程索赔费用计算

1. 索赔费用计算的原则

承包商在进行费用索赔时，应遵循以下原则：

（1）所发生的费用应该是承包商履行合同所必需的，若没有该项费用支出，合同无法履行。

（2）承包商不应由于索赔事件的发生而额外受益或额外受损，即费用索赔以赔（补）偿实际损失为原则，实际损失可作为费用索赔值。

2. 索赔费用的组成

在具体分析费用的可索赔性时，应对各项费用的特点和条件进行审核论证。

（1）人工费。对索赔费用中的人工费部分而言，人工费是指完成合同计划以外的额外工作所花的人工费用，由于非承包商责任的劳动效率降低所增加的人工费用，超过法定工作时间加班劳动以及法定人工费的增长等。

（2）材料费。材料费的索赔包括两个方面：材料实际用量由于索赔事项的原因而大量超过计划用量；材料价格由于客观原因而大幅度上涨。在这种情况下，增加的材料费理应计入索赔款。

材料费中应包括运输费、仓储费以及合理破损比率的费用。由于承包商管理不善，造成材料损坏失效，则不能列入索赔计价。承包商应该建立健全物质管理制度，记录建筑材料的进货日期和价格，建立领料耗用制度，以便索赔时能准确地分离出索赔事项所引起的建筑材料额外耗用量。

为了证明材料单价的上涨，承包商应提供可靠的订货单、采购单，或官方公布的材料价格调整指数。

(3) 施工机械费。施工机械费的索赔计价比较繁杂，应根据具体情况协商确定。

1）使用承包商自有的设备时，要求提供详细的设备运行时间和台数、燃料消耗记录、随机工作人员工作记录等。这些证据往往难以齐全准确，因而有时使双方争执不下。因此，在索赔计价时往往按照有关的标准手册中关于设备工作效率、折旧、保养等定额标准进行，有时甚至仅按折旧费收费标准计价。

2）使用租赁的设备时，只要租赁价格合理，又有可信的租赁收费单据时，就可以按租赁价格计算索赔款。

3）为了达到索赔目的，承包商新购设备时要慎重对待。新购设备的成本高，加上运转费，新增款额甚大。除非有工程师或业主的正式批准，承包商不可为此轻率地新购设备；否则，这项新增设备的费用是不会计入索赔款的。

4）施工机械的降低功效或闲置损失费用，一般也难以准确论定，或缺乏令人信服的证据。因此，这项费用一般按其标准定额费用的某一百分比进行计算，比如50%或60%。

5）设备费用一般也包括小型工具和低值易耗品的费用，这部分费用的数量一般也难以准确论定，往往要合同双方判断确定。

(4) 工地管理费。施工索赔款中的工地管理费，是指承包商完成额外工程、索赔事项工作以及工期延长期间的工地现场管理，包括管理人员、临时设施、办公、通信、交通等多项费用。

在分析确定索赔款时，有时把工地管理费划分成可变部分和固定部分。前者一般指在延期过程中可以调到其他工程部位（或其他工程项目）上去的那一部分管理设施或人员，如监理人员。固定部分是指在施工期间不易调动的那一部分设施或人员，如办公、食宿设施等。

(5) 总部管理费。总部管理费是工程项目组向其公司总部上缴的一笔管理费，作为总部对该工程项目进行指导和管理工作的费用，它包括总部职工工资、办公大楼、办公用品、财务管理、通讯设施以及总部领导人员赴工地检查指导工作等项目开支。

(6) 利息。在索赔款额的计算中，通常要包括利息，尤其是由于工程变更和工期延误时引起的投资增加，承包商有权索取所增加的投资部分的利息，即所谓的融资成本。

另外一种索赔利息的情况，是业主拖延支付工程进度款或索赔款，给承包商造成比较严重的经济损失，承包商因而提出延期付款的利息索赔，即所谓的延期付款利息。具体说，利息索赔通常发生于下列4种情况：

①延时付款（或欠款）的利息；

②增加投资的利息；

③索赔款的利息；

④错误扣款的利息。

至于这些利息的具体利率应是多少，在计算中可采用不同的标准，应根据工程项目的合同条款来具体确定。在国际工程承包中，索赔利率主要采用以下规定：

①按当时的银行贷款利率；

②按当时的银行透支利率；

③按合同双方协议的利率。

（7）利润。利润是承包商的纯收益，是承包商施工的全部收入扣除全部支出后的余额，是承包商经营活动的目的，也是对承包商完成施工任务和承担承包风险的报答。因此，从原则上说，施工索赔费用中是可以包括利润的。

但是，对于不同性质的索赔，取得利润索赔的成功率是不同的。一般来说，由于工程范围的变更（如计划外的工程，或大规模的工程变更）和施工条件变化引起的索赔，承包商是可以列入利润的，即有权获得利润索赔。由于业主的原因终止或放弃合同，承包商也有权获得已完成的工程款以外，还应得到原定比例的利润。而对于工程延误的索赔，由于利润通常是包括在每项实施的工程内容的价格之内的，而延误工期并未影响削减某些项目的实施，而导致利润减少；所以，一般监理工程师很难同意在延误的费用索赔中加进利润损失。

3. 索赔费用的计算方法

索赔费用的计算方法很多，但通常应用的有三种，即总费用法、修正的总费用法、实际费用法。

（1）总费用法。总费用法即总成本法，就是当发生多次索赔事件以后，重新计算该工程的实际总费用，实际总费用减去投标价时的估算总费用即为索赔金额。其计算公式为

$$索赔金额=实际总费用-投标报价估算总费用 \tag{7-11}$$

不少人对采用该方法计算索赔费用持批评态度，因为实际发生的总费用中可能包括了承包商的原因如施工组织不善而增加的费用，同时投标报价估算的总费用却因为想中标而过低，所以这种方法只有在难以计算实际费用时才应用。

（2）修正的总费用法。修正的总费用法是对总费用法的改进，即在总费用计算的原则上，去掉一些不合理的因素，使其更合理。修正的内容如下：

1）将计算索赔款的时段局限于受外界影响的时间，而不是整个施工期。

2）只计算受影响时段内的某项工作所受影响的损失，而不计算该时段内所有施工工作所受的损失。

3）与该项工作无关的费用不列入总费用中。

4）对投标报价费用重新进行核算。受影响时段内该项工作的实际单价，乘以实际完成的该项工作的工程量，得出调整后的报价费用。

按修正后的总费用计算索赔金额的公式如下

$$索赔金额=某项工作调整后的实际总费用-该项工作的报价费用 \tag{7-12}$$

修正的总费用法与总费用法相比，有了实质性的改进，它的准确程度已接近于实际费用。

（3）实际费用法。实际费用法是工程索赔计算时最常用的一种方法。这种方法的计算原则是以承包商为某项索赔工作所支付的实际开支为依据，向业主要求费用补偿。

实际费用法计算通常分三步：

1）分析每个或每类索赔事件所影响的费用项目，不得有遗漏。这些费用项目通常应与合同报价中的费用项目一致。

2）计算每个费用项目受索赔事件影响后的数值，通过与合同价中的费用值进行比较即可得到该项费用的索赔值。

3）将各费用项目的索赔值汇总，得到总费用索赔值。

实际费用法中索赔费用主要包括该项工程施工过程中所发生的额外人工费、材料费、施工机械使用费、相应的管理费，以及应得的间接费和利润等。由于实际费用法所依据的是实际发生的成本记录或单据，所以施工过程中，对第一手资料的收集整理就显得非常重要了。

【例 7-3】 某工程原合同报价如下：

现场成本(直接工程费＋工地管理费)	500 万元
公司管理费(现场成本×8%)	40 万元
利润和税金(直接工程费＋公司管理费)×9%	48.6 万元
合同总价	588.6 万元

在实际工程中，由于完全非承包商原因造成现场实际成本增加 36 万元，利息支付实际多出 0.4 万元，试用总费用法计算索赔费用？

解　现场成本增加量：	36 万元
公司管理费(现场成本增加量×8%)	2.88 万元
利息支付(按实际发生计算)	0.4 万元
利润和税金(现场成本＋公司管理费＋利息)×9%	3.535 2 万元
索赔费用	42.815 2 万元

第六节　竣工阶段工程造价的管理

一、建设项目竣工验收及工程造价管理

（一）建设项目竣工验收的含义

建设项目竣工验收指建设单位、施工单位、设计单位、其他有关部门以及项目验收委员会等，以项目批准的设计任务书和设计文件、国家或部门颁发的施工验收规范和质量检验标准为依据，按照一定的程序和手续，在项目建成并试生产合格后，对工程项目总体进行检验和认证，综合评价和鉴定的过程。

（二）竣工验收阶段工程造价管理概述

建设项目竣工验收内容中，工程资料验收是其一方面的内容，其中工程财务资料中，就应包括验收阶段造价方面的资料。在竣工验收阶段，从工程造价的管理角度来看，主要是工程竣工结算及竣工决算的办理与计算。在竣工验收阶段，无论是与施工企业的结算，还是业主自身的最终决算，都要及时办理。否则，将会影响竣工验收及交付使用，这对是否能够发挥投资的经济效益影响非常重大。

二、竣工结算

（一）竣工结算的办理

工程竣工结算的编制及办理是一项政策性较强，反映技术经济综合能力的工作，既要做到正确反映建筑安装工程本身的价值，不得主观夸大其价值套取投资，又不得故意肢解项目压低结算值从而使国家税收减少等情况发生。同时，编制结算时，又要严格执行国家有关部门的各项规定，对属于国家投资或国家投资为主的工程项目进行结算时，需经主管部门委托

专业银行或造价中介机构进行审查，个别项目还要经过审计部门综合审计。

由于工程结算价款事关业主支付给承包商多少数额的资金，同时，也决定承包商最终能收入多少款项的问题，其专业性及经济责任都非常强。随着工程造价咨询中介机构的发展，目前很多业主都委托这些专业机构进行结算核对，以加快结算办理速度和体现公正性。

竣工结算的造价控制应着重做好以下工作：

(1) 严格按招标文件和合同条款处理结算问题，不得随意改变结算方式和方法。

(2) 认真复核施工过程中出现的设计变更、施工签证、索赔事项及材料、设备的认价单，并对其量、价与工程实际和市场价格进行对比分析，发现问题，追查落实，保证其公证性。

(3) 与招标工程量清单和报价单核对，审查编制的依据和各项资金数额的正确性。

(二) 工程价款结算争议处理

在工程计价中，对工程造价计价依据、办法以及相关政策规定发生争议事项的，由工程造价管理机构负责解释。

发包人对工程质量有异议，拒绝办理工程竣工结算的，已竣工验收或已竣工未验收但实际投入使用的工程，其质量争议按该工程保修合同执行，竣工结算按合同约定办理；已竣工未验收且未实际投入使用的工程以及停工、停建工程的质量争议，双方应就有争议的部分委托有资质的检测鉴定机构进行检测，根据检测结果确定解决方案，或按工程质量监督机构的处理决定执行后办理竣工结算，无争议部分的竣工结算按合同约定办理。

发承包双方发生工程造价合同纠纷时，应通过下列办法解决：

(1) 双方当事人协商解决。

(2) 提请工程造价管理机构进行调解。

(3) 按合同约定向仲裁机构申请仲裁或向人民法院起诉。

(三) 工程价款结算处理

工程竣工后，发承包双方应在合同约定时间内办清工程竣工结算。

发包人与中标的承包人不按照招标文件和中标的承包人的投标文件订立合同的，或者发包人、中标的承包人背离合同实质性内容另行订立协议，造成工程价款结算纠纷的，另行订立的协议无效，由建设行政主管部门责令改正，并按《招标投标法》第五十九条进行处罚。

工程竣工结算由承包人或受其委托具有相应资质的工程造价咨询人编制，由发包人或受其委托具有相应资质的工程造价咨询人核对。

三、竣工决算

(一) 竣工决算编制及其造价分析与控制

为了严格执行基本建设项目竣工验收制度，正确核定新增固定资产价值，考核投资效果，建立健全项目法人责任制，建设项目竣工后，都要及时编制竣工决算。编制时，建设单位应组织有关人员进行编报，设计、施工、物资供应及使用部门等各单位应密切配合并负责提供有关的资料，确保建设项目竣工决算编制及时、准确、清楚，并能真正反映建设项目的实际造价和投资效果。

建设项目的竣工决算是建设单位编制的反映实际投资额即工程最终造价的文件，同时应该指出，施工企业为了总结经验，提高自身的经营管理水平，也应该在单项工程或单位工程竣工验收后，编制自己的实际工程施工的竣工决算成本，用以核算工程实际成本和成本降低额，做实际成本分析，反映成本决算成果。当然，施工企业竣工决算成本编制的概念、内容及方法等方面和建设单位编制的竣工决算是有区别的，主要原因是作用及要求各不相同。

工程建设投资计划的实际执行情况，能从建设单位编制的工程竣工决算中全面反映出来，通过竣工决算的各项费用数额与原先计划投资的各项费用数额相互比较，可得出量化的具体数据指标，以反映节约或超支的情况。同时，通过对设计概算、施工图预算、竣工决算的“三算”分析，能够直接反映出固定资产投资计划的完成情况和投资效果。

在竣工决算报告中应对控制工程造价所采取的措施、效果及其动态的变化进行认真的比较分析，总结经验教训。在分析时，可先对比整个项目的总概算，然后将建筑安装工程费、设备工器具费和其他工程费用逐一与竣工决算表中所提供的实际数据和相关资料及批准的概算、预算指标、实际的工程造价进行对比分析，以确定竣工项目总造价是节约还是超支，并在对比的基础上，找出节约和超支的内容和原因，提出改进措施。在实际工作中，应主要分析以下内容：

（1）主要实物工程量。对于实物工程量出入比较大的情况，必须查明原因。

（2）主要材料消耗量。考核主要材料消耗量，要按照竣工决算表中所列明的三大材料实际超概算的消耗量，查明是在工程的哪个环节超出量最大，再进一步查明超耗的原因。

（3）考核建设单位企业管理费、建筑及安装工程规费及措施费、利润和税金取费标准。上述取费标准要按照国家和各地的有关规定，根据竣工决算报表中所列的建设单位管理费与概（预）算所列的建设单位管理数额进行比较，依据规定查明是否多列或少列的费用项目，确定其节约超支的数额，并查明原因。

（二）新增资产价值的确定

1. 新增资产价值的分类

按照新的财务制度和企业会计准则，新增资产性质可分为固定资产、流动资产、无形资产、递延资产和其他资产五大类。

（1）固定资产是指使用期限超过一年，单位价值在1000元、1500元或2000元以上，并在使用过程中保持原有实物形态的资产，如房屋、建筑物、机械运输工具等。不同时具备上述两个条件的资产则为低值易耗品，应列入流动资产范围，如一般的工具、器具、家具等。

（2）流动资产是指可以在一年或超过一年的营业周期内变现或者耗用的资产。按流动资产占用形态可分为现金、存货、银行存款、短期投资、应收账款及预付账款等。

（3）无形资产是指由特定主体所控制的，不具有实际形态，仅对生产经营长期发挥作用并能带来经济效益的各种资源。主要有专利权、非专利技术、商标权、商誉等。

（4）递延资产指不能全部计入当年损益，应当在以后年度分期摊销的各种费用，包括开办费、租入固定资产改良支出等。

（5）其他资产指具有专门用途，但不参加生产经营的经国家批准的特种物资，如银行冻结存款和冻结物资、涉及诉讼的财产等。

2. 新增资产价值的确定

（1）新增固定资产价值的确定。新增固定资产价值是以独立发挥生产能力的单项工程为对象的，单项工程建成经验收合格，正式移交生产或使用后，即应计算其新增固定资产价值。一次交付生产或使用的工程一次计算其新增固定资产价值；分期分批交付或使用的工程，应分期分批计算其新增固定资产价值。计算价值时，主要以竣工决算中相关数据为依据，按照规定计算核定其新增固定资产价值。在计算中应注意以下几种情况：

1）对于为了提高产品质量、改善劳动条件、节约材料消耗、保护环境而建设的附属辅助工程，只要全部建成，正式验收或交付使用后就要计入新增固定资产价值。

2）凡购置达到固定资产标准不需安装的设备、工器具，应在交付使用后计入新增固定资产价值。

3）对于单项工程中不构成生产系统，但能独立发挥效益的非生产性工程，如住宅、食堂、医务所、生活服务网点等，在建成并交付使用后，也要计算新增固定资产价值。

4）属于新增固定资产价值的其他投资，应随同受益工程交付使用的同时一并计入。

（2）流动资产价值的确定。在确定流动资产价值时，应注意以下几种情况：

1）货币性资金。货币性资金即现金、银行存款及其他货币资金，根据实际入账价值核定。

2）应收及预付款项。应收及预付款项包括应收票据、账款、其他应收款、预付贷款和待摊费用。一般情况下，应收及预付款项按企业销售商品、产品和提供劳务时的实际成交金额入账核算。

3）各种存货应当按照取得时的实际成本计价。存货的形成，主要有自制和外购两个途径。自制的，按照制造过程中的各项实际支付计价；外购的，按照买价加运输费、装卸费、保险费、途中合理损耗、入库前加工、整理及挑选费用以及缴纳的税金等计价。

（3）无形资产价值的确定。无形资产价值计算应按照我国 2001 年颁布的《资产评估准则——无形资产》的规定及有关方法进行计算确定。无形资产的计价，原则上应按取得时的实际成本计价。企业取得无形资产的途径不同，所发生的支出也不一样，无形资产的计价也不相同。

1）专利权的计价。专利权分为自创和外购两类。对于自创专利权，其价值为开发过程中的实际支付，主要包括专利的研究开发费用、专利登记费用、专利年费和法律诉讼费等各项费用。专利转让时（包括购入和卖出），其费用主要包括转让价格和手续费。由于专利是具有专用性并能带来超额利润的生产要素，因而其转让价格不按其成本估价，而是依据其所能带来的超额收益来估价。

2）非专利技术的计价。如果非专利技术是自创的，一般不得作为无形资产入账，自创过程中发生的费用，新财务制度允许作当期费用处理。购入非专利技术时，应由法定评估机构确认后再进一步估价，往往通过其产生的收益来进行估价。

3）商标权的计价。如果是自创的商标，而直接作为销售费用计入当期损益。只有当企业购入和转让商标时，才能对商标权计价。商标权的计价一般根据被许可方新增的收益来确定。

4）土地使用权的计价。根据土地使用权的取得方式，计价有两种情况：一是建设单位获得土地使用权是原先通过行政划拨的，这时就不能作为无形资产核算，只有在将土地使用权有偿转让、出租、抵押、作价入股和投资时，按规定补交土地出让价款并按无形资产核算；二是建设单位向土地管理部门申请土地使用权并为之支付一笔出让金，在这种情况下，应作为无形资产进行核算；

5）商誉的计价。商誉可能是企业自创的，也可能是企业向外购入的，但一般只有向外购入的，才能作为商誉入账。由于它只是在一个企业购买另外一个企业时才发生，因此，商誉的价值可以按买者付给卖者价款总额与买进企业所有净资产总额之间的差额计算。

(4) 递延资产的确定。递延资产主要包括开办费及以经营方式租入的固定资产改良支出等费用，根据现行的财务制度规定，企业筹建期间发生的费用，应于开始生产经营起一次计入开始生产经营当期的损益。企业的开办费的价值可按其账面价值确定。租入固定资产的改良支出费用，应在租赁限期内摊入制造费或管理费用。

(5) 其他资产价值的确定。其他资产包括特种储备物资、银行冻结存款、冻结物资、涉及诉讼中的财产等。特准储备物资是指具有专门用途，但是不参加生产经营的经国家批准储备的特种物资，如国家为应付自然灾害和意外事故而储备的特种物资。银行冻结存款和冻结物资是指企业不履行法院判决规定的义务时被执行机关采取强制措施所冻结的各种存款和物资。涉及诉讼中的财产是指诉讼过程中被查封、扣押、冻结的财产。其他资产按实际入账面价值核算。

四、保修费用的处理

1. 建设项目的保修

(1) 建设项目的保修及意义。建设工程质量保修制度是国家所确定的重要法律制度，按照《中华人民共和国合同法》规定，建设工程的施工合同内容应包括工程质量保修范围和质量保证期。保修就是施工企业按照国家或行业现行的有关技术标准、设计文件以及合同中对质量的要求，对已竣工验收的建设工程在规定的保修期内，进行维修、返工等工作。

保修回访制度属于工程竣工后的管理范畴，保修对于完善建设工程保修制度、促进承包方加强质量管理、保护用户及消费者的合法权益有重要意义。

(2) 保修范围和最低保修期限。在正常的使用条件下，建筑工程的保修范围包括地基基础工程、主体结构工程、屋面防水工程和其他土建工程、电气管线工程、上下水管线的安装工程、供热及供冷系统工程等项目。

保修期限应按照保证建筑物合理寿命内正常使用，维护使用者合法权益的原则确定。按照《建设工程质量管理办法》规定，具体的保修范围及最低期限为：基础设施工程及房屋建筑的地基基础工程和主体结构工程，为设计文件规定的合理使用年限；屋面防水工程、有防水要求的卫生间、房间和外墙面的防渗漏为5年；供热与供冷系统为2个采暖期和供热期；电气管线、给排水管道、设备安装和装修工程为2年；其他项目的保修期由发承包双方在合同中规定。建设工程的保修期，自竣工验收合格之日算起。

2. 保修费用及处理

保修费用是指建设工程在保修期间和保修范围内所发生的维修、返工等各项费用支出。它是按国家有关规定和合同确定和控制，一般是按建筑工程造价或合同承包价的一定比例计算的。在保修费用处理问题上，必须根据修理项目的性能、内容以及检查修理的多种因素的实际情况，区别保修责任的承担问题。对于保修的经济责任的确定，应当由有关责任方承担，其经济处理办法应由建设单位和施工单位共同商定处理。其具体处理的主要规定有以下几方面：

(1) 由于勘查、设计方面的原因造成的质量缺陷，由勘查、设计单位承担经济责任；由施工单位负责维修或处理，勘查、设计单位继续完成勘查、设计工作，减收或免收勘查、设计费并赔偿损失。

(2) 承包单位未按国家的有关规范、标准和设计要求施工，造成的质量缺陷，由承包单位负责返修并承担经济责任。

(3) 由于建筑材料、设备及构配件质量不合格引起的质量缺陷，谁采购谁承担相应经济责任。至于施工单位、建设单位与材料、设备及构配件供应单位或部门之间的经济责任，按材料、设备及构配件的采购供应合同处理。

(4) 因使用单位使用不当造成的损坏问题，由使用单位自行负责。

(5) 因地震、洪水、台风等不可抗拒的自然原因造成的损坏问题，施工、设计单位不承担经济责任，由建设单位负责处理。

(6) 其他保修问题及涉外工程保修问题，除参照上述办法进行处理外，还可以通过合同条款约定执行。

五、建设项目后评估

1. 建设项目后评估的概念及意义

建设项目后评估是指在项目建成投产或投入使用后的一定时刻，对项目的运行进行全面的评价，即对投资项目的实际费用和效益进行系统的分析评价，将项目决策时的预期效果与项目实施后的终期实际效果进行全面对比考核，对建设项目投资的经济、技术、社会及环保等方面的效益与影响进行全面科学的评估。以检验项目的前评估理论和方法是否合理、决策是否科学，从中总结经验，吸取教训，及时反馈到新的决策中去，为今后同类项目的评估和决策提供分析依据，从而提高可行性研究及项目决策的科学性，保证项目投资效益的实现。

2. 建设项目后评估的内容

(1) 目标评估。通过项目实际产生的一些经济及技术指标与项目决策时确定的目标进行比较，检查项目是否达到了预期目标或达到目标的程度，从而判断项目是否投资成功。

(2) 执行情况评估。对设计、施工、资金使用、设备使用、设备采购、竣工验收和生产准备进行评估，找出偏离预期目标的原因，并提出对策，提高项目的建设水平。

(3) 成本效益评估。通过分析成本构成，进行财务评价，判定项目的成本与效益。

(4) 影响评估。对项目建成投产后对国家、项目所在地区的社会经济发展、生态环境所产生的实际影响进行的评估，据此判定项目的决策宗旨是否实现。

(5) 持续性评估。对项目未来的发展趋势进行科学的分析和预测。

3. 建设项目后评估的程序

项目的后评估都有一个循序渐进的过程：

(1) 明确项目后评估的具体对象、评价目的及具体要求。

(2) 组建一个评估领导小组，制订一个周详的项目后评估计划。

(3) 制订详细调查提纲，确定调查对象和方法，开展调查，收集后评估所需要的各种资料和数据。

(4) 根据后评估内容，采用定量分析和定性分析方法，发现问题，提出改进措施。

(5) 编制项目后评估报告，将分析研究的成果汇总，并提交委托单位或被评估的单位。

4. 建设项目后评估的方法

建设项目后评估是运用控制论的基本原理，通过项目实际实施结果与预期结果的对比，寻找项目实施中存在的偏差，通过对偏差因素的分析，及时采取相应控制措施，以保证项目投资实现预期的目标。

后评估中，通常是设置一些具体的指标，如项目前期和实施阶段的后评估指标，项目营运阶段的后评估指标，通过对这些具体指标的计算和对比，求出项目实际运行情况与预计情况的偏差和偏离程度，对其进行分析，采用具有针对性的解决方案，保证项目的正常运营。

关键概念　工程造价管理　工程造价控制　全面工程造价管理　限额设计　建设工程施工发包承包价格　招标控制价　投标报价　工程变更　工程索赔　竣工验收

习　　题

7.1　简述工程造价的动态控制原理。

7.2　影响投资估算的主要因素有哪些?

7.3　为什么说限额设计是设计阶段控制工程造价的主要措施?

7.4　限额设计的目标是什么?

7.5　工程合同价有哪几种? 如何选择合同类型?

7.6　如何编制招标控制价?

7.7　如何编制投标报价?

7.8　投标报价的技巧有哪些?

7.9　简述工程变更对造价的影响。

7.10　施工索赔的费用由哪些费用组成?

7.11　如何用实际费用法计算索赔费用?

7.12　竣工验收阶段工程造价管埋包括哪些内容?

第八章 工程造价审查

学习要点

本章主要介绍了工程造价审查，包括工程项目投资估算审查、设计概算审查、施工图预算审查、工程量清单计价的审查和工程结算与竣工决算审查5部分内容。通过本章的学习，要求了解工程造价审查的概念、意义、作用、特点和方式；了解投资估算审查、设计概算审查、施工图预算审查、工程量清单审查、工程结算与竣工决算审查的概念；掌握投资估算审查、设计概算审查、施工图预算审查、工程量清单审查、工程结算与竣工决算审查的内容和方法；掌握设计概算审查和施工图预算审查的步骤。

第一节 概 述

一、工程造价审查的基本概念

工程造价审查是指对工程造价形成的各阶段价格进行全面系统的检查、校正、复核的过程，并纠正在工程造价确定时出现的某些偏差、错误和问题，使工程造价的确定及构成更加确切、合理、合法。同时也是对工程项目投资活动的真实性、合理性、合法性及工程造价构成的正确性、编制与确定的合法性与有效性进行的全面监督和评价活动。

建设工程计价是按工程建设程序分阶段多次计算确定，逐步深化、细化以接近实际造价，最终通过竣工决算确定下来的一个动态过程，上阶段确定的造价值是下阶段确定的造价值的控制目标。各阶段工程造价值的编制及确定是必须掌握的工程造价技术，而对每一次计价及确定的正确性、合理性、合法性、有效性的判断则必须通过造价审查作出结论，这也是工程造价计价、确定、管理等造价技术的组成部分。

二、工程造价审查的意义及作用

审查是一种独立、间接、依法进行的监督和评价活动，是社会经济发展到一定阶段的产物，是经济管理职能的分解（即生产资料所有者、管理者及其代理人的分解）。在工程造价的管理上，更需要专门人员从事工程造价的监督与控制活动或聘请社会中介机构来从事工程造价的审查，使其成为工程造价管理的组成部分。它涉及建设项目全过程各方面的内容，有利于从源头上预防不正之风、控制工程造价、降低工程成本、提高投资效益。

因此，工程造价审查具有如下重要意义。

1. 工程造价审查是建立社会主义市场经济的需要

在固定资产投资过程中，业主的主要目标是在满足工程项目质量和功能要求的前提下，降低工程造价；而承包商所关注的是其利润最大化，这就构成了市场经济的价格矛盾。从建立市场经济的约束机制出发，需要通过第三方对其造价进行公正、合法的确认。通过工程造价审查，有利于促进招投标市场的规范化，减少甚至杜绝招投标市场上不规范现象的发生。

2. 对工程造价进行审查，有利于增强项目决策的正确性，提高投资效益

通过对投资项目估算的审查，为项目的财务分析和经济评价提供正确的投资估算额，为投资者的科学决策提供重要依据。

3. 工程造价审查是投资者进行投资控制的重要环节

就内部投资管理约束机制而言，需要建立各阶段工程造价的审查制度，从而编制和确定出切实可行的工程投资计划，作为控制投资的阶段目标，指导整个投资活动。

4. 对工程造价进行审查能够促进国家有关工程造价的政策、法规的贯彻执行

工程造价审查也是贯彻落实国家在工程建设领域出台的法律、法规及政策、文件，促使技术进步的重要手段。

三、工程造价审查的特点

工程造价审查的主要特点表现为依法性、独立性和间接性。

（1）依法性。审查工作只能按照委托审查方的意愿和规范进行，即审查工作既要按委托合同的要求进行，也要严格地执行国家相关法律和法规，维护工程造价管理工作健康、有序地发展，提高工程造价管理水平。

（2）独立性。从事审查工作的人员和机构是专职的，只对委托审查的人或机构负责，不受其他任何行政机构、社会团体和个人的干涉。

（3）间接性。体现在审查工作与直接管理工作的区别。直接管理工作是在投资主体内部，监督机构对直接从事工程造价管理工作者的再监督以及上级业务领导对下属工作人员在工程造价管理方面的监督和评价工作。而审查工作是指投资主体委托社会中介机构进行的第三方监督，而这种第三方监督具有间接性。

四、工程造价审查的方式

根据固定资产投资项目每一阶段的特点不同、工作难点和要求的深度不同、工程规模的大小不同，工程造价审查有如下几种审查方式。

1. 单审

由项目主管部门、建设单位、设计单位、施工单位、工程造价咨询机构等分别进行的审查。这种方式比较灵活，不受协作关系复杂的限制，适用于施工图预算阶段，招标投标阶段、竣工结算阶段的审查，也可用于一般建设项目的投资估算阶段和设计概算阶段的审查。

2. 分头审

由项目主管部门组织建设项目所涉及的各部门单位，分头审查建设项目中的部分内容，定期共同确定工程造价的审查。这种方式比较适用于时间紧、要求急的工程项目，并且主要用于中、小型建设项目投资估算阶段、设计概算阶段、竣工决算阶段工程造价的审查。

3. 会审

由项目主管部门组织建设单位、设计单位、施工单位、工程造价咨询机构等共同组成审查小组，审查中可充分展开讨论。这种方式比较适用于质量要求高、时间紧的重点工程项目，并且主要用于建设项目投资估算阶段、设计概算阶段和竣工决算阶段工程造价的审查。

第二节 建设项目投资估算审查

投资估算审查是对建设项目在项目建议书和可行性研究阶段所确定的投资估算额进行的

审查，投资估算一经批准，即为建设项目投资的最高限额，一般情况不得随意突破。通过审查投资估算的估算方法、编制依据、投资估算额是否确切，为项目的财务评价和经济分析提供正确的投资依据，从而保证项目决策的科学性及正确性。

一、工程项目投资估算的划分与审查的关系

投资估算是指在整个投资决策过程中，依据现有的资料和一定的估算方法，对工程项目的投资数额进行估计。在项目建议书阶段可以对投资额进行毛估、粗估、初步估算，而在项目可行性研究阶段对投资额进行控制估算。

1. 毛估

毛估是以假设的工程项目为依据而进行的投资估算，其结果不能用来肯定或否定一个项目，只能用来判断一个项目从经济性方面考虑是否值得进一步研究，属于投资机会研究。由于其估算误差很大，有时达到±30%，故审查时不作为重点，但可选用多种估算方法并结合项目所在行业特性进行多方案比选，为下一步估算选择适当的估算方法做好准备。

2. 粗估

粗估是以一个概念性项目为依据而进行的投资估算，又称研究性估算。它是在选定了投资机会以后，进行再研究时做的估算，属于更具体的投资机会研究。可以用来判断一个项目从经济性方面考虑是否可行，指导进一步的研究。由于它难以满足工程概算的要求，其估算误差一般在±30%以内，可据此编制项目建议书，申请项目立项。故在审查时，对投资估算方法进一步确定，对估算所依据的资料、条件进一步明确。

3. 初步估算

初步估算是依据概念性项目和未来可能的建设装备条件编制的，是在投资机会研究的基础上，进一步弄清项目的投资规模、原材料来源、工艺技术以及建设地点、组织机构、建设进度、环境保护等情况，进行经济效益评价，判断项目的可行性并作出的初步投资估算，属于初步可行性研究阶段。由于可行性论证比较充分，估算资料充足，条件也更加明确，其估算误差一般在±20%以内，有时可以达到概算水平。故在审查时，对估算的方法、条件、依据进一步确定。

4. 控制估算

控制估算是经过详细可行性研究，证明项目可行，决策最佳方案，在工程项目设计之前，为便于对设计概算进行控制所作的估算，故又称为确定性估算，它是毛估、粗估、初步估算的继续。可以据此进行项目筹资和做出进行设计、施工的决定，其估算误差应控制在±10%以内。故在投资估算审查时应把控制估算作为重点进行审查。

上述针对控制估算的审查就是本书所称的投资估算审查，但是没有哪一个投资项目是完全按照上述估算模式按部就班进行的。对投资估算审查主要是为工程项目正确决策提供依据，为后续各阶段造价管理提供正确的控制总目标。

二、投资估算审查的内容

1. 审查投资估算的编制依据

投资估算所采用的依据必须具有合法性、有效性、时效性和准确性。

(1) 合法性。投资估算所采用的各种编制依据必须经过国家和主管部门的批准，符合国家有关编制政策规定，未经批准的不能采用。

(2) 有效性。各种编制依据都应根据国家有关部门的现行规定进行，不能脱离现行的国家各种财务规定去做投资估算，如有新的管理规定和办法应按新的规定和办法执行，投资估算的编制要满足《建设项目工程估算编审规程》中的相关规定。

（3）时效性和准确性。项目投资估算所需的数据资料很多，例如已运行的同类型项目的投资、设备和材料价格、运杂费率、有关的定额、指标、标准以及有关规定等，这些资料都与时间有密切关系，都可能随时间发生不同程度的变化。因此，进行投资估算审查时必须注意数据的时效性和准确性。

2. 审查投资估算的构成内容

根据工程造价的构成，建设项目投资估算包括固定资产投资估算和铺底流动资金估算。

（1）固定资产投资。固定资产是动态的，因为它是由工程项目静态投资和动态投资组成。工程项目静态投资是项目的建筑安装工程费用、设备及工器具购置费用、其他费用、基本预备费等；动态投资是指建设期贷款利息、汇率变动部分、国家批准的其他税费以及涨价预备费（建设期间价格变动引起的投资增加额）等。

（2）铺底流动资金。铺底流动资金是指项目投产后所需的流动资金的30%。根据国家现行规定要求，新建、扩建和技术改造项目，必须将项目建成后所需的铺底流动资金列入投资计划，否则国家不予批准立项，银行不予批准贷款。如有进口原材料、辅助材料、备品备件的项目，还应估算流动资金的所用外汇量。

据此审查项目投资估算内容的完整性，对构成的合理性做出评价和调整。

3. 审查投资估算的方法和计算的正确性

工程项目的投资估算方法分静态估算方法和动态估算方法，并且根据投资项目的特点、行业类别可选用的具体方法很多。审查投资估算时，应对投资估算采用的方法所适用条件、范围、计算深度是否正确进行评价；对投资估算采用的工作量，设备、材料和价格等是否正确合理进行评价；对投资比例是否合理，费用或费率是否漏项少算，是否有意压价或高估冒算，提高标准的情况发生进行评价；必须进口的国外设备的数量是否经过核实，价格是否合理，是否考虑汇率、税金、利息、物价上涨指数等因素及投资是否打足等进行评价。

三、投资估算审查的方法

投资估算审查方法的选用，应根据估算的精度要求进行，因为投资估算的正确与否对项目财务评价和经济分析有着至关重要的影响，同时又对下一阶段的设计概算起到控制作用。国家规定，投资估算与初步设计阶段概算比较，不应大于10%，否则项目应重新报批。因此，在投资估算审查时应按投资估算的内容要求，进行全面审查，针对每项内容的特点可具体采用对比分析和查询核实等方法，要在分析具体原因之后进行费用的调整。凡需调整投资估算的，应提出《投资估算审查调整对比表》，并逐项说明投资增减的原因，提出调整投资内容，减少初期投入的意见和措施等。具体方法详见下例。

【例 8-1】 某新建化工项目投资估算审查。

背景资料：某新建化工项目采用新工艺，拟生产国内市场急需的某特种橡胶材料，计划年产量 15 万吨。此项目属扩建工程，建在原有厂区内，故不需要新征土地，没有大量土方工程，并可利用原厂区公用工程和辅助设施，而厂区已与一条专用铁路，一条高等级公路相通，原材料、燃料和动力供应充足。

根据可行性研究报告，该项目计算期 16 年，其中建设期 3 年，投产期 3 年。项目投资估算 17 445.75 万元（含外汇 708.77 万美元），财务内部收益率为 14.76%，项目财务效益证明经济上的可行，而财务不确定分析表明，项目具有一定的投资风险，项目社会效益较好，环境评估可行。

采用会审方式组织专家评审，经专家审查对比，核实情况如下：

1. 投资估算编制依据审查

专家审查组对投资估算的编制依据进行了详细鉴定分析，认为该项目选取投资估算定额和税费符合规定，引进设备价格是按类似工程估算；国内设备、材料价格按中国石化总公司《工程建设设备材料统一基价》、《机械产品目录》、产品样本等选用，每年按6%的涨价系数换算到报告编制年份；安装工程根据中石化文件《石油化工安装工程概算指标》及类似工程的指标对比估算；外汇汇率、关税、增值税和海关费等经核实基本按现行规定和当前情况估算；固定资产方向调节税根据当时国家规定：特种橡胶和大中型合成橡胶税率按零税率计算等。其投资估算编制依据经审查，认为合法、有效。

2. 投资估算编制内容和方法的审查

专家审查组经过对投资估算编制内容和方法的审查，认为投资估算内容编制比较完整，静态估算选用方法合理，计算正确无误；动态估算选用方法合理，基本预备费和建设期涨价预备费均按可行性研究投资估算费用计列基本正确，建设期利息计算正确，税费计算基本正确。因此，不存在有意压价或高估冒算。

现需要调整的主要内容：

(1) 国外引进部分。

1) 专家组审查认为软件费用偏高，审减58.77万元；

2) 引进设备的关税和增值税偏低，应增加470.63万元。

(2) 国内部分。

原可行性研究报告中投资估算没有考虑污水处理厂改造费用200万元，审查后认为应补充进来。

(3) 预备费。

基本预备费可不作考虑，但是涨价预备费应做如下调整：

1) 原可行性研究报告中没有考虑到外汇汇率的变化，审查调整为1568.21万元（含外汇85.05万美元），增加156万元；

2) 设备、材料价差相应调整53.65万美元。

(4) 由于固定资产投资调整，增加807.64万元的贷款，建设期利息由原来的1644.11万元（含外汇98.27万美元），调整为1745.71万元（含外汇107.13万美元）。

根据上述投资估算调整，审查该项目固定资产投资总额为17 844.71万元（含外汇802.68万美元），比原来可行性研究报告固定资产投资额增加909.24万元（含外汇88.05万美元）。

3. 铺底流动资金审查

可行性研究报告中的流动资金占用额是按2个月工厂成本计算（扩大指标法）。本项目根据调整后的工厂成本重新计算流动资金占用额为1750.67万元，比可行性研究报告增加49.75万元。由于生产工厂用的原料和辅助材料绝大部分是公司内部供应，审查认为要做好产供销的管理。流动资金估算是正确的，则铺底流动资金由510.28万元，调整至525.20万元。

4. 工程项目投资估算审查

审查后工程项目投资估算总额 18 369.91 万元（含外汇 802.68 美元），比项目可行性研究报告总投资增加 924.16 万元，其中固定资产投资增加 909.24 万元，铺底流动资金增加 14.92 万元。《投资估算审查调整对比表》见表 8-1。

表 8-1　投资估算审查调整对比表

工程名称：　　建设项目　　单位：人民币　　万元；外币　　万美元

序号	主项号	工程或费用名称	原可行性报告估算值		审查后估算值		审查增减值	备注
			人民币合计	含外汇	人民币合计	含外汇		
一		工程费用						
	(一)	国外引进部分	5664.27	602.00	6076.13	602.00	411.86	
	1	软件费	2997.47	318.58	2938.70	318.58	−58.77	
	2	设备费	2666.80	283.42	3137.43	283.42	470.63	
	(二)	国内部分	5962.36		6160.96		198.60	
	1	主体工程	5545.47		5545.47			
	2	配套工程	285.05		285.01			
	3	污水厂改造			200.00		200.00	
	4	拆除工程	125.00		125.00			
	5	工具生产家具购置	6.84		5.44		−1.40	
		小计	11 626.63	602.00	12 237.09	602.00	610.46	
二		其他费用						
	1	土地征用费						
	2	勘察设计费	300.00		300.00			
	3	其他	485.32	8.50	472.85	8.50		
		小计	785.32	8.50	77 285	8.50	−12.47	
三		预备费						
	(一)	基本预备费						
	(二)	涨价预备费						
	1	汇率调整	1412.21		1568.21	85.05	156.00	
	2	价差调整	1467.20		1520.85		53.65	
四		投资方向调节税						
五		建设期利息	1644.11	98.27	1745.71	107.13	101.60	
		固定资产投资总额	16 935.47	708.77	17 844.71	802.68	909.24	
六		辅导流动资金						
	1	流动资金	(1700.92)		(1750.67)		(49.75)	
	2	铺底流动资金	510.28		525.20		14.92	
		工程项目投资总额	17 445.75	708.77	18 369.91	802.68	924.16	

第三节 设计概算审查

设计概算审查就是对在初步设计阶段或扩大初步设计阶段所确定的工程造价进行的审查。可行性报告中的投资估算是整个项目投资控制的主要依据，故设计概算应在投资估算的控制范围之内进行。

一、设计概算审查的意义

1. 设计概算审查是工程项目投资管理的一个重要环节

设计单位在编制完成设计概算后，首先在内部进行初步审查，然后再按规定的报批权限，在设计文件报批的同时报批概算文件，批准后的设计概算不能任意修改突破，如必须突破，增加投资，需申请原批准单位重新审批。

2. 设计概算审查有助于提高工程项目的投资效益

经审查的设计概算为工程项目投资的落实和下阶段推行限额设计和编制施工图预算提供了依据，有助于提高工程项目的投资效益。

3. 设计概算审查既是投资估算贯彻执行的手段，也是投资控制的手段

通过对工程项目的投资规模核定，判定设计概算是否符合投资估算的控制原则，使工程项目总投资做到准确、完整，为工程项目投资管理提供技术支持。另外，也可避免故意压低概算投资，搞“钓鱼”项目，最后导致实际造价大幅度突破概算。

4. 设计概算审查能促使设计概算编制更加完善准确

设计概算审查，可以促使概算编制单位或人员提高业务水平，严格执行国家有关工程概算编制的相关规定和政策要求，从而提高概算编制的质量，使其更加完善准确。

5. 设计概算审查有助于合理确定和有效控制工程造价

设计概算与经过审查批准的投资估算相比较，其误差应控制在合理的范围内，其偏高或偏低，不仅会影响工程造价的控制，也会影响项目投资计划管理及资金的合理分配。

6. 设计概算审查有助于促进设计水平的提高

设计概算中的技术经济指标，是设计方案的技术性与经济性的综合反映。通过对这些指标的分析比较，可判定设计方案是否技术先进、经济合理，促进设计人员业务水平的提高。

二、设计概算审查的内容

1. 审查设计概算的编制依据

(1) 审查编制依据的合法性。设计概算采用的各种编制依据必须经过国家或授权机关的批准，设计概算所使用的概算定额、概算指标、费用定额及信息价格等应符合相关规定。不能以各种借口、理由擅自提高或缩小这些标准，以扩大投资规模或预留缺口。

(2) 审查编制依据的时效性。各种依据（如定额、指标、取费标准等）都应根据国家有关部门的现行规定进行，注意有无调整和新的规定。

(3) 审查编制依据的适用范围。各种编制依据都有规定的适用范围，应注意判定编制概算所套用的定额、指标、费率、税率等是否适用，定额与取费之间是否配套，有无定额采用中央各主管部门的，而取费又套用地方的，两者应当统一。

(4) 审查扩大的初步设计是否完成，是否满足要求。

2. 审查设计概算的编制深度

(1) 审查编制说明。审查编制说明可以检查设计概算的编制方法、深度和编制依据等重大原则问题，若编制说明出现问题和差错，则可判定具体概算结果一定有问题和差错。

(2) 审查概算编制的完整性。重点审查编制深度能否达到国家要求、概算文件是否完整。一般大中型项目的设计概算，应有完整的编制说明和“三级概算”，即总概算表、单项工程综合概算表、单位工程概算表。

(3) 审查概算的编制范围。审查概算编制范围及其具体内容是否与主管部门批准的工程项目范围及具体内容一致；审查分期建设项目的建设范围及具体工程内容有无重复交叉，是否重复计算或漏算；审查是否同时安排了“三废”治理和绿化项目及其投资；审查概算有无弄虚作假，多要投资或预留缺口现象；审查静态投资、动态投资和经营性项目铺底流动资金是否分别列出等。

(4) 审查设计概算资料的完整性。建设项目设计总概算文件一般应包括编制说明、总概算表、其他费用表、各单项工程综合概算表、单位工程概算表、单位设备安装工程概算表、补充单位估价表。独立装订成册的总概算文件宜加封面、签署页（扉页）和目录。检查设计概算资料是否包括了上述各部分。

3. 审查设计概算的编制内容

(1) 审查概算的编制是否符合编制依据的要求，是否根据工程项目所在地的自然条件进行编制。

(2) 审查建设规模、标准。审查投资规模、建筑面积、生产能力、用地标准、设计标准、主要设备、配套工程、设计定员等是否符合原批准的可行性研究报告或立项批文的标准。对概算总投资超过原批准投资估算10%以上的，应进一步审查超估算的原因，并重新上报审批。

(3) 审查编制方法，计价依据和程序是否符合现行规定，包括定额指标的适用范围和调整方法是否正确。进行定额或指标的补充时，要求补充定额或指标的项目划分、内容组成、编制原则等要与现行的规定相一致。

(4) 审查设备规格、数量和配置。设备购置费占建设项目投资很大比重，如工业建设项目中设备投资一般占总投资的30%～50%，故要认真审查。审查设备数量、品种、规格、性能、效率配置是否符合设计要求，是否与生产规模一致；审查设备材质、自动化程度有无提高标准；审查引进设备是否配套、合理；审查备用设备是否适当，消防、环保设备是否计算等。

1) 审查时应注意的问题。一是所列设备投资是否符合设计文件要求，有无在设备清单之外多列设备投资，有无少列漏列设备投资，有无满足不了设计要求的情况；二是设备原料和运杂费的确定是否准确；三是工器具购置计划的基数和选用的费率是否正确。

2) 重点审查设备价格是否合理，是否符合国家有关规定。审查标准设备原价和运杂费的计算方法是否正确，是否与国家规定价格相符，可参照各部委、地方有关的现行产品出厂价格表和调价信息进行。除审查价格的计算依据、估算方法外，还要分析研究影响非标准设备估价准确度的有关因素及价格变动规律。

审查非标准设备原价应根据设备所被管辖的范围，审查各级规定的统一价格标准。通常采用对比分析法，即选取一些类似的机械设备价格作参照，寻找出超常规的差异后，再延伸审查设备厂家的报价费用组成和计算方法是否合理、准确；审查在施工现场制造的非标准设备费用是否合理。

对于国外引进设备的原价，应根据设备费用各组成部分及国家设备进口、外汇管理、海关、税务等有关部门不同时期的规定进行。首先，要注意货价的确定是否合理，外汇牌价是否符合规定；其次，还应严格区别引进设备不同的价格结算形式，如离岸价、到岸价、成本加运费价等，它们之间的差异对设备原价的影响很大；再次，审查进口设备各项费用的组成及其计算程序、方法是否符合国家主管部门的规定。

3）审查计价指标。审查建筑安装工程采用工程所在地区的计价指标、价格指数和有关人工、材料、机械台班单价是否符合现行规定；审查引进设备安装费率或计取标准、部分行业设备安装费率是否按有关规定计算；后续调整系数是否符合文件要求。

（5）审查工程费。建筑安装工程的投资是随工程量的增加而增加，要认真审查其工程量。根据初步设计图纸、概算定额及工程量计算规则和施工组织设计的要求进行，利用专业设备材料表，建筑物、构筑物和总图运输一览表进行审查，有无多算、重算、漏算、少算，尤其对工程量大、造价高的项目要重点审查。它又分工程量审查、定额单价审查和总费用审查。

1）工程量审查。主要是审查扩大分项工程的工程量。一是审查工程量计算中各个工程及其组成部分的尺寸是否与初步设计图纸相符合；二是审查工程量的计算方法、程序是否与规定相符；三是审查同一结构中不同规模、不同形式、不同施工方法的分类是否与规定相符。

2）定额单价审查。主要是审查采用的单价是否正确，与定额或单位估价表所列内容是否一致；审查定额换算是否合理，因定额规定闭口的，不得任意换算，而允许换算的要审查是否按有关规定和资料换算；审查补充单价，如因定额缺项，需补充单价，要审查其编制原则、内容组成、项目划分是否与现行定额编制原则和依据相一致等。

3）审查材料用量和价格。审查主要材料的用量数据是否正确，材料预算价格是否符合工程所在地的价格水平，材料价差是否符合现行规定以及计算是否正确等。

4）审查建筑安装工程的各项费用的计取是否符合国家或地方有关部门的现行规定，计算程序、取费标准和总费用计算是否正确。

（6）审查工程建设的其他费用。这部分费用内容多、弹性大、约占项目总投资的25%以上，必须认真按国家和地区规定逐项审查，不属于总概算范围的费用项目不能列入概算。审查工程其他费用的列项是否齐全，计算基数是否准确，计算基数比例是否符合文件要求。

1）审查列入此项的有关费用计划是否合理。国家规定土地使用费、建设单位管理费、勘察设计和研究试验费、联合试运转和生产准备费、办公和生活家具购置费、引进技术和进口设备项目的其他费用、施工机构迁移费、临时设施费、工程监理费、造价咨询及招标代理费、工程保险费等费用属于工程其他费用，并对每项费用的计列范围进行严格的规定，审查时应着重审查。如建设单位管理费的计列，新建项目和改、扩建项目就有很大区别；联合试运转费不包括应由设备安装费用开支的试车费用，当试运转收入可以抵消和超出运转费用时，该项费用不得列入概算。

2）审查有无将部门或地方各种名目的集资，摊派款列入概算投资，这个问题在土地青苗补偿和安置补助费用中表现最为突出。

(7) 审查预备费、建设期贷款利息、铺底流动资金。审查设计概算预备费时，应注意：第一，预备费的计算比例是否合适；第二，预备费的计算基础是否正确，不同的行业的预备费的计算基数各不相同；第三，在审查概算其他内容时，发现问题应及时进行调整，以使预备费作相应调整；第四，考虑物价上涨因素。审查建设期贷款时，应注意国家现行贷款利率和外汇牌价。审查铺底流动资金时，应注意流动资金计算的审查。

(8) 审查综合概算、总概算的编制内容、方法是否符合现行规定和设计的要求，有无设计文件外项目，有无将非生产性项目以生产性项目列入。

(9) 审查总概算文件的组成内容，设计概算的内容是否与设计图纸一致，有无出现概算与图纸不符现象，是否完整地包括了工程项目从筹建到竣工投产为止的全部费用组成。

(10) 审查技术经济指标。根据本项目的规模、标准等基本情况，对比类似项目技术经济指标情况，分析投资经济效果，是否达到了技术上先进可靠、经济上合理的要求。

三、设计概算审查的步骤

根据工程性质、特点，对设计概算文件审查应在对其客观条件进行全面分析后决定审查方法。采用适当方法审查设计概算是确保审查质量、提高审查效率的关键。从前述概算审查内容的要求来看，其审查步骤如下：

(1) 形式上审查。在熟悉建设规模、设计能力、工艺流程、设计图纸说明、建设内容和有关技术经济指标的基础上，对设计概算的组成、编制依据和方法、所列工程项目及其费用构成、各概算表与设计文字说明的关系进行审查。

(2) 内容上的审查。根据前述设计概算审查内容，对单价、取费标准、工程量等进行全面审查和对比分析；利用概算定额或指标及有关技术经济指标，与设计概算对比分析；根据概算所列投资比例、建设条件、工程性质、结构类型、生产规模、占地面积、建筑面积、设备数量、工程造价等，选用国内外同类型的工程进行对比分析。

(3) 现场调查，进一步核查概算。带着经济对比分析中遇到的问题，如采用的单价、取费标准、工程量的计算是否与实际相符合等，有无扩大投资规模，预留缺口等，深入现场，调查研究。

(4) 处理概算中的问题。在审查概算中对遇到的一些新问题、新情况，要在找出差距的基础上，深入现场进行调查研究。弄清工程建设的内外条件，加以正确处理。

(5) 研究定案。对概算审查过程中发现的问题，应整理清楚，向上级主管部门报告，以便研究、定案。根据会审定案问题及时调整概算，并经原批准单位下达执行。

四、设计概算审查的方法

1. 对比分析法

这是一种能较快较好地判别设计概算的偏差程度和准确程度的方法，无论在形式审查或内容审查上都广泛使用。通过对建设规模、标准、设计能力与立项批复文件对比；工程数量、建设内容与设计文件对比；综合范围、内容与编制方法、规定对比；各项取费与规定标准对比；材料、人工单价与统一信息对比；引进投资与报价要求对比；技术经济指标与国内外同类型工程对比等，容易发现设计概算存在的主要问题和偏差，并对存在的问题和偏差按编制规定或对照图纸进行详细核算，慎重、公正地纠正偏差。

2. 查询核实法

对发现的问题和偏差如不能确定解决，应深入现场调查研究，进一步核实概算。这主要是对一些关键设备和设施、重要装置，引进工程图纸不全，难以核算的较大投资进行多方查询、调查研究、逐一核对的方法。如关键设备和设施的市场价向供应部门或招标公司查询落实；重要生产装置、设施向同类企业或项目查询核实；引进设备价格及有关税费向进出口公司调查落实；复杂的建筑安装工程向同类项目的建设、施工、监理单位征求意见；深入不够或不清的问题可直接同原概算编制人员、设计人员交流询问清楚。

五、设计概算审查的成果及其他问题

审查后，审查人应提交一份完整的审查报告，并对审查的组织形式和调整概算进行说明。

1. 审查报告要求

对在审查中发现的问题和偏差，应按照单项工程、单位工程的顺序目录用分类整理的方式提交审查报告。先按设备费、安装费、建筑费和工程建设其他费用分类整理；然后按静态投资、动态投资和铺底流动资金三大类，汇总核增或核减的项目及其投资额；最后将具体审核数据，按照“原编概算”、“审查结果”、“增减投资”、“增减幅度”四栏列表，并按原总概算表汇总顺序，将增减项目逐一列出，相应调整所属项目投资合计，再依次汇总审核后的总投资及增减投资额。

2. 审查组织形式

对于中、小型项目，一般选用单审、分头审的方式进行，这样可以节约大量人力、物力和时间，并能取得满意的效果，但对一些大型项目、特大型项目和全国重点项目一般选用会审的方式，又称联合会审法。联合会审前，可先采用多种形式的单审、分头审和会审，包括设计单位自审，主管部门、建设、承包单位初审，工程造价中介机构评审，邀约同行专家预审，审批部门复审等，经层层把关后，由有关单位和专家进行联合会审。在联合会审时，由设计单位概算编制人员介绍编制情况及有关问题，各有关单位、专家汇报初审，预审意见，然后进行认真分析、讨论，结合对各专业技术方案的审查意见所产生的投资增减，逐一核实原概算存在的问题和偏差。经过与会人员充分协商，认真听取设计单位意见后，实事求是地处理、纠正、调整这些问题和偏差。对于差错较多、问题较大或不能满足要求的，责成编制单位按联合会审意见修改返工后，重新报批；而对于无重大原则问题，深度基本满足要求，投资增减不多的，应当场核实概算投资额，并提交审批部门复核后，正式下达审批概算。

3. 调整概算的审查

调整是对原概算中不符合项目建设实际需要部分的修改和补充，故在进行调整概算审查时，应注意审查调整概算的合法性、合理性。一要审查调整概算的审批手续是否完整；二要审查调整概算范围的合理性，应对照投资包干协议和承发包合同及有关政策规定进行；三要结合建设期建设内容的增减变动，设备、材料的上下调整以及概算定额和取费标准的变化审查调整的准确性。

【例 8-2】 某国家重点项目设计概况审查。

背景资料：某国家重点建设项目，经审查小组专家评审、核实，发现项目建设投资管理不严，设计概算多列，问题十分严重。特别是设计概算高估冒算情况突出，共涉及违纪金额 21 452.7 万元人民币。审查情况如下：

(1) 概算多计引进设备外汇兑换差 19 668.9 万元。

项目引进设备应计概算投资 75 600 万元。按当时我国政府规定：中国银行仍按 1 外币折合 1.2 元人民币的固定比价与用户结算，差额按实际亏损由财政部补贴给经贸部计算而得，但是建设项目上级有关部门却批准按 1 外币折合 1.277 元人民币计算进口投资，如此则计为 76 904.1 万元，多计取 1304.1 万元。除此之外，还在概算中另列外汇兑换差 18 364.8 万元，两项共计概算 19 668.9 万元。

（2）多计预备费 648 万元。

根据当时《某工业项目基本建设引进设备概预算编制办法》应列预备费 6382.8 万元，但本项目实际却列 7030.8 万元，多计列 648 万元。

（3）在概算总投资中，漏列应冲减的设备包装费残值回收金，形成多列设计概算 120 万元。

（4）在概算中重复计算利润，故多计取利润 1015.8 万元。

第四节 施工图预算审查

施工图预算审查是对施工图设计阶段所确定的工程造价进行的审查。施工图预算是设计概算的进一步具体化，它既受设计概算的控制，又是下阶段造价控制的依据。因此，施工图预算编制完成后，需要认真进行审查。

一、施工图预算审查的意义

1. 施工图预算审查有利于正确贯彻执行国家工程建设投资管理制度

加强施工图预算的审查，有助于提高预算造价的准确性，以利于国家或业主对工程项目建设投资规模的控制和管理，是正确贯彻执行国家有关方针政策的重要环节。

2. 施工图预算审查有利于工程造价的控制

施工图预算造价是项目造价控制中的重要环节，它既要受设计概算的控制，是设计概算进一步具体化和深入化，又要起到控制下一阶段工程项目实施的施工承包合同价的作用，另外，加强施工图预算审查可以促使建设单位树立经济观念，降低工程成本、节约建设资金。

3. 施工图预算审查有利于施工承包合同价的合理确定和控制

经审查的施工图预算，对于招标工程，它是编制招标控制价的依据；对不宜招标工程，它是合同价款结算的基础，因此，对施工承包企业编制的施工图预算的审查，是合理确定合同价的有效措施。施工图预算既要受设计概算的控制，又要起到控制下一阶段工程项目实施的施工承包合同价的作用，因此，施工图预算造价一方面要防止超越设计概算，另一方面又必须控制得住施工承包合同价。

4. 施工图预算审查有利于积累和分析各项技术经济投标，促使设计人员树立经济观念，不断提高设计水平

通过审查施工图预算，为积累和分析技术经济指标提供了准确依据，通过有关技术经济指标的比较分析，找出设计中的薄弱环节，以便及时改进设计，不断提高设计水平。

二、施工图预算审查的内容

施工图预算审查的重点，应放在工程量的计算与设备材料价格取定是否正确，各项应计取费用标准是否符合现行有关规定等方面。其次，应按施工图预算构成费用，审查是否有增项或漏项情况，汇总计算是否正确等。

（1）审查工程量。

工程量的审查是施工图预算审查中工作量最大、且烦琐的工作，需要审查人员熟悉掌握工程量的计算规则和设计施工图纸，熟悉各分部分项工程的施工技术和施工组织，耐心细致地核算工程量的计算方法和结果。有时为减轻审查工作量，可先行对一些容易出现问题的分项工程进行抽查，如没有发现较大的问题，则可认为工程量的计算基本正确；如出现较大的问题或出问题的数量较多，则应一一列项进行审查。

容易出现问题的分项工程一般有：工程量计算规则容易混淆的分项工程；定额项目综合工程内容较多的分项工程；使用范围有限制的分项工程；需要现场核实的分项工程；结构复杂和价值大的分项工程。具体审查应注意的内容有：

1）建筑面积。建筑面积是工程量的主要指标，是计算单位工程每平方米造价的主要依据，对建筑面积工程量的审查，必须以现行的《建筑工程建筑面积计算规则》为准。

①建筑面积计算方法的审查应注意其计算是否正确，是否符合建筑工程建筑面积计算规范的规定和要求。

②建筑面积审查中应区分计算建筑面积的范围与不计算建筑面积的范围，有无混淆。

2）土方工程。

①平整场地、挖基槽、挖基坑、挖土方工程量的计算是否符合现行定额计算规定。其土体类别、土方边坡、土壁支护是否与勘察、设计要求一致，土方开挖方式及运输方式是否与施工组织设计一致，有无重算和漏算。

②回填土方应注意基槽、基坑回填土的体积是否扣除了基础所占体积，地面和室内填土的有效厚度和土料选用是否符合设计要求，回填施工方法是否符合施工方案的要求。

③运送土方的审查除了注意运土距离外，还要注意运土数量是否扣除了就地回填的土方，外购土方是否符合施工组织设计要求。

3）桩基础工程。

①各种不同的桩料必须分别计算，施工方法必须符合设计的要求。

②桩料长度必须符合设计要求，对接桩审查时，注意审查接头数是否正确。

③对打试桩、送桩等现场实际是否考虑。

4）砌筑工程。

①墙基和墙身的划分、柱基和柱身的划分，是否符合定额规定。

②不同厚度的内、外墙是否按规定划分计算，墙高度的计算是否符合规定要求，门窗洞口及埋入墙体的各种钢筋混凝土梁、柱等是否已扣除。

③不同强度等级砂浆的墙体和定额规定按立方米或平方米计算的墙，有无混淆、错算或漏算。

5）混凝土与钢筋混凝土工程。

①现浇与预制混凝土及预应力混凝土构件是否分别计算，有无混淆。

②现浇柱与梁、主梁与次梁、有梁板与无梁板的柱高及各种构件长度计算是否符合定额规定，有无重算或漏算。

③有筋与无筋构件是否按设计规定分别计算，有无混淆。

④钢筋工程量计算中，构造筋、分布筋、弯钩增加长度等有无漏算、重算。

⑤钢筋混凝土的含钢量与预算定额的含钢量发生差异时，是否按规定予以增减调整。

⑥模板工程量中定额规定按平方米或立方米计算的，有无混淆、错算。

6）门窗及木结构工程量。

①门窗是否分不同种类及框断面，按门窗洞口面积计算或樘数计算。卷闸门的计算是否符合规定。

②木装修的工程量是否按规定分别以延长米或平方米计算。

③木结构的工程量计算是否符合规定。

7）楼地面工程。

①楼梯、台阶的面层是否按水平投影面积计算。

②垫层、找平层、整体面层、块料面层计算是否符合规定。

③散水坡、防滑坡道、防滑条、明沟、踢脚板、栏杆、扶手的计算单位是否符合规定。

④细石混凝土，水泥砂浆的设计强度等级和厚度与定额强度等级和厚度不相同时，是否按定额规定进行换算。

8）屋面及防水工程。

①卷材屋面工程是否与屋面找平层工程量相等，是否考虑反边面积的计算。

②屋面保温层的工程量是否按屋面层的建筑面积乘以保温层平均厚度计算，不做保温层的挑檐部分是否按规定不作计算。

③平面与立面相接处防水层是否按规定划分平面防水与立面防水。

④防水层中“二布三涂”或“三布六涂”中的“三涂”、“六涂”是指涂料构成防水层的层数，而非指涂料的遍数，审查中应注意。

⑤分清刚性防水及柔性防水，刚性防水层中钢筋是否漏算。

9）构筑物工程。

①当烟囱和水塔定额是以座编制时，地下部分已包括在定额内，按规定不能再行计算。审查是否符合要求、有无重算。

②当烟囱和水塔定额基础和筒身分开编制时，基础和筒身的划分是否符合定额规定。

10）装饰工程。

①内墙面抹灰工程量是否按墙面的净高度和净宽计算，有无重算或漏算。

②外墙面、顶棚抹灰及油漆、涂料、裱糊工程量计算是否符合定额规定，注意其计算单位是否与定额规定单位相符。

11）金属构件制作工程。

①金属构件制作工程量多数按图示尺寸以吨为单位计算。审查时注意切边的重量、焊条、铆钉、螺栓等重量均已包括在定额内，不得另行计算。

②金属构件在计算时，型钢按图示尺寸求出长度，再乘以每延长米的重量；钢板要求算出面积再乘以每平方米的重量，审查是否符合规定。

③不规则或多边形钢板面积时，均按最大对角线与最大宽度的乘积所得矩形面积计算，审查是否符合规定。

12）构件运输及安装工程量。

①预制构件、各类砌块、钢结构构件、各类门窗的运输工程量计算单位及构件运输类别的划分是否符合定额规定。

②各类构件运输定额已综合考虑道路情况，不得因道路条件不同而修改定额，除非发生道路加固、拓宽等原因需另行处理。

③各类构件安装应按已审批的施工方案进行定额调整，一般采用原定额乘以调整系数的方法计算，审查是否符合定额规定。

13）脚手架及垂直运输工程量。

①砌筑脚手架、现浇钢筋混凝土脚手架、装饰脚手架、其他用途脚手架的工程量计算是否符合定额规定，有无混淆、重算或漏算。审查时应注意满堂脚手架、围墙脚手架、独立柱脚手架的计算及脚手架材质的选择。

②垂直运输是按费用形式计人，应区分不同建筑物结构类型及高度，按建筑面积以平方米计算，审查是否符合定额规定。

③建筑物超高降效费用审查。建筑物超高一般引起人工、机械效率降低，从而增加人工费和机械费以及施工用水加压费，定额中一般采用降效率指数计算增加的费用，审查是否符合定额规定。

（2）审查设备、材料的价格。

设备、材料价格在施工图预算造价中占比重最大，并且价格弹性也最大，因此必须重点审查，逐一核实。

1）审查设备、材料的价格是否符合工程项目所在地的真实价格水平。如果采用市场价，应核实其合法性、真实性、可靠性；若是采用主管部门公布的信息价时，要注意其公布时间、地点、适应范围是否符合要求，且判定是否需要按规定进行调整。

2）审查设备、材料的原价确定方法是否正确，进口设备、材料更应注意其原价的确定与有关规定是否相符。非标准设备的原价确定时应注意其计价依据、方法是否合理，计算是否正确。

3）审查设备运杂费的计算是否正确，材料价格的各项费用的计算是否正确。

（3）审查预算单价的套用。

审查预算单价套用是否正确，也是施工图预算审查工作的主要内容之一。审查时应注意以下几个方面：

1）预算中所列各分项工程预算单价是否与现行定额的预算单价相符，其名称、规格、计量单位和所包括的工程内容是否一致。

可以直接套用定额预算单价的分项工程应满足如下条件：

一个单位工程的分项或子项工程根据施工图的要求在定额中查到后，如果与定额中的相应分项或子项的名称、工程内容、工作内容完全相同，或者虽然有些不同，但定额不允许换算时，都可以直接套用定额中的预算单价，作为计算每一相应分项或子项工程合价的依据。在定额中，绝大多数分项或子项工程的定额单价可以直接套用。其审查方法和内容如下：

①定额的相应目录中，找出相应的分部分项工程的名称和所在的页数。

②在定额的相应页数找出相应分项或子项工程名称，并按照施工图的要求与定额规定的工程内容、工作内容、计量单位及规格相比较，当完全或基本一致时，则可直接套用这个分项或子项的定额单价。

③确定所套用的定额单价、定额编号、计量单位以及人工费、材料费、机械费是否完整地、正确地反映在预算表的相应栏目中。

2）审查换算单价。首先要审查换算的分项或子项工程量是否是定额中允许换算的，其次审查换算方法和计算是否正确。

定额单价换算是指把定额中规定的内容与施工图要求的内容不一致的部分，进行调整，取得相一致的过程。通常允许换算的内容多为砂浆、混凝土、木门窗框断面等，审查时应按定额规定执行。其审查方法和内容为：

①砂浆、混凝土强度等级价差换算。

$$换算后的定额单价=原定额单价\pm(应换出半成品单价-应换入半成品单价)\times 该半成品定额数量 \tag{8-1}$$

②砂浆、混凝土厚度价差换算。

$$换算后的预算单价=定额单价\pm[(相应材料定额用量/相应材料定额厚度)\times 增减厚度]\times 相应材料单价 \tag{8-2}$$

3）审查补充定额和单位估价表的编制是否符合编制原则、是否正确。

补充定额和单位估价表，是确定工程预算造价时，对预算定额中缺少的项目进行补充。其编制必须与现有定额编制原则，所用基础资料相一致。

补充定额单价的审查，应着重于补充单价计算过程、工程内容和计量单位的审查，特别是工程内容方面的审查。

（4）审查有关费用项目及其计取。

直接工程费可由分项或子项工程量乘以相应分项或子项定额单价再汇总求得。措施费、间接费等与施工任务相联系，不易计算其绝对数值，所以只能以百分比，即采用确定计取费率的办法来解决，而且材料价差、利润及税金也是如此，故审查有关费用项目及其计取也是施工图预算审查的主要内容之一。

有关费用项目的计取审查，要注意以下几个方面：

1）措施费和规费的取费基础是否符合现行规定；计取基础所包括内容是否完整，数值是否正确；计取费用的工程类别、费率标准的选择是否恰当，有无选错；计算过程及结果是否正确。

2）间接费的取费基础、计取费用的工程类别、费率标准的选择是否恰当。

3）利润是根据工程项目的不同投资来源或工程类别，实行差别利率。目前各地的计取基础和计取利率不同，审查时应按当地有关规定执行。

4）税金计取基础、税率是否正确，审查时应按当地有关规定执行。城市建设维护费和教育费附加有否遗漏。

（5）审查有无巧立名目，乱计费、乱摊派现象。

（6）审查有些按实计算的费用项目是否成立，计算是否正确等。

三、施工图预算审查的方法

审查施工图预算的方法主要有：全面审查法、用标准预算审查法、重点审查法、对比审查法、分解对比审查法、分组计算审查法、标准预算审查法、筛选法、利用手册审查法等。

1. 全面审查法

全面审查法又称逐项审查法，就是按预算定额顺序或施工顺序，对施工图预算中的项目逐一地全部进行审查的方法，其具体的审查过程与编制施工图预算基本相同。此方法的优点是全面、细致，经过审查的预算差错少，质量高；缺点是工作量大。

2. 用标准预算审查法

对于利用标准图或通用图纸施工的工程，先集中力量，编制标准预算，并以此为标准审查预算的方法。按标准设计图纸施工的工程一般可集中力量细致地审查一份预算或编制一份预算，作为这种标准图纸的标准预算，或用这种标准图纸的工程量为标准，对照审查，只是对于由于现场施工条件或地质情况不同而作的局部修改进行单独审查即可。这种方法的优点是时间短、效果好、好定案；缺点是只能对按标准图纸施工的工程适用，适用范围较小。

3. 重点审查法

抓住预算中的重点进行审查的方法，称重点审查法。

(1) 选择数量大或价值高的工程量进行重点审查。管道工程应重点审查管径大、材质高或容易发生错误的工程量，如管道、阀门等；电气、自控仪表工程应重点审查电缆、配管、配线的工程量；非标准设备、钢结构制作工程应重点审查重量大、材质高的非标准设备工程量等。

重点审查预算的方法，应灵活掌握。例如在审查中，如发现问题较大较多时，应扩大审查范围；反之，如没有发现问题，或者发现的差错很少，应适当缩小审查范围。

(2) 对补充单价进行重点审查。审查预算人员应把补充单价作为审查重点，主要审查补充单价的编制依据和方法是否符合规定，材料用量和材料价格组成是否齐全、准确，人工工日或机械台班计量是否合理等，对于大型、特殊设备的安装措施费用等也应当作为重点审查的对象。

(3) 对各项取费进行重点审查。由于工程性质、结构类型、承包方式及施工单位的具体情况不同，国家或地区分别规定了不同的费用项目、费用标准以及计算方法。在编制预算时，往往把上述区别混淆了，或者尚不了解上述情况，所以往往选用的费用标准和计算方法与实际不相符合。因此，应将其作为重点，根据有关规定认真进行审查。

4. 分解对比审查法

在一个地区或一个城市内施工，如果采用标准施工图或复用施工图的单位工程，其预算造价应当是相同的。虽然因建设地点、施工条件、运输条件等不同，使工程造价有所不同，但可以利用对比方法，计算出它们之间的预算差别，进一步对比审查整个单位工程预算的质量水平，与前述利用标准预算审查基本相同。

在利用分解对比审查法审查某单位工程预算时，先把拟审的同类型工程预算造价与已审定的工程预算造价进行对比。如果出入不大，就可以认为本工程预算问题不大，可以不再审查；如果出入较大，需要找出原因，可把拟审的预算造价按直接费、间接费等进行分解，然后再把直接费按分部分项工程进行分解，边分解边对比，哪里出入较大，就进一步审查哪一部分工程项目与价格，直到把问题查出来为止。

5. 分组计算审查法

分组计算审查法是一种加快审查速度的方法。它把预算中的工程项目划分为若干组，并把相邻的在工程量计算上有一定内在联系的项目编为一组，审查或计算同一组中某个分项工程的实物数量，利用它们工程量之间具有相同或相似计算基础的关系，判断同组中其他几个分项工程量计算的准确性。

一般土建工程可以分为以下几个组：

（1）地槽挖土、基础砌体、基础垫层、槽坑回填土、运土。

（2）底层建筑面积、地面面积、地面垫层、楼面面层、楼面找平层、楼板抹灰、天棚抹灰、天棚刷浆、屋面面层。

（3）内墙抹灰、外墙内抹灰、外墙上的门窗、外墙上的圈过梁、外墙砌体。

6. 筛选审查法

筛选审查法也是一种对比方法，建筑工程中虽然有面积和高度的不同，但是它们的各个分部分项工程的工程量、造价、用工量在每个单位面积上的数值变化不大，把这些数据加以汇集、优选，找出这些分部分项工程在每单位建筑面积上的工程量、价格、用工的基本数值，归纳为工程量、造价、用工量三个单方基本值表，并注明其适用的建筑标准。这些基本值如“筛子孔”，用来筛分各分部分项工程，筛下去的就不审了，没有筛下去的就意味着此分部分项工程的单位建筑面积数值不在基本值范围内，应对该分部分项工程详细审查。如果所审查的预算的建筑标准与“基本值”所适用的标准不同，就要对其进行调整。筛选法的优点是简单易懂、便于掌握、审查速度快、发现问题快。

四、施工图预算审查的步骤

1. 做好审查前的准备工作

（1）熟悉施工图纸和所采用的标准图集。施工图是编制预算分项数量的重要依据，必须全面熟悉了解、核对所有图纸（含采用的标准图集），清点无误后，依次读图。

（2）搜集并了解经审批的施工组织设计和合法有效的地勘资料。施工方案与所采用的定额规定内容不一致的分项工程内容，审查时予以注意。

（3）了解预算包括的内容、范围。根据预算编制说明，了解预算包括的工程内容，如配套设施，室外管线、道路以及会审图纸后的设计变更等，弄清预算各表之间以及表与文字说明之间的关系，分析其经济指标，为进一步审查工作做好准备。

（4）弄清预算所采用的单位估价表。任何单位估价表或定额都有一定的适用范围，应根据工程性质、所在地区，搜集相应的单价和定额资料。

2. 选择合适的审查方法进行审查

由于工程所处地区不同，规模不同，复杂程度不同，施工技术不同，编制人员水平不同等，所编制的工程预算质量好坏不一样，因此，需选择适当的方法进行审查。

3. 施工图预算审查报告提交

经审查的施工图预算资料，先应与编制单位交换意见，协商统一后，双方签字确认，再综合整理编制调整预算，审减（增）表及审查情况说明。故需提交给委托方下列审查资料：

（1）施工图预算审查报告。

（2）按委托要求数量提交经审查后的施工图预算书。

（3）审查结果汇总表。

第五节　工程量清单计价的审查

工程量清单计价是市场经济的产物，主要适用于工程招标投标，它是我国现行的招标投标计价活动中的一种与国际接轨的计价方式。

一、工程量清单计价审查的意义

1. 有利于工程投资控制，维护各方的利益

工程量清单计价审查中，首先就必须对业主提出的工程量清单进行审查，避免出现工程量错算、重算或漏算，以免给项目管理带来困难，造成投资控制失控，从而维护各方利益。

2. 有利于促使承包商提高自身管理能力和竞争力

承包商的自主报价，包括了许多因素，一方面是企业定额的完善，另一方面是其施工技术和管理水平的提高。通过工程量清单计价审查，可以帮助企业找出差距，以利于其改进、发展，提高其认识水平和管理能力。

3. 有利于工程造价管理人员、从业人员水平的提高

工程造价管理人员、从业人员通过工程量清单计价的学习、编制、审查，转变自身观念，在积累了大量工作经验后，其自身素质和业务水平会逐渐提高。

二、工程量清单计价审查的内容

工程量清单计价审查应从市场经济角度及工程量清单计价特点出发，维护市场主体双方的根本利益，确保其在我国社会主义市场经济的建设中发挥出应有的作用。

其审查内容着重从以下几个方面进行：

1. 审查合法性和有效性

工程量清单与工程量清单计价表要求签字、盖章的地方，必须由规定的单位和人员签字、盖章，以使其合法有效，删除和涂改之处必须签章。

2. 审查工程量清单

(1) 审查总说明。总说明的内容是否符合《计价规范》要求，是否完整、真实。用词是否准确，会不会引起误解。

(2) 审查分部分项工程量清单。项目编码、项目名称、项目特征、计量单位和工程数量是否符合《计价规范》的规定，有无错项、漏项，工程量计算是否正确。审查补充项目的编制是否符合规范要求，是否附上了补充项目的名称、项目特征、计量单位、工程量计算规则和工作内容。

(3) 审查措施项目清单。审查保障性措施项目和技术性措施项目是否分别按各自规定的编制方式进行编制；是否依据招标文件、图纸及现场情况、工程特点和施工方法计列完整、有无错漏，是否符合《计价规范》要求；技术性措施项目清单工程量是否计算准确、项目特征描述是否完整，规范中没有的项目是否作了补充。

(4) 审查其他项目清单。暂列金额、暂估价、计日工、总承包服务费是否根据工程特点，招标文件要求计列，有无错漏，是否符合《计价规范》要求。审查暂列金额设定是否合理，有无超出规范中规定的计取比例；审查暂估价设立的项目是否合理，暂估价格是否符合市场行情，暂估价格的类型是否正确，有无出现与分部分项工程量清单重复的现象；审查计日工设立的类型是否全面，给定的暂定数量是否合理；审查总承包服务费中包含的工作内容是否齐全。

(5) 审查材料、设备暂估单价明细表。材料编码、材料名称、规格型号和计量单位是否填写齐全，材料种类是否符合招标文件要求，有无遗漏，是否合法有效，是否满足评标要求。

(6) 审查规费、税金项目清单。规费和税金的相应项目有无错漏，是否符合《计价规

范》的要求。

3. 审查工程量清单计价

工程量清单所有需填报的单价和合价均应填报，否则，未填报的单价和合价，已被视为此项费用包含在工程量清单的其他项目单价和合价中，审查时应予以注意。

(1) 审查工程项目总价表。审查汇总计算是否正确，是否合法有效。

(2) 审查单项工程费汇总表。审查建筑工程、装饰装修工程、安装工程是否符合招标文件规定范围要求，有无错漏，汇总计算是否正确。

(3) 审查单位工程费汇总表。分部分项工程量清单计价合计，措施项目清单计价合计，其他项目清单计价合计、规费和税金项目清单计价合计的计算是否正确，汇总计算是否正确。

(4) 审查分部分项工程量清单计价表。分部分项工程量清单计价表填写是否齐全，有无遗漏，数字是否正确。

(5) 审查措施项目清单计价表。措施项目清单计价表有无补充内容，补充内容是否符合工程特点及施工组织要求，所有数字填写是否正确。审查其综合单价构成内容及计算方法是否正确。

(6) 审查其他项目清单计价表。审查暂列金额、专业工程暂估价和计日工时，对其估算的数量进一步评价是否合理，并注意此三项费用不应视为投标人所有，竣工结算时，应按承包人实际完成的工作内容结算，剩余部分归招标人所有。审查总承包服务费时应根据分包和材料采购工作量大小确定，审查其费用组成是否符合规定。

(7) 审查计日工计价表填写是否齐全，有无遗漏、数字是否正确。

(8) 审查规费、税金项目清单计价表。规费、税金项目清单计价表填写是否齐全，有无遗漏、数字是否正确。

(9) 审查分部分项工程量清单综合单价分析表。审查综合单价的组成项目是否按人工费、材料费、机械使用费、管理费、利润组成，投标人还可适当考虑一定范围内的风险因素。审查其人工费、材料费、机械使用费、管理费、利润的计算是否符合企业定额要求，与企业的施工技术、管理能力是否吻合。特别应注意审查下面重要部分：

1) 工程量的计算审查。工程量清单中工程量应按《计价规范》中的工程量计算规则计算，一般按图示尺寸确定。而在分部分项目工程量清单综合单价分析表中却应按施工图所示尺寸，并结合施工组织设计规定的施工方法来确定。

2) 人工费、材料费、机械费、一定范围内的风险费用、管理费、利润等计取审查。此六项费用是组成综合单价的主要费用，审查时应判定其是否合理。

4. 审查工程量清单计价招标控制价

(1) 审查招标控制价编制依据。是招标控制价审查环节的基础性工作，招标控制价编制依据选择的合法、合理直接关系到招标控制价编制的合理性和准确性。

1) 审查编制依据的合法性。是否经过国家和行业主管部门批准，符合国家的编制规定，未经批准的不能采用。

2) 审查编制依据的时效性。各种编制依据均应严格遵守国家及行业主管部门的现行规定，注意有无调整和新的规定，审查招标控制价编制依据是否仍具有法律效力。

3) 审查编制依据的适用范围。对各种编制依据的范围进行适用性审查，如不同投资规模、不同工程性质、专业工程是否具有相应的依据。

(2) 分部分项工程费审查。审查综合单价是否参照现行消耗量定额进行组价，计费是否完整，取费费率是否按国家或省级、行业建设主管部门对工程造价计价中费用或费用标准执行。综合单价中是否考虑了投标人承担的风险费用。审查定额工程量计算是否准确，审查人工、材料、设备单价是否按工程造价管理机构发布的工程造价信息及市场信息价格进入综合单价，对于造价信息价格严重偏离市场价格的材料、设备，是否进行了价格处理。招标文件中提供了暂估单价的材料，是否按暂估的单价进入综合单价。

(3) 措施项目费审查。通用措施项目清单费用应根据相关计价规定、工程具体情况及企业实力进行计算，如通用措施项目清单未列的但实际会发生的措施项目应进行补充；保障性措施项目清单中相关的措施项目应齐全，计算基础、费率应清晰。技术性措施项目清单费用综合单价的组价原则按分部分项工程量清单费用的组价原则进行计算，并提供措施项目清单综合单价分析表，其格式、内容、与分部分项工程量清单一致。

(4) 其他项目费审查。审查暂列金额、专业工程暂估价、计日工是否按照工程量清单给定的金额或数量进行计价。计日工单价是否为综合单价，总承包服务费是否按照招标文件及工程量清单的要求，结合自身实力对发包人发包专业工程和发包人供应材料计取总承包服务费，计取的基数是否准确，费率有无突破相关规定。

(5) 规费、税金的审查。规费、税金是否严格按政府规定费率计算，计算基数是否准确。

(6) 其他需要审查的相关内容。审查时应注意招标文件中的工程量清单与编制招标控制价的工程量清单在格式、内容、描述、单位、数量等方面保持一致。

5. 审查工程量清单计价投标报价

对投标报价的审查包括报价的符合性审查和合理性审查以及对投标报价技巧的审查。

(1) 投标报价的符合性审查。

审查投标报价是否在招标控制价范围内；投标报价的格式是否符合招标文件及相关规范的要求；投标报价中是否按招标文件给定的工程量清单进行报价；对工程量清单修改的投标报价根据招标文件规定应为无效报价。投标报价中的暂估价、暂列金额是否按招标文件给定的价格进行报价；规费、税金、安全文明施工费是否按规定的费率进行报价，计算的基数是否准确，此部分不应进行竞争。不符合上述相关规定者，根据招标文件规定应为无效报价。

(2) 投标报价的合理性审查。

1) 审查投标报价中大写金额与小写金额是否一致，否则以大写金额为准；审查总价金额与依据单价计算出的结果是否一致，否则应按单价金额进行修正总价，但单价金额小数点有明显错误的应除外。

2) 分部分项工程费的审查。审查分部分项工程量清单项目中所套用的定额子目是否得当，定额子目的消耗量是否进行了调整。清单项目中的人工、材料、设备价格是否严重偏离当地的市场公允价格及工程造价管理机构发布的工程造价信息，综合单价中的管理费费率和利润率是否严重偏离企业承受的能力及当地造价管理机构颁布的计价费率标准，综合单价中的风险费用计取得是否合理。对比其他投标单位的投标报价，对造价权重比例比较大的清单项目综合单价进行对比，分析综合单价的合理性。

3) 措施项目费的审查。审查措施项目费的计取方法是否与投标时的施工组织设计和施工方案一致，有无必须的措施项目而没有列项报价的情况。审查措施项目计取的比例、综合单价的价格是否合理，有无偏离市场价格。审查措施项目费占总价的比例，并对比各投标单位的措施项目费，看措施项目费是否偏低或偏高。

4）其他项目费费的审查。审查计日工价格是否严重偏离市场价格。根据招标文件规定的总承包服务内容，核实投标报价中计取的服务费用是否合理，对投标报价中承诺的服务内容是否与招标文件、合同条件要求的一致。

5）其他需要审查的内容。审查总说明中的报价范围是否与招标文件约定的内容一致；材料设备的选用是否满足招标文件的要求；总说明中特别说明的事项应认真分析，看是否与招标文件要求一致，避免中标后投标文件的效力大于招标文件而产生纠纷。审查投标书的内容是否齐全，综合单价分析表是否满足招标文件及规范的要求，综合单价分析表提供的是否齐全。

（3）投标报价技巧的审查。审查报价中先期项目单价与后期项目单价的关系；审查后期工作量留有活口的项目单价；审查工程量大的单价；审查单价构成与施工方案的关系，尽可能避免工程造价在实际执行过程中的难度，对承包商合理的不均衡报价行为尽可能在招标文件中消除。

第六节 工程结算与竣工决算审查

一、工程项目竣工结算审查

（一）工程项目竣工结算审查的概念

工程项目竣工结算审查是指在一个单位工程或单项工程的建筑、安装完毕后，由建筑安装单位对施工中与原设计图纸规定所发生的变化和调整后的施工预算造价进行审查，反映工程项目的实际价格。单位工程竣工结算或建设项目竣工总结算由承包人编制，监理和发包人审查，也可委托具有相应资质的工程造价咨询机构进行审查。政府投资项目，由同级财政部门审查。

工程项目竣工结算审查是竣工结算阶段的一项重要技术经济工作。经审查的工程竣工结算是核定工程造价的依据，也是工程项目验收后编制竣工结算和核定新固定资产价值的依据。因此，业主、承包商、监理人员、造价人员非常重视此阶段工程造价的审查。

（二）工程项目竣工结算审查的依据

（1）建筑安装工程施工合同。

（2）建筑安装工程竣工验收单。

（3）设计变更及现场签证。

（4）施工图预算书。

（5）定额、单位估价表及相关的工程造价文件、资料。

（三）工程竣工结算的审查期限

单项工程竣工后，承包人应在提交竣工验收报告的同时，向发包人递交竣工结算报告及完整的结算资料，发包人应按以下规定时限进行核对（审查）并提出审查意见。

工程竣工结算报告审查时间：

（1）500万元以下，从接到竣工结算报告和完整的竣工结算资料之日起20d。

(2) 500万～2000万元，从接到竣工结算报告和完整的竣工结算资料之日起30d。

(3) 2000万～5000万元，从接到竣工结算报告和完整的竣工结算资料之日起45d。

(4) 5000万元以上，从接到竣工结算报告和完整的竣工结算资料之日起60d。

(四) 工程结算的审查

工程结算的审查按工程造价控制与管理要求，可分为预付工程备料款审查、工程进度款审查、工程结算款审查、预留保修金审查等。

1. 预付工程备料款的审查

预付工程备料款一般是根据工程承包合同的规定进行审查。包工包料工程承包合同，都应按当年建筑工作量的一定比例由建设单位在开工前拨付给施工单位一定限额的预付款；而对于只包工不包料的工程承包合同，一般不预付工程备料款。审查时应注意：

(1) 合同规定的预付工程备料款限额。预付款支付比例应符合合同、文件的要求，预预付款支付金额应按合同约定金额支付，一般建筑工程不应超过当年建筑工作量价值的30%；安装工程则按当年安装工作量价值的10%限定；材料占比重较多的安装工程按当年计划产值的15%左右限定。合同约定扣除暂列金额、暂估项目金额的，在计算时应扣除。

(2) 备料款的扣回。在工程实施后，随着工程所需主要材料储备的逐步减少，应以抵充工程价款的方式陆续扣回，其扣款方法应在招标文件或工程承包合同中作出明确规定。一般有两种常用方法，审查时按合同规定执行。

1) 可以从未施工工程尚需的主要材料及构件的价值相当于备料款数额时起扣，从每次结算工程价款中，按材料比重扣低工程款，竣工前全部扣清。

2) 在乙方完成金额累计达到合同总价的10%后，由乙方开始向甲方还款，甲方从每次应付给乙方的金额中扣回工程备料款，甲方至少在合同规定的完工期前三个月将工程预付款的总计金额按逐次分摊的办法扣回。

(3) 审查预付备料款计算方法、过程、结果是否正确。

(4) 审查发包人付款时，是否要求承包人提供了预付款保函，预付款保函的担保金额应与预付款金额一致。

(5) 审查有无出现工程款已支付完而预付款尚未扣清的情况，尚未扣清的预付款金额应作为承包人的到期应付款。

2. 工程进度款的审查

工程进度款的支付一般也是根据工程承包合同的规定方法进行的，如按月结算、分阶段结算、竣工后一次结算等，审查时应按承包合同规定的方法执行。

(1) 审查工程量。达到了承包合同规定的进度款结算要求时，应对工程量的计量进行审查，工程量计算是否符合定额规定要求或《计价规范》的要求。

(2) 审查结算单价。结算单价应按合同约定的计价方式进行。审查其采用的计价原则和方法是否符合合同约定的要求，是否符合国家有关的规定，计算过程和结果是否正确等。

(3) 审查符合规定范围的合同价款的调整。如合同变更、索赔、奖励、惩罚等是否符合承包合同规定要求；是否符合现行工程造价管理的相关政策、法规；计算方法、过程、结果是否正确等。

3. 预留保修金的审查

按照有关规定，工程项目总造价中应预留出一定比例（一般为工程造价的3%～5%）

的尾款作为工程质量保修费用，待工程项目保修期结束后最后拨付。一般有两种方法，审查时按承包合同规定的比例和方法进行。

（1）当工程进度款拨付累计额达到该建筑安装工程造价的95%～97%左右时，停止支付，预留造价部分作为保修金。

（2）保修金的扣除，也可以从甲方向乙方第一次支付的工程进度款开始，在每次乙方应得的工程款中按合同要求的比例扣留，直至保修金总额达到合同要求的总额为止。

（五）竣工结算审查内容

1. 核对合同条款

（1）审查工程内容是否完成合同要求，审查人员应该根据合同所约定的施工内容及范围，现场查验是否施工到位，对合同范围内明确定价的材料，查看其购置程序是否符合规定，手续是否完备，价格是否合理，只有按合同要求完成全部工程并验收合格的工程才能办理竣工结算，否则只能按工程价款结算方式办理工程价款结算。

（2）审查预付款、进度款、保修金等是否按合同约定的结算要求办理。结算中采用的结算方法、计价定额、取费标准、主材价格和优惠价格条款等是否与合同约定相符。对工程竣工结算进行审查时，若发现合同开口或有漏洞，应请业主与承包商认真研究，明确结算要求。

2. 检查隐蔽验收记录

所有隐蔽工程均需进行验收，必须有两人以上签证。实行工程监理的项目应由监理工程师签证确认。审查竣工结算时，对隐蔽工程其施工记录和验收签证、手续必须完整，工程量与竣工图一致方可列入结算。

3. 设计变更、洽商及现场签证的审查

根据合同约定审查设计变更、洽商及现场签证是否涉及费用调整，如不涉及费用调整应作为技术变更，结算时只对经济变更进行费用调整。

审查经济变更工程量计算的准确性。

审查经济变更项目综合单价计算的准确性，看是否按合同约定的原则套用综合单价，新增加项目的综合单价其组价的原则是否按合同约定并按投标费率进行组价，变更超出合同约定范围是否对原综合单价进行了调整。

审查由于变更导致措施项目费用增加，根据合同约定是否进行调整，进行调整的原则是否符合合同要求。

设计修改变更应由原设计单位出具设计变更通知单和修改图纸，由设计、校审人员签字并加盖公章，经建设单位和监理工程师审查同意，签证才能列入结算；重大设计变更还应经原设计审批部门审批，否则变更签证不能列入结算。

4. 暂估价格调整的审查

审查暂估价项目确认后的价格内容是否与原来暂估价包含的内容一致；如确认的内容大于原暂估价所包含内容，重复的部分应扣除。

审查是否对非暂估价进行了调价，根据合同约定，非暂估价不应调整。审查暂估价部分调整的数量是否超出了原投标时的数量，超出原清单数量范围外的部分不应调整费用。审查暂估价项目调整的费用是否只计取了规费和税金。

5. 按图纸核实工程量

竣工结算的工程量应依据竣工图、设计变更单和现场签证等进行核算。

(1) 按施工图预算报价签订的合同，工程量计算应按国家规定的施工图预算计算规则进行审查。

(2) 按工程量清单报价签订的合同，工程量应按国家规定的工程量清单项目及计算规则计算，对工程量清单项目或清单项目工程数量按实调整。

6. 按合同约定核实单价

结算单价应按合同约定的计价方式，按现行的计价原则和计价方法确定，不得违背。

(1) 按定额计价法报价签订的合同，按各地现行定额执行。

1) 结算单价应按合同约定或招标投标规定的计价定额与计价原则执行。

2) 注意各项费用计取。建筑安装工程的取费标准应按合同要求或项目建设期间与计价定额配套使用的建筑安装工程费用定额及有关规定执行。先审查各项费率、价格指数或换算系数是否正确，价差调整的计算符是否合定额规定；再核实特殊费用和计算程序是否正确；最后审查各项费用的计取基数是否正确。

(2) 按工程量清单报价签订的合同，其综合单价应按下列办法确定。

1) 因分部分项工程量清单漏项或非承包人原因的工程变更，造成增加新的工程量清单项目，其对应的综合单价按下列方法确定：合同中已有适用的综合单价，按合同中已有的综合单价确定；合同中有类似的综合单价，参照类似的综合单价确定；合同中没有适用或类似的综合单价，由承包人提出综合单价，发包人确认。

2) 因非承包人原因引起的工程量的增减，发、承包双方应在合同中约定调整综合单价的工程量增减幅度。在合同约定幅度以内的，应执行原有的综合单价；在合同约定幅度以外的，其综合单价由承包人提出、发包人确认。

审查完毕后，应提交竣工结算审查报告，审减（增）项目及原因分析。

二、工程项目竣工决算审查

（一）工程项目竣工决算审查的意义

经审查的竣工决算可以正确地反映竣工项目计划、实际的建设规模、建设工期以及设计和实际的生产能力，能正确地反映概算总投资和实际的建设成本以及所达到的主要技术经济指标。它是建设单位办理交付使用资产的依据，一般由国家审计部门或其委托机构进行。

通过对投资估算、设计概算、竣工决算及其相关指标进行对比分析，不仅可以全面掌握工程项目计划和概算执行情况，而且可以考核建设项目投资效果，为今后制订基建计划，降低建设成本，提高投资效益提供必要的资料。

（二）竣工决算审查的依据

(1) 工程竣工报告和工程验收单。

(2) 工程施工合同和有关规定。

(3) 经审批的施工图预算。

(4) 经审批的补充修正预算。

(5) 有关定额、费用调整的补充项目。

(6) 预算外费用现场签证。

(7) 材料、设备和其他各项费用的调整依据。

(8) 建设、设计单位修改或变更设计的通知单。

(9) 建设单位、施工单位会签的图纸会审记录。

(10) 隐蔽工程检查验收记录。

(三) 工程项目竣工决算审查的内容

1. 审查竣工决算报告情况说明书

建设项目、基本建设投入、投资包干结余、施工结余资金的上缴分配情况是否真实、正确；资金来源及运行等财务分析计算是否正确。

2. 审查竣工财务决算报表

建设项目概况表是否编制完整、正确；建设项目竣工财务决算表是否编制完整、正确；建设项目交付使用资产总表是否编制完整、正确；建设项目交付使用资产明细表是否编制完整、正确。

3. 审查建设工程竣工图

审查竣工图绘制是否符合相关规定要求。

4. 审查造价比较指标

审查主要实物工程量指标、主要材料消耗量指标是否计算正确，并与概算确定指标对比分析。考核其他计取费用是否多列或少列，并与概算比较分析。

审查完毕后，应提交竣工决算审查报告，审减（增）项目及原因分析。

关键概念 工程造价审查 投资估算审查 设计概算审查 施工图预算审查 工程量清单计价审查 竣工结算审查 竣工决算审查

习 题

8.1 工程造价审查的意义是什么？

8.2 工程造价审查具有哪些特点？工程造价审查的方式有哪些？

8.3 投资估算审查的内容包括哪些？

8.4 设计概算审查的意义是什么？

8.5 设计概算审查的内容和方法分别有哪些？

8.6 施工图预算审查的内容、方法和步骤分别是什么？

8.7 如何理解工程量清单计价审查的意义？

8.8 工程量清单计价审查的内容有哪些？

8.9 工程项目的招标控制价和投标报价的审查内容有哪些？

8.10 工程竣工结算审查的依据、期限和内容是什么？

8.11 工程竣工决算审查的依据和内容是什么？

第九章　工程造价信息化管理技术

学习要点

本章主要介绍了工程造价信息管理和工程造价管理软件的应用。通过本章的学习，要求熟悉工程造价信息的概念及特点；掌握工程造价资料积累和应用的内容、工程造价指数的编制；了解我国工程造价信息化管理的相关政策文件；了解工程造价管理软件的相关知识。

第一节　工程造价信息管理

一、工程造价信息的概述

1. 信息及信息管理的概念

信息是客观事实属性的反映，信息是一种数据、资料、消息，是对数据的解释，它反映事物客观状态和规律。数据与信息既有联系又有区别，并非任何数据都是信息，数据经过集合、重组、加工综合后，才可以成为一种有用的信息资源。

信息管理是指对信息的搜集、加工、整理、储存、传递及应用等一系列工作的总称。信息管理的目的就是通过有组织的信息来源，运用先进的信息管理手段，建立信息管理系统。

2. 工程造价信息的概念

工程造价信息是一切关于工程造价的特征、状态及其变动的消息、数据和资料的组合。在建设过程中，工程造价是随着市场的变化而动态变化的，合同价格实际上反映的是工程造价在不同时间上的动态信息。价值决定价格，供求关系影响价格，工程造价是在市场竞争中形成的，工程造价的种种变化和波动，人们都是通过工程造价信息来认识和掌握的。

工程造价信息作为一种社会资源，在工程建设中的地位日趋明显。政府主管部门通过工程造价信息了解建设市场动态，预测和控制工程造价发展。而工程建设市场的参与者——投资商、承包商、设计者和中介服务机构等，通过工程造价信息，掌握工程建设招标动态，发承包价格变化，材料价格高低，以决定自己的投资方向和经营模式。

3. 工程造价信息的特点

（1）地区性。建筑安装工程造价的成本，主要由人工费、材料费、机械费等组成。人工费用的高低取决于当地劳务市场的价格变化。建筑材料的价格既取决于它的出厂价格，也取决于材料的运输费用。因此，工程造价信息具有很强的地区性。

（2）专业性。工程造价信息的专业性集中反映在建设工程的专业化上，例如水利、电力、铁道、邮电、建筑安装工程等，所需的信息有它的专业特殊性。

（3）系统性。一切工程造价的管理活动和变化总是在一定条件下受各种因素的制约和影响，并且从多方面被反映出来，因此，从工程造价信息源发出来的信息都不是孤立、紊乱的，而是大量的、系统的。

（4）动态性。工程造价信息也和其他信息一样要保持新鲜度。为此，需要经常不断地收集和补充新的工程造价信息，进行信息更新，真实反映工程造价的动态变化。

（5）季节性。由于建筑生产受自然条件影响大，施工安排必须充分考虑季节因素，因而工程造价信息也受季节性的影响。

4. 工程造价信息的主要内容

所有对工程造价的确定和控制过程起作用的资料都可以成为工程造价信息。例如，各种定额资料、标准规范、政策文件等。但是能体现信息动态性变化特征，并且在工程造价价格的市场机制中起重要作用的工程造价信息主要包括以下几种：

（1）工程招投标信息。指在公开的媒体，如报刊、信息网上等发布的招标信息。当某地招标信息增多，表明该地区的投资将增多。

（2）价格信息。这是工程造价信息中最重要的部分，包括各种建筑材料、装饰材料、安装材料的价格，人工费用，施工机械台班费和租赁价格等最新市场行情。

（3）调价信息。指政策规定的某一阶段的人工费调整系数，材料费的综合调整系数，单项材料调整系数等。

（4）指数。主要指根据原始价格信息加工整理后的各种工程造价指数。

（5）竣工工程信息。已竣工的各种造价信息，可以为拟建工程或其他在建工程造价提供有价值的依据。这种信息也称为工程造价资料或造价指标分析。

5. 工程造价信息的分类

（1）从管理组织的角度来划分，可分为系统化工程造价信息和非系统化工程造价信息。

（2）从形式上来划分，可分为文件式工程造价信息和非文件式工程造价信息。

（3）从传递方向来划分，可分为横向传递的工程造价信息和纵向传递的工程造价信息。

（4）从反映面来划分，可分为宏观工程造价信息和微观工程造价信息。

（5）从时态上来划分，可分为过去的工程造价信息，现在的工程造价信息和未来工程造价信息。

（6）从稳定程度来划分，可分为固定工程造价信息和流动工程造价信息。

二、工程造价资料积累、分析和运用

（一）工程造价资料含义

工程造价资料是指已建成和在建的有使用价值和有代表性的工程设计概算、预算、工程竣工结算、竣工决算、单位工程施工成本以及新材料、新结构、新设备、新工艺等建筑安装工程分部分项的单价分析等资料。

（二）工程造价资料积累的内容

工程造价资料积累的内容不仅应包括“量”（如主要工程量、材料量、设备量等）和“价”，还要包括对造价确定有重要影响的技术经济条件，如工程的概况、建设条件等。

1. 建设项目和单项工程造价资料

建设项目和单项工程造价资料主要包括对造价有主要影响的技术经济条件和有关资料，如项目建设标准、建设工期、建设地点等；主要的工程量、主要的材料量和主要设备的名称、型号、规格、数量等；投资估算、概算、预算、竣工决算及造价指数等。

2. 单位工程造价资料

单位工程造价资料包括工程的内容、建筑结构特征、主要工程量、主要材料的用量和单价、人工工日和人工费以及相应的造价。

3. 其他

主要包括有关新材料、新工艺、新设备、新技术分部分项工程的人工工日、主要材料用量、机械台班用量。

(三) 工程造价资料的运用

1. 编制固定资产投资计划的参考和建设成本分析

由于基建支出不是一次性投入，而是分年逐次投入，可以采用下面的公式把各年发生的建设成本折合为现值

$$P = \sum_{k=1}^{n} F_k (1+i)^{-k} \tag{9-1}$$

式中 P——建设成本现值；

F_k——建设期间第 k 年投入的建设成本；

k——实际建设工期年限；

i——社会折现率。

在这个基础上，用以下公式计算出建设成本节约额和建设成本降低率（当二者为负数时，表明的是成本超支的情况）

$$\text{建设成本节约额} = \text{批准概算现值} - \text{建设成本现值}$$

$$\text{建设成本降低率} = \frac{\text{建设成本节约额}}{\text{批准概算}} \times 100\% \tag{9-2}$$

2. 单位生产能力投资分析

单位生产能力投资的计算公式为

$$\text{单位生产能力投资} = \frac{\text{全部投资完成额(现值)}}{\text{全部新增生产能力(使用能力)}} \tag{9-3}$$

在其他条件相同的情况下，单位生产能力投资越小则投资效益越好。计算的结果可与类似的工程进行比较，从而评价该建设工程的效益。

3. 编制投资估算的重要依据

设计人员在编制估算时一般采用类比的方法，因此，需要选择若干个类似的典型工程与当前的设备与材料价格情况加以分析比较，最后得出工程的投资估算额。设计人员可以从已建的工程造价资料数据库中挑选出所需要的典型工程，运用计算机并结合设计人员的判断经验进行分析，从而得出较为可靠的工程投资估算额。

4. 编制初步设计概算和审查施工图预算的重要依据

在编制初步设计概算时，有时要用类比的方式进行编制。这种类比法可以具体到单位工程甚至分部工程的水平上。根据掌握的典型工程资料，在限额设计和优化设计方案的过程中，设计人员通常要反复修改设计方案以接近相应的概算。审查施工图预算时，可从造价资料中选取类似资料，将其造价与施工图预算进行比较，从中发现施工图预算是否有偏差和遗漏。

5. 确定控制价和投标报价的参考资料

在工程量清单计价模式下，编制控制价或投标报价工作中，工程造价资料可以向编审人

员指明类似工程的实际造价及其变化规律，对未来将发生的造价进行预测和准备，从而避免决策的盲目性。

6. 技术经济分析的基础资料

不断地搜集和积累工程在建期间的造价资料，可以在结算和决算时更容易地得出结果。由于造价信息的及时反馈，建设单位和施工单位都可以尽早发现并及时解决问题。这也正是使对造价的控制由静态转入动态的关键。

7. 编制企业定额的基础资料

通过分析不同种类分部分项工程造价，了解各分部分项工程中各类实物量消耗，掌握各分部分项工程预算和结算的对比结果，以及其他企业相应的情况，企业就可以根据自己的实际情况编制出具有竞争力的企业定额，以利在激烈的市场竞争中获胜。

8. 测定调价系数，编制造价指数

通过已经积累起来的造价资料，选取若干个典型工程的数据进行分析与综合，从而测定调价系数和计算各种工程造价指数（如材料费价格指数、人工费指数、直接费价格指数、建筑安装工程价格指数、设备及工器具价格指数、工程造价指数、投资总量指数等）。

三、工程造价指数

工程造价指数是反映一定时期由于价格变化对工程造价影响程度的一种指标，它是调整工程造价价差的依据。

（一）工程造价指数的分类

1. 按照工程范围、类别、用途分类

（1）单项价格指数。它是分别反映各类工程的人工、材料、施工机械及主要设备费等报告期价格对基期价格的变化程度影响的指标，如人工费价格指数、主要材料价格指数、施工机械台班价格指数等。可利用它研究主要单项价格变化情况及其发展变化的趋势。

（2）综合造价指数。它是综合反映各类项目或单项工程人工费、材料费、施工机械使用费等报告期价格对基期价格变化而影响工程造价程度的指标，是研究造价总水平变动趋势和程度的主要依据。如建筑安装工程造价指数、建设项目或单项工程造价指数、建筑安装工程直接费造价指数、措施费及间接费造价指数、工程建设其他费用造价指数等。

2. 按造价资料期限长短分类

（1）时点造价指数。它是不同时点（例如 2010 年 8 月 1 日 9 时对上一年同一时点）价格对比计算的相对数。

（2）月指数。它是不同月份价格对比计算的相对数。

（3）季指数。它是不同季度价格对比计算的相对数。

（4）年指数。它是不同年度价格对比计算的相对数。

3. 按不同基期分类

（1）定基指数。它是各时期价格与某固定时期的价格对比后编制的指数。

（2）环比指数。它是各时期价格都以其前一期价格为基础计算的造价指数。例如，与上月对比计算的指数，为月环比指数。

（二）工程造价指数的编制意义

在建筑市场供求和价格水平发生经常性波动的情况下，建设工程造价及其各组成部分也处于不断变化之中，这不仅使不同时期的工程在“量”与“价”两方面都失去可比性，也给合理确定和有效控制造价造成了困难。根据工程建设的特点，编制工程造价指数是解决这些问题的最佳途径。以合理方法编制的工程造价指数，不仅能够较好地反映工程造价的变动趋势和变化幅度，而且可用以剔除价格水平变化对造价的影响，准确反映建筑市场的供求关系和生产力发展水平。工程造价指数反映报告期和基期相比的价格变动趋势，利用它来研究实际工作中的下列问题很有意义：分析价格变动趋势及其原因；估计工程造价变化对宏观经济的影响。

（三）工程造价指数的编制

工程造价指数一般应按主要构成要素、如建筑安装工程造价、设备工器具购置费、工程建设其他费用等，分别编制价格指数，然后经汇总得到工程造价指数。

1. 人工、材料、机械台班等要素价格指数的编制

人工、机械台班、材料等要素价格指数的编制是编制建筑安装工程造价指数基础。其计算公式为

$$\text{人工、材料、机械、设备价格指数} = P_n / P_0 \tag{9-4}$$

式中 P_0——基期人工费、施工机械台班和材料、设备预算价格；

P_n——报告期人工费、施工机械台班和材料、设备预算价格。

2. 建筑安装工程造价指数的编制

建筑安装工程造价指数是一种综合性极强的价格指数，可按下式计算

$$\begin{aligned}\text{建筑安装工程造价指数} = {} & \text{人工费指数} \times \text{基期人工费占建筑安装工程造价比例} + \\ & \sum(\text{单项材料指数} \times \text{基期该单项材料费占建筑安装工程造价比例}) + \\ & \sum(\text{单项施工机械台班指数} \times \text{基期该单项机械费占建筑安装工程造价比例}) + \\ & \text{措施费、间接费综合指数} \times \text{基期措施费、间接费用占建筑安装工程造价比例}\end{aligned} \tag{9-5}$$

3. 设备工器具和工程建设其他费用价格指数的编制

(1) 设备工器具价格指数。设备工器具的种类、品种和规格很多，其指数一般可选择其中用量大、价格高、变动多的主要设备工器具的购置数和单价进行登记，可按下式计算

$$\text{设备、工器具价格指数} = \frac{\sum \text{报告期设备工器具单价} \times \text{报告期购置数量}\ j}{\sum \text{基期设备工器具单价} \times \text{报告期购置数量}\ j} \tag{9-6}$$

(2) 工程建设其他费用指数。工程建设其他费用指数可以按照每万元投资额中的其他费用支出定额计算，可按下式计算

$$\text{工程建设其他费用指数} = \frac{\text{报告期每万元投资支出中其他费用}}{\text{基期每万元投资支出其他费用}} \tag{9-7}$$

4. 建设项目或单项工程造价指数的编制

编制建设项目或单项工程造价指数的公式为

$$\begin{aligned}\text{建设项目或单项工程造价指数} = {} & \text{建筑安装工程造价指数} \times \text{基期建筑安装工程费} \\ & \text{占总造价的比例} + \sum(\text{单项设备价格指数} \times \text{基期该单项设备费占总造价的比例}) + \\ & \text{工程建设其他费用指数} \times \text{基期工程建设其他费用占总造价的比例}\end{aligned} \tag{9-8}$$

【例 9-1】 表 9-1 是某市造价管理部门发布的多层住宅造价指数（土建部分），多层住宅定基指数是指一个多层住宅工程报告期的土建造价和 2002 年基期土建造价的比值，求多层住宅环比指数。

表 9-1　**多层住宅造价定基指数（土建部分）**

指数类型＼年度	2002	2003	2004	2005	2006	2007	2008	2009	2010
多层住宅定基指数	100	119.96	124.67	122.78	120.59	118.03	114.60	115.09	118.20

解　多层住宅环比指数是指某一个多层住宅工程各相邻两个报告期之间土建造价的比值，由表 9-1 所示多层住宅各年定基指数数据，可得多层住宅环比指数见表 9-2。

表 9-2　**多层住宅造价环比指数（土建部分）**

指数类型＼年度	2002	2003	2004	2005	2006	2007	2008	2009	2010
多层住宅环比指数	100	119.96	103.93	98.48	98.21	97.88	97.10	100.43	120.70

【例 9-2】　表 9-3 是某市造价管理部门发布的建筑工程造价指数，其基数是按当地计价定额和当地 2009 年 8 月的建筑材料价格编制的工程造价确定的。报告期的指数是以当地计价定额及当地 2010 年各季度的建筑材料价格编制的工程造价与基期工程造价的比值。

表 9-3　**某市 2010 年一至四季度建筑工程造价指数**

结构类型	2009 年 8 月	2010 年			
		1 季度	2 季度	3 季度	4 季度
砖混结构	100	99.77	98.91	99.94	99.82
砖混、框架混合结构	100	99.37	98.77	99.88	99.22
框架结构	100	99.18	99.61	99.65	99.75
框剪结构	100	98.38	98.95	99.38	98.53
工业厂房	100	—	98.99	99.20	99.12
其他结构	100	—	98.04	98.75	99.20

四、工程造价信息化的管理

（一）工程造价信息化管理的基本原则

工程造价信息化管理是指对信息的收集、加工整理、储存、传递与应用等一系列工作的总称。其目的就是通过有组织的信息流通，使决策者能及时、准确地获得相应的信息。

为了达到工程造价信息化管理的目的，在工程造价管理中应遵循以下基本原则。

1. 标准化原则

标准化原则是要求在项目的实施过程中对有关信息的分类进行统一，对信息流程进行规范，力求做到格式化和标准化，从组织上保证信息生产过程的效率。

2. 有效性原则

工程造价信息应针对不同层次管理者的要求进行适当加工，提供要求和浓缩程度的信息。这一原则是为了保证信息产品对于决策支持的有效性。

3. 定量化原则

工程造价信息不应是项目实施过程中产生数据的简单记录，应该是经过信息处理人员的比较与分析。采用定量工具对有关数据进行分析和比较是十分必要的。

4. 时效性原则

考虑到工程造价计价与控制过程的时效性，工程造价信息也应具有相应的时效性，以保证信息产品能够及时服务于决策。

5. 高效处理原则

通过采用工程造价信息管理这种系统高性能的信息处理工具，尽量缩短信息在处理过程中的延迟。

（二）我国工程造价信息化管理的现状

1. 我国工程造价信息化管理的现状

由于市场机制的作用和多方面的影响，会使工程造价的运动变化更快、更复杂。在这种情况下，工程承发包者单独、分散地进行工程造价信息的收集、加工，不但工作困难，而且成本很高。工程造价信息是一种具有共享性的社会资源，现代工程建设市场的发展，要求工程造价信息收集渠道统一化，加工、传递、储存系统化。这样不仅可以减少由于工程造价信息收集渠道的统一性所造成的重复工作，而且可以大大提高工程造价信息加工处理的质量。

(1) 全国工程造价信息系统的逐步建立和完善。实行工程造价体制改革后，国家对工程造价的管理逐渐由直接管理转变为间接管理。国家制定统一的工程量计算规则，编制全国统一工程项目编码和定期公布人工、材料、机械等价格的信息。随着计算机网络技术及网络的广泛应用，国家也建立了工程造价信息网，定期发布价格信息及其产业政策。通过工程造价信息网，为各地方主管部门、各咨询机构、其他造价编制和审定等单位提供基础数据。同时，可采集各地、各企业的工程实际数据和价格信息；主管部门及时依据实际情况，制定新的政策法规，颁布新的价格指数等；各企业、地方主管部门可以及时获得相关的信息。

(2) 地区工程造价信息系统的建立和完善。由于各个地区的生产力发展水平不一致，经济发展不平衡，各地价格差异较大。因此，各地区造价管理部门通过建立地区性造价信息系统，定期发布价格信息和调整指数；依据本地区的经济、行业发展情况制定相应的政策措施。同时，通过选择本地区多个具有代表性的固定信息采集点或通过吸收各企业作为基本信息网员，收集本地区的价格信息和实际工程信息，作为本地区造价政策制定价格信息的数据和依据，使地区主管部门发布的信息更具有实用性、市场性、指导性。目前，全国有很多地区建立了造价价格信息网。

2. 目前工程造价信息管理存在的问题

(1) 对信息的采集、加工和传播缺乏统一规划、统一编码、系统分类，信息系统开发与资源拥有之间处于相互封闭，各自为战状态，其结果是无法达到信息资源共享的优势。

(2) 采集技术落后，信息分类标准不统一，数据格式和存取方式不一致，使得对信息资源的远程传递、加工处理变得非常困难，信息资源的内在质量很难提高，信息维护更新速度慢，不能满足信息市场的需要。

（3）信息网建设有待完善。现有工程造价网多为定额站或咨询公司所建，网站内容主要为定额颁布、价格信息、相关文件转发、招投标信息发布、企业或公司介绍等；网站只是将已有的造价信息在网站上显示出来，缺乏对这些信息的整理与分析。

（三）我国工程造价信息化管理的相关政策文件

针对目前我国工程造价信息化管理存在的问题，同时为了进一步加强建设工程造价信息化管理工作，住房和城乡建设部标准定额司建标造函［2011］46号文件现就近期做好工程造价信息化工作提出了若干意见，为工程造价信息化管理进一步明确了发展方向，规范了政府部门在工程造价信息化管理中的职能。该文件主要从五个方面提出了意见。

1. 明确工程造价信息化管理工作目标

目标是为政府有关部门和社会提供公共服务，为建筑市场各方主体计价提供造价信息的专业服务，实现资源共享。

2. 明确工程造价信息化管理工作分工

工程造价信息化管理工作应实行统一归口，分级管理。

（1）住房和城乡建设部标准定额司主要负责制订全国工程造价信息化管理工作的发展规划；组织审批发布全国工程造价信息化管理相关数据标准；组织开展全国工程造价信息发布工作。

（2）各行业工程造价管理机构主要负责开展本行业工程造价信息化管理工作；组织制订本行业工程造价信息化管理相关数据标准；建设、维护和运行本行业工程造价信息化平台；上报、发布本行业建设工程造价信息。

（3）省、地市级工程造价管理机构主要负责开展各级工程造价信息化管理工作；建设、维护和运行各级工程造价信息化平台；逐级上报、发布各级工程造价信息。

3. 规范工程造价信息化平台的建设

（1）建设工程造价信息化平台建设的原则应符合统一规划的原则，并满足需要向社会发布的工程造价信息内容的要求。

（2）建设工程造价信息化平台建设内容应包含政务信息、计价依据信息、工程造价指标、指数、价格信息等内容。

（3）工程造价信息的上报：各省和行业工程造价管理机构应通过建设工程造价信息化平台及时沟通和共享政务信息和计价依据信息，并按照相关要求，上报本地区和行业的工程造价指标、指数、价格信息。

（4）工程造价信息发布：各级工程造价管理机构应按照职责和管理权限，通过建设工程造价信息化平台向社会发布工程造价信息。

4. 规范工程造价数据的管理

（1）各级工程造价管理机构应按照相关的工程造价成果文件备案制度，充分利用工程造价咨询企业、造价从业人员上报备案的造价成果文件，建立相应的数据收集工作机制，并应加强对各类建设工程造价编制软件开发的管理。

（2）工程造价数据应以单项工程为单位，分阶段并按建设工程造价数据编码规则、建设工程造价数据标准进行管理。其中造价数据编码规则的规定如图9-1所示。

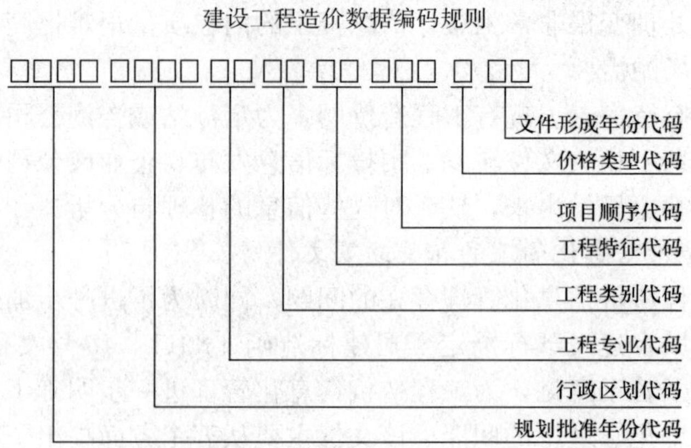

图 9-1 建设工程造价数据编码规则示意图

1）1～4 位为规划批准年份代码，指建设工程项目规划立项文件批准年份。

2）5～8 位为行政区划代码，代表建设工程项目所在地的行政区划。

3）9、10 位为工程专业代码；代表建设工程项目所属专业。

4）11、12 位为工程类别代码，代表建设工程项目所属工程类别。建筑工程、市政公用工程、城市轨道交通工程类别代码由住房和城乡建设部标准定额研究所统一制定。其他专业工程类别代码由各行业自行制定，交叉行业统一协调制定。

5）13、14 位为工程特征代码，代表建设工程项目工程结构、装置等特征。建筑工程、市政公用工程、城市轨道交通工程特征代码由住房和城乡建设部标准定额研究所统一制定。其他专业工程特征代码由各行业自行制定，交叉行业统一协调制定。

6）15～17 位为项目顺序代码，代表建设工程项目收集顺序。

7）18 位为价格类型代码，代表建设工程项目不同阶段造价数据价格类型。估算为 1，概算为 2，招标控制价为 3，合同价（预算）为 4，竣工结算为 5。

8）19、20 位为建设工程造价成果文件批准或签订年份的后两位数字。

9）其中 11～14 位未分类的代码以 0 表示。

5. 提出工程造价信息化管理工作要求

(1) 维护造价信息安全。各级工程造价管理机构要建立安全责任制，严格遵守国家、地区网络和信息安全管理的相关规定，保证建设工程造价信息平台运行安全、数据安全。

(2) 完善信息化管理工作机制。各级工程造价管理机构要充分提高认识，把信息化管理纳入日常工作。建立责任制和监督检查制，采取有效措施，确保工作落到实处。

(3) 加强造价信息化管理队伍建设。加强对管理和业务人员信息化知识的宣传普及、应用技能的培训，重视信息化人才的引进，不断提高人员素质，完善信息化工作激励机制。

第二节 工程造价管理软件简介

一、工程造价管理软件的概述

目前全国大约有二百多家从事工程造价软件开发的企业，应用在工程建设中的工程造价软件已达上百种，无论哪种计价软件基本都包含图形算量、钢筋算量、清单计价这三大模块，应用这些软件可以将烦琐的工作简单化，大大节省工程计价的编制时间。

工程造价管理软件简要来说，就是不论招标人还是投标人，运用图形算量软件和钢筋抽样软件，将图纸中的各个构件及其完整的信息输入软件，便可以计算出所有构件的清单工程量和定额工程量，然后利用清单计价软件，招标人编制控制价，投标人计算投标报价。在所有工作完成后，可以通过打印或导出表格等功能得到。

下面以广联达软件技术公司推出的“广联达建设工程造价管理整体解决方案”软件为例，介绍一下计算机编制工程量清单及其报价过程。广联达建设工程造价管理整体解决方案围绕项目招投标全过程的造价管理工作。具体过程如图 9-2 所示。

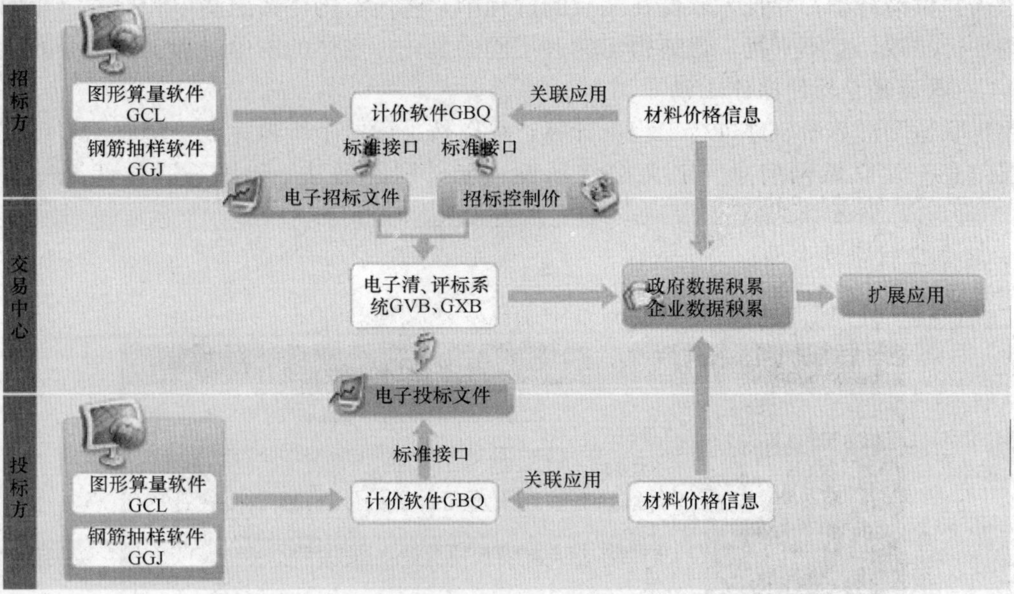

图 9-2 广联达建设工程造价管理整体解决方案

对招标人：在招投标阶段进行工程项目招标需要满足国标清单计价规范和清标、评标的要求，提供统一格式的电子标书和招标控制价实现电子招投标，从而快速、便捷的完成招标一系列工作，提升工程招标的工作效率。

对投标人：在招投标阶段进行工程项目投标需要同时完成工程项目的统一报价和材料调价，生成满足招标方要求的电子投标书，快速响应招标文件以获取中标资格。

对主管部门：工程量清单给招投标工作带来了巨大的变化。清单评标办法要想真正执行，就需在短时间内对投标人的投标报价数据快速对比、分析，将投标人报价结果呈现出来，让专家评委们凭借专业经验从简单的数据中进行专业分析与判断，从而选择符合招标要求综合最优的投标人。

二、图形算量软件

（一）图形算量软件基本原理

图形算量软件融合绘图和 CAD 识图功能为一体，应用者按照图纸信息定义好构件的材质、尺寸等属性，同时定义好构件立面的楼层信息，然后将构件沿着定义好的轴线画入或布置到软件中相应的位置，最后在汇总过程中软件将会自动按照相应的规则进行扣减计算，并得到相应的报表。

在工程量清单模式下，软件在建立工程项目的最开始处就设置了定额、清单招标、清单投标三种模式，使用者根据自己的需要选择相应的模式和工程量计算规则。由于软件直接将清单计算规则和各种地方定额规则内置，不用考虑清单计算规则和定额有哪些不同，也不用考虑各种构件间复杂的扣减关系，只要按照相应的位置把构件从图纸搬到屏幕上即可。比如把门窗放在相应的墙段上，自动扣减所占墙体积。梁柱板也是，放上后自动压墙。如此这般，相互关联的构件放在一起，就会按照内置的规则自动扣减，从而保证招标方算量快速准确。只要选择相应的计算模式（清单或定额）和计算规则，按照何种方式计算，软件会自动判定出来并付诸行动。并且，软件在扣减的过程中，将所有构件按照清单和地方定额两种计算规则平行扣减，互不干扰，最终得出两种不同的量——实体的清单量和工作内容的量。

（二）图形算量软件操作流程

用广联达图形算量软件进行工程量计算，可以按下面八个步骤完成：建立工程项目—建立楼层信息—建立轴网信息—定义构件属性—定义构件做法—绘图—汇总计算—输出工程量。

1. 建立工程项目

建立工程项目，如图 9-3 所示。

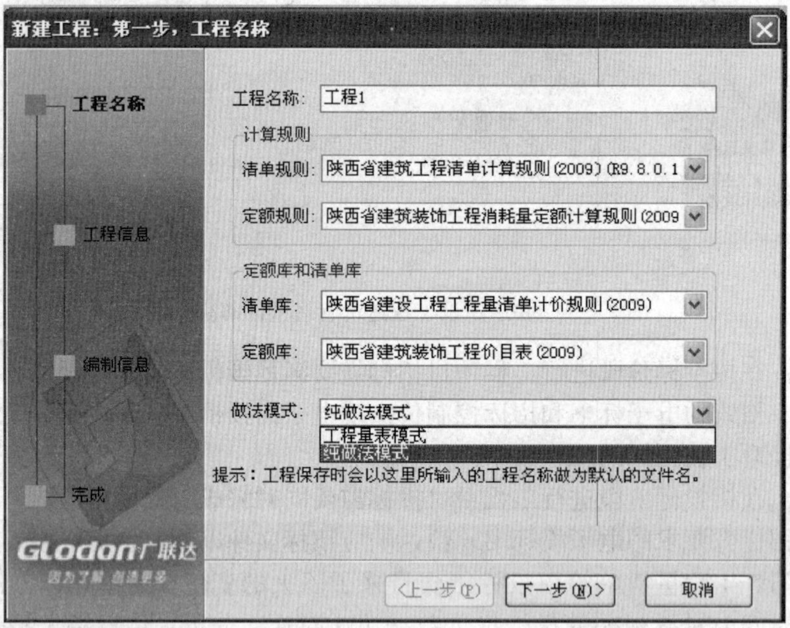

图 9-3 新建工程项目

在新建工程时，注意标书模式的选择，如果只做定额，不做清单，那么要选择定额模式，同时计算规则只需要选择定额计算规则即可；如果选择清单模式，是作为招标方，只是计算清单项的工程量，那么只需要选择清单计算规则；如果同时也要计算招标控制价，那么两个计算规则都要选择。使用者必须清楚要计算的工程采用的是哪个地方的工程量计算规则，然后根据实际情况进行选择，否则将会对计算结果产生很大的影响。

2. 建立楼层信息

在读图的过程中，可以按照分层→分块→分构件→分项的步骤来进行，因此要首先建立楼层，然后再逐层绘制各种构件，计算工程量。

使用者根据图纸实际情况，通过“楼层管理”功能，建立相应的楼层，并输入每一楼层的相关信息，如层高、建筑面积等，如图 9-4 所示。

	编码	名称	层高(m)	首层	底标高(m)	相同层数	现浇板厚(mm)	建筑面积(m2)	备注
1	1	首层	3.000	☑	0.000	1	120		
2	0	基础层	3.000	☐	-3.000	1	120		

图 9-4　楼层管理对话框

3. 建立轴网信息

图纸是以轴线为绘图依据的，同样在软件中也离不开轴线。在这个步骤中，通过“轴网管理”功能，将图纸上的轴号轴线尺寸等所有信息输入软件中，自动建立起该工程的轴网作为在计算机中画图的基础。建成后的轴网如图 9-5 所示。

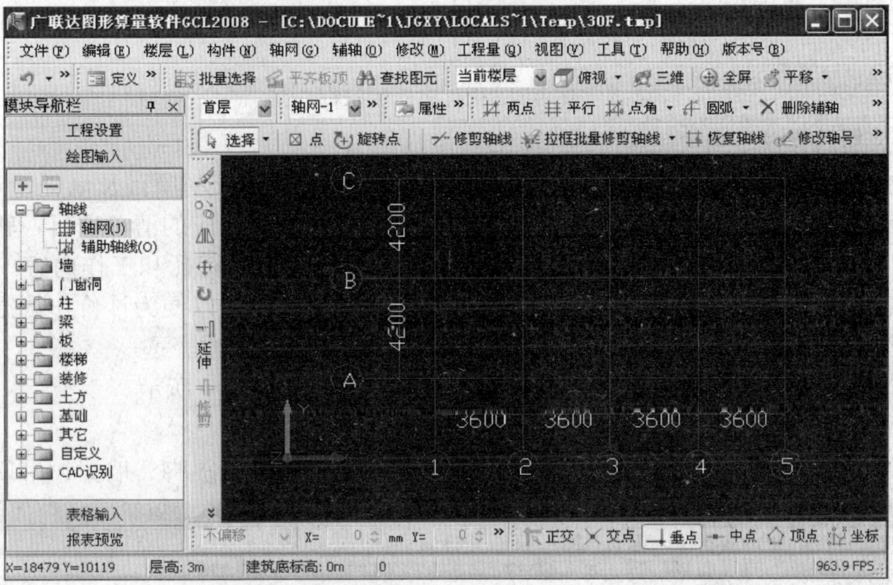

图 9-5　轴网建立

4. 定义构件属性

构件是软件计算工程量的核心。在这个步骤中，通过“构件管理”功能定义构件的尺寸属性以及相关的材质等其他信息，软件会根据此信息计算构件相关的工程量。构件的尺寸、材质等各种信息都是原始数据，除了自身计算还要参与其他构件的扣减，因此必须严格按照图纸输入，否则会影响最后的计算结果。

对于每一个构件，软件中都内置了必须输入的项目，对工程量有影响的属性，使用者对照图纸，分别输入各个属性的属性值。根据图 9-6，对于墙体，软件内置了名称、材质、砂浆标号、厚度、底标高、起点高度、终点高度、轴线距左墙皮距离等属性。

对于图纸中需要计算的所有构件，按照自己熟悉的顺序建立每个构件，按照软件内置的构件属性填入图示参数即可完成。键完属性后，就相当于把图纸上的所有构件信息读到软件中了。

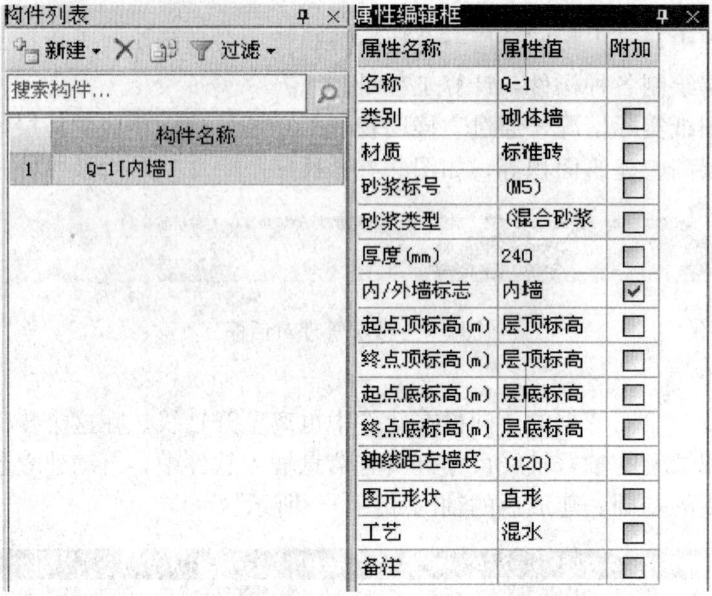

图 9-6　构件属性编辑框

5. 定义构件做法

定义构件做法，就是对在第四步中定义的构件选配相应的清单项目及消耗量定额项目。对招标方来讲，需要提供工程量清单，所以要为每个构件选配相应的清单项目，软件自动生成 12 位工程量清单编码的报表。而且可以包含相关所有的项目特征和工作内容。对于投标方来讲，需要计算施工方案量，要为每个构件选配消耗量定额，以便为计价作数据积累。通过定义构件做法下的“添加清单”或“添加定额”功能完成此操作。

如招标方既做清单又做控制价，套过清单项和定额后如图 9-7 所示。

其他的构件，都可以采用这一操作完成构件做法的定义。

房间的装修一直是手工计算中最复杂，地面、墙面、天棚、踢脚、墙裙、吊顶，要计算

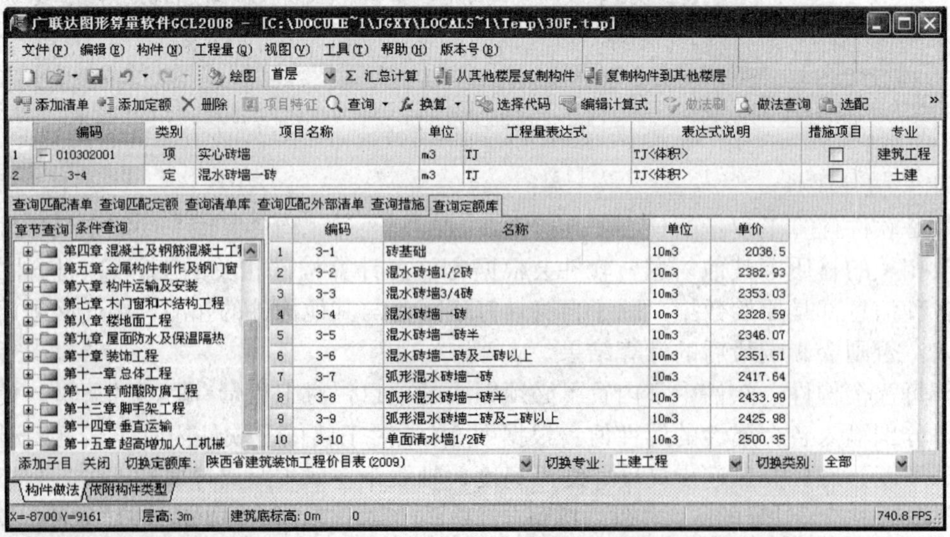

图 9-7　定义构件做法

的量太多。块料、抹灰计算的规则又不同，柱梁的位置也直接影响各项抹灰量。如果用手工计算，在细部构造的处理上难免会给工程量计算带来误差。随着时代的发展，还会有独立柱、附墙柱的单独装饰，多层吊顶，局部地面、天棚的装修及单墙的独特装修。软件把每一个房间作为一个构件单独定义，然后在定义具体某一个房间的构件做法，选择该房间内包含的所有装修内容对应的清单项和消耗量定额，软件会自动计算每一装修内容的工程量，既节省时间，又可以防止装修内容较多造成工程量的误差。

定义好的房间做法如图 9-8、图 9-9 所示。

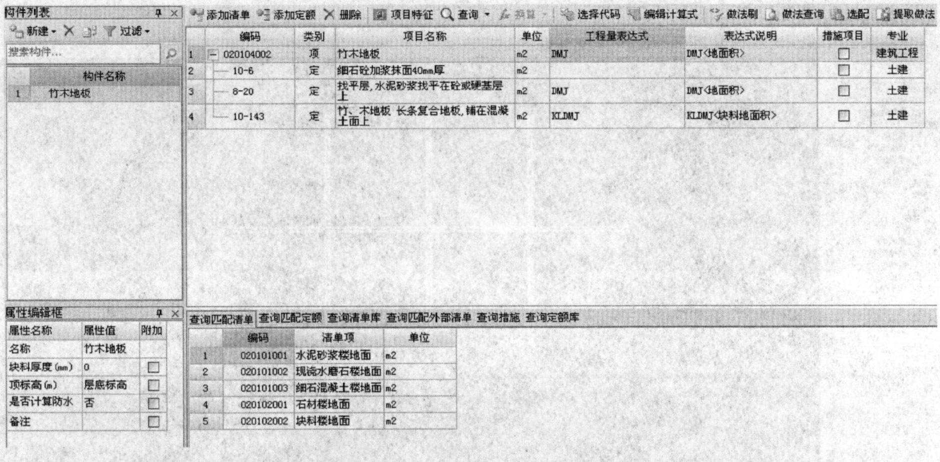

图 9-8　定义房间构件做法

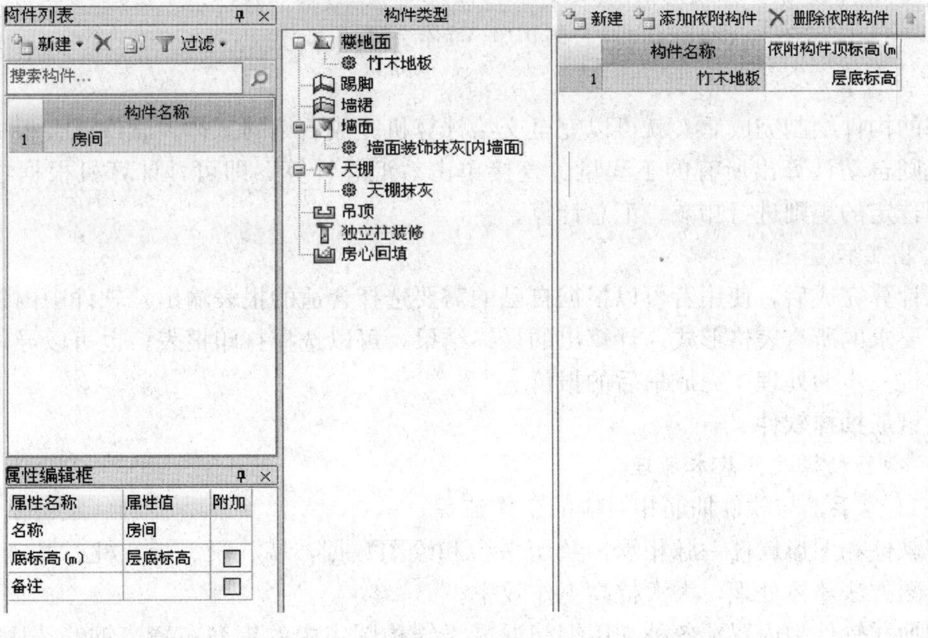

图 9-9　定义房间做法

6. 绘图

画图的前提是：楼层已定义好；轴线已经建好并插入到画图板中；构件已经定义好。所有的构件属性和做法定义好后，要把构件“搬”到计算机中。在这个步骤中，根据图纸，把构件画到软件中，就完成了大部分的工程量计算的大部分工作。

软件支持点式、线式和面式三种画法。对于柱等点状构件，用画点的方法绘图；对于墙、梁等线状构件，用直线、折现、弧线等画线的方式绘图；对于板、房间等面状构件，可用画矩形或在封闭区域画图的方法绘制。以墙为例，按照画折线的方式，将所有墙体画到图上，如图 9-10 所示。

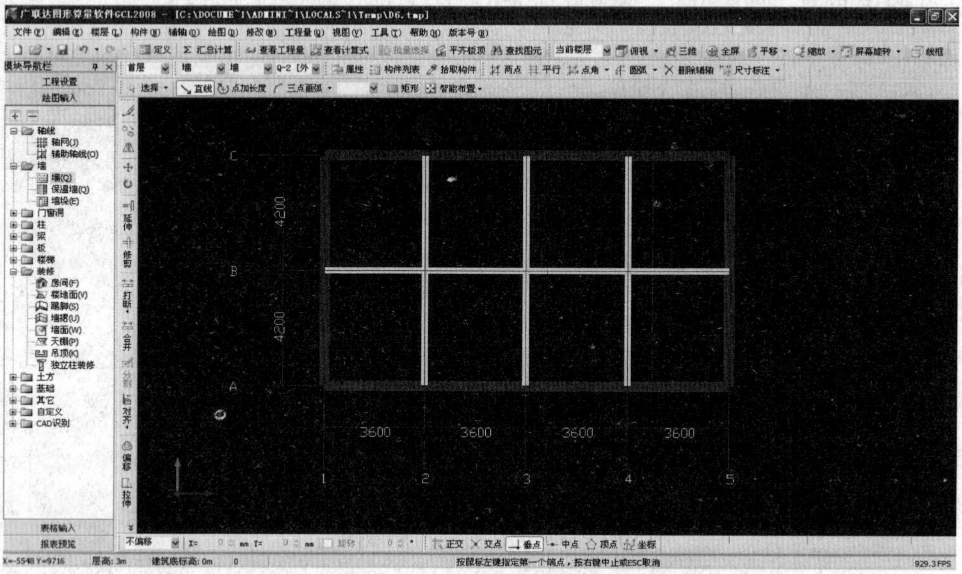

图 9-10　墙体绘制

7. 汇总计算

所有的构件绘制完成后，就可以完全交给计算机完成后续的工作。软件就会根据所选择的计算规则自动计算出所有的工程量。直接单击“汇总计算”即可，计算机根据绘制的图形，依照选定的规则进行扣减、汇总计算。

8. 输出工程量

汇总计算完成后，使用者可以根据自己的需要选择合适的报表输出。软件中内置了《计价规范》要求的所有表格形式。计算出的最终结果，可以选择打印报表，也可以导入到计价软件中作进一步的处理，完成最后的报价。

三、钢筋抽样软件

(一) 钢筋抽样软件基本原理

图 9-11 为手工与软件抽筋相对应的工作流程。

钢筋软件和图形软件一脉相承，共用平台和绘图数据，墙、梁、板、柱、基础等构件，可采用绘图方法整体处理，大大提高工作效率。

钢筋抽样软件中内置了各种常用钢筋混凝土结构图集中的钢筋布置、钢筋锚固、搭接、弯钩、损耗、比重等参照值，使用者只需根据图纸结构设计说明的内容，选择相匹配的计算规则，按照图纸中提供的信息，将各混凝土构件的钢筋属性值定义好，然后将构件沿着定义好的轴网画入或布置到软件中相应的位置，最后按照所选择的计算规则汇总计算所有构件的

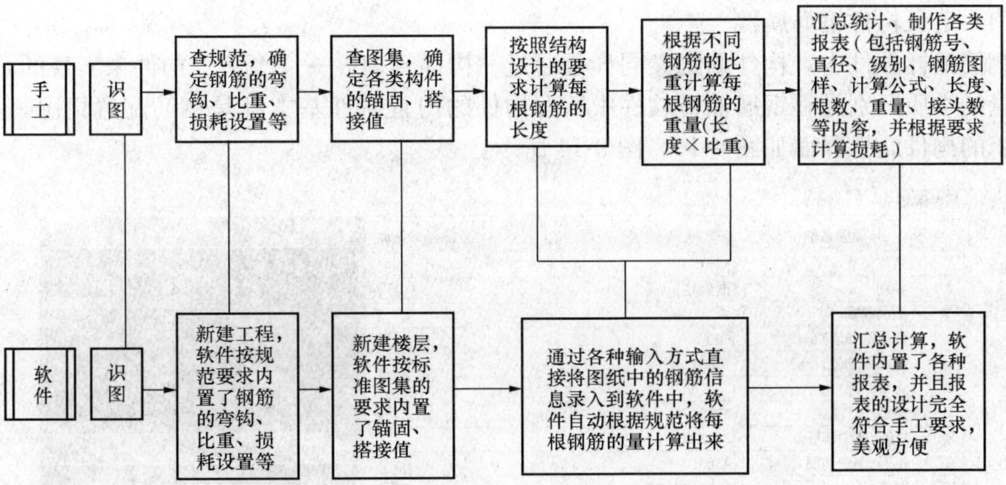

图 9-11 手工与软件抽筋对应工作流程

钢筋工程量，并得到相应的钢筋计算公式和报表。

（二）钢筋抽样软件操作流程

仍以广联达钢筋抽样软件为例，介绍钢筋计算的流程。

用钢筋抽样软件进行钢筋工程量计算，可以按照下面六个步骤完成：建立工程项目→建立楼层信息→建立轴网信息→定义构件属性→绘图→汇总计算。

（1）建立工程。

打开软件后，新建一个钢筋工程（图 9-12）。

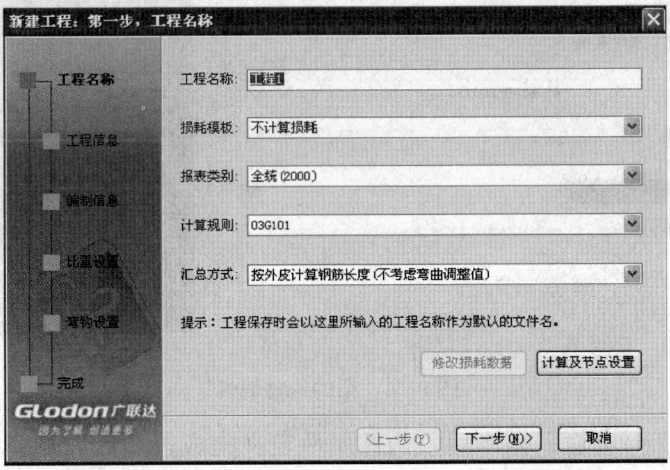

图 9-12 新建钢筋工程

在新建工程界面，注意选择计算规则，如 03G101，这将会直接影响钢筋的配置方法和钢筋工程量。

（2）建立楼层信息。

（3）根据图纸，建立轴网信息。

（4）定义构件钢筋属性。

钢筋抽样软件中，构件的定义同样是通过“构件管理”→“新建”构件来实现的，与图形算量的本质区别是，钢筋抽样软件中所有构件的内置属性基本都是钢筋配置情况，如柱、梁对于的构件属性界面如图 9-13、图 9-14 所示。

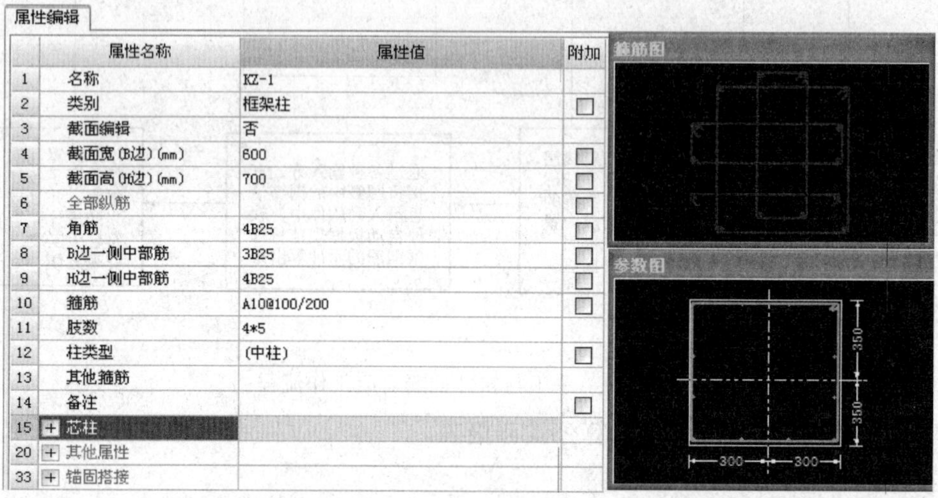

属性编辑

	属性名称	属性值	附加
1	名称	KZ-1	
2	类别	框架柱	☐
3	截面编辑	否	
4	截面宽(B边)(mm)	600	☐
5	截面高(H边)(mm)	700	☐
6	全部纵筋		☐
7	角筋	4B25	☐
8	B边一侧中部筋	3B25	☐
9	H边一侧中部筋	4B25	☐
10	箍筋	A10@100/200	☐
11	肢数	4*5	
12	柱类型	(中柱)	☐
13	其他箍筋		
14	备注		☐
15	⊞ 芯柱		
20	⊞ 其他属性		
33	⊞ 锚固搭接		

图 9-13　柱的构件属性

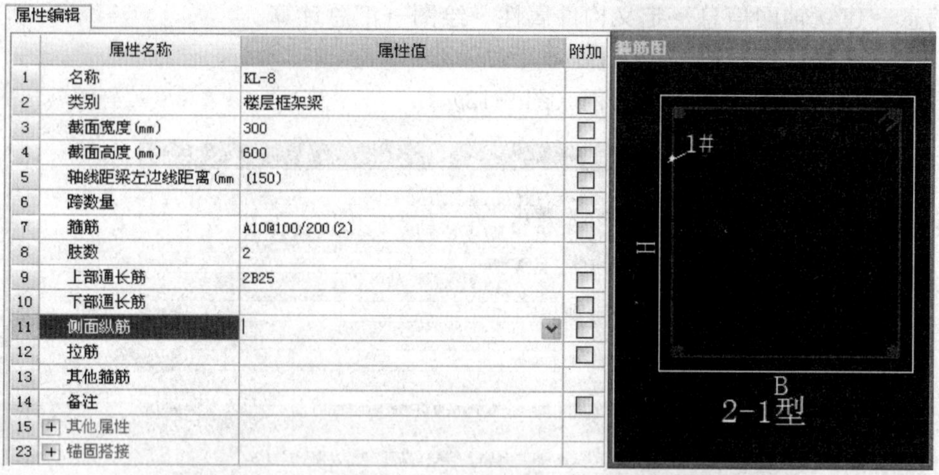

属性编辑

	属性名称	属性值	附加
1	名称	KL-8	
2	类别	楼层框架梁	☐
3	截面宽度(mm)	300	☐
4	截面高度(mm)	600	☐
5	轴线距梁左边线距离(mm	(150)	☐
6	跨数量		☐
7	箍筋	A10@100/200(2)	☐
8	肢数	2	
9	上部通长筋	2B25	☐
10	下部通长筋		☐
11	侧面纵筋		☐
12	拉筋		☐
13	其他箍筋		
14	备注		☐
15	⊞ 其他属性		
23	⊞ 锚固搭接		

图 9-14　梁的构件属性

按照图纸的配筋要求输入完毕后，构件属性定义完成，然后“选择构件”进入下一步操作。

根据梁的平面整体表示方法制图规则，梁的钢筋信息包括集中标注和原位标注两部分，通过构件属性直接输入的只是该梁的集中标注信息，而原位标注信息需要在把梁绘制到图上后再进行原位标注。

单击工具栏“原位标注”下拉菜单“原位标注”，如图 9-15 所示，出现“梁平法表格”

输入框。

使用者可以在弹出的“梁平法表格”中输入各跨的原位标注信息，也可以对照图纸中的标注，在软件中梁对应位置的方框中直接输入该处的钢筋信息，如图 9-16 所示。

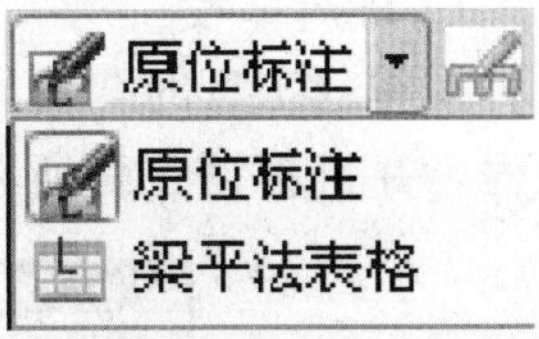

图 9-15　梁平法表格输入框

（5）绘图。

按照图形算量软件中介绍的绘图方法将混凝土构件绘制到轴网的对应位置。

（6）汇总对量。

通过“汇总计算”功能实现钢筋工程量的计算，然后将计算结果报表输出。

广联达软件还可以通过单击工具栏“布筋分析”，在绘图界面单击需要显示的构件，然后进入“布筋分析”界面，此界面显示钢筋的排布情况，可对照此图查看钢筋摆放位置、钢筋计算长度、钢筋根数等。

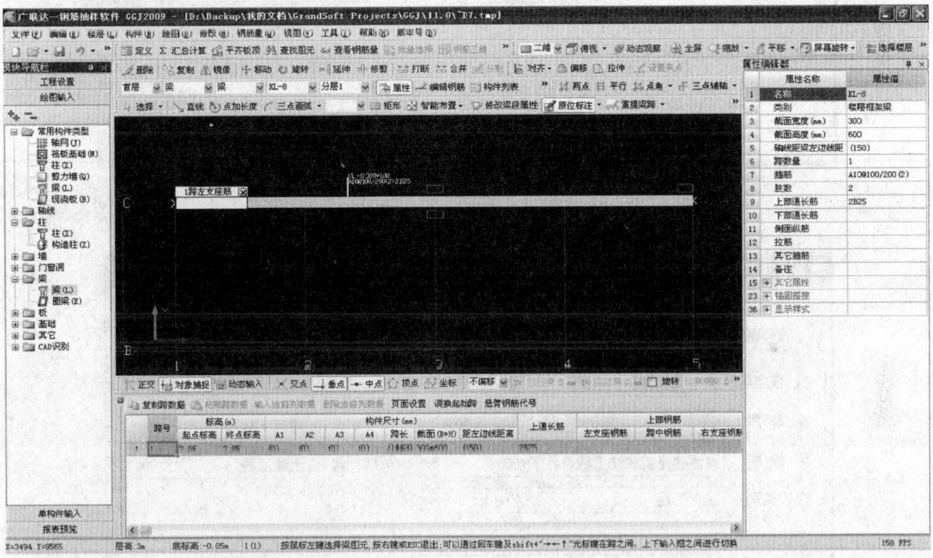

图 9-16　梁平法对应位置输入框

四、清单计价软件

（一）清单计价软件基本原理

清单计价软件一般包括工程量清单、控制价编制、投标报价编制三部分内容。在软件中，内置了完整的工程量清单的内容、定额库和材料预算价格、建筑工程估价取费程序等信息，使用者只要输入相应的清单编号、定额编号和工程量，便可以得到完整的工程量清单和相应的报价。

运用清单计价软件进行工程量清单和投标报价的编制，可以通过以下八个步骤来完成。新建工程→工程概况输入→分部分项工程量清单→措施项目清单→其他项目清单→人才机调价→费用汇总→报表输出。

（二）清单计价软件操作流程

下面以广联达清单计价软件 GBQ4.0 为例，介绍清单计价的流程。

1. 新建工程

在新建工程时，可以选择工程量清单模式、定额模式两种计价模式，以适应不同的业务流程，并且根据工程所在地区，选择相匹配的清单和定额，如图 9-17、图 9-18 所示。

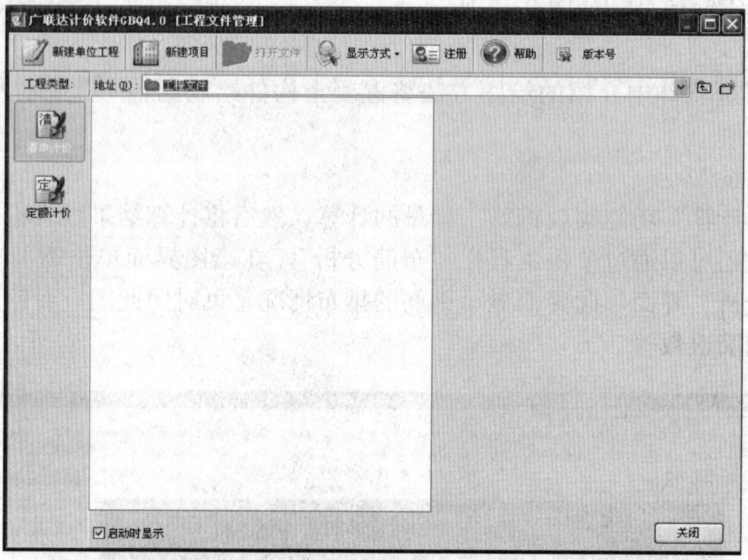

图 9-17 新建计价工程

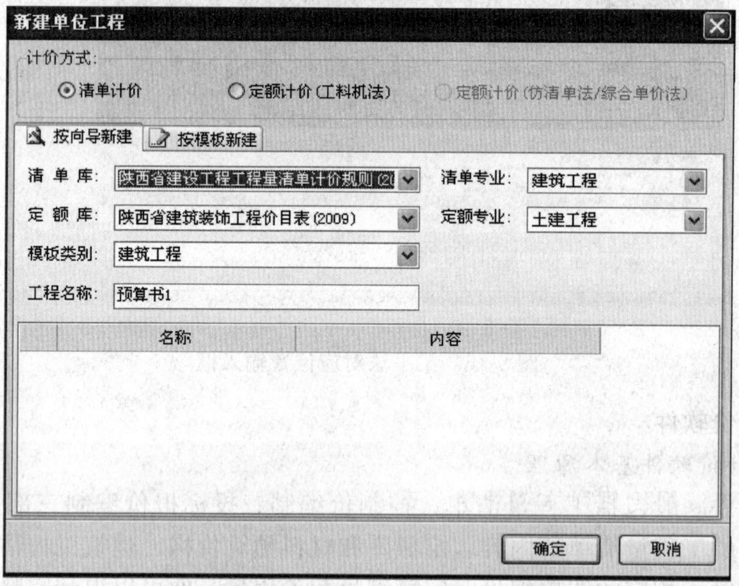

图 9-18 选择计价模式

2. 工程概况输入

根据图纸和实际情况，按照软件提供的各个属性名称，输入预算信息、工程信息、工程特征、计算信息等信息。这些信息主要起到标识的作用。

3. 分布分项工程量清单项的输入与组价

工程量清单项的输入。在“工程量清单”模式下，直接输入清单项的编码，软件自动弹出清单名称和计量单位，如图 9-19 所示；在特征项目中输入清单项目的各项特征值，然后刷新，完成清单特征的描述，如图 9-20 所示；最后输入清单项目的工程量。采用同样的方法，将整个工程所有的清单项输入完毕。

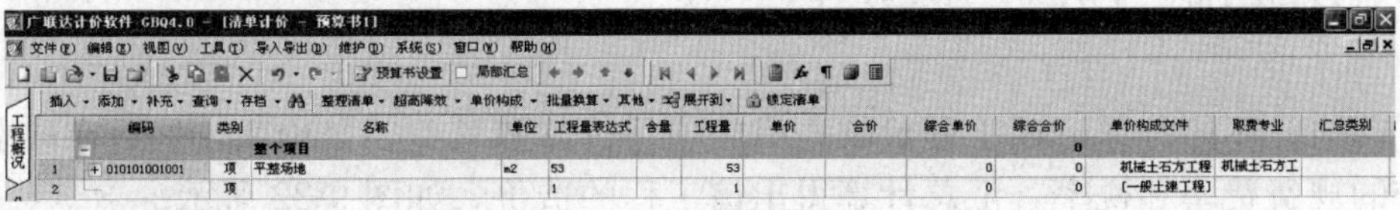

图 9-19　清单编码输入

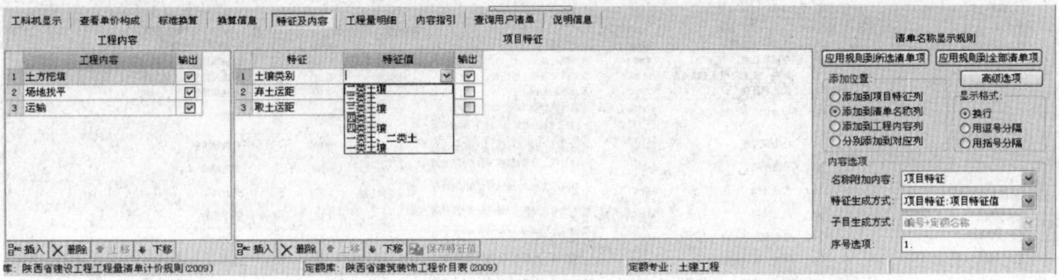

图 9-20　清单特征输入

清单项目组价内容的输入。要想对每一个清单项目进行报价，必须清楚完成每一个清单项目所包含的工作内容，然后对每一个工作内容进行工程量的计算和选择适合的定额，然后将所有组价内容对应的定额编号和工程量输入软件中的每一个清单项目下，便完成组价内容的输入，如图 9-21 所示。

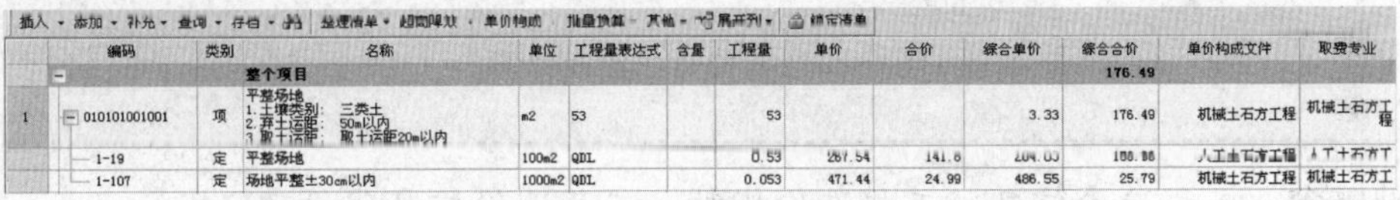

图 9-21　清单项目组价输入

取费：组价内容的输入只是完成了人工、材料和机械费得计算，根据综合单价的组成，还需要安装内置的计价程序计取管理费和利润。通过“单价构成”这一功能，在弹出的表格中输入管理费和利润率，完成综合单价的计算。

4. 措施项目清单组价

措施项目清单的组价相对比较简单，有的是按照一定的费率计算，如环境保护费等；有的是按照定额计算，如脚手架费。对于按费率计算的项目，直接输入拟定的费率即可；对于按定额计算的项目，组价的方法和程序同分部分项工程量清单的组价基本是相同的，这里不再赘述。

5. 其他项目清单的组价

其他项目清单中招标人部分和投标人部分可以通过“费用代码”和“金额”输入拟订的费率或进一步的金额来完成组价。

6. 人材机调价

软件中内置的是当地的预算价格，有些价格可能与组价时期的市场价格或工程上拟采用的人材机价格不符。在竞争性报价的情况下，就需要对软件中的部分人材机的价格进行调整。可以通过软件中的人材机汇总表对材料价格统一进行调整，对材料汇总表中某些材料的价格进行调整，则与之有关的材料及半成品和分部分项工程的综合单价也随之作相应的调整，完成对材料的批量换算。

7. 费用汇总

有了前边计算的分部分项工程价款、措施项目价款和其他项目价款，然后在取费程序中输入相应的规费费率和税率，汇总计算得出该工程的造价，如图 9-22 所示。

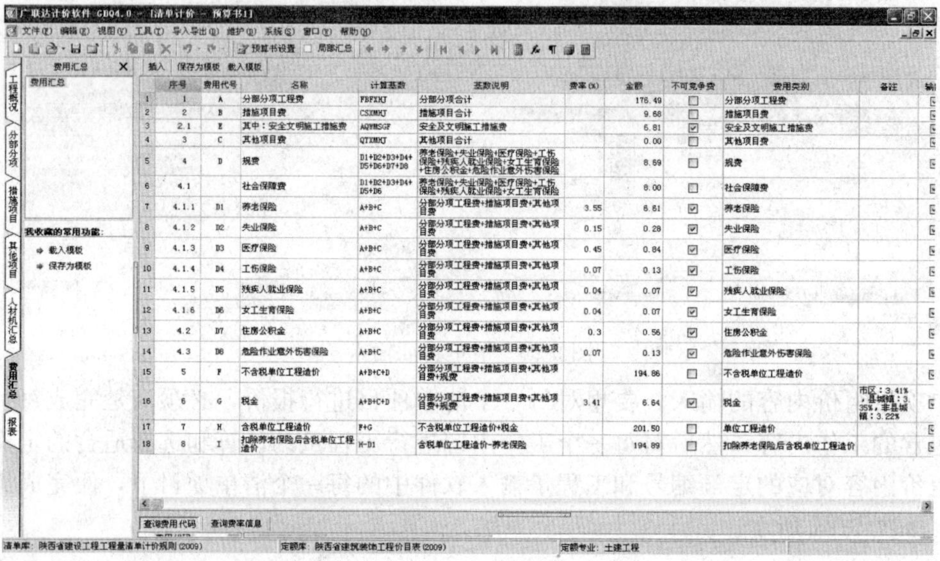

	序号	费用代号	名称	计算基数	基数说明	费率(%)	金额	不可竞争费	费用类别	备注
1	1	A	分部分项工程费	FBFXHJ	分部分项合计		176.49	☐	分部分项工程费	
2	2	B	措施项目费	CSXMHJ	措施项目合计		9.68	☐	措施项目费	
3	2.1	E	其中：安全文明施工措施费	AQWMSGF	安全及文明施工措施费		6.81	☑	安全及文明施工措施费	
4	3	C	其他项目费	QTXMHJ	其他项目合计		0.00	☐	其他项目费	
5	4	D	规费	D1+D2+D3+D4+D5+D6+D7+D8	养老保险+失业保险+医疗保险+工伤保险+残疾人就业保险+女工生育保险+住房公积金+危险作业意外伤害保险		8.69	☐	规费	
6	4.1		社会保障费	D1+D2+D3+D4+D5+D6	养老保险+失业保险+医疗保险+工伤保险+残疾人就业保险+女工生育保险		8.00	☐	社会保障费	
7	4.1.1	D1	养老保险	A+B+C	分部分项工程费+措施项目费+其他项目费	3.55	6.61	☑	养老保险	
8	4.1.2	D2	失业保险	A+B+C	分部分项工程费+措施项目费+其他项目费	0.15	0.28	☑	失业保险	
9	4.1.3	D3	医疗保险	A+B+C	分部分项工程费+措施项目费+其他项目费	0.45	0.84	☑	医疗保险	
10	4.1.4	D4	工伤保险	A+B+C	分部分项工程费+措施项目费+其他项目费	0.07	0.13	☑	工伤保险	
11	4.1.5	D5	残疾人就业保险	A+B+C	分部分项工程费+措施项目费+其他项目费	0.04	0.07	☑	残疾人就业保险	
12	4.1.6	D6	女工生育保险	A+B+C	分部分项工程费+措施项目费+其他项目费	0.04	0.07	☑	女工生育保险	
13	4.2	D7	住房公积金	A+B+C	分部分项工程费+措施项目费+其他项目费	0.3	0.56	☑	住房公积金	
14	4.3	D8	危险作业意外伤害保险	A+B+C	分部分项工程费+措施项目费+其他项目费	0.07	0.13	☑	危险作业意外伤害保险	
15	5	F	不含税单位工程造价	A+B+C+D	分部分项工程费+措施项目费+其他项目费+规费		194.86	☐	不含税单位工程造价	
16	6	G	税金	A+B+C+D	分部分项工程费+措施项目费+其他项目费+规费	3.41	6.64	☑	税金	市区：3.41%，县城镇：3.35%，非县城镇：3.22%
17	7	H	含税单位工程造价	F+G	不含税单位工程造价+税金		201.50	☐	单位工程造价	
18	8	I	扣除养老保险后含税单位工程造价	H-D1	含税单位工程造价-养老保险		194.89	☐	扣除养老保险后含税单位工程造价	

图 9-22 取费费用汇总计算

关键概念 工程造价信息 工程造价指数 工程造价信息化管理 工程造价软件应用

习 题

9.1 何谓工程造价信息？有何特点？包括哪些内容？如何分类？

9.2 工程造价资料积累主要包括哪些内容？

9.3 何谓工程造价指数？如何分类？如何计算？

9.4 工程造价指数的编制有何意义？如何编制？

9.5 工程造价信息管理的基本原则包括哪些？

9.6 采用软件计算钢筋工程量与手工计算有何不同？

附录一　采用定额单价法编制施工图预算实例

一、某厂房施工图及编制要求

1. 编制依据

(1) 砖混厂房设计说明及图纸（附图 1-1～附图 1-10）。

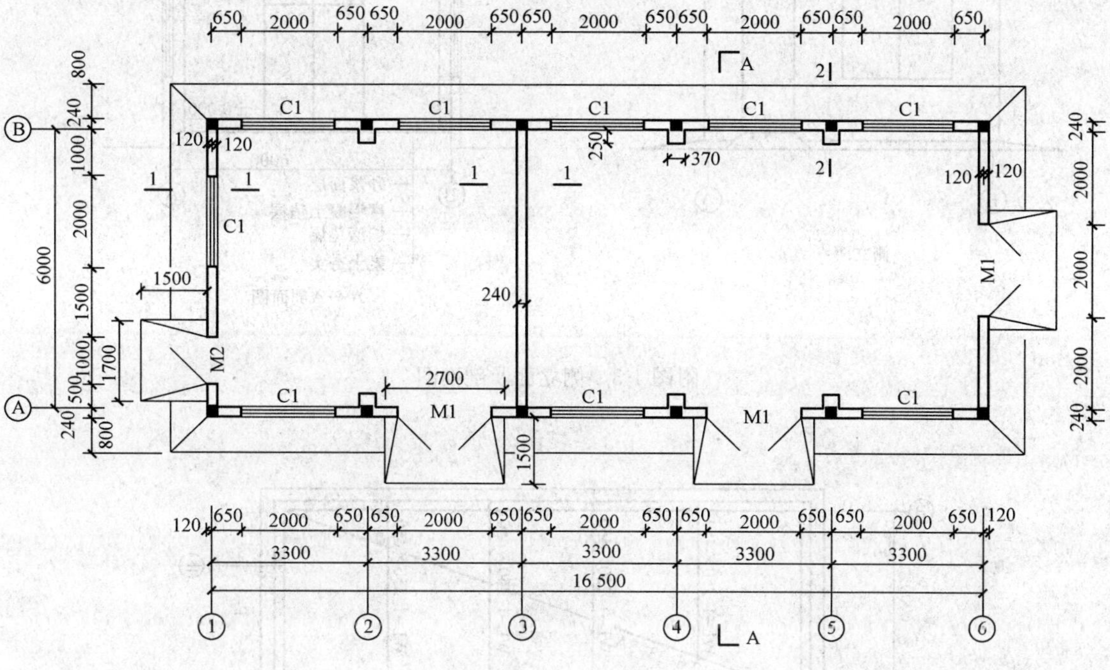

附图 1-1　平面图

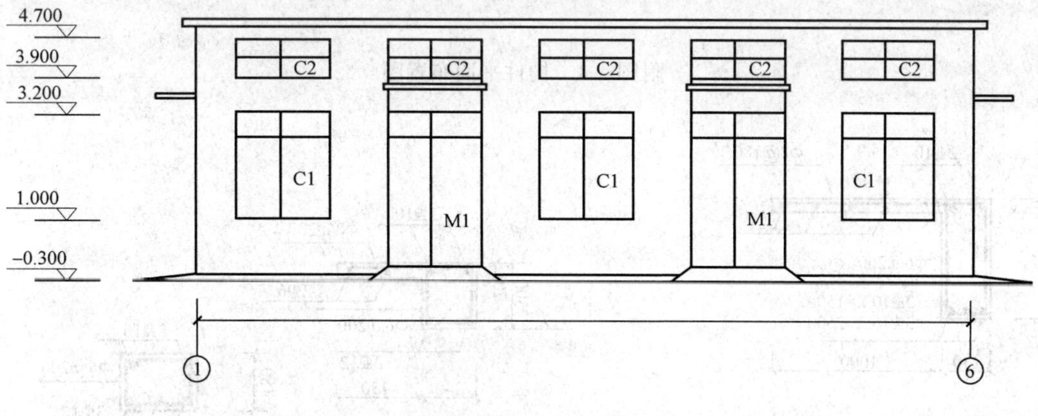

附图 1-2　正立面图

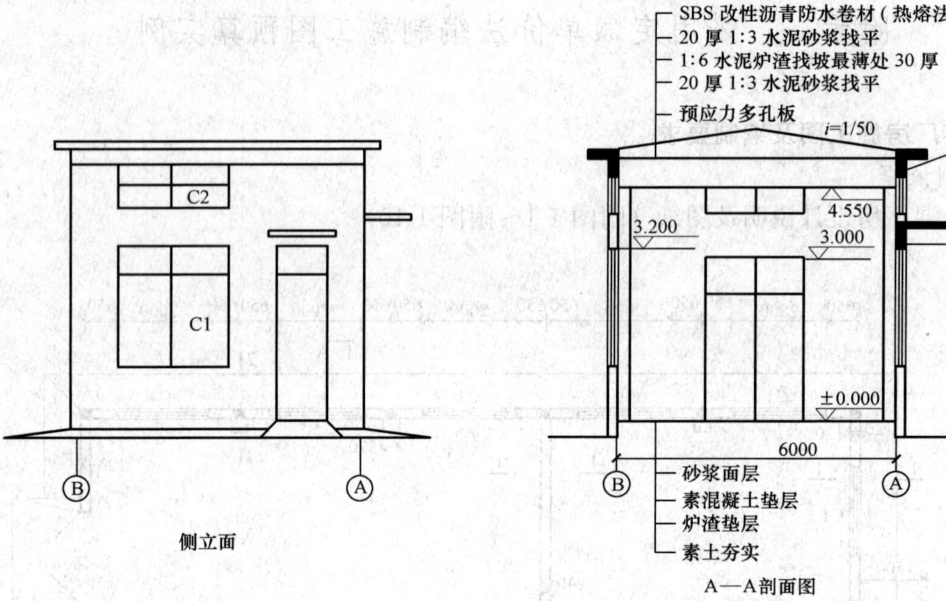

附图 1-3 侧立面及剖面图

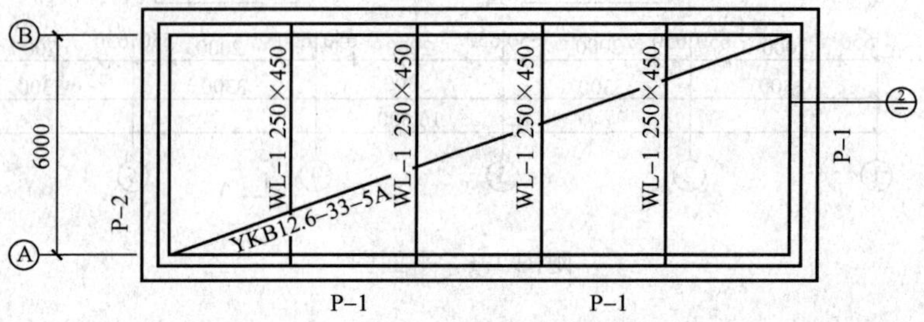

附图 1-4 构件平面布置图

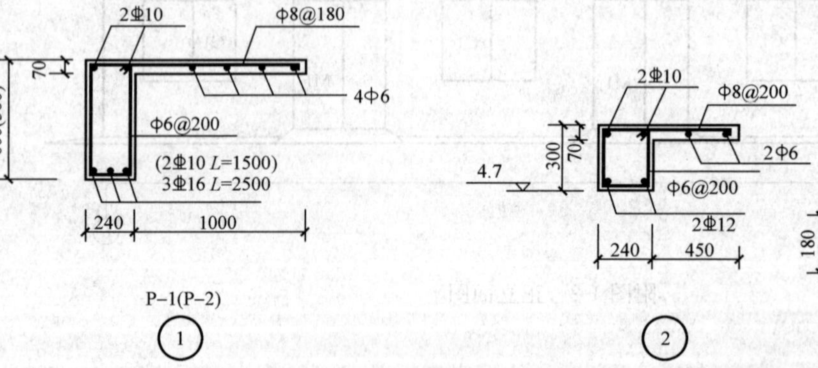

附图 1-5 详图

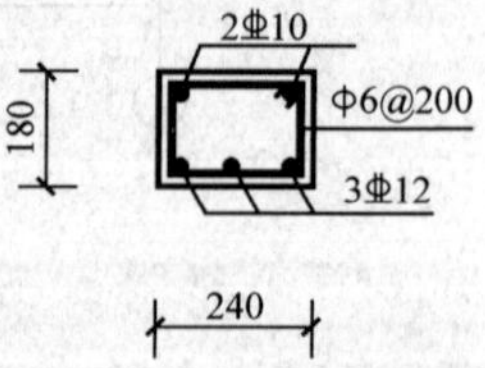

附图 1-6 过梁配筋图

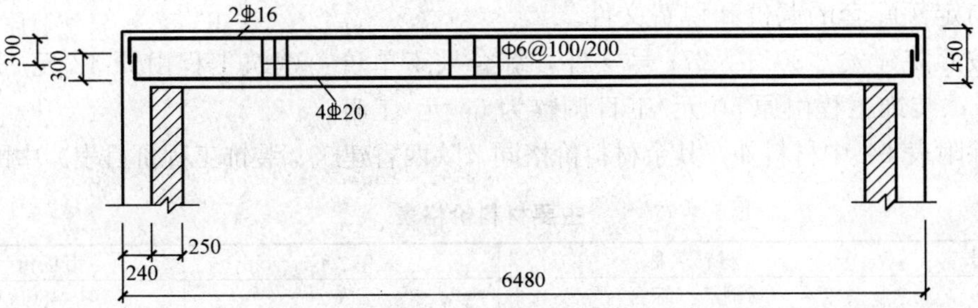

WL-1

附图 1-7　屋面梁配筋图

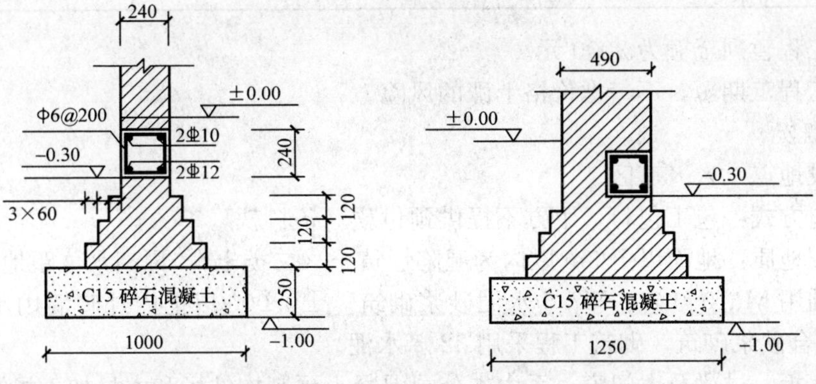

1—1　　2—2

附图 1-8　砖基础剖面图

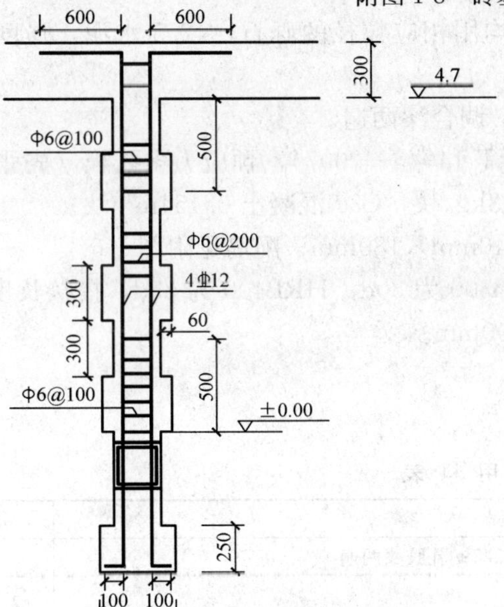

GZ

附图 1-9　GZ 配筋图

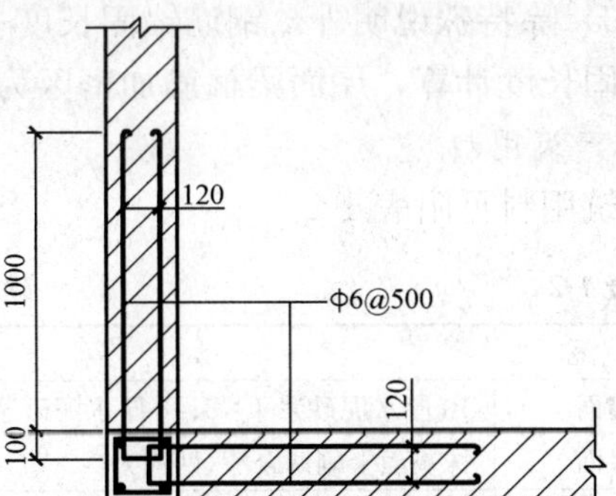

附图 1-10　砌体加固筋

（2）2004 年《陕西省建筑、装饰工程消耗量定额》、2009 年《陕西省建筑、装饰工程价目表》及配套的《参考费率》。

(3) 与定额配套的调价和税费文件。

(4) 按照陕建发［2011］277号文件，综合人工单价：建筑工程由原42元/工日调整为55元/工日；装饰工程由原50元/工日调整为65元/工日。

(5) 除附表1-1中材料外，其余材料价格同《陕西省建筑、装饰工程价目表》中的价格。

附表1-1　　主要材料价格表

序　号	材料名称	单　位	市场价（元）
1	圆钢筋（综合）	t	4500.00
2	螺纹钢筋（综合）	t	4600.00
3	冷拔丝Φ^b5以内	t	4900.00
4	改性沥青卷材	m^2	20.00

(6) 本工程暂列金额为3000元。

(7) 本工程工期短，不考虑价格上涨的风险。

2. 工程概况

(1) 建设地点：××市区。

(2) 承包方式：包工包料，甲方不提供预付款（备料款）。

(3) 水文地质：地面以下8m以内为湿陷性黄土（二类土），最高水位距地面3m。

(4) 基础用Mu10红砖，M7.5水泥砂浆砌筑；±0.000以上内外砖墙用承重黏土多孔砖，M7.5混合砂浆砌筑，砌筑工程采用32.5水泥。

(5) 多孔板、过梁及木门窗，系由本公司混凝土预制构件场和木材加工场制作，汽车运入工地安装，运距均为5km。

(6) 其余梁、柱为现浇。各构件混凝土均用相应粒径的砾石，42.5水泥，强度等级为C30，混凝土垫层采用32.5水泥。

(7) 采用保温钢木大门，单层玻璃木窗，调合漆两遍。

(8) 根据《预应力混凝土空心板》(GB/T 14040—2007)，预应力多孔板（先张法）采用型号YKB12.6-33-5A，钢筋Φ^b5以内5.113kg/块，C30混凝土0.154m^3/块。

(9) 窗上过梁，构件尺寸为2480mm×240mm×180mm；配筋见附图1-6。

(10) 除特殊说明外，钢筋锚固长度HPB300为30d，HRB400为35d，搭接长度按1.2倍的锚固长度计算，屋面梁箍筋加密区为2000mm。

3. 建筑用料

建筑用料见附表1-2。

附表1-2　　建 筑 用 料 表

名　　称	工 程 内 容	备　注
内墙面	10厚水泥砂浆1∶3；6厚水泥砂浆1∶2.5；乳胶漆两遍	
内墙面	抹灰面上刷调合漆(两遍)	高1200mm
外墙面	12厚水泥砂浆1∶3；8厚水泥砂浆1∶2.5；丙烯酸外墙涂料	
散水	150mm厚3∶7灰土垫层，宽出面层300mm；C15混凝土随打随抹光	
地面及坡道	素土夯实(厚140mm)，炉渣垫层(厚80mm)，C15素混凝土垫层(厚60mm)，1∶2.5水泥砂浆抹面(厚20mm)	
踢脚板	同地面面层	高120mm
天棚	5厚水泥砂浆1∶3；5厚水泥砂浆1∶2.5；乳胶漆两遍	

二、项目划分及工程量计算

具体见附表 1-3～附表 1-4。

附表 1-3　　**工程量计算表**　　项目名称：单层厂房土建工程

定额编号	分项工程名称	单位	计　算　式	数　量	标　志
基　数	$L_{外}$	m	(16.74＋6.48)×2	46.440	1W
	$L_{中}$	m	46.44－4×0.24	45.480	1z
	$L_{内}$	m	6	6.000	1j
	$S_{底}$	m^2	16.74×6.48	108.475	sd
	$S_{净}$	m^2	108.475－(45.48＋6)×0.24	96.120	sj
	$S_{坡道}$	m^2	2.7×1.5×3＋1.7×1.5	14.700	
	$S_{外洞口}$	m^2	2.0×2.2×9＋2.0×0.8×12＋2.0×3.0×3＋1.0×3.0	79.800	
			人工土方工程		
1-5	人工挖沟槽	100m^3	{[45.48＋6.0－(1.0－0.24)]×1.0×0.7＋6×0.25×1.13×0.7}÷100	0.367	
1-19	平整场地	100m^2	$S_{底}$＋$L_{外}$×2＋16＝(108.48＋46.44×2＋16)÷100	2.174	
1-20	钻探及回填	100m^2	$S_{底}$＋$L_{外}$×3＋36＝(108.48＋46.44×3＋36)÷100	2.838	
1-21	基础原土夯实	100m^2	36.69÷0.7÷100	0.524	
1-26	基础回填夯实素土	100m^3	基础回填：(36.69-13.104－10.24－0.618)÷100＝0.127	0.283	
	房心回填夯实素土	100m^3	房心回填：96.12×(0.3－0.16)÷100＝0.135		
	坡道回填夯实素土	100m^3	14.7×(0.3－0.16)÷100＝0.021		
1-28	散水回填夯实 3：7 灰土	100m^2	[(46.44－2.7×3－1.7×1)×1.1＋1.1×1.1×4]÷100	0.451	
			一般土建工程		
3-1 换	砖基础	10m^3	－0.300 以下： {[(45.48＋6)×(0.24×0.45＋12×0.126×0.063)＋(0.25×0.365×0.45＋12×0.126×0.063×0.25)×6]－0.618}÷10＝1.024 －0.300 以上： [(45.48＋6)×0.24×0.3＋0.25×0.365×0.3×6－0.24×0.24×0.3×12－2.8]÷10＝0.086	1.110	Zj
3-37	承重黏土多孔砖外墙	10m^3	S＝(外墙毛面积－$S_{外洞口}$)×墙厚－窗过梁体积－雨篷梁体积＋砖垛体积－±0.00 以上构造柱体积＝[(45.48×4.7－79.8)×0.24－0.964－1.188＋0.25×0.365×4.55×6－(0.24×0.24×4.7×12＋0.03×0.24×(4.7×2.4＋4.55×6)]÷10	2.827	
3-37	承重黏土多孔砖内墙	10m^3	S＝(6.0－0.03×2)×4.55×0.24÷10	0.649	

续表

定额编号	分项工程名称	单位	计 算 式	数 量	标 志
4-1 换	C15 碎石混凝土垫层	m^3	36.69÷0.7×0.25	13.104	
4-1 换	地圈梁 C30 混凝土	m^3	(45.48+6)×0.24×0.24－0.24×0.24×0.24×12=2.8	16.089	
	构造柱 C30 混凝土	m^3	－0.300 以下：(0.4×0.4×0.25+0.24×0.24×0.2)×12=0.618 －0.300 以上：(0.24×0.24×5+0.24×0.24×0.3)×12+0.03×0.24×5×24+0.03×0.24×4.55×8=4.789		
	矩形梁 C30 混凝土	m^3	0.25×0.45×6.0×4=2.7		
	圈梁混凝土	m^3	[45.48－(0.24+0.06)×12]×0.24×0.3=3.015		
	现浇 C30 雨篷梁混凝土	m^3	0.24×0.6×2.5×3+0.24×0.3×1.5=1.188		
	预制过梁 C30 混凝土	m^3	2.48×0.24×0.18×9=0.964 0.964×1.015=0.979		
4-1 换	挑檐 C30 混凝土	m^3	(46.44+4×0.45)×0.45×0.07=1.520	2.458	
	现浇雨篷 C30 混凝土	m^3	(2.5×1.0×3+1.5×1.0×1)÷100×10.42=0.938		
4-1 换	坡道 C15 混凝土垫层厚 60	m^3	14.70×0.06=0.882	6.649	
	地面 C15 混凝土垫层厚 60	m^3	96.12×0.06=5.767		
4-3 换	C30 砾石预应力混凝土先张法	m^3	0.154×50×1.015	7.816	
4-6	现浇圆钢 ϕ10 以内	t	0.479	0.500	
	预制圆钢 ϕ10 以内	t	0.021×1.015=0.021		
4-8	现浇螺纹钢 ϕ10 以上	t	0.989	1.075	
	预制螺纹钢 ϕ10 以上	t	0.085×1.015=0.086		
4-10	先张法预应力钢筋 Φ^H5 以内冷拔丝	t	50×5.113×1.015÷1000	0.259	
4-160	空心板坐浆灌缝	$10m^3$	0.154×50÷10	0.770	
4-164	预制过梁坐浆灌缝	$10m^3$	0.964÷10	0.096	
6-2	空心板运输	$10m^3$	0.154×50×1.013÷10	0.78	
6-20	预制过梁运输 5km 以内	$10m^3$	0.964×1.013÷10	0.098	
6-41	木门窗运输 5km 以内	$100m^2$	(2.0×3.0×3+3.0×1.0+2.0×2.2×9+2.0×0.8×12)÷100	0.798	
6-64	预制过梁安装	$10m^3$	0.964×1.005÷10	0.097	
6-86	空心板安装	$10m^3$	0.154×50×1.005÷10	0.774	
7-1	单层玻璃窗制作	$100m^2$	(2.0×2.2×9+2.0×0.8×12)÷100	0.588	
7-2	单层玻璃窗安装	$100m^2$	(2.0×2.2×9+2.0×0.8×12)÷100	0.588	

续表

定额编号	分项工程名称	单位	计　算　式	数　量	标　志
7-58	钢木大门制作	$100m^2$	(2.0×3.0×3+1.0×3.0)÷100	0.210	
7-59	钢木大门安装	$100m^2$	(2.0×3.0×3+1.0×3.0)÷100	0.210	
8-12	地面炉渣垫层，厚 80	m^3	96.12×0.08=7.696	8.878	
	坡道炉渣垫层，厚 80	m^3	14.70×0.08=1.182		
8-20	屋面水泥砂浆找平	$100m^2$	108.475÷100	1.085	
8-21 换	水泥砂浆找平	$100m^2$	(108.475+46.44×0.45+4×0.45×0.45)÷100	1.302	
8-26	水泥砂浆坡道	$100m^2$	14.70÷100	0.147	
8-27	混凝土散水	$100m^2$	(46.44+4×0.8−2.7×3−1.7)×0.8÷100	0.319	
9-27	改性沥青卷材　热熔法	$100m^2$	(108.475+46.44×0.45+4×0.45×0.45)÷100	1.302	
9-56	1∶6 水泥炉渣找坡层	$10m^3$	108.475×(0.03+6.48÷4×2%)÷10	0.677	
			装饰装修工程		
10-1	水泥砂浆地面	$100m^2$	96.12÷100	0.961	
10-5	水泥砂浆踢脚线	100m	(45.48−4×0.24−0.24×2+6.0×2)÷100	0.590	
10-244	水泥砂浆外墙抹灰	$100m^2$	[46.44×(0.3+5.0−0.07)−(2.7×3+1.7)×0.3]÷100−0.798	1.601	
10-247	内墙抹灰水泥砂浆 16 厚	$100m^2$	[(45.48−4×0.24−2×0.24+0.25×2×6)×5.0+6.0×4.55×2−79.8]÷100	2.100	
10-256	水泥砂浆零星项目	$100m^2$	[(2.5×3+1.5×1+1×2×4)×0.07+(46.44+8×0.45)×0.07]÷100	0.047	
10-660	水泥砂浆抹灰现浇天棚	$100m^2$	[(46.44+4×0.45)×0.45+2.5×1.0×3+1.5×1.0+6.0×0.45×2×4]÷100	0.523	
10-661	水泥砂浆抹灰预制天棚	$100m^2$	96.12÷100	0.961	
10-1063	钢木大门油漆	$100m^2$	0.210×1.00	0.210	
10-1064	单层玻璃窗油漆	$100m^2$	0.588×1.0	0.588	
10-1325	抹灰面调和漆一遍	$100m^2$	[(45.48−6×0.24+6×2+0.25×2×6)×1.2−2×1.2×3−1×1.2−2×0.2×9]÷100	0.588	
10-1328	调和漆增一遍	$100m^2$	0.588	0.588	
10-1331	乳胶漆抹灰面两遍(内墙、天棚抹灰面)	$100m^2$	2.100+0.523+0.961−0.588	2.996	
10-1419	外墙丙烯酸涂料	$100m^2$	1.601+0.047	1.648	
			措　施　项　目		
4-29	现浇构件模板混凝土垫层	m^3	13.104	13.104	
4-35	构造柱	m^3	5.407	5.407	
4-37	矩形梁	m^3	2.7	2.7	
4-39	现浇构件模板　圈过梁	m^3	2.8+3.015+1.188	7.003	
4-54	现浇构件模板天沟、挑沿、悬挑构件	m^3	1.520	1.520	

续表

定额编号	分项工程名称	单位	计 算 式	数 量	标 志
4-58	现浇构件模板雨篷	$10m^2$	(2.5×1.0×3+1.5×1.0×1)÷10	0.900	
4-84	预制构件模板过梁	m^3	0.979	0.979	
4-112	预应力多孔板厚 120	m^3	7.816	7.816	
13-1	外脚手架，钢管架，15m 以内	$100m^2$	46.44×(0.3+4.7+0.3)÷100	2.461	
13-8	里脚手架，钢管架，3.6m 以内	$100m^2$	108.475÷2÷100	0.542	
13-9	里脚手架，钢管架，每增加 1.2m	$100m^2$	108.475÷2÷100	0.542	
13-10	满堂钢管脚手架	$100m^2$	96.12÷100	0.961	
14-15	垂直运输混合结构	$100m^2$	108.475÷100	1.085	

附表 1-4 **单位工程钢筋计算表** 项目名称：单层厂房土建工程

构件名称	编号	钢筋名称	下料长度(m)	单件根数	总根数	总长度(m)	总重量(t)	长度表达式	根数表达式
WL-1	1	4ⱷ20	7.0	4	16	112.0	0.277	6.48+0.3×2−0.02×2	4
	2	2ⱷ16	7.0	2	8	56.0	0.088	6.48+0.3×2−0.02×2	2
	3	Φ6@100/200	1.4	51	204	285.6	0.063	(0.25+0.45)×2−8×0.02−3×1.75×0.006+2×1.9×0.006+2×0.075	(6−2×2)/0.2+2×2/0.1+1
GL	1	2ⱷ10	2.4	2	18	43.2	0.027	2.48−2×0.02	2
	2	3ⱷ12	2.4	3	27	64.8	0.058	2.48−2×0.02	3
	3	Φ6@200	0.8	13	117	93.6	0.021	(0.24+0.18)×2−8×0.02−3×1.75×0.006+2×1.9×0.006+2×0.075	2.48/0.2+1
P-1	1	2ⱷ10	2.5	2	6	15.0	0.009	2.5−2×0.02	2
	2	3ⱷ16	2.5	3	9	22.5	0.036	2.5−2×0.02	3
	3	4Φ6	2.6	4	12	31.2	0.007	2.5−0.03+12.5×0.006	4
	4	Φ6@200	1.6	14	42	67.2	0.015	(0.24+0.6)×2−8×0.02−3×1.75×0.006+2×1.9×0.006+2×0.075	2.5/0.2+1
	5	Φ8@180	1.4	15	45	63.0	0.025	1.24−0.015−0.02+15×0.008+6.25×0.008+0.07−0.015×2	2.5/0.18+1
P-2	1	2ⱷ10	1.5	2	2	3.0	0.002	1.5−2×0.02	2
	2	2ⱷ10	1.5	2	2	3.0	0.002	1.5−2×0.02	2
	3	4Φ6	1.6	4	4	6.4	0.001	1.5−0.03+12.5×0.006	4
	4	Φ6@200	1.1	9	9	9.9	0.002	(0.24+0.3)×2−8×0.02−3×1.75×0.006+2×1.9×0.006+2×0.075	1.5/0.2+1
	5	Φ8@180	1.4	9	9	12.6	0.005	1.24−0.015−0.02+15×0.008+6.25×0.008+0.07−0.015×2	1.5/0.18+1

续表

构件名称	编号	钢筋名称	下料长度(m)	单件根数	总根数	总长度(m)	总重量(t)	长度表达式	根数表达式
QL	1	2Φ10	49.6	2	2	99.2	0.061	45.48×(1+1.2×35×0.01/7)+4×35×0.01	2
	2	2Φ12	50.4	2	2	100.8	0.090	45.48×(1+1.2×35×0.012/7)+4×35×0.012	2
	3	Φ6@200	1.1	227	227	249.7	0.055	(0.24+0.3)×2−8×0.02−3×1.75×0.006+2×1.9×0.006+2×0.075	45.48/0.2
挑檐	1	2Φ6	51.4	2	2	102.8	0.023	(46.44+3/4×0.45×8)×[1+(1.2×35+12.5)×0.006/7]	2
	2	Φ8@200	0.9	246	246	221.4	0.087	0.69+15×0.008−0.035+6.25×0.008+0.07−0.015×2	(46.44+3/4×0.45×8)/0.2
地圈梁	1	2Φ10	49.6	2	2	99.2	0.061	45.48×(1+1.2×35×0.01/7)+4×35×0.01	2
	2	2Φ12	50.4	2	2	100.8	0.090	45.48×(1+1.2×35×0.012/7)+4×35×0.012	2
	3	Φ6@200	0.9	227	227	204.3	0.045	(0.24+0.24)×2−8×0.02−3×1.75×0.006+2×1.9×0.006+2×0.075	45.48/0.2
构造柱	1	4Φ12	6.4	4	48	307.2	0.273	5+0.75+0.1+0.6−0.02−0.04	4
	2	Φ6@100/200	0.9	35	35	31.5	0.007	(0.24+0.24)×2−8×0.02−3×1.75×0.006+2×1.9×0.006+2×0.075	(5+0.75−0.5×2)/0.2+0.5×2/0.1+1
砌体加固筋	1	Φ6@500	2.4	270	270	648.0	0.144	1.1×2+0.12+12.5×0.006	(4.7/0.5+1)×24+(4.55/0.5+1)×2

三、填列工程预算表

具体见附表1-5，计算直接工程费。

附表 1-5　　**单位工程概(预)算表**　　项目名称：单层厂房土建工程

定额号	分项工程名称	工程量		基价(元)				总价值(元)			
		单位	数量	合计	人工费	材料费	机械费	合计	人工费	材料费	机械费
	土石方工程										
1-5	人工挖沟槽	$100m^3$	0.367	1695.96	1695.96			622.42	622.42		
1-19	平整场地	$100m^2$	2.174	267.54	267.54			581.63	581.63		
1-20	钻探及回填	$100m^2$	2.838	655.18	491.40	163.78		1859.40	1394.59	464.81	
1-21	基础原土夯实	$100m^2$	0.524	72.03	59.64		12.39	37.74	31.25	0.00	6.49
1-26	回填夯实素土	$100m^3$	0.283	1825.86	1690.50	27.64	107.72	516.72	478.41	7.82	30.48
1-28	散水回填夯实3∶7灰土	$100m^2$	0.451	7569.96	2950.08	4512.16	107.72	3414.05	1330.49	2034.98	48.58
	人工土方合计							7031.95	4438.79	2507.61	85.55

续表

定额号	分项工程名称	工程量		基价(元)				总价值(元)			
		单位	数量	合计	人工费	材料费	机械费	合计	人工费	材料费	机械费
					一般土建工程						
3-1换	砖基础	$10m^3$	1.110	2013.84	495.18	1490.80	27.86	2235.36	549.65	1654.79	30.92
3-37	多孔砖外墙	$10m^3$	2.827	2661.10	524.58	2114.19	22.33	7522.93	1482.99	5976.82	63.13
3-37	多孔砖内墙	$10m^3$	0.649	2661.10	524.58	2114.19	22.33	1727.05	340.45	1372.11	14.49
4-1换	C15碎石混凝土垫层	m^3	13.104	270.99	76.44	176.82	17.73	3551.05	1001.67	2317.05	232.33
4-1换	C30混凝土	m^3	16.089	298.93	76.44	204.76①	17.73	4809.48	1229.84	3294.38	285.26
4-1换	C30混凝土	m^3	2.458	303.81	76.44	209.64	17.73	746.76	187.89	515.30	43.58
4-1换	C15混凝土	m^3	6.649	254.94	76.44	160.77	17.73	1695.10	508.25	1068.96	117.89
4-3换	C30砾石预应力混凝土	m^3	7.816	313.94	61.74	229.14	23.06	2453.76	482.56	1790.96	180.24
4-6	圆钢ϕ10以内	t	0.500	5407.29	728.28	4636.82②	42.19	2703.65	364.14	2318.41	21.10
4-8	圆钢ϕ10以上	t	1.075	5326.48	329.28	4882.88	114.32	5725.97	353.98	5249.10	122.89
4-10	先张法预应力钢筋	t	0.259	6405.51	782.04	5548.95	74.52	1659.03	202.55	1437.18	19.30
4-160	空心板坐浆灌缝	$10m^3$	0.770	715.24	292.74	404.17	18.33	550.73	225.41	311.21	14.11
4-164	预制梁坐浆灌缝	$10m^3$	0.096	252.49	111.30	134.10	7.09	24.24	10.68	12.87	0.68
6-2	空心板运输	$10m^3$	0.780	1181.16	178.08	21.75	981.33	921.30	138.90	16.97	765.44
6-20	预制过梁运输5km以内	$10m^3$	0.098	1537.45	206.64	91.03	1239.78	150.67	20.25	8.92	121.50
6-41	木门窗运输5km以内	$100m^2$	0.798	267.40	52.08		215.32	213.39	41.56		171.83
6-64	预制过梁安装	$10m^3$	0.097	1911.07	703.08	147.81	1060.18	185.37	68.20	14.34	102.84
6-86	空心板安装	$10m^3$	0.774	1107.06	367.50	199.31	540.25	856.86	284.45	154.27	418.15
7-1	单层玻璃窗制作	$100m^2$	0.588	14293.32	1444.38	12615.95	232.99	8404.47	849.30	7418.18	137.00
7-2	单层玻璃窗安装	$100m^2$	0.588	5261.76	1611.54	3650.22		3093.91	947.59	2146.33	
7-58	钢木大门制作	$100m^2$	0.210	33186.55	6953.94	26232.61		6969.18	1460.33	5508.85	
7-59	钢木大门安装	$100m^2$	0.210	8894.82	2723.28	5988.22	183.32	1867.91	571.89	1257.53	38.50
8-12	干铺炉渣垫层	m^3	8.878	48.02	16.80	31.22		426.32	149.15	277.17	
8-20	屋面水泥砂浆找平	$100m^2$	1.085	790.38	342.30	423.98	24.10	857.56	371.40	460.02	26.15
8-21换	水泥砂浆找平	$100m^2$	1.302	819.42	351.12	438.53	29.77	1152.27	457.16	570.97	38.76
8-26	水泥砂浆坡道	$100m^2$	0.147	2315.03	1558.20	732.02	24.81	340.31	229.06	107.61	3.65
8-27	混凝土散水	$100m^2$	0.319	2624.49	1171.80	1370.60	82.09	837.21	373.80	437.22	26.19
9-27	改性沥青卷材热熔法	$100m^2$	1.302	3035.74	191.52	2844.22		3952.54	249.36	3703.18	
9-56	1∶6炉渣找坡	$10m^3$	0.677	1468.98	301.98	1167.00		994.50	204.44	790.06	
	一般土建合计							66 543.51	13 356.88	50 190.72	2995.91
					装饰装修工程						
10-1	水泥砂浆地面	$100m^2$	0.961	1088.11	537.00	527.01	24.10	1045.67	516.06	506.46	23.16
10-5	水泥砂浆踢脚线	100m	0.590	319.13	263.00	52.59	3.54	188.29	155.17	31.03	2.09
10-244	水泥砂浆外墙	$100m^2$	1.601	1249.18	789.50	432.74	26.94	1999.94	1263.99	692.82	43.13

续表

定额号	分项工程名称	工程量		基价(元)				总价值(元)			
		单位	数量	合计	人工费	材料费	机械费	合计	人工费	材料费	机械费
10-247	内墙抹灰水泥砂浆16厚	100m²	2.100	951.80	583.00	346.82	21.98	1998.78	1224.30	728.32	46.16
10-256	水泥砂浆零星项目	100m²	0.047	3785.21	3281.00	477.98	26.23	177.90	154.21	22.47	1.23
10-660	水泥砂浆抹灰现浇天棚	100m²	0.523	1176.85	791.00	364.58	21.27	615.49	413.69	190.68	11.12
10-661	石灰砂浆抹灰预制天棚	100m²	0.96	1345.20	943.00	380.93	21.27	1292.74	906.22	366.07	20.44
10-1063	钢木大门油漆	100m²	0.210	1600.49	1017.50	582.99		336.10	213.68	122.43	
10-1064	木窗油漆	100m²	0.588	1503.45	1017.50	485.95		884.03	598.29	285.74	
10-1325	抹灰面调和漆一遍	100m²	0.588	629.02	345.00	284.02		369.86	202.86	167.00	
10-1328	调和漆增一遍	100m²	0.588	145.56	73.00	72.56		85.59	42.92	42.67	
10-1331	抹灰面乳胶漆两遍	100m²	2.996	1002.08	560.00	442.08		3002.23	1677.76	1324.47	
10-1419	外墙喷丙烯酸	100m²	1.648	2528.62	200.00	2065.84	262.78	4167.17	329.60	3404.50	433.06
	装饰装修合计							16 163.80	7698.75	7884.65	580.40
	措　施　项　目										
4-29	现浇构件模板混凝土垫层	m³	13.104	38.37	7.14	30.82	0.41	502.80	93.56	403.87	5.37
4-35	构造柱模板	m³	5.407	182.06	111.30	62.98	7.78	984.40	601.80	340.53	42.07
4-37	矩形梁模板	m³	2.70	356.15	190.26	147.95	17.94	961.61	513.70	399.47	48.44
4-39	现浇构件模板圈过梁	m³	7.003	299.08	159.18	130.92	8.98	2094.46	1114.74	916.83	62.89
4-54	现浇构件模板天沟、挑沿、悬挑构件	m³	1.520	664.04	324.24	311.60	28.20	1009.34	492.84	473.63	42.86
4-58	现浇构件模板雨篷	10m²	0.900	563.29	299.88	226.68	36.73	506.96	269.89	204.01	33.06
4-84	预制构件模板过梁	m³	0.979	288.17	92.40	103.69	92.08	282.12	90.46	101.51	90.15
4-112	预应力多孔板厚120	m³	7.816	209.62	84.42	62.25	62.95	1638.39	659.83	486.55	492.02
13-1	外脚手架钢管架15m以内	100m²	2.461	941.01	301.98	579.99	59.04	2315.83	743.17	1427.36	145.30
13-8	里脚手架钢管架3.6m以内	100m²	0.542	552.96	428.78	104.04	20.14	299.70	232.40	56.39	10.92
13-9	里脚手架，钢管架，每增加1.2m	100m²	0.542	231.08	182.87	39.88	8.33	125.25	99.12	21.61	4.51
13-10	满堂钢管脚手架	100m²	0.961	650.19	393.12	239.71	17.36	624.83	377.79	230.36	16.68
14-15	垂直运输混合结构	100m²	1.085	1254.77			1254.77	1361.43	0.00	0.00	1361.43
	措施项目合计							12 707.11	5289.30	5062.12	2355.69

①204.76＝174.26＋(193.44－163.39)×1.015。

②4636.82＝3667.82＋(4500－3550)×1.02。

四、工程造价取费计算

具体见附表 1-6～附表 1-8。

附表 1-6 **人工土方工程取费计算表** 项目名称：单层厂房土建工程

序号	项目名称	计费程序或内容	合价	其中		
				人工费	材料费	机械费
1	定额工程费	$A=A_1+A_2+A_3+A_4$	7318.70	—	—	—
1.1	定额项目费	$A_1=a_1+a_2+a_3$	7031.95	4438.79 (a_1)	2507.61 (a_2)	85.55 (a_3)
1.2	风险	$A_2=(a_1+a_2+a_3)\times$风险系数	0.00	0.00	0.00	0.00
1.3	管理费	$A_3=a_1\times3.58\%$	158.91	—	—	—
1.4	利润	$A_4=a_1\times2.88\%$	127.84	—	—	—
2	措施费合计（不含安全文明施工）	$B=B_1+B_2+B_3+B_4+B_5+B_6+B_7$	87.89			
2.1	定额措施项目费	$B_1=b_1+b_2+b_3$	0.00	0.00 (b_1)	0.00 (b_2)	0.00 (b_3)
2.2	风险	$B_2=(b_1+b_2+b_3)\times$风险系数	0.00	0.00	0.00	0.00
2.3	管理费	$B_3=b_1\times$费率	0.00	—	—	—
2.4	利润	$B_4=b_1\times$费率	0.00	—	—	—
2.5	冬雨季、夜间施工措施费	$B_5=a_1\times0.86\%$	38.17			
2.6	二次搬运费	$B_6=a_1\times0.76\%$	33.73			
2.7	测量放线、定位复测检验试验费	$B_7=a_1\times0.36\%$	15.98			
3	其他	C(总承包服务费等)	0.00			
4	差价	D(含人工、材料、机械)	1373.91	4438.79÷42×13		
5	安全文明施工措施费	$E=E_1+E_2+E_3$	333.66			
5.1	安全文明施工费	$E_1=(A+B+C+D)\times2.60\%$	228.29			
5.2	环境保护费（含排污）	$E_2=(A+B+C+D)\times0.40\%$	35.12			
5.3	临时设施费	$E_3=(A+B+C+D)\times0.80\%$	70.24			
6	规费	$F=F_1+F_2+F_3+F_4+F_5+F_6+F_7+F_8$	425.63			
6.1	养老保险（劳保统筹基金）	$F_1=(A+B+C+D+E)\times3.55\%$	323.55			
6.2	失业保险	$F_2=(A+B+C+D+E)\times0.15\%$	13.67			
6.3	医疗保险	$F_3=(A+B+C+D+E)\times0.45\%$	41.01			
6.4	工伤保险	$F_4=(A+B+C+D+E)\times0.07\%$	6.38			
6.5	残疾人就业保险	$F_5=(A+B+C+D+E)\times0.04\%$	3.65			

续表

序号	项目名称	计费程序或内容	合价	其中		
				人工费	材料费	机械费
6.6	生育保险	$F_6=(A+B+C+D+E)\times 0.04\%$	3.65			
6.7	住房公积金	$F_7=(A+B+C+D+E)\times 0.30\%$	27.34			
6.8	意外伤害保险	$F_8=(A+B+C+D+E)\times 0.07\%$	6.38			
7	不含税工程造价	$G=A+B+C+D+E+F$	9539.78			
8	税金	$H=G\times 11\%$	1049.38			
9	含税工程造价	$I=G+H$	10 589.16			

附表 1-7　一般土建工程取费计算表　项目名称：单层厂房土建工程

序号	项目名称	计费程序或内容	合价	其中		
				人工费	材料费	机械费
1	定额工程费	$A=A_1+A_2+A_3+A_4$	72 119.14	—	—	—
1.1	定额项目费	$A_1=a_1+a_2+a_3$	66 543.51	13 356.88 (a_1)	50 190.72 (a_2)	2995.91 (a_3)
1.2	风险	$A_2=(a_1+a_2+a_3)\times$风险系数	0.00	0.00	0.00	0.00
1.3	管理费	$A_3=(A_1+A_2)\times 5.11\%$	3400.37	—	—	—
1.4	利润	$A_4=(A_1+A_2+A_3)\times 3.11\%$	2175.25	—	—	—
2	措施费合计（不含安全文明施工）	$B=B_1+B_2+B_3+B_4+B_5+B_6+B_7$	14 868.04			
2.1	定额措施项目费	$B_1-b_1+b_2+b_3$	12 707.11	5289.30 (b_1)	5062.12 (b_2)	2355.69 (b_3)
2.2	风险	$B_2=(b_1+b_2+b_3)\times$风险系数	0.00	0.00	0.00	0.00
2.3	管理费	$B_3=(B_1+B_2)\times 5.11\%$	649.33	—	—	—
2.4	利润	$B_4=(B_1+B_2+B_3)\times 3.11\%$	415.39	—	—	—
2.5	冬雨季、夜间施工措施费	$B_5=A\times 0.76\%$	548.11			
2.6	二次搬运费	$B_6=A\times 0.34\%$	245.21			
2.7	测量放线、定位复测检验试验费	$B_7=A\times 0.42\%$	302.90			
3	其他	C(总承包服务费等)	3000.00			
4	差价	D(含人工、材料、机械)	5771.44	(13 356.88+5289.30)/42×13		
5	安全文明施工措施费	$E=E_1+E_2+E_3$	3638.83			
5.1	安全文明施工费	$E_1=(A+B+C+D)\times 2.60\%$	2489.72			
5.2	环境保护费（含排污）	$E_2=(A+B+C+D)\times 0.40\%$	383.03			
5.3	临时设施费	$E_3=(A+B+C+D)\times 0.80\%$	766.07			

续表

序号	项目名称	计费程序或内容	合价	其中		
				人工费	材料费	机械费
6	规费	$F=F_1+F_2+F_3+F_4+F_5+F_6+F_7+F_8$	4641.86			
6.1	养老保险(劳保统筹基金)	$F_1=(A+B+C+D+E)\times 3.55\%$	3528.61			
6.2	失业保险	$F_2=(A+B+C+D+E)\times 0.15\%$	149.10			
6.3	医疗保险	$F_3=(A+B+C+D+E)\times 0.45\%$	447.29			
6.4	工伤保险	$F_4=(A+B+C+D+E)\times 0.07\%$	69.58			
6.5	残疾人就业保险	$F_5=(A+B+C+D+E)\times 0.04\%$	39.76			
6.6	生育保险	$F_6=(A+B+C+D+E)\times 0.04\%$	39.76			
6.7	住房公积金	$F_7=(A+B+C+D+E)\times 0.30\%$	298.19			
6.8	意外伤害保险	$F_8=(A+B+C+D+E)\times 0.07\%$	69.58			
7	不含税工程造价	$G=A+B+C+D+E+F$	104 039.31			
8	税金	$H=G\times 11\%$	11 444.32			
9	含税工程造价	$I=G+H$	115 483.63			

附表 1-8 **装饰装修工程取费计算表** 项目名称：单层厂房土建工程

序号	项目名称	计费程序或内容	合价	其中		
				人工费	材料费	机械费
1	定额工程费	$A=A_1+A_2+A_3+A_4$	17 348.46	—	—	—
1.1	定额项目费	$A_1=a_1+a_2+a_3$	16 163.80	7698.75 (a_1)	7884.65 (a_2)	580.40 (a_3)
1.2	风险	$A_2=(a_1+a_2+a_3)\times$风险系数	0.00	0.00	0.00	0.00
1.3	管理费	$A_3=(A_1+A_2)\times 3.83\%$	619.07	—	—	—
1.4	利润	$A_4=(A_1+A_2+A_3)\times 3.37\%$	565.58	—	—	—
2	措施费合计(不含安全文明施工)	$B=B_1+B_2+B_3+B_4+B_5+B_6+B_7$	91.95			
2.1	定额措施项目费	$B_1=b_1+b_2+b_3$	0.00	0.00 (b_1)	0.00 (b_2)	0.00 (b_3)
2.2	风险	$B_2=(b_1+b_2+b_3)\times$风险系数	0.00	0.00	0.00	0.00
2.3	管理费	$B_3=(B_1+B_2)\times$费率	0.00	—	—	—
2.4	利润	$B_4=(B_1+B_2+B_3)\times$费率	0.00	—	—	—
2.5	冬雨季、夜间施工措施费	$B_5=A\times 0.3\%$	52.05			
2.6	二次搬运费	$B_6=A\times 0.08\%$	13.88			
2.7	测量放线、定位复测检验试验费	$B_7=A\times 0.15\%$	26.02			

续表

序号	项目名称	计费程序或内容	合价	其中		
				人工费	材料费	机械费
3	其他	C(总承包服务费等)	0.00			
4	差价	D(含人工、材料、机械)	2309.63	7698.75÷50×15		
5	安全文明施工措施费	$E=E_1+E_2+E_3$	750.50			
5.1	安全文明施工费	$E_1=(A+B+C+D)\times 2.60\%$	513.50			
5.2	环境保护费（含排污）	$E_2=(A+B+C+D)\times 0.40\%$	79.00			
5.3	临时设施费	$E_3=(A+B+C+D)\times 0.80\%$	158.00			
6	规费	$F=F_1+F_2+F_3+F_4+F_5+F_6+F_7+F_8$	957.37			
6.1	养老保险（劳保统筹基金）	$F_1=(A+B+C+D+E)\times 3.55\%$	727.77			
6.2	失业保险	$F_2=(A+B+C+D+E)\times 0.15\%$	30.75			
6.3	医疗保险	$F_3=(A+B+C+D+E)\times 0.45\%$	92.25			
6.4	工伤保险	$F_4=(A+B+C+D+E)\times 0.07\%$	14.35			
6.5	残疾人就业保险	$F_5=(A+B+C+D+E)\times 0.04\%$	8.20			
6.6	生育保险	$F_6=(A+B+C+D+E)\times 0.04\%$	8.20			
6.7	住房公积金	$F_7=(A+B+C+D+E)\times 0.30\%$	61.50			
6.8	意外伤害保险	$F_8=(A+B+C+D+E)\times 0.07\%$	14.35			
7	不含税工程造价	$G=A+B+C+D+E+F$	21 457.90			
8	税金	$H=G\times 11\%$	2360.37			
9	含税工程造价	$I=G+H$	23 818.27			

五、填写封面、编制说明

填写封面见附表 1-9，编制说明(略)。

附表 1-9　　**施工图预算书封面**　　项目名称：单层厂房土建工程

建设工程造价预算书

建设地点：××市区　　工程名称：单层厂房土建工程

工程类别：四类　　工程规模：108.48m²

工程造价：(小写)139 641.76 元　　单位造价：1287.26 元/m²

(大写)壹拾叁万玖仟陆佰肆拾壹元柒角陆分

建设单位：×××　　施工单位：×××

法人代表或授权代理人：×××　　法人代表或授权代理人：×××

编制人签字盖专用章：×××　　审核人签字盖专用章：×××

2011 年 12 月 19 日　　2011 年 12 月 19 日

附录二 工程量清单计量与计价编制实例

一、工程说明

(一) 建筑说明

(1) ××小区位于西安市区，××小区办公楼为2层框架结构，建筑面积174.14m^2，檐口标高6.3m，其建筑施工图见附图2-1～附图2-3。

(2) 除LM1与外墙内侧平齐外，其余门立于墙中。窗与外墙外侧平齐。门窗统计表见附表2-1，建筑做法及用料说明见附表2-2。

附表2-1 门 窗 表

名称	洞口尺寸	数量	类别	备注
C1	1800×1800	5	塑钢推拉窗、带纱	
C2	1500×1800	6	塑钢推拉窗、带纱	
LM1	1800×2100	1	塑钢平开门	门框厚70
M1	1200×2400	1	双面夹板门	
M2	900×2100	5	双面夹板门	

附表2-2 建筑做法及用料说明

名称	位置	内容
地1	所有地面	10厚1：2.5现浇水磨石地面；水泥浆一道；20厚1：3厚水泥砂浆找平；玻璃分隔条；60厚C15混凝土垫层；150厚3：7灰土垫层
楼1	卫生间楼面	200×200地砖；5厚1：2.5水泥砂浆结合层20厚1：3干硬水泥砂浆结合层；1.5厚高分子涂抹防水四周150高； 1：3水泥砂浆找坡最薄处20厚
楼2	其余楼面	600×600地砖厚8mm；5厚1：2.5水泥砂浆结合层；20厚1：3干硬水泥砂浆结合层；水泥浆一道
楼梯1	楼梯	300×300地砖厚8mm；5厚1：2.5水泥砂浆结合层；20厚1：3干硬水泥砂浆结合层；水泥浆一道
台阶1	台阶	12厚1：2.5现浇水磨石台阶面层；水泥浆一道；20厚1：3水泥砂浆找平；60厚C15混凝土垫层；300厚3：7灰土垫层
散水1	散水(宽1m)	60厚C15混凝土撒1：1水泥砂子压实赶光；150厚3：7灰土垫层，宽出面层300mm
内墙1	内墙面	乳胶漆三遍；10厚1：3水泥砂浆；6厚1：2.5水泥砂浆抹面
内墙2	卫生间墙	100×100瓷片厚5mm；10厚1：3水泥砂浆；5厚1：2水泥砂浆(内掺建筑胶)
内墙3	柱面	12厚1：2水泥砂浆；8厚1：2.5水泥砂浆抹面
外墙1	外墙面	面砖规格100×100；4厚聚合物水泥砂浆结合层；6厚1：2.5水泥砂浆找平；12厚1：3水泥砂浆打底扫毛
天棚	天棚	5厚1：0.3：2.5水泥石灰砂浆找平；5厚1：0.3：3水泥石灰膏打底扫毛；刷素水泥浆一道
油1	木材面油漆	油漆底油一遍、刮腻子、调合漆两遍
屋1	屋面	1：6水泥焦渣找坡最薄处30厚；20厚1：2.5水泥砂浆找平；200厚加气混凝保温；25厚1：2.5水泥砂浆找平；3厚SBS防水卷材

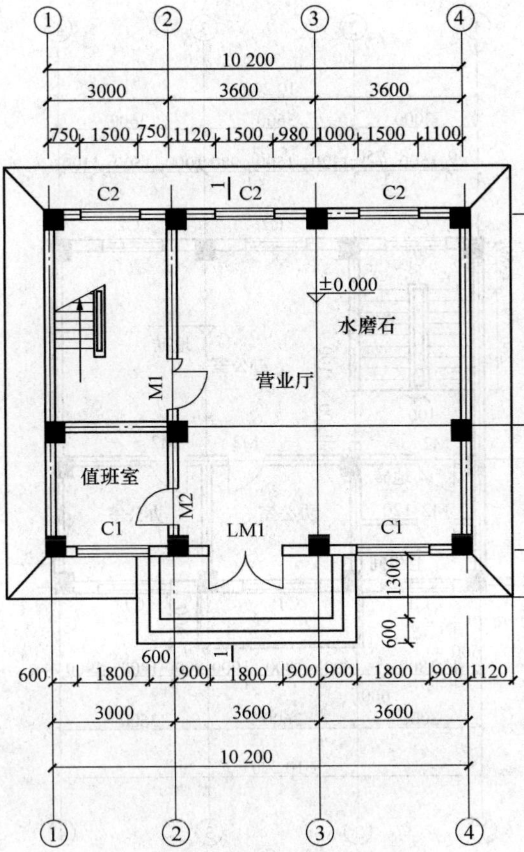

附图 2-1　底层平面图

(3) 基础土方采用大开挖，挖土范围轴线外放 2m。

(4) 挑檐板及雨篷板立面做法同外墙，底面做法同天棚，雨篷顶面及内立面采用 20 厚 1∶2 水泥砂浆防水。

(5) 多孔板、预制过梁，由场外加工制作，多孔板运距为 15km，过梁运距为 1km。

(6) 木门框为现场制作，木门扇为市场采购，M1 为 800 元/扇，M2 为 650 元/扇。

(7) 屋面排水管采用 2 根 ϕ100PVC 落水管，PVC 落水斗。

(8) 楼梯采用硬木扶手，金属型钢栏杆，其中硬木扶手刷底油一遍，调和漆两遍；型钢栏杆红丹防锈漆一遍，铅油一遍，调和漆一遍。

(9) 图纸尺寸除标高以 m 计外，其余均以 mm 为单位。

(二) 结构说明

(1) 材料：混凝土等级：基础垫层 C15，其余现浇构件 C25 砾石混凝土。钢筋：除 L1 及预制空心板按图纸或图集计算外，其余现浇混凝土钢筋用量按以下计算：HPB300 级直径 10mm 以内 4.15t，HRB335 级直径 10mm 以上 1.2t，HRB400 级直径 10mm 以上 6.30t，预制过梁钢筋暂不计算，L1 钢筋为平法表示法，根据混凝土结构设计规范规定，受拉钢筋的最小锚固长度为 40d（混凝土 C25，钢筋直径 12mm）。砌体：±0.000 以下机制红砖，M5 水泥砂浆；±0.000 以上非承重黏土多孔砖（240×180×115），M5 混合砂浆。

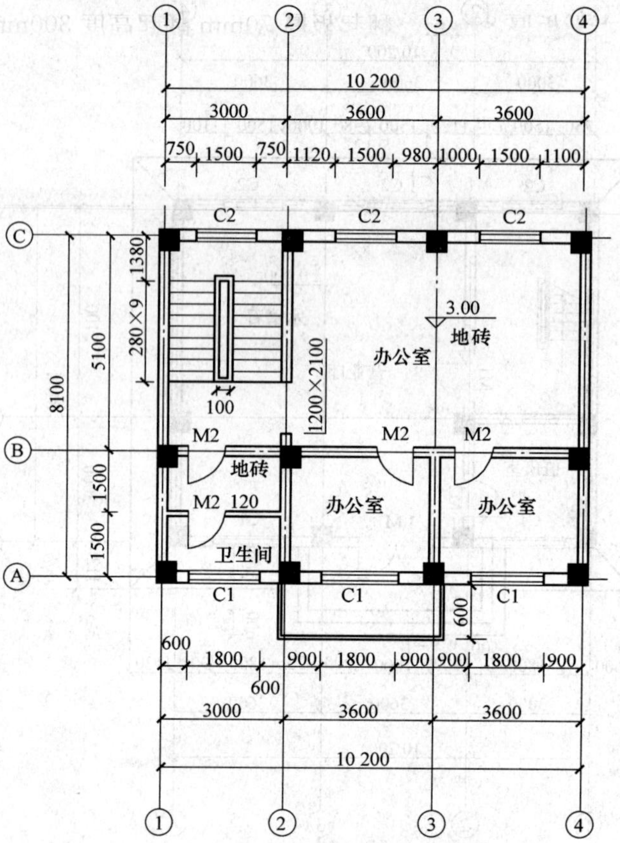

附图 2-2 二层平面图

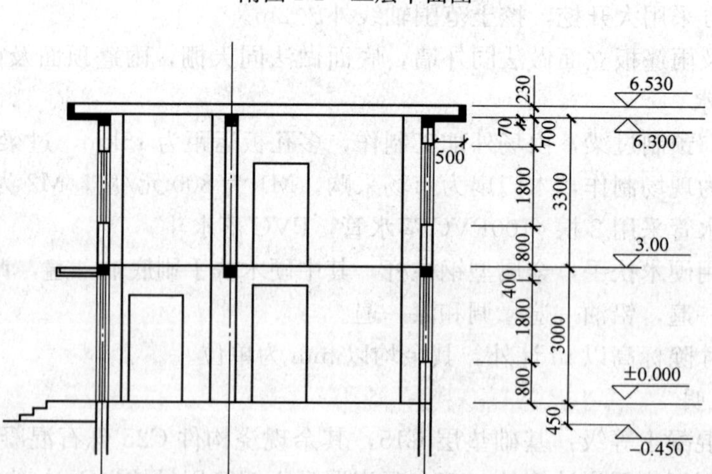

附图 2-3 1-1剖面图

（2）结构施工图见附图 2-4～附图 2-8。挑檐挑出宽度 500mm，挑檐板厚 70mm；雨篷挑出宽度 600mm，水平板厚 80mm，翻起板厚 70mm 翻起高度 300mm。

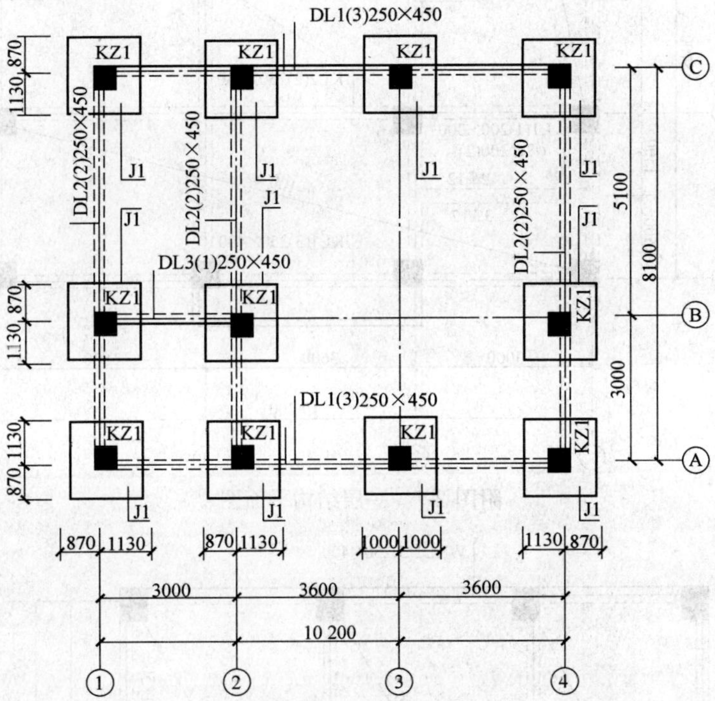

附图 2-4　基础平面图

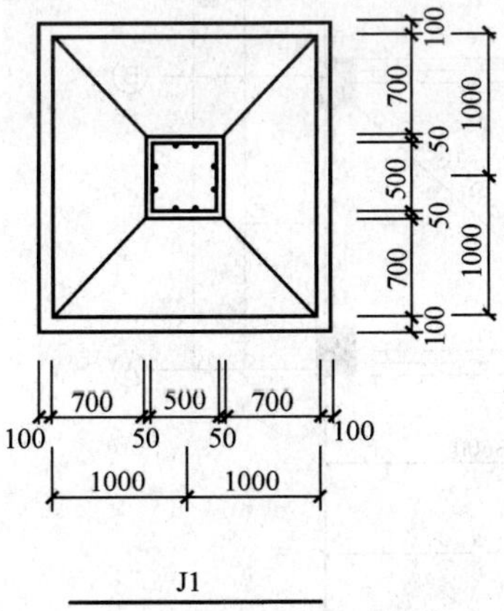

附图 2-5　J1 大样图

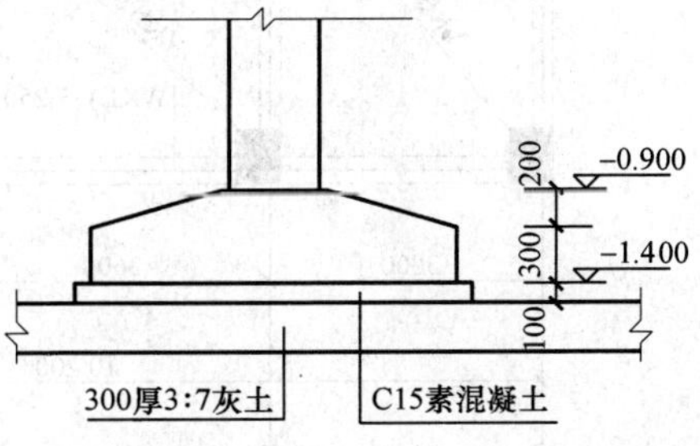

附图 2-6　J1 剖面图

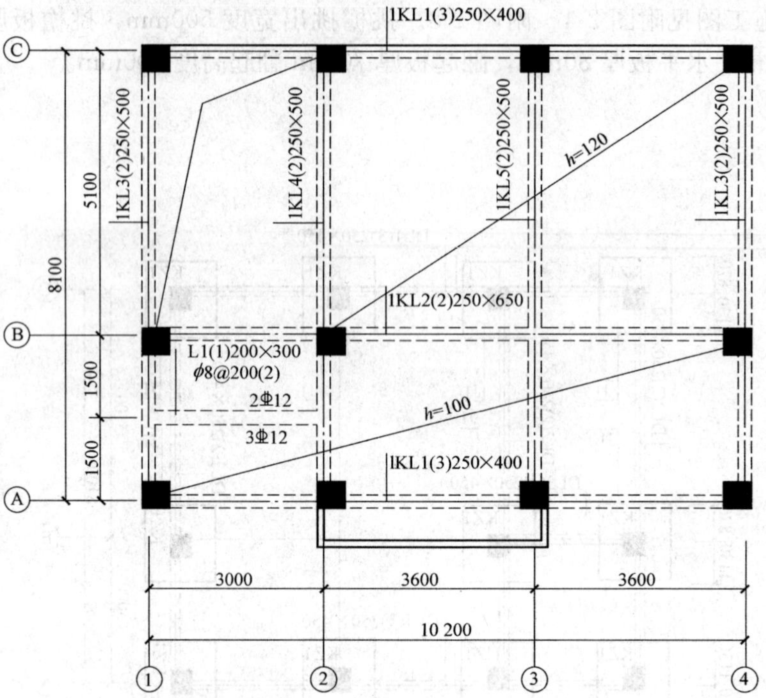

附图 2-7 一层结构平面图

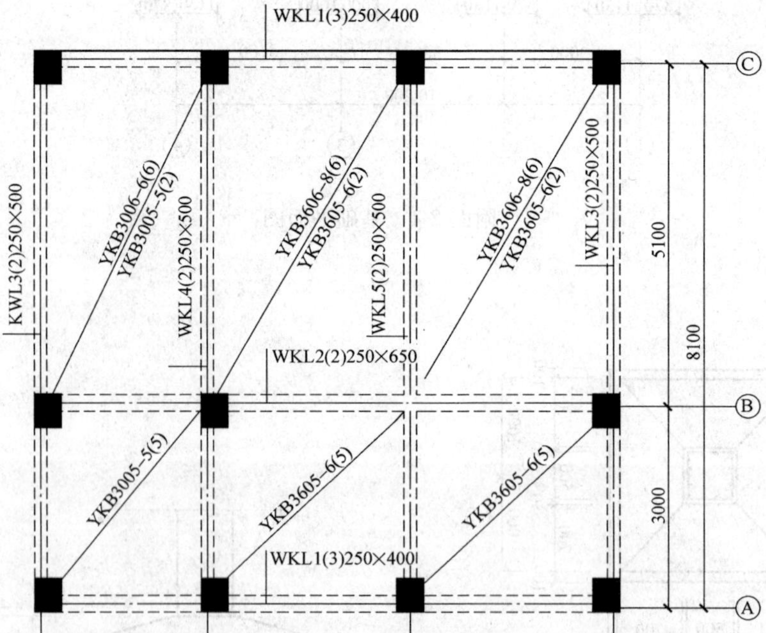

附图 2-8 屋面结构平面图

（3）预制空心板采用陕 09G09 标准图集，门窗过梁采用陕 09G05 标准图集。

（三）编制要求

（1）依据《计价规范》、附图及所给条件编制招标用工程量清单。

（2）依据《陕西省建筑装饰工程消耗量定额》、《陕西省建筑装饰工程价目表》及其配套的参考费率，按编制投标报价的方法计算该单位工程投标报价。

（3）除人工按 65 元/工日，除附表 2-3 中材料采用市场信息价格之外，其余材料、机械价格均采用《陕西省建筑装饰工程价目表》中的价格。

附表 2-3　　主要材料价格表

序号	材料名称	单　位	市场价（元）
1	HPB300 级钢筋	t	4550
2	HRB335、HRB400 级钢筋	t	4700
3	Φ^b5 以内冷拔丝	t	4750
4	塑钢窗	m^2	250
5	乳胶漆	kg	24

（4）管理费和利润的计算在《陕西省建设工程工程量清单计价费率》的基础上下浮 15%；风险暂不考虑。

（5）未说明的内容由投标人根据自身情况自定。

二、工程量清单编制

工程量清单编制见附表 2-4～附表 2-11。

附表 2-4　　工程量清单封面

××小区办公楼工程

工　程　量　清　单

招　标　人：　×××　（单位签字盖章）

法定代表人：　×××　（签字盖章）

中 介 机 构

法定代表人：　×××　（签字盖章）

造价工程师

及注册证号：　×××　（签字盖执业专用章）

编 制 时 间：　2011 年 9 月

附表 2-5 填 表 须 知

填 表 须 知

1. 工程量清单计价格式中所有要求签字、盖章的地方，必须由规定的单位和人员签字、盖章。

2. 工程量清单计价格式中的任何内容不得随意删除或涂改。

3. 工程量清单计价格式中列明的所有需要填报的单价和合价，投标人均应填报，未填报的单价和合价，视为此项费用已包含在工程量清单的其他单价和合价中。

4. 金额（价格）均应以人民币表示。

附表 2-6 编 制 说 明

总 说 明

工程名称：××小区办公楼

1. 工程概况：××小区位于西安市　　建筑面积：174.14m^2

檐口标高：6.3m　　层数：2

结构形式：框架结构　　基础类型：钢筋混凝土独立基础

本期工程范围：建筑工程

2. 编制依据

××小区办公楼施工图

建设工程工程量清单计价规范

陕西省建设工程工程量清单计价规则

附表 2-7 分部分项工程量清单

工程名称：××小区办公楼　　专业：土建工程

序号	项目编码	项目名称	项 目 特 征	计量单位	工程数量
			1.1 土方工程		
1	010101002001	挖基础土方	①大开挖，挖土范围轴线外放 2m；②挖土深 1.35m；③弃土运距 50m	m^3	231.96
2	010103001001	垫层	①基础下 3∶7 灰土分层回填夯实；②回填厚度 300mm	m^3	51.55
3	010103001002	土方回填	①基础素土回填；②密实度≥0.96；③分层碾压夯实，坑边取土	m^3	147.77
4	010103001003	土方回填	①房心素土回填；②密实度≥0.96；③分层碾压夯实，坑边取土	m^3	15.91

续表

序号	项目编码	项目名称	项　目　特　征	计量单位	工程数量
1.3　砌筑工程					
5	010301001001	砖基础	①标准砖；②M5 水泥砂浆；③基础深度 0.9m	m^3	8.62
6	010304001001	空心砖墙	①一砖外墙；②非承重黏土多孔砖 240×180×115；③M5 混合砂浆	m^3	29.82
7	010304001002	空心砖墙	①一砖内墙；②非承重黏土多孔砖 240×180×115；③M5 混合砂浆	m^3	14.21
8	010304001003	空心砖墙	①半砖内墙；②非承重黏土多孔砖 240×180×115；③M5 混合砂浆	m^3	0.82
1.4 混凝土及钢筋混凝土工程					
9	010401006001	垫层	①C15 混凝土垫层，厚 100	m^3	5.32
10	010401002001	独立基础	①C25 普通砾石混凝土	m^3	17.28
11	010402001001	矩形柱	①柱顶标高 6.3m；②截面 500×500；③C25 普通砾石混凝土	m^3	19.8
12	010403001001	基础梁	①梁底标高－1.35m；②截面 250×450；③C25 普通砾石混凝土	m^3	4.49
13	010403002001	矩形梁	①C25 普通砾石混凝土	m^3	13.2
14	010405001001	有梁板	①板底标高 2.9m；②板厚 100mm；③C25 普通砾石混凝土	m^3	0.85
15	010405003001	平板	①板底标高 2.9m；②板厚 100mm；③C25 普通砾石混凝土	m^3	1.80
16	010405003002	平板	①板底标高 2.88m；②板厚 120mm；③C25 普通砾石混凝土	m^3	4.12
17	010405007001	挑檐板	C25 普通砾石混凝土	m^3	2.05
18	010405008001	雨篷	C25 普通砾石混凝土	m^3	0.27
19	010406001001	直形楼梯	C25 普通砾石混凝土	m^2	11.26
20	010407002001	散水、坡道	①60 厚 C15 混凝土撒 1：1 水泥沙子压实赶光；②15 厚 3：7 灰土垫层，宽出面层 300mm	m^2	36.16
21	010410003001	过梁	①预制，单件体积：0.1m^3 内；②每层门窗洞口上；③混凝土强度等级：C20	m^3	1.348
22	010412002001	空心板	①长度＜4m；②安装高度 6.3m；③混凝土强度等 C30	m^3	5.54
23	010416001001	现浇混凝土钢筋	直径 10mm 以内 HPB300 级钢筋	t	4.156
24	010416001002	现浇混凝土钢筋	直径 10mm 以上 HRB335 级钢筋	t	1.200
25	010416001003	现浇混凝土钢筋	直径 10mm 以上 HRB400 级钢筋	t	6.318

续表

序号	项目编码	项目名称	项 目 特 征	计量单位	工程数量
26	010416005001	先张法预应力钢筋	直径10mm以内HPB300级钢筋	t	0.132
			1.7 防水工程		
27	010703003001	砂浆防水	①雨篷板顶面；②20厚1∶2水泥砂浆	m^2	2.38
28	010703003002	砂浆防水	①雨篷板内立面；②20厚1∶2水泥砂浆	m^2	1.07
29	010703003003	砂浆防潮	①墙基防潮层；②1∶2.5水泥砂浆加防水剂	m^2	9.58
30	010702001001	屋面卷材防水	①3厚SBS防水卷材热熔法；②25厚1∶2.5水泥砂浆找平；③2厚纸筋灰隔离层	m^2	116.28
31	010702004001	屋面排水管	塑料排水管、落水口	m	13.50
			1.8 隔热保温工程		
32	010803001001	保温隔热屋面	200厚加气混凝土保温	m^2	87.07
33	010803001002	保温隔热屋面	①1∶6水泥焦渣找坡；②最薄处30厚，坡度2%	m^2	87.07
			2.1 楼地面工程		
34	020101002001	现浇水磨石地面	①10厚1∶2.5现浇水磨石地面；②水泥浆一道；③20厚1∶3水泥砂浆找平，干后卧玻璃分隔条；④60厚C15混凝土垫层；⑤150厚3∶7灰土垫层	m^2	79.34
35	020102002001	卫生间地砖楼面	①200×200地砖厚5mm；②30厚1∶3干硬水泥砂浆结合层；③1.5厚高分子涂抹防水四周150高；④1∶3水泥砂浆找坡最薄处20厚	m^2	7.62
36	020102002002	其余块料楼面	①600×600地砖厚8mm；②5厚1∶2.5水泥砂浆结合层；③20厚1∶3干硬水泥砂浆结合层；④水泥浆一道	m^2	54.53
37	020106002001	块料楼梯面层	①300×300地砖厚8mm；②5厚1∶2.5水泥砂浆结合层；③20厚1∶3干硬水泥砂浆结合层；④水泥浆一道	m^2	11.26
38	020107002001	楼梯硬木扶手	①硬木扶手，油漆：底油一道调和漆两道；②型钢栏杆，油漆：防锈漆一遍铅油一遍调和漆一遍	m	7.88
39	020108004001	现浇水磨石台阶面	①12厚1∶2.5现浇水磨石台阶面层；②水泥浆一道；③20厚1∶3水泥砂浆找平；④60厚C15混凝土垫层；⑤300厚3∶7灰土垫层	m^2	6.66

续表

序号	项目编码	项目名称	项　目　特　征	计量单位	工程数量
		2.2　墙、柱面工程			
40	020201001001	内墙面抹灰	①10 厚 1：3 水泥砂浆；②6 厚 1：2.5 水泥砂浆抹面	m^2	243.72
41	020204003001	块料墙面（卫生间墙面）	①100×100 瓷片厚 5mm；②10 厚 1：3 水泥砂浆；③5 厚 1：2 水泥砂浆（内掺建筑胶）	m^2	39.85
42	020202001001	柱面抹灰	①12 厚 1：2 水泥砂浆；②8 厚 1：2.5 水泥砂浆抹面	m^2	39.69
43	020204003002	块料墙面（外墙）	①面砖规格 100×100；②4 厚聚合物水泥砂浆结合层；③.6 厚 1：2.5 水泥砂浆找平；④12 厚 1：3 水泥砂浆打底扫毛；⑤刷界面隔离剂一道，铺贴面层	m^2	213.58
44	020206003001	块料零星项目（雨篷挑檐板外立面）	①面砖规格 100×100；②4 厚聚合物水泥砂浆结合层；③6 厚 1：2.5 水泥砂浆找平；④12 厚 1：3 水泥砂浆打底扫毛；⑤铺贴面层	m^2	14.02
		2.3　天棚工程			
45	020301001001	现浇天棚抹灰	①5 厚 1：0.3：2.5 水泥石灰砂浆找平；②5 厚 1：0.3：3 水泥石灰膏打底扫毛；③刷素水泥浆一道	m^2	100.98
46	020301001002	预制天棚抹灰	①5 厚 1：0.3：2.5 水泥石灰砂浆找平；②5 厚 1：0.3：3 水泥石灰膏打底扫毛；③刷素水泥浆一道	m^2	96.10
47	020301001003	室外天棚抹灰（挑檐、雨篷板底）	①5 厚 1：0.3：2.5 水泥石灰砂浆找平；②5 厚 1：0.3：3 水泥石灰膏打底扫毛；③刷素水泥浆一道	m^2	22.16
		2.4　门　窗　工　程			
48	020401005001	夹板装饰门	①洞口尺寸 1200×2400；②油漆：底油一遍、刮腻子、调合漆两遍	樘	1
49	020401005002	夹板装饰门	①洞口尺寸 900×2100；②底油一遍、刮腻子、调合漆两遍单层木门	樘	5
50	020402001001	金属平开门	塑钢门；洞口尺寸 1800×2100	樘	1
51	020406007001	塑钢推拉窗 C1	①洞口尺寸 1800×1800；②带纱	樘	5
52	020406007002	塑钢推拉窗 C2	①洞口尺寸 1500×1800；②带纱	樘	6
		2.5　油漆、涂料、裱糊工程			
53	020506001001	抹灰面油漆	①内墙、梁、柱、天棚抹灰面乳胶漆；②乳胶漆三遍	m^2	502.65

附表 2-8 **措施项目清单**

工程名称：××小区办公楼 专业：土建工程

序 号	项 目 名 称	计量单位	工程数量
一	通用项目		
1	安全及文明施工措施费	项	1
1.1	安全及文明施工	项	1
1.2	环境保护	项	1
1.3	临时设施	项	1
2	测量放线、定位复测、检验试验费	项	1
3	冬雨季、夜间施工	项	1
4	二次搬运	项	1
5	其他	项	1
二	专业工程项目		
6	脚手架	项	1
7	混凝土模板及支撑	项	1
8	垂直运输及超高降效	项	1

附表 2-9 **其他项目清单**

工程名称：××小区办公楼 专业：土建工程

序 号	项 目 名 称	计量单位	工程数量
1	暂列金额	元	25 000.00
2	专业工程暂估价	元	0.00
3	总承包服务费	项	1
4	计日工	项	1

附表 2-10 **计 日 工 表**

工程名称：××小区办公楼 专业：土建工程

序 号	项 目 名 称	计量单位	暂定工程量
1	以人工列项		
1.1	综合工日	工日	50
2	以材料列项		
2.1	红砖	千块	0.3
2.2	净砂	m^3	20
2.3	2～4mm 砾石	m^3	25

附表 2-11 **规费、税金项目清单**

工程名称：××小区办公楼 专业：土建工程

序 号	项 目 名 称	计量单位	数 量
一	规费：		
1	社会保障费	项	1

续表

序　号	项　目　名　称	计量单位	数　量
1.1	养老保险	项	1
1.2	失业保险	项	1
1.3	医疗保险	项	1
1.4	工伤保险	项	1
1.5	残疾人就业保险	项	1
1.6	女工生育保险	项	1
2	住房公积金	项	1
3	危险作业意外伤害保险	项	1
二	税金:		
1	增值税	项	1
2	城市维护建设税	项	1
3	教育费附加	项	1
4	地方教育附加	项	

三、工程量清单报价的编制

工程量清单报价的编制，见附表 2-12～附表 2-26。

附表 2-12　　清单报价封面

××小区办公楼工程

工 程 量 清 单 报 价 表

投　标　人：　×××　（单位签字盖章）

法定代表人：　×××　（签字盖章）

造价工程师及注册证号：　×××　（签字盖执业专用章）

编 制 时 间：　×年×月

附表 2-13　　投 标 总 价 表

××小区办公楼项目

投　标　总　价

投标总价（小写）：￥347 707.20

（大写）：叁拾肆万柒仟柒佰零柒元贰角零分

投　标　人：　×××　（单位签字盖章）

法定代表人：　×××　（签字盖章）

编　制　人：　　（签字盖执业专用章）

编 制 时 间：　×年×月×日

附表 2-14　　单位工程造价汇总表

工程名称：××小区办公楼　　专业：土建工程

序号	项目名称	计算方法		造价（元）
1	分部分项工程费	Σ工程量×综合单价＋可能发生的差价	223 222.63＋0.00	223 222.63
2	措施项目费（含安全及文明施工措施费）	Σ工程量×综合单价＋可能发生的差价	45 251.12＋0.00	45 251.12
3	其他项目费	Σ工程量×综合单价＋可能发生的差价	30 799.90＋0.00	30 799.90
4	规费			13 976.08
5	不含税工程造价			313 249.73
6	税金			34 457.47
7	含税工程造价			347 707.20

附表 2-15　　分部分项工程量清单计价表

工程名称：××小区办公楼　　专业：土建工程

序号	项目编码	项目名称	项目特征	计量单位	工程数量	金额（元）	
						综合单价	合价
			1.1　土方工程				
1	010101003001	挖基础土方	①大开挖，挖土范围轴线外放 2m；②挖土深－1.8m；③弃土运距 50m	m^3	231.96	31.89	7397.20
2	010103001001	垫层（基础下 3∶7 灰土回填）	①坑底分层回填夯实；②回填厚度 300mm	m^3	51.55	94.45	4868.90
3	010103001002	土方回填	①基础素土回填；②密实度≥0.96；③分层碾压夯实，坑边取土	m^3	147.77	28.96	4279.42
4	010103001003	土方回填	①房心素土回填；②密实度≥0.96；③分层碾压夯实，坑边取土	m^3	15.91	28.93	460.28
			小　计			17 005.80	
			1.3　砌筑工程				
5	010301001001	砖基础	①标准砖；②M5 水泥砂浆；③基础深度 0.9m	m^3	8.62	241.9	2085.18
6	010304001001	空心砖墙	①一砖外墙；②非承重黏土多孔砖 240×180×115；③M5 混合砂浆	m^3	29.82	245.87	7331.84
7	010304001002	空心砖墙	①一砖内墙；②非承重黏土多孔砖 240×180×115；③M5 混合砂浆	m^3	14.21	245.87	3493.81
8	010304001003	空心砖墙	①半砖内墙；②非承重黏土多孔砖 240×180×115；③M5 混合砂浆	m^3	0.82	261.26	216.85
			小　计			13 127.68	
			1.4　混凝土及钢筋混凝土工程				
9	010401006001	垫层	①C15 混凝土垫层；②垫层厚 100	m^3	5.32	316.40	1683.25
10	010401002001	独立基础	C25 普通砾石混凝土	m^3	17.28	339.07	5859.13
11	010402001001	矩形柱	①柱顶标高 6.3m；②截面 500×500；③C25 普通砾石混凝土	m^3	19.8	339.07	6713.59
12	010403001001	基础梁	①梁底标高－1.35m；②截面 250×450；③C25 普通砾石混凝土	m^3	4.49	339.07	1522.42

续表

序号	项目编码	项目名称	项目特征	计量单位	工程数量	金额（元）	
						综合单价	合价
13	010403002001	矩形梁	C25 普通砾石混凝土	m^3	13.2	339.07	4475.72
14	010405001001	有梁板	①板底 2.9m；②板厚 100mm；③C25 普通砾石混凝土	m^3	0.85	339.07	288.21
15	010405003001	平板	①板底标高 2.9m；②板厚 100mm；③C25 普通砾石混凝土	m^3	1.80	339.07	610.33
16	010405003002	平板	①板底标高 2.88m；②板厚 120mm；③C25 普通砾石混凝土	m^3	4.12	339.07	1396.97
17	010405007001	挑檐板	C25 普通砾石混凝土	m^3	2.05	339.07	695.09
18	010405008001	雨篷	C25 普通砾石混凝土	m^3	0.27	339.07	91.55
19	010406001001	直形楼梯	C25 普通砾石混凝土	m^2	11.26	91.15	1026.35
20	010407002001	散水、坡道	①60 厚 C15 混凝土撒 1∶1 水泥沙子压实赶光；②15 厚 3∶7 灰土垫层，宽出面层 300mm	m^2	36.16	54.07	1955.17
21	010410003001	过梁	①预制，单件体积：0.1m^3 内；②每层门窗洞口上；③混凝土强度等级：C20	m^3	1.348	828.73	1117.13
22	010412002001	空心板	①长度＜4m；②安装高度 6.3m；③混凝土强度等 C30	m^3	5.54	834.79	4624.74
23	010416001001	现浇混凝土钢筋	直径 10mm 以内 HPB300 级钢筋	t	4.156	6273.07	26 070.88
24	010416001002	现浇混凝土钢筋	直径 10mm 以上 HRB335 级钢筋	t	1.200	6009.80	7211.76
25	010416001003	现浇混凝土钢筋	直径 10mm 以上 HRB400 级钢筋	t	6.318	6009.80	37 969.92
26	010416005001	先张法预应力钢筋	直径 10mm 以内 HPB300 级钢筋	t	0.132	7252.22	957.29
			小计			104 269.49	
			1.7　防水工程				
27	010703003001	砂浆防水	①雨篷板顶面；②20 厚 1∶2 水泥砂浆	m^2	2.38	11.83	28.16
28	010703003002	砂浆防水	①雨篷板内立面；②20 厚 1∶2 水泥砂浆	m^2	1.07	15.33	16.40
29	010703003003	砂浆防潮	①墙基防潮层；②1∶2.5 水泥砂浆加防水剂	m^2	9.58	10.20	97.72
30	010702001001	屋面卷材防水	①3 厚 SBS 防水卷材热熔法；②25 厚 1∶2.5水泥砂浆找平；③2 厚纸筋灰隔离层	m^2	116.28	40.3	4686.08
31	010702004001	屋面排水管	塑料排水管、落水口	m	13.50	30.49	411.62
			小计			5239.97	
			1.8　隔热保温工程				
32	010803001001	保温隔热屋面	200 厚加气混凝土保温	m^2	87.07	56.89	4953.41
33	010803001002	保温隔热屋面	①1∶6 水泥焦渣找坡；②最薄处 30 厚，坡度 2%	m^2	87.07	23.02	2004.35
			小计			6957.76	

续表

序号	项目编码	项目名称	项目特征	计量单位	工程数量	金额（元）	
						综合单价	合价
2.1 楼地面工程							
34	020101002001	现浇水磨石地面	①10厚1：2.5现浇水磨石地面；②水泥浆一道；③20厚1：3水泥砂浆找平，干后卧玻璃分隔条；④60厚C15混凝土垫层；⑤150厚3：7灰土垫层	m^2	79.34	96.95	7692.01
35	020102002001	卫生间地砖楼面	①200×200地砖厚5mm；②30厚1：3干硬水泥砂浆结合层；③1.5厚高分子涂抹防水四周150高；④1：3水泥砂浆找坡最薄处20厚	m^2	7.62	109.08	831.19
36	020102002002	其余块料楼面	①600×600地砖厚8mm；②5厚1：2.5水泥砂浆结合层；③20厚1：3干硬水泥砂浆结合层；④水泥浆一道	m^2	54.53	129.46	7059.45
37	020106002001	块料楼梯面层	①300×300地砖厚8mm；②5厚1：2.5水泥砂浆结合层；③20厚1：3干硬水泥砂浆结合层；④水泥浆一道	m^2	11.26	151.74	1708.59
38	020107002001	楼梯硬木扶手	①硬木扶手，油漆：底油一道调和漆两道；②型钢栏杆，油漆：防锈漆一遍铅油一遍调和漆一遍	m	7.88	130.69	1029.84
39	020108004001	现浇水磨石台阶面	①12厚1：2.5现浇水磨石台阶面层；②水泥浆一道；③20厚1：3水泥砂浆找平；④60厚C15混凝土垫层；⑤300厚3：7灰土垫层	m^2	6.66	537.29	3578.35
小计						21 899.44	
2.2 墙、柱面工程							
40	020201001001	内墙面抹灰	①10厚1：3水泥砂浆；②6厚1：2.5水泥砂浆抹面	m^2	243.72	11.97	2917.33
41	020204003001	块料墙面（卫生间墙面）	①100×100瓷片厚5；②10厚1：3水泥砂浆；③5厚1：2水泥砂浆（内掺建筑胶）	m^2	39.85	102.65	4090.60
42	020202001001	柱面抹灰	①12厚1：2水泥砂浆；②8厚1：2.5水泥砂浆抹面	m^2	39.69	20.45	811.66
43	020204003002	块料墙面（外墙）	①面砖规格100×100；②4厚聚合物水泥砂浆结合层；③6厚1：2.5水泥砂浆找平；④12厚1：3水泥砂浆打底扫毛；⑤刷界面隔离剂一道，铺贴面层	m^2	213.58	71.77	15 328.64
44	020206003001	块料零星项目（雨篷、挑檐板外立面）	①面砖规格100×100；②4厚聚合物水泥砂浆结合层；③6厚1：2.5水泥砂浆找平；④12厚1：3水泥砂浆打底扫毛；⑤铺贴面层	m^2	14.02	90.44	1267.97
小计						24 416.20	
2.3 天棚工程							
45	020301001001	现浇天棚抹灰	①5厚1：0.3：2.5水泥石灰砂浆找平；②5厚1：0.3：3水泥石灰膏打底扫毛；③刷素水泥浆一道	m^2	100.98	13.79	1392.51
46	020301001002	预制天棚抹灰	①5厚1：0.3：2.5水泥石灰砂浆找平；②5厚1：0.3：3水泥石灰膏打底扫毛；③刷素水泥浆一道	m^2	96.10	17.25	1657.73

续表

序号	项目编码	项目名称	项目特征	计量单位	工程数量	金额（元）	
						综合单价	合价
47	020301001003	室外天棚抹灰（挑檐、雨篷板底）	①5厚1∶0.3∶2.5水泥石灰砂浆找平；②5厚1∶0.3∶3水泥石灰膏打底扫毛；③刷素水泥浆一道	m^2	22.16	13.75	304.70
			小计			3354.94	
			2.4 门窗工程				
48	020401005001	夹板装饰门	①洞口尺寸1200×2400；②油漆：底油一遍、刮腻子、调合漆两遍	樘	①	1175.8	1175.80
49	020401005002	夹板装饰门	①洞口尺寸900×2100；②底油一遍、刮腻子、调合漆两遍单层木门	樘	⑤	897.3	4486.50
50	020402001001	金属平开门	①塑钢门：洞口尺寸1800×2100	樘	①	1028.04	1028.04
51	020406007001	塑钢推拉窗C1	①洞口尺寸1800×1800；②带纱	樘	5	988.13	4940.65
52	020406007002	塑钢推拉窗C2	①洞口尺寸1500×1800；②带纱	樘	6	823.44	4940.64
			小计			16 571.63	
			2.5 油漆、涂料、裱糊工程				
53	020506001001	抹灰面油漆	①内墙、梁、柱、天棚抹灰面乳胶漆；②乳胶漆三遍	m^2	502.65	20.65	10 379.72
			小计			10 379.72	
			合计			223 222.63	

附表 2-16 **措施项目清单计价表**

工程名称：××小区办公楼 专业：土建工程

序号	项目名称	计量单位	金额（元）
	通用项目		
1	安全及文明施工措施费（附表2-20）	项	10 956.07
1.1	安全及文明施工	项	7496.26
1.2	环境保护	项	1153.27
1.3	临时设施	项	2306.54
2	测量放线、定位复测、检验试验费（附表2-21）	项	726.00
3	冬雨季、夜间施工（附表2-22）	项	1363.99
4	二次搬运（附表2-22）	项	631.04
5	其他	项	0.00
	专业工程项目		
6	脚手架（附表2-22）	项	4690.18
7	混凝土模板及支撑（附表2-22）	项	23 565.72
8	垂直运输及超高降效（附表2-22）	项	3318.11
	措施项目费（不含安全及文明施工措施费）		34 295.05
	措施项目费（含安全及文明施工措施费）		45 251.12

附表 2-17 **其他项目清单计价表**

工程名称：××小区办公楼 专业：土建工程

序号	项 目 名 称	计量单位	金额（元）
1	暂列金额	元	25 000.00
2	专业工程材料及设备暂估价	元	0.00
3	总承包服务费	项	0.00
4	计日工	项	5799.9
合 计			30 799.9

附表 2-18 **计日工计价表**

工程名称：××小区办公楼 专业：土建工程

序 号	名 称	计量单位	工程数量	金额（元）	
				综合单价	合 价
1	人工	工日	55	65	3575
	小计				3575
2	材料				
2.1	红砖	千块	0.3	230	69
2.2	净砂	m^3	20	40.37	807.4
2.3	2～4mm 砾石	m^3	25	53.94	1348.5
	小 计				2224.9
合 计			5799.9		

附表 2-19 **规费、税金项目清单计价表**

工程名称：××小区办公楼 专业：土建工程

序号	项目名称	计算基础	费率（%）	金额（元）
一	安全文明施工措施费	分部分项工程费＋措施项目费（不含安全及文明措施费）＋其他项目费		
1	安全文明施工费	223 222.63＋34 295.05＋30 799.90＝288 317.58	2.6	7496.26
2	环境保护费	288 317.58	0.4	1153.27
3	临时设施费	288 317.58	0.8	2306.54
安全文明施工措施费合计				10 956.07
二	规费	分部分项工程费＋措施项目费（含安全及文明施工措施费）＋其他项目费		
1	社会保障费	223 222.63＋45 251.12＋30 799.90＝299 273.65	4.3	12 868.77
1.1	养老保险	299 273.65	3.55	10 624.21
1.2	失业保险	299 273.65	0.15	448.91
1.3	医疗保险	299 273.65	0.45	1346.73
1.4	工伤保险	299 273.65	0.07	209.49
1.5	残疾人就业保险	299 273.65	0.04	119.71
1.6	女工生育保险	299 273.65	0.04	119.71
2	住房公积金	299 273.65	0.3	897.82
3	危险作业意外伤害保险	299 273.65	0.07	209.49
规费合计				13 976.08
三	税金	不含税工程造价：299 273.65＋13 976.08＝313 249.73	11	34 457.47

附表 2-20

分部分项工程量清单综合单价分析表

工程名称：××小区办公楼　　　　专业：土建工程

序号	项目编码	项目名称	单位	工程量	其中						综合单价
					人工费	材料费	机械费	风险	管理费	利润	
1	010101002001	挖基础土方	m^3	231.96	28.65	1.66	0.00		0.87	0.70	31.89 元/m^3
	1-1	人工挖土方，挖深（2m）以内	100m^3	2.32	4852.74	0.00	0.00		147.67	118.80	
	1-20	钻探及回填孔	100m^2	2.358	1793.26	386.19	0.00		54.57	43.90	
2	010103001001	垫层（基础下 3∶7 灰土回填）	m^3	51.55	45.70	45.17	1.08		1.39	1.12	94.45 元/m^3
	1-28	回填夯实 3∶7 灰土	100m^3	0.516	2355.85	2328.27	55.58		71.69	57.67	
3	010103001002	土方回填（基础回填）	m^3	147.77	26.17	0.28	1.08		0.80	0.64	28.96 元/m^3
	1-26	回填夯实素土	100m^3	1.478	3866.82	40.85	159.21		117.67	94.66	
4	010103001003	土方回填（房心回填）	m^3	15.91	26.15	0.28	1.08		0.80	0.64	28.93 元/m^3
	1-26	回填夯实素土	100m^3	0.159	415.98	4.39	17.13		12.66	10.18	
5	010301001001	砖基础	m^3	8.620	76.64	146.44	2.79		9.81	6.23	241.90 元/m^3
	3-1 换	砖基础 M5 水泥砂浆水泥 32.5	10m^3	0.862	660.59	1262.29	24.02		84.56	53.70	
6	010304001001	空心砖墙（一砖外墙）	m^3	29.82	81.19	146.66	1.72		9.97	6.33	245.87 元/m^3
	3-43	多孔砖墙，一砖	10m^3	2.982	2420.94	4373.40	51.38		298.14	189.33	
7	010304001002	空心砖墙（一砖内墙）	m^3	14.21	81.19	146.66	1.72		9.97	6.33	245.87 元/m^3
	3-43	多孔砖墙，一砖	10m^3	1.421	1153.64	2084.04	24.48		297.34	188.83	
8	010304001003	空心砖墙（1/2 砖内墙）	m^3	0.82	96.46	145.90	1.57		10.60	6.73	261.26 元/m^3
	3-42	多孔砖墙，1/2 砖	10m^3	0.082	79.10	119.64	1.29		8.69	5.52	
9	010401006001	垫层（基础）	m^3	5.32	118.39	159.29	17.74		12.83	8.15	316.40 元/m^3
	4-1 换	C15 砾石混凝土（坍落度 10cm 以上，粒径 2～4cm）水泥 32.5	m^3	5.324	629.83	847.40	94.39		68.26	43.35	
10	010401002001	独立基础	m^3	17.280	118.30	180.55	17.73		13.75	8.73	339.07 元/m^3
	4-1 换	C25 砾石混凝土（坍落度 10cm 以上，粒径 2～4cm）水泥 32.5	m^3	17.280	2044.22	3119.96	306.37		237.61	150.90	

续表

序号	项目编码	项目名称	单位	工程量	其中						综合单价
					人工费	材料费	机械费	风险	管理费	利润	
11	010402001001	矩形柱	m^3	19.800	118.30	180.55	17.73		13.75	8.73	339.07 元/m^3
	4-1 换	C25 砾石混凝土（坍落度 10cm 以上，粒径 2～4cm）水泥 32.5	m^3	19.800	2342.34	3574.95	351.05		272.27	172.90	
12	010403001001	基础梁	m^3	4.490	118.30	180.55	17.73		13.75	8.73	339.07 元/m^3
	4-1 换	C25 砾石混凝土（坍落度 10cm 以上，粒径 2～4cm）水泥 32.5	m^3	4.490	531.17	810.68	79.61		61.74	39.21	
13	010403002001	矩形梁	m^3	13.20	118.30	180.55	17.73		13.75	8.73	339.07 元/m^3
	4-1 换	C25 砾石混凝土（坍落度 10cm 以上，粒径 2～4cm）水泥 32.5	m^3	13.20	1561.56	2383.30	234.04		181.51	115.27	
14	010405001001	有梁板	m^3	0.85	118.30	180.55	17.73		13.75	8.73	339.07 元/m^3
	4-1 换	C25 砾石混凝土（坍落度 10cm 以上，粒径 2～4cm）水泥 32.5	m^3	0.85	100.56	153.47	15.07		11.69	7.42	
15	010405003001	平板	m^3	1.80	118.30	180.55	17.73		13.75	8.73	339.07 元/m^3
	4-1 换	C25 砾石混凝土（坍落度 10cm 以上，粒径 2～4cm）水泥 32.5	m^3	1.80	212.94	325.00	31.91		24.75	15.72	
16	010405003002	平板	m^3	4.12	118.30	180.55	17.73		13.75	8.73	339.07 元/m^3
	4-1 换	C25 砾石混凝土（坍落度 10cm 以上，粒径 2～4cm）水泥 32.5	m^3	4.12	487.40	743.88	73.05		56.65	35.98	
17	010405007001	挑檐板	m^3	2.05	118.30	180.55	17.73		13.75	8.73	339.07 元/m^3
	4-1 换	C25 砾石混凝土（坍落度 10cm 以上，粒径 2～4cm）水泥 32.5	m^3	2.050	242.52	370.13	36.35		28.19	17.90	
18	010405008001	雨篷	m^3	0.27	118.30	180.55	17.73		13.75	8.73	339.07 元/m^3
	4-1 换	C25 砾石混凝土（坍落度 10cm 以上，粒径 2～4cm）水泥 32.5	m^3	0.270	31.94	48.75	4.79		3.71	2.36	

续表

序号	项目编码	项目名称	单位	工程量	其中						综合单价
					人工费	材料费	机械费	风险	管理费	利润	
19	010406001001	直形楼梯	m^3	11.260	31.80	48.54	4.77		3.84	2.50	91.15 元/m^2
	4-1 换	C25 砾石混凝土（坍落度 10cm 以上，粒径 2～4cm）水泥 32.5	m^3	3.027	358.09	546.53	53.67		3.70	2.35	
20	010407002001	散水、坡道	m^2	36.160	27.37	22.83	1.04		41.62	26.43	54.07 元/m^2
	8-27	混凝土散水面层一次抹光	$100m^2$	0.362	656.49	496.16	29.72		1.70	1.13	
	1-28	3∶7 灰土垫层	$100m^3$	0.073	333.29	329.39	7.86		51.36	32.61	
21	010410003001	过梁	m^3	1.348	270.32	229.26	274.20		33.61	21.34	828.73 元/m^3
	4-1 换	C20 碎石混凝土（坍落度 10cm 以上，粒径 2～4cm）水泥 32.5	m^3	1.368	161.83	258.51	24.25		19.21	12.26	
	4-164	过梁座浆	$10m^3$	0.135	23.25	18.10	0.96		1.84	1.17	
	6-19	预制钢筋混凝土四类构件运输 1km 以内	$10m^3$	0.137	32.41	12.47	201.28		10.69	6.79	
	6-64	过梁安装 0.4m^3	$10m^3$	0.135	146.89	19.95	143.12		13.46	8.55	
22	010412002001	空心板	m^3	5.54	247.26	282.00	250.18		33.85	21.50	834.79 元/m^3
	4-3	C20 砾石预应力混凝土	m^3	5.623	537.28	1223.17	129.67		82.10	52.14	
	4-160	空心板厚 120 座浆灌缝	$10m^2$	0.554	250.99	215.88	10.15		20.72	13.16	
	6-4	预制钢筋混凝土一类构件运输 15km 以内	$10m^3$	0.561	264.74	12.20	945.25		53.09	33.71	
	6-86	空心板安装	$10m^3$	0.557	316.79	111.02	300.92		31.65	22.10	
23	010416001001	现浇混凝土钢筋 HPB300，10mm 以内	t	4.156	1127.10	4687.82	42.19		254.40	161.56	6273.07 元/t
	4-6	圆钢直径 10mm 以内	t	4.156	4684.23	19 482.58	175.34		1057.30	671.43	
24	010416001002	现浇混凝土钢筋 HRB335，10mm 以上	t	1.200	509.60	4987.38	114.32		243.73	154.78	6009.80 元/t
	4-8	螺纹钢筋直径 10mm 以上	t	1.200	611.52	5984.86	137.18		292.47	185.73	

续表

序号	项目编码	项目名称	单位	工程量	其中						综合单价
					人工费	材料费	机械费	风险	管理费	利润	
25	010416001003	现浇混凝土钢筋 HRB400，10mm 以上	t	6.318	509.60	4987.38	114.32		243.73	154.78	6009.80 元/t
	4-8	螺纹钢直径 10mm 以上	t	6.318	3219.65	31 510.27	722.27		1539.87	977.89	
26	010416005001	先张法预应力钢筋	t	0.132	1228.64	5467.05	75.65		294.11	186.78	7252.22 元/t
	4-10	先张法预应力钢筋ϕ^b5以内冷拔丝	t	0.134	162.18	721.65	9.99		38.82	24.65	
27	010703003001	砂浆防水（雨篷板顶面）	m^2	2.380	6.04	4.76	0.24		0.48	0.30	11.83 元/m^2
	8-15	普通防水砂浆（平面）	$100m^2$	0.024	14.38	11.33	0.58		1.14	0.73	
28	010703003002	砂浆防水（雨篷板内立面）	m^2	1.07	9.33	4.85	0.25		0.47	0.43	15.33 元/m^2
	8-16	普通防水砂浆（立面）	$100m^2$	0.011	9.98	5.19	0.27		0.50	0.46	
29	010703003003	砂浆防潮	m^2	9.58	5.67	3.63	0.23		0.41	0.26	10.20 元/m^2
	8-19	墙基防水砂浆	$100m^2$	0.096	54.30	34.76	2.17		3.96	2.52	
30	010702001001	屋面卷材防水	m^2	116.28	9.32	27.95	0.36		1.63	1.04	40.30 元/m^2
	9-27	屋面卷材屋面防水层	$100m^2$	1.163	344.71	2561.50	0.00		126.23	80.16	
	8-21	水泥砂浆找平在填充料上	$100m^2$	1.163	631.97	586.28	34.62		54.42	34.56	
	8-22	水泥砂浆找平每增 5mm	$100m^2$	1.163	106.59	102.26	7.42		9.39	5.97	
31	010702004001	屋面排水管	m	13.5	6.73	21.74	0.00		1.24	0.79	30.49 元/m
	9-68	屋面其他塑料制品水落管	10m	1.31	54.50	289.43	0.00		14.94	9.49	
	9-69	屋面其他塑料制品水落斗	10 个	0.2	36.40	4.06	0.00		1.76	1.12	
32	010803001001	保温隔热屋面	m^2	87.07	3.02	50.10	0.00		2.31	1.47	56.89 元/m^2
	9-50	屋面粉煤灰加气混凝土块保温	$10m^3$	1.741	262.54	4362.09	0.00		200.8	127.56	
33	010803001002	屋面水泥焦渣找坡	m^2	87.07	8.65	12.60	0.24		0.93	0.59	23.02 元/m^2
	9-56	屋面水泥炉渣找坡层（1∶6）	$10m^3$	0.624	291.63	728.21	0.00		44.30	28.13	
	8-20	水泥砂浆找平在混凝土或硬基层上	$100m^2$	0.871	461.41	369.29	20.99		36.99	23.49	

续表

序号	项目编码	项目名称	单位	工程量	其中						综合单价
					人工费	材料费	机械费	风险	管理费	利润	
34	020101002001	现浇水磨石地面	m^2	79.34	57.66	30.13	3.79		2.93	2.43	96.95 元/m^2
	10-10	水磨石楼地面嵌条	100m^2	0.793	3468.46	1095.81	203.63		155.22	141.02	
	4-1 换	C15 混凝土垫层（砾石 2～4cm 水泥 32.5）	m^3	4.76	563.11	757.63	84.39		61.03	38.76	
	1-28	回填夯实 3∶7 灰土	100m^3	0.119	543.31	536.95	12.82		16.53	13.30	
35	020102002001	卫生间地砖楼面	m^2	7.62	25.02	76.53	1.07		3.45	3.02	109.08 元/m^2
	10-68	陶瓷地砖周长 1200mm 以内	100m^2	0.076	150.37	550.95	6.30		23.04	20.93	
	8-20	水泥砂浆找平在混凝土或硬基层	100m^2	0.076	40.26	32.22	1.83		3.23	2.05	
36	020102002002	其余块料楼面	m^2	54.53	22.09	98.96	0.83		3.97	3.61	129.46 元/m^2
	10-70	陶瓷地砖楼地面地砖周长 2000mm 以外	100m^2	0.545	1204.80	5396.50	45.15		216.38	196.59	
37	020106002001	块料楼梯面层	m^2	11.26	38.81	103.04	1.01		4.65	4.23	151.74 元/m^2
	10-71	陶瓷地砖楼梯	100m^2	0.113	437.03	1160.20	11.40		52.37	47.58	
38	020107002001	楼梯硬木扶手	m	7.88	52.00	71.05	0.00		4.01	3.64	130.69 元/m
	10-201	金属栏杆型钢	100m	0.079	208.48	344.50	0.00		18.00	16.36	
	10-208	硬木扶手直形 100×60	100m	0.079	92.43	141.20	0.00		7.61	6.91	
	10-222	弯头　硬木	个	3	44.77	45.63	0.00		2.94	2.67	
	10-1267	红丹防锈漆一遍，其他金属面	t	0.138	10.14	4.84	0.00		0.49	0.44	
	10-1278	铅油一遍，调合漆一遍型钢栏杆	t	0.138	28.26	19.24	0.00		1.55	1.40	
	10-1065	底油一遍、刮腻子、调合漆两遍木扶手（不带托板）	100m	0.079	25.68	4.44	0.00		0.98	0.89	
39	020108004001	现浇水磨石台阶面	m^2	6.66	286.04	192.07	7.78		11.77	39.64	537.29 元/m^2
	10-17	水磨石台阶	100m^2	0.067	815.65	116.27	3.85		30.46	27.68	
	4-1 换	C25 砾石混凝土（台阶混凝土）	m^3	1.09	128.95	196.80	19.33		14.99	9.52	
	4-1 换	C15 砾石混凝土（垫层混凝土）	m^3	0.4	47.32	63.67	7.09		5.13	3.26	
	1-28	回填夯实 3∶7 灰土	100m^3	0.2	913.12	902.43	21.54		27.79	223.53	

续表

序号	项目编码	项目名称	单位	工程量	其中						综合单价
					人工费	材料费	机械费	风险	管理费	利润	
40	020201001001	内墙面抹灰	m^2	243.72	7.58	3.47	0.22		0.37	0.33	11.97 元/m^2
	10-247	水泥砂浆内砖墙面 16mm 厚	$100m^2$	2.437	1847.00	845.20	53.57		89.39	81.21	
41	020204003001	块料墙面（卫生间墙面）	m^2	39.85	50.54	45.38	0.72		3.15	2.86	102.65 元/m^2
	10-385	卫生间瓷片面层（水泥砂浆粘贴），砖墙面周长 500mm 以内	$100m^2$	0.399	2014.11	1808.48	28.61		125.38	113.91	
42	020202001001	柱面抹灰	m^2	39.69	13.99	5.00	0.26		0.63	0.57	20.45 元/m^2
	10-252	混凝土面抹水泥砂浆，矩形柱	$100m^2$	0.397	555.32	198.56	10.41		24.88	22.61	
43	020204003002	块料墙面（外墙）	m^2	213.58	38.87	27.98	0.72		2.20	2.00	71.77 元/m^2
	10-417	外墙釉面砖（水泥砂浆粘贴）砖墙面，周长 500mm 以内	$100m^2$	2.136	8302.77	5975.99	154.16		469.86	426.89	
44	020206003001	块料零量项目（雨篷、挑檐板外立面）	m^2	14.02	55.13	29.22	0.80		2.77	2.52	90.44 元/m^2
	10-438	釉面砖（水泥砂浆粘贴）零星项目，周长 500mm 内	$100m^2$	0.14	772.89	409.63	11.22		38.86	35.31	
45	020301001001	现浇天棚抹灰	m^2	100.98	9.04	3.79	0.15		0.42	0.38	13.79 元/m^2
	10-663	水泥石灰砂浆，现浇混凝土天棚面抹灰	$100m^2$	1.01	913.19	382.91	15.04		42.68	38.78	
46	020301001002	预制天棚抹灰	m^2	96.10	10.62	5.47	0.15		0.53	0.48	17.25 元/m^2
	10-664	水泥石灰砂浆，预制混凝土天棚面抹灰	$100m^2$	0.961	1020.68	525.78	14.31		50.81	46.16	
47	020301001003	室外天棚抹灰（雨篷、挑檐板底）	m^2	22.16	9.02	3.78	0.15		0.42	0.38	13.75 元/m^2
	10-663	水泥石灰砂浆，现浇混凝土天棚面抹灰	$100m^2$	0.221	199.82	83.79	3.29		9.34	8.49	

续表

序号	项目编码	项目名称	单位	工程量	其中						综合单价
					人工费	材料费	机械费	风险	管理费	利润	
48	020401005001	夹板装饰门	樘	1	100.55	995.71	2.04		47.10	30.40	1175.80元/樘
	B-1	采购木门扇 1200×2400	樘	1	0.00	800.00	0.00		34.75	22.07	
	7-24	木门框（有亮）安装	$100m^2$	0.029	23.36	1.99	0.00		1.10	0.70	
	7-23	木门框（有亮）制作（用规格料）	$100m^2$	0.029	20.47	157.95	2.04		7.84	4.98	
	7-27	普通平开门，木门扇安装	$100m^2$	0.029	18.36	18.86	0.00		1.62	1.03	
	10-1063	底油一遍、刮腻子、调合漆两遍单层木门	$100m^2$	0.029	38.36	16.91	0.00		1.80	1.63	
49	020401005002	夹板装饰门	樘	5	64.53	772.42	1.16		36.01	23.19	897.30元/樘
	B-1	采购木门扇 900×2100	樘	5	0.00	3250.00	0.00		141.16	89.65	
	7-25	木门框（无亮）制作	$100m^2$	0.095	58.60	487.70	5.79		23.98	15.23	
	7-26	木门框（无亮）安装	$100m^2$	0.095	78.24	7.23	0.00		3.71	2.36	
	7-27	普通平开门，木门扇安	$100m^2$	0.095	60.14	61.77	0.00		5.30	3.36	
	10-1063	单层木门油漆	$100m^2$	0.095	125.66	55.38	0.00		5.89	5.35	
50	020402001001	金属平开门（塑钢门）	樘	1	61.75	905.15	1.00		31.51	28.63	1028.04元/樘
	10-964	塑钢门	$100m^2$	0.038	61.75	905.15	1.00		31.51	28.63	
51	020406007001	塑钢推拉窗	樘	5	57.92	871.56	0.86		30.29	27.52	988.13元/樘
	10-965	塑钢窗	$100m^2$	0.162	263.25	4339.96	4.28		150.00	136.28	
	10-968	纱窗附在彩板、塑料、塑钢推拉窗上	$100m^2$	0.162	26.33	17.82	0.00		1.44	1.31	
52	020406007002	塑钢推拉窗	樘	6	48.26	726.30	0.71		25.24	22.93	823.44元/樘
	10-965	塑钢窗	$100m^2$	0.162	263.25	4339.96	4.28		150.00	136.28	
	10-968	纱窗附在彩板、塑料、塑钢推拉窗上	$100m^2$	0.162	26.33	17.82	0.00		1.44	1.31	
53	020506001001	抹灰面油漆	m^2	502.65	7.93	11.51	0.00		0.63	0.57	20.65元/m^2
	10-1331	乳胶漆抹灰面两遍	$100m^2$	5.027	3659.66	3980.98	0.00		248.74	225.99	
	10-1332	乳胶漆抹灰面每增加一遍	$100m^2$	5.027	326.76	1804.19	0.00		69.37	63.03	

附表 2-21

措施项目费分析表

工程名称：××小区办公楼　　　　　　　　　　　　　　　　专业：土建工程

序号	项目编码	项目名称	单位	数量	计算方法			
					计算基础	费率（%）		合价（元）
	测量放线、定位复测、检验试验费		项	1	726.00			
2	2.1	人工土石方	项	1	人工费	15 074.37	0.36	54.27
	2.2	一般土建	项	1	分部分项工程费	136 394.96	0.42	572.86
	2.3	装饰	项	1	分部分项工程费	65 917.83	0.15	98.88
3	冬雨季、夜间施工		项	1	1363.99			
	3.1	人工土石方	项	1	人工费	15 074.37	0.86	129.64
	3.2	一般土建	项	1	分部分项工程费	136 394.96	0.76	1036.60
	3.3	装饰	项	1	分部分项工程费	65 917.83	0.30	197.75
4	二次搬运及不利施工环境		项	1	631.04			
	4.1	人工土石方	项	1	人工费	15 074.37	0.76	114.57
	4.2	一般土建	项	1	分部分项工程费	136 394.96	0.34	463.74
	4.3	装饰	项	1	分部分项工程费	65 917.83	0.08	52.73
5	其他		项	1				0.00

附表 2-22

措施项目综合单价分析表

工程名称：××小区办公楼　　　　专业：土建工程

序号	定额编码	项目名称	单位	数量	人工费	材料费	机械费	风险	管理费	利润	综合单价
6		脚手架	项	1.000							4690.18
	13-1	钢管外脚手架，15m	$100m^2$	2.622	467.35	618.94	59.04		49.75	31.59	3215.95
	13-8	钢管里脚手架，基本层 3.6m	$100m^2$	1.741	663.59	106.71	20.14		34.33	21.80	1474.23
7		混凝土模板及支撑	项	1.000							23 565.72
	4-29	现浇构件模板垫层	m^3	5.320	11.05	30.82	0.41		1.84	1.17	240.90
	4-21	独立基础	m^3	17.280	35.10	47.77	2.95		3.73	2.37	1588.29
	4-32	矩形柱　断面周长 1.8m 以上	m^3	19.800	172.25	83.33	9.72		11.52	7.32	5625.99
	4-36	基础梁	m^3	4.490	176.15	107.22	9.98		12.74	8.09	1410.68
	4-37	矩形梁	m^3	13.200	294.45	147.95	17.94		19.99	12.70	6508.03
	4-48	有梁板 10cm 内	m^3	0.850	273.00	144.53	25.58		19.25	12.22	403.39
	4-51	平板 10cm 内	m^3	1.800	289.25	155.29	25.03		20.40	12.95	905.25
	4-52	平板 10cm 外	m^3	4.120	195.65	105.21	16.84		13.80	8.76	1401.88
	4-54	挑檐	m^3	2.050	501.80	311.60	28.20		36.55	23.21	1847.81
	4-56	普通楼梯	$10m^2$	1.130	670.80	287.07	43.44		43.49	27.62	1211.84
	4-58	雨篷	$10m^2$	0.270	464.10	226.68	36.73		31.60	20.07	210.38
	4-65	台阶	$10m^2$	0.670	167.70	112.05	4.69		12.35	7.85	204.11
	4-84	过梁	m^3	1.300	143.00	103.69	92.08		14.71	9.34	471.68
	4-112	空心板	m^3	5.250	130.65	62.25	62.95		11.11	7.06	1438.61
8		垂直运输及超高降效	项	1							3318.11
	14-2	现浇框架服务用房，卷扬机运输	$100m^2$	1.741			1779.49		77.29	49.08	3318.11

附表 2-23

清单工程量计算表

工程名称：××小区办公楼 专业：土建

序号	编 码	名 称	单 位	工 程 量 计 算 式	数 量
		$L_{中}$	m	(10.2+8.1)×2	36.6
		$L_{外}$	m	36.6+4×0.24	37.56
		$L_{内1}$	m	(8.1−0.24)+(3.0−0.24)	10.62
		$L_{内2}$	m	(8.1−0.24)+(3.0−0.24)×2+(7.2−0.24)	20.34
		$S_{底}$	m^2	(10.2+0.24)×(8.1+0.24)	87.07
		$S_{净1}$	m^2	87.07−36.6×0.24−10.62×0.24	75.74
		$S_{外门窗洞口}$	m^2	1.8×1.8×5+1.5×1.8×6+1.8×2.1	36.18
		$S_{内门窗洞口(240)}$	m^2	1.2×2.4+4×0.9×2.1+1.2×2.1	12.96
				1.1 土方工程	
1	010101003001	挖基础土方	m^3	(10.2+4.0)×(8.1+4.0)×(1.8−0.45)	231.96
	1-1	人工挖土方，挖深(2m)以内	$100m^3$	231.96÷100	2.320
	1-20	钻探及回填孔	$100m^2$	(87.07+37.56×3+36)÷100	2.358
2	010103001001	垫层(基础下 3：7 灰土回填)	m^3	$V_{灰土}$=12.1×14.2×0.3	51.55
	1-28	回填夯实 3：7 灰土	$100m^3$	51.55÷100	0.516
3	010103001002	基础素土回填	m^3	$V_{灰土}$=12.1×14.2×0.3=51.55，$V_{垫层}$=2.2×2.2×0.1×11=5.324，$V_{基础梁}$=4.49(见序号 12) $V_{独立基础}$={2.0×2.0×0.3+0.2×[2.0×2.0+(2.0+0.6)2+0.6×0.6]/6}×11=17.28 $V_{-0.450以下砖基础}$=0.24×0.45×[36.6−0.5×6−(0.5−0.12)×8+8.34−0.5×3+3.0−0.5]=4.31 $V_{-0.450以下柱}$=0.5×0.5×0.45×11=1.24 $V_{回填}=V_{挖}-V_{灰土}-V_{垫层}-V_{独立基础}-V_{-0.450以下砖基础}-V_{基础梁}-V_{-0.450以下柱}$=231.96−51.55−5.324−17.28−4.31-4.49-1.24=147.766	147.77
	1-26	回填夯实素土	$100m^3$	147.77÷100	1.478

续表

序号	编码	名称	单位	工程量计算式	数量
4	010103001003	房心素土回填	m^3	$S_{净}\times(0.45-0.24)=75.74\times(0.45-0.24)=15.91$	15.91
	1-26	回填夯实素土	$100m^3$	$15.91\div100$	0.159
		1.3 砌筑工程			
5	010301001001	砖基础	m^3	$0.24\times0.9\times[36.6-0.5\times6-(0.5-0.12)\times8+8.34-0.5\times3+3.0-0.5]=8.62$	8.62
	3-1换	砖基础M5水泥砂浆水泥32.5	$10m^3$	$8.62\div10$	0.862
6	010304001001	空心砖墙	m^3	$[(3.0-0.24)\times(3.3-0.12)-0.9\times2.1]\times0.12-0.015$	0.82
	3-42	多孔砖墙，1/2砖	$10m^3$	$0.82\div10$	0.082
7	010304001002	空心砖墙，外墙	m^3	$S_{外}=(10.44-0.5\times4)\times(6.3-0.4\times2)\times2+(8.34-0.5\times3)\times(6.3-0.5\times2)\times2=165.344$ $V=(S_{外}-S_{外洞口})\times0.24-V_{过梁外}=(165.344-36.18)\times0.24-1.176=29.82$ (过梁计算见序号21)	29.82
	3-43	多孔砖墙，一砖	$10m^3$	$29.82\div10$	2.982
8	010304001003	空心砖墙，内墙	m^3	$S_{内}=(8.34-0.5\times3)\times(6.3-0.5\times2)+2.5\times(3.3-0.5)+2.5\times(3-0.65)+(10.44-0.5\times3)\times(3.3-0.65)=72.82$ $V=(S_{内}-S_{内洞口})\times0.24-V_{过梁内}=(72.82-12.96)\times0.24-0.157=14.21$ (过梁计算见序号21)	14.21
	3-43	多孔砖墙，一砖	$10m^3$	$14.21\div10$	1.421
		1.4 混凝土及钢筋混凝土工程			
9	010401006001	垫层(基础)	m^3	$2.2\times2.2\times0.1\times11=5.324$	5.32
	4-1换	C15砾石混凝土(坍落度10cm以上，粒径2～4cm)水泥32.5	m^3		5.324
10	010401002001	独立基础	m^3	$\{2.0\times2.0\times0.3+\frac{0.2}{6}[2.0\times2.0+(2.0+0.6)^2+0.6\times0.6]\}\times11$	17.28
	4-1换	C25砾石混凝土(坍落度10cm以上，粒径2～4cm)水泥32.5	m^3		17.28

续表

序号	编码	名称	单位	工程量计算式	数量
11	010402001001	矩形柱	m^3	$0.5\times0.5\times(0.9+6.3)\times11$	19.8
	4-1换	C25砾石混凝土(坍落度10cm以上，粒径2～4cm)水泥32.5	m^3		19.8
12	010403001001	基础梁	m^3	$V_{DL1}=0.25\times0.45\times(10.44-0.5\times4)\times2=1.90$ $V_{DL2}=0.25\times0.45\times(8.34-0.5\times3)\times3=2.31$ $V_{DL3}=0.25\times0.45\times(3.0-0.5)=0.28$ 所以，$V_{DL}=1.9+2.31+0.28$	4.49
	4-1换	C25砾石混凝土(坍落度10cm以上，粒径2～4cm)水泥32.5	m^3		4.49
13	010403002001	矩形梁	m^3	$V_{1KL1}=0.25\times0.4\times(10.44-0.5\times4)\times2=1.69$ $V_{1KL2}=0.25\times0.65\times(10.44-0.5\times3)=1.45$ $V_{1KL3}=0.25\times0.5\times(8.34-0.5\times3)\times2=1.71$ $V_{1KL4}=0.25\times0.5\times(8.34-0.5\times3)=0.86$ $V_{1KL5}=0.25\times0.5\times(8.34-0.5\times2-0.25)=0.89$ 所以，$V_{1KL}=1.69+1.45+1.71+0.86+0.89=6.6$，　$V_{WKL}=V_{1KL}$	13.20
	4-1换	C25砾石混凝土(坍落度10cm以上，粒径2～4cm)水泥32.5	m^3		13.2
14	010405001001	有梁板($h=100$)	m^3	$[(3.0-0.25)\times(3.0-0.26)-0.25\times0.25\times2]\times0.1+0.2\times0.2\times(3.0-0.25)$	0.85
	4-1换	C25砾石混凝土(坍落度10cm以上，粒径2～4cm)水泥32.5	m^3		0.85
15	010405003001	平板($h=100$)	m^3	$[(3.6-0.255)\times(3.0-0.26)-0.25\times0.25\times2-0.25\times0.125]\times0.1\times2$	1.80
	4-1换	C25砾石混凝土(坍落度10cm以上，粒径2～4cm)水泥32.5	m^3		1.80

续表

序号	编码	名称	单位	工程量计算式	数量
16	010405003002	平板(h=120)	m^3	[(3.6－0.255)×(5.1－0.25)－0.25×0.25－0.125×0.25]×0.12×2＋[(3.0－0.25)×(5.1－0.25)－11.26]×0.12	4.12
	4-1 换	C25 砾石混凝土(坍落度 10cm 以上，粒径 2～4cm)水泥 32.5	m^3		4.12
17	010405007001	挑檐板	m^3	$(37.56+4\times0.5)\times0.5\times0.07+\left[37.56+8\times\left(0.5-\frac{0.07}{2}\right)\right]\times0.23\times0.07$	2.05
	4-1 换	C25 砾石混凝土(坍落度 10cm 以上，粒径 2～4cm)水泥 32.5	m^3		2.05
18	010405008001	雨篷	m^3	(3.6＋0.12＋0.25)×0.6×0.08＋0.07×(0.3－0.08)×(3.97＋0.53×2)	0.27
	4-1 换	C25 砾石混凝土(坍落度 10cm 以上，粒径 2～4cm)水泥 32.5	m^3		0.27
19	010406001001	直形楼梯	m^2	(1.38－0.12＋0.28×9＋0.3)×2.76	11.26
	4-1 换	C25 砾石混凝土(坍落度 10cm 以上，粒径 2～4cm)水泥 32.5	m^3	11.26×26.88÷100	3.027
20	010407002001	散水	m^2	(37.56＋4×1.0)×1.0－5.4×1.0	36.16
	8-27	混凝土散水面层一次抹光	$100m^2$	36.16÷100	0.362
	1-28	3∶7 灰土垫层	$100m^3$	0.15×(37.56＋4×1.3－5.4)×1.3÷100	0.073
21	010410003001	预制过梁	m^3	见附表 2-25 过梁计算表。其中：外墙：0.105×6＋0.091×6＝1.176 内墙：0.03×4＋0.015×1＋0.037×1＝0.157＋0.015＝0.172，1.176＋0.172＝1.348	1.348
	4-1 换	C20 碎石混凝土(坍落度 10cm 以上，粒径 2～4cm)水泥 32.5	m^3	1.348×1.015	1.368
	4-164	过梁座浆	$10m^3$	1.348÷10	0.135
	6-19	预制钢筋混凝土四类构件运输 1km 以内	$10m^3$	1.348×1.013÷10	0.137
	6-64	过梁安装 0.4m^3	$10m^3$	1.348×1.005÷10	0.135

续表

序号	编码	名称	单位	工程量计算式	数量
22	010412002001	预制空心板	m^3	见附表 2-24 预制空心板混凝土及钢筋计算表	5.54
	4-3	C20 砾石预应力混凝土	m^3	5.54×1.015	5.623
	4-160	空心板厚 120 座浆灌缝	$10m^2$	5.54÷10	0.554
	6-4	预制钢筋混凝土一类构件运输 15km 以内	$10m^3$	5.54×1.013÷10	0.561
	6-86	空心板安装	$10m^3$	5.54×1.005÷10	0.557
23	010416001001	现浇混凝土钢筋 HPB300ϕ10 内	t	4.15+0.006(见附表 2-26L1 钢筋计算表)	4.156
	4-6	圆钢直径 10mm 以内	t		4.156
24	010416001002	现浇混凝土钢筋 HRB335，10mm 以上	t	1.2	1.2
	4-8	螺纹钢直径 10mm 以上	t		1.2
25	010416001003	现浇混凝土钢筋 HRB400，10mm 以上	t	6.3+0.018(见附表 2-26L1 钢筋计算表)	6.318
	4-8	螺纹钢直径 10mm 以上	t		6.318
26	010416005001	先张法预应力钢筋	t	132.43/1000(见附表 2-24 预制空心板混凝土及钢筋计算表)	0.132
	4-10	先张法预应力钢筋Φ^b5 以内冷拔丝	t	0.132×1.015=0.134	0.134
		1.7 屋面及防水工程			
27	010703003001	砂浆防水(雨篷顶)	m^2	3.97×0.6	2.38
	8-15	普通防水砂浆(平面)	$100m^2$	2.38÷100	0.024
28	010703003002	砂浆防水(雨篷、板内立面)	m^2	(3.83+0.53×2)×0.22	1.07
	8-16	普通防水砂浆(立面)	$100m^2$	1.07/100	0.011
29	010703003003	砂浆防潮	m^2	$L_{外}$=(10.44−0.5×4+8.34−0.5×3)×2=30.56，$L_{内}$=8.34−0.5×3+2.5=9.34 $S=(L_{外}+L_{内})$×0.24=(30.56+9.34)×0.24=9.58	9.58
	8-19	墙基防水砂浆	$100m^2$	9.58÷100	0.096

续表

序号	编　码	名　称	单 位	工 程 量 计 算 式	数　量
30	010702001001	屋面卷材防水	m^2	(10.44＋0.5×2)×(8.34＋0.5×2)＋(37.56＋8×0.43)×0.23	116.28
	9-27	屋面卷材屋面防水层		116.28÷100	1.163
	8-21	水泥砂浆找平在填充料上		116.28÷100	1.163
	8-22	水泥砂浆找平每增 5mm		116.28÷100	1.163
31	010702004001	屋面 PVC 排水管	m	(6.3＋0.45)×2	13.5
	9-68	屋面其他塑料制品水落管	10m	(6.3＋0.45－0.2)×2÷10	1.31
	9-69	屋面其他塑料制品水落斗	10 个	2÷10	0.2
			1.8　隔热、保温工程		
32	010803001001	屋面保温	m^2		87.07
	9-50	屋面粉煤灰加气混凝土块保温	$10m^3$	87.07×0.2÷10	1.741
33	010803001002	1∶6 焦渣找坡	m^2	$S_{底}$	87.07
	9-56	屋面水泥炉渣找坡层(1∶6)	$10m^3$	87.07×(0.03＋8.34÷4×2%)/10	0.624
	8-20	水泥砂浆找平在混凝土或硬基层上	$100m^2$	87.07÷100	0.871
			2.1　楼地面工程		
34	020101002001	现浇水磨石地面	m^2	75.74＋3.6×(1.3－0.3)	79.34
	10-10	水磨石楼地面嵌玻璃条	$100m^2$	79.34÷100	0.793
	4-1 换	C15 混凝土垫层砾石 2～4cm 水泥 32.5	m^3	79.34×0.06	4.760
	1-28	回填夯实 3∶7 灰土	$100m^3$	79.34×0.15÷100	0.119
35	020102002001	卫生间地砖楼面	m^2	(3.0－0.24)×(3.0－0.24)	7.62
	10-68	陶瓷地砖周长 1200mm 以内	$100m^2$	7.62÷100	0.076
	8-20	水泥砂浆找平在混凝土或硬基层	$100m^2$	7.62÷100	0.076
36	020102002002	其余块料楼面	m^2	(7.2－0.24)×(5.1－0.24)＋(3.0－0.24)×(3.6－0.24)×2＋2.76×(5.1－1.38－0.28×9－0.3－0.12)	54.53
	10-70	陶瓷地砖楼地面　地砖周长 2000mm 以外	$100m^2$	55.45÷100	0.545

续表

序号	编码	名称	单位	工程量计算式	数量
37	020106002001	块料楼梯面层	m^2		11.26
	10-71	陶瓷地砖楼梯	$100m^2$	11.26÷100	0.113
38	020107002001	硬木扶手带栏杆	m	$\sqrt{1.5^2+(0.28\times10)^2}\times2+0.1\times2+(3.0-0.24-0.1)/2$	7.88
	10-201	金属栏杆型钢	100m	7.88÷100	0.079
	10-208	硬木扶手直形 100×60	100m	7.88÷100	0.079
	10-222	弯头 硬木	个	3	3
	10-1267	红丹防锈漆一遍，其他金属面	t	(543.9+478)/1000×0.079×1.71	0.138
	10-1278	铅油一遍，调合漆一遍型钢栏杆	t	(543.9+478)/1000×0.079×1.71	0.138
	10-1065	底油一遍、刮腻子、调合漆两遍木扶手(不带托板)	100m	7.88÷100	0.079
39	020108004001	水磨石台阶面层	m^2	(3.6+0.9×2)×(1.3+0.6)−3.6×(1.3−0.3)	6.66
	10-17	水磨石台阶	$100m^2$	6.66÷100	0.067
	4-1 换	C25 砾石混凝土(台阶混凝土)	m^3	6.66×0.164	1.09
	4-1 换	C15 砾石混凝土(垫层混凝土)		6.66×0.06	0.400
	1-28	回填夯实 3∶7 灰土	$100m^3$	6.66×0.3÷100	0.200
				2.2 墙、柱面工程	
40	020201001001	内墙面抹灰	m^2	外墙内侧：$S_{外}$=(10.44−0.5×4)×(6.3−0.4×2)×2+(8.34−0.5×3)×(6.3−0.5×2)×2−36.18−(3.0+0.24−0.5×2)×(3.3−0.5)−(3.0−0.5)×(3.3−0.4)+1.8×1.8=118.88 内墙：$S_{内1}$=(3.0−0.24)×(3.0−0.12)+(3.0−0.5)×(3.0−0.65)+(5.1−0.5)×(3.0−0.5)+(5.1−0.24)×(3.0−0.12)+(3.0−0.24)×(3.0−0.1)+(3.0−0.38×2)×(3.0−0.5)=52.92 $S_{内2}$=(3.0−0.24+5.1−0.24)×(3.3−0.12)+(5.1−0.5+3.0−0.38×2)×(3.3−0.5)+(7.2−0.24)×(3.3−0.12)+(3.6−0.38−0.12)×(3.3−0.65)×2+(3.0−0.5)×(3.3−0.5)×2=95.95 118.88+52.92+95.95−S 内洞口×2+0.9×2.1=267.75−12.96×2+0.9×2.1=243.72	243.72
	10-247	水泥砂浆内砖墙面 16mm 厚	$100m^2$	243.72÷100	2.437

续表

序号	编码	名称	单位	工程量计算式	数量
41	020204003001	块料墙面(卫生间墙面)	m^2	(3.0−0.24)×3×(3.3−0.12)+(3.0−0.24)×(3.3−0.5)+(3.0−0.24)×(3.3−0.4)+(3.0−0.24)×(3.3−0.65)−0.9×2.1×3−1.8×1.8−0.115×(3.0−0.12)×2	39.85
	10-385	卫生间瓷片面层(水泥砂浆粘贴)，砖墙面周长500mm以内	$100m^2$	39.85÷100	0.399
42	020202001001	柱面抹灰	m^2	[(0.26+0.26)×7+(0.26×2−0.5)×4]×(3.0−0.1)+(0.52×7+1.02×1+0.26×3×1)×(3.3−0.12)=39.69	39.69
	10-252	混凝土面抹水泥砂浆，矩形柱	$100m^2$	39.69÷100	0.397
43	020204003002	块料墙面(外墙)	m^2	37.56×(6.3+0.45−0.07)−36.18−(3.6+0.6+3.6+1.2+3.6+1.8)×0.15+(1.8+2.1×2)×0.17	213.58
	10-417	外墙釉面砖(水泥砂浆粘贴)砖墙面，周长500mm以内	$100m^2$	213.58÷100	2.136
44	020206003001	块料零星项目(挑檐、雨篷外立面)	m^2	(37.56+8×0.5)×0.3+(3.97+0.6×2)×0.3	14.02
	10-438	釉面砖(水泥砂浆粘贴)零星项目，周长500mm内	$100m^2$	14.02÷100	0.140
				2.3 天棚工程	
45	020301001001	现浇天棚抹灰	m^2	$75.74-0.28\times(3-0.24)\times10+2\times\sqrt{1.5^2+(0.28\times10)^2}\times(3.0-0.24)/2+(10.44-4\times0.5)\times(0.4-0.12)+(10.44-4\times0.5)\times(0.4-0.1)+(5.1-0.5)\times(0.5-0.12)\times5+(3.0-0.38\times2)\times(0.5-0.1)\times3+(3.0-0.38-0.13)\times(0.5-0.1)\times2+(10.44-0.5\times3-0.25)\times(0.65-0.1)+(3.0-0.25)\times(0.3-0.1)\times2$	100.98
	10-663	水泥石灰砂浆，现浇混凝土天棚面抹灰	$100m^2$	100.98÷100	1.010
46	020301001002	预制天棚抹灰	m^2	87.07−36.6×0.24−20.34×0.24+(10.44−0.5×4)×(0.4−0.12)×2+(8.34−0.5×3)×(0.5−0.12)×3+(8.34−0.5×2−0.25)×(0.5−0.12)×2+(10.44−0.5×3−0.25)×(0.65−0.12)	96.10
	10-664	水泥石灰砂浆，预制混凝土天棚面抹灰	$100m^2$	96.10÷100	0.961

续表

序号	编码	名称	单位	工程量计算式	数量
47	020301001003	室外天棚抹灰(挑檐、雨篷板底)	m^2	$(L_{外}+4\times0.5)\times0.5+(3.6+0.12+0.25)\times0.6$	22.16
	10-663	水泥石灰砂浆，现浇混凝土天棚面抹灰	$100m^2$	22.16÷100	0.221
			2.4 门窗工程		
48	020401005001	夹板装饰门	樘	1	1
	B-1	采购木门扇 1200+2400	樘	1	1
	7-24	木门框(有亮)安装	$100m^2$	1.2×2.4÷100	0.029
	7-23	木门框(有亮)制作(用规格料)	$100m^2$	1.2×2.4÷100	0.029
	7-27	普通平开门，木门扇安装	$100m^2$	1.2×2.4÷100	0.029
	10-1063	底油一遍、刮腻子、调合漆两遍单层木门	$100m^2$	1.2×2.4÷100	0.029
49	020401005002	夹板装饰门	樘	5	5
	B-1	采购木门扇 900×2100	樘	5	5
	7-25	木门框(无亮)制作	$100m^2$	5×0.9×2.1÷100	0.095
	7-26	木门框(无亮)安装	$100m^2$	5×0.9×2.1÷100	0.095
	7-27	普通平开门，木门扇安	$100m^2$	5×0.9×2.1÷100	0.095
	10-1063	单层木门油漆	$100m^2$	5×0.9×2.1÷100	0.095
50	020402001001	金属平开门(塑钢门)	樘	1	1
	10-964	塑钢门	$100m^2$	1.8×2.1÷100	0.038
51	020406007001	塑钢推拉窗 C1	樘	5	5
	10-965	塑钢窗	$100m^2$	5×1.8×1.8÷100	0.162
	10-968	纱窗附在彩板、塑料、塑钢推拉窗上	$100m^2$	5×1.8×1.8÷100	0.162
52	020406007001	塑钢推拉窗 C2	樘	6	6
	10-965	塑钢窗	$100m^2$	6×1.5×1.8÷100	0.162
	10-968	纱窗附在彩板、塑料、塑钢推拉窗上	$100m^2$	6×1.5×1.8÷100	0.162
			2.5 油漆、涂料、裱糊工程		
53	020506001001	抹灰面油漆	m^2	243.72+39.69+96.10+100.98+22.16	502.65
	10-1331	乳胶漆抹灰面两遍	$100m^2$	502.65÷100	5.027
	10-1332	乳胶漆抹灰面每增加一遍	$100m^2$	502.65÷100	5.027

附表 2-24　　多孔板混凝土及钢筋计算表（陕 09G09）

工程名称：××小区办公楼　　专业：土建工程

型号	混凝土强度等级	单件混凝土体积（m^3/块）	主筋	单件钢筋用量（kg/块）	块数	混凝土用量合计（m^3）	钢筋用量合计（kg）
YKB3005-5	C30	0.115	8 Φ^b5	2.31	7	0.805	16.17
YKB3006-6	C30	0.137	10 Φ^b5	2.77	6	0.822	16.62
YKB3605-6	C30	0.138	13 Φ^b5	3.32	14	1.932	46.48
YKB3606-8	C30	0.165	15 Φ^b5	4.43	12	1.98	53.16
合计						5.54	132.43

附表 2-25　　过梁混凝土计算表（陕 09G05）

工程名称：××小区办公楼　　专业：土建工程

型号	截面尺寸（mm）	单件混凝土体积（m^3/根）	根数	混凝土用量合计（m^3）
KGLA-24181	240×190	0.105	6	0.630
KGLA-24151	240×190	0.091	6	0.546
KGLA-24121	240×90	0.037	1	0.037
KGLA-24091	240×90	0.030	4	0.120
KGLA-12091	120×90	0.015	1	0.015
合计				1.348

附表 2-26　　L1 钢筋计算表

工程名称：××小区办公楼　　专业：土建工程

型号	根数	单根长度（m）	总长度（m）	总重量（t）
Φ 8@200	(3.0−0.24−0.05×2)/0.2+1=15	(0.2+0.3)×2−8×0.02−1.75×0.008×3+12×0.008×2=0.99	14.85	14.85×0.395/1000=0.006
2 Φ 12	2	(3.0+0.24−0.025×2+40×0.012×2)=4.15	8.30	8.30×0.888/1000=0.007
3 Φ 12	3	(3.0+0.24−0.025×2+40×0.012×2)=4.15	12.45	12.45×0.888/1000=0.011

附录三 建筑工程计量与计价作业（一）

一、编制依据

（1）某单层住宅设计图纸（建筑和结构）一套（附图 3-1、附图 3-2、附图 3-3）。

（2）建设工程工程量清单计价规范或当地清单计价规则。

（3）现行地方建筑工程基础定额或消耗量定额。

（4）现行地方建筑安装工程费用定额或参考费率。

（5）当地现行有关计价文件。

二、设计说明

（1）图纸尺寸除高程以米计外，其余均以毫米为单位。

（2）基础用 MU10 普通黏土砖，M5 水泥砂浆砌筑；半砖墙墙基防潮层用 20 厚 1∶2 水泥砂浆（加 5%防水粉）铺设；一砖墙墙基设 240×180 地圈梁一道。

（3）砖墙用 MU10 普通黏土砖、M5 混合砂浆砌筑，其中所有砖墙沿墙高度每隔 0.5m 用 2Φ6 通长钢筋加固。

（4）门窗过梁采用 M7.5 水泥砂浆砌筑的钢筋砖过梁，其钢筋为 GL-2 配 4Φ6，GL-3 配 3Φ6，GL-4 配 2Φ6，各过梁两端钢筋弯勾，伸入墙内为 250mm。

（5）圈梁 QL 现浇，搁板 YB 现场预制，其用料均为 C20 混凝土。

（6）屋面预应力多孔板的规格、配筋及混凝土含量见附表 3-1。

（7）屋面及吊顶构造见附图 3-2，泛水以③轴线为准，其坡度为 $i=2\%$。

（8）室内地坪：素土夯实，150 厚 3∶7 灰土垫层，80 厚 C15 混凝土随捣随抹光（加浆）。门廊地面铺红缸地砖，其做法为：素土夯实，150 厚 3∶7 灰土垫层，60 厚 C15 混凝土，素水泥浆一道，20 厚 1∶2 水泥砂浆找平，铺 200×200 红缸地砖，水泥擦缝。

（9）室内均做 120 高 1∶2.5 水泥砂浆踢脚线，厕所和厨房洗涤池处均做 1000 高 1∶2.5 水泥砂浆墙裙。

（10）内粉刷：内墙面用 15 厚石灰沙浆底，3 厚纸筋石灰面，刷 106 涂料；天棚用 12 厚 1∶3 纸筋石灰砂浆底，3 厚纸筋石灰面，刷 106 涂料。

（11）外粉刷：外墙面用绿豆砂水刷石：15 厚 1∶3 水泥砂浆底，10 厚 1∶2 水泥砂浆面（淘石子，加 10%棕绿色玻璃渣）；屋檐白水泥斩假石：15 厚 1∶3 水泥砂浆底，10 厚 1∶2 水泥白石屑面（分格嵌条宽 20）。

（12）木门窗数量和要求见附表 3-2，做法详见标准图集，其油漆颜色：窗及外门，外侧用栗红色，内侧用乳白色，内门全部用乳白色，均为调和漆二遍。

（13）屋面排水：ϕ100PVC 落水管，PVC 方形落水斗，铸铁落水口。

（14）屋面架空隔热板规格为 495×495×30，C20 细石混凝土预制板，配Φ4@150 双向钢筋网，板周四角下部用 M5 水泥砂浆砌 120×120 三皮砖高砖垫层架空。

（15）室外检查井：采用 M5 水泥砂浆砌一砖厚方形（600×600×1500）检查井一座。

（16）室外污水管采用 ϕ200 钢筋混凝土圆管与室内排水管相接，总长度为 10m。

（17）外门（M1 及 M3）、卧室外门及储藏室内门，均装普通弹子锁。全部外窗（翻窗除外）均加设铁窗栅，做法用—30×4 扁钢横档 4 道（开孔），ϕ12@150 钢筋铁栅穿入焊牢。

三、施工条件

（1）本单层住宅建在市区外某地。施工中所用的建筑材料与构件均可由城市道路直接运进工地。施工需用的电力和给水，均可从附近已有的电路和水网中引入。

（2）多孔板、架空板及木门窗，系由场外混凝土预制构件厂和木材加工厂制作，汽车运入工地安装，运距均为 5km。其他零星混凝土预制构件均在现场预制。

（3）本工程为招标投标项目，采用包工包料施工。施工中的挖、运、填土，水平和垂直运输，建筑垃圾和余土外运的方式和距离均由编制人自定。

四、编制要求

（1）根据《计价规范》或按当地清单计价规则划分清单项目，计算各分项工程量，编制招标用分部分项工程量清单、措施项目清单和其他项目清单。

（2）依据当地建筑工程预算定额或基础定额或企业定额，编制分部分项工程综合单价分析表、措施费分析表和清单计价表以及造价汇总。

（3）编制钢、木、水泥及玻璃、卷材等五大材料分析表，并加以汇总和填报单价。

（4）要求编制内容齐全，项目划分的名称和编号正确，定额查阅和组价有据，工程量计算应列算式，应有必要的编制说明，编制程序正确。

附表 3-1　　多孔板的规格尺寸和混凝土钢筋用量表

板编号	规格尺寸（长×宽×高）(mm)	混凝土用量 (m^3·块$^{-1}$)	主筋	钢筋用量 (kg·块$^{-1}$)
KB35-01	3480×1000×115	0.222	12 $\Phi^{b}5$	8.43
KB35-81	3480×800×115	0.178	12 $\Phi^{b}5$	8.43
KB40-01	3980×1000×115	0.253	15 $\Phi^{b}5$	11.02
KB40-81	3980×800×115	0.202	15 $\Phi^{b}5$	11.02

附表 3-2　　门窗一览表

编　号	门窗名称	数量	宽×高	备　注
M1	有腰单扇门	1	1000×2900	纤维板门
	有腰多扇窗	1	2400×2000	
M2	有腰单扇门	1	900×2500	纤维板门
M3	有腰单扇门	1	900×2600	门扇高 2200，气窗高 400
M4	无腰单扇门	2	800×2000	纤维板门
M5	无腰单扇门	3	900×2100	纤维板门
C1	无腰单扇窗	1	600×600	
C2	有腰双扇窗	4	1100×1500	
C3	有腰多扇窗	1	1500×1500	
C4	有腰多扇窗	1	1500×2000	气窗高 400
C5	无腰单扇窗	4	400×650	翻窗

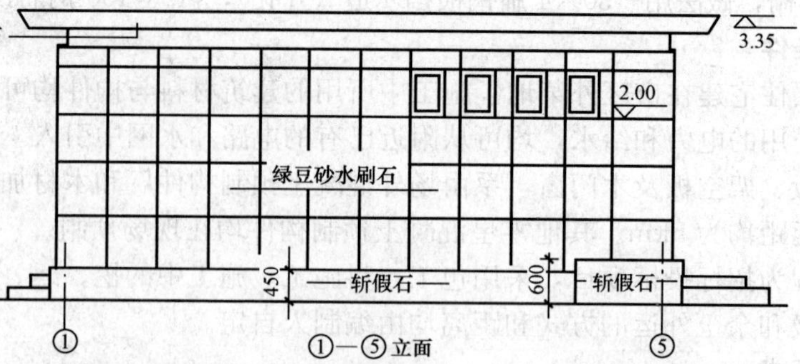

①—⑤立面

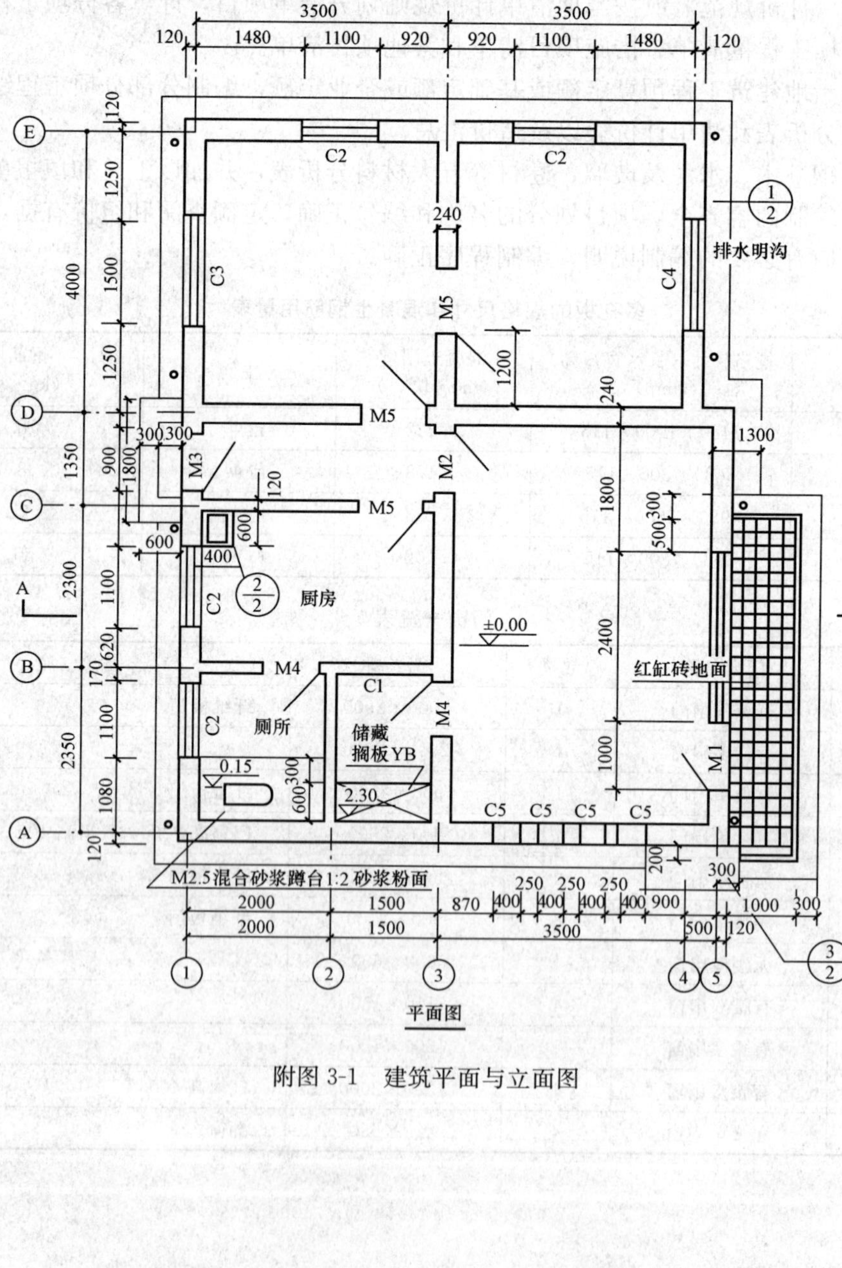

平面图

附图 3-1　建筑平面与立面图

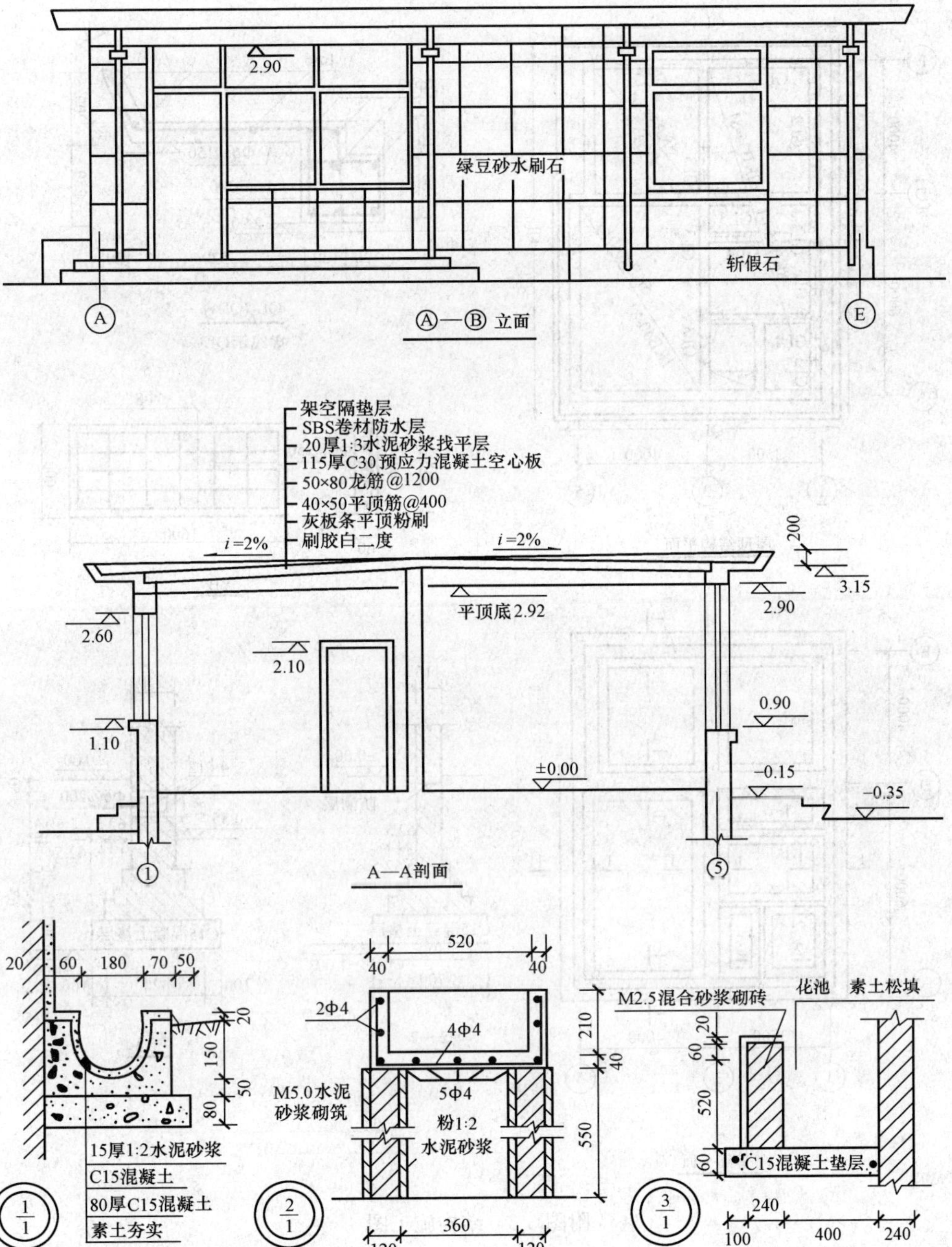

附图 3-2　建筑立面、剖面及详图

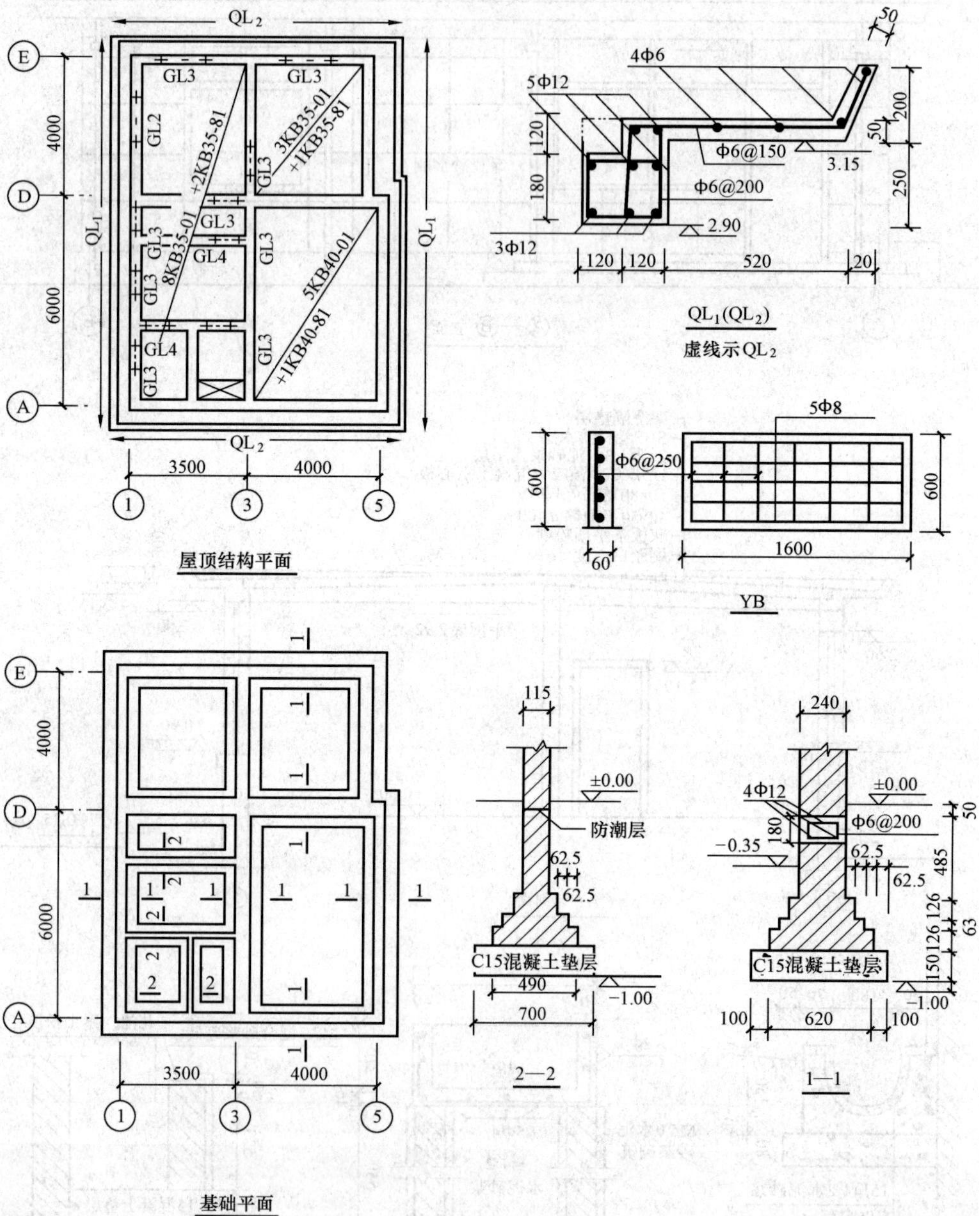

附图 3-3 结构施工图

附录四　建筑工程计量与计价作业（二）

一、编制依据

（1）单层框架结构办公室设计图纸（建筑和结构）一套（附图 4-1）。

（2）建设工程工程量清单计价规范或当地清单计价规则；现行地方建筑工程基础定额或消耗量定额。

（3）现行地方建筑安装工程费用定额或参考费率；当地现行有关计价文件。

二、设计说明

1. 建筑部分

某单层建筑物层高 3.6m，建筑面积 95.96m^2，设计室内外高差 30cm。防火等级：二级。具体见附表 4-1、附表 4-2。

附表 4-1　　建筑装饰工程做法表

项　目	适用范围	类　别	工　程　做　法
墙身砌体	全部	墙身砌体	
散水	全部	混凝土散水	60 厚 C15 混凝土撒 1∶1 水泥砂子压实赶光；150 厚 3∶7 灰土垫层，宽出面层 300mm
台阶	全部	水泥台阶	12 厚 1∶2.5 水泥台阶面层；水泥浆一道；20 厚 1∶3 水泥砂浆找平；60 厚 C15 混凝土垫层；300 厚 3∶7 灰土垫层
外墙饰面	全部	面砖墙面	面砖白色 60×240×5；4 厚聚合物水泥砂浆结合层；6 厚 1∶2.5 水泥砂浆找平；12 厚 1∶3 水泥砂浆打底扫毛
内墙饰面	全部	水泥砂浆墙面	白色乳胶漆三遍；10 厚 1∶3 水泥砂浆；6 厚 1∶2.5 水泥砂浆抹面
地面	全部	水泥砂浆地面	10 厚 1∶2.5 水泥砂浆地面；水泥浆一道；20 厚水泥砂浆找平；60 厚 C15 混凝土垫层；150 厚 3∶7 灰土垫层
顶棚	全部	乳胶漆顶棚	白色乳胶漆三遍；5 厚 1∶0.3∶2.5 水泥石灰砂浆找平；5 厚 1∶0.3∶3 水泥石灰膏打底扫毛；刷素水泥浆一道
油漆	木门	木门普通调合漆	油漆底油一遍、刮腻子、乳白色调合漆两遍
屋面	全部	卷材防水	1∶6 水泥焦渣找坡最薄处 30 厚；20 厚 1∶2.5 水泥砂浆找平；200 厚加气混凝保温；25 厚 1∶2.5 水泥砂浆找平；4 厚 SBS 防水卷材（热粘法）

附表 4-2　　门　窗　表

名　称	洞口尺寸	类　别	数　量
CL1	1800×1800	塑钢窗、带纱	2
CL2	1500×1800	塑钢窗、无纱	2
M1	900×2100	无亮全板门、无纱	3
M2	1000×2400	有亮全夹板门、无纱	1

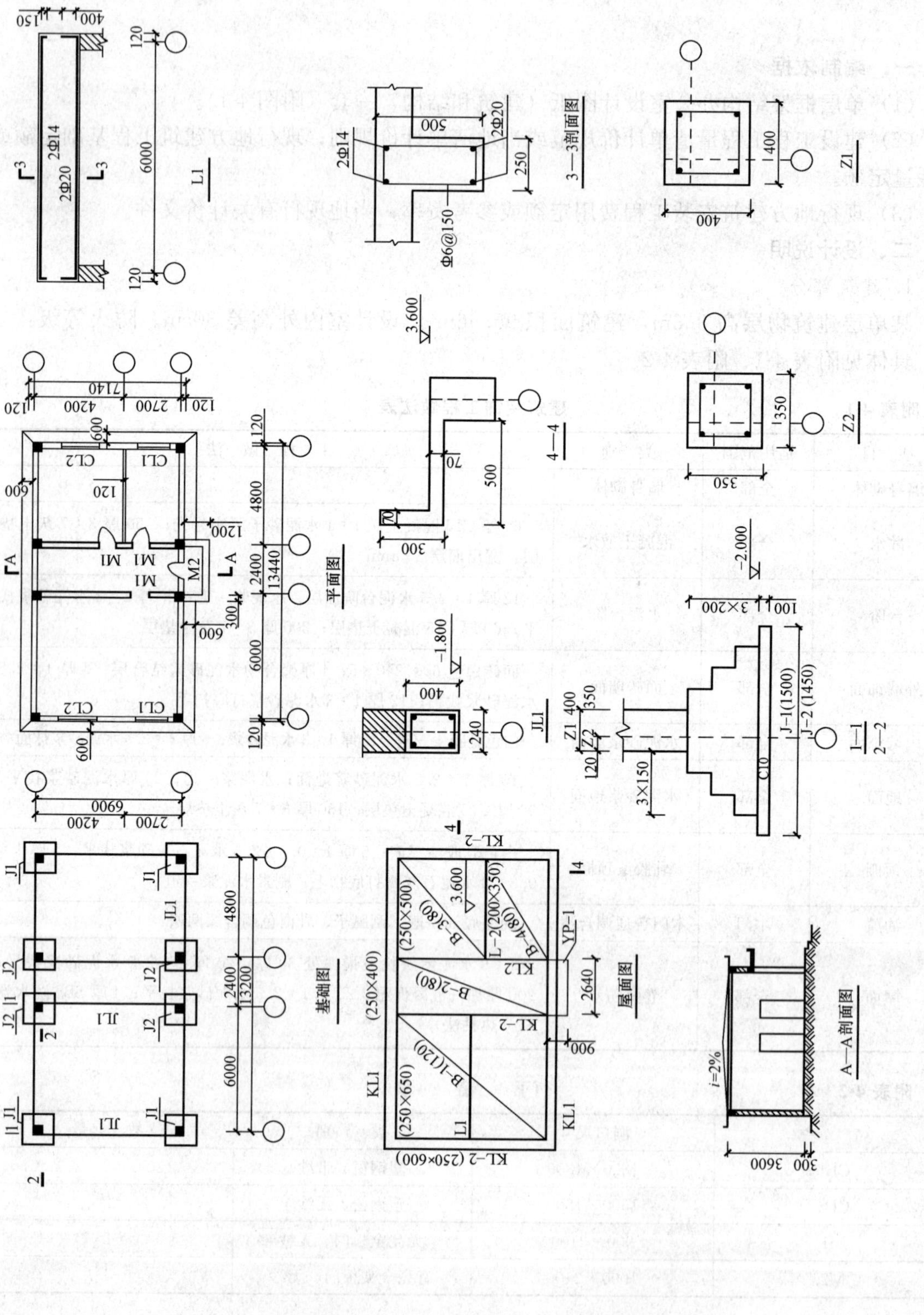

附图 4-1 单层框架结构办公室设计图纸（建筑和结构）

2. 结构部分

（1）土方开挖为地坑和条基，土质为二类土，地下水位为－2.5m处，土方按现场堆放计算。

（2）±0.000以下采用机制黏土实心砖，M7.5水泥砂浆，±0.000以上采用承重多孔砖、M5混合砂浆，图中未注明的墙厚均为240mm，砌体加固筋按规范设置，（总重量为108kg），120厚(半砖)墙无基础。

（3）混凝土：柱为C30砾石混凝土（42.5水泥），其余均为C20砾石混凝土（32.5水泥），现浇钢筋混凝土构件钢筋除L1梁按设计要求计算外，其余按给定钢筋量计算（其中Φ10内圆钢3.21t、Φ10外圆钢0.96t、Φ10外螺纹钢5.5t。Φ为HPB300级光圆钢筋，Φ为HRB400级螺纹钢筋）。

（4）门窗过梁（现场预制）：3根KGL24091，1根KGL24101。

三、施工条件

（1）本单层办公室建在市区外某地。施工中所用的建筑材料与构件均可由城市道路直接运进工地。施工需用的电力和给水，均可从附近已有的电路和水网中引入。

（2）本工程为招标投标项目，建设单位提供15%的备料款，材料全部由承包人采购，包工包料施工。施工中的挖、运、填土，水平和垂直运输，建筑垃圾和余土外运的方式和距离均由编制人自定。

四、编制要求

（1）根据《计价规范》或当地清单计价规则划分清单项目，计算各分项工程量，编制招标用分部分项工程量清单、措施项目清单和其他项目清单。

（2）依据当地建筑工程预算定额或基础定额或企业定额，编制分部分项工程综合单价分析表、措施费分析表和清单计价表以及造价汇总。

（3）编制钢、木、水泥及玻璃、卷材等五大材料分析表，并加以汇总和填报单价。

（4）要求编制内容齐全，项目划分的名称和编号止确，定额查阅和组价有据，工程量计算应列算式，应有必要的编制说明，编制程序正确。

参 考 文 献

[1] 国家计划委员会. 建设部发布. 建设项目经济评价方法与参数. 3版. 北京：中国计划出版社，2006.
[2] 李建峰. 工程造价（专业）概论. 北京：机械工业出版社，2011.
[3] 全国造价工程师职业资格考试培训教材编审组. 工程造价计价与控制. 北京：中国计划出版社，2009.
[4] 中国建设工程造价管理协会. 建设工程造价管理基础知识. 北京：中国计划出版社，2007.
[5] 闫文周，李芊. 工程造价基础理论. 西安：陕西科学技术出版社，2006.
[6] 李建峰. 工程定额原理. 北京：人民交通出版社，2008.
[7] 王朝霞. 建筑工程定额与计价. 北京：中国电力出版社，2004.
[8] 陕西省建设厅. 陕西省建筑装饰工程消耗量定额. 西安：陕西科学技术出版社，2004.
[9] 李建峰. 建筑工程定额与预算. 西安：陕西科学技术出版社，2006.
[10] 袁建新，迟晓明. 建筑工程预算. 北京：中国建筑工业出版社，2005.
[11] 覃爱萍，李学田. 工程建设定额与实务. 北京：中国水利水电出版社，2008.
[12] 中华人民共和国住房和城乡建设部. GB 50500—2008 建设工程工程量清单计价规范. 北京：中国计划出版社，2008.
[13] 李建峰. 建筑工程清单计量与计价. 北京：中国广播电视出版社，2006.
[14] 齐伟军. 建筑工程造价. 武汉：华中科技大学出版社，2008.
[15] 杨会云，王红平. 工程计价原理. 北京：机械工业出版社，2010.
[16] 宋建学. 建筑工程综合单价及清单计价. 郑州：郑州大学出版社，2009.
[17] 张国栋. 工程量清单计价基础知识. 北京：人民交通出版社，2009.
[18] 孙昌玲，张国华. 土木工程造价. 2版. 北京：中国建筑工业出版社，2008.
[19] 陕西省住房和城乡建设厅. 陕西省建设工程工程量清单计价规则. 西安：陕西人民出版社，2009.
[20] 中华人民共和国建设部. GB/T 50353—2005 建筑面积计算规范. 北京：中国计划出版社，2005.
[21] 中华人民共和国建设部. GYD-901—2002 全国统一建筑装饰装修工程消耗量定额. 北京：中国计划出版社，2002.
[22] 中华人民共和国建设部. GJD_{GZ}-101—1995 全国统一建筑工程预算工程量计算规则（土建工程）. 北京：中国计划出版社，1995.
[23] 张国栋. 一图一算之建筑工程造价. 北京：机械工业出版社，2010.
[24] 周和生，尹贻林. 建设项目全过程造价管理. 天津：天津大学出版社，2008.
[25] 陈建国，高显义. 工程计量与造价管理. 3版. 上海：同济大学出版社，2010.
[26] 中国建设工程造价管理协会. 建设项目投资估算编审规程. 北京：中国计划出版社，2007.
[27] 中国建设工程造价管理协会. 建设项目设计概算编审规程. 北京：中国计划出版社，2007.
[28] 中国建设工程造价管理协会. 建设项目工程结算编审规程. 北京：中国计划出版社，2007.
[29] 周国恩，陈华. 工程造价管理. 北京：北京大学出版社，2011.
[30] 刘钦. 工程造价控制. 北京：机械工业出版社，2010.
[31] 季雪. 工程造价与管理. 2版. 北京：中国建材工业出版社，2010.
[32] 中国建设工程造价管理协会. 建设项目全过程造价咨询规程. 北京：中国计划出版社，2009.
[33] 朱佑国. 工程造价管理图解. 北京：化学工业出版社，2008.
[34] 尚梅. 工程估价与造价管理. 北京：化学工业出版社，2008.
[35] 严玲，尹贻林. 工程计价实务. 北京：科学出版社，2010.
[36] 周和生. 建设项目管理审计. 北京：化学工业出版社，2010.